普通高等教育工科力学基础课程系列教材

材料力学（第3版）

——机械类、土建类通用教材（中学时）

主　编　古　滨

副主编　邱清水　唐学彬　郭春华　唐克伦

参　编　田云德　彭俊文　高红霞　曹吉星
　　　　王亦恩　袁　权　郑力文　张启航

北京理工大学出版社
BEIJING INSTITUTE OF TECHNOLOGY PRESS

内容简介

本书为第3版，是在第2版的基础上结合近几年教学改革成果修订而成的。

全书共13章：绪论・初始概念、直杆・轴向拉压、连接件・剪切　圆轴・扭转、截面・平面图形几何性质、直梁・弯曲内力、直梁・弯曲应力、直梁・弯曲变形、应力分析・强度理论、构件・组合变形、压杆・稳定性、能量法・超静定、动载荷・动应力和塑性变形・极限分析。

本书在各章节中用二维码补充了知识内容，二维码覆盖章节达90%以上。内容为对各章节知识点的自测题目，并配有答案和详细解答。各章均配有知识小结框图、适量的思考题、分类习题及参考答案。

本书是一本通用型材料力学中学时教材，同时适用于机械类专业和土木类专业，书中所涉及的符号的习惯规定均以机械类专业为主，凡与土木类专业有差异处，均给出了“专业差异提示”。

本书适合机械、土木、水利、交通运输、航空航天、船舶、农业工程类等专业理论课学时为56～80的本科生、专科生使用。

本书可与北京理工大学出版社出版的《材料力学基本训练》《材料力学实验指导与实验基本训练》配套使用。

图书在版编目（CIP）数据

材料力学／古滨主编．--3版．--北京：北京理工大学出版社，2021.12（2022.2重印）

ISBN 978-7-5763-0454-1

Ⅰ．①材…　Ⅱ．①古…　Ⅲ．①材料力学　Ⅳ．①TB301

中国版本图书馆CIP数据核字（2021）第263493号

出版发行／北京理工大学出版社有限责任公司
社　　址／北京市海淀区中关村南大街5号
邮　　编／100081
电　　话／（010）68914775（总编室）
（010）82562903（教材售后服务热线）
（010）68944723（其他图书服务热线）
网　　址／http：//www. bitpress. com. cn
经　　销／全国各地新华书店
印　　刷／三河市华骏印务包装有限公司
开　　本／787毫米×1092毫米　1/16
印　　张／23.5
字　　数／564千字
版　　次／2021年12月第3版　2022年2月第2次印刷
定　　价／59.80元

责任编辑／江　立
文案编辑／李　硕
责任校对／刘亚男
责任印制／李志强

主编简介

古滨，西华大学力学教学部和力学实验中心教授，硕士生导师。中国振动工程学会会员、四川省力学学会常务理事、四川省振动工程学会理事、四川省力学实验教学示范中心负责人，四川省精品共享课程“材料力学”课程负责人。主编《材料力学》《材料力学基本训练》《材料力学实验指导及实验基本训练》等多部教材。主持完成四川省教育厅重点教改项目1项，发表教学改革论文6篇。主持完成四川省科技厅重点研发项目1项，主持或参与完成军工合作项目多项，发表学术论文20余篇，授权发明专利1项，获“全国高校教师教学创新大赛”一等奖1项（独立完成）。

前言（第3版序言）

本书为第3版，是在第2版的基础上结合近年教学改革成果修订而成的。新版教材保持了第二版的内容、体系、风格，其特色更加突出。

（1）本书是一本通用型材料力学中学时教材，同时适用于机械类专业和土木类专业，书中所涉及的符号的习惯规定均以机械类专业为主，凡与土木类专业有差异处，均给出了“专业差异提示”。

（2）各章均设置了“分类习题”，对本书所有习题进行了分类和分级处理（文字说明和※、☆号标注），便于实现分级教学。

（3）本书可与北京理工大学出版社出版的《材料力学基本训练》《材料力学实验指导与实验基本训练》配套使用。

（4）在各章节中用二维码补充了知识内容，二维码覆盖章节达90%以上。内容为对各章节知识点的自测题目，题型包括是非题、选择题、填空题、计算题，并给出了答案和详细解答，便于学生自查自学。

（5）本书适合机械、土木、水利、交通运输、航空航天、船舶、农业工程类等专业理论课学时为56～80的本科生、专科生使用。

本次修订主要有以下更新：在各章增加了知识小结框图；在各章节中新增了二维码补充知识内容，对各章的例题作了大面积更新与补充；增加了与此书配套的PPT；同时，对第二版中发现的问题进行了全面更正。

本次修订工作由西华大学古滨教授主持，参加相关工作的其他人员有西华大学的邱清水、唐学彬、唐克伦、郑力文、张启航，成都理工大学的郭春华，具体分工如下。

参与各章正文修订及例题更新与补充工作的有：古滨（第1、5、6、7、11、12、13章）、郭春华（第2章的部分章节）、邱清水（第2章的部分章节，第3、4章）、唐学彬（第8、9、10章）。

参与各章二维码补充知识内容编写工作的有：古滨（第1、2、3、4、5、6、7、8、9、10、11、12、13章的部分章节）、郭春华（第2章的部分章节）、邱清水（第2、3、4章的部分章节）、唐学彬（第8、9、10章的部分章节）、唐克伦（第2、3、4、5、6、7章的部分章节）、郑力文（第8、9、10章的部分章节）和张启航（第11、12、13章的部分章节）。

参与各章知识小结框图制作的有：古滨（第1、2、3、4、5、6、7、8、9、10、11、12、13章）、郑力文（第1、2、3、4、5、6、7、8章）和张启航（第9、10、11、12、13章）。

参与各章配套的PPT工作的有：古滨（第1、5、6、7、11、12、13章）、郭春华（第2章的部分章节）、邱清水（第2、3、4章）、唐学彬（第8、9、10章）、唐克伦（第2、3、4、8、9、10章）、郑力文（第1、5、6、7章）和张启航（第11、12、13章）。

本次修订还有其他老师参加了相关工作：西华大学彭俊文（第5、6、7章部分内容修订和配套PPT的制作）、田云德（第9、11章部分内容修订和配套PPT的制作）、高红霞（第4章部分内容修订和配套PPT的制作）；此外，西华大学的曹吉星、王亦恩、袁权老师也参与了部分章节内容校核与修订及配套PPT的制作工作。

限于编者水平，书中难免存在疏漏和错误，恳请读者批评指正。

编者

2021年8月

前言（第2版序言）

为了适应新世纪课程分级教学的需要和对学生能力培养的要求，我们在总结多年来教学实践的基础上，按照教育部工科力学教学指导委员会《面向二十一世纪工科力学课程教学改革的基本要求》和教育部高等学校力学教育委员会力学基础课程教学分委员会最新的《材料力学课程教学基本要求（B类）》要求编写而成本书，并采纳部分“（A类）要求”的内容。

本书内容安排的结构体系采用当前国内已较成熟的体系。全书共13章：绪论、轴向拉压、剪切与扭转、平面图形几何性质、弯曲内力、弯曲应力、弯曲变形、应力分析与强度理论、组合变形、压杆稳定性、能量法与超静定、动载荷与动应力、塑性变形与极限分析和附录的型钢表。各章均配有思考题、分类习题及参考答案。

本书的主要特点如下。(1）本书强调对象，包括读者对象和各章节的主体研究对象，这在各章节的标题上有所体现，以改变当前材料力学教材的章节标题过于专业精炼，普遍与工程实际对象脱节的问题，以增强学生的工程意识。(2）本书所涉及的符号习惯规定均以机制类为主，凡与土建类有差异处，均给出了“专业差异提示”。(3）各章均设置了“分类习题”。对本书所有习题进行了分类和分级处理（文字说明和“※、☆”号标注），便于实现分级教学，便于教师布置作业，利于学生形成知识结构体系，同时针对每个计算题目中的部分关键参数预留了空格，便于教师根据需要重新给定参数，可避免学生盲目抄袭作业或答案。

本书的基本内容（未标注“*”号部分）稍作适量删减则适用于交通、材料、热能、环境、工业设计、建筑学等专业理论课学时为48~56学时的本科生、专科生、高职生使用。本书（包括标注“*”号部分）则适用于机械、交通运输、土建、水利、航空航天、船舶工程类等专业理论课学时为56~72学时的本科生、专科生使用。

本书是在2012年北京理工大学出版社的《材料力学》教材的基础上，在多年使用的基础上，经过全面更正、全方位的更新和补充而成的。本书可与北京理工大学出版社出版的《材料力学基本训练》《材料力学实验指导与实验基本训练》配套使用。

本书由西华大学古滨担任主编，副主编为西华大学邱清水、唐学彬、彭俊文、田云德。本书编写人员及分工：西华大学古滨（第1、12、13章，第4、9、11章部分，全书大部分习题的编写与修订）、唐学彬（第2、3、4章部分章节编写与修订）、彭俊文（第5、6、7章部分章节编写与修订）、邱清水（第8、9、10章部分章节编写与修订）、田云德（第9、11章部分章节编写）、高红霞（第4章部分章节编写）、江俊松（附录型钢表和绘制全书大部分插图修订）、成都理工大学郭春华（第2章部分章节编写）、西南科技大学赵明波（第

6、7 章部分章节编写），此外，西华大学的曹吉星、王亦恩、袁权老师也参与了本书部分章节的编写或修订工作。全书由古滨统稿。

在本书的策划和编写过程中，得到了西华大学力学教学部、西华大学力学实验中心各位老师的关心和支持；得到了西南科技大学陈国平老师的热情支持；得到了西南交通大学沈火明老师和龚辉老师的指导和帮助。在此一并表示衷心感谢。

本书提供给广大教师、学生和其他读者朋友，希望能对大家的教与学有所帮助。由于编者水平有限，疏漏和错误在所难免，恳请批评指正。

编者

2015 年 10 月

前言（第1版序言）

为了适应新世纪课程分级教学的需要和对学生能力培养的要求，我们在总结多年来教学实践的基础上，按照教育部工科力学教学指导委员会《面向二十一世纪工科力学课程教学改革的基本要求》和教育部高等学校力学教育委员会力学基础课程教学分委员会2009年版《材料力学课程教学基本要求（B类）要求》编写而成本书，并采纳部分“（A类）要求”的内容。

本书内容安排的结构体系采用当前国内已较成熟的体系。全书共13章：绪论、轴向拉压、剪切与扭转、平面图形几何性质、弯曲内力、弯曲应力、弯曲变形、应力分析与强度理论、组合变形、压杆稳定性、能量法基础、动载荷与交变应力、材料塑性变形极限分析和附录的型钢表。各章均配有适量的思考题、分类习题及参考答案。

本书的主要特点如下。①本书强调对象，包括读者对象和各章节的主体研究对象，这在各章节的标题上有所体现，以改变当前材料力学教材的章节标题过于专业精炼，普遍与工程实际对象脱节的问题，以增强学生的工程意识。②本书所涉及的符号习惯规定均以机制类为主，凡与土建类有差异处，均给出了“专业差异提示”。③各章均设置了“分类习题”，对本书所有习题进行了分类和分级处理（文字说明和※、☆号标注），便于实现分级教学，便于教师布置作业、利于学生形成知识结构体系，同时针对每个计算题目中的部分关键参数预留了空格，便于教师根据需要重新给定参数，可避免学生盲目抄袭作业或答案。④本书可与北京理工大学出版社出版的《材料力学基本训练》配套使用。

本书的基本内容（未标注*号部分）稍作适量删减则适用于交通、材料、热能、环境、电气、测控、精密仪器、工业设计、建筑学、经济管理、电子科学等专业理论课学时为36~54学时的本科生、专科生、高职生使用。本书（包括标注*号部分）则适用于机械、交通运输、土建、水利、航空航天、船舶、农业工程类等专业理论课学时为56~72学时的本科生、专科生使用。

本书由古滨担任主编，副主编为郭春华、赵明波、田云德、彭俊文、唐学彬、邱清水。本书编写人员及分工：西华大学古滨（第1、4部分、12、13章）、成都理工大学郭春华（第2章）、西南科技大学赵明波（第6、7章）和西华大学的田云德（第9、11章）、彭俊文（第5、10章）、唐学彬（第3章）、邱清水（第8章）、高红霞（第4章部分内容）、江俊松（附录型钢表和全书大部分插图）。全书由古滨统稿，并编写了各章中的大部分习题，同时对各章节做了较大范围的修改和补充。

在本书的策划和编写过程中，得到了西华大学力学教学部、力学实验中心各位老师的关心和支持；得到了西南科技大学陈国平老师的热情支持；得到了西南交通大学沈火明老师和龚辉老师的指导和帮助。西华大学胡文绩等老师也提出了许多好的建议，在此一并表示衷心感谢。

本书提供给广大教师、学生和其他读者朋友，希望能对大家的教与学有所帮助。由于编者水平有限，疏漏和错误在所难免，恳请批评指正。

编者

2011 年 12 月

目录

主要符号表 …… (1)
第1章 绪论·初始概念 …… (3)
1.1 材料力学的任务 …… (3)
1.2 材料力学的力学模型·变形固体·基本假设 …… (5)
1.3 材料力学的研究对象·构件分类·基本变形 …… (6)
1.4 外力、内力、应力概念·单位换算 …… (8)
1.5 位移、变形、应变概念 …… (11)
1.6 材料力学的主要问题·主要方法 …… (12)
1.7 本章知识小结·框图 …… (13)
第2章 直杆·轴向拉压 …… (16)
2.1 轴向拉压的受力特点·变形特征 …… (16)
2.2 轴向拉压时横截面上的内力与内力图·轴力与轴力图 …… (17)
2.3 轴向拉压时截面上的应力 …… (19)
2.4 材料在轴向拉伸和压缩时的力学性能 …… (24)
2.5 许用应力·安全因数·强度条件与强度计算 …… (30)
2.6 轴向拉压时的变形·胡克定律 …… (33)
*2.7 轴向拉压时的应变能 …… (39)
2.8 用变形比较法求解简单杆系超静定问题 …… (41)
*2.9 应力集中的概念 …… (46)
2.10 本章知识小结·框图 …… (47)
第3章 连接件·剪切 圆轴·扭转 …… (54)
3.1 剪切和挤压的概念及实例 …… (54)
3.2 剪切和挤压的强度实用计算 …… (55)
3.3 圆轴扭转的受力特点·变形特征·外力偶矩的换算 …… (59)
3.4 圆轴扭转时横截面上的内力和内力图·扭矩和扭矩图 …… (61)

3.5 薄壁圆筒的扭转 …… (63)
3.6 圆轴扭转时横截面上的切应力·强度条件与强度计算 …… (65)
3.7 圆轴扭转时的变形·刚度条件与刚度计算 …… (70)
*3.8 扭转时的应变能（变形能） …… (73)
*3.9 非圆截面直杆扭转的概念 …… (74)
3.10 开口和闭口薄壁截面直杆自由扭转的概念 …… (76)
3.11 本章知识小结·框图 …… (81)
第4章 截面·平面图形几何性质 …… (88)
4.1 截面图形·形心和静矩 …… (88)
4.2 截面图形·惯性矩和惯性积 …… (91)
4.3 惯性矩和惯性积·平行移轴公式 …… (95)
*4.4 惯性矩和惯性积·转轴公式 …… (98)
4.5 本章知识小结·框图 …… (103)
第5章 直梁·弯曲内力 …… (108)
5.1 平面弯曲和对称弯曲的受力特点·变形特征 …… (108)
5.2 支座及载荷的简化·梁的分类·计算简图 …… (109)
5.3 平面弯曲时梁横截面上的内力·剪力和弯矩 …… (111)
5.4 写内力方程绘制内力图·剪力图和弯矩图 …… (114)
5.5 用分布载荷集度、剪力、弯矩之间微积分关系绘制内力图 …… (118)
5.6 用叠加法绘制弯矩图 …… (123)
*5.7 平面刚架的内力图（轴力图、剪力图和弯矩图） …… (125)
5.8 本章知识小结·框图 …… (127)
第6章 直梁·弯曲应力 …… (132)
6.1 纯弯曲和横力弯曲的概念 …… (132)
6.2 纯弯曲时梁横截面上的正应力 …… (133)
6.3 横力弯曲时梁横截面上的正应力·正应力强度条件与计算 …… (137)
*6.4 横力弯曲时梁横截面上的切应力·切应力强度条件与计算 …… (143)
*6.5 开口薄壁截面梁的弯曲切应力·弯曲中心的概念 …… (149)
6.6 提高梁弯曲强度的主要措施 …… (151)
6.7 本章知识小结·框图 …… (155)
第7章 直梁·弯曲变形 …… (161)
7.1 梁的挠度和转角 …… (161)
7.2 梁的挠曲线近似微分方程 …… (162)

7.3 用积分法求梁的弯曲变形 …… (164)
7.4 用叠加法求梁的弯曲变形 …… (167)
7.5 梁的刚度条件与刚度校核 …… (173)
7.6 用变形比较法求解简单超静定梁 …… (174)
*7.7 梁的弯曲应变能（变形能） …… (179)
7.8 提高梁弯曲刚度的主要措施 …… (182)
7.9 本章知识小结·框图 …… (183)
第8章 应力分析·强度理论 …… (190)
8.1 概 述 …… (190)
8.2 一点的应力状态·应力状态分类 …… (191)
8.3 平面应力状态·应力分析的解析法 …… (193)
8.4 平面应力状态·应力分析的几何法 …… (197)
*8.5 空间应力状态简介 …… (200)
8.6 广义胡克定律 …… (201)
*8.7 复杂应力状态的应变能密度 …… (204)
8.8 强度理论 …… (205)
8.9 本章知识小结·框图 …… (211)
第9章 构件·组合变形 …… (219)
9.1 概 述 …… (219)
9.2 轴向拉压与弯曲的组合 …… (220)
9.3 弯曲与扭转的组合 …… (224)
*9.4 弯弯组合（斜弯曲） …… (229)
9.5 本章知识小结·框图 …… (232)
第10章 压杆·稳定性 …… (239)
10.1 压杆稳定性的概念 …… (239)
10.2 细长压杆的临界压力、临界应力·欧拉公式 …… (240)
10.3 欧拉公式的适用范围·临界应力总图·直线公式 …… (243)
10.4 稳定性计算·安全因数法 …… (246)
*10.5 稳定性计算·折减系数法 …… (249)
10.6 提高压杆稳定性的主要措施 …… (251)
10.7 本章知识小结·框图 …… (252)
*第11章 能量法·超静定 …… (258)
11.1 杆件变形能的计算 …… (258)

11.2 卡氏第二定理·位移计算 …… (261)
11.3 单位载荷法·位移计算 …… (265)
11.4 互等定理·位移计算 …… (269)
11.5 用能量法解超静定结构 …… (271)
11.6 本章知识小结·框图 …… (273)
*第12章 动载荷·动应力 …… (281)
12.1 概 述 …… (281)
12.2 惯性载荷 …… (282)
12.3 冲击载荷 …… (287)
12.4 周期性载荷 …… (296)
12.5 本章知识小结·框图 …… (300)
*第13章 塑性变形·极限分析 …… (307)
13.1 概 述 …… (307)
13.2 杆系·拉压极限分析 …… (309)
13.3 圆轴·扭转极限分析 …… (312)
13.4 直梁·弯曲极限分析 …… (314)
13.5 本章知识小结·框图 …… (322)
附 录 型钢表 …… (327)
分类习题答案 …… (346)
参考文献 …… (360)

主要符号表

1. 英文符号　量的含义

符号	量的含义
A	横截面积、振幅
A_α	α 斜截面面积
A_S	剪切面面积
A_{bs}	挤压面投影面积
a	间距、宽度、加速度
b	宽度、距离
C	质心、重心
D	直径
d	直径、距离、力偶臂
E	弹性模量、杨氏模量
E_k	动能
E_p	势能
e	偏心距
$\boldsymbol{F}$	力
$\boldsymbol{F}_{Ax}$，$_{Ay}$	A 铰处沿 x，y 方向约束反力
$\boldsymbol{F}_{cr}$	临界载荷
$\boldsymbol{F}_d$	动载荷
$\boldsymbol{F}_I$	惯性力
F_u	极限载荷
F_N	轴力、法向约束反力
$\overline{F_N}$	单位载荷引起的轴力
$[F_u]$	许用载荷
$\boldsymbol{F}_P$	集中载荷
$\boldsymbol{F}_R$	合力、主矢
F_S，F_Q	剪力、静滑动摩擦力
$\overline{F_S}$	单位载荷引起的剪力
F_T	拉力
$\boldsymbol{F}_x$，$\boldsymbol{F}_y$，$\boldsymbol{F}_z$	力 $\boldsymbol{F}$ 在 x，y，z 轴上的分量
f	挠度、动摩擦因数、频率
f_S	静摩擦因数
G	切变模量、剪切弹性模量
H，h	高度
I，I_y，I_z	惯性矩
I_P	极惯性矩
I_{yz}	截面对正交 y，z 轴的惯性积
i	惯性半径
K	体积模量
K_d	动荷因数
K_f	理论应力集中系数
k	弹簧常量，弹簧刚度，应变计灵敏因数
L，l	长度、跨度
M_x	扭矩
M，M_y，M_z	外力偶矩、弯矩
$\overline{M}$	单位载荷引起的弯矩
M_e	外力偶矩
M_O	对 O 点的矩
m	质量、外力偶矩
N	循环次数、疲劳寿命
n	转速、螺栓个数
n_s	对应于塑性材料 σ_s 的安全因数
n_b	对应于脆性材料 σ_b 的安全因数
n_{st}、$[n]_{st}$	稳定安全因数

【注】本书各章分类习题中凡标“※”的题目为相对于少、中学时有一定难度的基本部分或专题部分内容；凡标“☆”的题目为专题部分内容，主要供多、中学时选用。

符号	量的含义
P	(输入、输出)功率、重量、外力
p	全应力、压强、内压力
q	载荷集度、广义坐标
r, R	半径、电阻
S, S_y, S_z	静矩、一次矩
s	路程、弧长
T	扭矩、周期、摄氏温度
$\overline{T}$	单位载荷引起的扭矩
t	时间
u	轴向位移、水平位移
$[u]$	许用轴向位移
V	体积
V_ε	应变能
v	速度
v_d	畸变能密度
v_v	体积改变能密度
v_ε	应变能密度
W	力的功、重量、抗弯截面模量
W_i	内力功
W_e	外力功
W_z	抗弯截面系数、抗弯截面模量
W_P	抗扭截面系数、抗扭截面模量
w	挠度
y	挠度

2. 希腊文符号　量的含义

符号	量的含义
α	倾角、角加速度、线膨胀系数
β	角度、表面加工质量系数
γ	角度、切应变、剪应力
δ	厚度、变形、位移、滚阻系数、单位力引起的位移、阻尼系数
δ_x、δ_y	水平位移、铅垂位移
Δ	增量符号、有限增量
Δ	位移、变形
ε	正应变、线应变、尺寸系数
ε_e	弹性应变
ε_p	塑性应变
ε_V	体积应变
$\dot{\varepsilon}$	应变速率
ζ	阻尼比
η	黏度
θ	单位长度扭转角、转角、体积应变
λ	柔度、长细比、压杆轴向位移
μ	长度系数、长度因数
μ, ν	泊松比、横向变形系数
ρ	材料密度、曲率半径
ρg	重度
σ	正应力
σ_a	应力幅
σ_t、σ^+	拉应力
σ_c、σ^-	压应力
σ_m、$\overline{\sigma}$	平均应力
σ_u	极限应力、危险应力
σ_b	强度极限、抗拉强度
σ_{bs}、σ_c	挤压应力
$[\sigma]$	许用应力、许可应力
$[\sigma_t]$、$[\sigma]^+$	许用拉应力
$[\sigma_c]$、$[\sigma]^-$	许用压应力
σ_{cr}	临界应力
σ_d	动应力
σ_e	弹性极限
σ_p	比例极限
σ_{-1}	对称循环时的疲劳极限
$\sigma_{0.2}$	名义屈服极限、条件屈服极限
σ_s	屈服极限、屈服强度
σ_r	相当应力、残余应力、疲劳极限
σ_n	名义应力
τ	切应力、剪应力
τ_u	极限切应力
$[\tau]$	许用切应力、许用剪应力
φ	稳定折减系数
φ、$\Delta\varphi$	扭转变形的扭转角、稳定折减系数
ω	角速度
ω_0	固有角频率

第1章
绪论·初始概念

1.1 材料力学的任务

二维码

力对物体的作用效应分为两种，一种是外效应，即使物体的位置及运动状态发生改变；另一种是内效应，即使物体产生变形或破坏。理论力学研究其外效应，而材料力学研究其内效应。

理论力学的研究对象是不变形的刚体，因此，理论力学是一门研究刚体在各种主动力作用下所产生的外效应的学科。材料力学的研究对象则是变形很小的固体，所以，材料力学（**mechanics of materials**）是一门研究变形固体在外力或温度作用下所引起的内效应的学科。

材料力学是现代工程技术的重要基础，也是所有工科专业学生的必修课程。在工程实际中，常见的高层建筑、桥梁、航空飞机、舰船、高铁、车辆、海洋平台、海底隧道、各类型机械设备等工程结构（见图1.1）都蕴含了无数的力学理论，正是力学理论支撑着它们今天的存在和未来的发展。

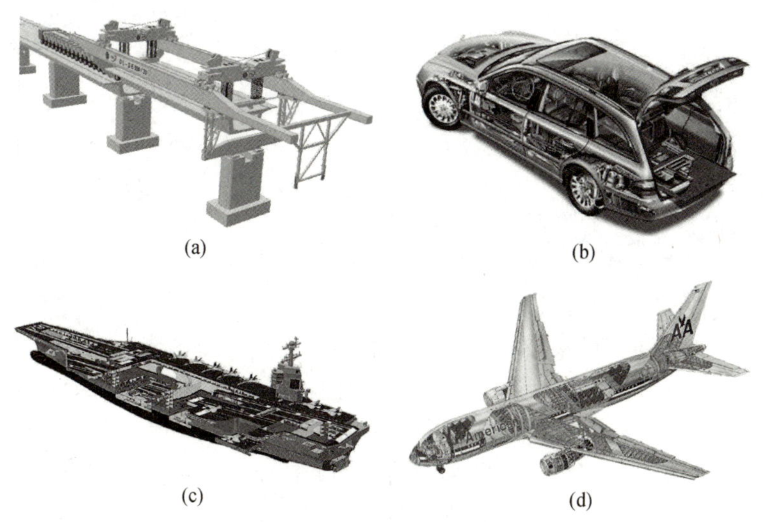

图1.1 工程结构图例

（a）桥梁建筑及架设结构；（b）车辆结构；（c）舰船结构；（d）航空飞机结构

材料力学问题与理论力学问题的主要联系与区别可通过图 1.2 所示的两个托架来简单地加以说明。

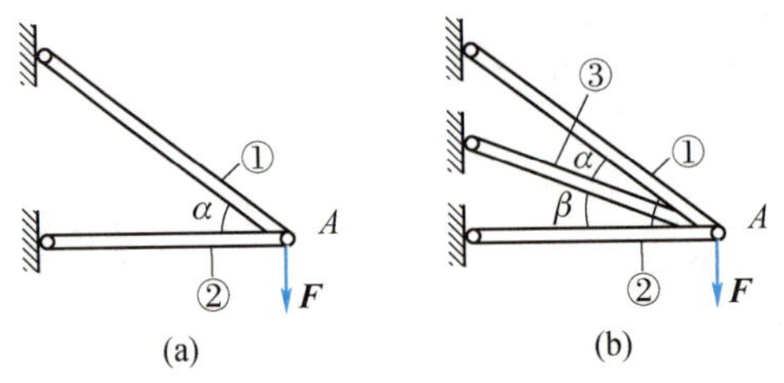

图 1.2　静定与静不定托架结构

图 1.2 中的两个支架，都可能面临以下几个工程实际问题。

（1）求各支座的约束反力。

（2）求各杆的内力。

（3）验证支架是否安全（是否破坏、是否变形过大、受压的杆是否被压弯）。

（4）在保证支架安全的情况下，如何选择各杆的材料？如何确定各杆截面形状及尺寸大小？

（5）在保证支架安全的情况下，如何确定支架节点 A 处所允许的最大载荷 F？

（6）求支架中各杆的变形，以及节点 A 的位移。

对于图 1.2（a）所示的静定支架结构，上述 6 个问题中的前 2 个问题属于理论力学静定问题，它们的求解与杆的材料种类、截面形状大小、杆长等因素无关；而后 4 个问题则属于材料力学所关心的问题，这些问题的求解通常与杆的材料种类、截面形状大小、杆长等因素有关。

对于图 1.2（b）所示的静不定支架结构，则上述所有 6 个问题都属于材料力学所关心的问题，这些问题的求解都与杆的材料种类、截面形状大小、杆长等因素有关。也就是说，理论力学只能识别静不定问题，但不能求解，静不定问题只有通过材料力学才能得以求解。

要保证支架结构的安全，则所有的杆件不能破坏，即要求在载荷作用下所有的构件应该具有足够的抵抗破坏的能力，即应有足够的**强度（strength）**；要保证支架结构的正常工作，则所有的杆件不能有过大的变形，即要求在载荷作用下所有的构件应该具有足够的抵抗变形的能力，即应有足够的**刚度（stiffness）**；要保证支架结构的安全，则支架中的受压杆件（如杆②）不能被压弯，即要求在载荷作用下所有受压杆件应该具有足够的保持原有直线平衡状态的能力，即应有足够的**稳定性（stability）**。

工程上，常把刚度、强度、稳定性这三方面的能力统称为构件的**承载能力**。

工程师设计任何一个工程结构（一座大桥、一栋大楼、一台机器）时，首先应考虑该工程结构中的每一个组成构件都要有足够的承载能力，只有由这样的构件所组成的结构才能安全、可靠、持续、正常地工作。当然，要单纯地提高构件的承载能力，只需片面地增大构件的尺寸、选用好材料等，但往往引起负面的结果，如增加构件自重、耗材耗能、不经济。可见，安全可靠与经济合理显然是对矛盾，合理地解决这对矛盾就是材料力学的具体工作。

材料力学的主要任务是：①研究构件在外力作用下的内力、应力、变形乃至破坏规律；②为合理设计构件提供有关强度、刚度、稳定性分析的基本理论与方法；③测定材料的力学性能、研究新型构件和结构形式、鉴定新材料等。

与理论力学有所不同，材料力学所涉及的概念很多，又不易孤立理解，不适合在首章内进行集中介绍，而应采取逐步引入的方式进行介绍，故本章只是介绍材料力学中的初始概念。

1.2 材料力学的力学模型·变形固体·基本假设

实际构件在外力作用下都会引起几何形状和尺寸大小的改变，即产生变形。为了突出工程构件变形不大的固体特性，通常把变形构件称为**变形固体**。

二维码

实际构件所用的材料存在各种瑕疵，从物质结构到力学性能，在不同位置、不同方向都是有差异的。由于问题的复杂性，在对其进行强度、刚度和稳定性分析之前，需要将变形固体抽象为一种理想的模型。为此，材料力学中对变形固体作出如下基本假设。

1. 连续性假设

假设构件内部的材料是密实的，没有空隙，即材料是连续分布的。

实际材料的微观结构并不处处都是连续的，都存在不同程度的微小空隙，因其极微小，所以可以忽略不计，这是对工程材料的宏观性质所作的抽象和概括。根据这一假设，描述构件受力和变形的一些物理量（如各点的位移），都可以表示为各点坐标的连续函数，便于利用高等数学中的微积分方法进行处理。

2. 均匀性假设

假设材料质量的分布是均匀的，各点处材料的力学性能完全相同，构件内的任一位置的力学性能都能代表整个构件的力学性能。根据这一假设，可在构件中截取任意微小部分进行研究，然后将所得的结论推广到整个构件。材料的力学性能是指材料在外力作用下所表现的机械性能。

3. 各向同性假设

假设变形固体内同一点在所有方向上均具有相同的物理和力学性能。

从微观上讲，大多数工程材料不是各向同性的。例如，金属材料中每个单晶粒的力学性能是有方向性的，呈各向异性，但由数量极多的晶粒聚集形成金属块体时，因排列无序，所以从统计平均值的观点可以将其假设为各向同性材料。

这个假设并不适用于所有的材料，如木材、胶合板、纤维增强复合材料等，这些材料属于各向异性材料。本书只研究各向同性材料。

4. 小变形假设

工程中，大多数构件在载荷作用下都会引起几何形状和尺寸大小的改变，如果改变量与构件本身的原始尺寸相比是一个很微小的量，则称这种变形为**小变形**。在研究构件的平衡和运动等外效应问题时，均可忽略这种小变形量，按构件的原始尺寸进行计算。

材料力学在大部分情况下都将研究限于小变形范围之内，这是缘于下列三方面的考虑：

（1）大部分承力的工程构件在工作条件下产生的变形，与构件的原始尺寸相比很小；

（2）在小变形条件下，变形与载荷呈线性关系；

（3）在小变形条件下，很多材料的物性呈线弹性关系。

综上所述，材料力学的**力学模型**为连续、均匀、各向同性且限于小变形的变形固体，而非刚体。

材料力学所研究的构件，其变形均属于小变形范围。例如，国家规范要求，土木工程中一般简支梁在受力后中点的垂直位移不超过简支梁全长的千分之几。尽管变形固体的变形很小，但它与构件的强度、刚度、稳定性等问题密切相关，此时必须考虑。而在研究构件的平衡和运动等外效应问题时，则可忽略这种小变形量，按构件的原始尺寸进行计算，使计算大为简化。

1.3 材料力学的研究对象·构件分类·基本变形

实际构件按其几何特征可分为杆件、板、壳和块体。材料力学的研究对象主要是各类杆件，而板、壳和块体通常归为弹性力学的研究对象。

所谓**杆件**是指其一个方向的尺度远大于其他两个方向的尺度。杆件内与杆长方向垂直的截面称为**横截面**，各横截面形心的连线称为**轴线**。杆件轴线为直线的称为**直杆**，横截面相同的直杆称为**等截面直杆**，简称**等直杆**。杆件轴线为曲线、折线的分别称为曲杆和折杆。横截面不同的称为变截面杆（包括截面突变和截面渐变两类），如图1.3所示。材料力学的基本理论主要建立在等直杆（等截面直杆）的基础上。

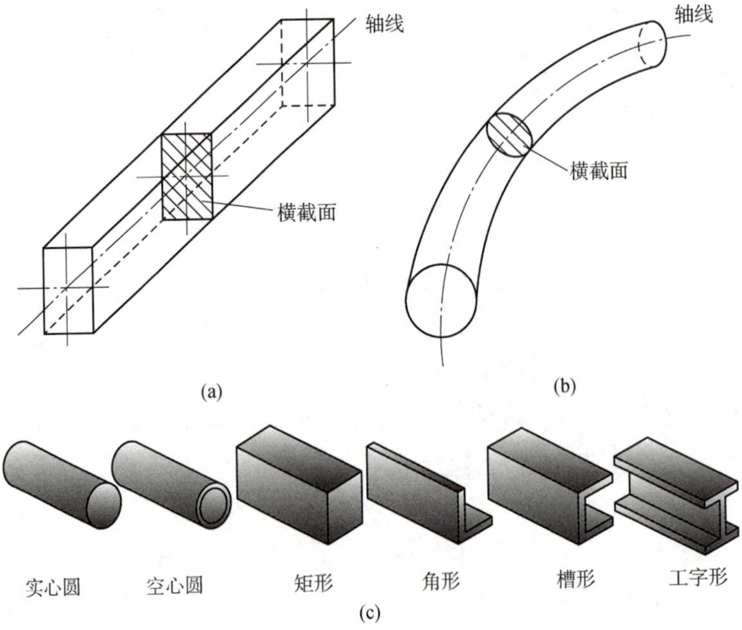

图1.3　杆件的特征与工程上常见的等直杆

（a）等截面直杆；（b）变截面曲杆；（c）工程上常见的等直杆

杆件在不同外力的作用下产生的变形形式是不同的，但可归纳为以下 4 种基本变形形式（轴向拉伸或压缩、剪切、扭转和弯曲）或是它们的组合变形形式。

1. 轴向拉伸或压缩

当杆件受到的所有外力的作用线（包括局部外力的合力作用线）与杆件轴线重合时，杆件将产生轴向伸长或缩短变形。**最简单的情形**：当杆两端承受一对大小相等、方向相反的轴向外力作用时，杆件将产生轴向伸长或缩短变形，如图 1.4（a）、(b) 所示。更一般的情形将在第 2 章中介绍。

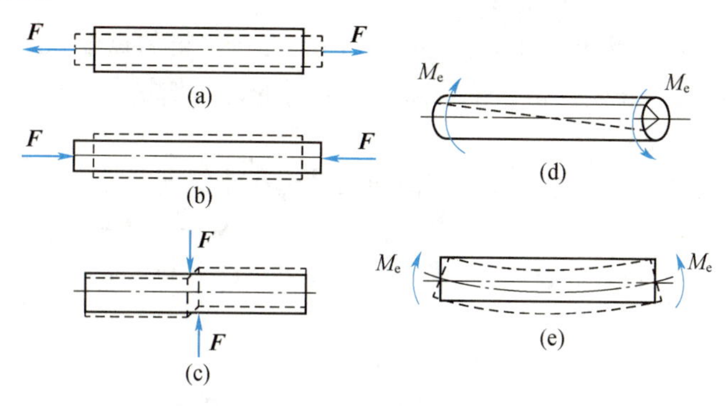

图 1.4 四种基本变形的受力特点与变形特征

(a) 轴向拉伸；(b) 轴向压缩；(c) 剪切；(d) 扭转；(e) 弯曲

2. 剪切

当杆件受到与轴线垂直的横向外力时，杆件的相邻横截面将发生相对错动。**最简单的情形**：当杆件受到一对等值、反向、相距很近的横向外力作用时，力所作用的两个横截面（受剪面）将分别沿力的方向产生位移，使杆件左右两部分产生相对错动，如图 1.4（c）所示。更一般的情形将在第 3 章中介绍。

3. 扭转

当杆件在其横截面内受到外力偶作用时，杆件所有横截面将绕轴线发生转动。**最简单的情形**：当杆件受到一对力偶矩相等、转向相反位于横截面内的力偶作用时，杆件内任意两个横截面将绕轴线发生相对转动，如图 1.4（d）所示。更一般的情形将在第 3 章中介绍。

4. 弯曲

当杆件在其纵向平面内受到外力偶作用时，杆件所有横截面将绕垂直于杆件轴线的轴发生转动，同时其轴线将变成曲线。**最简单的情形**：当杆件的两端受到一对位于纵向平面内的转向相反、力偶矩相等的力偶作用时，所有横截面将绕垂直于杆件轴线的轴发生转动，如图 1.4（d）所示。更一般的情形将在第 5、6、7 章中介绍。

1.4　外力、内力、应力概念·单位换算

1. 外力

杆件的外力主要指作用在杆件上的**载荷**（load）和**约束反力**（reaction）。约束反力可以利用理论力学中的静力平衡方程求解。

外力按其作用的方式可分为**体积力**和**表面力**。

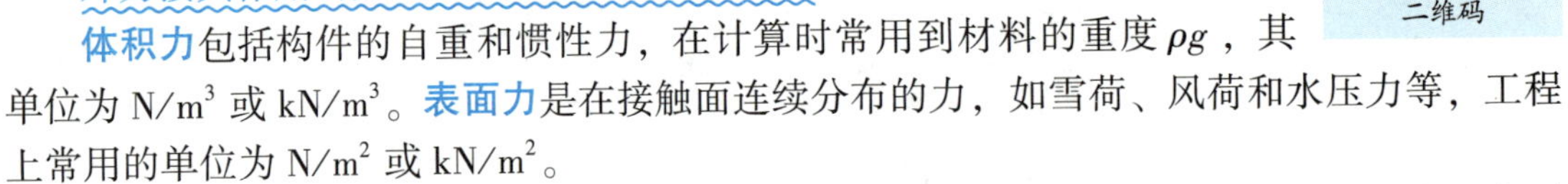

体积力包括构件的自重和惯性力，在计算时常用到材料的重度 ρg，其单位为 N/m^3 或 kN/m^3。**表面力**是在接触面连续分布的力，如雪荷、风荷和水压力等，工程上常用的单位为 N/m^2 或 kN/m^2。

由于材料力学主要研究的是杆件，其横向尺寸远小于纵向尺寸，因此体积力和表面力可以简化为**线分布力**，用分布力集度 q 来表达，其单位为 N/m 或 kN/m。

分布力作用的面积与构件面积相比非常小时，可将此分布力简化为作用在一点上，称为**集中力**，单位为 N 或 kN。

外力按是否随时间变化，可分为**静载荷**和**动载荷**。

静载荷是指缓慢地由 0 增加到一定数值后，保持不变或变动不大的载荷。例如，水库中静水对坝体的压力、挡土墙承受的土压力、建筑物上的雪载荷等。做实验时，按国家标准规定的速率加在试样上的载荷，可视为静载荷。**动载荷**是指随时间的改变有明显数值变化的载荷，又可分为**惯性载荷、冲击载荷、交变载荷**。例如，人在电梯中因电梯加速上升产生的载荷属于惯性载荷；汽车在行进中因碰撞而产生的载荷属于冲击载荷；火车在快速行进中，车厢加在车轴上的载荷属于交变载荷。动载荷将在本书第 12 章中讨论，其余章节只涉及静载荷。

2. 内力

材料力学中的**构件内力**是指在外力作用下，引起构件内部相互作用的力，而非分子之间的凝聚力；构件内力可以利用理论力学静力学的截面法来进行求解。内力与构件的强度、刚度、稳定性密切相关，所以在研究构件各种基本变形时，应当首先研究内力。

图 1.5（a）所示为一般情形下的杆件。若 $m—m$ 截面上内力为空间分布力系（见图 1.5（b）），将其向截面形心 O 点简化的结果为一个力 F_R'、一个力偶 M_O（见图 1.5（c）），分别将其沿 3 个坐标轴分解，就得到最一般的情形下 $m—m$ 截面上的 6 项内力分量，如图 1.5(d)所示。

一般情形下，杆件横截面上的 6 项内力分量分别为：F_{Nx}、F_{Sy}、F_{Sz}、M_x、M_y、M_z。

F_{Nx} 是与轴线重合的内力分量，称为**轴力**（简写为 F_N），使杆件产生轴向变形。

F_{Sy}、F_{Sz} 是与横截面相切的两个内力分量，称为**剪力**（简写为 F_S），使杆件产生剪切变形。

M_x 是横截面上的力偶内力分量，称为**扭矩**（简写为 T），使杆件产生扭转变形。

M_y、M_z 是纵向平面上的两个力偶内力分量，称为**弯矩**（简写为 M），使杆件产生弯曲变形。

以上各项内力分量在材料力学中的正、负号规定及使用符号等将在后续章节中逐一论述。

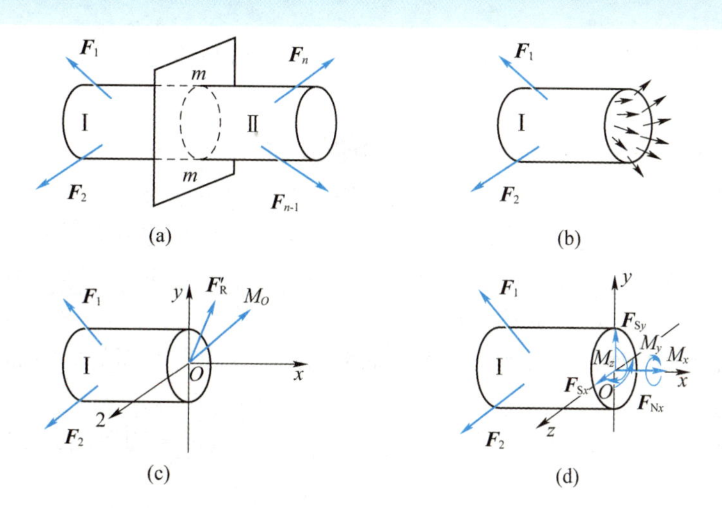

图 1.5　一般情形下杆件横截面上内力分量

求内力的基本方法为截面法，截面法求内力步骤如下。

（1）截开： 用假想平面将物体从需要求内力的 $m—m$ 截面处截开，分为Ⅰ、Ⅱ两个部分，如图 1.5（a）所示。

（2）代替： 任取其中一部分（如取第Ⅰ部分）作为研究对象，画上所有的外力，并在 $m—m$ 截面上用相应的内力分量来代替弃去的第Ⅱ部分对它的作用，如图 1.5（d）所示。

（3）平衡： 由已知载荷和已求得的约束反力，建立第Ⅰ部分的平衡方程，求出相应内力分量。

【例 1.1】 用截面法求图 1.6（a）所示折杆在 D 截面的内力，已知 $F_{P1}=F_{P2}=F_{P3}=F$。

【解】 用假想的平面在 D 处截开，取第Ⅱ部分为研究对象，画上所有外力 F_{P2}、F_{P3}，D 截面上有 3 个内力分量，这类似于固定端约束，暂按理论力学的习惯假设画出 F_{Nx}、F_{Sy}、M_z，如图 1.6（b）所示。注意：在图 1.6（b）中的虚线框内的 3 个内力分量是用材料力学的正向规定的表达方式，这将在后续章节中逐一介绍。

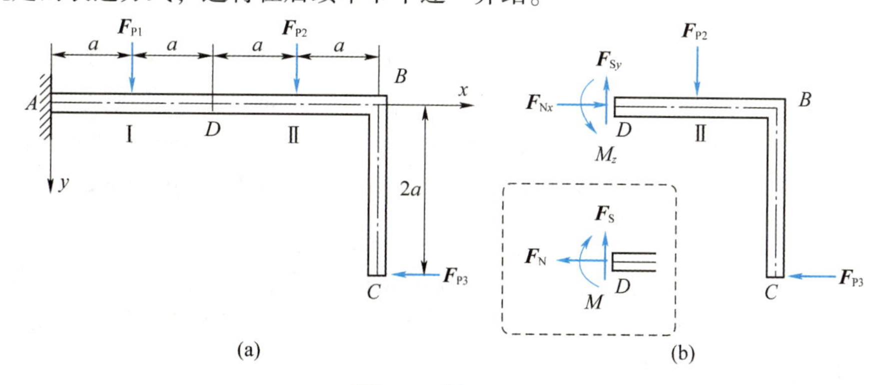

图 1.6　例 1.1 图

列出第Ⅱ部分的静力平衡方程并求解：

$$\sum F_x=0 \qquad F_{Nx}-F_{P3}=0 \qquad F_{Nx}=F_{P3}=F$$

$$\sum F_y=0 \qquad F_{P2}-F_{Sy}=0 \qquad F_{Sy}=F_{P2}=F$$

$$\sum M_D(F)=0 \qquad M_z-aF_{P2}-2aF_{P3}=0 \qquad M_z=3aF$$

当然，本题也可通过取第Ⅰ部分来求内力，但需先取整体为对象求出 A 端的约束反力。

3. 应力

由内力计算可知，静定结构的内力只与截面位置和外力因素有关，而与横截面的大小形状无关。两根材料相同、横截面大小不同的杆件，在内力相等的情况下，肯定是横截面较小的那根杆件首先破坏。因此，仅靠内力还不能确定构件的承载能力，还不足以描述构件的强度，需要进一步研究内力在截面上一点处的密集程度（内力集度），即**应力**（stress）。一般地，内力集度越大，构件破坏的可能性越大。

若内力在截面上是均匀分布的，那么截面上的内力除以此截面的面积等于单位面积上的内力，称为应力。

一般情况下，内力并非均匀分布。截面上围绕 M 点取微小面积 ΔA（见图 1.7），设 ΔA 上分布内力的合力为 ΔF，则

$$p_{\mathrm{m}} = \frac{\Delta F}{\Delta A} \tag{1.1}$$

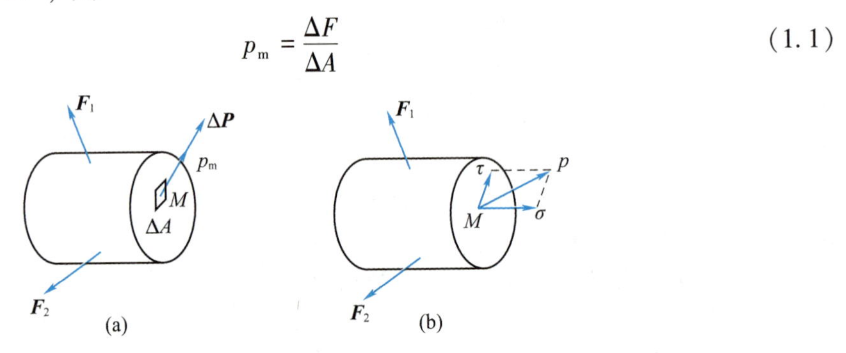

图 1.7　全应力 p 与正应力 σ、切应力 τ

p_{m} 称为 ΔA 上的平均应力，其大小及方向随 ΔA、ΔF 而改变，当 ΔA 趋于无穷小时，上述平均应力 p_{m} 趋于一极限值，即

$$p = \lim_{\Delta A \to 0} \frac{\Delta F}{\Delta A} \tag{1.2}$$

p 称为 M 点的**全应力**。通常将全应力 p 正交分解为两个分量，一个是沿截面法向方向的**正应力**（normal stress）σ，一个是与截面相切的**切应力**（shear stress）τ，切应力也称**剪应力**。

应力的单位：在国际单位制中用 Pa（帕斯卡）、MPa（兆帕）、GPa（吉帕），而在工程上最常用 MPa。$1\ \mathrm{Pa} = 1\ \mathrm{N/m^2}$，$1\ \mathrm{MPa} = 10^6\ \mathrm{Pa} = 1\mathrm{N/mm^2}$，$1\ \mathrm{GPa} = 10^3\ \mathrm{MPa}$。

4. 单位换算

在后续章节各类承载能力相关计算中单位的正确换算非常重要，为此请特别注意理解 $1\ \mathrm{MPa} = 1\ \mathrm{N}/1\ \mathrm{mm^2}$、$1\ \mathrm{N} = 1\ \mathrm{MPa} \times 1\ \mathrm{mm^2}$、$1\ \mathrm{mm^2} = 1\ \mathrm{N}/1\ \mathrm{MPa}$ 的含意。其中，强度三方面相关计算的单位换算如图 1.8 所示。

比如：若［力］的单位为 N、［长度］的单位换算为 mm，则［应力］的单位必为 MPa；若［应力］的单位为 MPa、［长度］的单位换算为 mm，则［力］的单位必为 N；若［应力］的单位为 MPa、［力］的单位换算为 N，则［长度］的单位必为 mm。

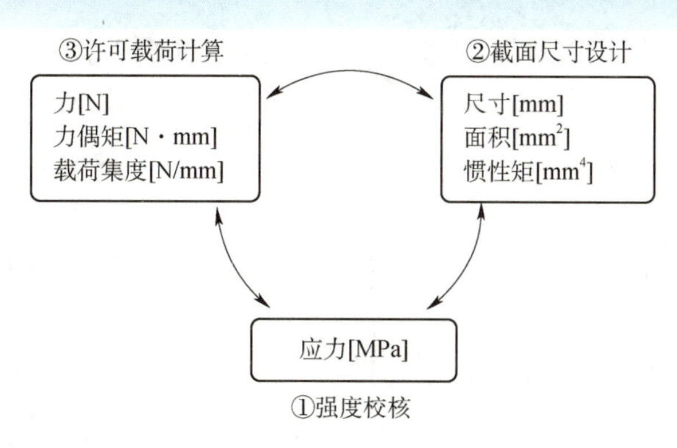

图 1.8 强度三方面计算中的单位换算示意图

1.5 位移、变形、应变概念

构件因受力引起的形状和尺寸的改变称为**变形**（deformation），怎样描述它呢？首先需要定义两个基本量：其一，构件内任意一点的位置将发生移动，这种点的位置的移动量称为**线位移**；其二，构件内的任一线段（或任一平面）将发生转动，这种线段或平面的转动角称为**角位移**。

例如，图 1.9 中原来的 A 点、B 点分别移到 A' 点、B' 点，原来的 AB 线段转过一个角度 α 到 $A'B'$ 位置。AA' 为 A 点的线位移，BB' 为 B 点的线位移，角 α 为线段 AB 的角位移。

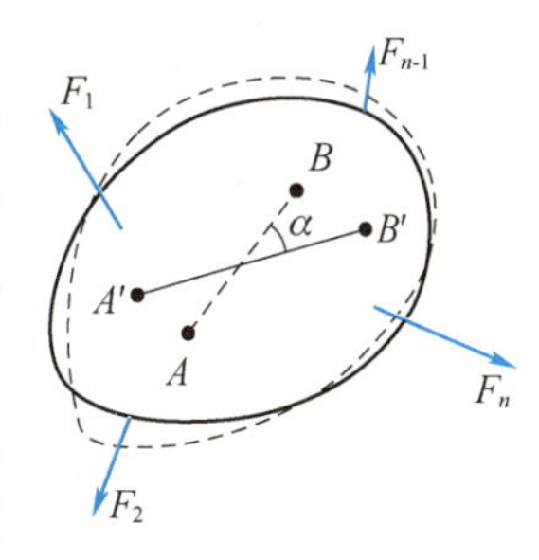

图 1.9 线位移与角位移

线位移和角位移并不足以完全表示变形（因为构件没有变形，做刚体运动时也会产生线位移、角位移），但可用线段伸长和缩短、角度的扩大和缩小来描述物体的变形，这样，称线段长度的改变为**线变形**，角度的改变叫**角变形**。在后续各章中杆件的主要变形一般用轴线上某点的**线位移**和横截面的**角位移**来度量。

由于材料力学研究的对象是均匀连续的，因此可以将物体视为由许多微小的正六面体组成。对于图 1.10（a）所示的一个微小正六面体，其变形可通过两个方面来描述：①棱边长度的改变；②两正交棱边之间直角的改变。

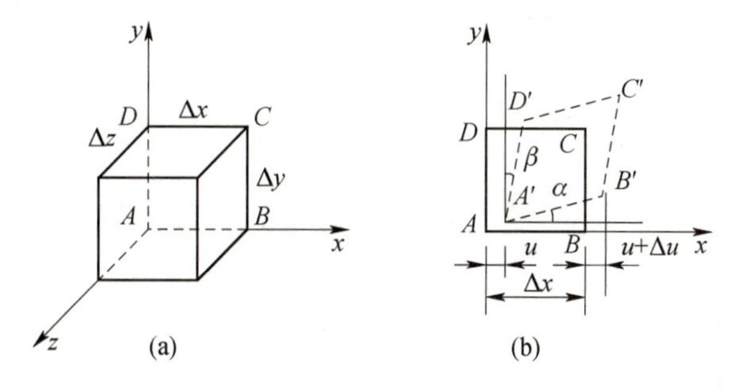

图 1.10 微小正六面体的变形与位移

先由图 1.10（b）观察微小矩形平面 $ABCD$ 的线变形情况。设棱边线段 AB 原长为 Δx，

设 A 点移到了 A' 点，沿 x 方向的位移为 u；设 B 点移到了 B' 点，沿 x 方向的位移为 $u+\Delta u$。则 AB 线段伸长量在 x 方向的投影为 $[(\Delta x+u+\Delta u)-u]-\Delta x=\Delta u$。

如果 AB 线段上，线变形是均匀的，则称 $\frac{\Delta u}{\Delta x}=\varepsilon_{xm}$ 为 AB 线段沿 x 方向的平均线应变（单位长度的线变形）。

如果 AB 线段上各点的变形程度不同，则

$$\varepsilon_x=\lim_{\Delta x\to 0}\frac{\Delta u}{\Delta x}=\frac{\mathrm{d}u}{\mathrm{d}x} \tag{1.3}$$

式中：ε_x 称为 A 点沿 x 方向的线应变（或称正应变），线应变是量纲为1的量。若过 A 点沿 x，y，z 3个方向的线应变 ε_x、ε_y、ε_z 都已知，则过 A 点沿任一方向的线应变均可推出。

再由图1.10（b）观察矩形平面 $ABCD$ 的角变形情况。矩形的相互正交的两棱边 AB 与 AD 间直角的改变量为 $\gamma=\angle BAD-\angle B'AD'$，即

$$\gamma=\frac{\pi}{2}-\left[\frac{\pi}{2}-(\alpha+\beta)\right]=\alpha+\beta \tag{1.4}$$

γ 称为过 A 点两个相互正交平面间的切应变（或称剪应变、角应变），切应变为无量纲量，其单位为弧度（rad）。

当微小正六面体的各棱边长度趋于0时，3个相互垂直方向上的线应变与3个相互垂直平面上的切应变就共同描述了一点（A 点）的应变情况。当每一点的应变情况都知道后，整个物体的变形也就确定了。

1.6 材料力学的主要问题·主要方法

材料力学主要研究的问题：①杆件的拉伸问题；②杆件的扭转问题；③梁的弯曲问题；④压杆的稳定问题；⑤疲劳强度问题。

材料力学主要的研究方法：分为实验研究方法和理论分析方法两类。其中，理论分析方法有：

（1）简化计算方法，包括载荷简化、约束方式简化、物理关系简化、结构形状简化等；

（2）静力平衡方法，若杆件整体平衡，则其上任何局部都平衡；

（3）变形协调分析方法，对于弹性构件或结构，其各部分变形之间必须满足相应协调条件；

（4）能量方法，将能量守恒定律、虚位移原理、最小势能原理等应用于杆件或杆件系统，得到的若干分析与计算方法；

（5）叠加方法，在线弹性和小变形的条件下，作用在杆件或杆件系统上的载荷所产生的某些效应是载荷的线性函数，因而力的独立作用原理成立；

（6）类比法，当一些量之间的关系与另一些量之间的关系彼此相似时，可通过类比或比拟的方法来帮助理解较复杂的情形。

本章介绍的材料力学的若干初始概念只是材料力学的部分基本概念，而不是材料力学的全部基本概念，随着后续章节的展开，将会陆续引入更多的基本概念。

［专业差别提示①］：

《材料力学》教材通常分为两类：机械类和土建类。因专业习惯不同而存在一些习惯规定上的差异。本书采用机械类的习惯表达方式。书中凡涉及这两类教材有差异的地方，都在相应处给出［专业差别提示］，并加以编号。

1.7　本章知识小结·框图

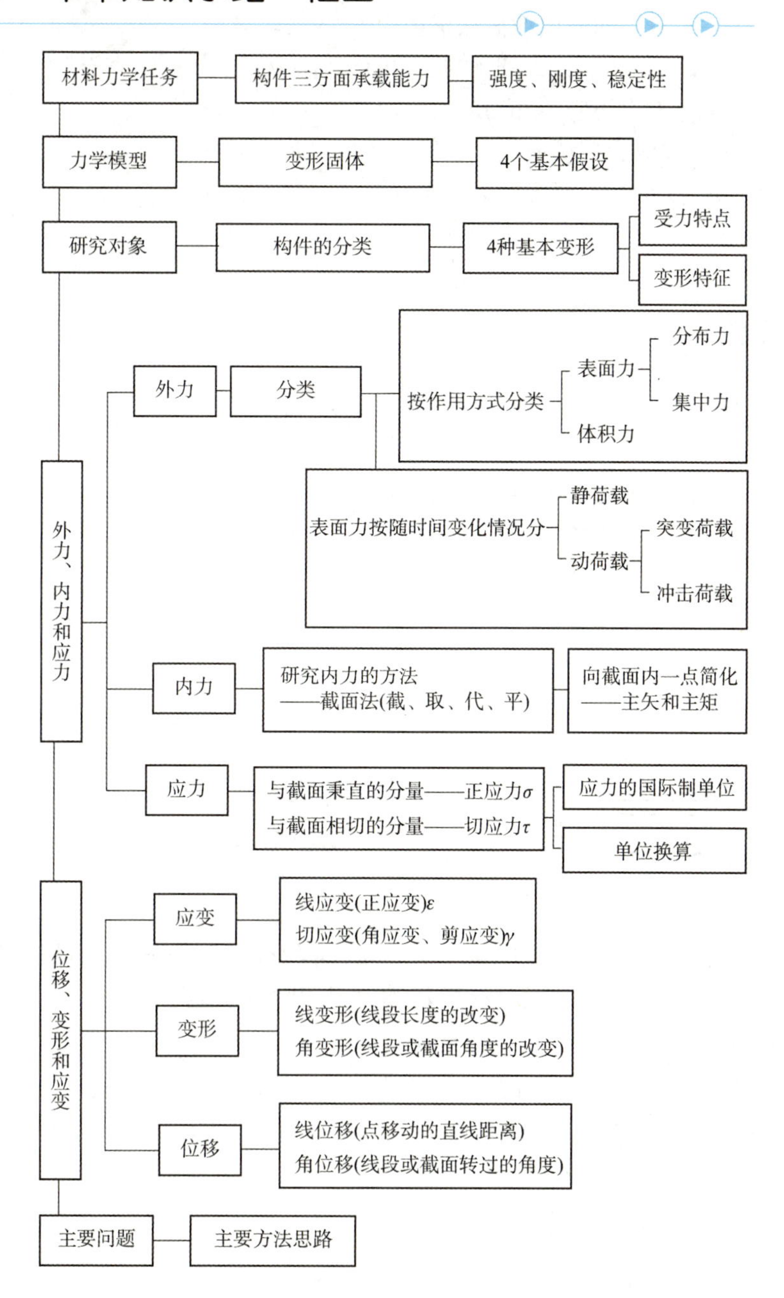

思考题

思 1.1　理论力学和材料力学的研究对象的主要区别是什么?

思 1.2　构件的承载能力指什么? 什么是构件的强度、刚度与稳定性?

思 1.3　均匀性假设与各向同性假设的区别在哪里? 怎样理解小变形?

思 1.4　理论力学中力的可传性、力的平移定理可用于材料力学中吗?

思 1.5　杆件有几种基本变形? 其受力和变形的特点是什么?

思 1.6　集中力与分布力有何区别? 静载荷与动载荷有何区别?

思 1.7　什么是内力? 如何用截面法求内力?

思 1.8　杆件横截面上的内力一般情况下可用几个分量表示?

思 1.9　什么是应力、正应力和切应力? 应力的单位是什么?

思 1.10　什么是线应变、切应变? 它们的单位是什么?

思 1.11　位移、变形和应变之间的区别和联系是什么?

思 1.12　材料力学主要研究什么问题?

分类习题

【1.1 类】计算题（用截面法求构件指定截面的内力）

题 1.1.1　已知 F、α、l、a，试求 A 端约束反力，并用截面法求图示悬臂梁中 $m—m$ 截面上的内力。(可暂用理论力学的符号规则)

题 1.1.2　试用截面法求图示结构 $m—m$ 和 $n—n$ 两截面上的内力。(可暂用理论力学的符号规则)

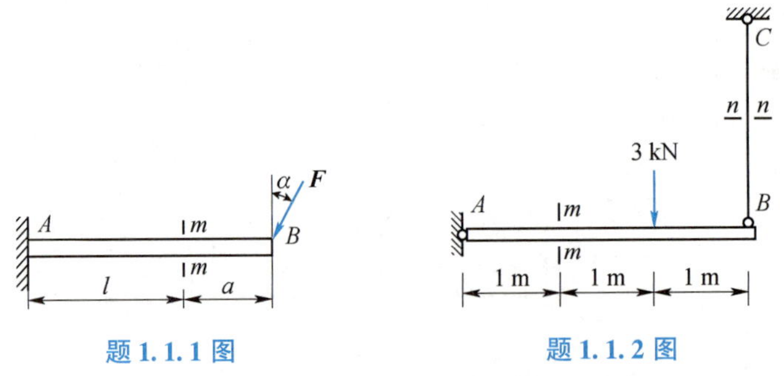

题 1.1.1 图　　　　题 1.1.2 图

题 1.1.3　在图示简易吊车的横梁 AB 上，力 F 可以左右移动。试用截面法求截面 1—1 和 2—2 上的内力及其最大值。(可暂用理论力学的符号规则)

【1.2 类】计算题（求线应变、切应变）

题 1.2.1　图示刚性梁 ABC，A 端为铰支座，B 和 C 点由钢索吊挂，在 H 点的力 F 作用下引起 C 点的铅垂位移为 10 mm [或：　　]。试求钢索 CE 和 BD 的线应变。

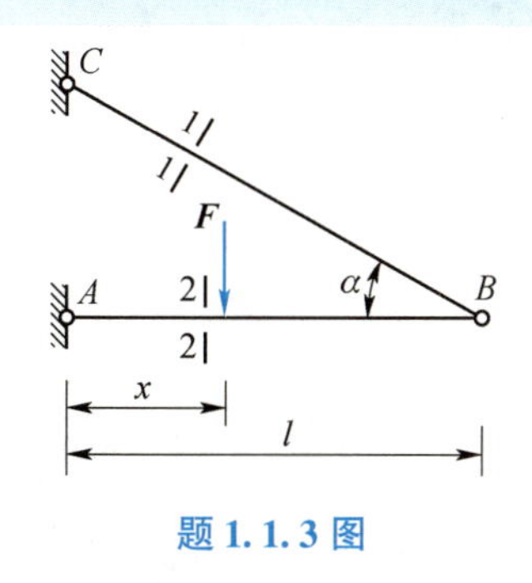

题 1.1.3 图

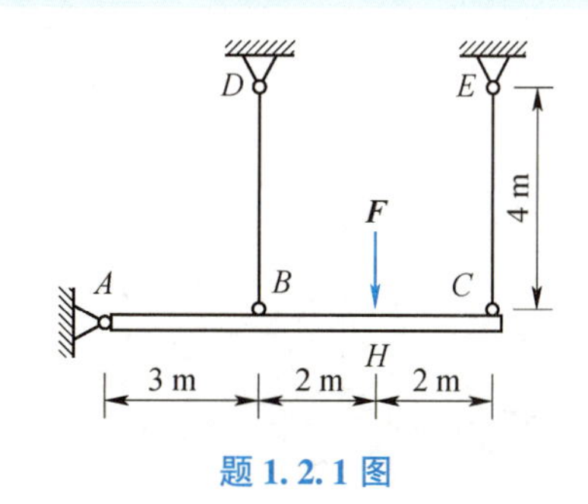

题 1.2.1 图

※题 1.2.2　图示矩形薄板未变形前长为 l_1、宽为 l_2，变形后长、宽分别增加了 Δl_1 和 Δl_2。试求沿对角线 AC 的线应变。

※题 1.2.3　图示四边形平板变形后成为平行四边形（虚线），四边形 AD 边保持不变。试求：(1) 沿 AB 边的平均线应变；(2) A 点的切应变。

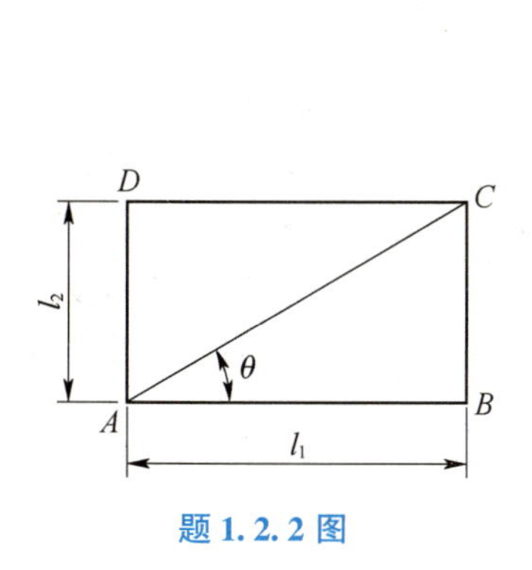

题 1.2.2 图

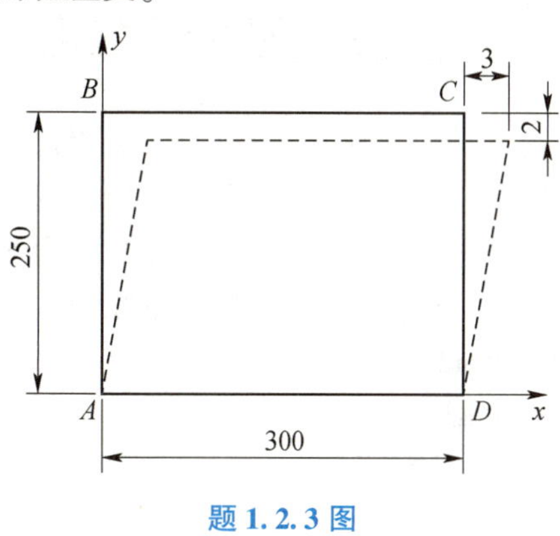

题 1.2.3 图

第 2 章
直杆·轴向拉压

2.1　轴向拉压的受力特点·变形特征

实际工程中存在很多受拉或受压的杆件。例如，连接两个工件的紧固螺栓受轴向拉力或压力（见图 2.1）；由气缸、活塞、连杆所组成的机构中，带动活塞运动的连杆 AB 在油压和工作阻力作用下受拉压变形（见图 2.2）；悬臂吊车的压杆 AB 在压力作用下产生压缩（见图 2.3）。此外，起重机钢索在起吊重物时，拉床的拉刀在拉削工件时，都承受拉力；而千斤顶的螺杆在顶起重物时、内燃机连杆工作时则产生压缩。至于房屋和桥梁桁架结构中的杆件等则不是受拉就是受压（见图 2.4）。

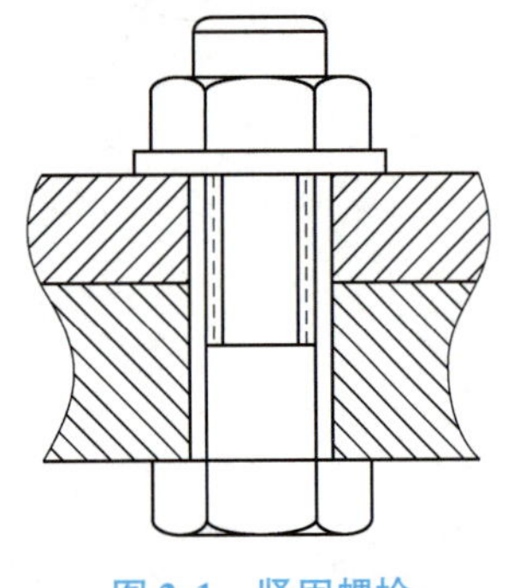

图 2.1　紧固螺栓

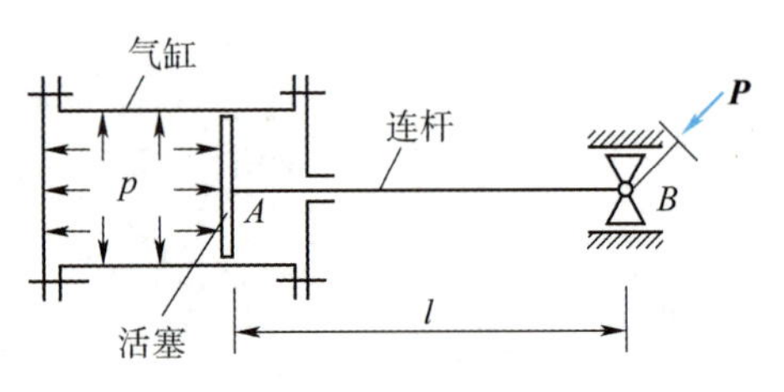

图 2.2　连杆机构

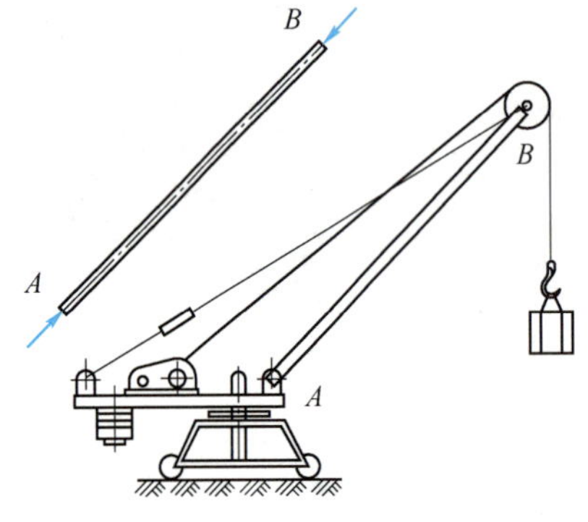

图 2.3　吊车系统

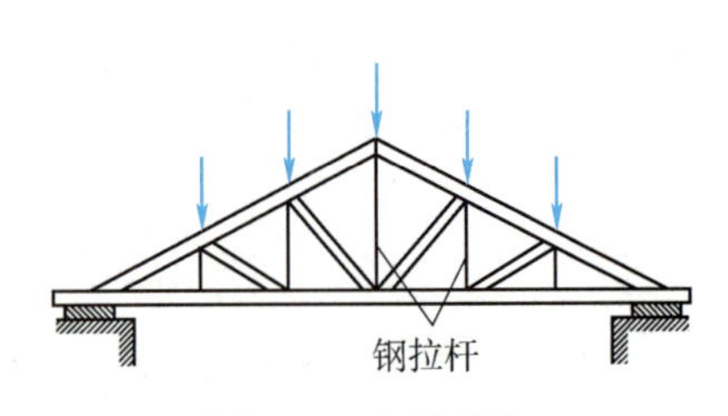

图 2.4　房屋结构

实际工程中这些受拉或受压的杆件，只要其受力特点、变形特征与下面相符就属于轴向拉伸或轴向压缩（简称轴向拉压）。

受力特点：作用于杆件上的每个外力的作用线（包括局部外力的合力作用线）与杆件的轴线重合。

变形特征：杆件产生轴向伸长或轴向缩短变形。

轴向拉压最简单的情形：杆件两端承受一对大小相等、方向相反的轴向外力作用，如图2.5所示。图中的实线表示受力前的形状，虚线表示受力变形后的形状。

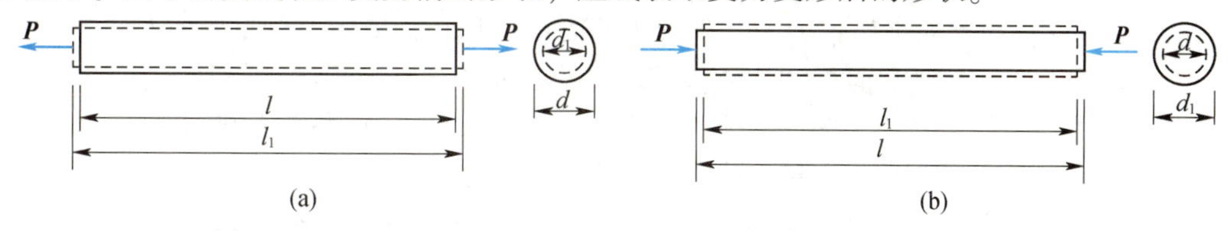

图2.5　轴向拉压的受力特点与变形特征

（a）轴向拉伸；（b）轴向压缩

2.2　轴向拉压时横截面上的内力与内力图·轴力与轴力图

2.2.1　内力·轴力

物体受到外力作用而变形时，其内部各质点之间的相对位置会发生变化，相应地，各质点间的相互作用力也随之发生变化。这种由外力作用引起的质点间相互作用力的改变，就是材料力学中所要研究的内力。由于假设物体是均匀连续的可变形固体，因此在物体内部相邻两部分之间相互作用的内力，实际上是一个连续分布的内力系，而将分布内力系的合成（力或力偶），简称为内力。简言之，内力是指在外力作用下，构件内部相邻部分之间分布内力系的合成，而非分子之间的凝聚力。内力与构件的强度、刚度、稳定性密切相关，所以在研究构件各种基本变形时，应当首先研究内力。

当外力沿着杆件的轴线作用时，其横截面上将产生沿轴线方向的内力，其内力的合力，用F_N来表示，习惯上称为轴力。为了显示这种内力，用$m—m$横截面假想地把杆件分为两部分（见图2.6（a）），然后研究其中任意部分的平衡，求出轴力的大小和方向。根据作用与反作用定律可知，杆件左右两段在横截面$m—m$处的轴力必然等值反向（见图2.6（b）、图2.6（c））。

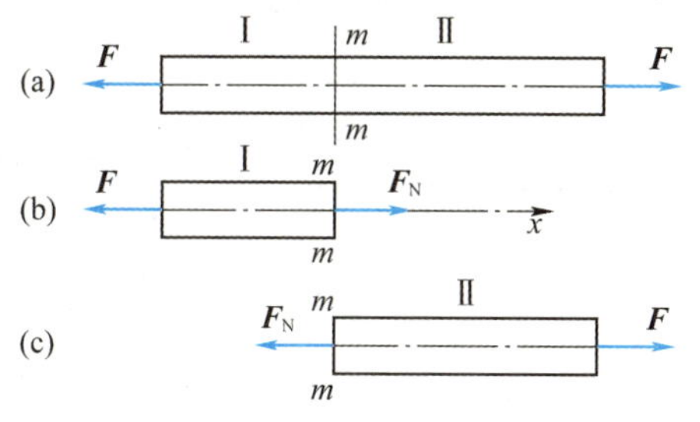

图2.6　截面法与受力图及轴力符号规定

材料力学中，轴力的正、负号的规定：使杆件产生拉伸变形的轴力为正，产生压缩变形的轴力为负。这样，无论取左段或右段为研究对象，可以保证同一个截面所得轴力不仅数值相等，而且符号一致。轴力的大小可以由横截面左段或右段的平衡条件来确定。

如在图2.6中取左段Ⅰ为研究对象（也可取右段Ⅱ），受力图如图2.6（b）所示，且将轴力按正向规定画出，则由

$$\sum F_x = 0 \quad F_N - F = 0$$

得
$$F_N = F \tag{a}$$

上述计算杆件横截面上的轴力的过程称为**截面法**，其计算步骤简单归纳如下。

（1）截开。用假想横截面将杆件从待求轴力截面处断开。

（2）代替。保留其中任意部分为研究对象，分析受力。注意在截开的横截面处，一般用正向规定表示的轴力代替截掉部分对保留部分的作用力。

（3）平衡。建立保留部分的平衡条件，求解轴力。应该注意，截开面上的内力对留下部分而言属于外力。

在应用截面法时需要注意以下两点。

（1）外载荷不能沿其作用线移动。因为材料力学中研究的对象是可变形体，不是刚体，所以力的可传递性不成立。

（2）截面不能切在外载荷作用点处，要离开或稍微离开作用点处。依据圣维南原理，力作用在构件某一位置上的方式不同，只会影响与作用点距离不大于构件横向尺寸的范围。

2.2.2 内力图·轴力图

若作用在杆件上的轴向外力超过两个，则在杆件各横截面上的轴力不尽相同。为了形象地表示各截面上的轴力沿轴线的变化规律，常取与轴线平行方向的坐标轴表示横截面的位置，以垂直于杆件轴线的坐标轴表示对应截面上的轴力的大小，将轴力用图线表达出来，这种图线称为轴力图。下面以例题来说明。

【例2.1】 某左端固定，右端自由的轴向受力杆件如图2.7（a）所示，$P_1 = 5$ kN，$P_2 = 10$ kN，$P_3 = 10$ kN，试求：（1）横截面1—1、2—2、3—3上的轴力，（2）画出杆件的轴力图。

【解】（1）为了计算轴力，首先求支座反力 F_A。

以整体为研究对象，设支座反力 F_A 方向如图2.7（b）所示。

由 $$\sum F_x = 0 \quad -P_1 + P_2 - P_3 - F_A = 0$$

得
$$F_A = -P_3 - P_1 + P_2 = -5\ \text{kN} \tag{a}$$

式中：负号表示与假设的方向相反。

计算1—1截面上的轴力。用截面法，沿1—1截面将杆件分成两段，取横截面左段为研究对象，画出其受力图（见图2.7（c）），用 F_{N1} 表示右段对左段的作用力。

由 $$\sum F_x = 0 \quad F_{N1} - F_A = 0$$

得
$$F_{N1} = F_A = -5\ \text{kN} \tag{b}$$

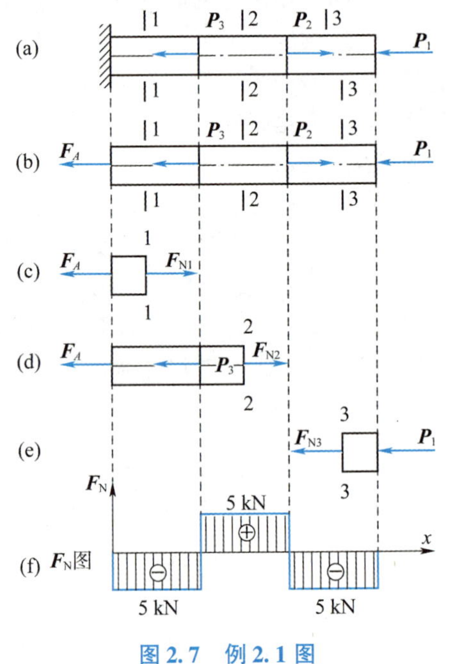

图2.7 例2.1图

式中：负号表示轴力与假设方向相反，为压力。

计算2—2截面上的轴力，取2—2截面左段为研究对象，画出其受力图（见图2.7（d）），用 F_{N2} 表示左段对右段的作用力。

由
$$\sum F_x = 0 \quad F_{N2} - P_3 - F_A = 0$$
得
$$F_{N2} = F_A + P_3 = +5\ \text{kN} \tag{c}$$
式中：正号表示轴力与假设方向相同，为拉力。

计算3—3截面上的轴力。由于3—3截面的右段上力的个数比较少，因此可以直接取右段为研究对象，画出其受力图（见图2.7（e）），用 F_{N3} 表示左段对右段的作用力。

由
$$\sum F_x = 0 \quad -P_1 - F_{N3} = 0$$
得
$$F_{N3} = -P_1 = -5\ \text{kN} \tag{d}$$

（2）画出轴力图，如图2.7（f）所示。为了工程上应用方便，通常将载荷简图与轴力图画在一起，横截面位置上下对齐，反映二者的对应关系。

讨论：由轴力图可知，集中外力 P_1、P_2、P_3 作用截面上的轴力不能确定，但集中力作用截面的稍左与稍右截面上的轴力有突变，其突变值为该集中力的大小。

此外，由式（b）、（c）、（d）可以归纳出求轴力的直接法，即轴力等于需求截面的任一侧所有轴向外力的代数和，即

$$\boxed{F_N = \sum P_{左}} \quad 或 \quad \boxed{F_N = \sum P_{右}} \tag{2.1}$$

符号规则：凡方向背离所需求截面的外力，在该截面上所引起的内力轴力为正值；凡方向指向所需求截面的外力，在该截面上所引起的内力轴力为负值。

2.3 轴向拉压时截面上的应力

2.3.1 横截面上的应力

二维码

在求解出拉（压）杆的轴力以后，还不能判断杆件是否会因强度不足而被破坏，因为轴力只是杆件横截面上分布内力系的合力。如图2.8所示，两根杆件采用相同的材料制成、具有相同的长度、受相同的外力，很显然两杆的轴力完全相同，而实践证明，随着外力增大，细杆首先被破坏。可见，要判断杆件是否满足强度要求，仅仅知道内力是不够的，还必须知道内力的分布集度，以及材料承受载荷的能力。杆件截面上内力的分布集度，称为应力。

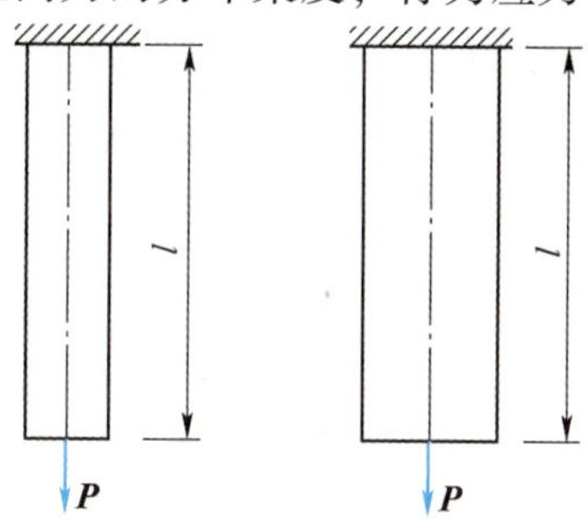

图2.8 两根轴向拉杆

对于拉（压）杆来说，轴力是横截面上分布内力系的合力，轴力在横截面上任一点的内力集度即为应力，并为正应力 σ 。如果轴力及其在截面上的分布规律已知，则横截面上围绕某点所取微面积 $\mathrm{d}A$ 上法向分布内力元素 $\sigma \mathrm{d}A$ 的合力就是轴力 F_{N}，如图 2.9 所示。由静力关系可得

$$F_{\mathrm{N}} = \int_A \sigma \mathrm{d}A \tag{2.2}$$

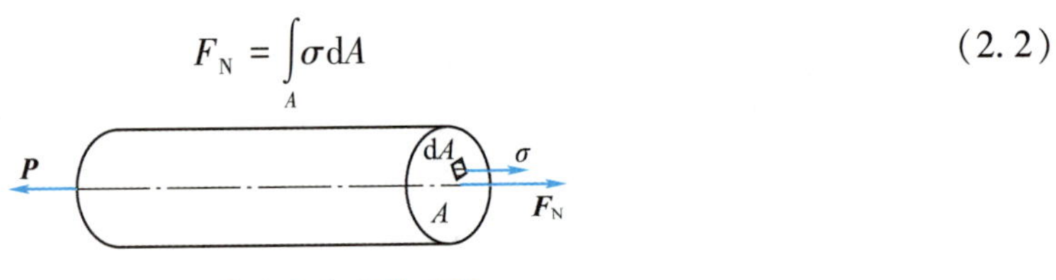

图 2.9　内力与应力关系图

应力是看不见的，而变形是可见的，为了弄清拉（压）杆轴力在横截面上的分布规律，先通过一个实验来观察杆件的变形，如图 2.10 所示。

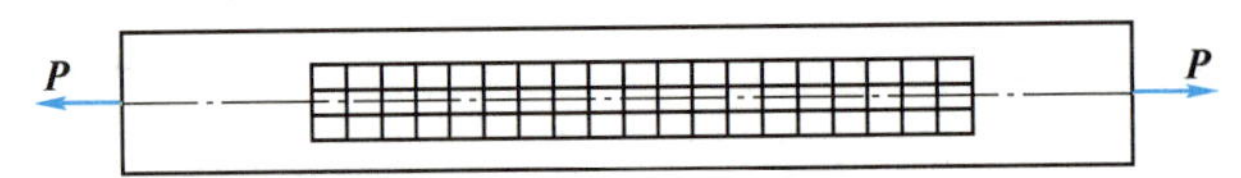

图 2.10　拉杆侧面方格图

实验前，在等直杆的侧面画上一些与杆轴线垂直的横向线和一些与杆轴线平行的纵向线，然后施加拉力，观察受力后横向线和纵向线的变形情况。实验表明：受力后横向线和纵向线仍为直线，且横向线仍然垂直于轴线，纵向线仍然平行于轴线，且纵向线平行地伸长了，各等分段伸长量相等。根据这一现象，可以假设：杆件横截面变形前后始终保持为平面，且垂直于轴线，这一假设称为**平面假设**（或称**平截面假设**）。如果将杆件假想为由无数根材料力学性能相同的纵向纤维组成，则在变形过程中，任意两个横截面之间的纤维的伸长量都相等；又因为材料是均匀连续的，所以可以推测各纤维的受力应该相同。因此，拉杆横截面上各点的正应力 σ 相等，其大小由式（2.2）得

$$F_{\mathrm{N}} = \sigma \int_A \mathrm{d}A = \sigma A$$

$$\boxed{\sigma = \frac{F_{\mathrm{N}}}{A}} \tag{2.3}$$

式中：σ 为横截面上的正应力；F_{N} 为横截面上的轴力；A 为横截面积。

式（2.3）即为**轴向拉压时横截面上任一点应力的计算公式**。正应力的符号规定与轴力符号规定一致，即拉应力为正，压应力为负，单位为 Pa。正应力常用单位为 MPa。

式（2.3）的适用范围：外力的合力与杆件轴线重合，这样才能保证各纵向纤维变形相等，横截面上应力均匀分布；对于轴上有多个外力，且其合力作用线与轴线重合的情形，式（2.3）仍然适用，可以先作出轴力图，再计算；除了等直杆外，阶梯轴、小锥度直杆（见图 2.11）横截面上的应力，也可以用式（2.3）计算，但应改写成

$$\sigma(x) = \frac{F_{\mathrm{N}}(x)}{A(x)} \tag{2.4}$$

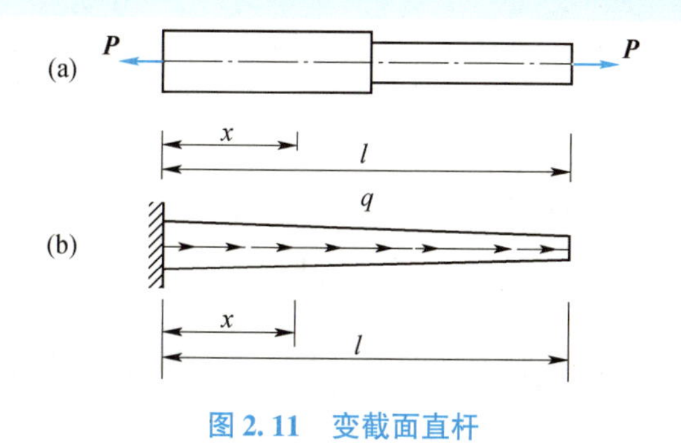

图 2.11　变截面直杆

以上正应力计算公式是在平面假设的基础上得到的，实际上外力作用点附近的区域内，应力的分布比较复杂，因此式（2.3）只适用于计算区域内横截面上的平均应力。实验和理论表明：力作用于杆端方式的不同，只会使与杆端距离不大于杆的横向尺寸的范围受到影响，这就是圣维南原理。根据这一原理，在正应力的计算中，通常不考虑杆端的实际外力作用方式，在距离端截面略远处，都用式（2.3）计算正应力。

对于等直杆受到几个轴向外力作用时，由轴力图可求得其最大轴力 $F_{N\max}$，代入式（2.3）即可得杆内最大正应力为

$$\sigma_{\max}=\frac{F_{N\max}}{A} \tag{2.5}$$

最大轴力所在的横截面称为危险截面，危险截面上的正应力称为最大工作应力。

2.3.2　斜截面上的应力

前面讨论的是轴向拉伸与压缩时横截面上的正应力计算，它是强度计算的依据。实际工程应用中，有些拉（压）杆的破坏并不总是沿着横截面发生的，有时是沿着斜截面发生的，因此需要进一步讨论斜截面上的应力。

图 2.12（a）为一轴向拉伸的等直杆，设其横截面积为 A，则横截面（见图 2.12（b））的正应力为

$$\sigma=\frac{F_N}{A}$$

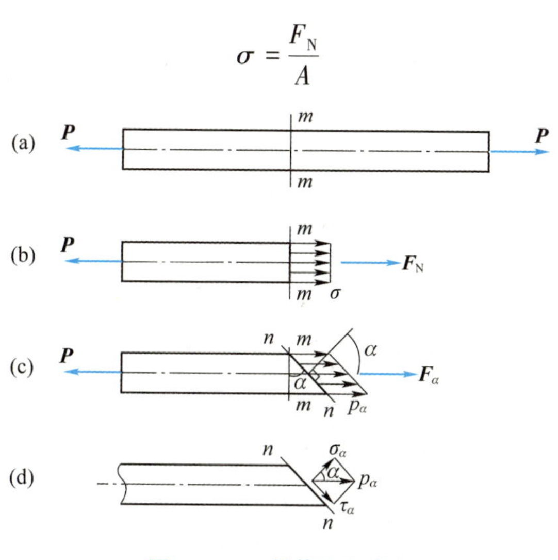

图 2.12　α 斜截面上应力

现假设沿与横截面成 α 角的斜截面（通常将斜截面称为 α 斜截面）将杆件截成两部分，如图 2.12（c）所示。α 符号的规定：由横截面外法线转至斜截面外法线逆时针转向取正，反之取负。

设 α 斜截面面积为 A_α，则 A_α 与横截面积 A 之间的关系为

$$A_\alpha = \frac{A}{\cos\alpha}$$

若取左段为研究对象（见图 2.12（c）），设 α 斜截面上的内力合力为 F_α，则

由
$$\sum F_x = 0$$
得
$$F_\alpha = P$$

进一步观察图 2.10 的实验，可知任意两个相互平行的斜截面之间的纤维伸长量也是相等的，则 α 斜截面上的应力也是均匀分布的。由 1.4 节可知，α 斜截面上的全应力（见图 2.12（c））为

$$p_\alpha = \frac{F_\alpha}{A_\alpha} = \frac{P}{A}\cos\alpha = \sigma\cos\alpha$$

将全应力 p_α 正交分解为两个分量，一个是 α 斜截面上的正应力 σ_α（沿法线方向），一个是 α 斜截面上的切应力 τ_α（沿切线方向），如图 2.12（d）所示，则其大小分别为

$$\boxed{\sigma_\alpha = p_\alpha\cos\alpha = \sigma\cos^2\alpha} \tag{2.6}$$

$$\boxed{\tau_\alpha = p_\alpha\sin\alpha = \frac{\sigma}{2}\sin 2\alpha} \tag{2.7}$$

从式（2.6）和式（2.7）不难看出，α 斜截面上的正应力 σ_α 和切应力 τ_α 都是 α 的函数式，若 α 从 $0\sim2\pi$ 变化一周，即考查了任一点的各方位的应力情况，这种通过一点的所有方位截面上应力情况的总和称为**一点的应力状态**。

讨论： 对于轴向拉压情形，当 $\alpha=0°$ 时（横截面），$\sigma_{0°}=\sigma$，$\tau_{0°}=0$；$\alpha=45°$ 时，$\sigma_{45°}=\sigma/2$，$\tau_{45°}=\tau_{\max}=\sigma/2$，$\tau$ 取得最大值；$\alpha=90°$ 时（纵截面），$\sigma_{90°}=0$，$\tau_{90°}=0$。

【例 2.2】 某阶梯轴受力如图 2.13 所示，$P=10$ kN，AB 段的横截面积为 $A_1=1\,000\ \text{mm}^2$，BC 段横截面积为 $A_2=500\ \text{mm}^2$。试求：（1）AB、BC 段横截面上的正应力；（2）AB 段上与杆轴线成 45° 斜截面上的正应力和切应力；（3）杆内绝对值最大切应力，并指出截面所在杆段的位置。

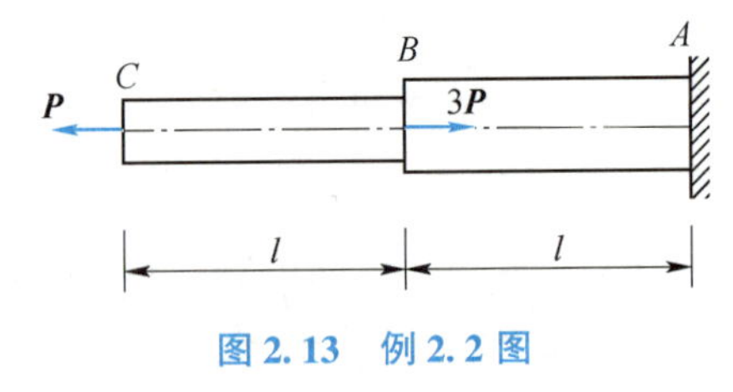

图 2.13　例 2.2 图

【解】（1）用截面法分别求出 AB 段和 BC 段的轴力。

$$F_{NAB} = -2P = -20\ \text{kN}$$
$$F_{NBC} = P = 10\ \text{kN}$$

利用式（2.5）分别求出 AB 段和 BC 段横截面上的正应力。

$$\sigma_{AB}=\frac{F_{NAB}}{A_1}=\frac{-20\times10^3}{1\ 000}\text{MPa}=-20\text{ MPa}\ (\text{压应力})$$

$$\sigma_{BC}=\frac{F_{NBC}}{A_2}=\frac{10\times10^3}{500}\text{MPa}=20\text{ MPa}\ (\text{拉应力})$$

(2) 求 AB 段上与杆轴线成 45° 角斜截面上的正应力和切应力。

利用式 (2.6) 与式 (2.7) 得

$$\sigma_{\alpha=45^\circ}=\sigma_{AB}\cos^2\alpha=-20\times\cos^2 45^\circ\text{MPa}=-10\text{ MPa}$$

$$\tau_{\alpha=45^\circ}=\frac{\sigma_{AB}}{2}\cdot\sin 2\alpha=\frac{-20}{2}\times\sin(2\times45^\circ)\text{MPa}=-10\text{ MPa}$$

(3) 求杆内的绝对值最大切应力，并指出截面所在杆段的位置。

AB 段的绝对值最大切应力为

$$|\tau_{\max}|=|\tau_{45^\circ}|=\left|\frac{-20}{2}\times\sin(2\times45^\circ)\right|\text{MPa}=10\text{ MPa}$$

BC 段的绝对值最大切应力为

$$|\tau_{\max}|=|\tau_{45^\circ}|=\left|\frac{20}{2}\times\sin(2\times45^\circ)\right|\text{MPa}=10\text{ MPa}$$

所以，AB 段和 BC 段的绝对值最大切应力相等，均为 10 MPa。

【例 2.3】矿井起重机钢绳如图 2.14 (a) 所示，AB 段横截面积 $A_1=300\text{ mm}^2$，BC 段横截面积 $A_2=400\text{ mm}^2$，钢绳的单位体积重量 $\gamma=28\text{ kN/m}^3$，长度 $l=50\text{ m}$，起重量 $P=12\text{ kN}$，试求：(1) 作轴力图 (考虑钢绳自重)；(2) 钢绳内的最大正应力。

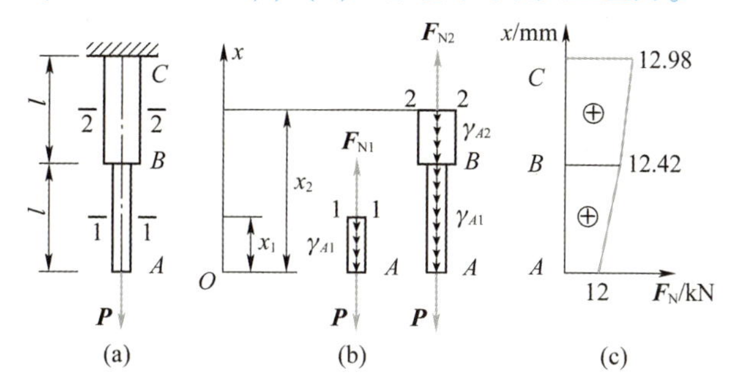

图 2.14 例 2.3 图

【解】(1) 作轴力图。

取 1—1 截面 (AB 段，见图 2.14 (b))，有

$$F_{N1}(x)=P+\gamma A_1 x_1\qquad(0\leqslant x_1\leqslant l)\tag{a}$$

取 2—2 截面 (BC 段，见图 2.14 (b))，有

$$F_{N2}(x)=P+\gamma A_1 l+\gamma A_2(x_2-l)\qquad(l\leqslant x_2\leqslant 2l)\tag{b}$$

由式 (a) 得
$$F_{NA}=F_{N1}(0)=P=12\text{ kN}$$
$$F_{NB}=F_{N1}(l)=P+\gamma A_1 l=12.42\text{ kN}$$

由式 (b) 得
$$F_{NB}=F_{N1}(l)=12.42\text{ kN}$$
$$F_{NC}=F_{N2}(2l)=P+\gamma A_1 l+\gamma A_2(2l-l)=12.98\text{ kN}$$

在图 2.14 (c) 所示 F_N-x 坐标下，由式 (a)、(b) 知 $F_N(x)$ 随 x 呈直线变化。由 3 个控制面上控制值 F_{NA}、F_{NB}、F_{NC} 画出由两段斜直线构成的轴力图。

（2）钢绳内的最大正应力。

在可能的危险截面 B 面、C 面截开（见2.14图（b）），有

$$F_{NB}=12.42\ \text{kN}\quad \sigma_B=\frac{F_{NB}}{A_1}=\frac{12.42\times10^3}{300}=41.4\ \text{MPa}$$

$$F_{NC}=12.98\ \text{kN}\quad \sigma_C=\frac{F_{NC}}{A_2}=\frac{12.98\times10^3}{400}=36.8\ \text{MPa}$$

所以 $\sigma_{max}=\sigma_B=41.4\text{MPa}$。

注意： 等直杆件因轴向自重作用而引起的轴力图为一斜直线，本题中由于 AB 段与 BC 段横截面尺寸不同，因此轴力图由两条斜直线构成，只画成一条斜线是不对的。

2.4 材料在轴向拉伸和压缩时的力学性能

构件的强度不仅与其内力和应力有关，还与材料的力学性能有关。材料的**力学性能**也称为材料的机械性能，是指材料从加载直至破坏整个过程中所表现出来的反映材料变形性能、强度性能等方面的特性指标，是材料本身的固有特性。它不仅与材料的受力有关，还与材料的成分、结构组织、温度及加载方式等有关。

二维码

材料的力学性能由实验来测定，在常温（或称为室温）条件下，以缓慢平稳的加载方式进行实验，称为**常温静载实验**。本书只讨论研究常温静载实验下材料的力学性能。

拉升或压缩试验时主要使用两类设备。一类是用来使试样发生变形（伸长或缩短）并测定试样抗力的万能试验机；另一类是用以测量试样变形的变形仪，将微小的变形放大，能在所需的精度范围内测量试样的变形。

工程上常用的材料种类很多，低碳钢和铸铁是广泛使用的两种材料，它们的力学性能也比较典型。因此，本书以这两种材料为代表，介绍材料在拉伸和压缩时的力学性能。

2.4.1 材料拉伸时的力学性能

1. 试件的制备

为了对不同材料的试验结果进行比较，便于进行结构的强度设计计算，国家标准（如GB/T 228.1—2010《金属材料 拉伸试验 第1部分：室温试验方法》）对于试样的形状、加工精度、加载速度和试验环境都作了统一规定。在拉伸试件中部等截面区域内取长度为 l 的一段为试样的工作段，l 称为标距，标距与试样的横向尺寸之间符合一定的比例关系（见图2.15）。d 为试样直径。试件较粗的两端为夹紧部分。

对于金属材料，一般采用圆形截面试件：$l=10d$ 或 $l=5d$。

对于混凝土、石料等，一般采用矩形截面试件：$l=11.3\sqrt{A}$ 或 $l=5.65\sqrt{A}$。其中，A 为原始截面面积。

压缩试样通常用圆形截面或正方形截面的短柱体（见图2.16），其长度 l 与横截面直径 d 或者边长 b 的比值一般规定为1～3。

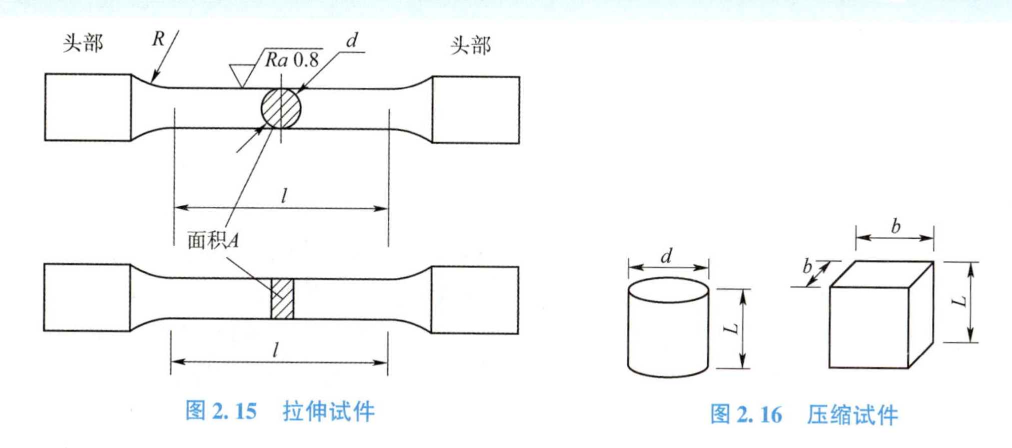

图 2.15 拉伸试件

图 2.16 压缩试件

2. 低碳钢拉伸时的力学性能

低碳钢是指碳含量在 0.3% 以下的碳素钢。低碳钢试样在拉伸试验过程中，标距范围内伸长量与拉力 P 之间的关系曲线称为**拉伸图**或 **$P-\Delta l$ 曲线**，如图 2.17 所示。为了消除试样尺寸的影响，把拉力 P 除以试件横截面的原始面积 A，得到名义正应力：$\sigma = P/A$；同时，将伸长量 Δl 除以标距的原始长度 l，得到应变：$\varepsilon = \Delta l/l$。以 σ 为纵坐标，ε 为横坐标，作图表示 σ 与 ε 的关系称为**应力-应变图**或称 **$\sigma-\varepsilon$ 曲线**，如图 2.18 所示。

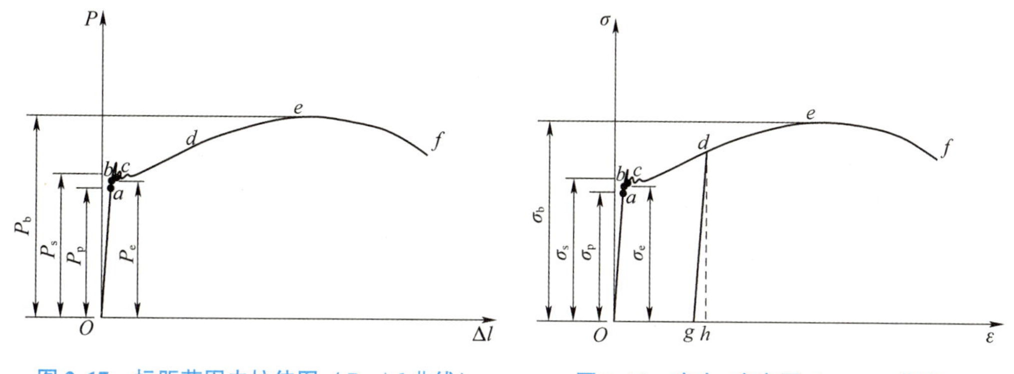

图 2.17 标距范围内拉伸图（$P-\Delta l$ 曲线）

图 2.18 应力-应变图（$\sigma-\varepsilon$ 曲线）

根据试验结果，低碳钢的拉伸力学性能（见图 2.18）表现为 4 个不同的阶段。

1）弹性阶段 Ob

在拉伸的初始阶段，如果解除拉力后变形可以完全消失，即变形是弹性的。实验表明，低碳钢在弹性阶段内工作应力 σ 不超过**比例极限 σ_p** 时，σ 与 ε 的关系为直线 Oa，材料符合**胡克定律**，即

$$\boxed{\sigma = E\varepsilon} \tag{2.8}$$

式中，E 为与材料有关的比例常数，称为**弹性模量**，对应于 $\sigma-\varepsilon$ 曲线图上直线 Oa 的斜率，它的量纲和单位与正应力相同（Pa）。它是衡量材料抵抗弹性线变形能力的重要常数，称为弹性指标。弹性变形满足胡克定律的材料称为线弹性材料。某些材料（如某些高分子材料）称为非线弹性材料。Q235 钢的比例极限 $\sigma_p = 200$ MPa。

当 σ 超过比例极限 σ_p 后，即从 a 点到 b 点之间，σ 与 ε 的关系不再表现为直线，但变形仍然是弹性的，弹性阶段所对应的最高应力称为**弹性极限**，用 σ_e 表示。弹性极限 σ_e 和比例

极限 σ_p 的数值非常接近，因此工程上并不严格区分。

2）屈服阶段 bc

当 σ 超过弹性极限 σ_e 后，如果解除拉力，则试件的一部分变形消失（即弹性变形），而另一部分不能消失的变形称为塑性变形或残余变形。在 $\sigma-\varepsilon$ 曲线图上便表现为一条大致水平的锯齿状线段。这种应力 σ 基本保持不变，而应变 ε 显著增加的现象称为屈服或流动，它标志着材料暂时失去了抵抗变形的能力。屈服阶段内的最高应力和最低应力分别称为上屈服极限和下屈服极限。试验结果表明：上屈服极限受很多因素影响，一般是不稳定的；而下屈服极限则较为稳定，通常把下屈服极限称为材料的屈服极限（或称屈服点），用 σ_s 表示。材料的屈服使零件产生显著的塑性变形，从而影响机器的正常工作，因此屈服极限 σ_s 是衡量材料强度的重要指标。Q235 钢的屈服极限 $\sigma_s = 240$ MPa 。

若试样表面足够光滑，则其屈服时可以看到表面上一系列与轴线成45°的斜条纹，通常称为滑移线，是由材料内部晶格产生滑移引起的。由式（2.7）知，在45°斜截面上存在最大切应力 τ_{max}，τ_{max} 超过一定极限值是造成晶格滑移的根本原因。由此可见，屈服现象与最大切应力有关。

3）强化阶段 ce

过了屈服阶段以后，试样内晶粒滑移终止，材料又恢复了抵抗变形的能力，要使它继续变形必须增加拉力，这种现象称为材料的强化。$\sigma-\varepsilon$ 曲线图中，强化阶段的最高点 e 所对应的应力 σ_b 是材料所能承受的最大应力，称为强度极限（或抗拉强度），是衡量材料强度的另一重要指标。Q235 钢的屈服极限 $\sigma_b = 400$ MPa 。

4）局部变形阶段 ef

当应力 σ 超过强度极限后，试样在某一横截面及其附近出现急剧收缩，即产生颈缩现象。由于颈缩部分横截面积迅速减小，因此试样继续伸长所需的拉力也相应减小，且继续伸长集中在紧缩区域，在 $\sigma-\varepsilon$ 曲线图中，按原始横截面积 A 计算的名义应力 $\sigma = \dfrac{P}{A}$ 随之下降，当颈缩处的横截面收缩到某一程度时，试件便拉断。

为了比较全面地衡量材料的力学性能，除了强度指标，还需要知道材料在拉断前产生塑性变形的能力。工程上常用的塑性指标有延伸率和断面收缩率。延伸率是指试件拉断前后标距范围内塑性变形的百分率，用 δ 表示，即

$$\boxed{\delta = \frac{l_1 - l}{l} \times 100\%} \tag{2.9}$$

式中：l 为试验前拉伸试样的标距长度；l_1 为拉伸试样断裂后两端试样拼接后的标距长度。

材料的另一个塑性指标是试样拉断后断口处最小截面面积的断面收缩率，用 ψ 表示，即

$$\boxed{\psi = \frac{A - A_1}{A} \times 100\%} \tag{2.10}$$

式中：A 为试验前横截面积；A_1 为颈缩断口处最小截面面积。

δ 和 ψ 越大，说明材料的塑性越好。工程上通常按延伸率的大小将材料分成两大类：$\delta > 5\%$ 的材料称为塑性材料，如碳钢、黄铜、铝合金等；$\delta < 5\%$ 的材料称为脆性材料，如灰铸铁、玻璃、陶瓷等。Q235 钢的 δ 为 $20\% \sim 30\%$，ψ 约为 60%，这说明其塑性很好。

对于塑性材料，还有一个值得注意的力学性能，即卸载定律。如图 2.19 所示，将试件

加载到超过屈服极限的 d 点，然后逐渐卸去载荷，则在卸载过程中应力与应变将按线性关系减小，即沿着斜直线 dg 回到 g，斜直线 dg 近似地平行于 Oa。这说明：在卸载过程中，应力和应变按直线规律变化，这就是卸载定律。卸载完毕后，只有图 2.19 中线段 gh 所代表的那部分应变消失，而线段 Og 所代表的那部分应变并不消失，这说明，当加载应力达到图中 d 点对应的值时，相应的应变包括了弹性应变 ε_e 和塑性应变 ε_p 两部分。

卸载后，如果在短期内再次加载，则应力和应变大致沿卸载时的斜直线 gd 上升，直到 d 点后又沿曲线 def 变化。当应力达到原来的屈服极限时不再发生屈服。可见，再次加载时，直到 d 点以前材料的变形都是弹性的，经过 d 点以后才开始出现塑性变形。倘若卸载后经过一段时间再加载，则 σ-ε 曲线会在超过卸载应力一定值后才变为曲线。工程实践中就是利用这种加载—卸载—再加载的方式将塑性材料（如低碳钢）进行预张拉以提高材料的比例极限。但是，经过这种处理的钢材，比例极限提高了，塑性变形和延伸率却有所降低。材料在室温下经受塑性变形后比例极限提高而塑性降低的现象称为冷作硬化。冷作硬化现象经退火后又可以消除。

3. 铸铁拉伸时的力学性能

铸铁拉伸时的应力-应变关系是一段微弯曲线，如图 2.20 所示。它的特点是，没有明显的直线部分，在较小的拉力下就被拉断，没有屈服和紧缩现象，拉断前应变和延伸率很小，拉断后断口齐平。铸铁等脆性材料的强度指标只有抗拉强度极限 σ_b，且抗拉强度很低，因此不宜选为抗拉构件的材料。灰口铸铁是典型的脆性材料。

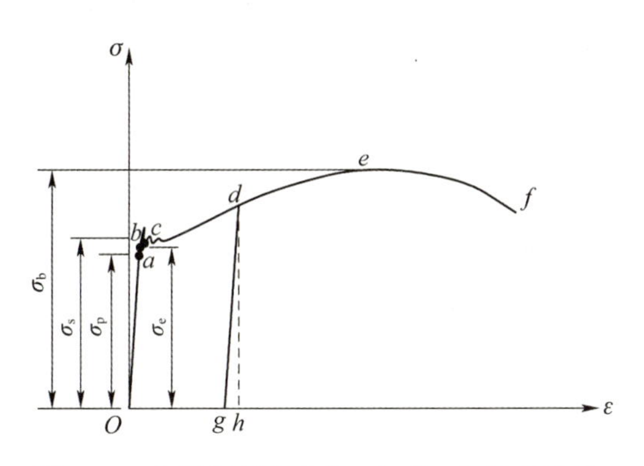

图 2.19　韧性材料的加载—卸载—再加载曲线

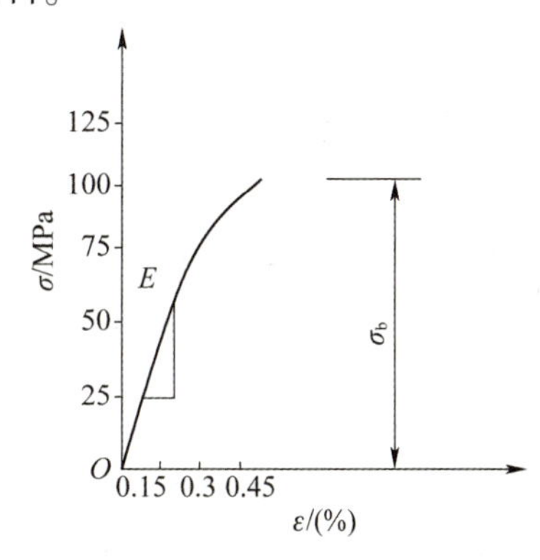

图 2.20　铸铁拉伸 σ - ε 曲线

从上述知，铸铁的 σ - ε 曲线没有明显的直线部分，弹性模量 E 是变值，因此工程上通常取铸铁 σ - ε 曲线的割线作为名义弹性模量，或称割线弹性模量。

4. 其他塑性材料拉伸时的力学性能

低碳钢和铸铁是工程上常用的两种典型材料，除此之外，工程上还经常用到中碳钢、高碳钢、铝合金、青铜、黄铜等其他塑性材料，其拉伸曲线如图 2.21（a）所示。试验表明，这些材料中有些材料没有明显的屈服阶段，有些甚至没有屈服阶段和紧缩阶段，只有弹性阶段和强化阶段。

对于没有明显屈服阶段的材料，工程上通常规定将产生 0.2% 塑性应变所对应的应力值作为屈服应力，称为名义屈服极限，用 $\sigma_{0.2}$ 表示，如图 2.21（b）所示。确定 $\sigma_{0.2}$ 的方法是：在 ε 轴上取 0.2% 的点，对此点作平行于 σ - ε 曲线直线段的直线（斜率为 E），与

$\sigma-\varepsilon$ 曲线相交点对应的应力即为 $\sigma_{0.2}$。

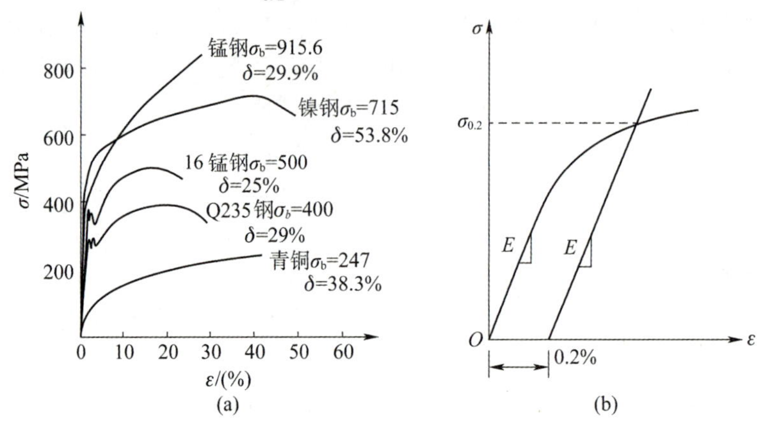

图 2.21　其他塑性材料拉伸 $\sigma-\varepsilon$ 曲线

2.4.2　材料压缩时的力学性能

1. 试件的制备

对于金属材料，一般采用很短的圆柱试样，以免被压弯。圆柱试样的高度约为直径的 1.5 ~ 3 倍。对于混凝土、石料等，一般采用立方体试样。

由于压缩试样的高度与宽度之间的比值较小，因此试样两段的端部影响必然会波及整个试样。试样的两端面与试验机承压平台间的摩擦阻力将阻止试样横向尺寸的增大，使压缩试样中的应力情况变得较为复杂，从而使试验所测得的材料压缩时的力学性能带有一定的条件性。

2. 低碳钢压缩时的力学性能

低碳钢压缩时的 $\sigma-\varepsilon$ 曲线如图 2.22 所示。作为对比，图 2.22 中也画出了拉伸时的 $\sigma-\varepsilon$ 曲线。可以看出：在屈服阶段之前，两曲线基本重合。这表明低碳钢压缩时的弹性模量 E 和屈服极限 σ_s 都与拉伸时大致相同，属于拉压同强度材料。进入屈服阶段以后，低碳钢试样越压越扁，横截面积不断增大，因而得不到压缩时的强度极限。由于可以从低碳钢拉伸试验结果了解其压缩时的主要力学性能，因此不一定要进行低碳钢的压缩试验。

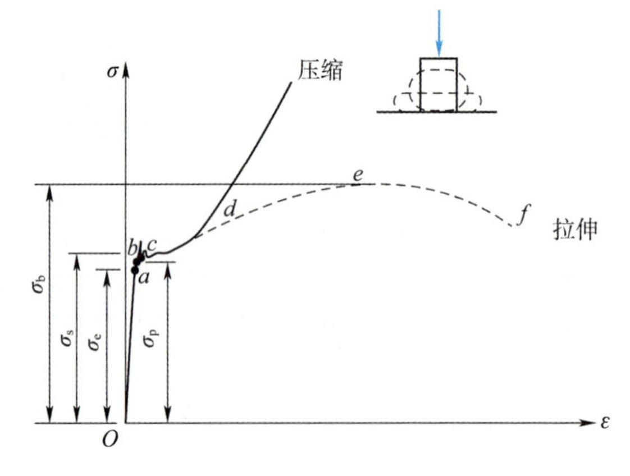

图 2.22　低碳钢压缩时的 $\sigma-\varepsilon$ 曲线

3. 铸铁压缩时的力学性能

铸铁压缩时的$\sigma-\varepsilon$曲线如图2.23所示。铸铁试样破坏前变形很小。铸铁受压时沿法线与轴线大致成45°~55°的斜截面产生相对错动而破坏。试验结果表明：铸铁的抗压强度极限比它的抗拉强度极限高4~5倍。其他一些脆性材料，如混凝土、石料等，抗压强度也远高于抗拉强度，属于拉压不同强度材料。这些材料强度低，塑性性能差，但抗压能力强，且价格低廉，适宜用作受压构件。铸铁因其坚硬耐磨，易于浇铸成复杂的形状而在实际工程中得以广泛应用。对于铸铁材料来说，其压缩试验比拉伸试验更重要。表2.1列出了几种常用材料在常温、静载下σ_s、σ_b、δ_5的数值。

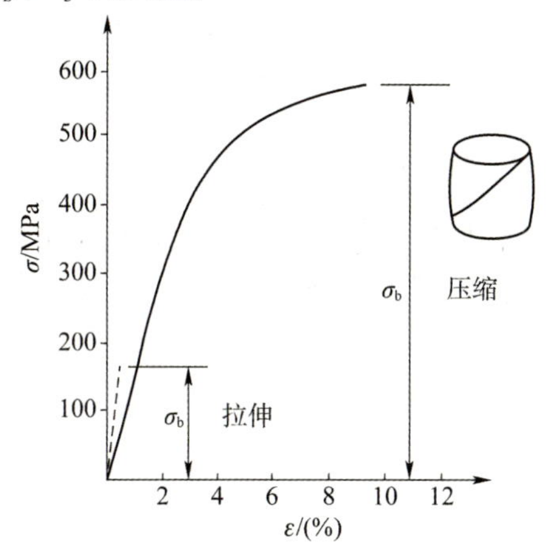

图2.23　铸铁压缩时的$\sigma-\varepsilon$曲线

表2.1　几种常用材料的力学性能

材料名称	牌号	σ_s/MPa	σ_b/MPa	δ_5/(%)
普通碳素钢	Q215 Q235 Q275	186~216 216~235 255~275	333~412 373~461 490~608	31 25~27 19~21
普通低合金结构钢	12Mn 16Mn 15MnV	274~294 274~343 333~412	432~441 471~510 490~549	19~21 19~21 17~19
合金结构钢	20Cr 40Cr 50Mn2	539 785 785	834 981 932	10 9 9
球墨铸铁	QT400-10 QT450-5 QT600-2	294 324 412	392 441 588	10 5 2
灰铸铁	HT150 HT300	—	拉98.1~274 压637 拉255~294 压1088	—

2.5 许用应力·安全因数·强度条件与强度计算

实践证明，工程构件在使用过程中会由于各种原因而丧失其正常工作能力，这种现象称为失效。例如，塑性材料在拉断之前产生塑性变形丧失其原有的形状和尺寸，脆性材料在拉力作用下变形很小时就突然断裂，这些属于强度不够引起的失效；机械传动中的齿轮轴，当变形过大时，齿轮啮合处产生较大的挠度和转角，造成齿轮啮合不正常，产生很大噪声，且在轴承处产生较大的转角，影响轴和轴承的使用寿命，这属于刚度不够引起的失效；细长杆受压变弯，则属于稳定性不足引起的失效。

本节讨论强度不足引起的失效，简称强度失效，其他失效将于以后依次介绍。

材料力学性能试验指出塑性材料达到屈服时的应力是屈服极限 σ_s，脆性材料断裂时的应力是强度极限 σ_b，这两者都是材料失效时的应力，称为极限应力 σ_u（危险应力），但这对于实际构件显然是不准确的。因为实验室得到的极限应力是在常温静载作用下的结果，而实际构件并不总是符合这种条件，因此要有一些安全裕度。

为了保证构件有足够的强度，在载荷作用下构件的实际应力 σ（工作应力）应该低于极限应力 σ_u。强度计算中，用大于1的安全因数 n 去除极限应力 σ_u，得到许用应力 $[\sigma]$，即

$$[\sigma]=\frac{\sigma_u}{n}$$

对于塑性材料

$$[\sigma]=\frac{\sigma_s}{n_s} \tag{2.11}$$

对于脆性材料

$$[\sigma]=\frac{\sigma_b}{n_b} \tag{2.12}$$

式中：n_s 称为屈服安全因数；n_b 称为断裂安全因数。

另外，由于脆性材料拉升与压缩时的强度极限不同，因此其许用拉应力 $[\sigma_t]$ 和许用压应力 $[\sigma_c]$ 的数值是不同的。

确定安全因数要考虑的因素较多，如构件材料本身的性能，对构件所受载荷的估计是否可靠，构件在设备、结构中的重要性，构件工作条件的优劣等。安全因数必须大于1，它的选取涉及安全与经济的关系。安全因数过大，将造成结构笨重、材料浪费和成本提高；反之，又会使安全得不到保证，甚至造成事故。因此，确立安全因数时应全面权衡安全与经济两方面的要求，通常由国家有关部门规定。安全因数的取值对于机械类与土建类是有一定差别的，在其相应的设计规范中有不同的规定。一般机械制造中，静载情况下，塑性材料取 $n_s=1.2\sim2.5$；脆性材料均匀性较差，且容易发生突然断裂，因此取 $n_s=2\sim3.5$，特殊情形有时甚至取到 $3\sim9$。

为了保证构件安全可靠地工作，构件中的最大工作应力 σ_{max} 应该不超过其许用应力 $[\sigma]$，即

$$\sigma_{max} = \left(\frac{|F_N|}{A}\right)_{max} \leqslant [\sigma] \tag{2.13}$$

这就是轴向拉压时杆件的强度条件或强度设计准则。注意：工作应力用绝对值。

对于等截面拉压杆，强度条件可表示为

$$\sigma_{max} = \frac{|F_N|_{max}}{A} \leqslant [\sigma] \tag{2.14}$$

根据以上强度条件，可以解决以下3类强度计算问题。

1. 校核强度

当外力、杆件各部分尺寸以及材料许用应力均为已知时，检验杆件是否满足强度条件。也就是验证强度条件式（2.14）是否成立，并由此判断强度是否满足，即

$$\frac{|F_N|_{max}}{A} \overset{?}{\leqslant} [\sigma]$$

2. 截面设计

当外力和材料的许用应力为已知时，确定杆件所需的横截面积及尺寸。即将强度条件式（2.14）变化为

$$A_{min} \geqslant \frac{|F_N|_{max}}{[\sigma]}$$

再由最小截面 A_{min}，依据其截面形状等信息确定截面尺寸或选择型钢的型号。

3. 确定许可载荷

当杆件的横截面尺寸及材料的许用应力为已知时，确定杆件所能承受的最大轴力，并通过轴力与载荷的关系确定杆件或结构所能承受的许可载荷，即将强度条件式（2.14）变化为

$$|F_N|_{max} \leqslant [\sigma]A$$

再由最大许可内力 $|F_N|_{max}$，通过静力平衡条件确定许可载荷。

需要说明的是，考虑到各种因素可能引起的误差，一般工程设计的强度计算，允许最大工作应力略大于许用应力，但不得超过许用应力的5%。

下面举例说明以上3类强度计算问题的处理过程。

【例2.4】 一结构尺寸及受力如图2.24（a）所示，图中尺寸单位为mm，AB 为刚性梁，斜杆 CD 为圆截面钢杆，直径 $d=30$ mm，材料为Q235钢，许用应力 $[\sigma]=160$ MPa。若载荷 $F=50$ kN，试校核此结构的强度。

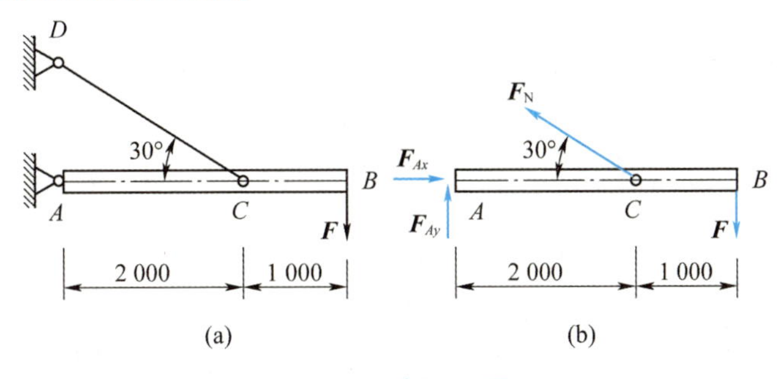

图2.24 例2.4图

【解】(1) 受力分析。刚性梁 AB 受力如图 2.24 (b) 所示，由平衡方程

$$\sum M_A = 0 \quad F_N \sin 30° \times 2\,000 - F \times 3\,000 = 0$$

解得 $F_N = 150$ kN。

(2) 应力计算。CD 杆横截面上的应力

$$\sigma = \frac{F_N}{A} = \frac{F_N}{\pi d^2/4} = \frac{150 \times 10^3}{\pi \times 30^2/4}\ \text{MPa} = 212.3\ \text{MPa}$$

(3) 强度校核。由计算结果知，$\sigma = 212.3\ \text{MPa} > [\sigma] = 160\ \text{MPa}$，即杆 CD 的强度不足，所以结构是不安全的。

【例 2.5】某结构受力如图 2.25 (a) 所示，杆 AC、BC 均为等截面圆直杆，且材料均为低碳钢，许用应力 $[\sigma] = 120$ MPa，$P = 50$ kN。试确定 AB 和 BC 两杆横截面的直径。

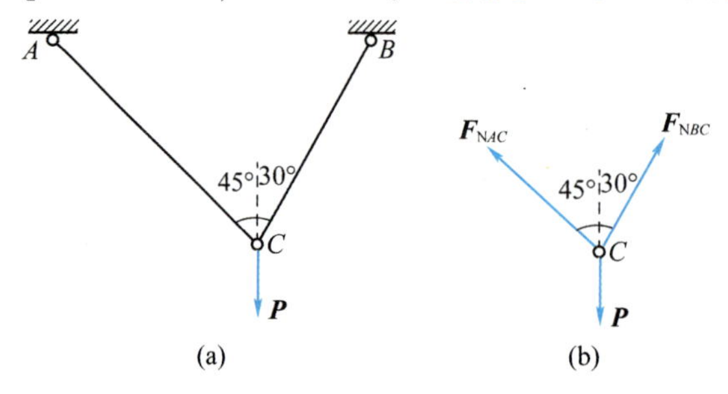

图 2.25 例 2.5 图

【解】(1) 由已知条件，杆 AC 和杆 BC 都是二力杆，以铰节点 C 为研究对象进行受力分析，如图 2.25 (b) 所示，建立平衡方程

$$\sum F_x = 0 \quad F_{NBC} \sin 30° - F_{NAC} \sin 45° = 0$$

$$\sum F_y = 0 \quad F_{NBC} \cos 30° + F_{NAC} \cos 45° - P = 0$$

解得 $F_{NBC} = \dfrac{2P}{1+\sqrt{3}} \approx 36.60$ kN，$F_{NAC} = \dfrac{2P}{\sqrt{2}+\sqrt{6}} \approx 25.88$ kN。

(2) 确定两杆的直径。

由轴向拉压的强度条件式 (2.13) 可得

$$d \geqslant \sqrt{\frac{4F_N}{\pi[\sigma]}}$$

所以

$$d_{AC} \geqslant \sqrt{\frac{4F_{NAC}}{\pi[\sigma]}} = \sqrt{\frac{4 \times 25.88 \times 10^3}{\pi \times 120}}\ \text{mm} = 16.58\ \text{mm}$$

$$d_{BC} \geqslant \sqrt{\frac{4F_{NBC}}{\pi[\sigma]}} = \sqrt{\frac{4 \times 36.60 \times 10^3}{\pi \times 120}}\ \text{mm} = 19.71\ \text{mm}$$

故 AC 杆和 BC 杆的直径可分别取为 17 mm 和 20 mm。

【例 2.6】一简易起重结构如图 2.26 (a) 所示，一绳索绕过滑轮 B 匀速提起重物。其中，AB 杆用两根 80 mm×80 mm×6 mm 的等边角钢组成，BC 用两根 16a 号槽钢焊成一整体。材料均为 Q235 钢，许用应力 $[\sigma] = 160$ MPa，试求该结构所允许的最大起吊重量 $[W]$。

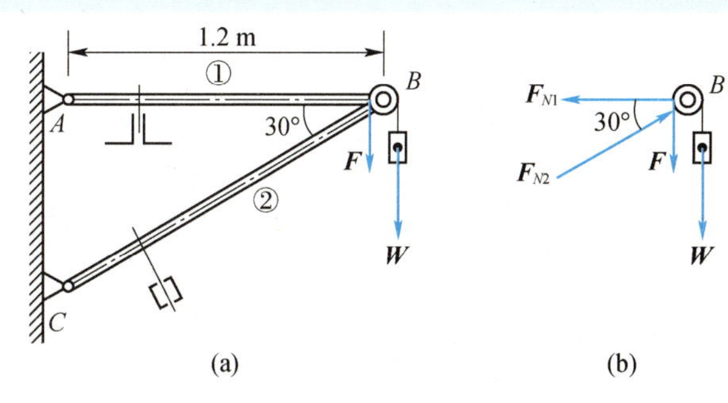

图 2.26 例 2.6 图

【解】取滑轮 B 为研究对象，其受力图如图 2.26（b）所示，由平衡方程

$$\sum F_y = 0 \quad F_{N2}\sin 30^\circ - F - W = 0$$

$$\sum F_x = 0 \quad F_{N2}\cos 30^\circ - F_{N1} = 0$$

解得 $F_{N1} = 2\sqrt{3}W$，$F_{N2} = 4W$。

查型钢表，得到 AB 和 BC 两杆的横截面积分别为

$$A_1 = 2 \times 939.7\ \text{mm}^2 = 1\,879.4\ \text{mm}^2$$

$$A_2 = 2 \times 2\,196.2\ \text{mm}^2 = 4\,392.4\ \text{mm}^2$$

（1）由 AB 拉杆的强度条件，计算结构所允许的最大起吊重量：

AB 拉杆的许用轴力 $[F_{N1}] = A_1[\sigma] = 1\,879.4 \times 160\ \text{N} = 300\,704\ \text{N} = 300.704\ \text{kN}$。

由强度条件 $F_{N1} = 2\sqrt{3}W \leqslant [F_{N1}]$，可得 $W_1 \leqslant \dfrac{[F_{N1}]}{2\sqrt{3}} = \dfrac{300.704}{2\sqrt{3}}\ \text{kN} = 86.81\ \text{kN}$。

（2）由 BC 压杆的强度条件，再计算结构所允许的最大起吊重量：

BC 压杆的许用轴力 $[F_{N2}] = A_2[\sigma] = 4\,392.4 \times 160\ \text{N} = 702\,784\ \text{N} = 702.784\ \text{kN}$

由强度条件 $F_{N2} = 4W \leqslant [F_{N2}]$，可得 $W_2 \leqslant \dfrac{[F_{N2}]}{4} = \dfrac{702.784}{4}\ \text{kN} = 174.70\ \text{kN}$

（3）故结构所允许起吊的最大重量 $[W]$ 应取小，即 $[W] = \min\{W_1, W_2\} = 86.81\ \text{kN}$ 。

2.6 轴向拉压时的变形·胡克定律

2.6.1 绝对变形

二维码

如前所述，直杆在轴向载荷作用下，会产生轴线方向的伸长或缩短，而横向尺寸则相应缩小或增大。杆件沿轴线方向的变形称为轴向变形或纵向变形；垂直于轴线方向的变形称为横向变形。设一等截面直杆原长为 l，截面宽为 b，高为 h；变形后长度为 l_1，截面宽为 b_1，高为 h_1（见图 2.27），则纵向绝对变形量为

$$\Delta l = l_1 - l \tag{2.15}$$

横向绝对变形量为

$$\Delta b = b_1 - b \tag{2.16}$$

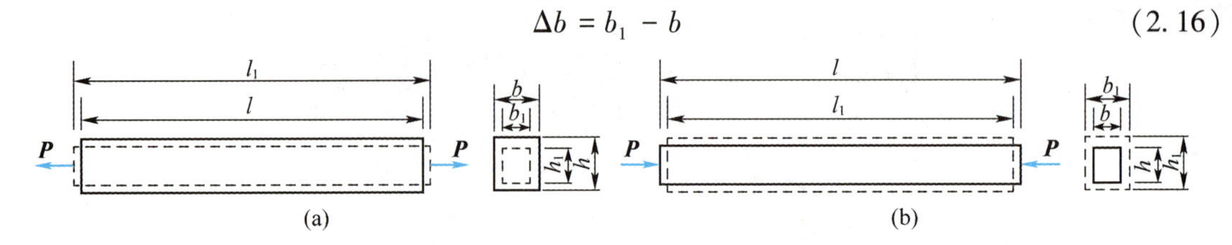

图 2.27　轴向载荷下杆件的变形

（a）轴向拉伸；（b）轴向压缩

显然，杆件受拉时，Δl 为正，Δb 为负；反之，杆件受压时，Δl 为负，Δb 为正。

2.6.2　相对变形

根据应变的概念，轴向绝对变形量 Δl 与杆件原长 l 的比值，即单位长度的变形称为轴向应变，用符号 ε 表示，即

$$\varepsilon = \frac{\Delta l}{l} = \frac{l_1 - l}{l} \tag{2.17}$$

相应地，杆件的横向应变用符号 ε' 表示，即

$$\varepsilon' = \frac{\Delta b}{b} = \frac{b_1 - b}{b} = \frac{\Delta h}{h} = \frac{h_1 - h}{h} = \frac{\Delta d}{d} = \cdots \tag{2.18}$$

式中：ε' 的正负与 Δb 一致；d 为圆杆截面的直径；b、h 为矩形截面的宽度、高度。

试验结果表明：当应力不超过材料的比例极限时，杆件的横向应变与其轴向应变之比的绝对值是常数，它是一个无量纲数（量纲为 1 的单纯数字），称为泊松比（或称横向变形系数），用符号 μ 来表示，即

$$\boxed{\mu = \left|\frac{\varepsilon'}{\varepsilon}\right|} \tag{2.19}$$

考虑到 ε 与 ε' 的正负号总是相反的，因此

$$\varepsilon' = -\mu\varepsilon \tag{2.20}$$

泊松比 μ 是材料固有的弹性常数，随材料的不同而不同，表 2.2 中给出了几种常用材料的 μ。

2.6.3　胡克定律

在 2.4 节中，胡克定律指出：当应力不超过材料的比例极限时，应力与应变成正比，即

$$\boxed{\sigma = E\varepsilon} \tag{2.21}$$

式中：E 为弹性模量，随材料的不同而不同。表 2.2 中给出了几种常用材料的 E 和 μ。

表 2.2　几种常用材料的 E 和 μ

材料名称	E/GPa	μ
低碳钢 中碳钢	196～216 205	0.24～0.28 0.24～0.28
16Mn 钢	196～216	0.25～0.30

续表

材料名称	E/GPa	μ
合金钢	186～206	0.25～0.30
灰铸铁 球墨铸铁	78.5～157 150～180	0.23～0.27 0.25～0.29
铜及其合金	72.5～127	0.31～0.42
铝及硬铝合金	71	0.32～0.36

在轴力作用下，横截面上的正应力（式（2.3））为

$$\sigma = \frac{F_N}{A} \tag{2.22}$$

将式（2.17）、式（2.22）代入式（2.21），得

$$\boxed{\Delta l = \frac{F_N l}{EA}} \tag{2.23}$$

式（2.23）表明：当应力不超过材料的比例极限时，杆件的伸长量 Δl 与轴力和杆件的原长成正比，与横截面积成反比，这是胡克定律的另一种表达形式。可以看出，当轴力和杆件原长不变的情况下，乘积 EA 越大，杆件的轴向变形 Δl 越小，所以 EA 称为杆件的抗拉（压）刚度。

若杆件为阶梯状分段等直杆，且受两个以上的轴向外力作用时（见图 2.28（a）），需要先画出轴力图，再按式（2.23）分段计算各段的变形，各段变形的代数和即为杆的总变形量（伸长量或缩短量），即

$$\boxed{\Delta l = \sum \frac{F_{Ni} l_i}{(EA)_i}} \tag{2.24}$$

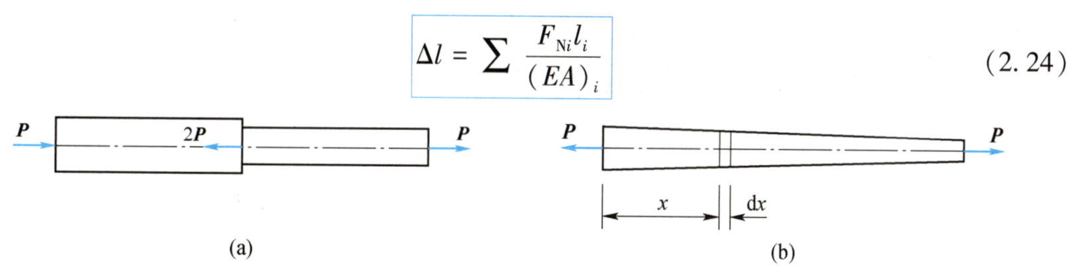

图 2.28 阶梯状杆和变截面杆

（a）阶梯状分段等截面直杆；（b）变截面杆

若杆件为横截面沿轴线平缓变化的变截面直杆，轴力也沿轴线变化且作用线与轴线重合（见图 2.28（b）），这时可用相邻的横截面从杆中截取微段 dx，将式（2.23）应用于微段，得出微段的伸长量 $d(\Delta l) = \frac{F_N(x)dx}{EA(x)}$，再沿整个杆段积分就可得到杆件的伸长量为

$$\Delta l = \int_l \frac{F_N(x)}{EA(x)} dx \tag{2.25}$$

【例 2.7】某钢制阶梯轴尺寸及受力如图 2.29（a）所示，$P = 10$ kN，AC 段和 CB 段的横截面积分别为 $A_{AC} = 1\,000$ mm^2，$A_{CB} = 500$ mm^2，长度 $l = 2$ m，已知轴的弹性模量 $E = 200$ GPa，试计算轴的轴向变形 Δl_{AB}。

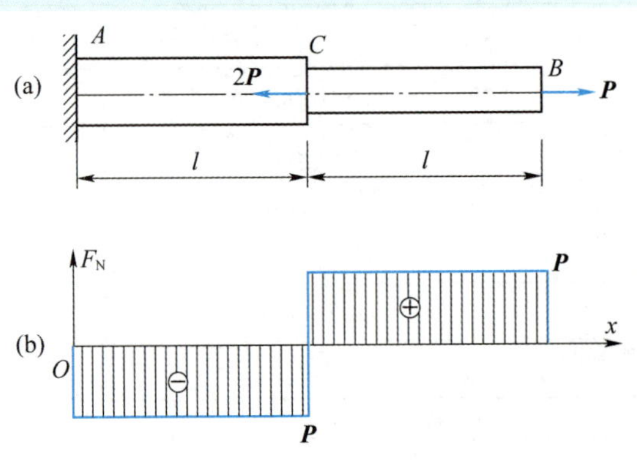

图 2.29　例 2.7 图

【解】（1）先画出轴力图，如图 2.29（b）所示。

（2）分段利用胡克定律计算各段轴向变形，然后代数叠加即可得整个轴的变形 Δl_{AB} 。

$$
\begin{aligned}
\Delta l_{AB} &= \Delta l_{AC} + \Delta l_{CB} \\
&= \frac{F_{NAC} l_{AC}}{EA_{AC}} + \frac{F_{NCB} l_{CB}}{EA_{CB}} = \frac{(-P)l}{EA_{AC}} + \frac{Pl}{EA_{CB}} \\
&= \left(\frac{-10 \times 10^3 \times 2 \times 10^3}{200 \times 10^3 \times 1\,000} + \frac{10 \times 10^3 \times 2 \times 10^3}{200 \times 10^3 \times 500} \right) \text{mm} \\
&= 0.10\ \text{mm}
\end{aligned}
$$

计算结果为正，说明整个杆件是伸长的。

【例 2.8】托架结构简图如图 2.30（a）所示，已知 AB 和 AC 均为等截面的直杆，杆 AB 的长度 $l_{AB}=2$ m，材料都是 A3 钢，直径均为 $d=20$ mm，弹性模量 $E=200$ GPa，$\alpha=45°$，$\beta=30°$，若托架所吊重物最大重量为 $P=40$ kN。试求节点 A 最大的位移 δ_A 及最大的垂直位移 δ_{Ay} 。

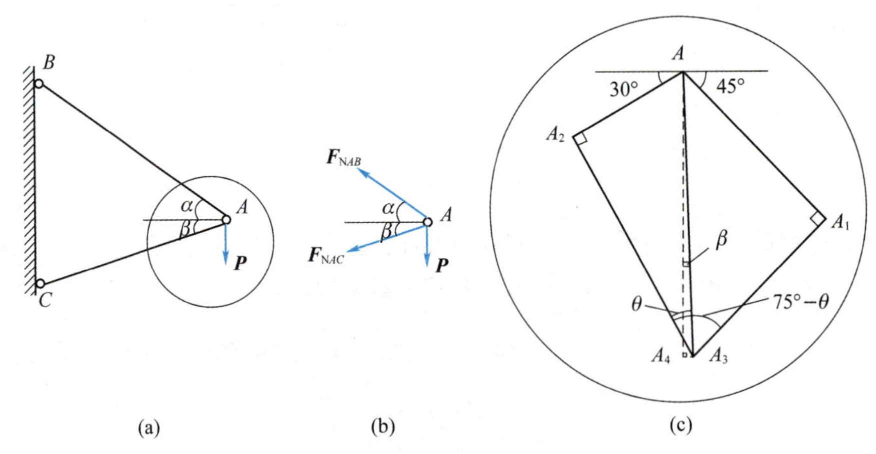

图 2.30　例 2.8 图

【解】（1）计算轴力。设杆件 AB、AC 的轴力分别为 F_{NAB}、F_{NAC}，根据节点 A 的平衡，如图 2.30（b）所示，得

$$\sum F_x = 0 \qquad F_{NAB}\cos\alpha + F_{NAC}\cos\beta = 0$$

$$\sum F_y = 0 \qquad F_{NAB}\sin\alpha - F_{NAC}\sin\beta - P = 0$$

$$F_{NAB} = \frac{P\cos\beta}{\sin\alpha\cos\beta + \cos\alpha\sin\beta} = \frac{\sqrt{3}(\sqrt{6}-\sqrt{2})}{2}P\ (\text{拉力})$$

$$F_{NAC} = \frac{-P\cos\alpha}{\sin\alpha\cos\beta + \cos\alpha\sin\beta} = -\frac{\sqrt{2}(\sqrt{6}-\sqrt{2})}{2}P\ (\text{压力})$$

（2）根据胡克定律，计算两杆的变形分别为

$$\Delta l_{AB} = \frac{F_{NAB}l_{AB}}{EA} = \frac{\frac{\sqrt{3}(\sqrt{6}-\sqrt{2})P}{2}l_{AB}}{EA}$$

$$= \frac{\frac{\sqrt{3}(\sqrt{6}-\sqrt{2})\times 40\times 10^3}{2}\times 2\times 10^3}{(200\times 10^3)\times\frac{\pi\times 20^2}{4}}\ \text{mm} = 1.142\ \text{mm}$$

$$\Delta l_{AC} = \frac{F_{NAC}l_{AC}}{EA} = \frac{\frac{-\sqrt{2}(\sqrt{6}-\sqrt{2})P}{2}l_{AC}}{EA}$$

$$= \frac{\frac{-\sqrt{2}(\sqrt{6}-\sqrt{2})\times 40\times 10^3}{2}\times 2\times\frac{\cos 45°}{\cos 30°}\times 10^3}{200\times 10^3\times\frac{\pi\times 20^2}{4}}\ \text{mm} = -0.761\ \text{mm}$$

（3）为求节点 A 的最大位移，假设将两杆在节点 A 处拆开，并使其沿各自的杆长方向变形，AB 杆伸长后变为 A_1B，AC 杆缩短后变为 A_2C，分别以 B、C 为圆心，BA_1、CA_2 为半径作圆弧交于 A_3。A_3 点就是托架变形后节点 A 的位置。A_1A_3 和 A_2A_3 是两段极其微小的短弧，因此为了计算简单，过 A_1、A_2 分别作 AB 杆和 AC 杆的垂线来代替短弧线（以切代弧），按小变形假设画变形图（见图 2.30（c）），并认为此两垂线的交点就是节点 A 产生位移后的位置，线段 AA_3 就是点 A 的最大位移 δ_A。

由图 2.30（c）可知，线段 AA_1 的长度为 Δl_{AB}，线段 AA_2 的长度为 Δl_{AC}，假设线段 AA_3 长度 δ_A，则

$$\delta_A\sin(75° - \theta) = \Delta l_{AB} \tag{a}$$

$$\delta_A\sin\theta = \Delta l_{AC} \tag{b}$$

将 Δl_{AB}、Δl_{AC} 的绝对值代入式（a）和（b），联解求得

$$\theta = \arctan\left(\frac{\Delta l_{AC}\sin 75°}{\Delta l_{AB} + \Delta l_{AC}\cos 75°}\right) = 28.78°$$

将 θ 和 Δl_{AC} 的值代入式（b）可计算得到节点 A 的最大位移 $\delta_A = 1.581\ \text{mm}$。

同时，利用图 2.30 可计算线段 AA_4 的长度，即节点 A 的最大垂直位移 δ_{Ay}。

$$\beta = 90° - \theta - (90° - 30°) = 1.225°$$

$$\delta_{Ay} = \delta_A\cos\beta = 1.5806\ \text{mm}$$

注意：求解这类题目时首先要清楚两个概念，一是杆件的变形与结构的位移，二是"以切代弧"。杆件的变形是杆件在载荷作用下形状和尺寸的改变，结构位移指结构在载荷作用下某个节点空间位置的改变。在用图解法求结构位移时，常用"以切代弧"，这是由于在小变形假设前提下，用切线代替圆弧而引起的误差可以接受，并使问题的解决变得较为简便。求解结构节点位移的步骤为：①受力分析；②利用平衡方程求解各杆轴力；③应用胡克定律求解各杆的变形；④用"以切代弧"的方法找出节点变形后的位置；⑤寻找各杆变形间的关系，求节点位移。

【例 2.9】简单桁架结构如图 2.31（a）所示。杆 AB 和 BC 均为钢杆，弹性模量 $E = 200$ GPa，横截面积 $A_{AB} = 80\ \text{mm}^2$，$A_{BC} = 100\ \text{mm}^2$。在载荷 P 作用下，结构处于正常工作状态，通过电测仪器测得杆 AB 的纵向应变 $\varepsilon_{AB} = 5 \times 10^{-4}$。试求此时杆 BC 横截面上的正应力 σ_{BC}。

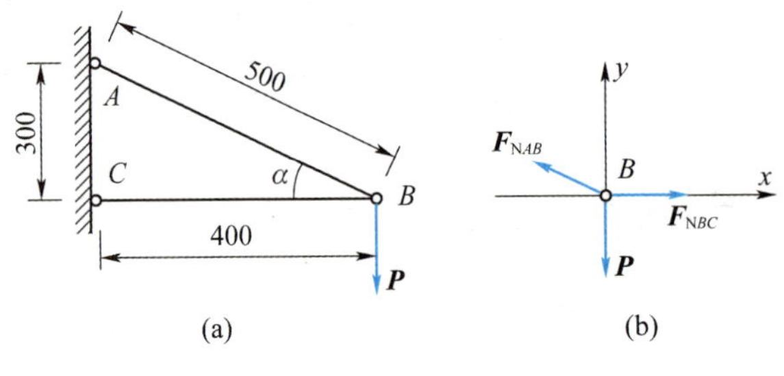

图 2.31　例 2.9 图

【解】(1) 设杆 AB 和 BC 的内力分别为 F_{NAB}，F_{NBC}，节点 B 的受力如图 2.31（b）所示，平衡方程为

$$\sum F_x = 0 \quad F_{NBC} - F_{NAB}\cos\alpha = 0$$

$$\sum F_y = 0 \quad F_{NAB}\sin\alpha - P = 0$$

且已知 $\sin\alpha = 3/5$，$\cos\alpha = 4/5$。

解得 $F_{NAB} = \dfrac{5}{3}P$，$F_{NBC} = \dfrac{4}{3}P$，$F_{NBC} = \dfrac{4}{5}F_{NAB}$。

(2) 由胡克定律式（2.8）及轴向拉压横截面正应力计算公式（2.3），有

$$\sigma_{AB} = E\varepsilon_{AB}$$

且 $\sigma_{AB} = \dfrac{F_{NAB}}{A_{AB}}$，则 $F_{NAB} = E\varepsilon_{AB}A_{AB} = 200 \times 10^3 \times 5 \times 10^{-4} \times 80\ \text{N} = 8\ 000\ \text{N}$

$$F_{NBC} = \frac{4}{5}F_{NAB} = \frac{4}{5} \times 8\ 000\ \text{N} = 6\ 400\ \text{N}$$

$$\sigma_{BC} = \frac{F_{NBC}}{A_{BC}} = \frac{6\ 400}{100}\ \text{MPa} = 64\ \text{MPa}$$

*2.7 轴向拉压时的应变能

弹性体在外力作用下发生变形时，外力所做的功将转变为储存于弹性体内的能量，从而使弹性体具有对外做功的能力，这种因变形而储存的能量称为**应变能**或**变形能**。

根据**功能原理**，对于作用于杆件轴线方向缓慢加载的静载荷，可以忽略杆件变形中的其他微能量（如动能、热能、电能等）损失，则杆件内部储存的变形能 U 在数值上就等于外力所做的功 W，即

$$U = W \tag{2.26}$$

设某拉杆左端固定，作用于自由端的拉力由 0 开始缓慢增加。拉力与轴向伸长量之间的关系如图 2.32 所示。

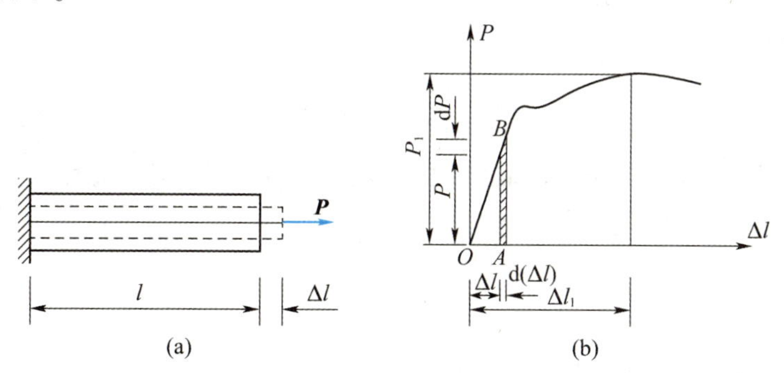

图 2.32 轴向拉伸杆变形与力的关系图

在逐渐加载的过程中，当拉力为 P 时，Δl 为 P 作用点的位移。如果拉力再增加 $\mathrm{d}P$，则杆件相应的变形量增加 $\mathrm{d}(\Delta l)$，于是作用于杆件上的拉力 P 因位移 $\mathrm{d}(\Delta l)$ 所做的微功 $\mathrm{d}W$ 应为图 2.32（b）中阴影部分的微面积，即

$$\mathrm{d}W = P\mathrm{d}(\Delta l)$$

显然，拉力在由 0 增加到 P 的过程中，拉力功是微功 $\mathrm{d}W$ 的累积，则拉力所做的总功是上述微面积的总和，即

$$W = \int_0^{\Delta l} \mathrm{d}W = \int_0^{\Delta l} P\mathrm{d}(\Delta l)$$

当材料应力在比例极限范围内时，拉力 P 与伸长量 Δl 之间始终成线性关系，则应变能 U 数值上等于 $P-\Delta l$ 图斜线下 $\triangle OAB$ 的面积，即

$$U = W = \frac{1}{2}P\Delta l$$

由胡克定律，将 $\Delta l = \dfrac{Pl}{EA}$ 代入上式，可得杆件轴向拉压过程中所储存的应变能为

$$\boxed{U = W = \frac{1}{2}P\Delta l = \frac{P^2 l}{2EA} = \frac{F_N^2 l}{2EA}} \tag{2.27}$$

储存于单位体积内的变形能，称为比能或称能密度，用符号 u 表示，即

$$u=\frac{\mathrm{d}U}{\mathrm{d}V}=\frac{\mathrm{d}W}{\mathrm{d}V}$$

式中：dU、dV、dW 分别表示变形能、体积、功的微分。

为了求出储存于单位体积内的变形能，设从杆件内取出边长为 dx、dy、dz 的单元体，如图 2.33 所示。若单元体只在一个方向上受力，则上下两个面上的力为 $\sigma\mathrm{d}x\mathrm{d}y$，d$z$ 边的伸长为 $\varepsilon\mathrm{d}z$ 。当应力有一个增量 $\mathrm{d}\sigma$ 时，dz 边伸长的增量为 $\mathrm{d}\varepsilon\mathrm{d}z$ 。则用前面同样的推理方法，可得到力 $\sigma\mathrm{d}x\mathrm{d}y$ 所做的功为

$$\mathrm{d}W=\int_0^{\varepsilon}\sigma\mathrm{d}x\mathrm{d}y(\mathrm{d}\varepsilon\mathrm{d}z)$$

单元体内储存的变形能为

$$\mathrm{d}U=\mathrm{d}W=\int_0^{\varepsilon_1}\sigma\mathrm{d}x\mathrm{d}y\mathrm{d}z\mathrm{d}\varepsilon=\left(\int_0^{\varepsilon_1}\sigma\mathrm{d}\varepsilon\right)\mathrm{d}x\mathrm{d}y\mathrm{d}z=\left(\int_0^{\varepsilon_1}\sigma\mathrm{d}\varepsilon\right)\mathrm{d}V$$

式中：$\mathrm{d}V=\mathrm{d}x\mathrm{d}y\mathrm{d}z$ 是单元体的体积。

单位体积的变形能为

$$u=\frac{\mathrm{d}U}{\mathrm{d}V}=\int_0^{\varepsilon_1}\sigma\mathrm{d}\varepsilon \tag{2.28}$$

式（2.28）表明，u 等于 $\sigma-\varepsilon$ 曲线下的面积。当应力小于比例极限时，σ 与 ε 的关系为斜直线，则单位体积的变形能为

$$\boxed{u=\frac{1}{2}\sigma\varepsilon} \tag{2.29}$$

由胡克定律 $\sigma=E\varepsilon$ ，式（2.29）可以写成

$$u=\frac{1}{2}\sigma\varepsilon=\frac{E\varepsilon^2}{2}=\frac{\sigma^2}{2E}$$

若杆件应力是均匀分布的，则整个杆件的变形能为 $U=uV$ 。若杆件应力是不均匀分布的，则整个杆件的变形能为

$$U=\int_V u\mathrm{d}V \tag{2.30}$$

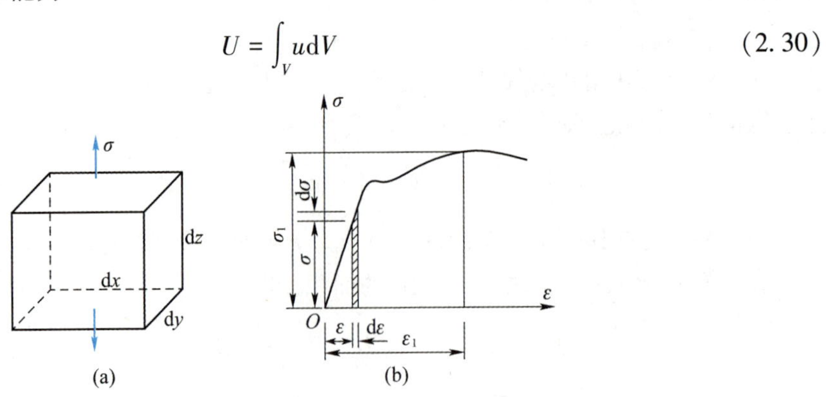

图 2.33　轴向拉伸杆应力与应变的关系图

【例 2.10】用能量法计算【例 2.8】所示托架结构铰节点 A 的垂直位移 δ_{Ay} 。

【解】当载荷 P 从 0 开始缓慢作用于结构体系上时，P 力与点 A 垂直位移 δ_{Ay} 的关系是一

条斜直线，则 P 所做的功为

$$W = \frac{1}{2}P\delta_{Ay}$$

P 所做的功在数值上等于杆系的变形能 U，因此

$$\frac{1}{2}P\delta_{Ay} = \frac{F_{NAC}^2 l_{AC}}{2E_{AC}A_{AC}} + \frac{F_{NAB}^2 l_{AB}}{2E_{AB}A_{AB}} = \frac{P^2}{2EA}\left[\frac{(-\sqrt{2})^2(\sqrt{6}-\sqrt{2})^2}{4} \times \frac{\sqrt{2}}{\sqrt{3}} \times 2 + \frac{(\sqrt{3})^2(\sqrt{6}-\sqrt{2})^2}{4} \times 2\right]$$

解得 $\delta_{Ay} = 1.580\,6\ \text{mm}$。

可见，计算结果与【例 2.8】一致。

2.8　用变形比较法求解简单杆系超静定问题

1. 变形比较法解超静定问题

设图 2.34 所示两端固定的等直杆 AB，在 C 点受一主动力 P 的作用。在两端 A、B 处产生的约束力为 F_A、F_B，根据杆件的受力平衡，能建立的独立平衡方程只有一个，即

$$F_B + P - F_A = 0 \tag{a}$$

这里静力平衡方程只有一个，而未知约束力有两个，因此，仅仅根据静力平衡方程不能求解。这类问题称为**静不定问题**或**超静定问题**，相应的结构称为静不定结构或超静定结构。在静定问题中，未知力的数目等于有效平衡方程的数目；而在静不定问题中，存在多于维持平衡所必须的约束或杆件，称其为多余约束。由于多余约束的存在，未知力的数目多于有效平衡方程的数目，未知力数超过有效平衡方程数的数目称为静不定度，或超静定次数。与多余约束相应的未知反力或内力，习惯上称为多余未知力，因此，静不定次数等于多余约束或多余未知力的数目。图 2.34 所示的问题是一个一次静不定问题。必须在已有的独立平衡方程基础上，根据杆件的变形条件列出足够数目的补充方程才能求解。由于杆和杆系的变形均必须与约束相适应，因此这些变形之间必然存在一定的制约关系。

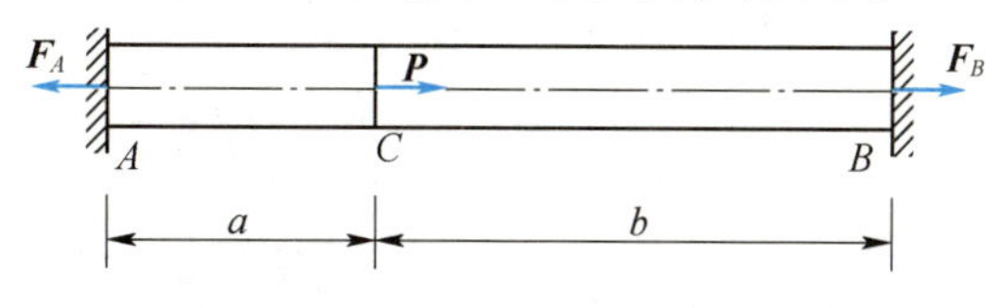

图 2.34　轴向载荷下的两端固定杆

根据图 2.34，由于杆件两端固定，因此 AC、CB 段的变形应满足以下关系

$$\Delta l_{AC} + \Delta l_{CB} = 0 \tag{b}$$

式（b）反映了杆件各部分变形必须满足的某种几何关系，称为**变形协调条件**或**变形协调方程**，它是一种**几何方程**，这种几何方程将随着具体问题的不同而有不同的形式，其未知量为几何量。这种变形协调方程并没有反映未知力之间的联系，因此不能直接用于问题的求解。

考查 AC、CB 段，可得各段的内力分别为

$$F_{NAC}=F_A \qquad F_{NCB}=F_A-P$$

在弹性范围内，根据胡克定律可得各段的变形为

$$\Delta l_{AC}=\frac{F_A a}{EA} \qquad \Delta l_{CB}=\frac{F_A-P}{EA}b \tag{c}$$

这两个表示轴力与变形关系的式子称为物理方程，将其代入式（b），得到关于约束力为 F_A、F_B 的补充方程

$$\frac{F_A a}{EA}+\frac{F_A-P}{EA}b=0 \tag{d}$$

联解式（a）和式（d）可得

$$F_A=\frac{b}{a+b}P \qquad F_B=-\frac{a}{a+b}P$$

以上例子表明，静不定问题需要综合静力平衡方程、变形协调方程和物理方程等3方面的关系才能求解，这种解静不定或超静定问题的方法也称为**变形比较法**。

变形比较法具体求解超静定问题的步骤归纳如下：

（1）判断超静定的次数；

（2）画出结构可能的变形关系图及相应的受力图；

（3）根据静力平衡条件，列出独立的平衡方程；

（4）根据变形协调条件，列出变形协调方程（数目与超静定次数相同）；

（5）根据力和变形关系建立物理方程；

（6）将物理方程代入变形协调方程得到补充方程；

（7）联立求解平衡方程和补充方程，求得所有的未知约束力或轴力。

【例2.11】 某桁架结构如图2.35（a）所示，在点 A 受一竖向力 P 作用而使各杆产生弹性变形。已知杆1和杆3的材料相同，拉压弹性模量均为 E，且横截面积为 $A_1=A_3=A$，杆2的拉压弹性模量均为 E_2，横截面积为 A_2。试求各杆的轴力。

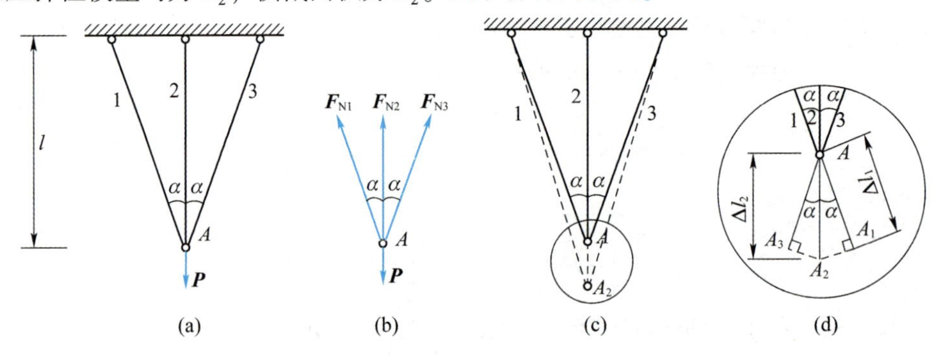

图2.35 例2.11图

【解】（1）考查节点 A 的平衡（见图2.35（b）），列出平衡方程

$$\sum F_x=0 \qquad F_{N3}\sin\alpha-F_{N1}\sin\alpha=0 \tag{a}$$

$$\sum F_y=0 \qquad F_{N1}\cos\alpha+F_{N3}\cos\alpha+F_{N2}-P=0 \tag{b}$$

（2）将节点 A 松开，让各杆自由变形，很显然，由于桁架构造、受力和物理性能对称，因此杆 1 和杆 3 的变形量相等（$\Delta l_1 = \Delta l_3$），且杆件变形前后都应铰结于同一点 A_2（见图 2.35（c）），故 3 根杆的变形必然满足变形协调方程（见图 2.35（d）），即

$$\Delta l_1 = \Delta l_2 \cos\alpha \tag{c}$$

（3）根据胡克定律有

$$\Delta l_1 = \frac{F_{N1} l_1}{EA} = \frac{F_{N1} l}{EA\cos\alpha}$$

$$\Delta l_2 = \frac{F_{N2} l_2}{E_2 A_2} = \frac{F_{N2} l}{E_2 A_2}$$

代入式（c）得补充方程

$$\frac{F_{N1} l}{EA\cos\alpha} = \frac{F_{N2} l}{E_2 A_2}\cos\alpha \tag{d}$$

联解式（a）、式（b）、式（d）可得

$$F_{N1} = F_{N3} = \frac{P\cos^2\alpha}{\dfrac{E_2 A_2}{EA} + 2\cos^3\alpha} \qquad F_{N2} = \frac{P}{1 + 2\dfrac{EA\cos^3\alpha}{E_2 A_2}}$$

【例 2.12】 图 2.36（a）所示刚性横梁（变形可忽略不计）由 3 根吊杆悬吊。3 根杆材料和横截面积 A 均相同，横梁所受载荷 F 也为已知。试求 3 根吊杆分别所受应力。

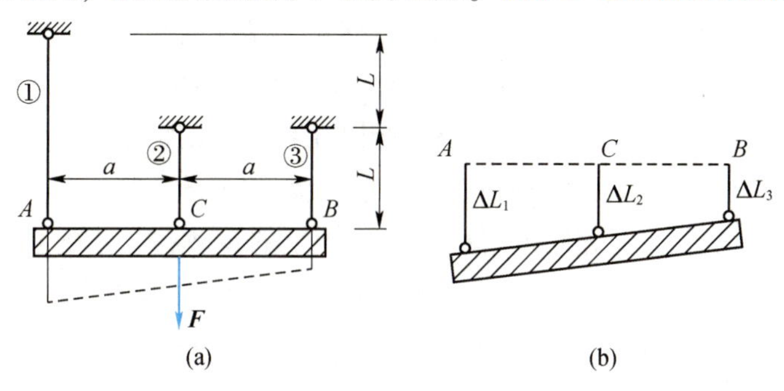

图 2.36 例 2.12 图

【解】 设 3 根杆受力变形后，横梁下移至图 2.36（b）所示的位置，故可相应预设 3 根杆均受拉力。

（1）列平衡方程。

$$\sum M_C = 0 \quad -F_{N1}a + F_{N3}a = 0 \tag{a}$$

$$\sum F_y = 0 \quad F_{N1} + F_{N2} + F_{N3} - F = 0 \tag{b}$$

（2）分析变形条件。由于 3 根杆下悬吊的刚性横梁变形不计，与此约束情况相容的变形条件是：3 根杆受力变形后 3 端点仍在一条直线上。根据 3 杆变形后容许移动位置（见图 2.36（b）），变形几何方程为

$$\Delta l_2 - \Delta l_3 = \frac{1}{2}(\Delta l_1 - \Delta l_3) \tag{c}$$

化简后可得

$$\Delta l_1 - 2\Delta l_2 + \Delta l_3 = 0 \tag{d}$$

（3）分析力和变形关系。由胡克定律可得

$$2F_{N1} - 2F_{N2} + F_{N3} = 0 \tag{e}$$

（4）联立求解式（a）、（b）、（e），可得

$$F_{N1} = F_{N3} = \frac{2}{7}F,\quad F_{N2} = \frac{3}{7}F$$

因此 $\sigma_1 = \sigma_3 = \dfrac{2F}{7A}$，$\sigma_2 = \dfrac{3F}{7A}$。

本例中对各杆的轴力假设是拉力还是压力，是根据变形关系图中杆是伸长还是缩短来决定的，力与变形两者的预设应保持一致。

2. ＊温度应力和装配应力

超静定结构的另一个特点是可能产生**温度应力**和**装配应力**。

1）超静定结构的温度应力

工程结构或机械往往处于温度变化的环境中，如工作环境的温度变化（热工设备、冶金机械、热力管道等）和自然环境的温度变化（季节更替）。

温度变化将引起物体的热胀冷缩。当温度变化时，静定结构可以自由变形，因而变温所引起的变形本身不会在杆中引起内力。但在超静定结构中，由于存在较多的约束，阻碍和牵制了杆的自由胀缩，从而会在杆中引起内力。这种应力成为**温度应力**或称**热应力**。

计算温度应力的关键环节也同样在于根据结构的变形协调条件建立几何方程。与一般超静定问题不同的是，杆的变形应包含温度本身引起的变形（即热胀冷缩）和温度应力相应的变形两部分。下面举例说明具体求解过程。

如图 2.37 所示，杆 AB 代表固定于枕木或基础上的钢轨，在不受其他主动外力的情况下，由于季节变化产生温度变化。而固定端约束限制了杆件的膨胀或收缩，因此必然在两端产生约束反力 F_A 和 F_B，这将在杆内产生应力。

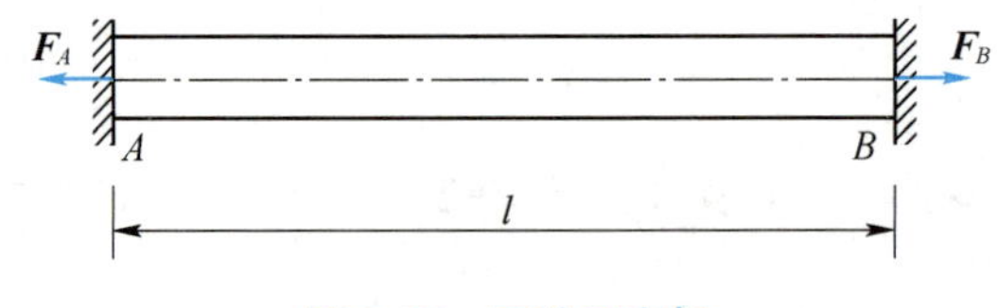

图 2.37　两端固定杆

由平衡条件可得

$$\sum F_x = 0 \qquad F_B - F_A = 0$$

$$F_A = F_B \tag{a}$$

为了计算 F_A 和 F_B 大小，必须补充一个变形协调方程。设将 B 端约束去掉，杆件允许自由伸缩，则当温度变化 ΔT 时，杆件的温度变形量为

$$\boxed{\Delta l_T = \alpha l \Delta T} \tag{2.31}$$

式中，α 为材料的线膨胀系数。

在 F_A 和 F_B 的作用下，杆件的变形量为

$$\Delta l = \frac{F_B l}{EA} \tag{b}$$

而实际杆件两端固定，因此变形协调方程为

$$\Delta l_T + \Delta l = 0 \tag{c}$$

将式（2.31）、式（b）代入式（c）可得

$$\alpha l \Delta T + \frac{F_B l}{EA} = 0 \tag{d}$$

由此解得

$$F_B = -EA\alpha\Delta T$$

产生的应力为

$$\sigma_T = \frac{F_B}{A} = -E\alpha\Delta T \tag{2.32}$$

这说明温度升高导致杆件内部产生压应力，温度降低导致杆件内部产生拉应力。由式（2.32）可知，当 ΔT 较大时，σ_T 会很大。例如，若图 2.37 所示杆件材料为碳钢，$\alpha = 1.25 \times 10^{-5}/℃$，$E = 200$ GPa，则当温度升高 30 ℃ 时，温度应力为

$$\sigma_T = -E\alpha\Delta T = -200 \times 10^3 \times 1.25 \times 10^{-5} \times 30\ \text{MPa} = -75\ \text{MPa}$$

式中：负号表示压应力。

因此，为了避免产生过高的温度应力，实际中在钢轨各段之间留有伸缩缝，这样可以削弱对膨胀的约束，减小温度应力。例如，输送蒸汽的管道在无伸缩接头的情况下，可以将管道设计成 Ω 形。

2）超静定结构的装配应力

加工构件时，加工尺寸误差在所难免，对于静不定结构，加工误差往往会引起内力，这与温度应力的形成很相似；而对于静定结构，加工误差只会引起结构几何形状的轻微变化，不会引起内力。

仍以图 2.37 所示杆件为例，若杆件的名义长度为 l，加工误差为 δ，则杆件的实际长度为 $l+\delta$，把长为 $l+\delta$ 的杆件装进距离为 l 的固定支座之间，即使没有外加载荷，也会引起杆件内部压应力，这种因加工误差在装配过程中产生的应力称为**装配应力**。装配应力是杆件无载荷作用时就可发生的应力，即所谓的初应力。这时，δ 就相当于式（2.31）中的 Δl_T，因此只需将式（d）中的 $\alpha l \Delta T$ 换成 δ 就可以得出支座反力 F_B，从而确定装配应力。例如，图 2.37 所示杆件在制造时长度多了 $\delta = \frac{l}{1\,000}$，则式（c）变为 $\delta + \frac{F_B l}{EA} = 0$，支座反力 F_B 为 $-\frac{EA\delta}{l}$，从而装配应力为

$$\sigma = \frac{F_B}{A} = -\frac{E\delta}{l} = -\frac{200 \times 10^3}{l} \times \frac{l}{1000} = -200\ \text{MPa}$$

式中：负号表示压应力。

装配应力在有些情况下是不利的，应该尽量避免或使之降低，但若能加以合理巧妙地利用则可产生有利的作用。例如，装配中常利用过盈连接或预紧力来加强零件间连接的牢固性，钢筋混凝土构件利用预应力来提高构件的承载力。

从以上分析不难看出，温度应力和装配应力在静定结构中是不存在的，但静不定结构由于增加了约束，杆件不能自由变形，因此会产生温度应力或装配应力。

*2.9 应力集中的概念

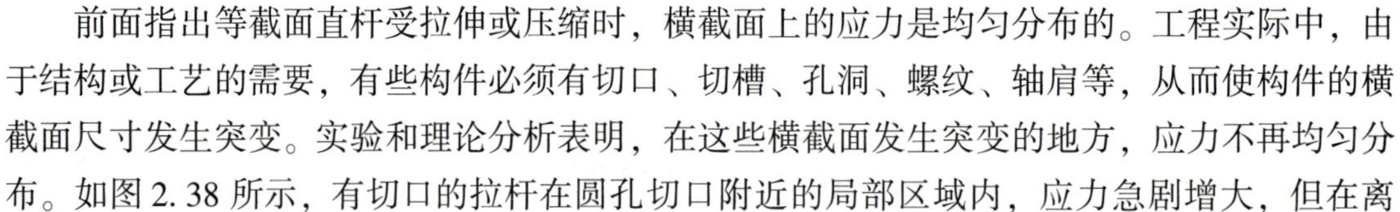

前面指出等截面直杆受拉伸或压缩时，横截面上的应力是均匀分布的。工程实际中，由于结构或工艺的需要，有些构件必须有切口、切槽、孔洞、螺纹、轴肩等，从而使构件的横截面尺寸发生突变。实验和理论分析表明，在这些横截面发生突变的地方，应力不再均匀分布。如图 2.38 所示，有切口的拉杆在圆孔切口附近的局部区域内，应力急剧增大，但在离开切口稍远处，应力迅速降低而趋于均匀分布。这种因杆件横截面尺寸发生突变而引起的局部应力急剧增大的现象，称为**应力集中**。

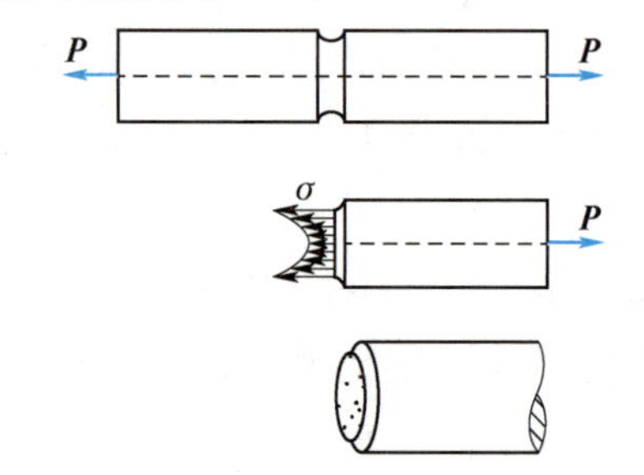

图 2.38　拉杆切口截面上的应力分布情况

应力集中的程度用**理论应力集中系数 k** 表示，即

$$k=\frac{\sigma_{max}}{\sigma_{m}} \tag{2.33}$$

式中：σ_{max} 为发生应力集中横截面上的最大应力；σ_{m} 为同一横截面上的平均应力。

k 是一个大于 1 的系数，其大小取决于横截面的几何形状、尺寸以及开孔的形状、大小、截面改变处过渡圆弧的尺寸等。实验结果表明：截面尺寸改变越急剧，角越尖，孔越小，应力集中越严重。因此，实际工程中应尽量避免带尖角的孔或槽，阶梯轴轴肩处过渡圆弧的半径尽量大些。

工程上不同材料对应力集中的敏感程度并不相同。一般说来，用塑性材料制成的零件在静载荷作用下，可以不考虑应力集中的影响；脆性材料对应力集中比较敏感，则应当考虑；而当构件受周期性变化的载荷或受冲击载荷作用时，无论是塑性或脆性材料，应力集中往往是构件产生破坏的根源，所以都应当考虑应力集中的问题。

2.10 本章知识小结·框图

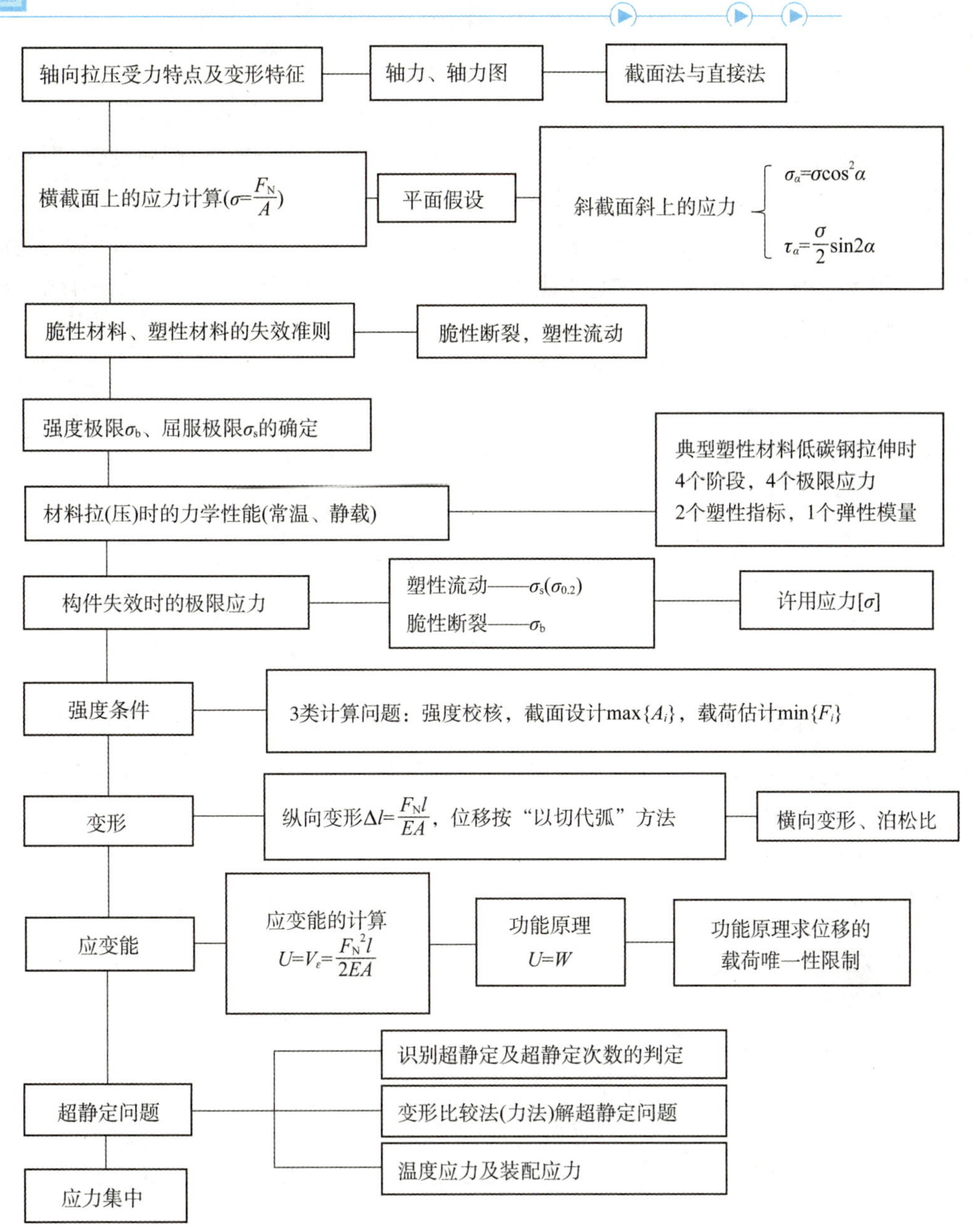

思考题

思 2.1　在图示杆件中，哪些是轴向拉伸杆件？

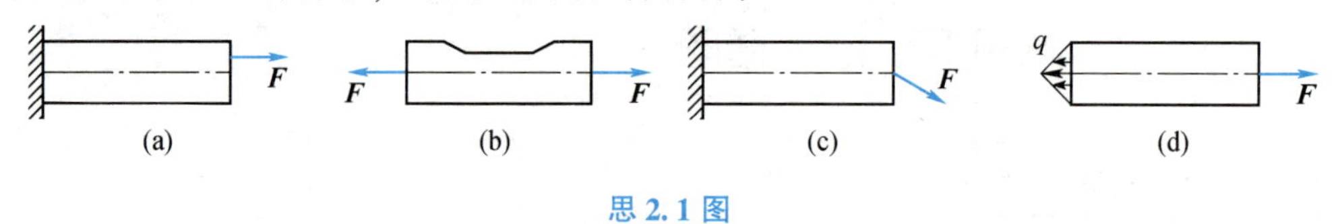

思 2.1 图

思 2.2　轴向拉压杆横截面上的正应力公式 $\sigma=F_N/A$ 的主要应用条件是什么？图示哪些横截面上的正应力可以用此公式计算？哪些不能？

思 2.3　应力-应变曲线的纵、横坐标分别为 $\sigma=P/A$、$\varepsilon=\Delta l/l$，式中 A 和 l 为初始值还是瞬时值？图示 3 种材料的应力-应变曲线，哪种材料的弹性模量最大？哪种材料的塑性最好？哪种材料的强度最好？

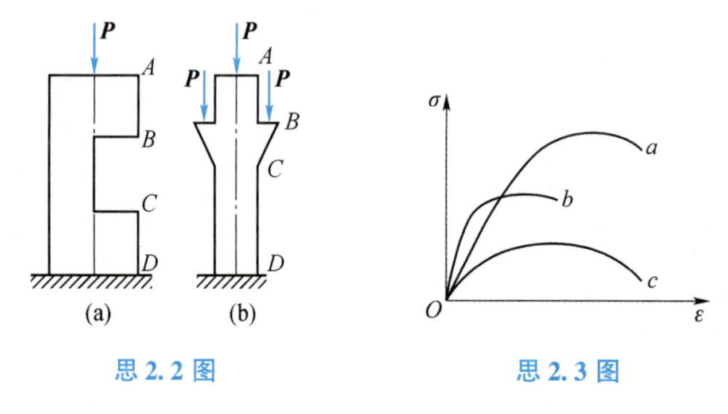

思 2.2 图　　思 2.3 图

思 2.4　图示杆 AC 和杆 BC 通过 C 铰连接在一起，下端挂有重为 P 的重物，假设点 A 和点 B 的距离 l 保持不变，且杆 AC 和杆 BC 的许用应力相等，均为$[\sigma]$，试问：α 取何值时，杆 AC 和杆 BC 的用料最省？

思 2.5　取一长为约 240 mm，宽约为 60 mm 的纸条，在其中剪一长为 10 mm 的缝隙和一直径为 10 mm 的圆孔，试问当用手拉两端时，破裂最先从哪里开始？为什么？

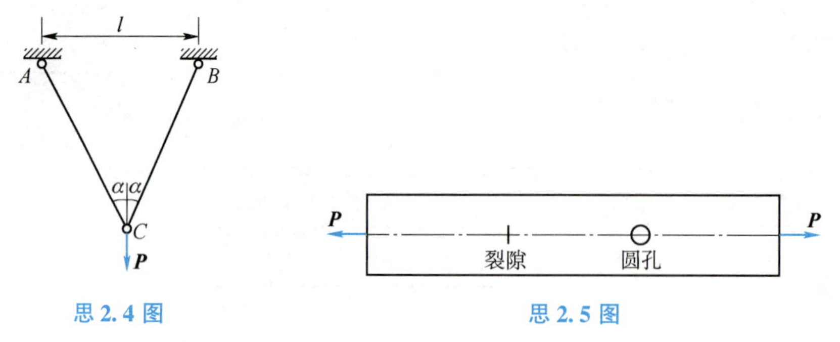

思 2.4 图　　思 2.5 图

思 2.6　图示一端固定的等截面平板，右端截面上有均匀拉应力 σ，受载前在其表面画斜直线 AB，试问受载后斜直线 $A'B'$ 与 AB 是否保持平行，为什么？

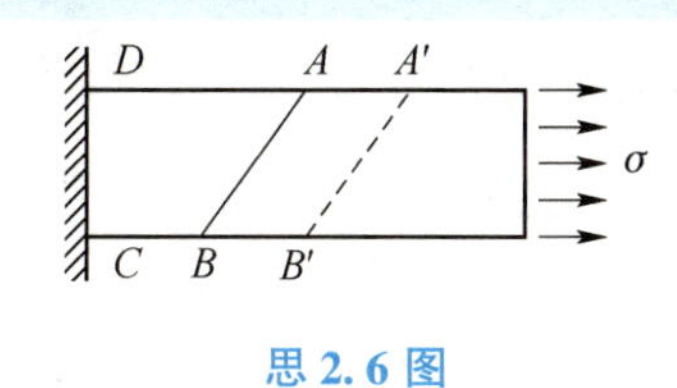

思 2.6 图

分类习题

【2.1 类】计算题（求杆件指定截面的轴力、画轴力图）

题 2.1.1 试求图示各杆上 1—1、2—2、3—3 截面上的轴力，并画轴力图。

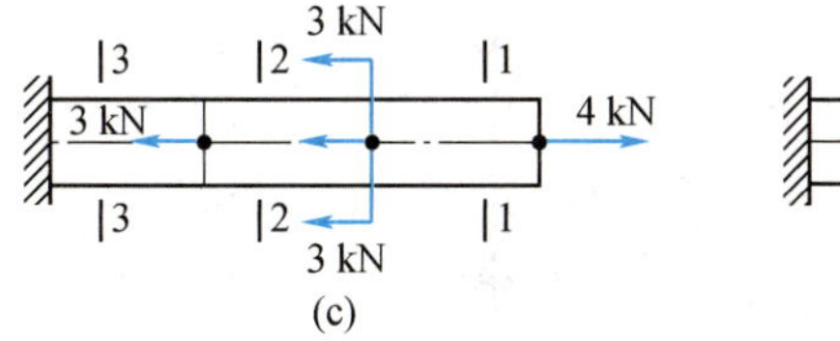

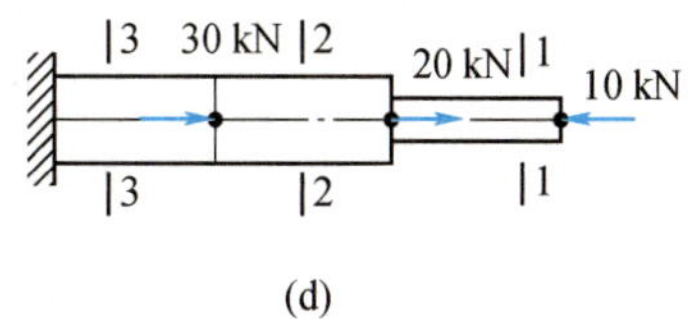

题 2.1.1 图

※题 2.1.2 一等直杆的横截面积为 A，材料的密度为 ρ，受力如图所示。若 $F = 10\rho gaA$，试绘出杆的轴力图（考虑杆的自重）。

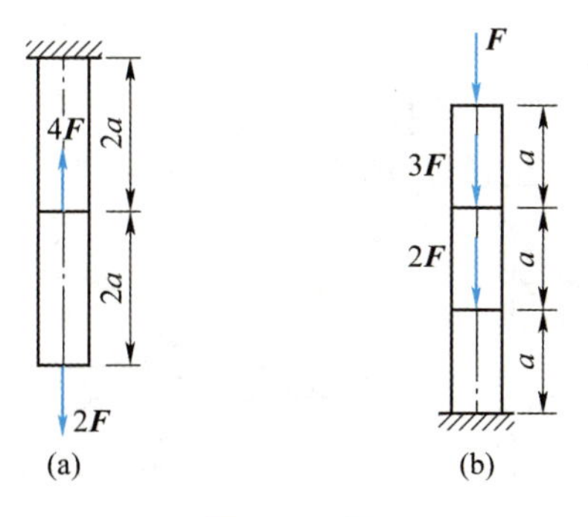

题 2.1.2 图

【2.2 类】计算题（应力计算、强度计算）

题 2.2.1 试求图示中部对称开槽直杆的 1—1、2—2 横截面上的正应力。

题 2.2.2 图示拉杆承受轴向拉力 $F = 10$ kN，杆的横截面积 $A = 100$ mm^2。如以 α 表示斜截面与横截面的夹角；试求当 $\alpha = 0°, 45°, 90°$ [或：　　] 时各斜截面上的正应力和切应力。

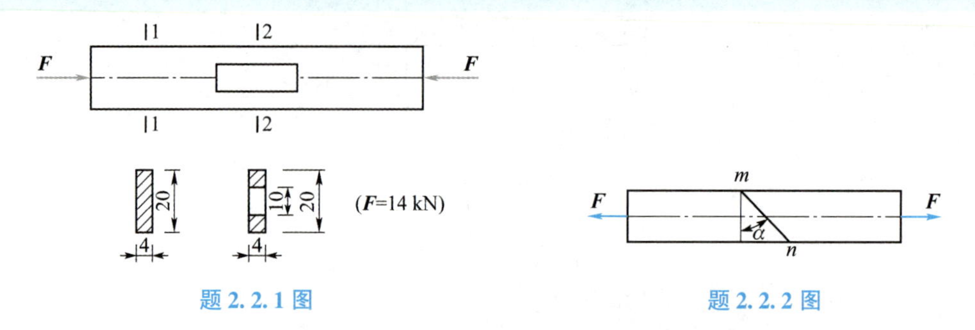

题 2.2.1 图　　　　题 2.2.2 图

※题 2.2.3　图示拉杆沿斜截面 m—n 由两部分胶合而成。设在胶合面上许用拉应力 $[\sigma]=100$ MPa［或：　　］，许用切应力 $[\tau]=50$ MPa，并设杆件的强度由胶合面控制。试问为使杆件承受的最大拉力 F，最大角 α 应为多少？若杆件横截面积为 4 cm^2，并规定 $\alpha\leqslant 60°$，试确定许可载荷 F。

题 2.2.4　在图示支架中，AB 为木杆，BC 为钢杆。木杆 AB 的横截面积 $A_1=100\ \mathrm{cm}^2$，许用应力 $[\sigma]_1=7$ MPa［或：　　］；钢杆 BC 的横截面积 $A_2=6\ \mathrm{cm}^2$，许用拉应力 $[\sigma]_2=160$ MPa。试求许可吊重 F。

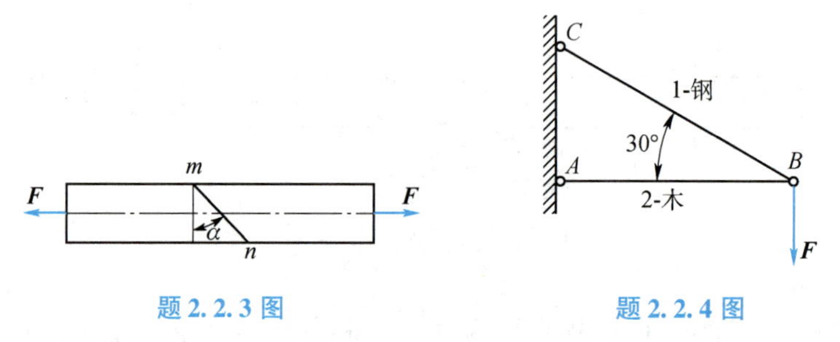

题 2.2.3 图　　　　题 2.2.4 图

※题 2.2.5　在图示支架中，BC 和 BD 两杆的材料相同，且抗拉和抗压许用应力相等，同为 $[\sigma]$，为使杆系使用的材料最省，试求夹角 θ。

题 2.2.6　一桁架受力如图所示，各杆均由两根等边角钢组成。已知材料的许用应力 $[\sigma]=170$ MPa［或：　　］，试选择杆 AC 和 CD 的角钢型号。

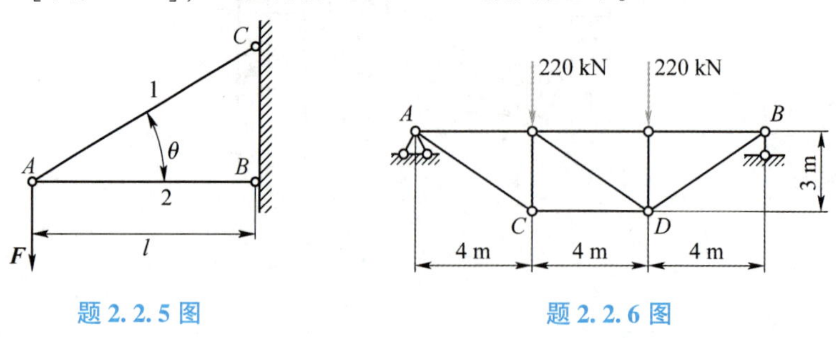

题 2.2.5 图　　　　题 2.2.6 图

【2.3 类】计算题（求杆件的变形或杆系结构指定节点的位移）

题 2.3.1　图示阶梯形钢杆，材料的弹性模量 $E=200$ GPa［或：　　］，试求杆横截面上的最大正应力和杆的总伸长量。

题 2.3.2　图示结构，F、l 及两杆抗拉压刚度 EA 均为已知。试求各杆的轴力及点 C 的垂直位移和水平位移。

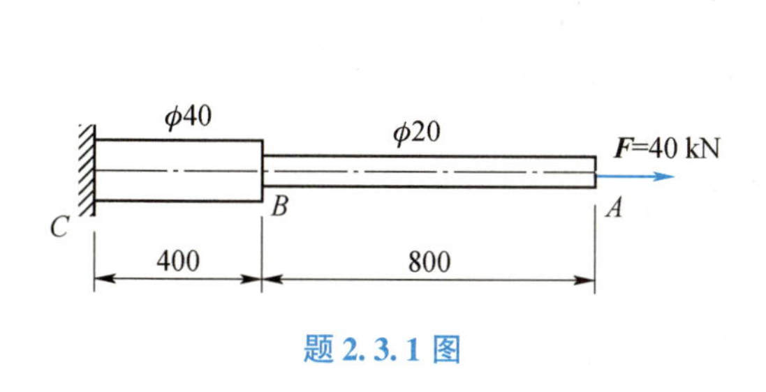

题 2.3.1 图

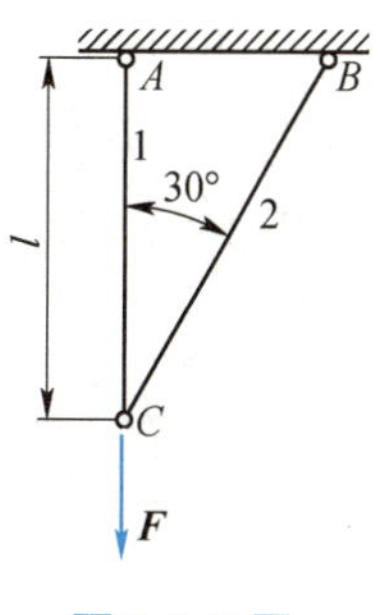

题 2.3.2 图

题2.3.3 如图所示，设 CG 为刚性杆件，BC 为铜杆，DG 为钢杆，两杆的横截面积分别为 A_1 和 A_2，弹性模量分别为 E_1 和 E_2。若欲使 CG 始终保持水平位置，试求 x 。

※题2.3.4 图示支架，AC 杆材料应力–应变为线性关系服从胡克定律，即 $\sigma_{AC}=E\varepsilon$ ，而杆 AB 的材料应力–应变为非线性关系 $\sigma_{AB}=E\sqrt{\varepsilon}$ ，各杆的横截面积均为 A 。试求点 A 的垂直位移 Δ_{Ay} 。

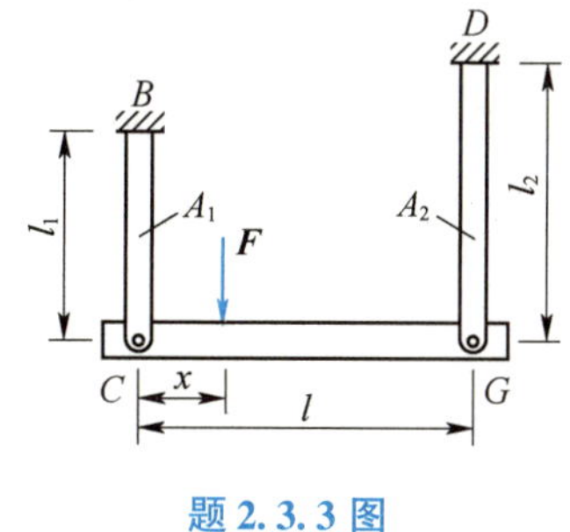

题 2.3.3 图

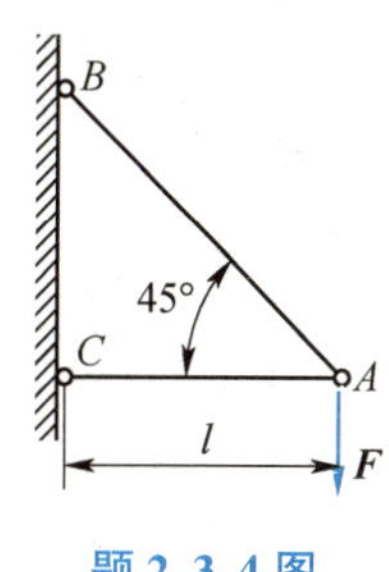

题 2.3.4 图

※题2.3.5 某长度为 300 mm［或：　　］的等截面钢杆承受轴向拉力 $F=30$ kN ，已知杆的横截面积 $A=2\,500$ mm^2，材料的弹性模量 $E=210$ GPa 。试求杆中所积蓄的应变能。

※题2.3.6 某桁架结构如图所示，杆件的抗拉刚度均为 EA，试利用能量法确定点 C 的垂直位移。

【2.4 类】计算题（求解简单超静定杆系，包括装配、温度应力）

题2.4.1 试求图示等直杆 AB 各段内的轴力，并作轴力图。

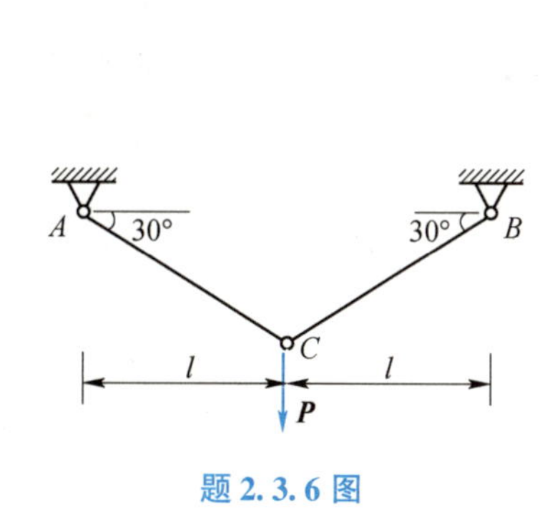

题 2.3.6 图

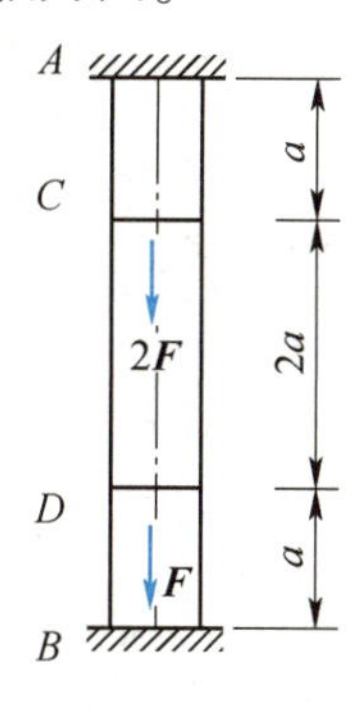

题 2.4.1 图

题2.4.2　在图示结构中，假设梁 ACB 为刚杆，杆 1、杆 2、杆 3 的横截面积相等、材料相同。试求各杆的轴力。

※题2.4.3　图示支架中的3根杆材料相同，杆1的横截面积为200 mm^2，杆2的横截面积为300 mm^2，杆3的横截面积为400 mm^2。若 $F=30$ kN [或：　　]，试求各杆的轴力和应力。

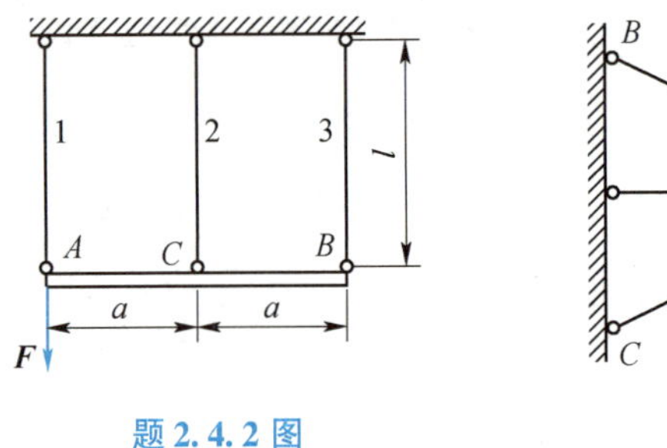

题 2.4.2 图

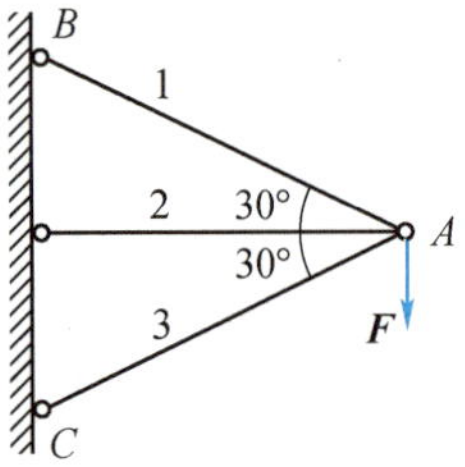

题 2.4.3 图

题2.4.4　刚性杆 AB 的左端铰支，两根长度相等、横截面积相同的钢杆 CD 和 EG 使该刚性杆处于水平位置，如图所示。如已知 $F=50$ kN，两根钢杆的横截面积均为 $A=$ 1 000 mm^2 [或：　　]。试求两杆的轴力和应力。

题2.4.5　图示桁架，已知3根杆的抗拉压刚度相同。试求各杆的内力，并求点 A 的水平位移和垂直位移。

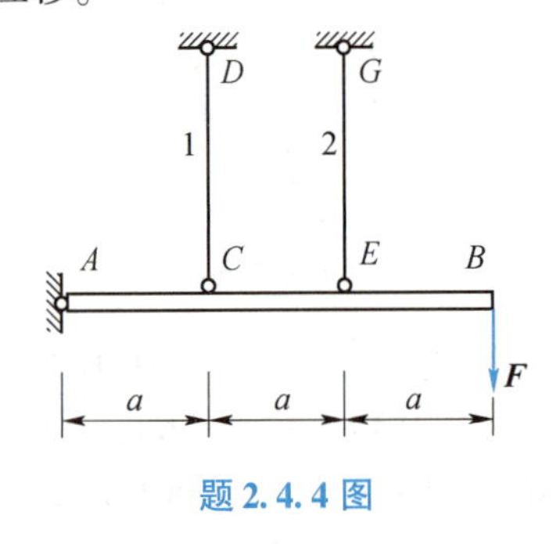

题 2.4.4 图

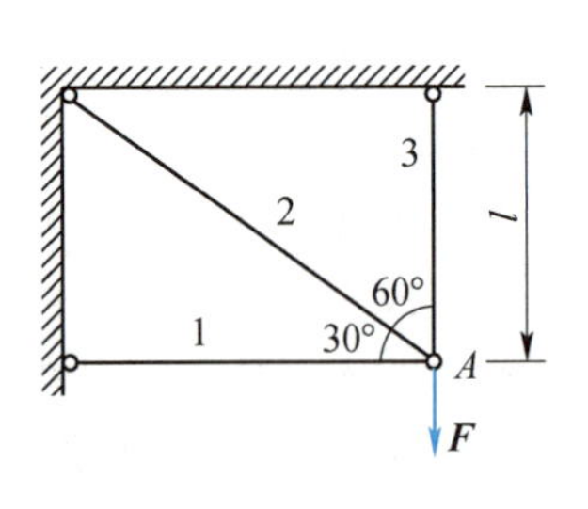

题 2.4.5 图

※题2.4.6　某钢杆如图所示，其横截面积 $A=2\ 500$ mm^2，弹性模量 $E=200$ GPa，长度 $l=1.5$ m，在受载荷 P 作用之前，杆的右端与墙面的间隙 $\delta=0.3$ mm，试求两端的约束力：(1) $P=100$ kN；(2) $P=200$ kN [或：　　]。

※题2.4.7　一结构如图所示，P 施加于刚性平面上，1 为铝杆，$E_1=66$ Gpa，2 为钢管，$E_2=200$ Gpa，$A_1=A_2=20$ cm^2，$a=0.004$ cm，$l=25$ cm，如欲使钢管和铝杆所产生的应力相等，载荷 P 应等于多少？

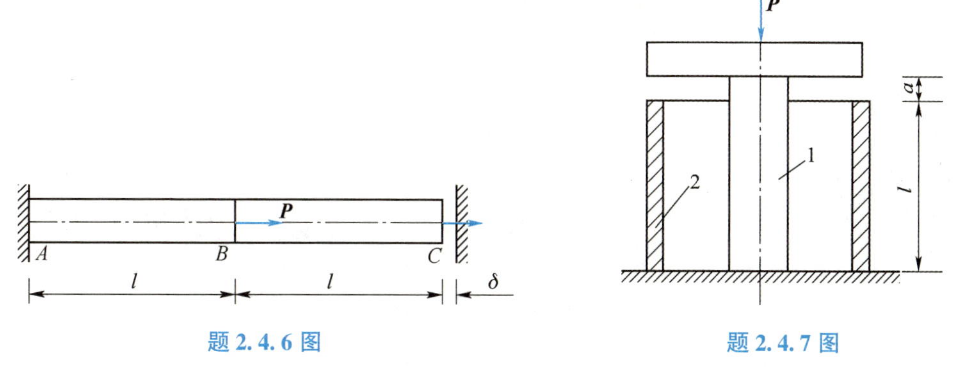

题 2.4.6 图　　题 2.4.7 图

※题 2.4.8　图示刚性杆 AB 由 3 根材料相同的钢杆支承，且 $E=210\ \mathrm{GPa}$，钢杆的横截面积均为 $2\ \mathrm{cm}^2$，其中杆 2 的长度误差 $\Delta=5\times10^{-4}l$ [或：　　]。试求装配好后各杆横截面上的应力。

※题 2.4.9　图示杆 OAB 可视为不计自重的刚体。AC 与 BD 两杆的材料、尺寸均相同，A 为横截面积，E 为弹性模量，α 为线膨胀系数，图中 a 及 l 均已知。试求当温度均匀升高 ΔT 时，杆 AC 和 BD 内的温度应力。

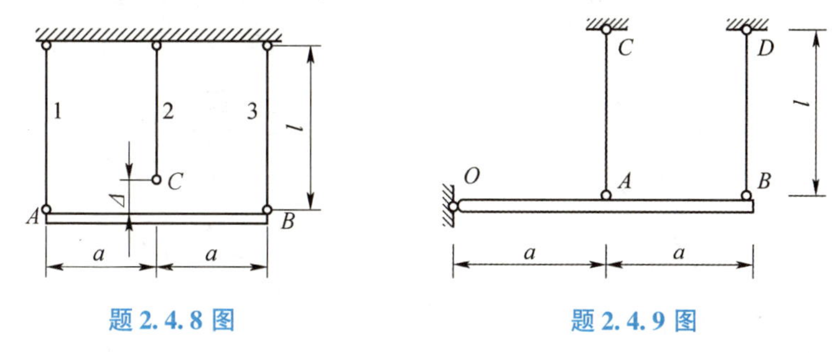

题 2.4.8 图　　题 2.4.9 图

※题 2.4.10　图示杆系的两杆同为钢杆，$E=200\ \mathrm{MPa}$，$\alpha=12.5\times10^{-6}\ ℃^{-1}$。两杆的横截面积同为 $A=10\ \mathrm{cm}^2$。若杆 BC 的温度降低 20 ℃ [或：　　]，而杆 BD 的温度不变，试求两杆的应力。

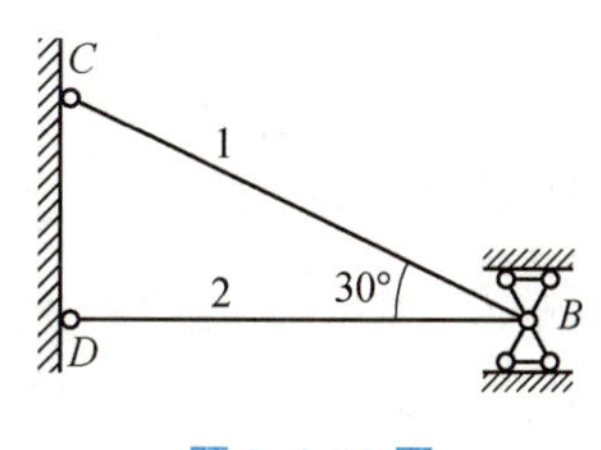

题 2.4.10 图

第 3 章 连接件·剪切　圆轴·扭转

3.1　剪切和挤压的概念及实例

在工程实际中，经常需要把构件与构件相互连接起来，以实现力和运动的传递。连接的方式有多种，如铆接、榫接、焊接等。图 3.1 给出了一些构件连接部位常用连接形式。在构件连接部位起连接作用的部件，诸如螺栓、铆钉、销钉、键等统称为连接件。

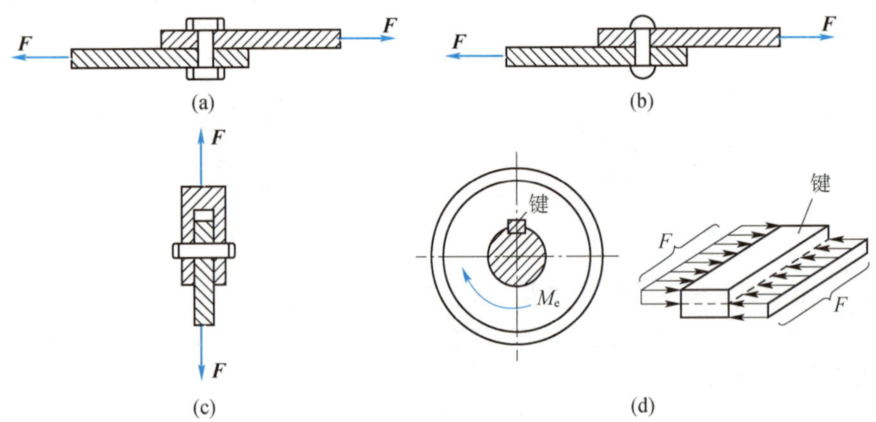

图 3.1　构件连接部位常用连接形式

（a）螺栓连接；（b）铆钉连接；（c）销钉连接；（d）键连接

由于连接件本身的尺寸较小，受力与变形情况又比较复杂，故其连接处的应力分布十分复杂，很难作出精确的理论分析，同时也不实用。工程设计中大都采用实用计算方法：一是假定应力分布规律，得出应力计算公式并计算应力；二是根据实物和模拟实验，由上述的应力计算公式计算连接件破坏时的应力。根据这两方面得到的结果，建立设计准则，作为连接件强度设计的依据。本节主要介绍连接件的剪切和挤压的工程实用计算。

以铆钉连接为例（见图 3.1）来说明连接部位的破坏形式。连接部位可能的 3 种破坏方式：①铆钉沿截面 m—m 被剪断，如图 3.2（a）所示；②铆钉与钢板在接触面上相互挤压而发生显著的塑性变形，如图 3.2（b）所示；③钢板因开孔削弱截面造成其强度不足被拉断，如图 3.2（c）所示。下面分别介绍剪切和挤压的实用计算。

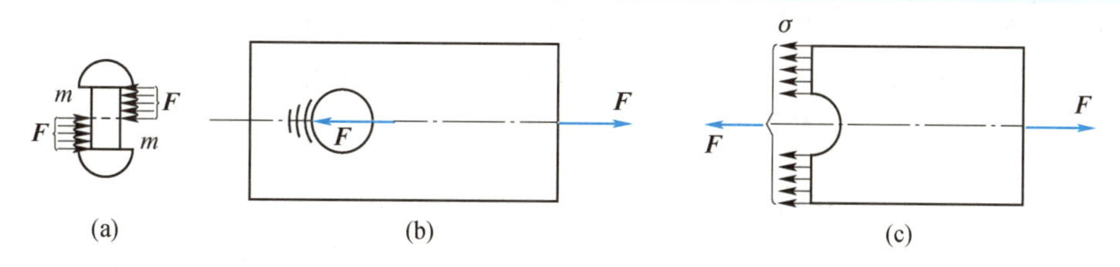

图 3.2 连接部位可能的 3 种破坏方式

（a）铆钉被剪断；（b）上拉杆（钢板）与铆钉相互挤压变形；（c）上拉杆（钢板）开孔最小截面处被拉断

3.2 剪切和挤压的强度实用计算

3.2.1 剪切强度的实用计算

当杆件受到一对大小相等、方向相反、作用线很接近的横向力（即垂直于杆件轴线方向的力）作用时，两力间的截面将沿着力的作用线方向发生相对错动，这种变形称为**剪切变形**。

图 3.1（b）所示的铆钉连接，其铆钉受力如图 3.2（a）所示。可以看出，铆钉在两侧面上分别受到大小相等、方向相反、彼此距离很近的两组分布外力系的作用。在这种外力作用下，铆钉将沿两侧外力的交界面即横截面 $m—m$ 发生相对错动，即产生剪切变形。截面 $m—m$ 称为**剪切面**（即可能被剪断的截面）。

应用截面法，可求出剪切面上的内力 $F_S = F$，它是一个与截面相切的内力，称为**剪力，用 F_S 表示**。在剪切实用计算中，由于难以确定剪切面上切应力的真实分布规律，因此工程上一般假设剪切面的切应力是均匀分布的，于是剪切面上的名义切应力为

$$\tau = \frac{F_S}{A_S} \tag{3.1}$$

相应的**剪切强度条件**为

$$\tau = \frac{F_S}{A_S} \leqslant [\tau] \tag{3.2}$$

式中：F_S 为剪切面上的剪力；A_S 为剪切面的面积；$[\tau]$ 为材料的**许用切应力**。

$[\tau]$ 是仿照连接处实际受力情况进行试验时，测得材料剪切破坏极限切应力 τ_S（剪切强度极限），再除以安全因数得到的。通常，同种材料的许用切（剪）应力与许用拉应力之间存在着一定的近似关系，因此在设计规范中对一些剪切构件的许用切应力作出了规定，也可以按以下经验公式确定：

对于塑性材料，$[\tau] = (0.6 \sim 0.8)[\sigma]$；

对于脆性材料，$[\tau] = (0.8 \sim 1.0)[\sigma]$。

虽然按式（3.1）求得的切应力，并不反映剪切面上切应力的精确理论值，而只是剪切面上的平均切应力，但对于用低碳钢等塑性材料制成的连接件，当变形较大而临近破坏时，

剪切面上的切应力将逐渐趋于均匀。而且，满足剪切强度条件（式（3.2））时，显然不至于发生剪切破坏，从而能够满足工程实用的要求。对于大多数的连接件（或连接）来说，剪切变形及剪切强度是主要的。

3.2.2 挤压强度的实用计算

除了承受剪切外，连接件与被连接件在相互接触面上将发生彼此间局部承压的现象，这种局部承压的现象称为挤压。受挤压的表面称为挤压面。挤压面上传递的力称为挤压力，用 F_{bs} 表示。图 3.3 表示铆钉与钢板在相互接触面上的挤压情况。

当挤压力过大时，连接件相互接触面附近区域可能会被压溃或发生过大的塑形变形，使连接失效。为了保证连接件的正常工作，除了要对连接件进行剪切强度计算外，通常还要进行挤压强度计算。

挤压引起挤压面上的挤压应力 σ_{bs} 的实际分布情况比较复杂，如图 3.4 所示。最大的挤压应力发生在半圆柱侧表面的中央柱线上。工程上常采用实用计算法，即假设挤压力 F_{bs} 是均匀分布在挤压面的计算面积 A_{bs} 上的。于是，挤压面上的名义挤压应力 σ_{bs} 为

$$\sigma_{bs}=\frac{F_{bs}}{A_{bs}} \tag{3.3}$$

式中：A_{bs} 为挤压面的计算面积，当挤压面为平面时，A_{bs} 为该平面的面积；当挤压面为曲面（半圆柱面）时，A_{bs} 应为曲面在与挤压力 F_{bs} 垂直平面上的投影面积（半圆柱面对应的直径平面上的投影面积，见图 3.4）。

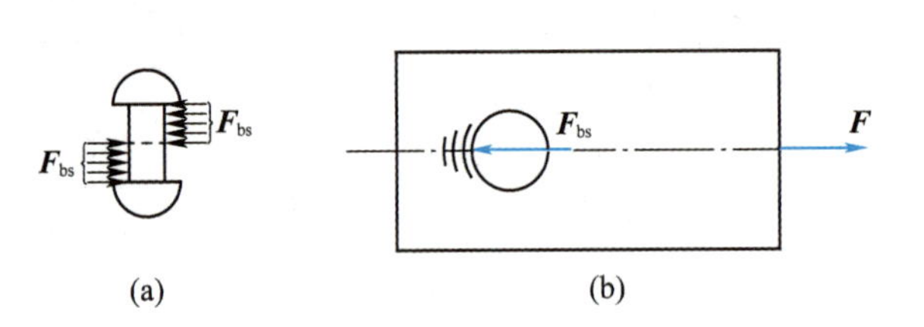

图 3.3 铆钉与钢板的挤压

（a）铆钉受挤压；（b）钢板开孔内壁受挤压

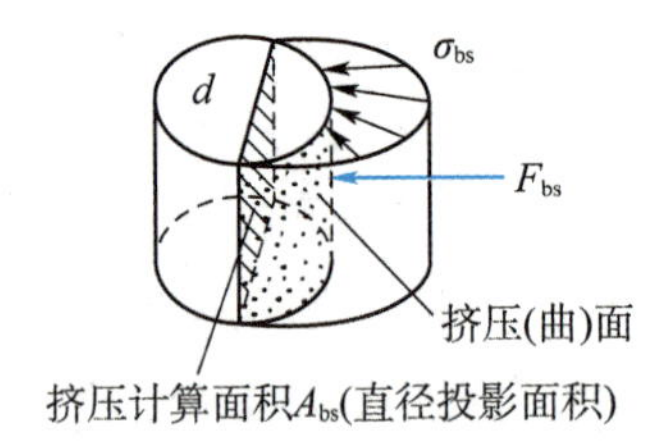

图 3.4 挤压面的计算面积 A_{bs}

为了保证连接件不发生挤压破坏，挤压应力 σ_{bs} 不得超过材料的许用挤压应力 $[\sigma_{bs}]$，材料的许用挤压应力 $[\sigma_{bs}]$ 等于材料的极限挤压应力除以安全因数。即挤压强度条件为

$$\sigma_{bs}=\frac{F_{bs}}{A_{bs}}\leqslant[\sigma_{bs}] \tag{3.4}$$

同种材料的许用压应力和许用拉应力之间有一定的近似关系：

对于塑性材料，$[\sigma_{bs}]=(1.5\sim2.5)[\sigma]$；

对于脆性材料，$[\sigma_{bs}]=(0.9\sim1.5)[\sigma]$。

注意：挤压应力是在连接件与被连接件二者之间相互作用的。因而，当二者材料不同时，只需校核二者中许用挤压应力较低的挤压强度；当二者材料相同时，只需校核二者中之一即可。

【例 3.1】 如图 3.5（a）所示，用螺栓将两块钢板连接在一起，两块钢板分别受到 F 的作用。已知：$F=100\ \text{kN}$，钢板厚度为 0.8 cm，宽度为 10 cm，螺栓直径为 1.6 cm，螺栓许

用应力 $[\tau]=145\ \text{MPa}$，$[\sigma_{bs}]=340\ \text{MPa}$；钢板许用拉应力 $[\sigma]=170\ \text{MPa}$。试校核该连接头的强度。

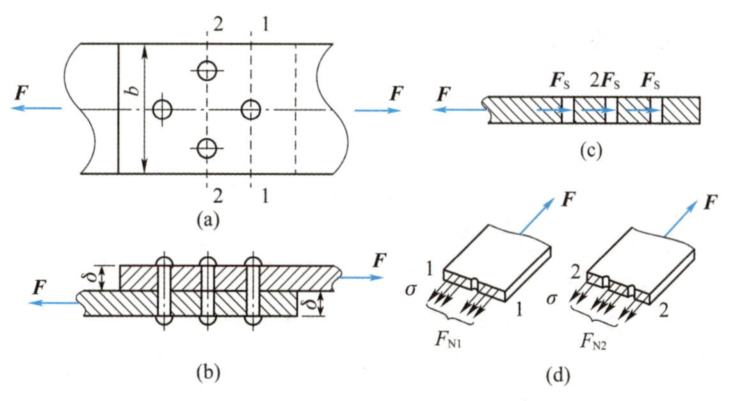

图 3.5 例 3.1 图

【解】(1) 螺栓剪切强度校核。

用截面在两钢板之间沿螺杆的剪切面切开，取下拉板为研究对象，如图 3.5 (c) 所示。脱离体受拉力 F 和螺栓剪切面上的剪切作用，共计 4 个螺栓，每个剪切面上的剪力为 F_S（实用计算假定螺栓所受的力为平均分配)，则有

$$F_S=\frac{F}{4}$$

根据剪切强度条件，$\tau=\dfrac{F_S}{A_S}\leqslant[\tau]$，则有

$$\tau=\frac{F/4}{\pi d^2/4}=\frac{100\times10^3/4}{3.14\times16^2/4}\ \text{MPa}=124\ \text{MPa}<[\tau]$$

所以，螺栓的剪切强度足够。

(2) 螺栓与钢板之间的挤压强度校核。

根据挤压强度条件 $\sigma_{bs}=\dfrac{F_{bs}}{A_{bs}}\leqslant[\sigma_{bs}]$，则有

$$\sigma_{bs}=\frac{F/4}{A_{bs}}=\frac{100\times10^3}{4\times16\times8}\ \text{MPa}=195\ \text{MPa}<[\sigma_{bs}]$$

所以，螺栓和钢板的挤压强度足够。

(3) 钢板的拉压强度校核。

由于圆孔对钢板截面面积的削弱，必须对钢板进行拉断校核。先沿第一排孔的中心线稍偏右将钢板截开（见图 3.5 (a)，截面 1—1)，在截开的截面上有拉应力 σ_t（见图 3.5 (d) ），假定它是平均分布的，其合力为 F_{N1}。由平衡条件可知：$F_{N1}=F$。

根据轴向拉伸强度条件得

$$\sigma_{t1}=\frac{F_{N1}}{A_1}=\frac{F}{\delta(b-d)}=\frac{100\times10^3}{8\times(100-16)}\ \text{MPa}=149\ \text{MPa}<[\sigma]$$

所以，钢板第一排孔处的拉压强度足够。

仅仅校核第一排孔的截面还不够，因为在第二排有两个孔，对截面的削弱更多；所以，需要用截面在第二排孔的中心线稍偏右处切开，取脱离体（见图 3.5 (d) ）。该脱离体上

作用有外力 F；第一排螺栓的剪力 F_S；切开截面上的拉应力 σ_t，其合力为 F_{N2}。

根据平衡条件 $\sum F_x = 0$，有 $F_{N2} + F_S - F = 0$。

在第（1）步中已经求得 $F_S = F/4$，所以

$$F_{N2} = 3F/4$$

根据轴向拉伸强度条件得

$$\sigma_{t2} = \frac{F_{N2}}{A_2} = \frac{3F/4}{\delta(b-2d)} = \frac{3\times100\times10^3/4}{8\times(100-2\times16)}\ \text{MPa} = 138\ \text{MPa} < [\sigma]$$

所以，钢板第二排孔处的拉压强度足够。

综合结论：该连接部位的强度足够，是安全的。

【例3.2】图3.6（a）所示的铆钉接头承受拉力 F 的作用，已知板厚 $\delta = 2$ mm，板宽 $b = 15$ mm，铆钉直径 $d = 4$ mm；铆钉和钢板材料相同，许用切应力 $[\tau] = 100$ MPa，许用挤压应力 $[\sigma_{bs}] = 300$ MPa，许用拉应力 $[\sigma] = 160$ MPa。试确定拉力 F 的许可值。

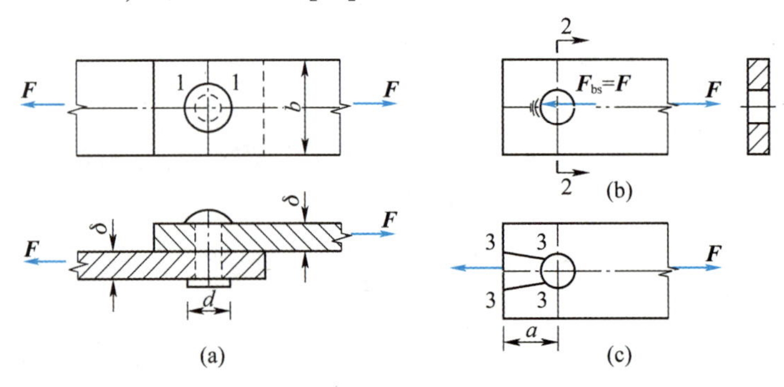

图3.6 例3.2图

【解】该铆接接头的破坏形式可能有以下4种：①铆钉沿横截面1—1被剪断（见图3.6（a））；铆钉与钢板孔壁互相挤压，产生挤压破坏（见图3.6（b））；钢板沿截面2—2被拉断（见图3.6（b））；钢板沿截面3—3被剪断（见图3.6（c））。

实验表明，当边距 a 足够大（如大于铆钉直径 d 的两倍），如图3.6（c）所示，最后一种形式的破坏通常可以避免。因此，铆接接头的强度分析，主要是针对前3种破坏而言。

（1）铆钉的剪切强度分析。

铆钉剪切截面1—1上的剪力 $F_S = F$，切应力为

$$\tau_S = \frac{F_S}{A_S} = \frac{4F}{\pi d^2}$$

由剪切强度条件式（3.2），要求

$$F \leqslant \frac{\pi d^2[\tau]}{4} = \frac{\pi\times4^2\times100}{4}\ \text{N} = 1\ 256\ \text{N}$$

（2）铆钉及钢板的挤压强度分析。

因铆钉及钢板的材料相同，所以其挤压强度相同。铆钉与孔壁的挤压力 $F_{bs} = F$，名义挤压应力为

$$\sigma_{bs} = \frac{F_{bs}}{A_{bs}} = \frac{F}{\delta d}$$

根据挤压强度条件式（3.4），有

$$F \leqslant \delta d[\sigma_{bs}] = 2 \times 4 \times 300\ \text{N} = 2\ 400\ \text{N}$$

(3) 钢板的拉升强度分析。

钢板横截面2—2上的拉伸正应力最大，为（不考虑应力集中的影响）

$$\sigma = \frac{F}{(b-d)\delta}$$

根据拉压杆的强度条件，有

$$F \leqslant (b-d)\delta[\sigma] = (15-4) \times 2 \times 160\ \text{N} = 3\ 520\ \text{N}$$

综合以上三方面可见，该接头的许可拉力应取最小值，即

$$[F] = 1\ 256\ \text{N} = 1.256\ \text{kN}$$

求解连接件强度方面的题目时，要特别注意以下几个问题：

(1) 连接件受力分析。当有多个连接件（如铆钉、螺栓、键等）时，若外力通过这些连接件截面的形心，则认为各连接件上所受的力相等。

(2) 剪切面和挤压面的计算。要判断清楚哪个面是剪切面，哪个面是挤压面，特别当挤压面为圆柱面时，要注意“计算挤压面”面积。

(3) 当被连接件的材料、厚度不同时，切应力、挤压应力要取最大值进行计算。

(4) 在计算连接件剪切强度、挤压强度的同时，要考虑被连接件由于断面被削弱，其抗拉（压）强度是否满足要求。

连接件接头的设计计算属工程假定计算，具有以下特点：①往往与主件（被连接件）紧密联系在一起，如键与齿轮轴（受弯、扭）、螺栓（铆钉）与钢板（受拉、压）、榫头与梁（受弯）等，因而它们所受剪力与挤压力往往也要通过对主件的受力分析得到；②区分此处的许用切应力与扭转及弯曲中的许用切应力，此处的许用应力一般必须从专门设计规范中查得，如螺钉、键、铆钉等；③通过此处强度条件得到的尺寸，如铆钉、键等的尺寸，只是初步设计参考尺寸，工程上对它们往往有系列标准尺寸规定，最后还应该按规范所载相近尺寸选定。

3.3 圆轴扭转的受力特点·变形特征·外力偶矩的换算

3.3.1 圆轴扭转的受力特点·变形特征

二维码

扭转变形在工程中很常见，如图3.7（a）所示的钻探机钻杆，上端受到来自动力机械的主动力偶，下端受到来自泥土的分布阻力偶，在这些外力偶的作用下，钻杆将发生扭转变形；图3.7（b）所示的工程机械的传动轴，功率由A轮输入，由B、C轮输出，A轮作用有主动力偶，B、C轮作用有阻力偶，在这些外力偶作用下，传动轴将发生扭转变形；汽车方向盘的操纵杆（见图3.7（c））、水轮机的水轮主轴、攻制螺纹时的丝锥等构件在工作时都会发生扭转变形。尽管不少杆件在发生扭转变形的同时会伴随发生其他的变形，但只要是以扭转变形为主，其他变形为辅并可以忽略不计的杆件，都可以按纯扭转变形来讨论。

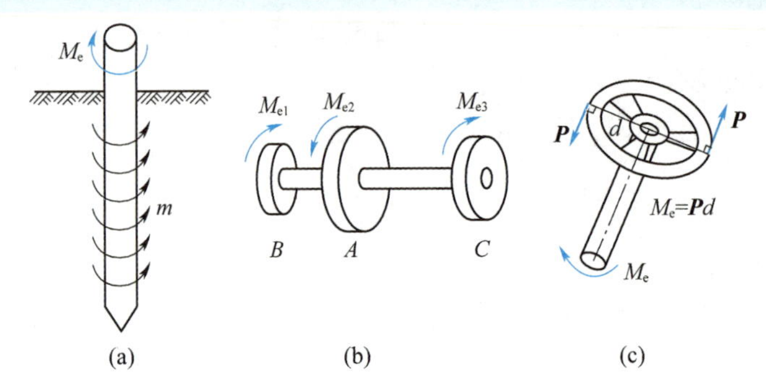

图 3.7　工程中常见的扭转变形

（a）钻探机钻杆；（b）工程机械传动轴；（c）汽车方向盘操作杆

通过上述工程实例可以总结出：直杆发生扭转变形的受力特点是受到作用面垂直于杆件轴线的外力偶系作用，其变形特征是杆的相邻横截面将绕杆轴线发生相对转动，杆表面的纵向线将变成螺旋线。

上面提到的承受扭转变形的轴类零件，其横截面大都是圆形，且轴线大都是直线。所以本节主要研究等直圆轴的扭转，这是工程中最常见的情况，又是扭转变形中最简单的问题；而对非圆截面杆的扭转，只作简单介绍。

3.3.2　外力偶矩的换算

圆轴在扭转外力偶作用下会发生扭转变形。要对圆轴进行强度和刚度计算，必须知道外力偶矩的大小。但在很多情况下仅有轴的转速和所传递的功率已知，而外力偶矩未知，这时就需要根据已知数据计算出外力偶矩。

在图 3.8 中，设功率由主动轮 Ⅰ 输入然后由从动轮 Ⅱ、Ⅲ 输出。若已知轴的转速为 n（r/min），主动轮输入的功率为 P（kW）（因 1 kW = 1 000 W = 1 000 N·m/s，所以输入 P 就相当于每秒钟内做了 $W = 1\,000P$ N·m 的功），它是经由主动轮和从动轮分别以力偶矩 M_e 作用于轴上来完成的，因轴的转速为 n，所以力偶矩 M_e 在每秒钟内完成的功应为 $\frac{2\pi n}{60}M_e$。主动轮 Ⅰ 或从动轮 Ⅱ、Ⅲ 给 AB 轴输入或输出的功都应满足下式

$$\frac{2\pi n}{60}M_e = 1\,000\,P$$

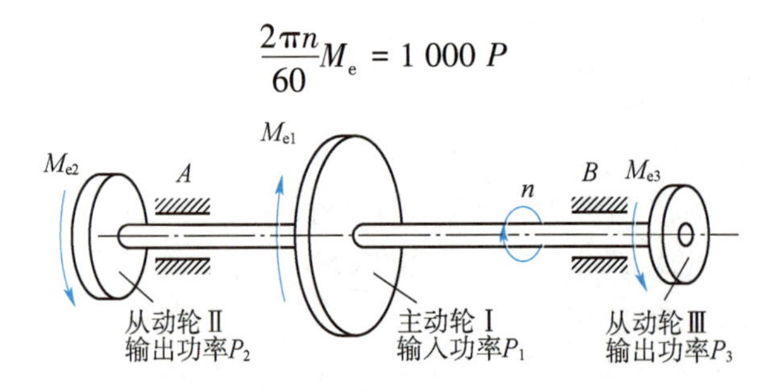

图 3.8　输入输出功率 P、轴的转速 n 与外力偶矩 M_e

由此，外力偶矩 M_e 的换算公式为

$$M_e = 9\,549\,\frac{P}{n}(\text{N}\cdot\text{m}) \tag{3.5}$$

3.4 圆轴扭转时横截面上的内力和内力图·扭矩和扭矩图

求出作用于轴上的所有外力偶矩后，即可用截面法研究圆轴横截面上的内力。

设有一轴在垂直于其轴线的两个平面内作用有大小相等、转向相反的外力偶 M_e，其任一横截面上将产生内力，其内力的合力偶矩用 T 来表示，习惯上称为扭矩。为了显示这种内力，用 $n—n$ 横截面假想地把轴分为两部分，如图3.9（a）所示，然后研究其中任意部分的平衡，求出扭矩的大小和转向。根据作用与反作用定律可知，轴左右两段在横截面 $n—n$ 处的扭矩必然等值反向，如图3.9（b）、（c）所示。

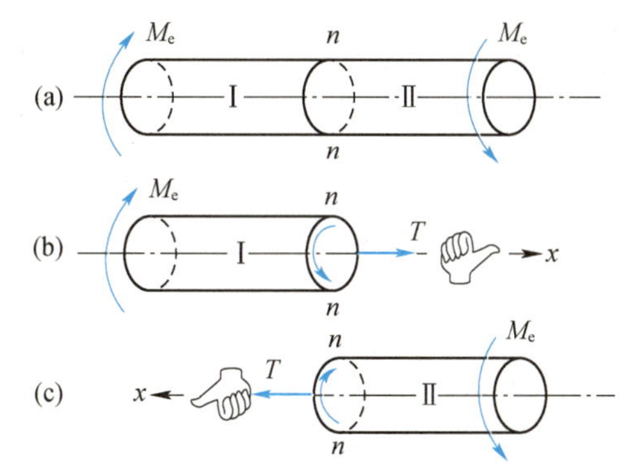

图3.9 用截面法与受力图及扭矩符号规定

材料力学中，扭矩的正、负号的规定：用右手握住轴线，其四指弯向表示扭矩的转向，若大拇指的指向与截面的外法线一致时，该扭矩为正，反之为负。这样，无论取左段或取右段求出的同一横截面上的扭矩 T 不但数值相等，而且符号也相同。

扭矩的大小可以由横截面左段或右段的平衡条件来确定。

取图3.9（a）中左段为研究对象（也可取右段），受力图如图3.9（b）所示，且内力扭矩按正向规定画出，则由

$$\sum M_x = 0 \quad T - M_e = 0$$

得

$$T = M_e$$

与轴力图类似，可用图形的方式表示整根轴沿轴线各截面上扭矩的变化情况，这种图形称为扭矩图。下面用例题来说明扭矩图的绘制。

【例3.3】图3.10（a）所示等截面圆轴，转速 $n=200$ r/min，由主动轮 A 输入功率 $P_A=40$ kW，由从动轮 B、C、D 输出功率分别为 $P_B=20$ kW，$P_C=P_D=10$ kW，试作扭矩图。

【解】（1）计算外力偶矩。

$$M_{eA} = 9\,549\frac{P_A}{n} = 9\,549\times\frac{40}{200}\ \text{N}\cdot\text{m} = 1\,909.8\ \text{N}\cdot\text{m}$$

$$M_{eB} = 9\,549\frac{P_B}{n} = 9\,549\times\frac{20}{200}\ \text{N}\cdot\text{m} = 954.9\ \text{N}\cdot\text{m}$$

$$M_{eC} = M_{eD} = 9\ 549\ \frac{P_C}{n} = 9\ 549 \times \frac{10}{200}\ \text{N} \cdot \text{m} = 477.45\ \text{N} \cdot \text{m}$$

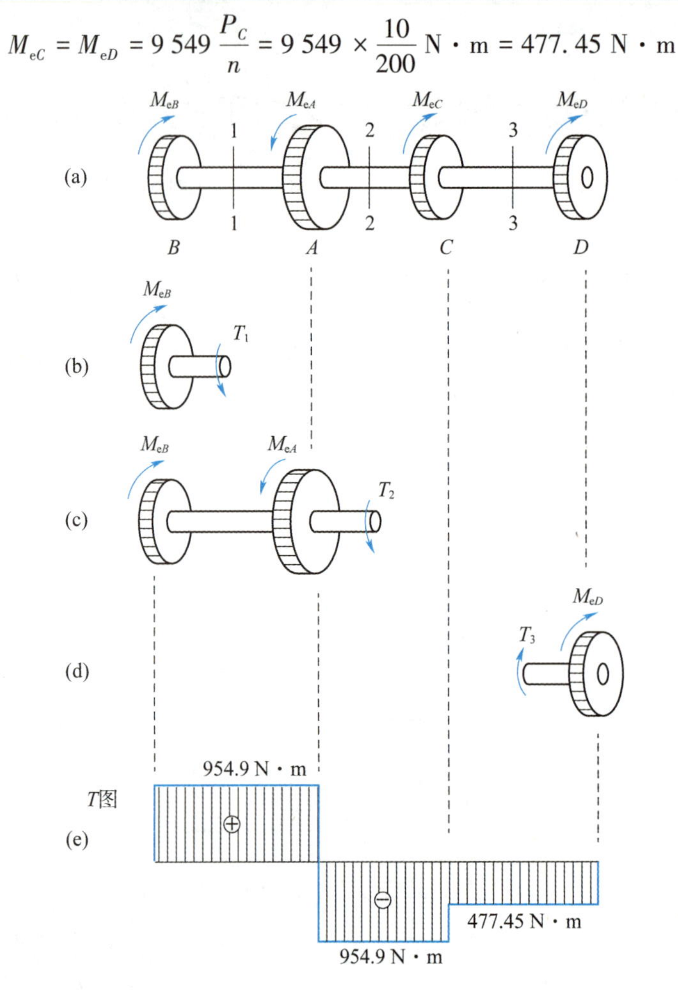

图 3.10　例 3.3 图

（2）计算扭矩。

在图 3.10（a）中，圆轴 *BA* 段内各截面上的扭矩相同。在 *BA* 段内任取一个截面 1—1，并假想地由 1—1 截面将轴分成两部分，取左端部分为研究对象。设该截面上的扭矩 T_1 为正，受力情况如图 3.10（b）所示。由静力平衡方程

$$\sum M_x = 0 \quad T_1 - M_{eB} = 0$$

得

$$T_1 = M_{eB} = 954.9\ \text{N} \cdot \text{m}$$

结果为正号，说明对 1—1 截面上扭矩符号的假设是正确的，该截面上的扭矩确实为正值。

同理，假想地将图 3.10（a）中的圆轴由 2—2 截面分成两部分，仍取左端部分为研究对象，设该截面上的扭矩 T_2 仍为正，受力情况如图 3.10（c）所示。由

$$\sum M_x = 0 \quad T_2 - M_{eB} + M_{eA} = 0$$

得

$$T_2 = -954.9\ \text{N} \cdot \text{m}$$

结果为负号，说明 2—2 截面上的扭矩符号假设与实际不符，即 T_2 应为负扭矩。

同理，可求出3—3截面（见图3.10（d））上的扭矩 $T_3 = -477.45\ \mathrm{N \cdot m}$，即3—3截面上的扭矩也为负值。

（3）作扭矩图。

取 x 轴和圆轴的轴线相平行、T 轴垂直向上。坐标原点与圆轴的左端对齐，用 x 表示横截面的位置，T 表示横截面上的扭矩，根据第（2）步求出的各截面上的扭矩作扭矩图，如图3.10（e）所示。由图3.10（e）可知：绝对值最大的扭矩发生在 AB 段或 AC 段。

讨论：由扭矩图可知，在集中外力偶 M_{eA}、M_{eB}、M_{eC}、M_{eD} 作用的截面上的扭矩不能确定，但集中力偶作用截面的稍左与稍右截面上的扭矩有突变，其突变值为该集中力偶矩的大小。

此外，可以归纳出求扭矩的直接法：扭矩等于需求截面的任一侧所有轴向外力偶矩的代数和，即

$$\boxed{T = \sum M_{\text{e左}}} \quad \text{或} \quad \boxed{T = \sum M_{\text{e右}}} \tag{3.6}$$

其符号法则：先将所有的外力偶按右手法则矢量化。凡大拇指背离所需求截面的外力偶，在该截面上所引起的内力扭矩为正值；凡大拇指指向所需求截面的外力偶，在该截面上所引起的内力扭矩为负值。

3.5 薄壁圆筒的扭转

3.5.1 薄壁圆筒扭转时横截面上的切应力

二维码

图3.11（a）为一等厚壁圆筒，其壁厚 t 远小于平均半径 r（$t \leqslant r/10$），在圆筒表面上作圆周线和纵向线画成方格。圆筒在两端施加外力偶 M_e 后发生扭转变形，通过图3.11（b）可以看到：①在小变形时所有纵向线仍保持为直线，并且倾斜了同一微小角度 γ，矩形歪斜成平行四边形；②各圆周线的形状、大小和间距不变，只是各圆周线绕圆筒轴线转动了不同的角度。这表明，圆筒横截面和包含轴线在内的纵向截面上均无正应力，横截面上只有切应力 τ，由此组成与外力偶 M_e 相平衡的内力系。因圆筒壁厚 t 很小，所以可以认为沿筒壁厚度切应力保持不变，且在同一圆周上各点的应力也相同，如图3.11（c）所示。这样，横截面上的内力系对于 x 轴之矩应为 $2\pi rt\tau r$，这里 r 是圆筒的平均半径。由截面 q—q 以左部分的平衡方程 $\sum M_x = 0$，可得

$$M_e = 2\pi rt\tau r$$

即

$$\tau = \frac{M_e}{2\pi r^2 t} \tag{3.7}$$

式中：切应力 τ 的单位为 MPa 或 $\mathrm{N/mm^2}$。

3.5.2 切应力互等定理

在圆筒上，用相邻的两个横截面和两个纵向截面截取边长分别为 dx、dy 和厚度为 t 的微小正六面体，以后称之为单元体，放大后如图3.11（d）所示。单元体的左、右两侧面是圆筒的横截面的一部分，所以没有正应力只有切应力。两个侧面上的切应力大小皆由式

(3.6) 计算，数值相等，但方向相反。于是组成一个力偶矩为（$\tau t\mathrm{d}y$）$\mathrm{d}x$ 的力偶。为保持平衡，单元体的上、下两个侧面上必须有切应力，并且组成与力偶（$\tau t\mathrm{d}y$）$\mathrm{d}x$ 相平衡的力偶。由 $\sum F_x=0$ 可知，上、下两个侧面上存在大小相等、方向相反的切应力 τ'，于是组成力偶矩为（$\tau' t\mathrm{d}x$）$\mathrm{d}y$ 的力偶。由平衡方程 $\sum M_z=0$，可得

$$(\tau t\mathrm{d}y)\mathrm{d}x = (\tau' t\mathrm{d}x)\mathrm{d}y$$

即

$$\boxed{\tau = \tau'} \tag{3.8}$$

式（3.8）表明：在互相垂直的两个平面上，切应力必然成对存在，且数值相等；两者都垂直于两个平面的交线，其方向则共同指向或共同背离这一交线。这就是**切应力互等定理**，也称**切应力双生定理**。图 3.11（d）所示单元体的 4 个侧面上，只有切应力而无正应力，这种情况称为**纯剪切**或**纯剪切应力状态**。

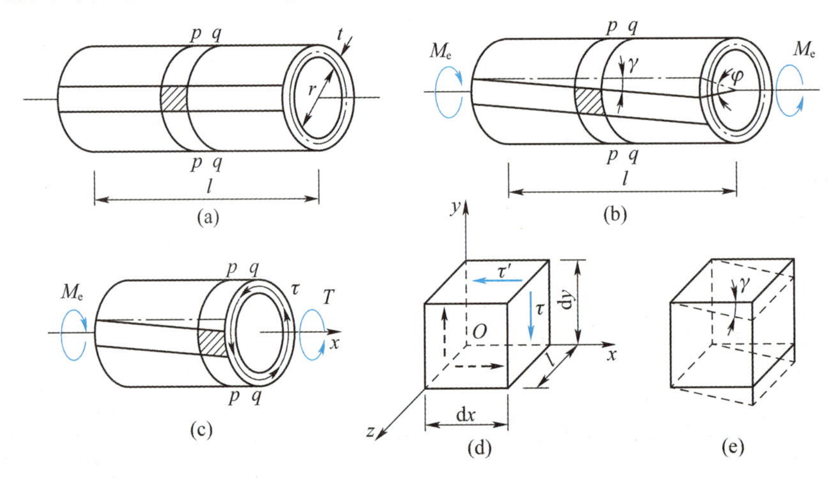

图 3.11　薄壁圆筒扭转

3.5.3　剪切胡克定律

由前文可知，圆筒表面各纵向线倾斜了同一微小角度 γ，使得圆筒表面上方格原本相互垂直的两个棱边的夹角改变了一个微小量 γ。这一夹角的改变量称为**切应变**或称**角应变、剪应变**。由图 3.11（b）可以看出：若 l 为圆筒的长度，φ 为圆筒两端截面之间相对转动的角位移（这一角位移称为**相对扭转角**），则切应变

$$\gamma = \frac{r}{l}\varphi$$

与正应变（或线应变）ε 一样，γ 也是无量纲微小量。

薄壁圆筒的扭转试验表明，当切应力不超过材料的剪切比例极限 τ_p 时，切应变 γ 与切应力 τ 成正比。这就是**剪切胡克定律**，它可以写成

$$\boxed{\tau = G\gamma} \tag{3.9}$$

式中：G 为比例常数，称为材料的**切变模量**或称**剪切弹性模量**。

因 γ 是无量纲量，故 G 与 τ 的量纲相同，常用单位是 GPa，如 Q235 钢的 G 约为 80 GPa。

至此，已经引用了弹性模量 E、泊松比 μ 和切变模量 G 等 3 个弹性常数。对于各向同性材料，由弹性力学证明 3 个弹性常数之间存在下列关系：

$$G = \frac{E}{2(1+\mu)} \tag{3.10}$$

3.6　圆轴扭转时横截面上的切应力·强度条件与强度计算

3.6.1　横截面上的应力

与薄壁圆筒相仿，在小变形条件下，圆轴在扭转时横截面上也只有切应力而无正应力。为求得圆轴在扭转时横截面上的切应力计算公式，需先从变形几何方面和物理关系方面求得切应力在横截面上的分布规律，然后再考虑静力学方面来求解。

1. 变形几何方面

为了观察圆轴的扭转变形，在圆轴的表面上作出任意两个相邻的圆周线和纵向线（在图3.12（a）中，变形前的纵向线用细点画线表示）。在圆轴两端施加一矩为 M_e 的外力偶后，可以发现：各圆周线绕轴线相对地旋转了一个角度，圆周线的大小和形状均未发生改变；在小变变形的情况下，圆周线间的间距也未变化，纵向线则倾斜了一个角度 γ 。变形前表面的矩形方格 $abcd$ 变形后错动成为平行四边形 $a'b'c'd'$ 。

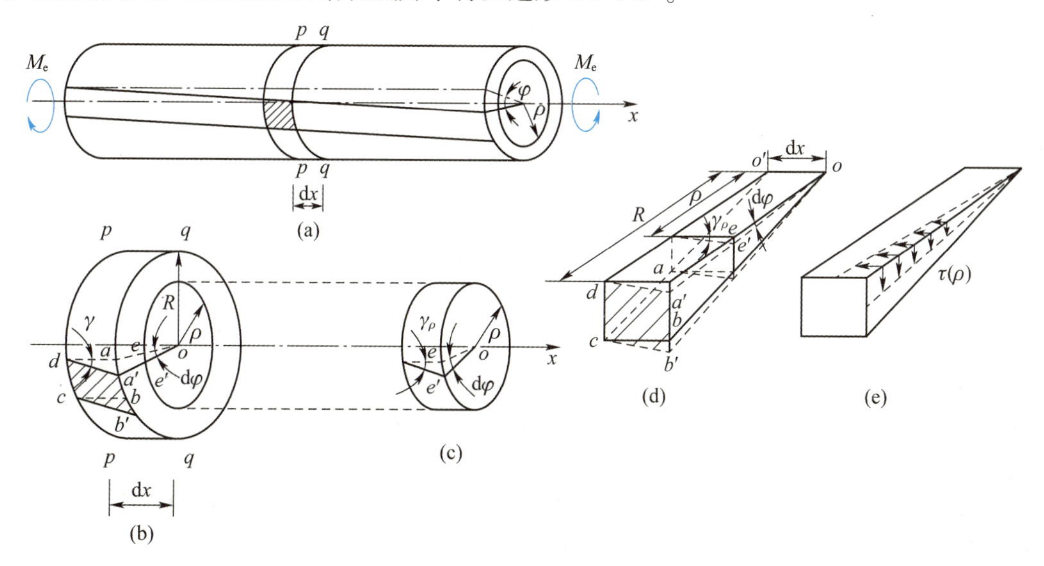

图3.12　圆轴扭转变形的几何关系放大图

根据所观察到的现象，可作如下假设：圆轴扭转变形前后，其横截面始终保持为平面，形状和大小不变，半径射线均保持为直线，且相邻两横截面间的距离不变。这就是圆轴扭转的**平面假设**或称**平截面假设**。按照这一假设，横截面如同刚性平面般绕圆轴的轴线转动。试验和弹性力学理论指出：在圆轴扭转变形后只有等直圆轴的圆周线才仍在垂直于轴线的平面内。所以，上述假设只适用于等直圆轴。

为确定横截面上任意一点处的切应力随点位置的变化规律，假想地用相邻的横截面 $p—p$

和 $q—q$ 从轴中取出长为 $\mathrm{d}x$ 的微段进行分析，并放大为图 3.12（b）。若截面 $q—q$ 对截面 $p—p$ 的相对扭转角为 $\mathrm{d}\varphi$，则根据平面假设，横截面 $q—q$ 上的任意的半径 Oa 也转过了角度 $\mathrm{d}\varphi$ 到了 Oa'。由于截面转动，因此圆轴表面上的纵向线 da 倾斜了一个角度 γ。纵向线的倾斜角 γ 就是横截面周边上任一点 d 处的切应变（或剪应变）。根据平面假设，用相同的方法并参考局部放大图 3.12（c）、（d），可以求得圆轴横截面上距圆心为 ρ 处的切应变为

$$\gamma_\rho = \rho \frac{\mathrm{d}\varphi}{\mathrm{d}x} \tag{a}$$

式（a）表示圆轴横截面上任一点处的切应变随该点在横截面上的位置而变化的规律，如图 3.12（e）所示。对于受力一定的圆轴而言，其变形程度是一定的，表示单位长度的相对扭转角的 $\mathrm{d}\varphi/\mathrm{d}x$ 是一个常量。因此，在同一半径 ρ 的圆周上各点处的 γ_ρ 均相同，且与 ρ 成正比。

2. 物理关系方面

以 τ_ρ 表示横截面上距圆心为 ρ 处的切应力，则由剪切胡克定律可知，在线弹性范围内，切应力与切应变成正比，由式（3.9）知

$$\tau_\rho = G\gamma_\rho \tag{b}$$

得

$$\tau_\rho = G\rho \frac{\mathrm{d}\varphi}{\mathrm{d}x} \tag{c}$$

式（c）表明横截面上任一点的切应力 τ_ρ 与该点到圆心的距离 ρ 成正比。τ_ρ 的方向应垂直于半径，因为 γ_ρ 是垂直于半径平面内的切应变。切应力沿任一半径的变化情况如图 3.13 所示。

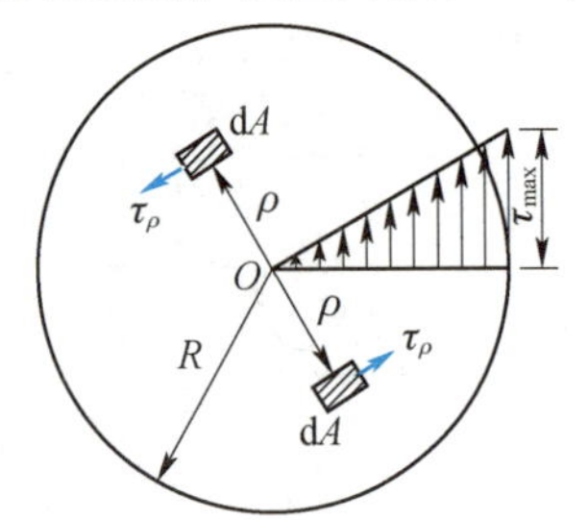

图 3.13　切应力沿任一半径的变化情况

3. 静力学方面

横截面上切应力变化规律表达式（c）中的 $\mathrm{d}\varphi/\mathrm{d}x$ 是个待定参数，为确定该参数，可考虑静力学。如图 3.13 所示，由于在横截面上任一直径上距圆心等距的两点处的微内力 $\tau_\rho \mathrm{d}A$ 等值而方向相反，因此整个横截面上的微内力 $\tau_\rho \mathrm{d}A$ 的合力必为 0，并且组成一个力偶，即为横截面上的扭矩 T。由于 τ_ρ 的方向垂直于半径，故微内力 $\tau_\rho \mathrm{d}A$ 对圆心的力矩为 $\rho\,\tau_\rho \mathrm{d}A$。于是，由静力学中的合力矩原理可得

$$\int_A \rho\,\tau_\rho \mathrm{d}A = T \tag{d}$$

将式（c）代入式（d），经整理后即得

$$G\frac{\mathrm{d}\varphi}{\mathrm{d}x}\int_A \rho^2 \mathrm{d}A = T \tag{e}$$

式（e）中，积分 $\int_A \rho^2 \mathrm{d}A$ 仅与横截面的几何形状及尺寸有关，称为横截面对圆心 O 点的**极惯性矩**，并用 I_p 表示，即

$$I_P = \int_A \rho^2 dA \tag{3.11}$$

其量纲为长度的 4 次方。将式（3.11）代入式（e）并整理，得

$$\frac{d\varphi}{dx} = \frac{T}{GI_P} \tag{3.12}$$

将式（3.11）及式（3.12）代入式（e），得

$$\tau_\rho = \frac{T\rho}{I_P} \quad 或 \quad \tau = \frac{T\rho}{I_P} \tag{3.13}$$

式（3.13）即为圆轴扭转时横截面上任一点处切应力的计算公式。

由式（3.13）及图 3.13 可见：当 ρ 等于横截面的半径 R 时，即在横截面周边上的各点处，切应力将达到其最大值 τ_{max}，即

$$\tau_{max} = \frac{TR}{I_P} \tag{f}$$

上式中，令 $W_T = I_P/R$，则有

$$\tau_{max} = \frac{T}{W_T} \tag{3.14}$$

式中，W_T（或用 W_P）称为**抗扭截面系数**或称**抗扭截面模量**，其量纲为长度的 3 次方。

推导切应力计算公式的主要依据是平面假设，且材料符合胡克定律。因此，上述诸公式仅适用于在线弹性范围内的等直圆轴。

为了计算截面对圆心的极惯性矩 I_P 和抗扭截面系数 W_T，在圆截面上距圆心为 ρ 处取厚度为 $d\rho$ 的环形面积作为微元面积（见图 3.14（a）），并由式（3.11）可得

实心圆截面对圆心 O 的极惯性矩

$$I_P = \int_A \rho^2 dA = \int_0^{D/2} 2\pi\rho^3 d\rho$$

即

$$I_P = \frac{\pi D^4}{32} \tag{3.15}$$

实心圆截面的抗扭截面系数

$$W_T = \frac{I_P}{D/2}$$

即

$$W_T = \frac{\pi D^3}{16} \tag{3.16}$$

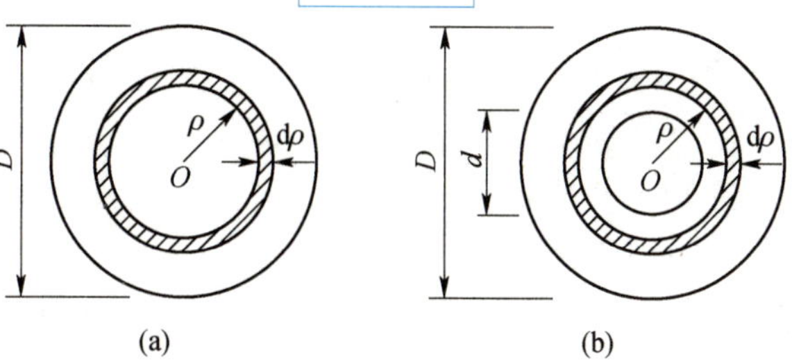

图 3.14 极惯性矩 I_P 和抗扭截面系数 W_T

由于平面假设同样适用于空心圆轴的情形，因此切应力公式也适用于空心圆轴的情形。设空

心圆轴的内、外径分别为 d 和 D，其比值 $\alpha=\dfrac{d}{D}$，如图3.14（b）所示，则由式（3.11）可得空心圆截面对圆心 O 的极惯性矩

$$I_{\mathrm{P}}=\int_A \rho^2 \mathrm{d}A=\int_{d/2}^{D/2} 2\pi\rho^3 \mathrm{d}\rho \tag{g}$$

即

$$I_{\mathrm{P}}=\frac{\pi}{32}(D^4-d^4)=\frac{\pi D^4}{32}(1-\alpha^4) \tag{3.17}$$

空心圆抗扭截面系数

$$W_{\mathrm{T}}=\frac{I_{\mathrm{P}}}{D/2}$$

即

$$W_{\mathrm{T}}=\frac{\pi D^3}{16}(1-\alpha^4) \tag{3.18}$$

3.6.2 扭转强度条件

等直圆轴在扭转时，轴内横截面上各点均处于**纯剪切应力状态**。其强度条件为其横截面上的最大工作切应力 $\tau_{\max}$ 不超过材料的许用切应力 $[\tau]$，即

$$\tau_{\max}\leqslant[\tau] \tag{3.19}$$

由于等直圆轴的最大工作切应力 $\tau_{\max}$ 存在于最大扭矩所在横截面（即**危险截面**）的圆周外表面上任一点处，故式（3.19）应以这些**危险点**处的切应力为依据，即对于等直圆轴，其强度条件为

$$\tau_{\max}=\frac{T_{\max}}{W_t}\leqslant[\tau] \tag{3.20}$$

与拉伸相似，不同材料的许用切应力 $[\tau]$ 各不相同，通常由扭转试验测得材料的扭转极限应力 τ_{u}，并除以适当的安全因数 n 得到，即

$$[\tau]=\frac{\tau_{\mathrm{u}}}{n}=\begin{cases}\tau_{\mathrm{s}}/n_{\mathrm{s}}(\text{塑性材料})\\ \tau_{\mathrm{b}}/n_{\mathrm{b}}(\text{脆性材料})\end{cases} \tag{3.21}$$

塑性材料和脆性材料在进行扭转试验时，其破坏形式不完全相同：塑性材料试件在外力偶作用下，先出现屈服，最后沿横截面被剪断，如图3.15（a）所示；脆性材料试件受扭时，变形很小，最后沿与轴线约45°方向的螺旋面断裂，如图3.15（b）所示。通常把塑性材料屈服时横截面上最大切应力称为**扭转屈服极限**，用 τ_{s} 表示；脆性材料断裂时横截面上的最大切应力，称为材料的**扭转强度极限**，用 τ_{b} 表示。扭转屈服极限 τ_{s} 与扭转强度极限 τ_{b}，统称为材料的**扭转极限应力**，用 τ_{u} 表示。

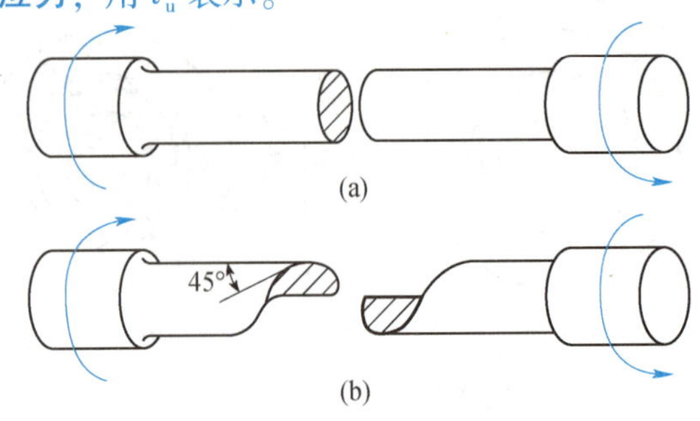

图3.15　扭转破坏断面对比图

可基于强度条件式（3.20），对实心或空心圆截面扭转圆轴进行三方面的强度计算：校核强度、截面设计和许可载荷确定。

【例3.4】图3.16（a）所示阶梯状分段等直圆轴，AB 段直径 $d_1=120$ mm，BC 段直径 $d_2=100$ mm。所受外力偶矩分别为 $M_A=22$ kN·m，$M_B=36$ kN·m，$M_C=14$ kN·m。已知材料的许用切应力 $[\tau]=80$ MPa，试校核该轴的强度。

【解】用截面法求得 AB、BC 段的扭矩，并绘制出该轴的扭矩图，如图3.16（b）所示。由扭矩图可知 AB 段的扭矩比 BC 段的扭矩大，但两段轴的直径不同，因此需分别校核两段轴的强度。

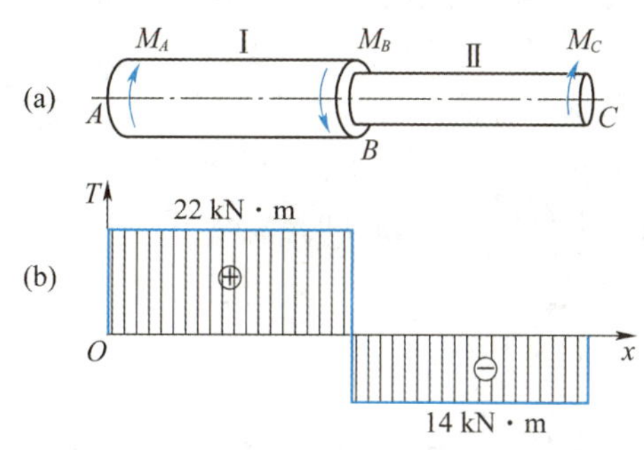

图3.16 例3.4图

AB 段

$$\tau_{1,\max}=\frac{T_1}{W_{T_1}}=\frac{22\times10^3\times10^3}{\dfrac{\pi}{16}\times120^3}\text{ MPa}=64.84\text{ MPa}<[\tau]$$

BC 段

$$\tau_{2,\max}=\frac{T_2}{W_{T_2}}=\frac{14\times10^3\times10^3}{\dfrac{\pi}{16}\times100^3}\text{ MPa}=71.3\text{ MPa}<[\tau]$$

因此，该轴满足强度条件的要求。

【例3.5】在【例3.3】中，若规定该传动轴的许用切应力 $[\tau]=40$ MPa。（1）试按强度要求确定实心轴的直径 D。（2）在最大切应力相同的情况下，若用相同材料制成内外直径之比 $\alpha=d/D'=0.8$ 的空心轴代替实心轴，则空心轴的直径 D' 应为多少？（3）比较二者的重量，并说明二者谁更节省材料。

【解】（1）在【例3.3】中已经求得 $T_{\max}=954.9$ N·m，由强度条件式（3.20）及式（3.16）得

$$\tau_{\max}=\frac{T_{\max}}{W_T}=\frac{T_{\max}}{\pi D^3/16}\leqslant[\tau]$$

$$D\geqslant\sqrt[3]{\frac{16T_{\max}}{\pi[\tau]}}=\sqrt[3]{\frac{16\times954.9\times10^3}{\pi\times40}}\text{ mm}\approx50\text{ mm}$$

因此，按强度要求，实心轴直径可取为50 mm。

（2）若改用内外直径之比 $\alpha=0.8$ 的空心轴，由强度条件式（3.20）及式（3.18）得

$$\tau_{\max}=\frac{T_{\max}}{W_T}=\frac{T_{\max}}{\pi D'^3(1-\alpha^4)/16}\leqslant[\tau]$$

$$D' \geqslant \sqrt[3]{\frac{16T_{\max}}{\pi(1-\alpha^4)[\tau]}} = \sqrt[3]{\frac{16\times 954.9\times 10^3}{\pi\times(1-0.8^4)\times 40}}\ \mathrm{mm} \approx 59\ \mathrm{mm}$$

因此，按强度要求，空心轴外径可取为 59 mm。

（3）在材料相同，长度相同的情况下，空心轴和实心轴的重量比等于二者的横截面积之比，即

$$\frac{G'}{G} = \frac{A'}{A} = \frac{D'^2(1-\alpha^2)}{D^2} = \frac{59^2(1-0.8^2)}{50^2} \approx 0.50$$

可见，空心圆轴的重量只是实心圆轴的 50%，其重量减轻是非常显著的。这是因为在横截面上切应力沿半径线性分布，圆心附近的材料切应力很低没有得到充分利用。若将实心圆心附近的材料向周边移置形成空心轴，必将增大 I_P 和 W_T，提高了圆轴的抗扭强度。但应注意，过薄的圆筒受扭时，筒壁可能发生皱折，产生局部失稳而丧失承载能力。在具体设计中，采用空心轴还是实心轴，不仅要考虑强度的要求，还要考虑刚度的要求，并综合考虑结构的需要和加工成本等因素。

3.7　圆轴扭转时的变形·刚度条件与刚度计算

3.7.1　圆轴扭转时的变形

等直圆轴的扭转变形，是用两个横截面绕轴线转动的相对扭转角 φ 来度量的。式（3.12）是计算等直圆轴相对扭转角的依据，由式（3.12）可求得相距 l 两横截面间圆轴的相对扭转角 φ 或 $\Delta\varphi$，即

$$\varphi = \int_l \mathrm{d}\varphi = \int_0^l \frac{T}{GI_P}\mathrm{d}x \tag{3.22}$$

若两横截面之间 T 的值不变，且轴为同一种材料制成的等直圆轴，则式（3.22）中 T/GI_P 为常量，可得

$$\boxed{\varphi = \frac{Tl}{GI_P}} \text{ 或 } \boxed{\Delta\varphi = \frac{Tl}{GI_P}} \tag{3.23}$$

式中，扭转角 φ 或 $\Delta\varphi$ 的单位为 rad，且 GI_P 越大，扭转角越小，故 GI_P 称为圆轴的**抗扭刚度**。

由于圆轴在扭转时各横截面上的扭矩可能并不相同，且圆轴的长度也各不相同，因此通常用相对扭转角沿轴线长度的变化率 $\theta = \mathrm{d}\varphi/\mathrm{d}x$ 来度量圆轴扭转的变形大小程度，θ 称为单位长度扭转角，单位是 rad/m。由式（3.12）可得

$$\boxed{\theta = \frac{\mathrm{d}\varphi}{\mathrm{d}x} = \frac{T}{GI_P}} \tag{3.24}$$

式（3.24）只适用于材料在线弹性范围内的等直圆轴。

3.7.2　扭转刚度条件

圆轴扭转时，除需要满足强度条件外，有时还需要满足刚度条件。例如，机器的传动轴若扭转角过大，将会使机器在运转时产生较大的振动。刚度要求通常是限制其单位长度扭转

角最大值 θ_{max} 不超过某一规定的允许值 $[\theta]$，即

$$\theta_{max}=\left(\frac{d\varphi}{dx}\right)_{max}=\left(\frac{T}{GI_P}\right)_{max}\leqslant[\theta]$$

对于等直圆轴

$$\theta_{max}=\frac{T_{max}}{GI_P}\leqslant[\theta] \tag{3.25}$$

式（3.25）就是等直圆轴在扭转时的**刚度条件**，其中**许可单位扭转角** $[\theta]$ 的单位为 rad/m。此外，工程上 $[\theta]$ 的单位还经常用 (°)/m，此时，应把式（3.25）不等式左端的 rad/m 换算为 (°)/m，即

$$\theta_{max}=\frac{T_{max}}{GI_P}\times\frac{180°}{\pi}\leqslant[\theta] \tag{3.26}$$

各种圆轴类零件的 $[\theta]$ 值可在有关的机械设计手册中查到：对于一般的传动轴，$[\theta]=(0.5\sim1.0)$ (°)/m；对于精密机械中的轴，$[\theta]=(0.15\sim0.5)$ (°)/m；对于精度要求不高的轴，$[\theta]=(1.0\sim2.5)$ (°)/m。

根据刚度条件式（3.26），可对实心或空心圆截面传动轴进行刚度计算，即校核刚度、设计截面尺寸和计算许可载荷。一般机械设备中的轴，通常是先按强度条件确定轴的尺寸，再按刚度条件进行刚度校核。精密机械对轴的刚度要求很高，其截面尺寸的设计往往是由刚度条件控制的。

【例3.6】在【例3.3】中，若规定该传动轴的许可单位长度扭转角 $[\theta]=0.3$ (°)/m，切变模量 $G=80$ GPa。试按刚度要求确定实心轴的直径 D。

【解】在【例3.3】中已经求得 $T_{max}=954.9\ N\cdot m$，由刚度条件式（3.26）及式（3.15）得

$$\theta_{max}=\frac{T_{max}}{GI_P}\times\frac{180°}{\pi}=\frac{T_{max}}{G(\pi D^4/32)}\times\frac{180°}{\pi}\leqslant[\theta]$$

$$D\geqslant\sqrt[4]{\frac{32T_{max}}{G\pi[\theta]}\times\frac{180°}{\pi}}=\sqrt[4]{\frac{32\times954.9\times10^3}{80\times10^3\times\pi\times0.3/1\,000}\times\frac{180°}{\pi}}\ mm\approx69\ mm$$

因此，按刚度要求，实心轴直径可取为 69 mm。对照【例3.5】中对实心轴的计算，可见，按照刚度要求确定的直径 $D=69$ mm 大于按照强度要求确定的直径 $D=50$ mm，即刚度成为控制因素。这在刚度要求较高的机械设计中是经常出现的。

【例3.7】图3.17（a）为装有4个皮带轮的一根直径 $D=105$ mm 的实心轴的计算简图，已知 $M_A=4.5\ kN\cdot m$，$M_B=9\ kN\cdot m$，$M_C=3\ kN\cdot m$，$M_D=1.5\ kN\cdot m$，各轮间的距离 $l_1=0.8$ m，$l_2=1.0$ m，$l_3=1.2$ m，设材料的切变模量 $G=80$ GPa。试求轮 A 与轮 D 之间的相对扭转角。

【解】（1）先求各段的扭矩，用截面法或直接法求得 AB、BC、CD 各段的扭矩分别为 $4.5\ kN\cdot m$，$-4.5\ kN\cdot m$，$-1.5\ kN\cdot m$，画出扭矩图如图3.17（b）所示。

（2）计算相对扭转角。

$$I_P=\frac{\pi D^4}{32}=\frac{\pi\times105^4}{32}\ mm^4=1.193\times10^7\ mm^4$$

故轮 A 与轮 B 之间的相对扭转角

$$\varphi_{AB}=\frac{T_{AB}l_1}{GI_P}=\frac{4.5\times10^6\times800}{80\times10^3\times1.193\times10^7}\ rad=3.77\times10^{-3}\ rad$$

轮 B 与轮 C 之间的相对扭转角

$$\varphi_{BC}=\frac{T_{BC}l_2}{GI_{\mathrm{P}}}=\frac{-4.5\times10^6\times1\,000}{80\times10^3\times1.193\times10^7}\ \mathrm{rad}=-4.72\times10^{-3}\ \mathrm{rad}$$

轮 C 与轮 D 之间的相对扭转角

$$\varphi_{CD}=\frac{T_{CD}l_3}{GI_{\mathrm{P}}}=\frac{-1.5\times10^6\times1\,200}{80\times10^3\times1.193\times10^7}\ \mathrm{rad}=-1.89\times10^{-3}\ \mathrm{rad}$$

所以，轮 A 与轮 D 之间的相对扭转角为

$$\varphi_{AD}=\sum_{i=1}^{3}\varphi_i=\varphi_{AB}+\varphi_{BC}+\varphi_{CD}=-2.84\times10^{-3}\ \mathrm{rad}$$

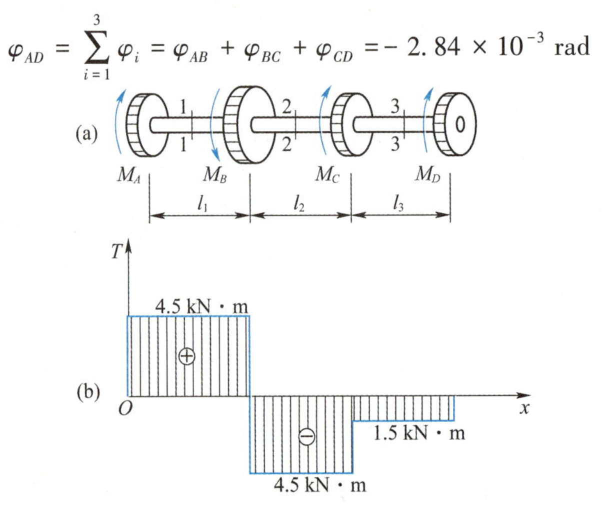

图 3.17　例 3.7 图

【例 3.8】已知某空心圆轴的外径 $D=80$ mm，壁厚 $\delta=10$ mm，承受外力偶作用而发生扭转变形。该轴材料的许用切应力 $[\tau]=80$ MPa，许可单位扭转角 $[\theta]=2\,(°)/\mathrm{m}$，切变模量 $G=80$ GPa，试问该空心轴所能承受的最大扭矩是多少？

【解】（1）按强度条件确定最大扭矩，由式（3.20）和式（3.18）可得

$$T_1\leqslant\frac{\pi D^3(1-\alpha^4)}{16}\cdot[\tau]=\frac{\pi\times80^3\times\left[1-\left(\dfrac{80-2\times10}{80}\right)^4\right]}{16}\times80\ \mathrm{N\cdot mm}$$

$$=5\,495\,000\ \mathrm{N\cdot mm}=5\,495\ \mathrm{N\cdot m}$$

按强度条件，该空心轴能够承受的最大扭矩为 5 495 N · m 。

（2）按刚度条件确定最大的扭矩，由式（3.26）和式（3.17）可得

$$T_2\leqslant\frac{\pi D^4(1-\alpha^4)}{32}\cdot\frac{\pi}{180}G[\theta]$$

$$=\frac{\pi\times80^4\times\left[1-\left(\dfrac{80-2\times10}{80}\right)^4\right]}{32}\times\frac{\pi}{180}\times80\times10^3\times2/1\,000\ \mathrm{N\cdot mm}$$

$$=7\,668\,600\ \mathrm{N\cdot mm}=7\,668.6\ \mathrm{N\cdot m}$$

按刚度条件，该空心轴能够承受的最大扭矩为 7 668.6 N · m 。

综上，该空心轴所能承受的最大扭矩取小值，即 $[T]=\min\{T_1,\ T_2\}=5\,495\ \mathrm{N\cdot m}$ 。

3.7.3　扭转超静定问题

图 3.18（a）所示两端固定的等直圆杆 AB，在截面 C 处作用外力偶矩 M_{e}，其受力图如

图3.18（b）所示，根据力系的平衡条件，可知能建立的平衡方程只有一个，即

$$M_A + M_B - M_e = 0 \tag{a}$$

由于静力平衡方程只有一个，而未知量有两个，即 M_A 和 M_B，因此仅仅根据静力平衡方程无法求解。这样的问题称为**扭转超静定问题**。扭转超静定问题的求解与拉压超静定问题的求解相仿，关键仍在于由变形协调条件建立补充方程。

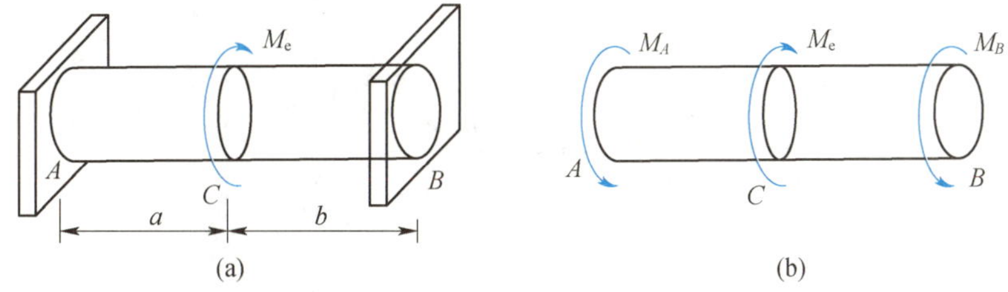

图3.18 扭转超静定问题

图3.18（a）中杆 AB 两端均为固定端，显然可以得到截面 A 和截面 B 间的相对扭转角为0，即 $\varphi_{AB} = \varphi_{AC} + \varphi_{CB} = 0$，即为变形协调条件，由式（3.22）可得

$$\varphi_{AB} = \frac{T_{AC}l_{AC}}{GI_P} + \frac{T_{CB}l_{CB}}{GI_P} = 0$$

由截面法，可知 $T_{AC} = -M_A$，$T_{CB} = M_B$，代入上式可得

$$-M_A a + M_B b = 0 \tag{b}$$

式（a）即为图3.18所示扭转超静定问题的补充方程。联立式（a）和式（b）可解得

$$M_A = \frac{b}{a+b}M_e,\quad M_B = \frac{a}{a+b}M_e$$

*3.8 扭转时的应变能（变形能）

圆轴在外力偶作用下发生变形，轴内将积蓄应变能。根据机械能守恒原理，当忽略加载过程中的光能、热能等损耗，这种应变能在数值上等于外力所做的功，即 $U = W$。对于等截面圆轴，在外力偶作用下发生扭转变形，当轴横截面上的切应力不超过比例极限时，由式（3.23）知，相对扭转角 φ 与所受扭矩 T 成正比，如图3.19（a）所示。设在缓慢加载过程中，当扭矩为 T_1 时，对应轴的扭转变形为 φ_1。现给扭矩一个增量 dT_1，轴相应的扭转变形增量为 $d\varphi_1$，由于此时扭矩 T_1 已作用在轴上，因此 T_1 在位移 $d\varphi_1$ 上所做的功为

$$dW = T_1 d\varphi_1$$

由图3.19（b）可以看出：dW 为图中阴影部分的微面积。若将从 $0 \sim T$ 的整个加载过程看作一系列的 dT_1 积累，则从 $0 \sim T$ 的整个加载过程中扭矩所做的总功 W 为图3.19（b）所示微面积的总和，即为 $T-\varphi$ 线下三角形的面积，故有

$$W = \int_0^{\varphi} T_1 d\varphi = \frac{1}{2}T\varphi \tag{3.27}$$

即**圆轴的应变能**为

$$\boxed{U = W_1 = \frac{1}{2}T\varphi} \tag{3.28}$$

又由式（3.23）可知 $\varphi=\dfrac{Tl}{GI_{\mathrm{P}}}$，圆轴的应变能 U 还可用相对扭转角 φ 表达为

$$U=\frac{T^2l}{2GI_{\mathrm{P}}}=\frac{GI_{\mathrm{P}}}{2l}\cdot\varphi^2 \tag{3.29}$$

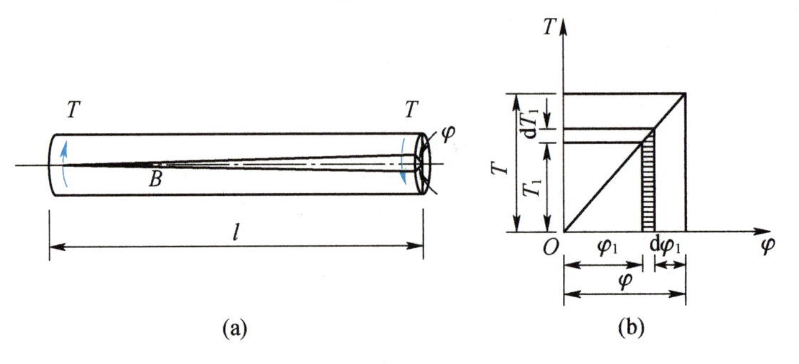

图 3.19　扭转时的应变能

薄壁圆筒受扭时（见图3.11（b）），变形能仍由式（3.28）计算，但因薄壁圆筒内的切应力是均匀的，故单位体积的变形能（比能）也应该是均匀的。所以，以圆筒的体积 $V=2\pi rtl$ 除变形能 U，可得单位体积的剪切变形能 u，即

$$u=\frac{U}{V}=\frac{1}{2}\cdot\frac{T\varphi}{2\pi rtl}=\frac{1}{2}\cdot\frac{T}{2\pi r^2t}\cdot\frac{r\varphi}{l}$$

由3.5节知，上式右边的第二个和第三个因子分别是切应力 τ 和切应变 γ，于是

$$u=\frac{1}{2}\tau\gamma \tag{3.30}$$

利用剪切胡克定律式（3.9），式（3.30）又可写成

$$u=\frac{1}{2}\tau\gamma=\frac{\tau^2}{2G}$$

求得受扭圆轴任一点处的应变能密度 u 后，全轴的应变能 U 即可由积分计算

$$U=\int_V u\mathrm{d}V=\int_l\int_A u\mathrm{d}A\mathrm{d}x \tag{3.31}$$

*3.9　非圆截面直杆扭转的概念

前面各节讨论了圆形截面杆的扭转。但有些受扭构件的横截面并非圆形。例如，农业机械中有时采用方轴作为传动轴；又如，曲轴承受扭转的曲柄，其横截面是矩形的。

在分析等直圆杆扭转中其横截面上的应力时，主要依据为平面假设。对于等直非圆截面杆，扭转时其横截面不再保持为平面。取一横截面为矩形的杆，在其侧面画上纵向线和横向周界线，如图3.20（a）所示；扭转变形后发现横向周界线已变为空间曲线，如图3.20（b）所示。这表明变形后杆的横截面已不再保持为平面，这种现象称为翘曲。所以，平面假设对非圆截面杆的扭转已不再适用，这类问题只能用弹性理论方法求解。

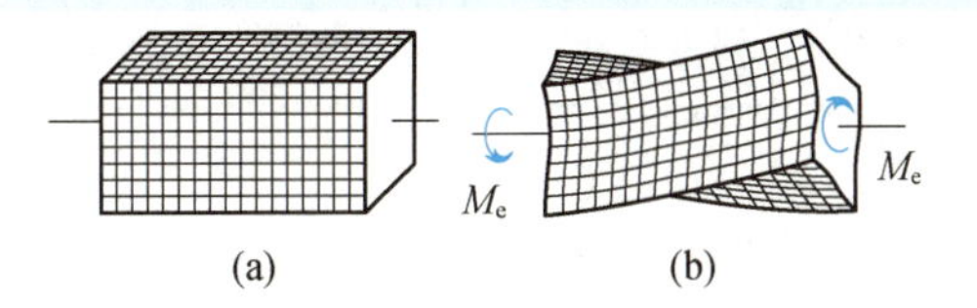

图 3.20 等直非圆杆扭转

非圆截面杆的扭转可分为**自由扭转**和**约束扭转**。如果扭转时杆横截面的翘曲不受任何约束，则称为自由扭转，此时各横截面的翘曲程度相同，横截面上只有切应力而无正应力。若因受力或约束条件的限制，使扭转各横截面的翘曲程度不同，则称为约束扭转，这时两相邻截面间纵向线段的长度有改变，故横截面上除了有切应力外还有正应力。一般情况下，实体杆件在约束扭转时的正应力很小，通常不予考虑，但对于薄壁截面杆的约束扭转，其横截面上的正应力较大而不可忽略。

非圆截面杆的自由扭转，一般在弹性力学中讨论。这里我们不加推导地引用弹性力学的一些结果，并只限于矩形截面杆扭转的情况。矩形截面杆扭转时，横截面上的切应力分布如图 3.21（a）所示。此时，杆件横截面上的切应力分布具有如下特点：

（1）截面边缘各点的切应力形成与边界相切的顺流；

（2）4 个角点上的切应力等于 0；

（3）最大切应力发生在矩形长边的中点处，为

$$\tau_{\max} = \frac{T}{W_T} = \frac{T}{\alpha h b^2} \tag{3.32}$$

式中：W_T 仍称为扭转截面系数；h 和 b 分别代表矩形截面长边和短边的长度；α 是一个与比值 h/b 有关的系数，其数值如表 3.1 所示。

短边中点的切应力 τ_1 是短边上的最大切应力，为

$$\tau_1 = \nu \tau_{\max} \tag{3.33}$$

式中：$\tau_{\max}$ 是长边中点的最大切应力；系数 ν 与比值 h/b 有关，其值如表 3.1 所示。

杆件两端相对扭转角

$$\varphi = \frac{Tl}{G\beta h b^3} = \frac{Tl}{GI_t} \tag{3.34}$$

其中

$$GI_t = G\beta h b^3$$

式中：I_t 称为截面的**相当极惯性矩**；GI_t 称为非圆截面杆件的**抗扭刚度**；β 也是与比值 h/b 有关的系数，其值如表 3.1 所示。

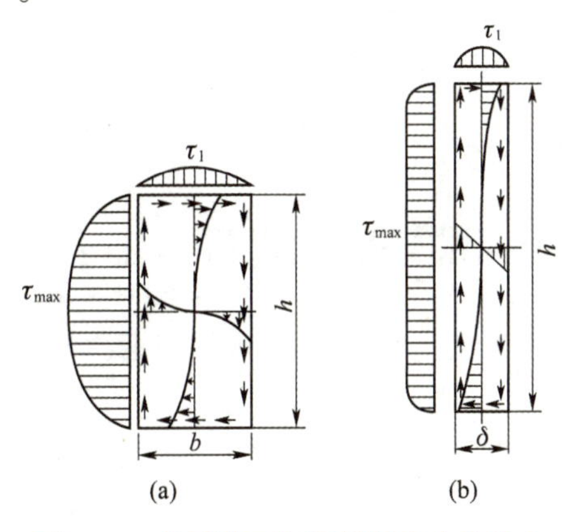

图 3.21 矩形截面杆扭转的切应力分布

表 3.1　矩形截面杆扭转时的系数 α、β 和 ν

h/b	1.0	1.2	1.5	2.0	2.5	3.5	4.0	6.0	8.0	10.0	∞
α	0.208	0.219	0.231	0.246	0.258	0.267	0.282	0.299	0.307	0.313	0.333
β	0.141	0.166	0.196	0.229	0.249	0.263	0.281	0.299	0.307	0.313	0.333
ν	1.000	0.930	0.858	0.796	0.767	0.753	0.745	0.743	0.743	0.743	0.743

当 $h/b>10$ 时，截面称为狭长矩形，这时 $\alpha=\beta\approx\dfrac{1}{3}$。如以 δ 表示狭长矩形的短边的长度，则式（3.32）和（3.34）化为

$$\tau_{\max}=\frac{T}{h\delta^3/3},\quad \varphi=\frac{Tl}{Gh\delta^3/3} \tag{3.35}$$

在狭长矩形截面上，扭转切应力的变化情况如图 3.21（b）所示。虽然最大切应力在长边的中点，但沿长边各点的切应力实际上变化不大，接近相等，在靠近短边处才迅速减小为 0。

【例 3.9】 一受扭矩形截面杆，截面高和宽分别为 $h=100$ mm 和 $b=50$ mm。已知截面上的扭矩 $T=4$ kN · m。（1）试计算截面上的最大切应力；（2）在横截面积不变的条件下，将矩形截面改变为圆形截面，试比较两者的最大扭转切应力。

【解】（1）由 $h/b=100/50=2.0$，从表 3.1 查得 $\alpha=0.246$。

由式（3.32）得

$$\tau_{\max}=\frac{T}{\alpha hb^2}=\frac{4\times10^3\times10^3}{0.246\times100\times50^2}\text{ MPa}=65\text{ MPa}$$

（2）依题意，直径为 D 的圆截面面积 A 为

$$A=\frac{\pi D^2}{4}=bh$$

由此解得

$$D=\sqrt{\frac{4bh}{\pi}}=\sqrt{\frac{4\times50\times100}{3.14}}\text{ mm}=80\text{ mm}$$

则圆轴的最大扭转切应力为

$$\tau_{\max}=\frac{T}{W_{\mathrm{T}}}=\frac{16T}{\pi D^3}=\frac{16\times4\times10^3\times10^3}{3.14\times80^3}\text{ MPa}=39.8\text{ MPa}$$

可见，在横截面积相等的条件下，矩形截面杆扭转产生的最大切应力要比圆截面杆扭转产生的最大切应力大得多。

3.10　开口和闭口薄壁截面直杆自由扭转的概念

二维码

为减轻结构本身重量，工程上常采用各种轧制型钢，如工字钢、角钢等；也经常使用薄壁管状杆件。这类杆件的壁厚远小于横截面的其他两个尺寸（高和宽），称为薄壁杆件。若杆件的截面中线是一条不封闭的折线或曲线（见图 3.22（a）），则称为开口薄壁杆件；若截面中线是一条封闭的折线或曲线（见图 3.22（b）），则称为闭口薄壁杆件。本节只讨论开口和闭

口薄壁杆件的自由扭转。

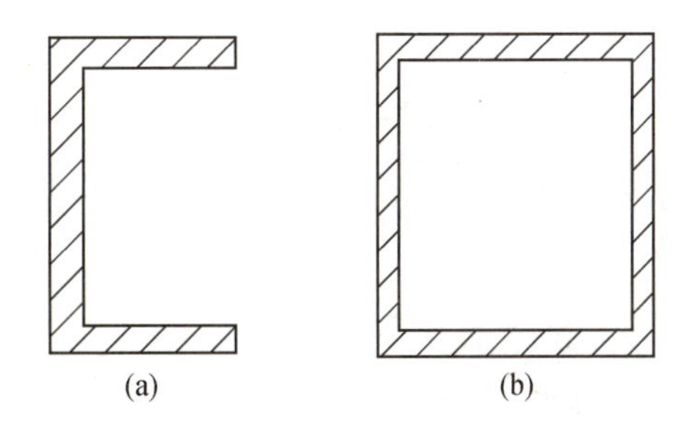

图 3.22 开口和闭口薄壁截面直杆

(a) 开口薄壁截面；(b) 闭口薄壁截面

3.10.1 开口薄壁杆件的自由扭转

开口薄壁杆件，如槽钢、工字钢等，其横截面可以看作是由若干个狭长矩形组成的，如图3.22（a）所示。自由扭转时假设横截面在其本身平面内形状不变，即在变形过程中，横截面在其本身平面内的投影只作刚性平面运动，则整个横截面和组成截面的各部分的扭转角相等。若以 φ 表示整个截面的扭转角，φ_1，φ_2，…，φ_i，…分别代表各组成部分的扭转角，则有变形相容条件

$$\varphi = \varphi_1 = \varphi_2 = \cdots = \varphi_i = \cdots \tag{a}$$

若以 T 表示整个截面上的扭矩，T_1，T_2，…，T_i，…分别表示截面各组成部分上的扭矩，则因整个截面上的扭矩应等于各组成部分上的扭矩之和，故有

$$T = T_1 + T_2 + \cdots + T_i + \cdots = \sum T_i \tag{b}$$

由式（3.34），有

$$\varphi_1 = \frac{T_1 l}{G\frac{1}{3}h_1\delta_1^{\ 3}},\ \varphi_2 = \frac{T_2 l}{G\frac{1}{3}h_2\delta_2^{\ 3}},\ \cdots,\ \varphi_i = \frac{T_i l}{G\frac{1}{3}h_i\delta_i^3},\ \cdots \tag{c}$$

由式（c）解出 T_1，T_2，…，T_i，…，代入式（b），并注意由式（a）表示的关系，得

$$\begin{aligned} T &= \varphi\frac{G}{l}\left(\frac{1}{3}h_1\delta_1^3 + \frac{1}{3}h_2\delta_2^3 + \cdots + \frac{1}{3}h_i\delta_i^3 + \cdots\right) \\ &= \varphi\frac{G}{l}\sum\frac{1}{3}h_i\delta_i^3 \end{aligned} \tag{d}$$

引用记号

$$I_t = \sum\frac{1}{3}h_i\delta_i^3 \tag{3.36}$$

式（d）又可写成

$$\varphi = \frac{Tl}{GI_t} \tag{3.37}$$

式中：GI_t 即为抗扭刚度。

在组成截面的任意一个狭长矩形上，长边各点的切应力可由式（3.34）计算，即

$$\tau_i = \frac{T_i}{\frac{1}{3}h_i\delta_i^2} \tag{3.38}$$

由于 $\varphi_i = \varphi$，故由式（c）及式（3.37）得

$$\frac{T_i l}{G\frac{1}{3}h_i\delta_i^3} = \frac{Tl}{GI_t}$$

由此解出 T_i，代入式（3.38）得出

$$\tau_i = \frac{T\delta_i}{I_t} \tag{3.39}$$

由式（3.39）看出：当 δ_i 为最大时，切应力 τ_i 达到最大值。因此，τ_{max} 发生在宽度最大的狭长矩形的长边上，且

$$\tau_{max} = \frac{T\delta_{max}}{I_t} \tag{3.40}$$

沿截面的边缘，切应力与边界相切，沿着周边或周边的切线形成环流，如图3.23所示，因而在同一厚度线的两端，切应力方向相反。环流流向与截面的扭矩一致，角点处的切应力为0，中线上的切应力也为0，长边边缘处的切应力接近均匀分布。

计算槽钢、工字钢等开口薄壁杆件的 I_t 时，应对式（3.36）略加修正，这是因为在这些型钢截面上，各狭长矩形连接处有圆角，翼缘内侧有斜率，这就增加了杆件的抗扭刚度。修正公式是

$$I_t = \eta\frac{1}{3}\sum h_i\delta_i^3 \tag{3.41}$$

式中：η 为修正系数，对角钢 $\eta = 1.00$，槽钢 $\eta = 1.12$，T字钢 $\eta = 1.15$，工字钢 $\eta = 1.20$。

中线为曲线的开口薄壁杆件（见图3.24），计算时可将截面展直，作为狭长矩形截面处理。

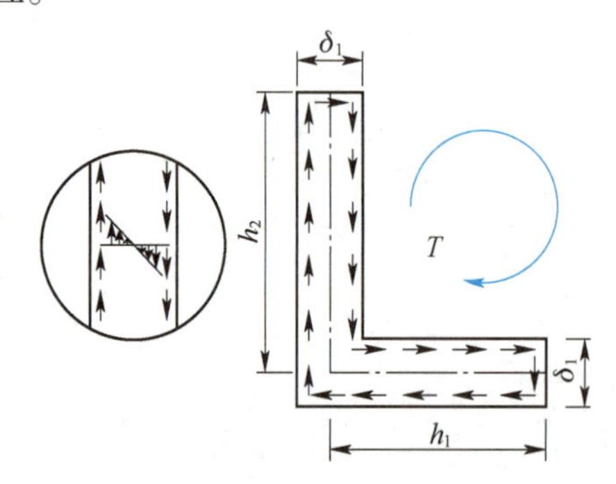

图3.23　开口薄壁截面切应力环流

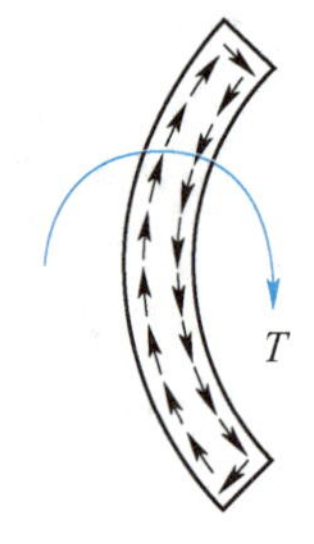

图3.24　曲线的开口薄壁杆件切应力环流

3.10.2　闭口薄壁杆件的自由扭转

3.5节中介绍的薄壁圆筒扭转，其壁厚不变，本节所介绍的闭口薄壁截面杆件，其壁厚是可变的。类似于薄壁圆筒，闭口薄壁截面杆件自由扭转时，横截面上的切应力沿厚度也是均匀分布，方向与周边或截面中线相切。

用相距为 dx 的两个横截面和与轴线平行的两纵向截面，从杆件中取出一部分 $abcd$，如图 3.25（b）所示。设在 b 点处的壁厚为 δ_1，切应力为 τ_1；在 c 点处的壁厚为 δ_2，切应力为 τ_2。根据切应力互等定理，ab 和 cd 上的切应力分别为 τ_1，τ_2。根据轴线方向的平衡方程

$$\sum F_x = 0 \quad \tau_1\delta_1 \mathrm{d}x - \tau_2\delta_2 \mathrm{d}x = 0$$

得

$$\tau_1\delta_1 = \tau_2\delta_2 \tag{a}$$

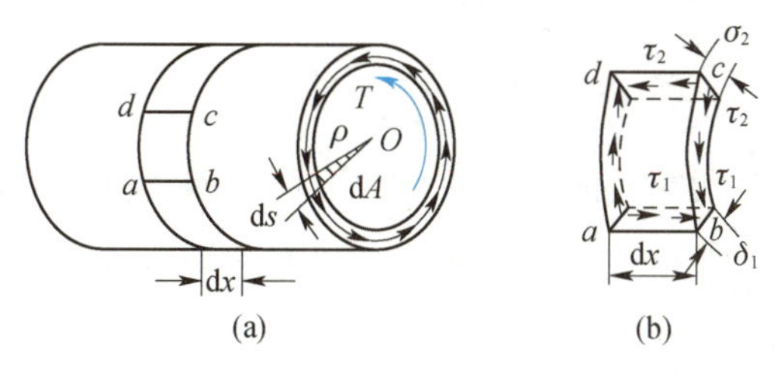

图 3.25 闭口薄壁杆件的自由扭转

由于两纵截面是任意选择的，故式（a）表明，横截面沿其周边任一点处的切应力 τ 与该点处的壁厚 δ 之积为一常数，即

$$\tau\delta = 常数 \tag{b}$$

式中：$\tau\delta$ 称为剪力流。

式（b）表明，闭口薄壁截面杆件在自由扭转时，截面中心线上单位长度的剪力流保持不变。

在横截面沿中线方向取微分长度 ds，在微面积 $\delta \mathrm{d}s$ 上的微剪力为 $\delta\tau \mathrm{d}s$，其方向与中线相切。微剪力对截面内任一点 O 的力矩为 $(\tau\delta \mathrm{d}s)\rho$，则整个截面上的内力对点 O 的力矩等于截面上的扭矩，即

$$T = \int \tau\delta\rho \mathrm{d}s = \tau\delta\int\rho \mathrm{d}s \tag{c}$$

式中：ρ 为点 O 到截面中线切线的垂直距离；$\rho \mathrm{d}s$ 等于图 3.25（a）中阴影线三角形面积的 2 倍，故其沿壁厚中线全长 s 的积分应是该中线所围面积 A_0 的 2 倍。于是，可得

$$T = \tau\delta \cdot 2A_0$$

$$\tau = \frac{T}{2A_0\delta} \tag{3.42}$$

式（3.42）即为闭口薄壁截面等直杆在自由扭转时横截面上任一点处切应力的计算公式。可知，闭口薄壁截面杆件自由扭转时，横截面上的切应力 τ 与截面上的扭矩成正比，与截面中线所围面积 A_0 和壁厚 δ 成反比，在壁厚 δ 最小处，切应力最大，即

$$\tau_{\max} = \frac{T}{2A_0\delta_{\min}} \tag{3.43}$$

闭口薄壁截面等直杆的单位长度扭转角 φ' 可按功能原理来求得。

由纯剪切应力状态下的应变能密度 u 的表达式（3.30）及式（3.42），可得杆内任一点处的应变能密度为

$$u = \frac{\tau^2}{2G} = \frac{1}{2G}\left(\frac{T}{2A_0\delta}\right)^2 = \frac{T^2}{8GA_0^2\delta^2} \tag{3.44}$$

又根据应变能密度 u 计算扭转时杆内应变能的表达式（3.30），可得单位长度杆内的应变能为

$$U=\int_V u\mathrm{d}V=\frac{T^2}{8GA_0^2}\int_V\frac{\mathrm{d}V}{\delta^2} \tag{3.45}$$

式中：V 为单位长度杆壁的体积，$\mathrm{d}V=1\times\delta\times\mathrm{d}s=\delta\mathrm{d}s$。

将 $\mathrm{d}V$ 代入式（3.44），并沿壁厚中线的全长 s 积分得

$$U=\frac{T^2}{8GA_0^2}\int_s\frac{\mathrm{d}s}{\delta} \tag{d}$$

然后，计算单位长度杆两端截面上的扭矩对杆段的相对扭转角 φ' 所做的功。由于杆件在线弹性范围内工作，因此所做的功应为

$$W=\frac{1}{2}T\varphi' \tag{e}$$

式（d）和式（e）中的 U 和 W 在数值上相等，从而解得

$$\varphi'=\frac{T}{4GA_0^2}\int_s\frac{\mathrm{d}s}{\delta} \tag{3.46}$$

式中：积分取决于杆的壁厚 δ 沿壁厚中线 s 的变化规律。

当壁厚 δ 为常数时，则得

$$\varphi'=\frac{Ts}{4GA_0^2\delta} \tag{3.47}$$

式中：s 为壁厚中线的全长。

【例3.10】 图3.26（a）、（b）为相同材料和相同截面的两正方形薄壁截面杆，其中图3.25（b）沿杆纵向切开一缝，两杆受相同外力偶矩 M_e 作用，已知 $b=50\ \mathrm{mm}$ 和 $\delta=2\ \mathrm{mm}$。试求两杆的最大切应力之比。

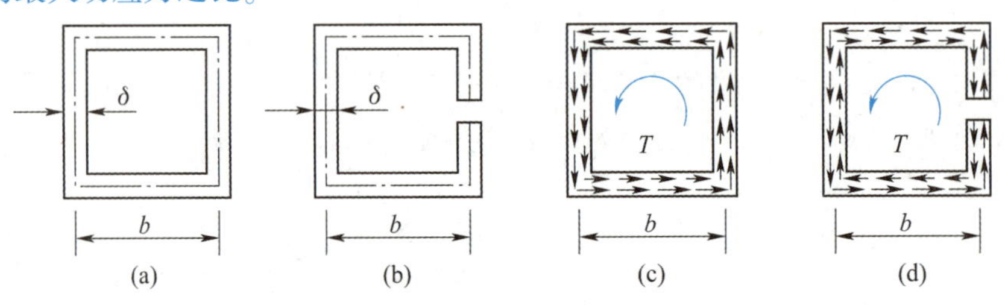

图3.26 例3.9图

【解】 图3.26（a）为闭口薄壁截面杆，其切应力分布规律如图3.26（c）所示，由截面法得最大切应力按式（3.43）计算，其值为

$$\tau_{\max}'=\frac{T}{2A_0\delta_{\min}}=\frac{M_e}{2\times b^2\times\delta}=\frac{M_e}{2b^2\delta}$$

图3.26（b）为开口薄壁截面杆，其切应力分布规律如图3.26（d）所示，最大切应力按式（3.40）计算，其值为

$$\tau_{\max}''=\frac{T\delta_{\max}}{I_t}=\frac{T\delta}{\frac{1}{3}\sum h_i\delta^3}=\frac{M_e\delta}{\frac{1}{3}\times4\times b\delta^3}=\frac{3M_e}{4b\delta^2}$$

因此有

$$\frac{\tau_{max}''}{\tau_{max}'}=\frac{3b}{2\delta}=\frac{3\times 50}{2\times 2}=37.5$$

结果表明：相同截面在相同外力偶作用下，开口截面上的最大切应力是闭口截面上最大切应力的 37.5 倍。

3.11　本章知识小结·框图

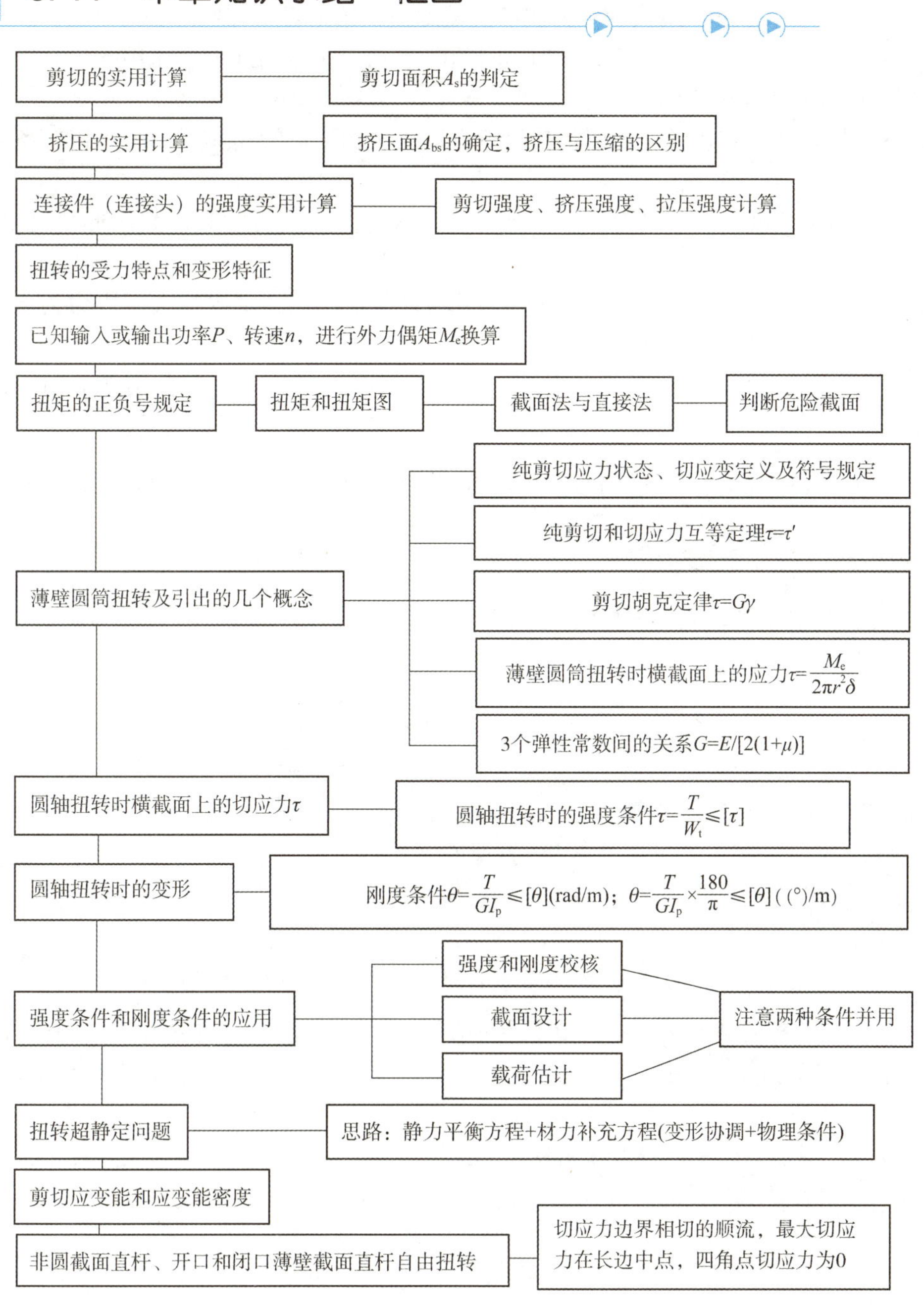

思考题

思 3.1　剪切变形的受力特点与变形特点是什么？请举出两个剪切变形的实例。

思 3.2　何谓工程实用计算，工程实用计算的依据是什么？

思 3.3　在减速箱中常看到高速轴的直径较小，而低速轴的直径较大，这是为什么？

思 3.4　圆轴扭转切应力公式是如何建立的？该公式的应用范围是什么？

思 3.5　扭转切应力在横截面上是如何分布的？

思 3.6　两根材料相同、长度相同及横截面积相等的圆轴，一根是实心的，另一根是空心的，在相同扭矩作用下，最大切应力和单位长度扭转角是否相等？

思 3.7　直径和长度均相同而材料不相同的两根轴，在相同外力偶作用下，它们的最大切应力和相对扭转角是否相同？

思 3.8　如果轴的直径增大一倍，其他情况不变，那么最大切应力和相对扭转角将怎样变化？

思 3.9　根据圆轴扭转的平面假设，是否可以认为圆轴扭转时其横截面形状尺寸不变，直径仍为直线？

思 3.10　直径为 D 的实心圆轴，两端受扭转力偶矩作用，轴内最大切应力为 τ，若轴的直径改为 $D/2$，则轴内的最大切应力变为多少？

思 3.11　当实心圆轴的直径增加 1 倍时，其抗扭强度、抗扭刚度分别增加到原来的多少倍？

思 3.12　当圆轴横截面上的切应力超过剪切比例极限 τ_P 时，扭转切应力公式 $\tau_\rho=\dfrac{T\rho}{I_P}$ 和扭转角公式 $\varphi=\dfrac{Tl}{GI_P}$ 是否还适用？

思 3.13　从受扭圆轴内截取虚线所示形状部分，则该部分哪个面上无切应力？

思 3.14　受扭圆轴上贴有 3 个应变片，如图所示。实测时哪个应变片的读数几乎为 0？

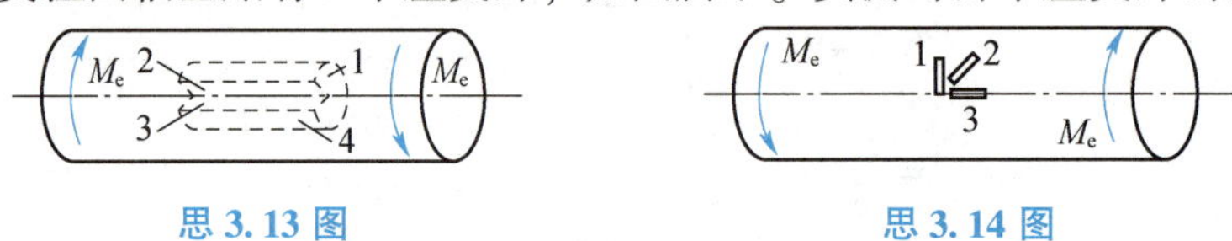

思 3.13 图　　思 3.14 图

分类习题

【3.1 类】计算题（剪切和挤压的实用计算）

题 3.1.1　请校核图示拉杆头部的剪切强度和挤压强度。已知图中尺寸 $D=32$ mm，$d=20$ mm 和 $h=12$ mm，杆的许用切应力 $[\tau]=100$ MPa，许用挤压应力 $[\sigma_{bs}]=240$ MPa。

题 3.1.2　图示两个铆钉将 140 mm×140 mm×12 mm 的等边角钢铆接在立柱上，构成支托。若 $F=30$ kN，铆钉的直径 $d=21$ mm，试求铆钉的切应力和挤压应力。

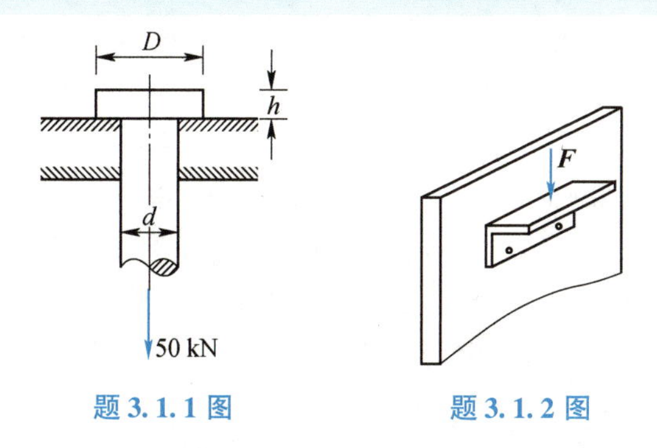

题 3.1.1 图　　题 3.1.2 图

题3.1.3　矩形截面木拉杆的接头如图所示。已知轴向拉力 $F = 50$ kN［或：　　］，截面的宽度 $b = 250$ mm，木材顺纹的许用挤压应力 $[\sigma_{bs}] = 10$ MPa，顺纹的许用切应力 $[\tau] = 1$ MPa。试确定接头处所需的尺寸 l 和 a。

题3.1.4　如图所示，在桁架的支座部位，斜杆以宽度 $b = 60$ mm 的榫舌和下弦杆连接在一起。已知木材顺纹许用挤压应力 $[\sigma_{bs}] = 5$ MPa，顺纹许用切应力 $[\tau] = 0.8$ MPa［或：　　］，作用在桁架斜杆上的轴向压力 $F = 20$ kN。试按强度条件确定榫舌的高度 δ（即榫接的深度）和下弦杆末端的长度 l。

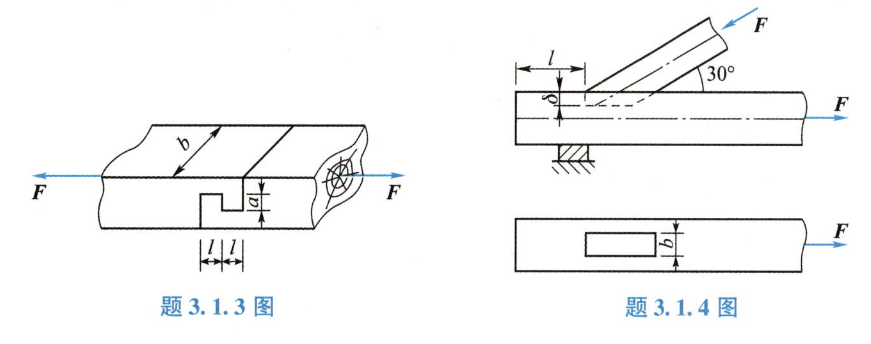

题 3.1.3 图　　题 3.1.4 图

题3.1.5　图示两块钢板用4个铆钉连接在一起，板厚 $\delta = 20$ mm，宽度 $b = 120$ mm，铆钉直径 $d = 26$ mm，钢板的许用拉应力 $[\sigma_t] = 160$ MPa，铆钉的许用切应力 $[\tau] = 100$ MPa［或：　　］，铆钉的许用挤压应力 $[\sigma_{bs}] = 280$ MPa，试求此铆钉接头的最大许可拉力。

题3.1.6　图示为由两个螺栓连接的接头。已知 $F = 40$ kN，螺栓的许用切应力 $[\tau] = 130$ MPa［或：　　］，许用挤压应力 $[\sigma_{bs}] = 300$ MPa。试求螺栓所需的直径 d。

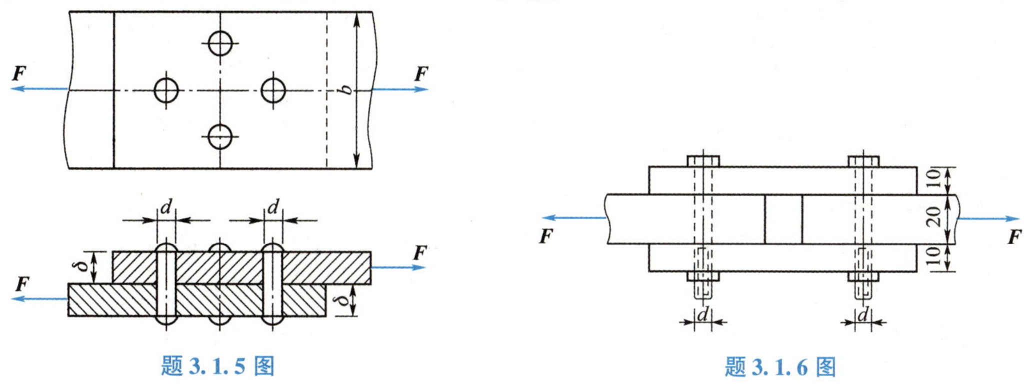

题 3.1.5 图　　题 3.1.6 图

题3.1.7　图示正方形截面的混凝土柱横截面边长为 200 mm，其基底为边长 $a = 1$ m

[或：　　] 的正方形混凝土板。柱承受轴向压力 $F = 100\ \text{kN}$。假设地基对混凝土板的支反力为均匀分布，混凝土的许用切应力为 $[\tau] = 1.5\ \text{MPa}$，试问为使柱不穿过基底板，混凝土板所需的最小厚度 δ 应为多少？

※题 3.1.8　图示凸缘联轴节传递的力偶矩为 $M_e = 200\ \text{N·m}$，凸缘之间用 4 根螺栓连接，螺栓内径 $d = 10\ \text{mm}$ [或：　　]，对称地分布在直径为 $D_0 = 80\ \text{mm}$ 的圆周上。如螺栓的剪切许用应力 $[\tau] = 60\ \text{MPa}$，试校核螺栓的剪切强度。

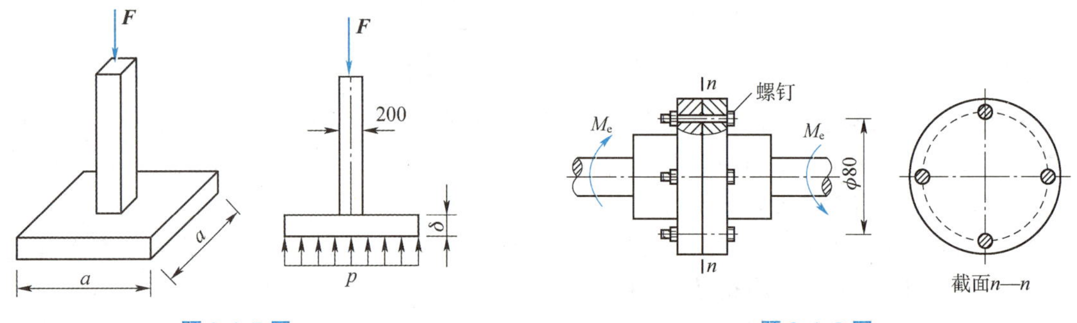

题 3.1.7 图　　题 3.1.8 图

※题 3.1.9　图示机床花键轴有 8 个齿。轴与轮的配合长度 $l = 60\ \text{mm}$，外力偶矩 $M_e = 4\ \text{kN·m}$ [或：　　]。轮与轴的挤压许用应力为 $[\sigma_{bs}] = 140\ \text{MPa}$，试校核花键轴的挤压强度。

【3.2 类】计算题（外力偶矩的换算、求扭矩、绘制扭矩图）

题 3.2.1　传动轴转速 $n = 300\ \text{r/min}$ [或：　　]，主动轮 A 输入功率 $P_A = 60\ \text{kW}$，3 个从动轮 B、C、D 的输出功率分别为 $P_B = 10\ \text{kW}$，$P_C = 20\ \text{kW}$，$P_d = 30\ \text{kW}$，如图所示。试求各指定截面上的内力扭矩，并绘该轴的扭矩图。

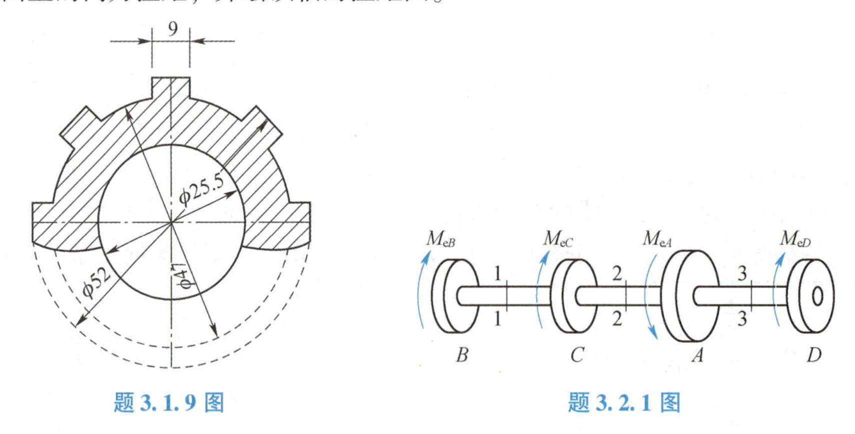

题 3.1.9 图　　题 3.2.1 图

【3.3 类】计算题（计算扭转应力、强度计算和求变形、刚度计算）

题 3.3.1　如图所示，圆轴截面直径 $d = 50\ \text{mm}$，圆轴两端受 $M_e = 1\ \text{kN·m}$ 的外力偶矩的作用，材料的切变模量 $G = 80\ \text{GPa}$。试求：(1) 横截面上半径 $\rho_A = d/4$ [或：　　]，点 A 处的切应力和切应变；(2) 该截面上最大切应力和该轴的单位长度扭转角。

题 3.3.2　圆轴的直径 $d = 50\ \text{mm}$，转速为 $n = 120\ \text{r/min}$。若该轴横截面上的最大切应力 $\tau_{max} = 60\ \text{MPa}$ [或：　　]，试问所传递的功率 P 为多大？

题 3.3.3 一空心圆轴的外径 $D = 90$ mm，内径 $d = 60$ mm [或：]。试计算该轴的抗扭截面系数 W_T，若在横截面积不变的情况下，改用实心圆轴，试比较两者的抗扭截面系数。

题 3.3.4 空心钢轴的外径 $D = 100$ mm，内径 $d = 50$ mm。已知该轴上间距为 $l = 2.7$ m 的两横截面的相对扭转角 $\varphi = 1.8°$ [或：]，材料的切变模量 $G = 80$ GPa。试求：(1) 轴内的最大切应力；(2) 当轴以 $n = 80$ r/min 的转速旋转时，轴所传递的功率。

题 3.3.5 图示外径 $D = 200$ mm 的圆轴，AB 段为实心，BC 段为空心，且内径 $d = 50$ mm，已知材料许用切应力为 $[\tau] = 50$ MPa [或：]，求 M_e 的许可值。

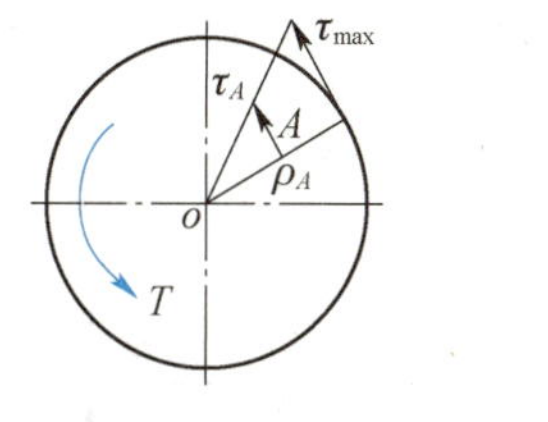

题 3.3.1 图

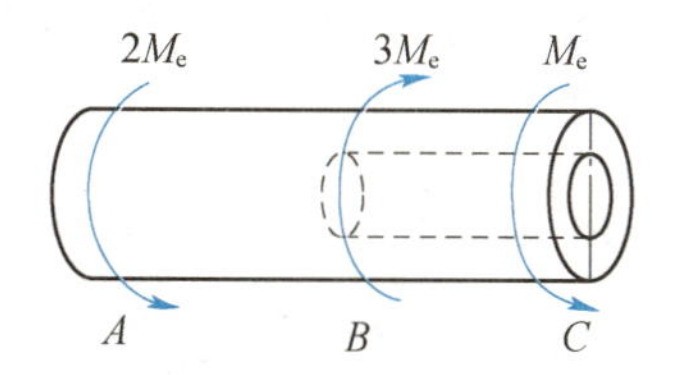

题 3.3.5 图

题 3.3.6 已知空心圆轴的外径 $D = 76$ mm，壁厚 $\delta = 2.5$ mm，承受外力偶矩 $M_e = 2$ kN·m 作用，材料的许用切应力 $[\tau] = 100$ MPa，切变模量 $G = 80$ GPa，许可单位扭转角 $[\theta] = 2(°)/\text{m}$ [或：]。试：(1) 校核此轴的强度和刚度；(2) 如改用实心圆轴，且使强度和刚度保持不变，试设计轴的直径。

题 3.3.7 图示一外径 $D = 50$ mm，内径 $d = 30$ mm 的空心钢轴，在扭转力偶矩 $M_e = 1\,600$ N·m 的作用下，测得相距 200 mm 的 A、B 两截面间的相对转角 $\varphi = 0.4°$ [或：]，已知钢的弹性模量 $E = 210$ GPa。试求材料的泊松比 μ。

题 3.3.8 图示一等直圆杆，已知 $d = 40$ mm，$a = 400$ mm，$G = 80$ GPa，$\varphi_{BD} = 1°$ [或：]。试求：(1) 最大切应力；(2) 截面 A 相对于截面 C 的扭转角 φ_{AC}。

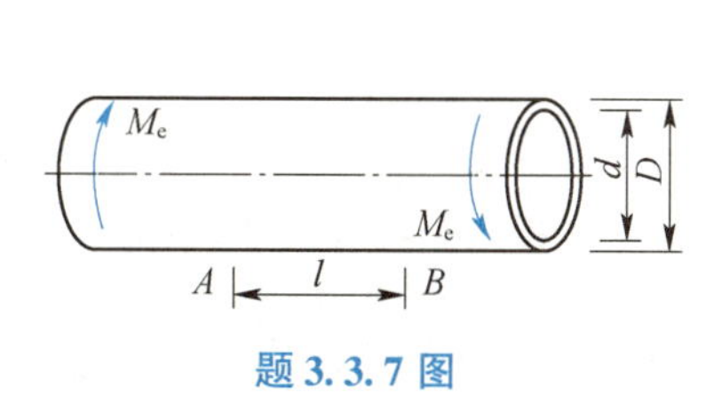

题 3.3.7 图

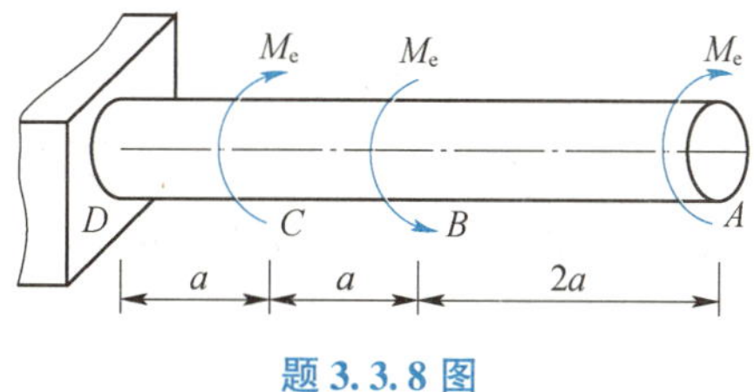

题 3.3.8 图

题 3.3.9 图示直径 $d = 50$ mm 的等直圆杆，在自由端承受一外力偶矩 $M_e = 1.2$ kN·m 时，在圆杆表面上的 B 点移动到了 B_1 点。已知：$l = 6$ m，$\Delta s = BB_1 = 6.3$ mm [或：]，材料的弹性模量 $E = 200$ GPa。试求钢材的弹性常数 G 和 μ。

※题 3.3.10 如图所示，长度相等的两根受扭圆轴，一为空心圆轴，一为实心圆轴，两者材料相同，受力情况也一样。实心轴直径为 d；空心轴外径为 D，内径为 d_0，且 $d_0/D = 0.8$ [或：]。试求当空心轴与实心轴的最大切应力均达到材料的许用切应力 ($\tau_{max} = [\tau]$)，扭矩 T 相等时的重量比和刚度比。

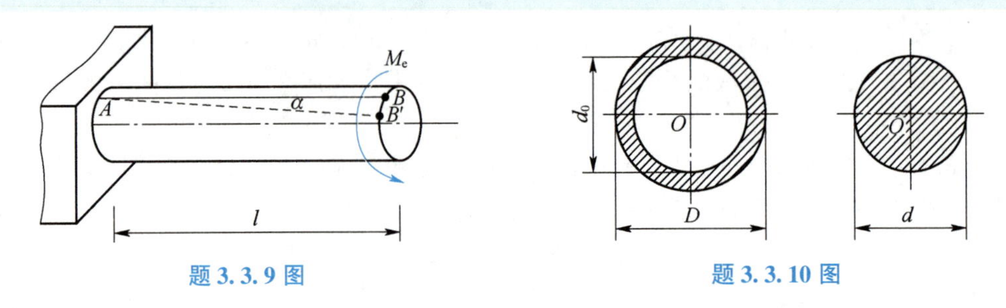

题 3. 3. 9 图　　题 3. 3. 10 图

※题 3. 3. 11　由两人操作的绞车如图所示。若两人作用于手柄上的力都是 $P=200$ N，已知轴的许用应力 $[\tau]=40$ MPa，试按照强度要求估算 AB 轴的直径，并确定最大起重量 Q 。

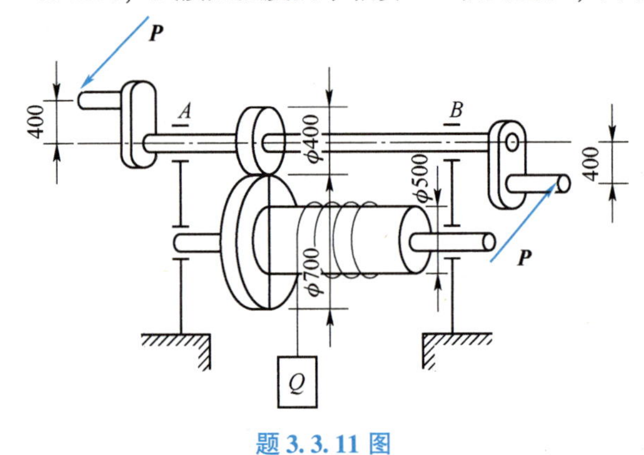

题 3. 3. 11 图

※题 3. 3. 12　有一壁厚 $\delta=25$ mm［或：　　］、内径 $d=250$ mm 的空心薄壁圆管，其长度 $l=1$ m，作用在轴两端面内的外力偶矩 $M_e=180$ kN·m 。材料的切变模量 $G=80$ GPa 。试确定管中的最大切应力，并求管内的应变能。

【3.4 类】计算题（扭转超静定问题）

※题 3. 4. 1　如图所示，阶梯形圆形组合实心轴，在 A、C 两端固定，B 端面处作用外力偶矩 $M_e=900$ N·m［或：　　］，相应段的长度、直径、切变模量分别为：$l_1=1.2$ m，$l_2=1.5$ m，$d_1=25$ mm，$d_2=37.5$ mm，$G_1=80$ GPa，$G_2=40$ GPa 。试求该组合实心轴中的最大切应力。

【3.5 类】计算题（非圆截面杆扭转）

☆题 3. 5. 1　如图所示，矩形截面杆受 $M_e=3$ kN·m［或：　　］的一对外力偶作用，材料的切变模量 $G=80$ GPa 。求：（1）杆内最大切应力的大小、位置和方向；（2）横截面短边中点的切应力；（3）单位长度扭转角。

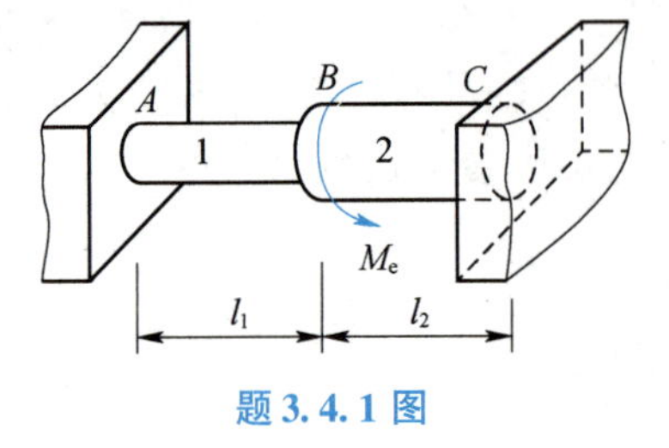

题 3. 4. 1 图

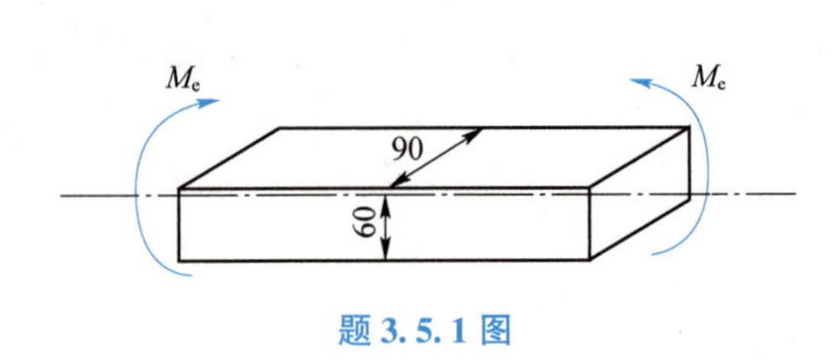

题 3. 5. 1 图

☆题 3.5.2 如图所示，一等厚闭口薄壁杆，两端受扭转力偶作用，杆的最大切应力为 60 MPa［或: ］。求：(1) 扭转力偶矩 M_e；(2) 在杆上沿母线切开一条缝 AB，开口后扭转力偶矩。

☆题 3.5.3 如图所示，一个 T 形薄壁截面杆，长 $L=2$ m，在两端受扭转力偶作用，杆的扭矩 $T=0.2$ kN·m，材料的切变模量 $G=8\times10^4$ MPa，求此杆在自由扭转时的最大切应力及扭转角。

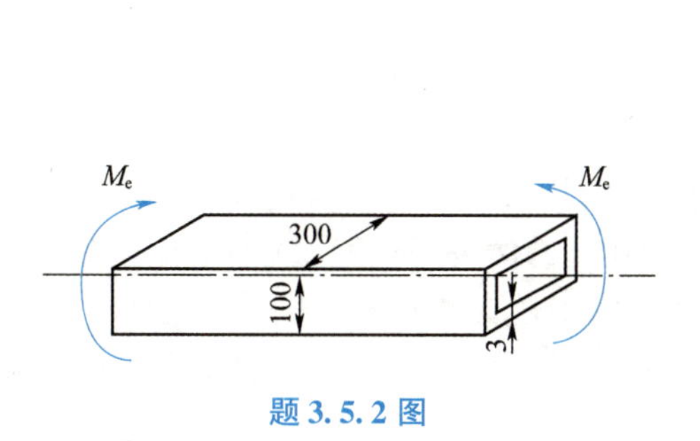

题 3.5.2 图

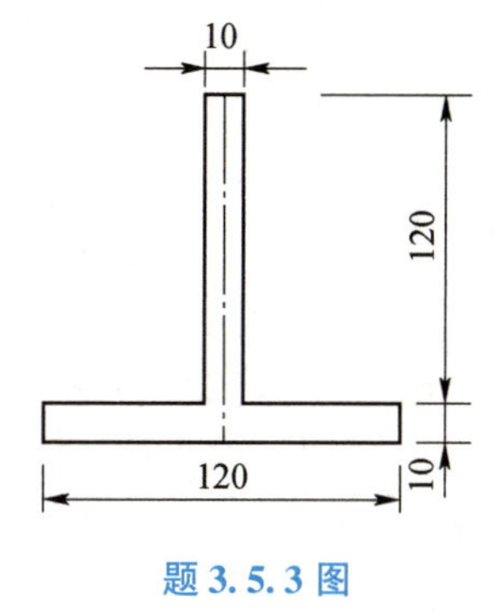

题 3.5.3 图

第 4 章 截面·平面图形几何性质

计算杆件在外力作用下的应力和变形等，要用到与杆件截面的几何形状及尺寸有关的一些几何量。例如，在轴向拉压杆的计算中所用到的横截面积 A，圆轴扭转计算中所用到的极惯性矩 I_P 和抗扭截面系数 W_T 。在后面的几章中还要涉及杆件横截面的形心、静矩、惯性矩、惯性半径、惯性积、形心主轴及形心主惯性矩等，这些与材料的力学性质无关的几何量统称为**截面的几何性质**。

4.1 截面图形·形心和静矩

4.1.1 形心和静矩

二维码

杆件的横截面是一个平面图形，现取任意平面图形，设其面积为 A，如图 4.1 所示。平面图形的几何中心 C 称为**形心**。若将此平面图形视为均质等厚的超薄板，由静力学可知，该薄板重心、质心和薄板图形的形心三者在 Oyz 平面内重合，在 yOz 坐标系中，取平面图形任意点（y，z）处微面积 $\mathrm{d}A$，则该薄板的重心、质心、形心在 yOz 坐标系中的坐标为

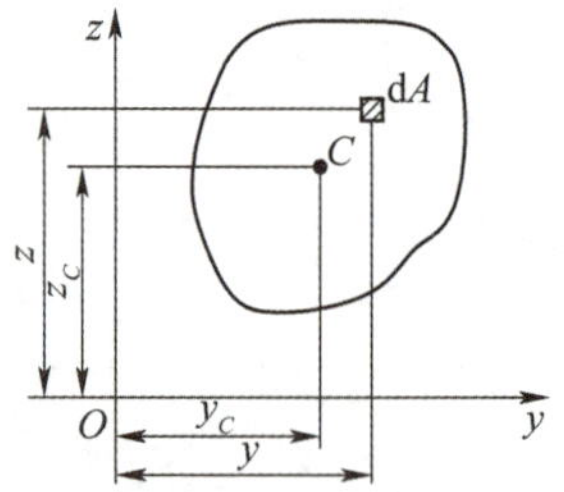

图 4.1　任意横截面图形及形心和静矩的定义

$$
\left.\begin{aligned}
y_C &= \frac{\int y\mathrm{d}W}{W} = \frac{\int y\mathrm{d}(Mg)}{Mg} = \frac{\int y\mathrm{d}M}{M} = \frac{\int y\mathrm{d}(A\rho)}{A\rho} = \frac{\int y\mathrm{d}A}{A} \\
z_C &= \frac{\int z\mathrm{d}W}{W} = \frac{\int z\mathrm{d}(Mg)}{Mg} = \frac{\int z\mathrm{d}M}{M} = \frac{\int z\mathrm{d}(A\rho)}{A\rho} = \frac{\int z\mathrm{d}A}{A}
\end{aligned}\right\} \Rightarrow \boxed{y_C = \frac{\int y\mathrm{d}A}{A}}\quad \boxed{z_C = \frac{\int z\mathrm{d}A}{A}} \tag{4.1}
$$

式（4.1）即为计算平面图形形心 C 的坐标公式。其中的两个积分项写为

$$S_y = \int_A z\mathrm{d}A$$
$$S_z = \int_A y\mathrm{d}A \tag{4.2}$$

式中：S_y、S_z 分别定义为平面图形对于 y 轴和 z 轴的**静矩（平面矩）**，也称为**一次矩**。

由式（4.1）和（4.2）可以得出静矩与形心的关系式

$$y_C = \frac{S_z}{A}, \quad z_C = \frac{S_y}{A} \tag{4.3a}$$

或

$$\boxed{S_z = Ay_C} \quad \boxed{S_y = Az_C} \tag{4.3b}$$

由式（4.1）~式（4.3）可以得出以下几点结论。

（1）截面的静矩是对某一坐标轴而言的，同一图形对不同坐标轴有不同的静矩，其值可正可负，也可为0。静矩的量纲为长度的三次方。

（2）若某一坐标轴通过平面图形的形心，则该轴称为平面图形的形心轴，平面图形对形心轴的静矩必等于0。反之，若平面图形对某轴的静矩等于0，则该轴必为此平面图形的形心轴。

（3）若平面图形有对称轴，则形心必在该对称轴上。因此，平面图形对其对称轴的静矩必为0。

【例4.1】试计算图4.2所示等腰三角形 ABD 对 y 轴和 z 轴的静矩，并确定其形心位置。

【解】由于 z 轴为等腰三角形 ABD 的对称轴，故有

图形对 z 轴的静矩 $S_z = 0$

形心 C 的水平坐标 $y_C = 0$

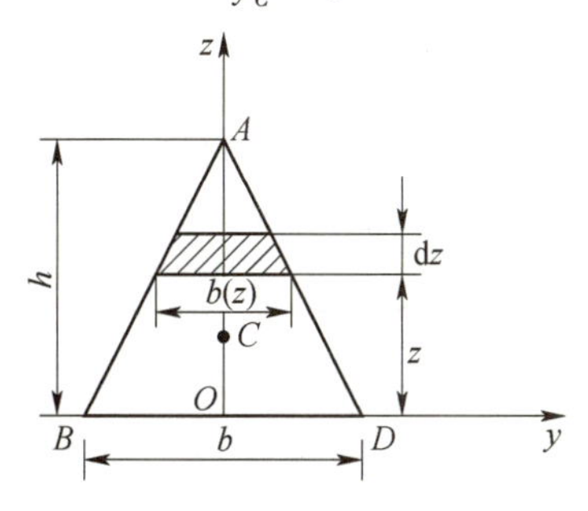

图4.2 例4.1图

根据静矩的定义，可将该三角形分割为若干个平行于 y 轴的微面积元，如图4.1中的阴影部分。由相似三角形的几何关系知

$$\frac{b(z)}{b} = \frac{h-z}{h}, \quad \mathrm{d}A = b(z)\mathrm{d}z = \frac{b}{h}(h-z)\mathrm{d}z$$

由式（4.2），有

$$S_y = \int z\mathrm{d}A = \int_0^h z \cdot \frac{b}{h}(h-z)\,\mathrm{d}z = \frac{bh^2}{6}$$

$$z_C = \frac{S_y}{A} = \frac{bh^2/6}{bh/2} = h/3$$

【例 4.2】已知半圆的半径为 R。求图 4.3 所示半圆截面的静矩 S_y、S_z 及形心 C 位置。

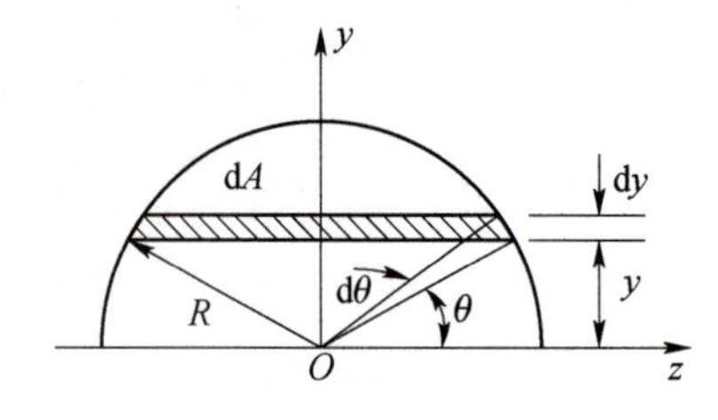

图 4.3　例 4.2 图

【解】（1）求静矩。由于 y 轴为对称轴，故有

$$S_y = 0$$

取平行于 z 轴的狭长条作为微面积 dA，则有

$$dA = 2R\cos\theta dy$$

而

$$dy = R\cos\theta d\theta,\ y = R\sin\theta$$

即

$$dA = 2R^2\cos^2\theta d\theta$$

将上式代入式（4.2），得半圆形截面对 z 轴的静矩为

$$S_z = \int_A y dA = \int_0^{\frac{\pi}{2}} R\sin\theta\, 2R^2\cos^2\theta d\theta = \frac{2}{3}R^3$$

（2）求形心坐标。由式（4.3a），得形心坐标为

$$y_C = \frac{S_z}{A} = \frac{\frac{2}{3}R^3}{\frac{1}{2}\pi R^2} = \frac{4R}{3\pi},\ z_C = 0$$

4.1.2　组合图形的形心和静矩

在工程实际中，许多杆件的截面图形是由若干个简单的基本几何图形（如矩形、圆形、三角形等）所组成，这种截面称为组合截面。由式（4.2）得到分块积分原理，即整个平面图形对某一轴的静矩应等于其所有基本几何图形对该轴静矩的代数和。因此，由式（4.3a）可得

$$y_C = \frac{S_z}{A} = \frac{\sum_{i=1}^{n} S_{zi}}{\sum_{i=1}^{n} A_i} \quad \text{或} \quad \boxed{y_C = \frac{\sum_{i=1}^{n} A_i y_{Ci}}{\sum_{i=1}^{n} A_i}}$$

$$z_C = \frac{S_y}{A} = \frac{\sum_{i=1}^{n} S_{yi}}{\sum_{i=1}^{n} A_i} \qquad\quad \boxed{z_C = \frac{\sum_{i=1}^{n} A_i z_{Ci}}{\sum_{i=1}^{n} A_i}} \tag{4.4}$$

式中：A_i 为第 i 个简单基本图形的面积；y_{Ci} 和 z_{Ci} 为第 i 个简单基本图形的形心坐标。

【例 4.3】试确定图 4.4 所示图形的形心位置。

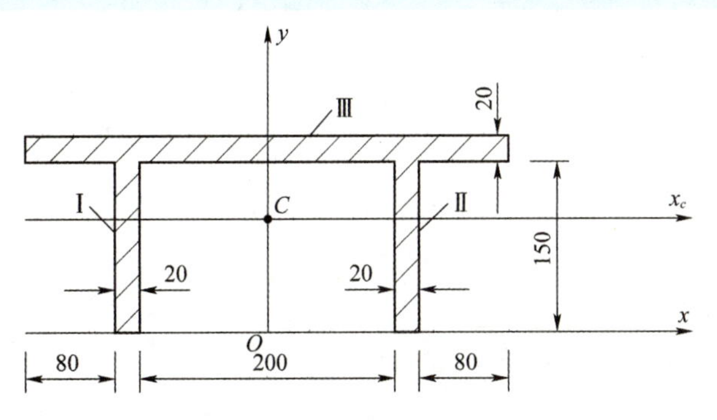

图 4.4　例 4.3 图（单位：mm）

【解】取参考坐标系 xOy，将截面分成 3 个小矩形（Ⅰ、Ⅱ、Ⅲ），如图 4.4 所示。因截面有一条对称轴 y，所以截面形心 C 的横坐标 x_C 为

$$x_C = 0$$

矩形Ⅰ、矩形Ⅱ：$A_1 = A_2 = 20 \times 150\ \text{mm}^2 = 3\ 000\ \text{mm}^2$，$y_{C1} = y_{C2} = 75\ \text{mm}$。

矩形Ⅲ：$A_3 = 20 \times 400\ \text{mm}^2 = 8\ 000\ \text{mm}^2$，$y_{C3} = 160\ \text{mm}$。

由式（4.4）可确定组合截面形心 C 的纵坐标 y_C 为

$$y_C = \frac{\sum_{i=1}^{3} A_i y_{Ci}}{\sum_{i=1}^{3} A_i} = \frac{A_1 y_{C1} + A_2 y_{C2} + A_3 y_{C3}}{A_1 + A_2 + A_3} = \frac{3\ 000 \times 75 + 3\ 000 \times 75 + 8\ 000 \times 160}{3\ 000 + 3\ 000 + 8\ 000}\ \text{mm} = 123.6\ \text{mm}$$

注意：确定截面形心坐标这类题目的解法关键在于选参考坐标时，尽量将截面放在第一象限，这样就可以避免正负号问题。对于截面上开有孔洞的部分，应按负面积处理。

4.2　截面图形・惯性矩和惯性积

4.2.1　极惯性矩

任意截面图形如图 4.5 所示，由第 3 章已知，图形对坐标原点 O 的极惯性矩定义式为

$$I_P = \int_A \rho^2 \mathrm{d}A \tag{4.5}$$

式中：ρ 表示微分面积 $\mathrm{d}A$ 到坐标原点 O 的距离。

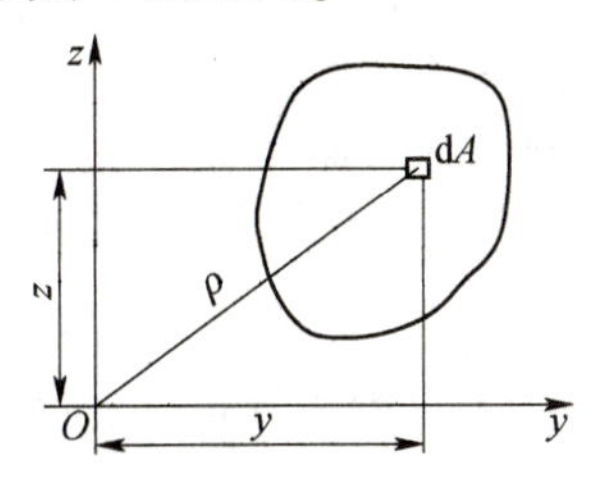

图 4.5　任意截面图形及极惯性矩的定义

4.2.2 惯性矩和惯性积

图4.5所示任意平面图形，其面积为A。在平面图形任意点（y，z）处取微面积dA，遍及整个图形面积A的积分为

$$
\begin{aligned}
I_y &= \int_A z^2 \mathrm{d}A \\
I_z &= \int_A y^2 \mathrm{d}A
\end{aligned}
\tag{4.6}
$$

式中：I_y、I_z分别定义为图形对y轴和z轴的惯性矩，也称为二次矩，其量纲为长度的4次方。

有时把惯性矩写成图形面积A与某一长度的平方的乘积，即

$$I_y = Ai_y^2,\ I_z = Ai_z^2 \tag{4.7a}$$

或

$$i_y = \sqrt{\frac{I_y}{A}},\ i_z = \sqrt{\frac{I_z}{A}} \tag{4.7b}$$

把i_y和i_z分别称为平面图形对y轴和z轴的惯性半径或回转半径，其量纲为长度的1次方。

在平面图形任意点（y，z）处取微面积dA，遍及整个图形面积A的积分为

$$I_{yz} = \int_A yz\mathrm{d}A \tag{4.8}$$

式中：I_{yz}定义为图形对相互正交的y轴和z轴的惯性积，也是二次矩，其量纲为长度的4次方。

由图4.5可见，$\rho^2 = y^2 + z^2$，可以得出惯性矩与极惯性矩之间的关系式

$$I_\mathrm{P} = \int_A \rho^2 \mathrm{d}A = \int_A (y^2 + z^2)\,\mathrm{d}A = \int_A y^2 \mathrm{d}A + \int_A z^2 \mathrm{d}A$$

即

$$I_\mathrm{P} = I_z + I_y \tag{4.9}$$

式（4.9）表明：截面对任意两个互相正交轴的惯性矩之和，等于它对该两轴交点的极惯性矩。

由式（4.5）～式（4.9）可得以下几点结论。

（1）同一图形对不同坐标轴的惯性矩（I_y、I_z）、惯性积I_{yz}和极惯性矩I_P是不同的，它们的量纲都是长度的4次方。惯性矩和极惯性矩的值恒为正；惯性积的值可正可负，也可为0。

（2）惯性积I_{yz}为0的任一对正交轴（y轴、z轴）称为主惯性轴，简称主轴。

（3）若平面图形具有对称轴，且此对称轴又为正交坐标系中的一个坐标轴，则该平面图形对这一坐标系的惯性积必为0，下面举例说明。

图4.6为一关于z轴对称的平面图形。图中处于第一象限内的局部图形dA，其y和z坐标均为正值，则它对这一对正交坐标轴的惯性积也必为正值；而图中处于第二象限内的局部图形dA，其z坐标为正、y坐标为负，则它对这一对正交坐标轴的惯性积必为负值。由于二者的惯性积数值相等而符号相反，在积分中相互抵消，因此整个图形对这一对正交坐标轴的惯性积必为0，即$I_{yz} = \int_A yz\mathrm{d}A = \int_A (yz\mathrm{d}A - yz\mathrm{d}A) = 0$。

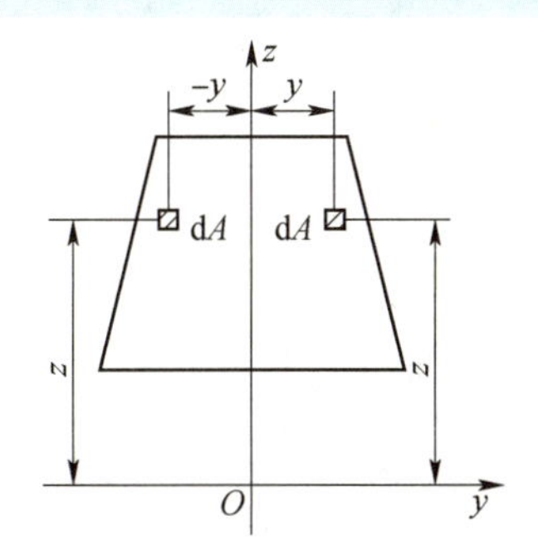

图 4.6　对称平面图形与惯性积

【例 4.4】图 4.7 所示矩形的高为 h、宽为 b，试求矩形对其对称轴 y 和 z 的惯性矩。

【解】先求对 y 轴的惯性矩 I_y。取如图所示的微面积 $\mathrm{d}A = b\mathrm{d}z$，由惯性矩的定义可得

$$I_y = \int_A z^2 \mathrm{d}A = \int_{-h/2}^{h/2} z^2 b\mathrm{d}z = \frac{bh^3}{12} \tag{4.10}$$

同理，求对 z 轴的惯性矩 I_z。取如图所示的微面积 $\mathrm{d}A = h\mathrm{d}y$，由惯性矩的定义可得

$$I_z = \int_A y^2 \mathrm{d}A = \int_{-b/2}^{b/2} y^2 h\mathrm{d}y = \frac{hb^3}{12} \tag{4.11}$$

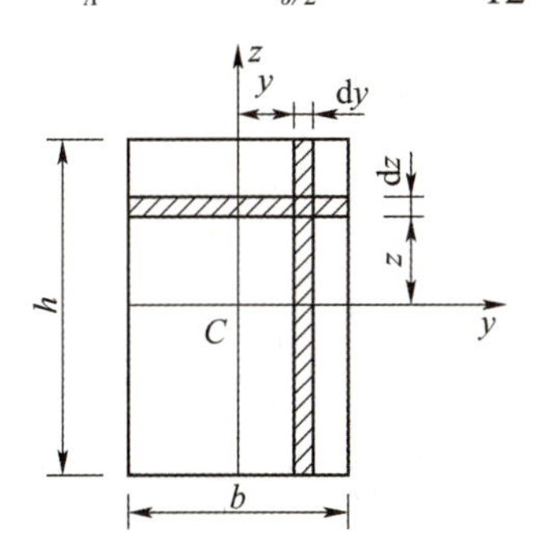

图 4.7　例 4.4 图

【例 4.5】计算图 4.8 所示图形对其形心轴的惯性矩。

【解】以圆心为原点，取坐标轴如图 4.8 所示。

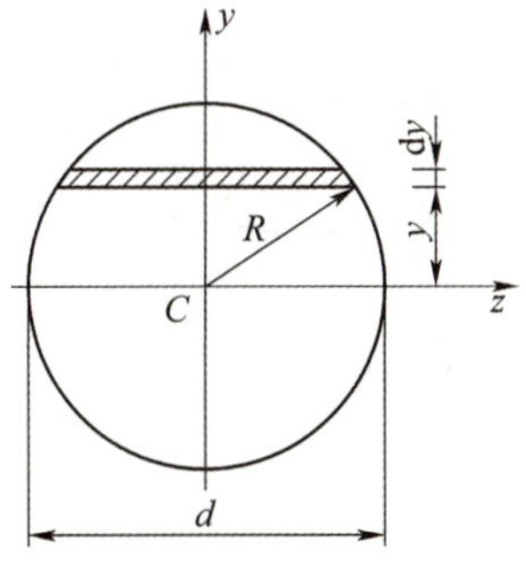

图 4.8　例 4.5 图

由第 3 章相关知识，圆截面对圆心的极惯性矩为 $I_{\mathrm{P}} = \frac{\pi d^4}{32}$。

由式（4.9）及对称性可知，圆截面对任一形心轴的惯性矩相等，则有

$$I_y = I_z = \frac{1}{2}I_P = \frac{\pi d^4}{64} \tag{4.12}$$

本题也可以从惯性积的定义式 $I_z = \int_A y^2 \mathrm{d}A$ 直接积分求得，读者可自行练习。

由式（4.5）、式（4.6）、式（4.8）可知：若一个平面图形由若干个简单基本图形组合而成，则在计算该组合图形对坐标轴的惯性矩和惯性积时，可以分别计算其中每一个简单基本图形对同一对坐标轴的惯性矩和惯性积，然后求其代数和，即

$$I_y = \sum_{i=1}^{n} I_{yi},\ I_z = \sum_{i=1}^{n} I_{zi},\ I_{yz} = \sum_{i=1}^{n} I_{yzi} \tag{4.13}$$

类似地，组合图形的极惯性矩计算式为

$$I_P = \sum_{i=1}^{n} I_{Pi} \tag{4.14}$$

【例4.6】求图4.9所示上下、左右均对称的工字形截面对其对称轴 z 的轴惯性矩。

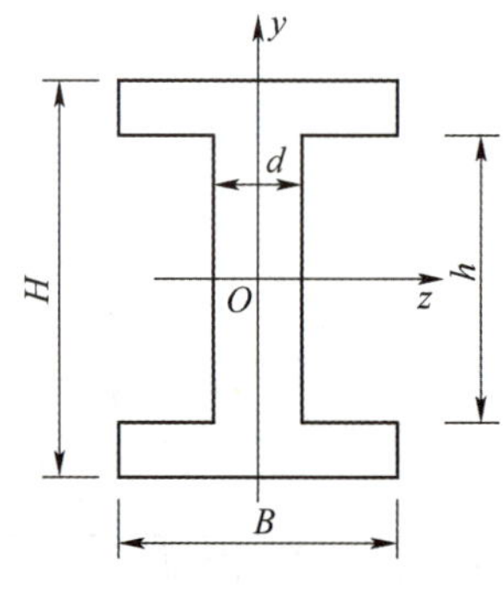

图4.9　例4.6图

【解】该工字形可以视为3个矩形的组合图形，即由面积为 BH 的大矩形减去两个面积为 $\frac{1}{2}(B-d)h$ 的小矩形。

由式（4.11）和式（4.13）可得

$$I_z = \sum_{i=1}^{3} I_{zi} = I_{z1} - (I_{z2} + I_{z3}) = \frac{BH^3}{12} - 2 \times \left\{\frac{[(B-d)/2]h^3}{12}\right\} = \frac{1}{12}[BH^3 - (B-d)h^3]\ 。$$

【例4.7】试计算图4.10中矩形和圆形对形心 y 轴、z 轴的惯性半径。

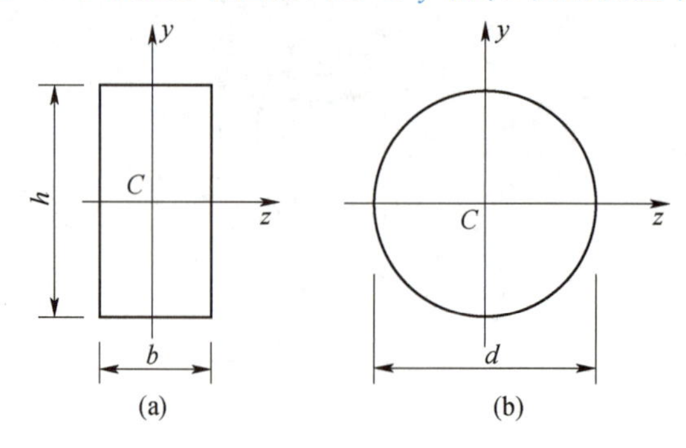

图4.10　例4.7图

【解】图4.10（a）矩形：由【例4.4】的结果，可知

$$I_z = \frac{bh^3}{12},\ I_y = \frac{hb^3}{12}$$

由式（4.7b）得，矩形对形心 y 轴、z 轴的惯性半径为

$$\begin{cases} i_z = \sqrt{\dfrac{I_z}{A}} = \sqrt{\dfrac{bh^3/12}{bh}} = \dfrac{h}{2\sqrt{3}} \\ i_y = \sqrt{\dfrac{I_y}{A}} = \sqrt{\dfrac{hb^3/12}{bh}} = \dfrac{b}{2\sqrt{3}} \end{cases}$$

图4.10（b）圆形：已知圆形过形心的任一轴惯性矩为

$$I_z = I_y = \frac{\pi d^4}{64}$$

于是，圆形对形心 y 轴、z 轴的惯性半径为

$$i_z = i_y = \sqrt{\frac{I_z}{A}} = \sqrt{\frac{\pi d^4/64}{\pi d^2/4}} = \frac{d}{4}$$

4.3 惯性矩和惯性积·平行移轴公式

4.3.1 平行移轴公式

二维码

利用惯性矩、惯性积的定义，容易求出简单形状截面对其形心轴的惯性矩和惯性积。但工程实际中的截面形式多样，有时需要计算截面对非形心轴的惯性矩和惯性积。同一平面图形对互相平行的两根轴的惯性矩并不相同，但它们之间存在一定的关系。本节讨论同一平面图形对两根互相平行的轴的惯性矩之间的关系以及惯性积之间的关系。

当两根互相平行的轴其中之一通过图形的形心时，它们之间存在比较简单的关系。如 y 轴与 y_C 轴平行，y_C 轴通过形心；z 轴与 z_C 轴平行，z_C 轴通过形心，如图4.11所示。

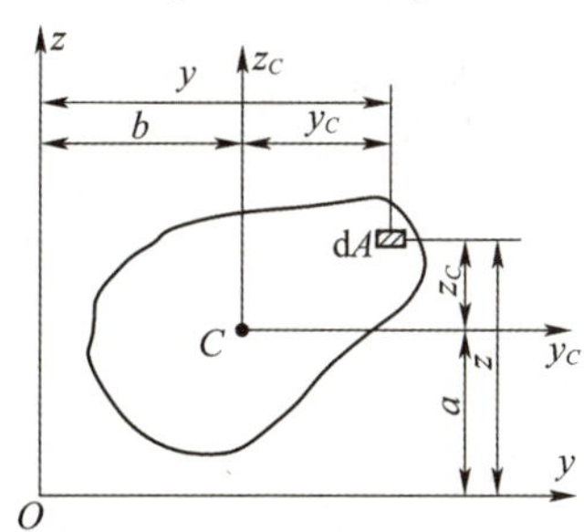

图4.11 惯性矩和惯性积的平行移轴公式

先将图形对 y_C 和 z_C 轴的惯性矩和惯性积记为

$$I_{y_C} = \int_A {z_C}^2 \mathrm{d}A,\ I_{z_C} = \int_A {y_C}^2 \mathrm{d}A,\ I_{y_C z_C} = \int_A y_C z_C \mathrm{d}A \tag{4.15}$$

图形对 y 轴和 z 轴的惯性矩和惯性积分别为

$$I_y = \int_A z^2 \mathrm{d}A,\ I_z = \int_A y^2 \mathrm{d}A,\ I_{yz} = \int_A yz \mathrm{d}A \tag{4.16}$$

设 y 轴与 y_C 轴的平行间距为 a，z 轴与 z_C 轴的平行间距为 b，则由图 4.11 可得

$$y = y_C + b,\ z = z_C + a \tag{4.17}$$

将式（4.17）代入式（4.16）展开后得

$$\begin{aligned} I_y &= \int_A z^2 \mathrm{d}A = \int_A (z_C + a)^2 \mathrm{d}A = \int_A z_C^2 \mathrm{d}A + 2a\int_A z_C \mathrm{d}A + a^2\int_A \mathrm{d}A \\ I_z &= \int_A y^2 \mathrm{d}A = \int_A (y_C + b)^2 \mathrm{d}A = \int_A y_C^2 \mathrm{d}A + 2b\int_A y_C \mathrm{d}A + b^2\int_A \mathrm{d}A \\ I_{yz} &= \int_A yz \mathrm{d}A = \int_A (z_C + a)(y_C + b) \mathrm{d}A = \int_A z_C y_C \mathrm{d}A + a\int_A y_C \mathrm{d}A + b\int_A z_C \mathrm{d}A + ab\int_A \mathrm{d}A \end{aligned} \tag{4.18}$$

由定义可知

$$\int_A y_C^2 \mathrm{d}A = I_{z_C},\quad \int_A z_C^2 \mathrm{d}A = I_{y_C},\quad \int_A y_C z_C \mathrm{d}A = I_{y_C z_C}$$

$$\int_A y_C \mathrm{d}A = S_{z_C},\quad \int_A z_C \mathrm{d}A = S_{y_C},\quad \int_A \mathrm{d}A = A$$

由于 y_C 轴、z_C 轴是形心轴，因此静矩 $S_{y_C} = 0$、$S_{z_C} = 0$，于是式（4.18）简化为

$$\boxed{\begin{aligned} I_y &= I_{y_C} + a^2 A \\ I_z &= I_{z_C} + b^2 A \\ I_{yz} &= I_{y_C z_C} + abA \end{aligned}} \tag{4.19}$$

式（4.19）称为惯性矩和惯性积的**平行移轴公式**。应用平行移轴公式即可根据截面图形对其形心轴的惯性矩或惯性积，计算截面图形对于与形心轴平行的坐标轴的惯性矩或惯性积，或进行相反的推算。应用式（4.19）时的注意事项如下。

（1）两平行轴中应有一轴是过形心的，否则平行移轴公式不成立。因 a^2A 和 b^2A 恒大于 0，所以平面图形对一系列平行轴的惯性矩中，以对形心轴的惯性矩最小。

（2）两个坐标轴必须平行，如果两轴之间有夹角，则要利用下一节中的转轴公式先转换，再使用平行移轴公式。

（3）在计算惯性积 I_{yz} 时应特别注意：$I_{yz} = I_{y_C z_C} + abA$，式中的 a 和 b 是平面图形形心 C 在 yOz 坐标系中的坐标值，因此 a，b 值是有正负的。

【例 4.8】 图 4.12 所示三角形中，若已知 $I_z = \frac{1}{12}bh^3$，z_1 轴过顶点与底边平行，试求该图形对 z_1 轴的惯性矩 I_{z1}。

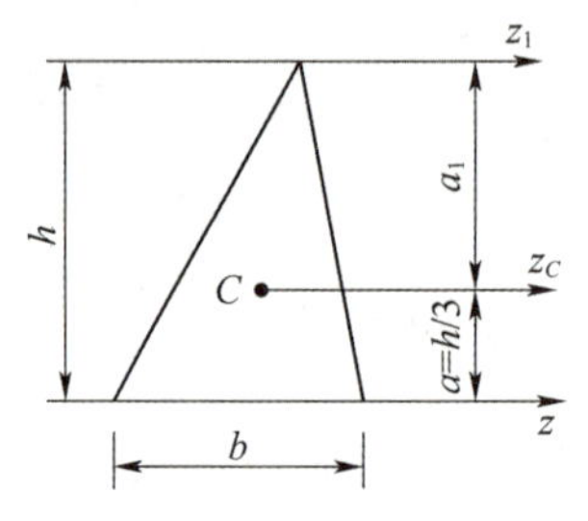

图 4.12　例 4.8 图

【解】因平行移轴公式中的两轴之一必过形心，所以需过形心 C 作与 z 轴平行的 z_C 轴。

由式（4.19）得

$$I_z = I_{z_C} + a^2A = I_{z_C} + (h/3)^2A \tag{4.20}$$

$$I_{z1} = I_{z_C} + a_1^2A = I_{z_C} + (2h/3)^2A \tag{4.21}$$

式（4.20）与式（4.21）相减得

$$I_{z1} - I_z = (2h/3)^2A - (h/3)^2A = \frac{h^2}{3} \times \frac{bh}{2} = \frac{bh^3}{6}$$

于是

$$I_{z1} = I_z + \frac{bh^3}{6} = \frac{bh^3}{12} + \frac{bh^3}{6} = \frac{bh^3}{4}$$

本题也可以先由式（4.20）求出 I_{z_C}，再由式（4.21）计算 I_{z1}。

【例 4.9】求图 4.13 所示半径为 r 的半圆对平行于直径边的形心轴 z_C 的惯性矩。

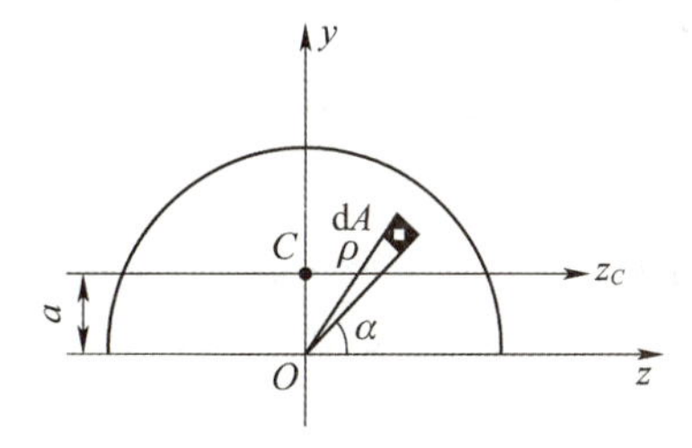

图 4.13　例 4.9 图

【解】由【例 4.2】可知该半圆形形心位置 $y_C = a = \dfrac{4r}{3\pi}$。

由式（4.19）可知

$$I_{z_C} = I_z - a^2A$$

由于对称性，半圆对 z 轴的惯性矩为整个圆对 z 轴惯性矩的一半，即

$$I_z = \frac{1}{2} \times \frac{\pi d^4}{64} = \frac{\pi r^4}{8}$$

于是

$$I_{z_C} = I_z - a^2A = \frac{\pi r^4}{8} - \left(\frac{4r}{3\pi}\right)^2 \times \frac{\pi r^2}{2} = \left(\frac{\pi}{8} - \frac{8}{9\pi}\right) r^4 \approx 0.11r^4$$

4.3.2　组合截面图形的惯性矩

若一个平面图形由若干个简单基本图形组合而成，则求该组合图形对坐标轴的惯性矩和惯性积时，可以分别计算其中每一个图形对同一对坐标轴的惯性矩和惯性积，然后求其代数和，即由式（4.13）计算。同样，对于截面上开有孔洞的部分，应按负面积处理。

【例 4.10】试求图 4.14 所示图形对形心轴 x_C 的惯性矩。（图中单位为 mm）

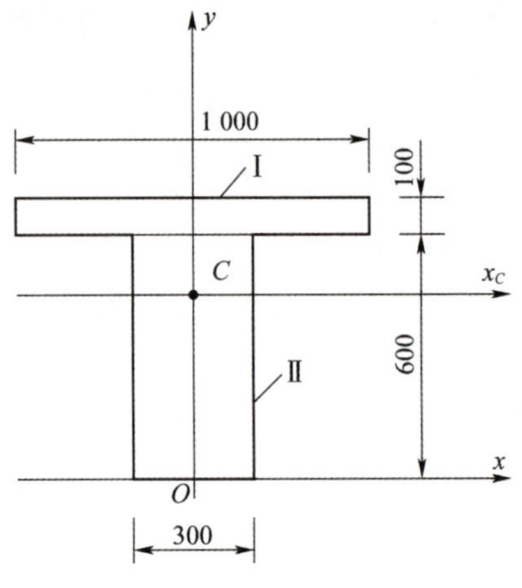

图 4.14 例 4.10 图

【解】（1）确定整个图形的形心 C 位置（x_C，y_C）。

将此图形视为Ⅰ、Ⅱ两部分组合，建立如图参考坐标系 xOy，y 轴为铅垂对称轴。由式（4.4）有

$$y_C = \frac{A_1 y_{C1} + A_2 y_{C2}}{A_1 + A_2} = \frac{100 \times 1\,000 \times 650 + 300 \times 600 \times 300}{100 \times 1\,000 + 300 \times 600} \text{ mm} = 425 \text{ mm}$$

由对称性有

$$x_C = 0$$

（2）计算组合截面对形心轴 x_C 的惯性矩 I_{xC}。

$$\begin{aligned} I_{xC} &= \sum_{i=1}^{2} I_{xCi} = I_{xC1} + I_{xC2} = I_{xC}^{(\mathrm{I})} + I_{xC}^{(\mathrm{II})} \\ &= \left[\frac{1}{12} \times 1\,000 \times 100^3 + 1\,000 \times 100 \times (650 - 425)^2 + \right. \\ &\quad \left. \frac{1}{12} \times 300 \times 600^3 + 300 \times 600 \times (425 - 300)^2 \right] \text{ mm}^4 \\ &= 1.336 \times 10^{10} \text{ mm}^4 \end{aligned}$$

*4.4 惯性矩和惯性积·转轴公式

4.4.1 转轴公式

二维码

下面讨论平面图形对绕原点转动的坐标轴的惯性矩和惯性积及其变化规律。

设任一平面图形如图 4.15 所示，其中 y、z 轴是过原点 O 的任一对正交

坐标轴，该图形对它们的轴惯性矩和惯性积分别记为I_y、I_z和I_{yz}。又设y_α、z_α轴为通过同一原点O的另一对正交轴，y_α轴与y轴、z_α轴与z轴的夹角均为α。α符号规定：从y轴逆时针方向转到y_α轴为正，反之为负。该图形对y_α、z_α轴的惯性矩和惯性积分别记为I_{y_α}、I_{z_α}和$I_{y_\alpha z_\alpha}$。

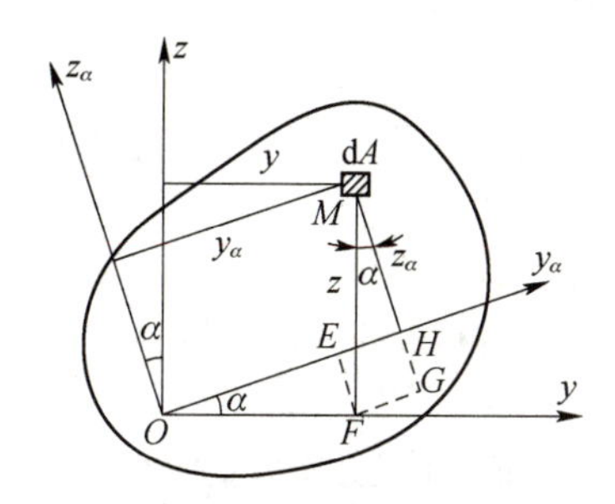

图 4.15　惯性矩和惯性积的转轴公式

图形中任一点在旋转轴之间的坐标转换关系为

$$\begin{cases} y_\alpha = OH = OE + EH = y\cos\alpha + z\sin\alpha \\ z_\alpha = MH = MG - HG = z\cos\alpha - y\sin\alpha \end{cases}$$

由式（4.6）和式（4.7）可知，该图形对z_α轴的惯性矩I_{z_α}为

$$I_{z_\alpha} = \int_A {y_\alpha}^2 \mathrm{d}A = \int_A (y\cos\alpha + z\sin\alpha)^2 \mathrm{d}A = \cos^2\alpha\int_A y^2 \mathrm{d}A + 2\sin\alpha\cos\alpha\int_A zy\mathrm{d}A + \sin^2\alpha\int_A z^2 \mathrm{d}A$$

式中：$\int_A y^2 \mathrm{d}A = I_z$，$\int_A z^2 \mathrm{d}A = I_y$，$\int_A zy\mathrm{d}A = I_{zy}$，且$\cos^2\alpha = \dfrac{1+\cos 2\alpha}{2}$，$\sin^2\alpha = \dfrac{1-\cos 2\alpha}{2}$，$2\sin\alpha\cos\alpha = \sin 2\alpha$。

整理即可得I_{z_α}，同时

$$I_{y_\alpha} = \int_A {z_\alpha}^2 \mathrm{d}A,\quad I_{y_\alpha z_\alpha} = \int_A y_\alpha z_\alpha \mathrm{d}A$$

因此，该图形对y_α、z_α轴的惯性矩和惯性积分别为

$$\begin{cases} I_{y_\alpha} = \dfrac{I_y + I_z}{2} + \dfrac{I_y - I_z}{2}\cos 2\alpha - I_{yz}\sin 2\alpha \\ I_{z_\alpha} = \dfrac{I_y + I_z}{2} - \dfrac{I_y - I_z}{2}\cos 2\alpha + I_{yz}\sin 2\alpha \\ I_{y_\alpha z_\alpha} = \dfrac{I_y - I_z}{2}\sin 2\alpha + I_{yz}\cos 2\alpha \end{cases} \tag{4.22}$$

式（4.22）称为惯性矩和惯性积的转轴公式。

将式（4.22）前两式的左右两边分别相加，可得

$$I_{z_\alpha} + I_{y_\alpha} = I_z + I_y = I_\mathrm{p} \tag{4.23}$$

上式表明，平面图形对过同一点的任意一对正交轴的惯性矩之和为一常数，其值等于该图形对于该点的极惯性矩。

4.4.2　主惯性轴与主惯性矩

由式（4.22）中的第三式可知，当一对正交坐标轴绕原点 O 转动时，其惯性积将随着 α 的改变而变化，其值可正、可负，也可为0。但总可以找到一特定角度 α_0 以及相应的 y_0、z_0 轴，使图形对这一对坐标轴的惯性积为0。令

$$I_{y_0z_0}=\frac{I_z-I_y}{2}\sin 2\alpha_0+I_{zy}\cos 2\alpha_0=0$$

解得

$$\tan 2\alpha_0=-\frac{2I_{zy}}{I_z-I_y} \tag{4.24}$$

前面已经提到，使惯性积为0的一对正交轴称为绕原点 O 的一对惯性主轴，简称主轴。对主轴的惯性矩称为主惯性矩。若将式（4.22）的前两式分别对 α 求导并令其为0，即 $\frac{\mathrm{d}I_{z_\alpha}}{\mathrm{d}\alpha}=0$ 和 $\frac{\mathrm{d}I_{y_\alpha}}{\mathrm{d}\alpha}=0$，同样可以得出式（4.24）。这表明，当 α 变化时，I_{z_α} 和 I_{y_α} 也随之变化，而当 $\alpha=\alpha_0$ 时，它们分别取极值（其中一个为极大值，另一个为极小值）。换句话说，主惯性矩具有极大值或极小值。

由式（4.24）求出 α_0，将其代入式（4.22）的前两式就得到主惯性矩的值，即

$$\begin{aligned}I_{\max}&=\frac{I_z+I_y}{2}+\sqrt{\left(\frac{I_z-I_y}{2}\right)^2+I_{zy}^2}\\I_{\min}&=\frac{I_z+I_y}{2}-\sqrt{\left(\frac{I_z-I_y}{2}\right)^2+I_{zy}^2}\end{aligned} \tag{4.25}$$

另外，过形心的主轴称为形心主惯性轴，简称形心主轴，平面图形对于形心主轴的惯性矩称为形心主惯性矩。在工程实际中，形心主轴与形心主惯性矩更有工程意义。

对于形心主轴，可以归纳出以下几点结论。

（1）如果平面图形有一个对称轴，则该轴必是一个形心主轴，另一个形心主轴通过图形的形心且与该轴垂直，如图4.16（a）所示。

（2）如果平面图形有两个对称轴，则该两轴就是形心主轴，如图4.16（b）、（c）所示。

（3）如果平面图形有两个以上对称轴，则任一对称轴都是形心主轴，且截面对任一形心主轴的惯性矩都相等，如图4.16（d）、（e）、（f）所示。可推知，正多边形的任一形心轴皆为形心主轴，且图形对所有形心轴的惯性矩都相等。

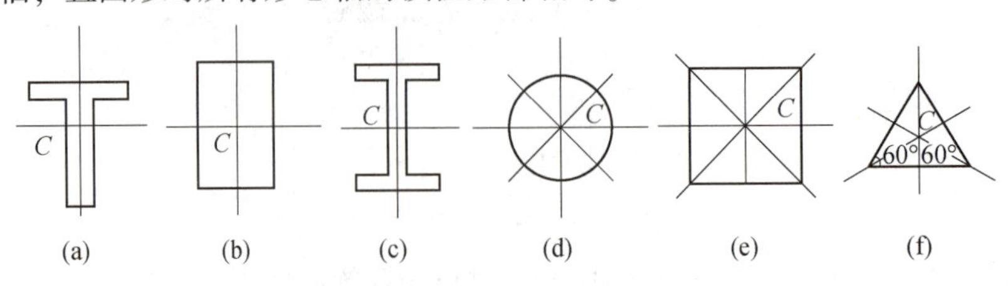

图4.16　形心主轴与形心主惯性矩

如果图形没有对称轴，这时如何求得形心主轴及主惯性矩呢？下面通过例题说明。

【例 4.11】 试确定图 4.17 所示截面的形心主轴位置，并求形心主惯性矩。

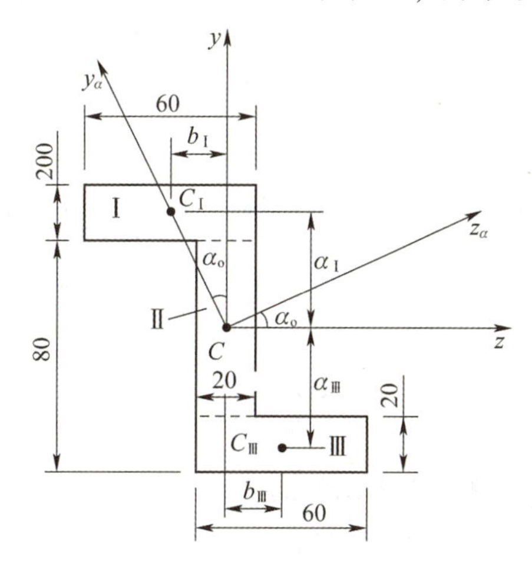

图 4.17　例 4.11 图

【解】（1）确定形心位置。

图示截面可视为由Ⅰ、Ⅱ、Ⅲ 3 个矩形所组成。由于截面形状为极对称，因此该截面的形心 C 与矩形 Ⅱ的形心相重合。

（2）计算截面对 y、z 轴的惯性矩和惯性积。

先选取建立参考轴系 yCz，如图 4.17 所示。矩形Ⅰ、Ⅲ的形心在所选参考坐标系中的坐标为

$$
\begin{cases} a_{\mathrm{I}} = 40\ \mathrm{mm} \\ b_{\mathrm{I}} = -20\ \mathrm{mm} \end{cases}
\qquad
\begin{cases} a_{\mathrm{III}} = -40\ \mathrm{mm} \\ b_{\mathrm{III}} = 20\ \mathrm{mm} \end{cases}
$$

利用组合截面计算公式和平行移轴公式（式（4.19））可得整个截面对 z、y 轴的惯性矩和惯性积分别为

$$
I_z = I_{z,\mathrm{I}} + I_{z,\mathrm{II}} + I_{z,\mathrm{III}} = \left[2 \times \left(\frac{600 \times 20^3}{12} + 60 \times 20 \times 40^2\right) + \frac{20 \times 60^3}{12}\right]\ \mathrm{mm}^4 = 428 \times 10^4\ \mathrm{mm}^4
$$

$$
I_y = I_{y,\mathrm{I}} + I_{y,\mathrm{II}} + I_{y,\mathrm{III}} = \left[2 \times \left(\frac{20 \times 600^3}{12} + 60 \times 20 \times 20^2\right) + \frac{60 \times 20^3}{12}\right]\ \mathrm{mm}^4 = 172 \times 10^4\ \mathrm{mm}^4
$$

$$
I_{yz} = I_{yz,\mathrm{I}} + I_{yz,\mathrm{II}} + I_{yz,\mathrm{III}} = [40 \times (-20) \times 60 \times 20) + (-40) \times 20 \times 60 \times 20]\ \mathrm{mm}^4 = -192 \times 10^4\ \mathrm{mm}^4
$$

（3）确定形心主轴的位置。

将上述结果代入式（4.24），得

$$
\tan 2\alpha_0 = -\frac{2I_{zy}}{I_z - I_y} = -\frac{2 \times (-192 \times 10^4)}{428 \times 10^4 - 172 \times 10^4} = 1.5
$$

故

$$\alpha_0 = \frac{1}{2}\arctan\left(-\frac{2I_{zy}}{I_z - I_y}\right) = \frac{1}{2}\arctan 1.5 = 28.15°$$

即表明将 z 轴、y 轴分别逆时针转 $\alpha_0 = 28.15°$，便分别得到形心主轴 $z_{\alpha 0}$ 和 $y_{\alpha 0}$。

（4）计算形心主惯性矩。

将 I_z，I_y 和 I_{zy} 的值代入式（4.25），便得形心主惯性矩 I_{max} 和 I_{min}。

$$I_{max} = \frac{I_z + I_y}{2} + \sqrt{\left(\frac{I_z - I_y}{2}\right)^2 + I_{zy}^2} = \cdots = 531 \times 10^4\ \text{mm}^4$$

$$I_{min} = \frac{I_z + I_y}{2} - \sqrt{\left(\frac{I_z - I_y}{2}\right)^2 + I_{zy}^2} = \cdots = 69 \times 10^4\ \text{mm}^4$$

表 4.1 中给出了几种简单基本平面图形的常用几何性质。

表 4.1　几种简单基本平面图形的常用几何性质

序号	平面图形形状及形心轴位置	面积 A	惯性矩		惯性半径	
			I_y	I_z	i_y	i_z
1		bh	$\frac{bh^3}{12}$	$\frac{hb^3}{12}$	$\frac{h}{2\sqrt{3}}$	$\frac{b}{3\sqrt{2}}$
2		$\frac{1}{2}bh$	$\frac{bh^3}{36}$		$\frac{h}{3\sqrt{2}}$	
3		$\frac{\pi d^2}{4}$	$\frac{\pi d^4}{64}$	$\frac{\pi d^4}{64}$	$\frac{d}{4}$	$\frac{d}{4}$
4	$\alpha = d/D$	$\frac{\pi D^2}{4}(1-\alpha^2)$	$\frac{\pi D^4}{64}(1-\alpha^4)$	$\frac{\pi D^4}{64}(1-\alpha^4)$	$\frac{D}{4}\sqrt{1+\alpha^2}$	$\frac{D}{4}\sqrt{1+\alpha^2}$
5		$\frac{\pi r^2}{2}$	$\left(\frac{1}{8} - \frac{8}{9\pi^2}\right)\pi r^4 \approx 0.11r^4$		$0.264r$	

4.5 本章知识小结・框图

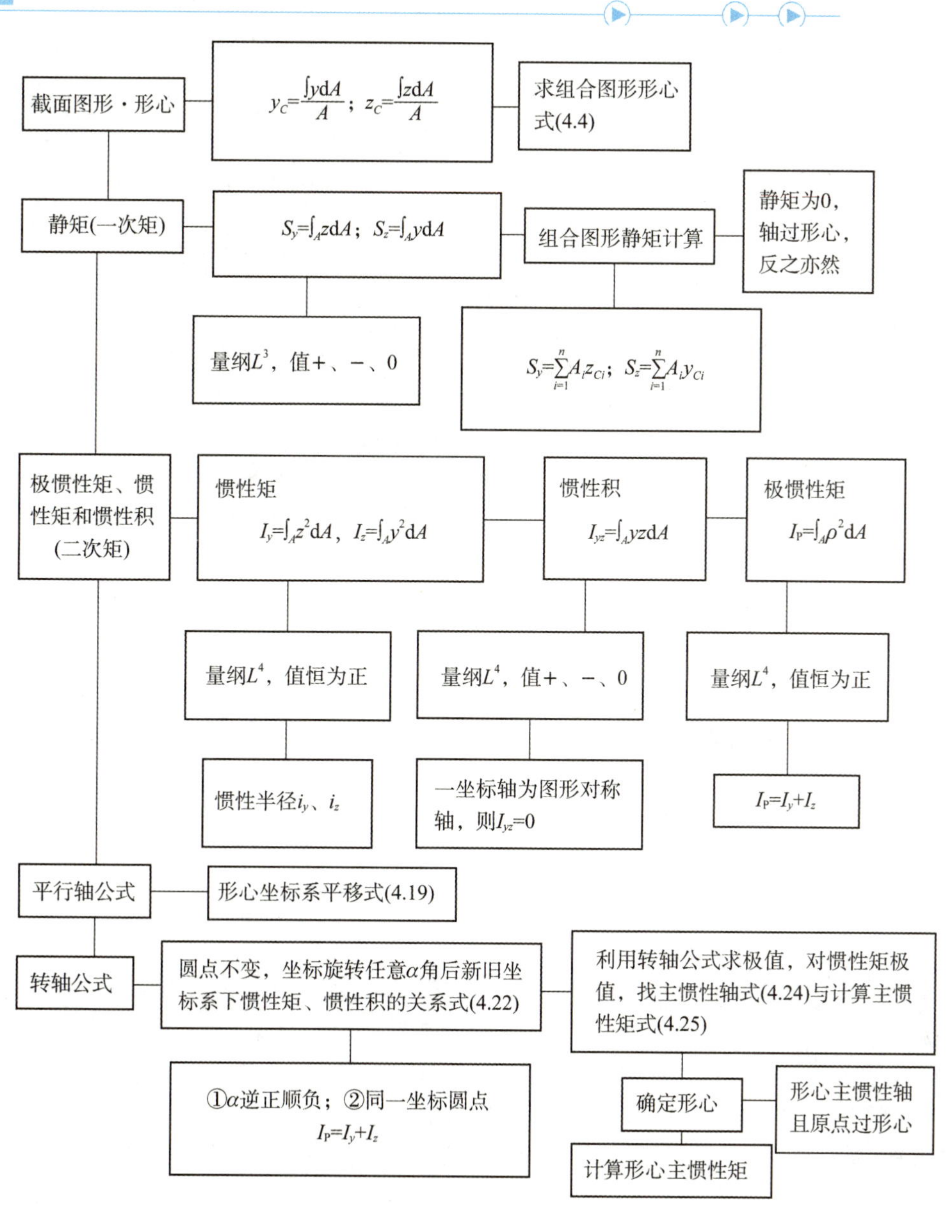

思考题

思4.1　如何计算图形的形心？静矩、惯性矩、极惯性矩的定义是什么？如何计算？

思4.2　如何利用积分法、负面积法、平行移轴公式计算截面的惯性矩？

思4.3　如图所示，两个面积相等的正方形截面对 z 轴的 I_z 和 W_z 是否彼此相等？

思4.4　图示矩形截面中，已知 I_{y1} 及 b，h，要求 I_{y2}。试判断下列答案中哪一个是正确的。

(A) $I_{y2}=I_{y1}+\dfrac{9bh^3}{16}$　　(B) $I_{y2}=I_{y1}-\dfrac{9bh^3}{16}$

(C) $I_{y2}=I_{y1}+\dfrac{3bh^3}{16}$　　(D) $I_{y2}=I_{y1}-\dfrac{3bh^3}{16}$

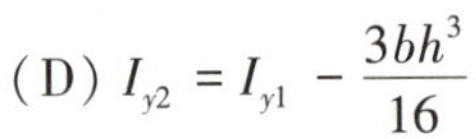

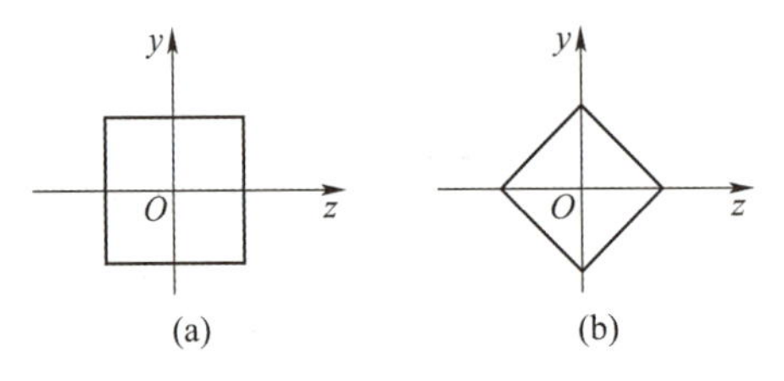

思 4.3 图

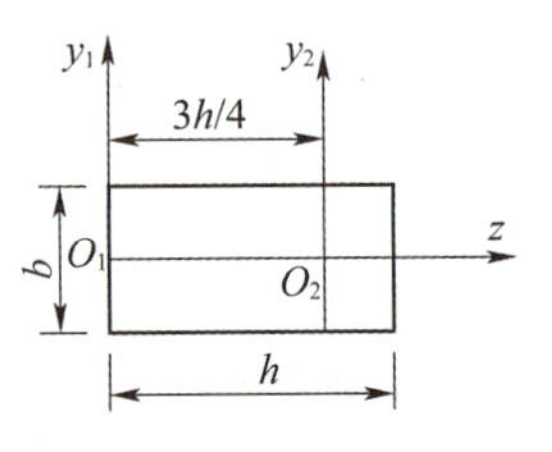

思 4.4 图

思 4.5　图示 T 形截面中，z 轴通过截面形心并将截面分成两部分，分别用 Ⅰ 和 Ⅱ 表示。试判断下列关系中哪一个是正确的。

(A) $S_z(\mathrm{I})>S_z(\mathrm{II})$　　(B) $S_z(\mathrm{I})<S_z(\mathrm{II})$

(C) $S_z(\mathrm{I})=-S_z(\mathrm{II})$　　(D) $S_z(\mathrm{I})=S_z(\mathrm{II})$

思 4.6　图示 T 形截面中，C 为形心，z 轴将截面分成两部分，分别用 Ⅰ 和 Ⅱ 表示。试判断下列关系中哪一个是正确的。

(A) $|S_z(\mathrm{I})|>|S_z(\mathrm{II})|$　　(B) $|S_z(\mathrm{I})|<|S_z(\mathrm{II})|$

(C) $S_z(\mathrm{I})=-S_z(\mathrm{II})$　　(D) $S_z(\mathrm{I})=S_z(\mathrm{II})$

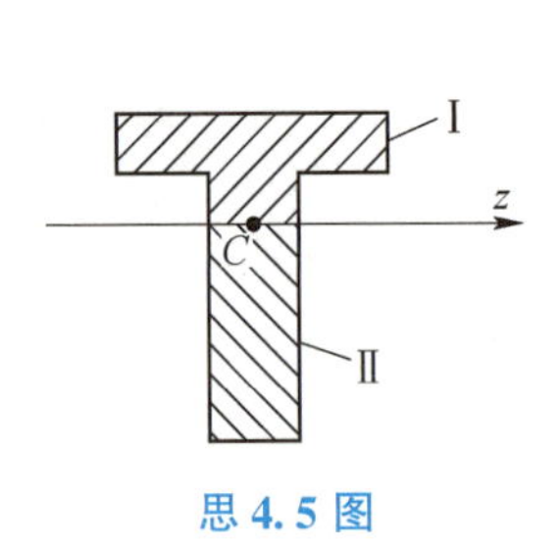

思 4.5 图

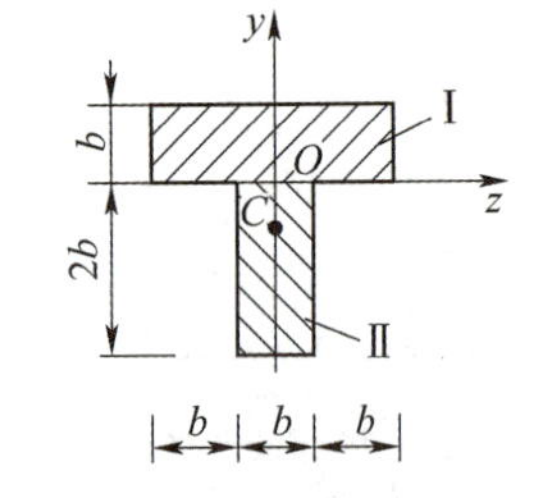

思 4.6 图

思 4.7　图示矩形中 z_1，y_1 与 z_2，y_2 为两对互相平行的坐标轴。试判断下列关系中哪一个是正确的。

(A) $S_{z1}=S_{z2}$，$S_{y1}=S_{y2}$，$I_{z1y1}=I_{z2y2}$　　(B) $S_{z1}=-S_{z2}$，$S_{y1}=-S_{y2}$，$I_{z1y1}=I_{z2y2}$

(C) $S_{z1}=-S_{z2}$，$S_{y1}=-S_{y2}$，$I_{z1y1}=-I_{z2y2}$　　(D) $S_{z1}=S_{z2}$，$S_{y1}=S_{y2}$，$I_{z1y1}=-I_{z2y2}$

思 4.8　如图所示，各圆半径相等，试判断各图中 S_x、S_y 的正负号。

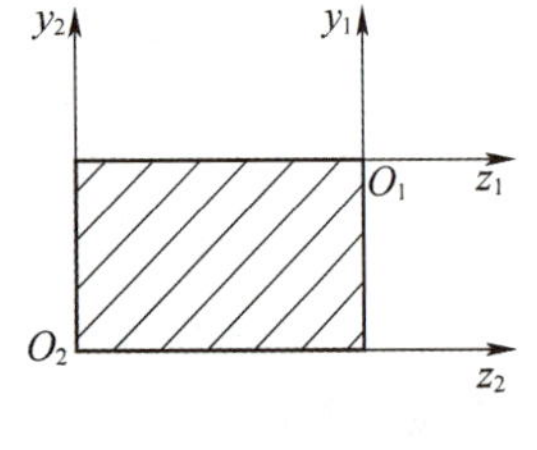

思 4.7 图

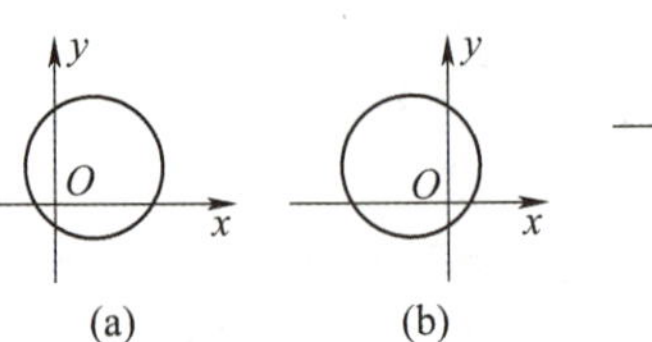

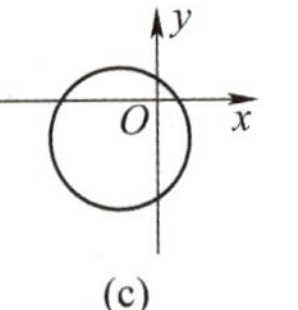

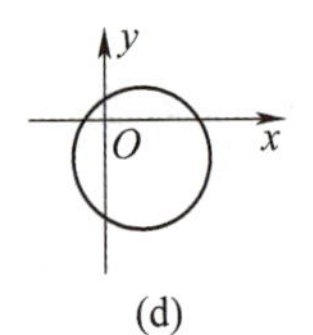

思 4.8 图

思 4.9　矩形图形如图所示，试判断各图中 I_{yz} 的正负号。

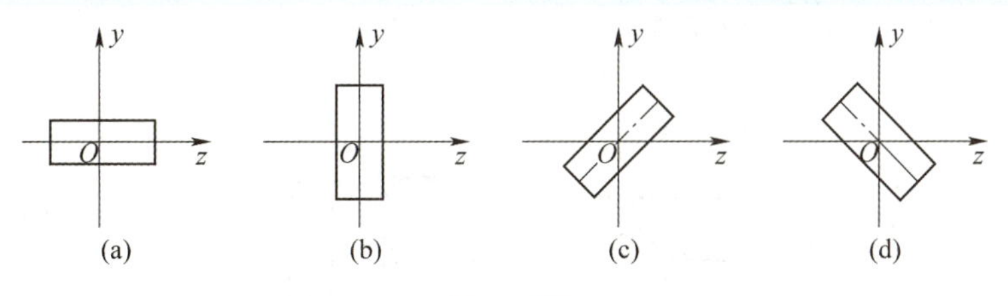

思 4.9 图

思 4.10　如图所示，矩形截面中有 4 对直角坐标轴，如下结论中哪一个是正确的？

（A）仅 x_3，y_3 是主轴　　（B）仅 x_3，y_3 和 x_4，y_4 是主轴

（C）除 x_2，y_2 外，其余 3 对均为主轴　　（D）除 x_1，y_1 外，其余 3 对均为主轴

思 4.11　等边三角形如图所示，其中 C 为形心，图中有 5 对直角坐标轴，且 x_1、x_3 和 x_4 是对称轴。如下结论中哪一个是正确的？

（A）5 对轴均为主轴

（B）除 x_5，y_5 外，其余 4 对均为主轴

（C）除 x_2，y_2 和 x_5，y_5 外，其余 3 对均为主轴

（D）仅 x_1，y_1 和 x_3，y_3 为主轴

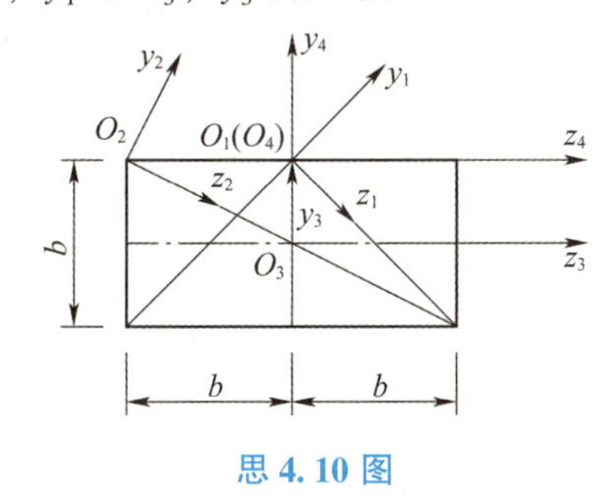

思 4.10 图

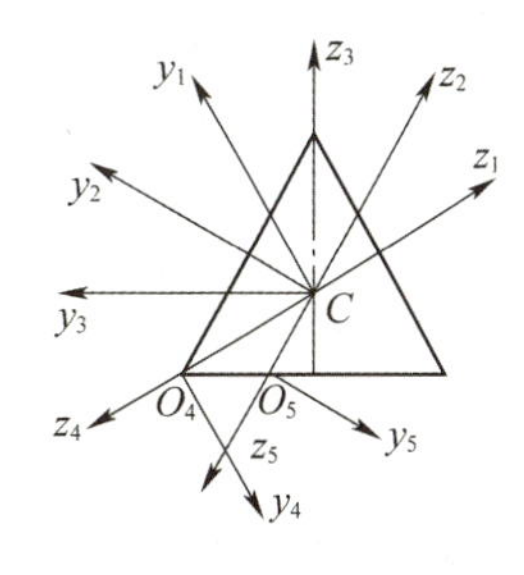

思 4.11 图

分类习题

【4.1 类】计算题（组合图形形心位置的确定、静矩的计算）

题 4.1.1　试确定图示各平面图形的形心位置。

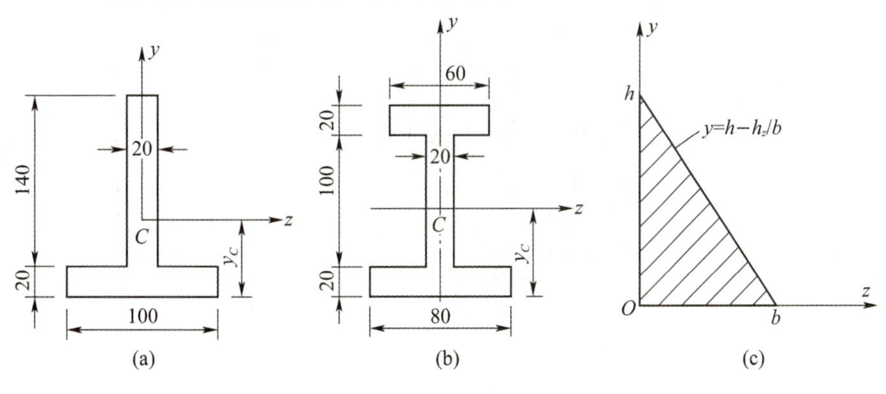

题 4.1.1 图

题 4.1.2　如图所示，为使 y 轴成为图形的形心轴，求出应去掉的 a 值。

题4.1.3　试求图示各截面的阴影线面积对 z 轴的静矩。

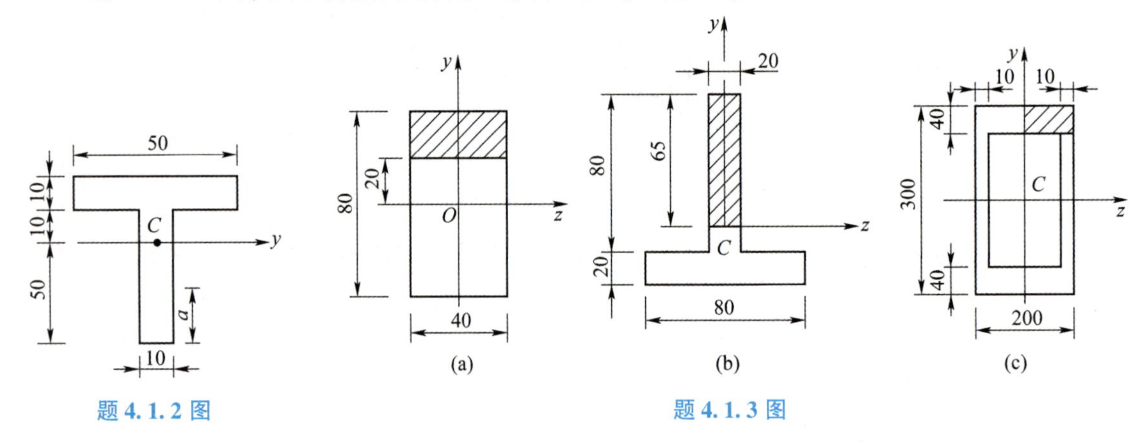

题4.1.2 图　　　　题4.1.3 图

【4.2 类】计算题（二次矩的计算）

题4.2.1　已知图示截面的形心为 C，面积为 A，已知对 z 轴的惯性矩为 I_z，试写出截面对 z_1 轴的惯性矩 I_{z1}。

题4.2.2　已知图示矩形对 y_1 轴的惯性矩 $I_{y1}=2.67\times10^6\ \mathrm{mm}^4$［或：　　］，试求图形对 y_2 轴的惯性矩 I_{y2}。

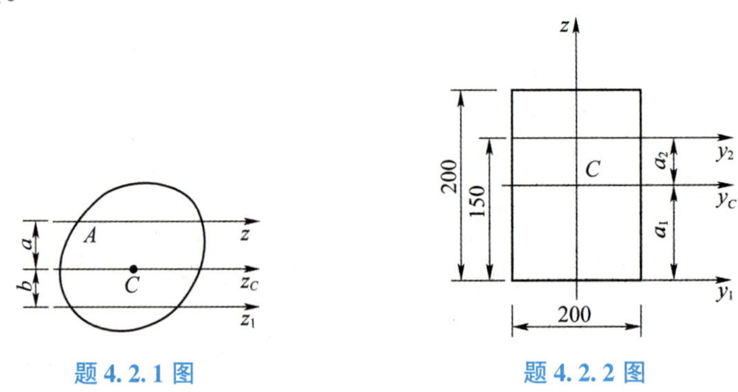

题4.2.1 图　　　　题4.2.2 图

题4.2.3　分别求图示各截面对形心轴 z 的惯性矩。

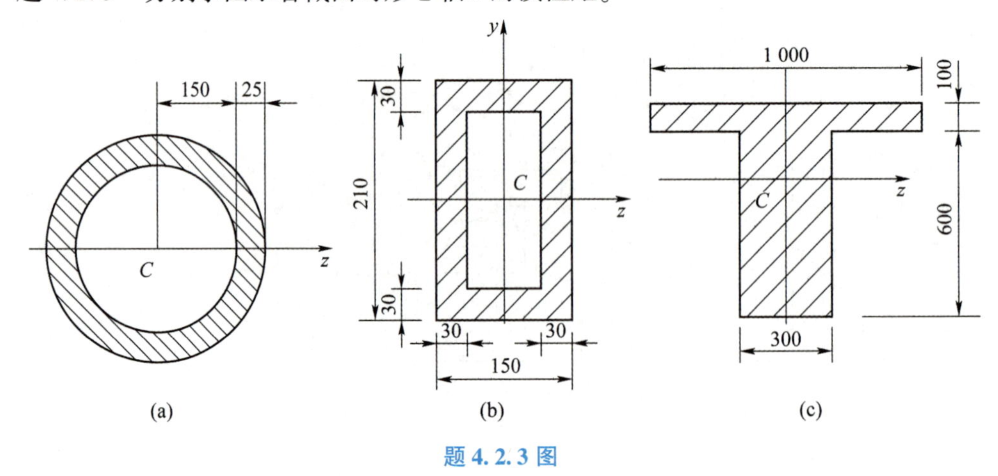

题4.2.3 图

题4.2.4　一T形截面尺寸如图所示，求形心主惯性矩 I_{z_C} 和 I_{y_C}。

※题 4.2.5　计算图示各图形对 y、z 轴的惯性积 I_{yz}。

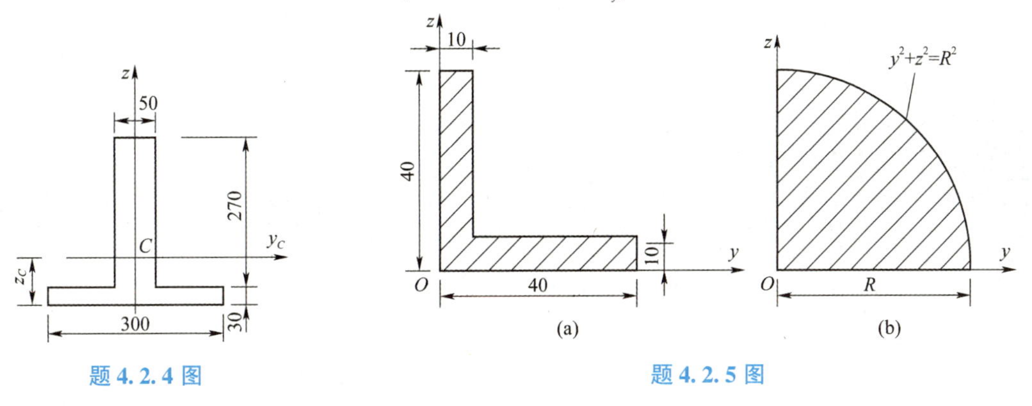

题 4.2.4 图　　　　题 4.2.5 图

※题 4.2.6　试确定图示图形通过坐标原点 O 的主惯性轴的位置，并计算主惯性矩 I_{y_0} 和 I_{z_0} 值。

※题 4.2.7　(1) 求图示槽形截面对 y_C 轴的惯性矩。(2) 计算时若忽略水平翼板对自身形心轴的惯性矩，则前后结果间的误差为多大?

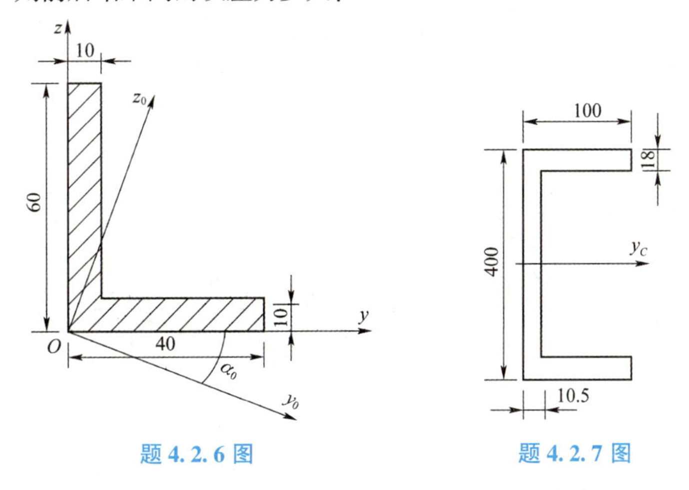

题 4.2.6 图　　　　题 4.2.7 图

※题 4.2.8　试求图示图形对其对称轴 y 的惯性矩及惯性半径，并将结果与型钢表中的相应工字钢的数据进行比较。

※题 4.2.9　确定图示直角型截面的形心主惯性轴，并求主惯性矩。

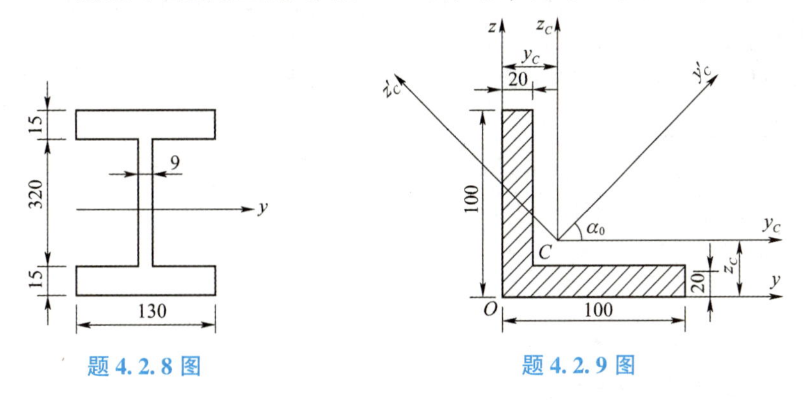

题 4.2.8 图　　　　题 4.2.9 图

第 5 章
直梁·弯曲内力

5.1 平面弯曲和对称弯曲的受力特点·变形特征

在工程实际中，存在大量的受弯构件。例如，图 5.1（a）所示的桥式起重机的大梁和图 5.1（b）所示的火车轮轴均为受弯构件。这类构件承受与其轴线垂直的外力，使轴线由原来的直线变为曲线。这种形式的变形称为弯曲变形。以弯曲变形为主要变形的构件，习惯上称为梁。

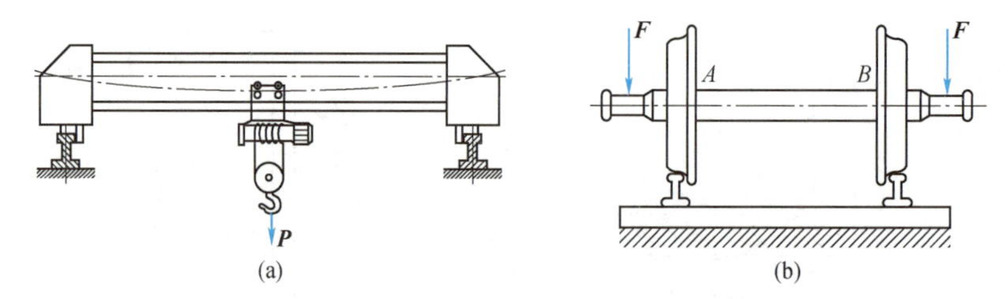

图 5.1 受弯构件的工程实例

（a）桥式起重机大梁；（b）火车轮轴

对于受弯构件，如果所受外力与弯曲后的轴线在同一平面内，就把这种弯曲称为**平面弯曲**。在实际问题中，绝大部分受弯构件的受力及变形具有以下特点：横截面都有一根对称轴，它同杆件的轴线所确定的平面形成整个杆件的纵向对称平面；当作用于梁上的所有外力都处在这一纵向对称面内时，变形后的轴线也将是位于这个对称面内的一条曲线，如图 5.2 所示。这是弯曲问题中最常见而且最基本的情况，称为**对称弯曲**。显然，对称弯曲是平面弯曲的一种特例。本章和后续两章所讨论的都是这种最基本的情况。

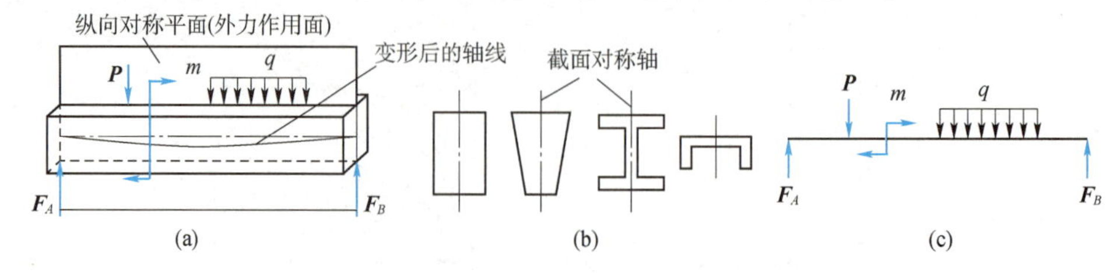

图 5.2 对称弯曲的受力、变形特点以及截面几何特征

（a）梁的受力及变形特点；（b）具有对称轴的截面形式；（c）梁的计算简图

5.2　支座及载荷的简化·梁的分类·计算简图

在处理工程实际问题时，需要先将实际构件进行必要简化得到计算简图，才能作进一步的分析，下面就讨论这一问题。

由于这里所研究的主要是等截面直梁，而且外力为作用在梁纵向对称面内的平面力系，因此在梁的计算简图中就用梁的轴线代表梁。梁计算简图中对支座的简化，则要视支座对梁的约束情况而定。

1. 支座的简化

梁的支座按它对梁的约束情况，通常可简化为以下 3 种基本形式。

（1）固定铰支座。固定铰支座如图 5.3（a）所示，其简化形式如图 5.3（b）所示。这种支座限制梁在支座处的截面沿水平方向和沿垂直方向的移动，但并不限制梁绕铰中心的转动。因此，固定铰支座的约束反力可以用通过铰链中心的水平分量 F_{Ax} 和铅垂分量 F_{Ay} 来表示，如图 5.3（c）所示。

（2）可动铰支座。可动铰支座也称链杆铰支座，如图 5.4（a）所示，其简化形式如图 5.3（b）所示。这种支座只能限制梁在支座处的截面沿垂直于支座支承面方向的移动。因此，可动铰支座的约束反力只有一个，即垂直于支座支承面的反力，用 F_A 来表示，如图 5.4（c）所示。

（3）固定端。固定端如图 5.5（a）所示，其简化形式如图 5.5（b）所示。这种支座使梁的端截面既不能移动，也不能转动。因此，它对梁的端截面有 3 个约束，相应地，就有 3 个支座反力，即水平支反力 F_{Ax}，铅垂支反力 F_{Ay} 和矩为 M_A 的支座反力偶，如图 5.5（c）所示。

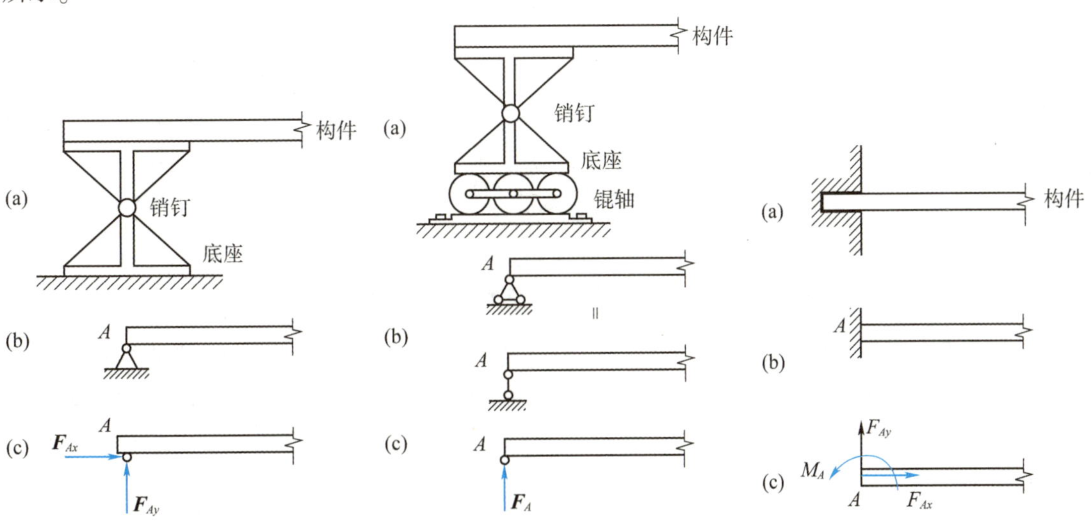

图 5.3　固定铰支座及其简化形式　　图 5.4　可动铰支座及其简化形式　　图 5.5　固定端及其简化形式

应当注意，梁实际支座的简化，主要根据每个支座对梁的位移约束情况来确定。如图5.6（a）所示的传动轴，轴的两端为短滑动轴承。由于支承处的间隙等原因，短滑动轴承并不能约束轴端部横截面绕 z 轴或 y 轴的微小偏转。这样，就可把短滑动轴承简化为铰支座。又因轴肩与轴承的接触限制了轴线方向的位移，故可将两轴承中的一个简化为固定铰支座，另一个可简化为可动铰支座，得到传动轴只计弯曲变形的计算简图，如图5.6（b）所示。

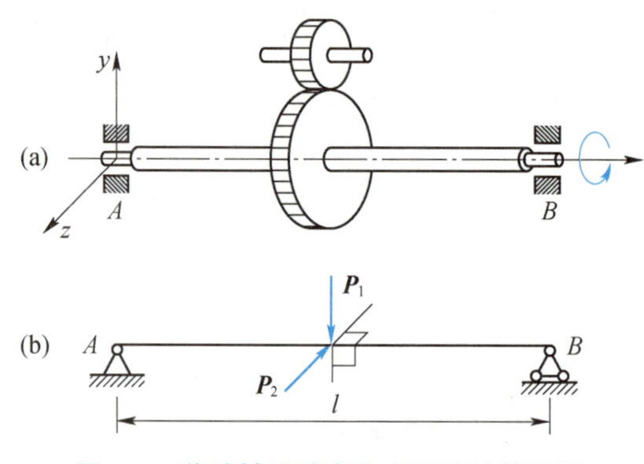

图5.6　传动轴只计弯曲变形的计算简图

2. 载荷的简化

梁的计算简图中，梁上作用的载荷通常可简化为集中力、集中力偶和分布载荷。当把载荷作用的范围看成一个点且并不影响载荷对梁的作用效应时，就可将载荷简化为一集中力，否则就应将载荷简化为分布载荷。例如，梁的重力的简化，在理论力学中，将其简化为一作用在刚体重心处的集中力，在只考虑重力的运动效应时，这种简化是可以的。但在材料力学中，由于要考虑重力的变形效应，因此只能将其简化为分布载荷。用 q 来表示分布载荷集度，指沿梁长度方向单位长度上所受到的力，其常用单位为 N/m 或 kN/m。

3. 静定梁的基本形式

常见的静定梁主要有3种形式：简支梁、外伸梁和悬臂梁，如图5.7所示（注意，图中左侧为固定铰支座）。

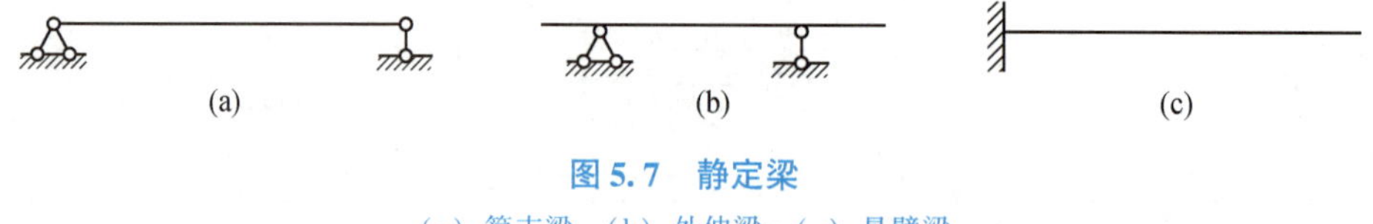

图5.7　静定梁

（a）简支梁；（b）外伸梁；（c）悬臂梁

上述3种梁在作用已知载荷的情况下，可以利用静力学平衡方程确定出梁的所有的支座反力，统称为**静定梁**。有时为了工程的需要，为一个梁设置较多的支座，使得梁的支座反力数目多于可列的独立平衡方程的数目，这时只用静力学平衡方程就不能确定出所有的支座反力。这种梁称为**超静定梁**，如图5.8所示。

图5.8　超静定梁

5.3　平面弯曲时梁横截面上的内力·剪力和弯矩

一般在计算梁的应力、变形及位移之前，应先计算梁在外力作用下相应横截面上的内力。

若作用在梁上的所有外力（包括载荷和支反力）已知，则可利用**截面法**来确定，现以图5.9所示的简支梁为例，介绍求解任一横截面上内力的截面法及相关符号规定。

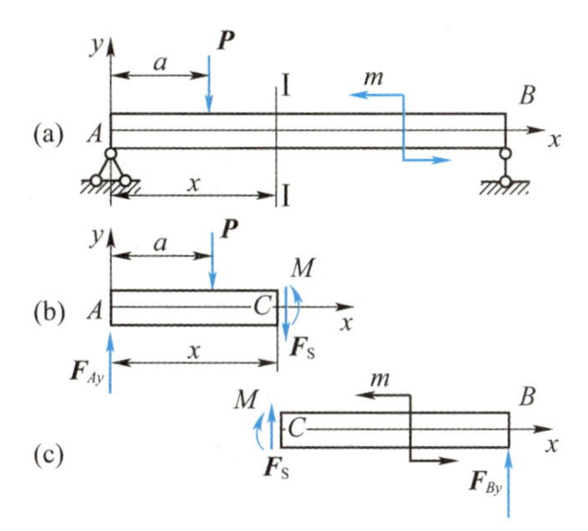

图5.9　截面法求简支梁的内力

先利用平衡方程计算出支座反力 F_{Ay}、F_{By}。再利用截面法计算距离 A 端为 x 处的横截面上的内力，假想将梁沿 I—I 截面截开，分成左、右两段，可任取一段来研究。现取左段为研究对象，由于梁处于平衡状态，因此梁的左段也是平衡的，应满足 $\sum F_y=0$，即一般情况下，在 I—I 面上应有一个与横截面相切、沿 y 方向上的内力 F_S，称为**剪力**。由

$$\sum F_y=0 \quad F_{Ay}-P-F_S=0$$

得

$$F_S=F_{Ay}-P \tag{a}$$

同时，还应满足 $\sum m_C=0$，即左段上的所有的外力和内力对横截面形心 C 取矩，其力矩的代数和应为0，一般来说，在横截面 I—I 上还应存在一个内力偶，其矩为 M，称为**弯矩**。由

$$\sum m_C=0 \quad M+P(x-a)-F_{Ay}x=0$$

得

$$M=F_{Ay}x-P(x-a) \tag{b}$$

综上所述，一般情况下，水平梁横截面上存在两种内力：一是剪力 F_S，二是弯矩 M。而实际上该面上的内力是一分布力系，利用截面法计算出来的剪力和弯矩是该分布内力系向截面形心简化后的主矢和主矩。

当然也可取右段作为研究对象来计算 I—I 面上的内力（剪力和弯矩），其结果与取左段相同。但剪力的方向与弯矩的转向相反，满足作用力与反作用力定律。

在计算同一横截面上的剪力和弯矩时，既可取左段，也可取右段。为使二者的计算结果的符号相同，又便于对剪力和弯矩的正负号加以规定，可用两个横截面同时截取出一个区段进行表达：使区段发生“左上右下”错动趋势的剪力 F_S 为正剪力，如图5.10（a）所示，反之为负剪力，如图5.10（b）所示，或**“顺时，正剪力”**；使区段弯曲成“向下凹时”的弯矩 M 为正弯矩，如图5.10（c）所示，反之为负弯矩，如图5.10（d）所示，或**“下边缘受拉，正弯矩”**。以上就是水平梁的**内力（剪力和弯矩）的正负号规定**。

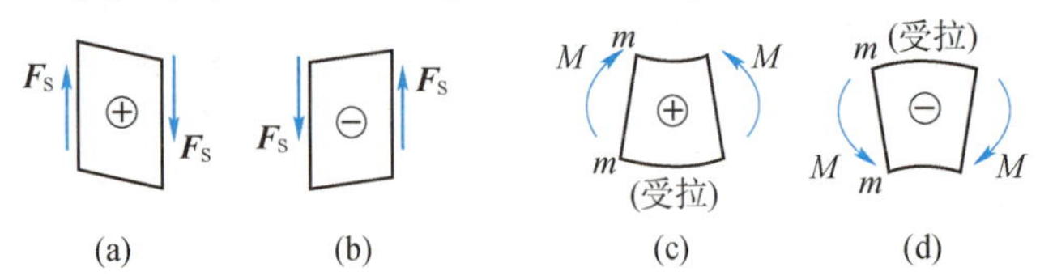

图5.10 剪力、弯矩正负号规定

下面举例说明如何利用**截面法**计算梁指定横截面上的剪力和弯矩。

【例5.1】 外伸梁如图5.11所示。试计算其 D 截面上的内力。

【解】（1）计算 B、C 支座的约束反力。对梁进行受力分析，如图5.11（b）所示。由平衡方程

$$\sum F_x = 0 \quad F_{Cx} = 0$$

$$\sum F_y = 0 \quad F_{Cy} + F_{By} - 20 \times 2 = 0$$

$$\sum m_C = 0 \quad 2F_{By} - 20 \times 2 \times 1 - 10 = 0$$

解得
$$F_{By} = 25\ \text{kN},\ F_{Cy} = 15\ \text{kN}$$

校核：$\sum m_B = -10 - 15 \times 2 + 20 \times 2 \times 1 = 0$，表明支座的约束反力计算无误。

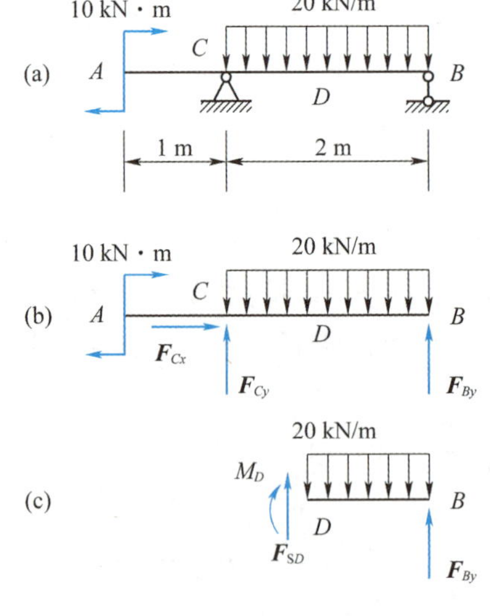

图5.11 例5.1图

（2）计算 D 截面的内力。假想将梁沿 D 截面截开，保留右段。画出右段上作用的外载荷，D 截面上的剪力 F_{SD} 和弯矩 M_D 皆按内力的正向规定画出，如图5.11（c）所示。由平衡方程

$$\sum F_y = 0 \quad F_{By} + F_{SD} - 20 \times 1 = 0$$

得

$$F_{SD} = 20 \times 1 - F_{By} = -5\ \text{kN} \tag{c}$$

由

$$\sum m_D = 0 \quad -M_D - 20 \times 1 \times 0.5 + F_{By} \times 1 = 0$$

得

$$M_D = -20 \times 1 \times 0.5 + F_{By} \times 1 = 15\ \text{kN} \cdot \text{m} \tag{d}$$

结果为负值的表示实际的剪力方向与假设方向相反。本题也可取左段，得到的计算结果是一样的，请读者自己完成。

为了不引起正、负号的混乱，剪力和弯矩均按正号规定进行假设，这样所求出的剪力和弯矩的正负号才具有统一的工程意义。另外，在列力矩格式的平衡方程时，一般取所求截面的形心为矩心。

为了简化计算，可不必将梁假想地截开，而可直接从所求横截面的任意一侧梁上的外力来求得该截面上的剪力和弯矩，这就是直接法，其内力计算法则归纳如下。

（1）由投影格式平衡方程的移项式，即本例中的式（a）、式（c）可引申看出：所求截面的剪力等于所求截面的左侧梁段或该截面右侧梁段上的外力（集中力和分布载荷）的代数和，即

$$\boxed{F_S = \sum F_{左}} \quad 或 \quad \boxed{F_S = \sum F_{右}} \tag{5.1}$$

外力所引起的正负剪力的判断规则：在左侧梁段上向上的外力或右侧梁段上向下的外力都将引起正剪力，反之，引起负剪力。也可以外力对所求截面形心之矩的转向来确定：无论取左段还是取右段：“顺时，正剪力；逆时，负剪力”。

（2）再由力矩格式平衡方程的移项式，即本例中的式（b）、式（d）可引申看出：所求截面的弯矩等于所求截面的左侧梁段或该截面右侧梁段上的外力（集中力、分布载荷、集中力偶）对所求截面形心之矩的代数和，即

$$\boxed{M = \sum m_c(\vec{F}_{左})} \quad 或 \quad \boxed{M = \sum m_c(\vec{F}_{右})} \tag{5.2}$$

外力所引起的正负弯矩的判断规则：在左侧梁段上的外力（集中力、分布载荷、集中力偶）对所求截面形心之矩为顺时针或右侧梁段上的外力（集中力、分布载荷、集中力偶）对所求截面形心之矩为逆时针都将引起正弯矩，反之，引起负弯矩。也可以外力使所求截面的下边缘的变形来确定，无论取左段还是取右段：“下边缘受拉，正弯矩；下边缘受压，负弯矩”。

【例5.2】试用直接法计算图5.12所示两个悬臂梁中 C 截面上的剪力和弯矩。

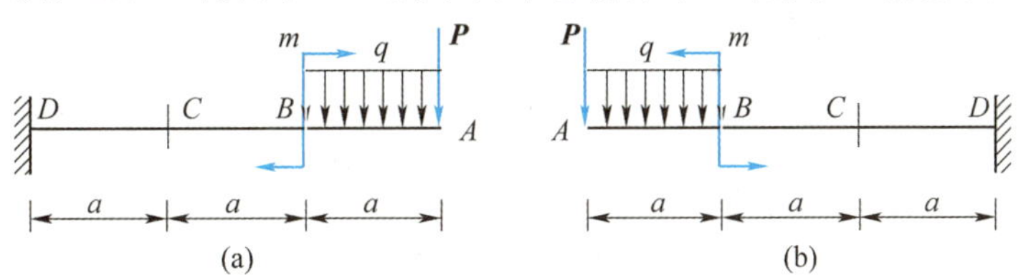

图5.12 例5.2图

【解】对于图5.12（a）所示悬臂梁，宜取C截面的右侧计算。由式（5.1）得

$$F_{SC}=\sum F_{右}=P+qa$$

由式（5.2）得

$$M_C=\sum m_C(\vec{F}_{右})=-P\times 2a-qa\times\frac{3}{2}a-m=-\left(2Pa+\frac{3}{2}qa^2+m\right)$$

对于图5.12（b）所示悬臂梁，宜取C截面的左侧计算。由式（5.1）得

$$F_{SC}=\sum F_{左}=-P-qa$$

由式（5.2）得

$$M_C=\sum m_C(\vec{F}_{左})=-P\times 2a-qa\times\frac{3}{2}a-m=-\left(2Pa+\frac{3}{2}qa^2+m\right)$$

5.4 写内力方程绘制内力图·剪力图和弯矩图

从上一节可以看出，对于一般的梁，不同横截面上的剪力和弯矩是不同的，即横截面上的剪力和弯矩是随横截面位置的变化而变化的。为了对梁进行强度和刚度计算，需要知道梁各横截面上的内力情况，以分析判断危险截面（或危险区段）。为了分析内力的分布情况，设坐标x表示横截面在梁轴线上的位置，则横截面上的剪力和弯矩都可表示为x的函数，即

$$F_S=F_S(x),\ M=M(x) \tag{5.3}$$

分别称为梁的**剪力方程**和**弯矩方程**。

为了直观、形象地表现剪力和弯矩随横截面位置变化的情况，可仿照轴力图或扭矩图的作法，绘制剪力图和弯矩图。绘图时以平行于梁的轴线的横坐标x表示横截面的位置，以纵坐标表示相应横截面上的剪力或弯矩。

绘制剪力图和弯矩图的最基本的方法：先分别写出梁的剪力方程和弯矩方程，然后根据方程用数学中作函数图形的方法来绘制。下面用例题来说明如何绘制。

[专业差别提示②]：

机械类：剪力图、弯矩图的纵坐标均规定向上为正。土建类：剪力图的纵坐标规定向上为正，而弯矩图的纵坐标规定向下为正，即弯矩图画在梁受拉一侧。

【例5.3】试画出图5.13（a）所示简支梁AB承受集中力P的剪力F_S图和弯矩M图。

【解】（1）由静力学平衡方程求出梁的支反力。由

$$\sum m_A=0\quad F_{By}l-Pa=0$$

$$\sum F_y=0\quad F_{Ay}+F_{By}-P=0$$

解得

$$F_{Ay}=\frac{Pb}{l},\ F_{By}=\frac{Pa}{l}$$

校核：$\sum m_B=-F_{Ay}l+Pb=0$，表明支反力计算无误。

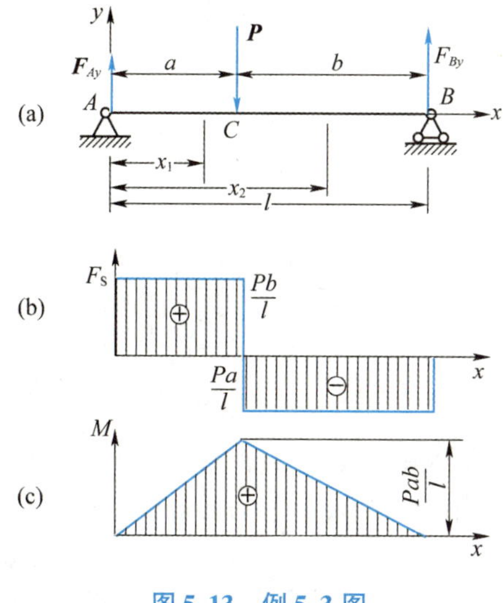

图5.13 例5.3图

(2) 此梁在点 C 受集中力作用，将梁分成 AC 和 CB 两段。在两段内，剪力方程和弯矩方程不同，所以应分段考虑。以梁的左端为坐标原点，选定坐标系如图5.13 (a) 所示。在 AC 段内取距原点为 x_1 的任意截面，利用上节中的直接法可得 AC 段的剪力方程和弯矩方程

$$F_S(x_1)=\frac{Pb}{l}\qquad(0<x_1<a)\tag{a}$$

$$M(x_1)=\frac{Pb}{l}x_1\qquad(0\leqslant x_1\leqslant a)\tag{b}$$

同理，在 CB 段内取距原点为 x 的任意截面进行计算，可得 CB 段的剪力方程和弯矩方程

$$F_S(x_2)=\frac{Pb}{l}-P=-\frac{Pa}{l}\qquad(a<x<l)\tag{c}$$

$$M(x_2)=\frac{Pb}{l}x_2-P(x_2-a)=\frac{Pa}{l}(l-x_2)\qquad(a\leqslant x_2\leqslant l)\tag{d}$$

在计算 CB 段时，为了计算简单，也可取右段计算，会得到相同的结果。

由本题中的 (a)、(c) 两式可看出，AC、CB 两段的剪力方程都为常数，所以此两段的剪力图是与横坐标轴平行的两条水平线，如图5.13 (b) 所示。

由本题中的 (b)、(d) 两式可看出，AC、CB 两段的弯矩方程都是 x 的一次函数，所以此两段的弯矩图都是斜直线，绘制时只要确定两点就可以了。如取 $x_1=0$，$M=0$；$x_1=a$，$M=\frac{Pab}{l}$。连接该两点就得到 AC 段内的弯矩图，CB 段同样如此，画出的弯矩图如图5.13 (c) 所示。

在集中载荷 P 作用处的左、右两侧横截面上的剪力值有骤然的变化，并且两者的代数差即等于此集中力的值，把这种内力值的骤然变化称为突变。那么在截面 C 上的剪力值究竟为多大呢？这里需要弄清楚所谓的集中力绝不可能只作用在一个几何“点”上，实际上载荷是作用在一段很短的区域上，可将集中力看成是作用在梁上长为 Δx 的均布载荷，因而在这段长度内剪力由 $\frac{Pb}{l}$ 按逐渐变化到 $-\frac{Pa}{l}$，而不是真正的突变，如图5.14所示。

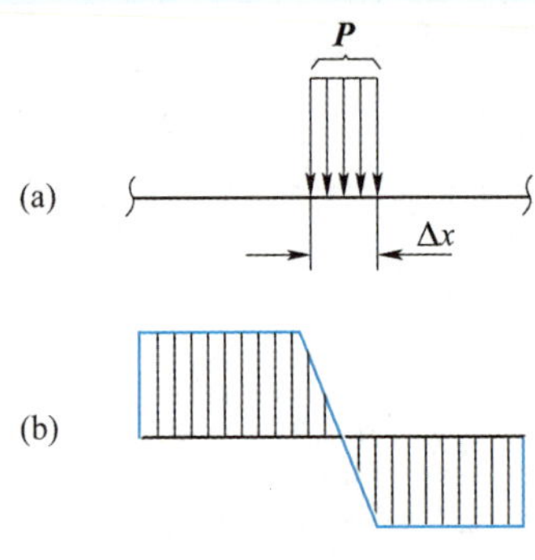

图 5.14　集中力与均布载荷

在集中力作用处的左、右两侧截面的剪力值会有突变，弯矩值没有变化，弯矩图在此处会出现尖角；而在集中力偶作用处的稍左、稍右两侧的弯矩值有突变，剪力值没有变化。

一般把外力的不连续点（如集中力作用点、集中力偶作用点、分布载荷的起点和终点等）的稍左和稍右截面称为控制截面，因为内力在这些截面处的数值或值变化的趋势可能会发生改变。

【例 5.4】 试画出图 5.15（a）所示外伸梁的剪力 F_S 图和弯矩 M 图。

【解】 先由静力学平衡方程计算出 A、B 支座的约束反力。由

$$\sum m_A = 0 \quad F_{By} \cdot 2a + \frac{qa^2}{2} - qa \cdot \frac{5a}{2} - qa \cdot a = 0$$

$$\sum F_y = 0 \quad F_{By} + F_{Ay} - qa - qa = 0$$

解得

$$F_{By} = \frac{3}{2}qa，\ F_{Ay} = \frac{1}{2}qa$$

校核：$\sum m_B = -\frac{1}{2}qa \cdot 2a + qa \cdot a + \frac{1}{2}qa^2 - qa \cdot \frac{1}{2}a = 0$，表明约束反力计算无误。

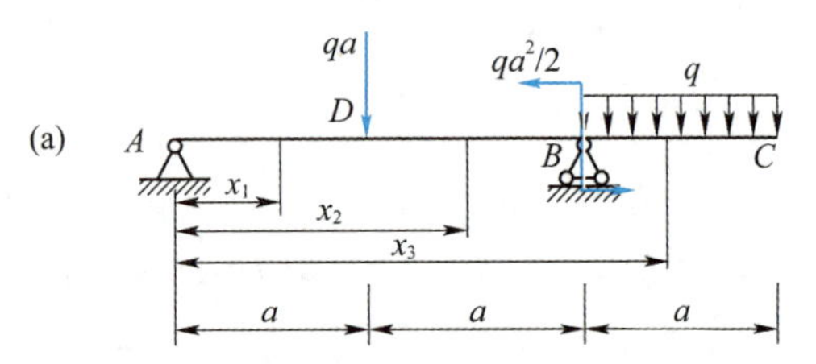

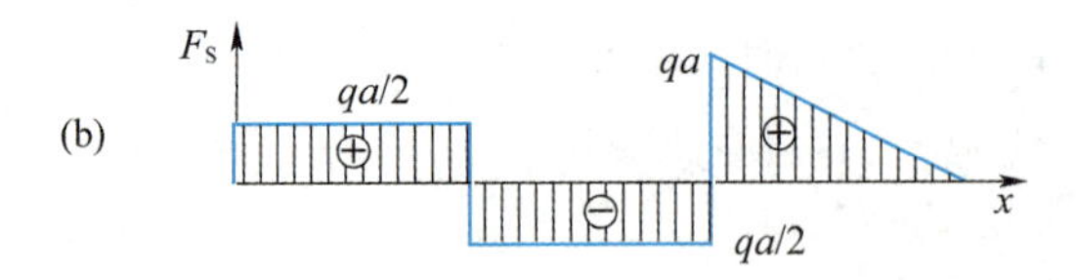

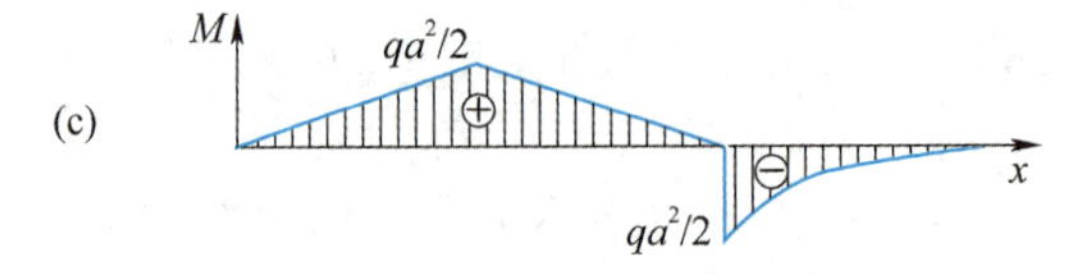

图 5.15　例 5.4 图

根据梁上载荷作用的情况，将梁分成 AD、DB、BC 3 段，在 AD 段内，任取一距原点为 x_1 的横截面进行计算，采用直接法写出 AD 段的剪力方程和弯矩方程

$$F_S(x_1) = \frac{1}{2}qa \qquad (0< x_1 < a) \tag{a}$$

$$M(x_1) = \frac{1}{2}qax_1 \qquad (0\leqslant x_1 \leqslant a) \tag{b}$$

同理，可写出 DB 段的剪力方程和弯矩方程

$$F_S(x_2) = -\frac{1}{2}qa \qquad (a < x_2 <2a) \tag{c}$$

$$M(x_2) = -\frac{1}{2}qax_2 + qa^2 \qquad (a \leqslant x_2 <2a) \tag{d}$$

同理，可写出 BC 段的剪力方程和弯矩方程

$$F_S(x_3) = -qx_3 + 3qa \qquad (2a < x_3 \leqslant 3a) \tag{e}$$

$$M(x_3) = -\frac{1}{2}qx_3^2 + 3qax_3 - \frac{9}{2}qa^2 \qquad (2a < x_3 \leqslant 3a) \tag{f}$$

由本例中的式（a）、（c）可知，AD、DB 段的剪力图均为一条平行于梁的直线；由本例中的式（e）可知，BC 段的剪力图为一条斜直线，可通 $x_3 \to 2a$ 和 $x_3 = 3a$ 确定，剪力图如图 5.15（b）所示。

由本例中的式（b）、（d）可知，AD、DB 的弯矩图均为一条斜直线；由本例中的式（f）可知，BC 段的弯矩图为一条开口向下的抛物线，且顶点在点 C，画该抛物线只需确定两点，即起点和终点，弯矩图如图 5.15（c）所示。

【例 5.5】试画出图 5.16（a）所示悬臂梁的剪力图和弯矩图。

【解】对于悬臂梁来说，可以不必计算支反力。因为在用截面法进行内力计算时，可保留不含固定端约束的一侧，这一侧的外力作用全是已知的。而简支梁和外伸梁在画剪力图和弯矩图之前，必须先计算支反力。

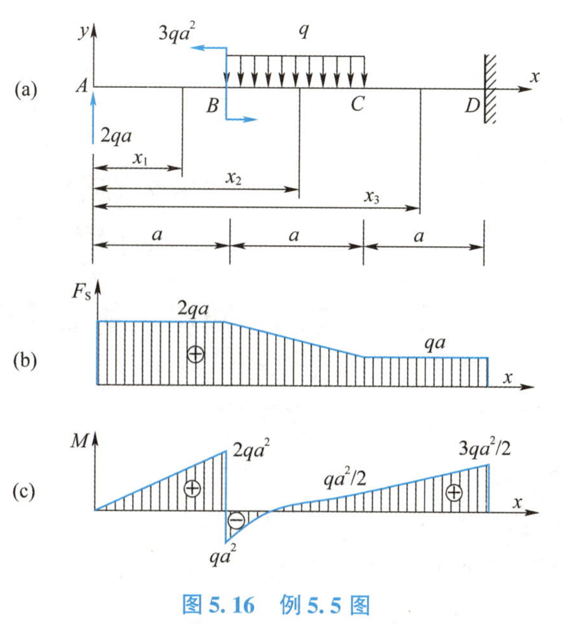

图 5.16 例 5.5 图

选定坐标系如图5.15（a）所示。根据载荷作用的情况，将梁分成AB、BC、CD 3段。在每一段内，分别取一距原点为x_1、x_2、x_3的横截面进行内力计算。用直接法写出AB段的剪力方程和弯矩方程

$$F_S(x_1)=2qa \quad (0< x_1 \leqslant a) \tag{a}$$

$$M(x_1)=2qax_1 \quad (0\leqslant x_1 < a) \tag{b}$$

同理，可得BC、CD段的剪力方程和弯矩方程

$$F_S(x_2)=2qa-q(x_2-a)=3qa-qx_2 \quad (a\leqslant x_2 \leqslant 2a) \tag{c}$$

$$M(x_2)=2qax_2-3qa^2-\frac{1}{2}q(x_2-a)^2 \quad (a< x_2 \leqslant 2a) \tag{d}$$

$$F_S(x_3)=2qa-qa=qa \quad (2a\leqslant x_3 <3a) \tag{e}$$

$$M(x_3)=2qax_3-3qa^2-qa(x_3-\frac{3}{2}a)=qax_3-\frac{3}{2}qa^2 \quad (2a\leqslant x_3 <3a) \tag{f}$$

根据各段的剪力方程和弯矩方程画出的剪力图和弯矩图，如图5.16（b）、（c）所示。

通过以上例题分析，现将绘制剪力图和弯矩图的步骤归纳如下：

（1）计算梁的支座反力（对于悬臂梁可不必计算）；

（2）根据梁所受到的外力对梁进行分段，一般而言，梁的两个端点、集中力作用点、集中力偶作用点、分布载荷的开始处和结束处都要作为段与段之间的分界点；

（3）在每一段内取一距原点为x的横截面进行内力计算，并分段列出每段的剪力方程和弯矩方程；

（4）根据每段的剪力方程和弯矩方程分段画出每段的剪力图和弯矩图。

在绘制剪力图和弯矩图时，需注意一些规律性的结论：①在集中力作用截面处，其稍左、稍右两侧横截面上的剪力值有突变，其突变值等于该集中力的大小，突变的方向与该集中力引起的剪力的正负号一致（即若引起的剪力为正，则向上突变，反之向下突变），而其稍左、稍右两侧横截面上的弯矩值无突变，但弯矩图有尖角出现；②在集中力偶作用截面处，其稍左、稍右两侧横截面上的弯矩值有突变，其突变值等于该集中力偶矩的大小，突变的方向与该集中力偶引起的弯矩的正负号一致（即若引起的弯矩为正，则向上突变，反之向下突变），而其稍左、稍右两侧横截面上的剪力值无突变，且剪力图无任何变化；③均布载荷作用的起点和终点处（无集中力和集中力偶作用），剪力图连续，但有尖角出现，弯矩图则是光滑连续过渡；④在梁的端面，若无集中载荷作用，则该截面上的内力为0。这些结论在绘制完内力图后，可作为检查内力图正确与否的重要依据。

5.5 用分布载荷集度、剪力、弯矩之间微积分关系绘制内力图

5.5.1 利用分布载荷集度、剪力和弯矩之间的微分关系绘制剪力图和弯矩图

先来研究载荷集度、剪力和弯矩之间的微分关系。如图5.17（a）所示，设梁上作用分布载荷的集度为$q(x)$，并规定向上为正。用梁上相距为dx的m—n和m_1—n_1两个截面切出一dx微段，分析它的平衡。设作用于m—n截面上的剪力$F_S(x)$、弯矩$M(x)$均按正向假设，如图5.17（b）所

示。设 $m_1—n_1$ 截面上的内力在 $m—n$ 截面上的内力基础上有相应的增量，即 $m_1—n_1$ 截面上的剪力应为 $F_S(x)+dF_S(x)$，弯矩为 $M(x)+dM(x)$，也按正向假设，如图 5.17（b）所示。对于 $q(x)$，由于 dx 很微小，因此近似地认为在 dx 段上是均匀分布。考虑 dx 微段的平衡，有

$$\sum F_y=0\quad F_S(x)-[F_S(x)+dF_S(x)]+q(x)dx=0$$

$$\sum m_C=0\quad -M(x)+[M(x)+dM(x)]-F_S dx-q(x)dx\cdot\frac{dx}{2}=0$$

整理以上两式，并略去第二式中的高阶微量 $q(x)dx\cdot\frac{dx}{2}$，得

$$\boxed{\frac{dF_S(x)}{dx}=q(x)}\tag{5.4}$$

$$\boxed{\frac{dM(x)}{dx}=F_S(x)}\tag{5.5}$$

由式（5.4）、式（5.5）可知，将弯矩方程 $M(x)$ 对 x 求一阶导数，即得剪力方程 $F_S(x)$；将剪力方程 $F_S(x)$ 对 x 求一阶导数即得分布载荷集度 $q(x)$。

将式（5.5）代入式（5.4），可得

$$\boxed{\frac{d^2M(x)}{dx^2}=q(x)}\tag{5.6}$$

由式（5.6）可知，将弯矩方程 $M(x)$ 对 x 求二阶导数，即得分布载荷集度 $q(x)$。

因为要利用以上微分关系画图，所以要重点理解其对应的几何意义。

由式（5.5）可知，弯矩图在一点 x_0 处的切线的斜率等于剪力 $F_S(x)$ 在该点处的值 $F_S(x_0)$。由式（5.4）可知，剪力图在一点 x_0 处的切线的斜率等于分布载荷集度 $q(x)$ 在该点处的值 $q(x_0)$。

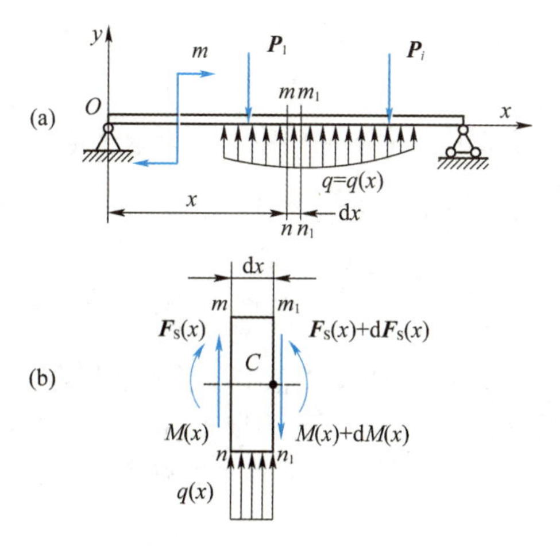

图 5.17　载荷集度、剪力和弯矩间的微分关系

根据以上的表述，可将其规律总结列入表 5.1。

表 5.1 分布载荷集度、剪力和弯矩间的微分关系

梁上的载荷情况	向下的均布载荷 q	向上的均布载荷 q	无均布载荷	向下集中力 P	向上集中力 P	逆时集中力偶 m	顺时集中力偶 m
剪力图上的特征	斜率为负的直线	斜率为正的直线	水平直线	在 C 处有突变	在 C 处有突变	在 C 处无变化	在 C 处无变化
弯矩图上的特征（机械类）	开口向下的二次抛物线	开口向上的二次抛物线	一般为斜直线或水平直线（或、或）	在 C 处有尖角（或、或）	在 C 处有尖角（或、或）	在 C 处有变化	在 C 处有变化
弯矩图上的特征（土木类）	开口向上的二次抛物线	开口向下的二次抛物线	一般为斜直线或水平直线（或、或）	在 C 处有尖角（或、或）	在 C 处有尖角（或、或）	在 C 处有变化	在 C 处有变化

5.5.2 利用分布载荷集度、剪力和弯矩之间的积分关系绘制剪力图和弯矩图

由

$$\frac{\mathrm{d}F_S(x)}{\mathrm{d}x}=q(x)$$

得

$$\mathrm{d}F_S(x)=q(x)\mathrm{d}x$$

两端同时积分 $\int_{F_S(x_1)}^{F_S(x_2)}\mathrm{d}F_S(x)=\int_{x_1}^{x_2}q(x)\mathrm{d}x$，有 $F_S(x_2)-F_S(x_1)=\int_{x_1}^{x_2}q(x)\mathrm{d}x$，则

$$F_S(x_2)=F_S(x_1)+\int_{x_1}^{x_2}q(x)\mathrm{d}x \tag{5.7a}$$

式（5.7a）表明，x_1、x_2 两截面的剪力差值等于分布载荷曲线在 $x_1\sim x_2$ 区间与 x 轴线围成的面积。注意：围成的面积是分正、负的，当 $q(x)$ 向上时取正值，向下时取负值。

若 x_1、x_2 为集中力 P 作用的稍左和稍右截面，则式（5.7a）应变为

$$F_S(x_2)=F_S(x_1)+P \tag{5.7b}$$

注意：向上的集中力 P 取正值，向下的集中力 P 则取负值。

同理，由 $\frac{\mathrm{d}M(x)}{\mathrm{d}x}=F_S(x)$，可得 $M(x_2)-M(x_1)=\int_{x_1}^{x_2}F_S(x)\mathrm{d}x$，则

$$M(x_2)=M(x_1)+\int_{x_1}^{x_2}F_S(x)\mathrm{d}x \tag{5.8a}$$

式（5.8a）表明，x_1、x_2 两截面的弯矩差值等于剪力曲线在 $x_1\sim x_2$ 区间与 x 轴线围成的面积。注意：围成的面积是分正、负的，正剪力取正值，负剪力取负值。

若 x_1、x_2 为集中力偶 m 作用的稍左和稍右截面，则式（5.8a）应变为

$$M(x_2)=M(x_1)+m \tag{5.8b}$$

注意：顺时的集中力偶 m 取正值，逆时的集中力偶 m 则取负值。

利用以上的微积分关系式，即可分段作出全梁的剪力图和弯矩图。在利用积分关系绘图时应注意以下几点：

（1）确定控制截面，并分段，用直接法确定每段起点处的内力值；

（2）根据每段上作用的分布载荷情况确定图形的大致形状；

（3）利用所围成的相应面积确定每段终点处的内力值；

（4）根据突变关系确定下一段起点处的内力值；

（5）逐段重复（2）~（4）步。

【例5.6】利用q、F_S、M间的微积分关系，绘制如图5.18（a）所示外伸梁的剪力图和弯矩图。

【解】先计算梁的支反力。由静力学平衡方程$\sum m_A=0$，$\sum F_y=0$解得$F_{Ay}=\frac{qa}{2}$，$F_{By}=-\frac{qa}{2}$。通过$\sum m_B=0$校核无误。

将梁分成AC、CB、BD 3段，先绘制剪力图。

计算出A偏右截面的剪力值为$\frac{qa}{2}$，即AC段起点处的剪力值，根据AC段作用的向下的均布载荷可知，AC段的剪力图为一斜向下的直线，由式（5.3），终点处的剪力值由面积计算可知为$\frac{qa}{2}-qa=-\frac{qa}{2}$。

由于点C处无集中力作用，因此剪力图无突变，连续，CB段的起点值为$-\frac{qa}{2}$。CB段上无分布载荷作用，因此剪力图为一水平直线，终点处的剪力值也为$-\frac{qa}{2}$；

由于点B处有一集中力（支座反力）作用，剪力图在此有一向下的突变，突变大小为$-\frac{qa}{2}$，因此BD段的起点值为$-\frac{qa}{2}-\frac{qa}{2}=-qa$。$BD$段有向上的均布载荷作用，所以剪力图为一斜向上的直线，由式（5.3），终点处的剪力值为起点处的剪力值加面积为$-qa+qa=0$。剪力图绘制完毕。

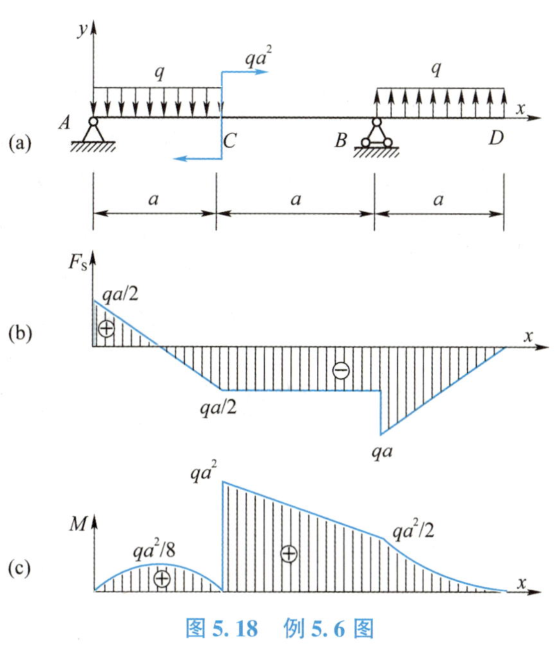

图5.18 例5.6图

计算出 A 稍右截面的弯矩值为 0，即 AC 段起点处的弯矩值，根据 AC 段的剪力图可知，该段内的弯矩图为一开口向下的抛物线。需注意的是，在 AC 段内出现了 $F_S=0$，该点为抛物线的顶点，因为弯矩图在该点处的切线的斜率为 0。根据剪力图和 x 轴围成的面积可知，顶点处的弯矩值为 $0+\frac{1}{2}\cdot\frac{l}{2}\cdot\frac{qa}{2}=\frac{1}{8}qa^2$。同理可知，$AC$ 段终点处的弯矩值为 0；由于在 C 处有一集中力偶作用，弯矩图在该点处有一向上的突变，因此 C 稍右截面的弯矩值为 $0+qa^2=qa^2$。由 CB 段的剪力图可知，该段的弯矩图为一斜向下的直线，由剪力图和 x 轴围成的面积可知，CB 段的终点处的弯矩值为 $qa^2-\frac{1}{2}qa^2=\frac{1}{2}qa^2$；由于 B 处无集中力偶作用，因此弯矩图在点 B 处连续。由 BD 段的剪力图可知，该段的弯矩图为一开口向上的抛物线。该段的剪力值为 0 的点出现在点 D，所以该抛物线的顶点在点 D，可根据面积确定点 D 处的弯矩值为 0。画出的剪力图和弯矩图如图 5.18（b）和图 5.18（c）所示。

【例 5.7】试利用 q、F_S、M 间的微积分关系，重新绘制【例 5.5】中悬臂梁的剪力图和弯矩图。

【解】对于悬臂梁，可不必计算支反力。

先绘制剪力图。由截面法易知，A 稍右截面的剪力值为 $2qa$。由 AB 段无均布载荷作用知，AB 段的剪力图为一平行于 x 轴的直线，所以 AB 段终点处的剪力值也为 $2qa$。因为 B 处无集中力作用，所以剪力图无突变，BC 段起始点处的剪力值也为 $2qa$。由 BC 段有向下的均布载荷作用可知，BC 段的剪力图为一斜向下的直线，终点处的剪力值可由面积计算得 $2qa-qa=qa$。C 处无集中力作用，剪力图在该点连续，CD 段起点处的剪力值也为 qa。CD 段无均布载荷作用，所以剪力图为一平行于 x 轴的直线，CD 段终点处的剪力值也为 qa。作出的剪力图如图 5.16（b）所示。

绘制弯矩图。由直接法易知，A 稍右截面的弯矩值为 0。由 AB 段的剪力图可知，该段的弯矩图为一斜向上的直线。利用面积计算可得 AB 段终点处的弯矩值为 $0+a\cdot 2qa=2qa^2$。B 处有一集中力偶作用，所以弯矩图在该点处有突变，突变的方向向下，大小为 $3qa^2$，BC 段起点处的弯矩值为 $2qa^2-3qa^2=-qa^2$。由 BC 段的剪力图可知，该段的弯矩图为一开口向下的抛物线。由于该段内无剪力值为 0 的点，因此抛物线只有左边部分，根据面积计算，BC 段终点处的弯矩值为 $-qa^2+\frac{3}{2}qa^2=\frac{1}{2}qa^2$。$C$ 处无集中力偶作用，弯矩图在该点连续，所以 CD 段起点处的弯矩值也为 $\frac{1}{2}qa^2$。由 CD 段的剪力图知，该段的弯矩图为一斜向上的直线。根据面积计算知，CD 段终点处的弯矩值为 $\frac{1}{2}qa^2+qa^2=\frac{3}{2}qa^2$。作出的弯矩图如图 5.16（c）所示。

5.6 用叠加法绘制弯矩图

当梁在载荷作用下的产生小变形时，其跨长的改变可忽略不计，因而在求梁的支座反力、剪力和弯矩时，均可按其原始尺寸进行计算，而所得到的结果均与梁上的载荷成线性关系。在这种情况下，当梁在几个载荷共同作用时，其中每一个载荷所引起的梁的支座反力、剪力和弯矩将不受其他载荷的影响。这样，任一横截面上的内力弯矩就等于梁在每一个载荷单独作用下引起的同一横截面上内力弯矩的代数和，即叠加原理。

以图5.19（a）所示简支梁受均布载荷 q 和集中力偶 M_e 共同作用情形为例，通过计算可知，A、B 支座反力分别为

$$F_A = \frac{1}{2}ql - \frac{M_e}{l}, \qquad F_B = \frac{1}{2}ql + \frac{M_e}{l}$$

简支梁的弯矩方程为

$$M(x) = \frac{1}{2}qlx - \frac{1}{2}qx^2 - \frac{M_e}{l}x$$

以上三式中，含 q 的项即是由均布载荷 q 单独作用时引起的支座反力和梁的弯矩方程；含 M_e 的项即是由集中力偶 M_e 单独作用时引起的支座反力和梁的弯矩方程。

绘制弯矩图时，可先分别绘制梁在集中力偶 M_e 和均布载荷 q 单独作用下的弯矩图，如图5.19（b）、（c）所示，最后的弯矩图就等于两者的叠加。两个弯矩图叠加时，并不是图形的简单相加，而是两个弯矩图的相应截面处纵坐标值的代数和。最终的弯矩图如图5.19（a）所示。

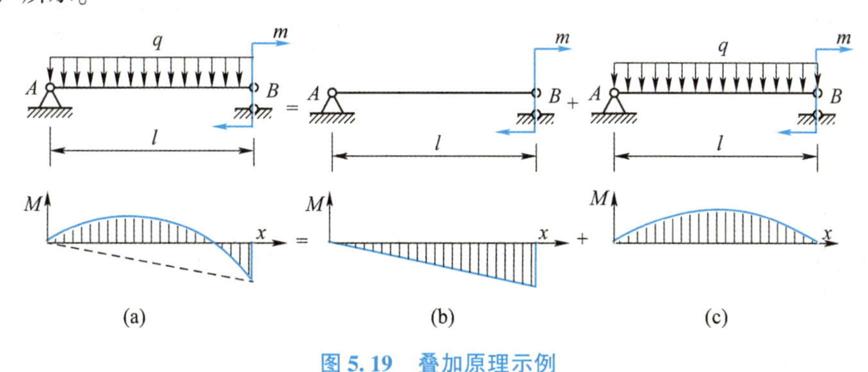

图5.19 叠加原理示例

叠加原理是一个带有普遍性的原理，它在材料力学中应用很广。

原理的应用范围：支反力、内力、应力、位移等内外效应。

原理的应用条件：所需计算的相关内外效应（如支反力、内力、应力或位移）必须与载荷成线性关系。

原理的推广：由多个外力共同作用下所引起构件内某处的某一内外效应（如支反力、内力、应力或位移），应等于每个外力单独作用下所引起构件内某处的同一内外效应（如支反力、内力、应力或位移）数值的代数和。

【例5.8】用叠加法作图5.20（a）所示简支梁的剪力图和弯矩图。

【解】先将梁上的载荷分开，分别单独作用于梁上，并作出每个载荷作用时的剪力图和弯矩图，如图5.20（b）、（c）所示。

由于两个单独的剪力图和弯矩图都是直线型图形，故叠加后的图形也必是直线型图形。在这种情况下，只需将单独的剪力图和弯矩图在分段处的纵坐标值相叠加，然后用直线将内力值对应的点相连就可得到叠加后的剪力图和弯矩图，如图5.20（a）所示。

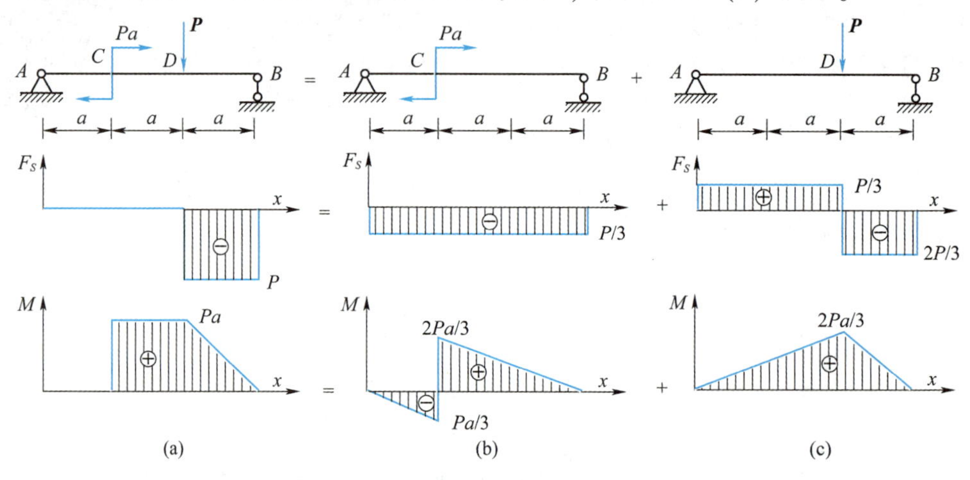

图5.20 例5.8图（M图按机械类规定）

【例5.9】先记住图5.21（1）中简支梁在3种简单载荷作用下的弯矩图，再利用它们，用叠加法作出图5.21（2）中（a）、（b）2种情形之下梁的弯矩图。

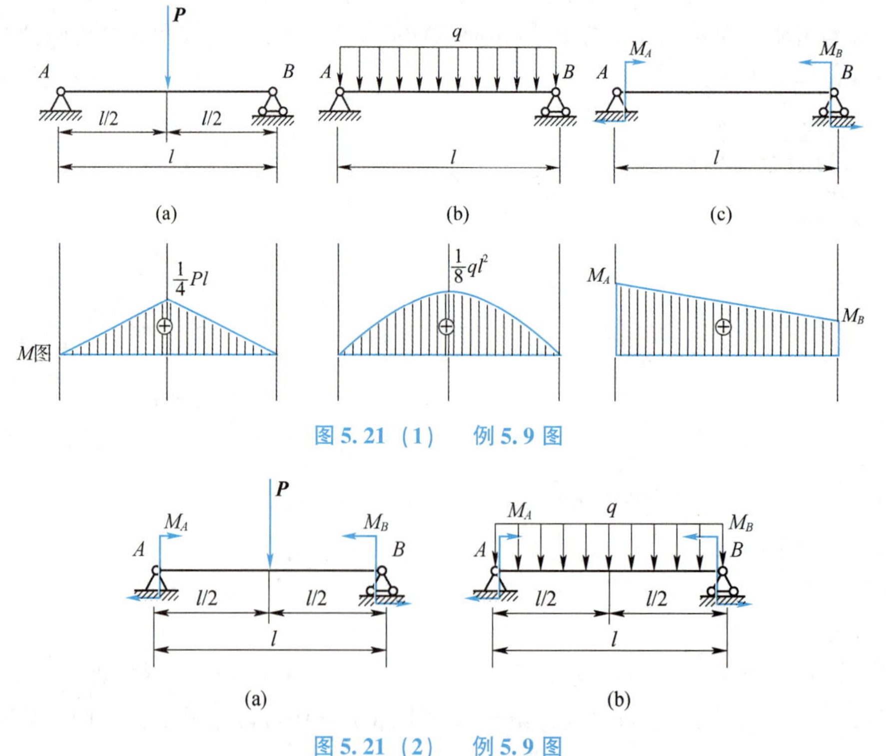

图5.21（1） 例5.9图

图5.21（2） 例5.9图

【解】于图5.21（2）中（a）情形，可视为图5.21（1）中（a）与（c）的叠加。图5.21（1）中（a）的弯矩图为折线型，（c）的弯矩图为直线型，二者叠加后仍为折线型，其叠加过程及所得弯矩图如图5.21（3）所示。

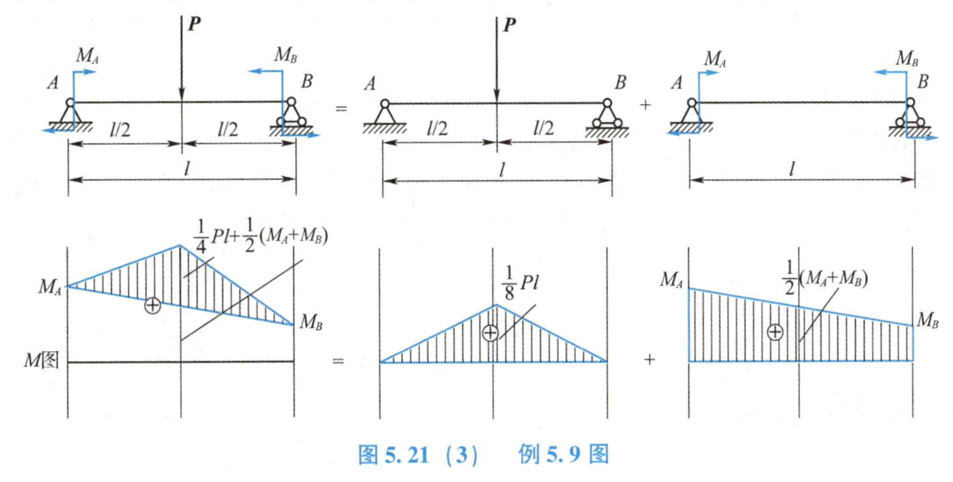

图5.21（3） 例5.9图

图5.21（2）中（b）情形，则可视为图5.21（1）中（b）与（c）的叠加。图5.21（1）中（b）的弯矩图为曲线型，（c）的弯矩图为直线型，二者叠加后为曲线型，其叠加过程及所得弯矩图如图5.21（4）所示。

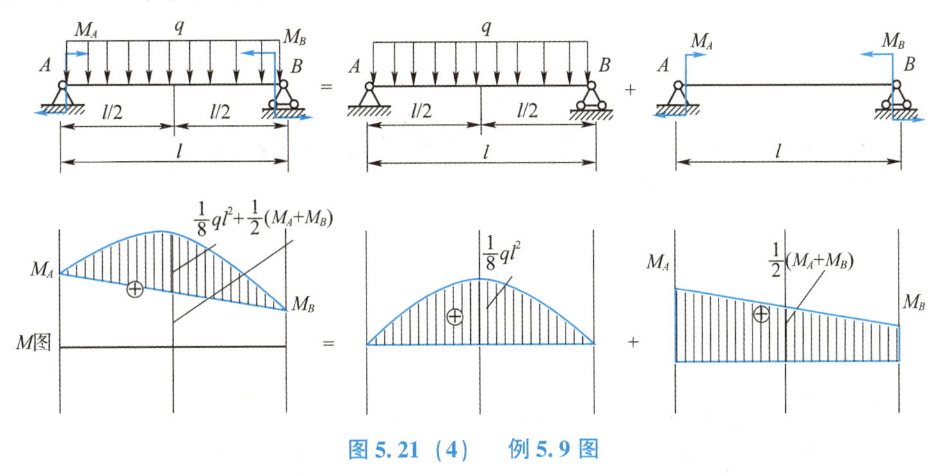

图5.21（4） 例5.9图

*5.7 平面刚架的内力图（轴力图、剪力图和弯矩图）

平面刚架是由在同一平面内、不同方向的杆件，通过杆端相互刚性连接而组成的结构。平面刚架中的各杆内力，除了剪力和弯矩外，还有轴力。作内力图的步骤与梁相同，但因刚架是由不同方向的杆件组成，所以为了能表示内力沿各杆轴线的变化规律，**刚架内力的一般习惯规定**：剪力图和轴力图可画在刚架轴线的任一侧，但必须注明正、负号；机械类弯矩图画在各杆的受压一侧，不用注明正、负号。

[专业差别提示③]：

土建类：刚架的弯矩图均画在各段受拉一侧，不用注明正、负号。

下面通过例题来说明平面刚架内力图的绘制方法。

【例5.10】试作图5.22（a）所示刚架的轴力、剪力、弯矩图。

【解】计算内力时，一般应先求出刚架的支座反力。对于5.22（a）所示刚架，由于A、B端是刚架的自由端，因此无须计算支座D的反力就可以直接计算内力值。在AC段内，将坐标原点取在点A，截取左边部分用直接法写内力方程，得

$$F_N(x_1)=0$$

$$F_S(x_1)=-qx_1$$

$$M(x_1)=\frac{1}{2}qx_1^2 \quad （顺时针，下侧受压）$$

在BC段内，将坐标原点取在点B，截取右边部分用直接法写内力方程，得

$$F_N(x_2)=0$$

$$F_S(x_2)=2qa$$

$$M(x_2)=2qax_2 \quad （逆时针，下侧受压）$$

在CD段内，将坐标原点取在点C，截取上边部分用直接法写内力方程，得

$$F_N(x_3)=4qa$$

$$F_S(x_3)=0$$

$$M(x_3)=2qa^2 \quad （逆时针，右侧受压）$$

根据以上各段内力方程，即可绘制出刚架的轴力图、剪力图和弯矩图，分别如图5.22（b）、5.22（c）、5.22（d）所示。

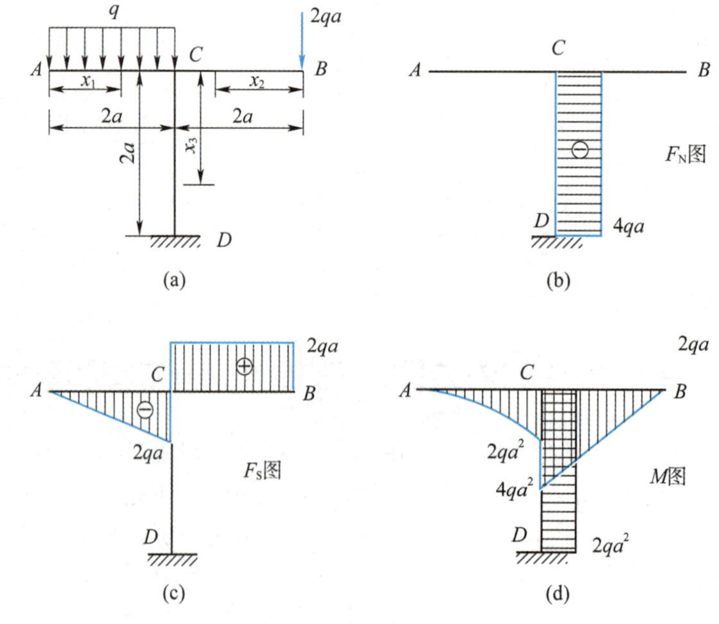

图5.22　例5.10图

5.8　本章知识小结·框图

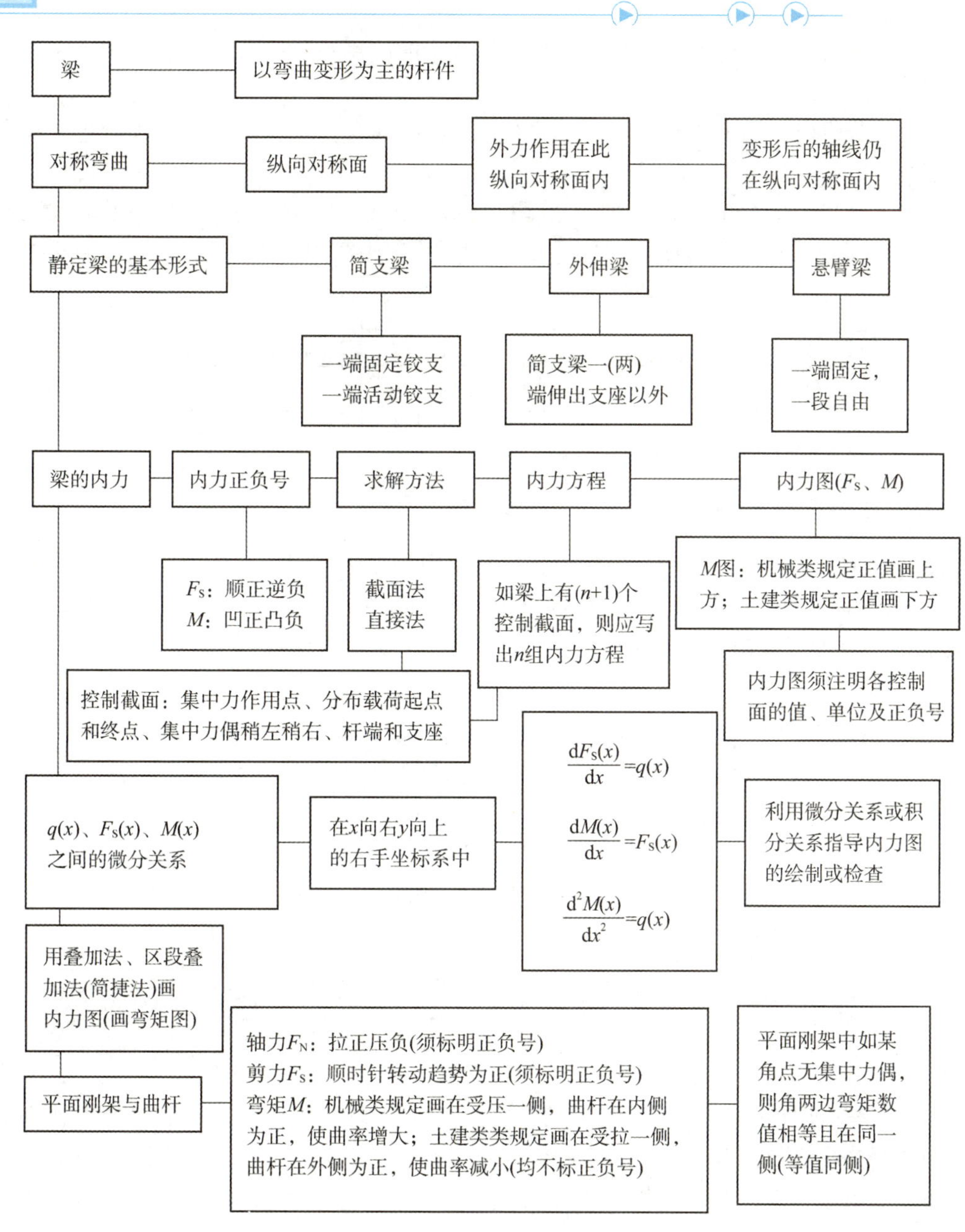

思考题

思5.1　在求梁横截面上的内力时，可直接由该截面任一侧梁上的外力来计算。水平梁某截面上的弯矩在数值上等于该截面以左或以右所有外力对截面形心的力矩的代数和，且在它左或右侧向上的横向外力将产生正的弯矩；水平梁某截面上的剪力在数值上等于该截面以左或以右所有横向外力的代数和，且在它左侧向下或右侧向上的横向外力将产生正的剪力。为什么？

思 5.2　在写剪力方程和弯矩方程时，x 的取值范围为什么在有的点取“≤”，有的点却取“<”？有什么规律？

思 5.3　载荷集度与剪力、弯矩间的微分关系式的应用条件是什么？在集中力和集中力偶作用处此关系式能否适用？

思 5.4　若将坐标轴 x 的原点取在梁的右端，以指向左为正，剪力方程和弯矩方程有无不同之处？

思 5.5　（1）图（a）所示梁中，AC 段和 CB 段剪力图图线的斜率是否相同？为什么？（2）图（b）所示梁在集中力偶作用处的左右两段弯矩图图线的斜率是否相同？为什么？

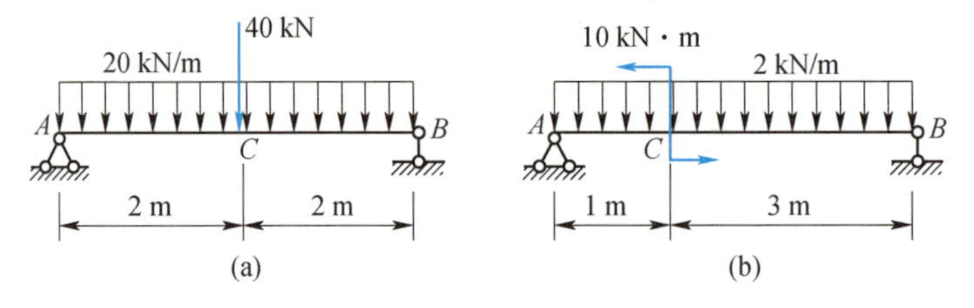

思 5.5 图

思 5.6　在图 5.17 中，若 M_e 的转向相反，利用叠加法绘制最终的弯矩图时，有两种叠加方式，一是将对应截面处的弯矩值（即纵坐标）相叠加，如图（a）所示；二是以三角形斜边为底边，叠加一抛物线，如图（b）所示。哪种正确？为什么？

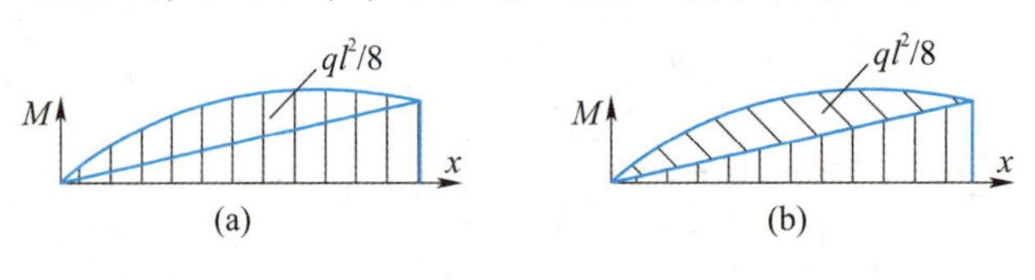

思 5.6 图

思 5.7　图示悬臂梁和简支梁的长度相等，它们的 F_S、M 图彼此是否都相同？

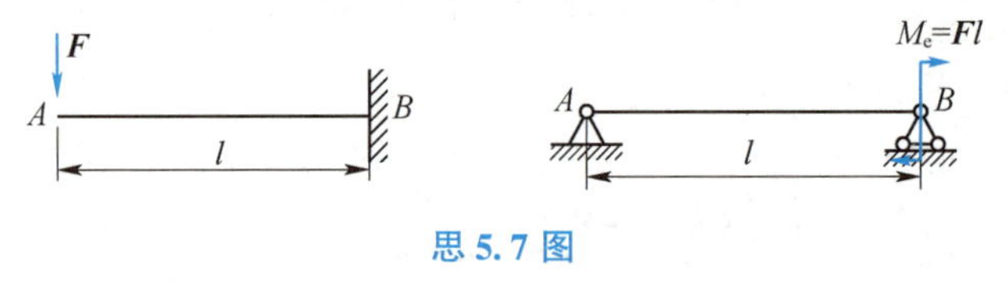

思 5.7 图

思 5.8　若应用理论力学中的外力平移定理，将梁上横向集中力左右平移时，则梁的 F_S 图、M 图是否产生变化？若将梁上集中力偶左右平移时，则梁的 F_S 图、M 图是否变化？

思 5.9　梁在集中力作用的截面处，F_S 图、M 图有何特点？梁在集中力偶作用截面处，F_S 图、M 图又有何特点？

思 5.10　用叠加法求弯曲内力的必要条件是什么？用叠加法可以作哪些内力图？

思 5.11　若对称梁的受力情况对称于中央截面，则该梁的 M 图、F_S 图有何特点？中央截面上的剪力、弯矩有何特点？

思 5.12　若对称梁的受力情况关于中央截面反对称，则该梁的 M 图、F_S 图有何特点？中央截面上的剪力、弯矩有何特点？

分类习题

【5.1 类】计算题（求指定截面上的内力或写内力方程）

题 5.1.1　试求图示各梁中指定截面上的剪力和弯矩。

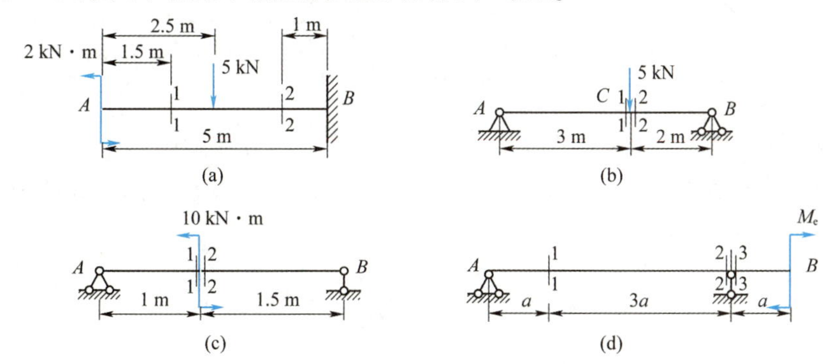

题 5.1.1 图

题 5.1.2　试写出图示各梁的剪力方程和弯矩方程。

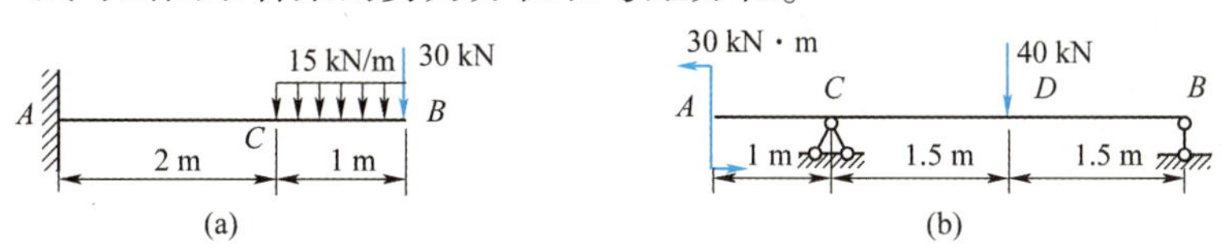

题 5.1.2 图

【5.2 类】计算题（写内力方程或利用微积分关系绘内力图）

题 5.2.1　试写内力方程，绘制图示各梁的剪力图和弯矩图，并求出 $|F_S|_{max}$ 和 $|M|_{max}$ 。

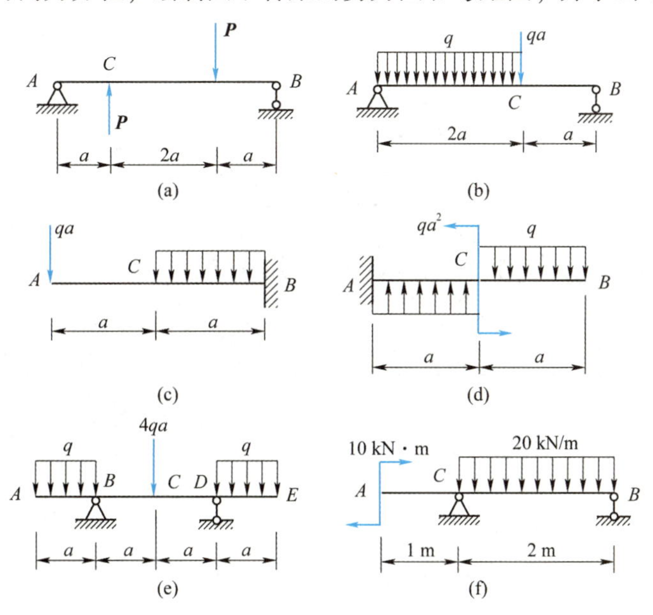

题 5.2.1 图

题5.2.2　通过载荷集度、剪力和弯矩间的微积分关系作图示外伸梁的剪力图和弯矩图。

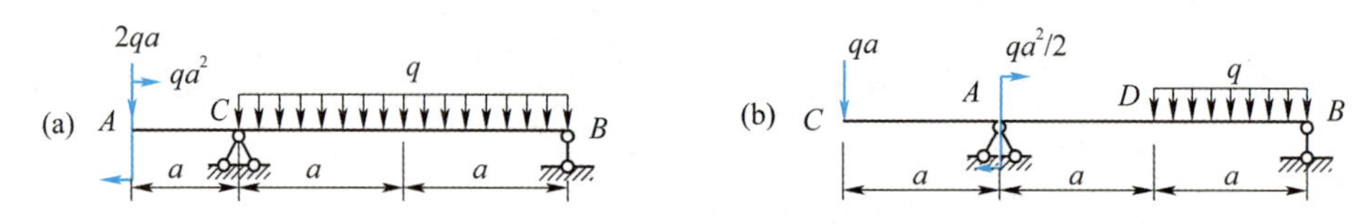

题 5.2.2 图

题5.2.3　简支梁剪力图如图所示，求梁受载情况，并作弯矩图。

※题5.2.4　已知静定梁的弯矩图如图所示，试绘出该梁的剪力图、载荷图与可能的支座图。

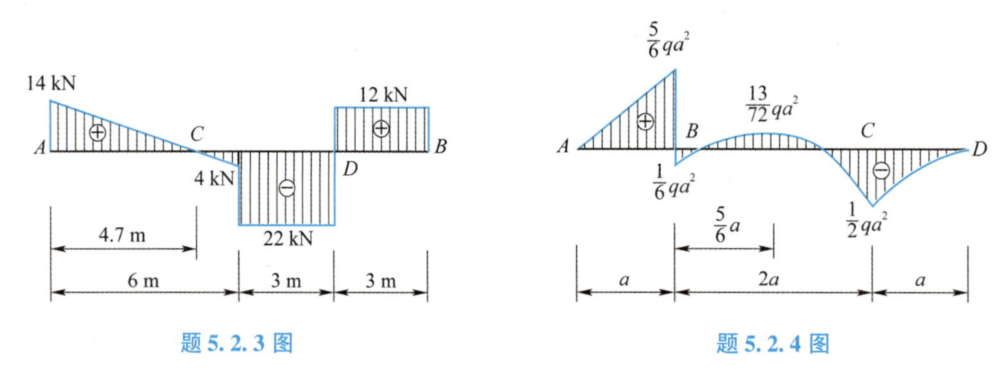

题 5.2.3 图　　题 5.2.4 图

【5.3 类】计算题（用叠加法、简捷方法绘制内力图）

题5.3.1　试用叠加法作图示各梁的弯矩图。

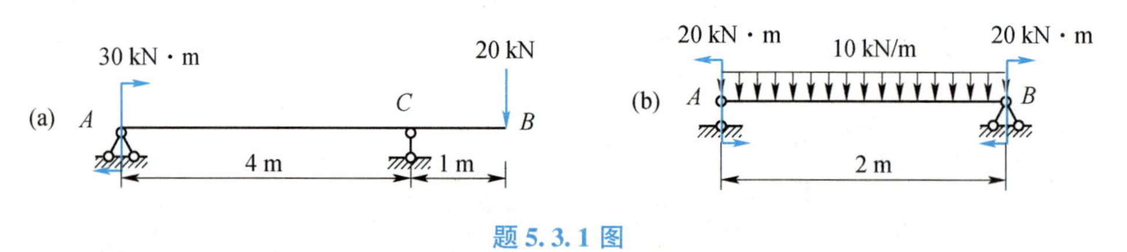

题 5.3.1 图

题5.3.2　用简捷方法作图示外伸梁的剪力图、弯矩图。

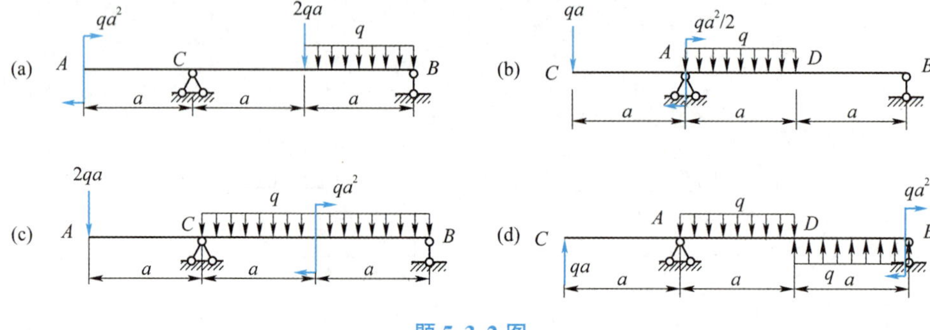

题 5.3.2 图

题 5.3.3 用简捷方法作图示梁的剪力图和弯矩图，并求出其 $F_{S\max}$ 和 $M_{\max}$。

※题 5.3.4 图示在桥式起重机大梁上行走的小车，其每个轮子对大梁的压力均为 P，试问小车在什么位置时梁内弯矩为最大值？并求出这一最大弯矩。

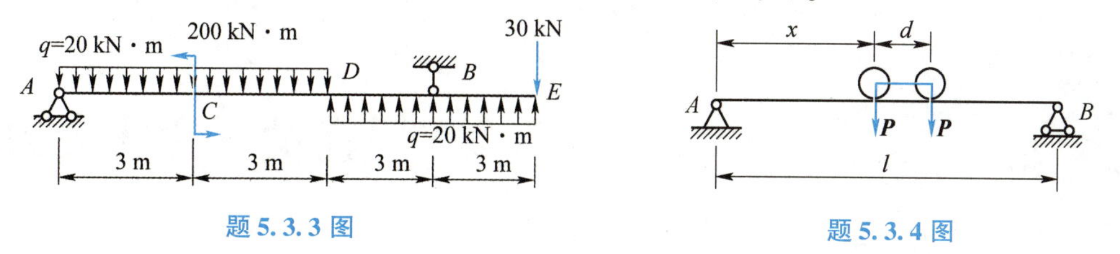

题 5.3.3 图　　　题 5.3.4 图

【5.4 类】计算题（绘制刚架、连续梁的内力图）

※题 5.4.1 试作图示刚架的轴力图、剪力图和弯矩图。

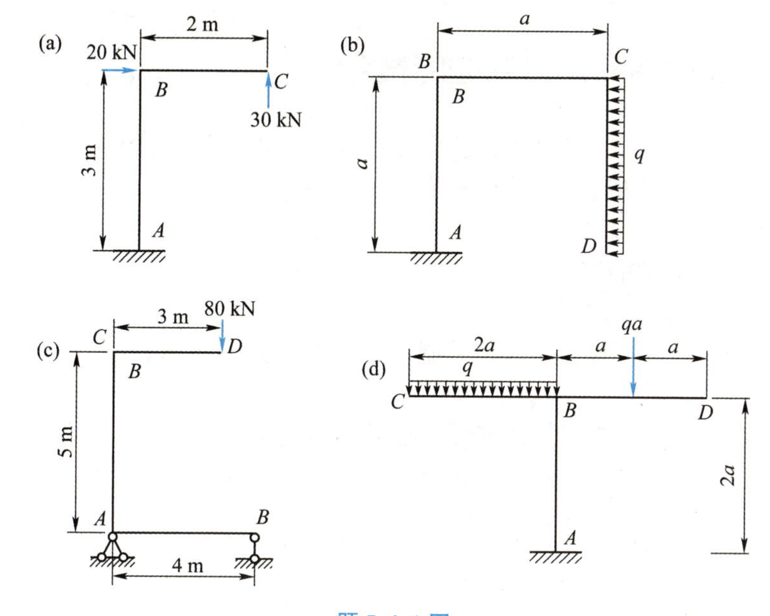

题 5.4.1 图

※题 5.4.2 试作图示具有中间铰的连续梁的剪力图和弯矩图。

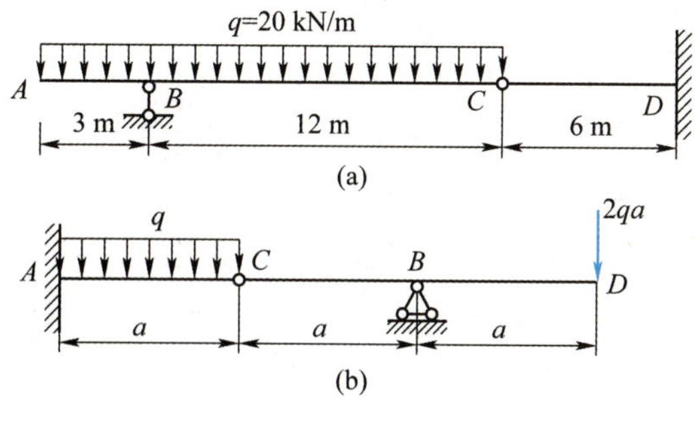

题 5.4.2 图

第 6 章 直梁·弯曲应力

6.1 纯弯曲和横力弯曲的概念

根据前一章知识求出梁横截面上的剪力和弯矩，绘出梁的剪力图和弯矩图后，即可找出梁的危险截面（或危险区域）。在一般情况下，梁的横截面上都有弯矩 M 和剪力 F_S 。由截面上分布内力系的合成关系可知，横截面上与正应力有关的法向内力元素 $\mathrm{d}F_N = \sigma \mathrm{d}A$ 可合成为弯矩；而与切应力有关的切向内力元素 $\mathrm{d}F_S = \tau \, \mathrm{d}A$ 可合成为剪力。所以，在梁的横截面上一般既有正应力 σ ，又有切应力 τ 。

因为工程上正应力通常是梁的强度控制因素，所以本节首先研究梁弯曲时横截面上的正应力 σ 。

如图 6.1（a）所示，简支梁 AB 承受与轴线垂直的横向载荷 P 的作用，CD 段内各横截面上弯矩为常量而剪力等于0，即只有弯矩作用，这段梁内所产生的弯曲变形称为纯弯曲。而在 AC 和 DB 两段内，各横截面上既有剪力又有弯矩，这两段梁内所产生的弯曲变形称为横力弯曲。

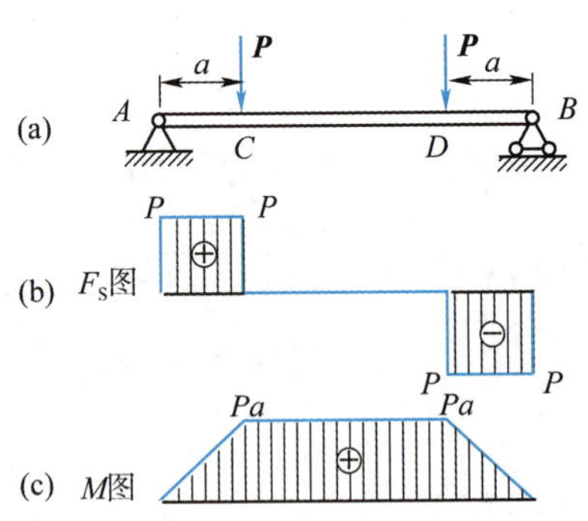

图 6.1　横力弯曲与纯弯曲的内力特点

6.2 纯弯曲时梁横截面上的正应力

6.2.1 纯弯曲时的正应力

在纯弯曲的情况下，梁的横截面上只有内力弯矩，故横截面上只有弯矩引起的正应力。在推导梁横截面上任一点的正应力的公式时，仍须综合考虑变形几何关系、物理关系和静力关系。

1. 变形几何关系

取一矩形截面梁，在梁变形前，先在其表面画上一些垂直于轴线的横向线 mm 和 nn，并在两横向线间靠近顶面和底面处分别画平行于轴线的纵向线 aa、bb，如图 6.2（a）所示。然后在梁两端纵向对称平面内，施加一对大小相等，转向相反的外力偶矩 M_e，使梁发生纯弯曲变形。变形后可观察到如下现象：

（1）所有横向线仍为直线，只是转过了一个微小的角度，且与弯曲后的轴线垂直；

（2）所有纵向线变成弧线，在正弯矩作用下，上部纵向线缩短，下部纵向线伸长。

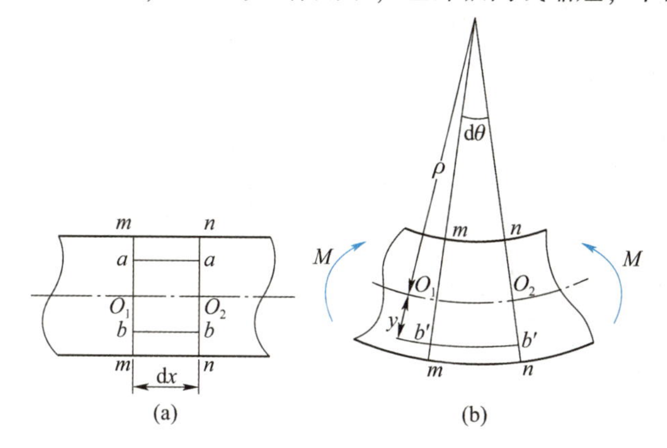

图 6.2 纯弯曲及变形几何关系

根据观察到的以上实验现象，对梁内变形和受力作出如下假设：

（1）横截面在变形后仍保持为平面，且仍然垂直于变形后的梁轴线，只是绕横截面内某一轴转过了一个微小的角度，这就是弯曲变形的平面假设，或称平截面假设；

（2）设想梁是由许多相互平行的纵向纤维组成，变形后纤维之间互相不挤压，只受拉伸或压缩作用，这就是弯曲变形的纵向纤维单向受力假设。

由上面变形现象和假设可以知道梁变形后凹边一侧纤维缩短、凸边一侧纤维伸长，根据变形的连续性，中间必然有一层纤维的长度保持不变，这一层称为梁的中性层或称中性面。中性层与横截面的交线称为中性轴，如图 6.3 所示。梁在弯曲时，相邻横截面绕各自的中性轴在做相对转动。设梁的轴线为 x 轴，横截面对称轴为 y 轴，中性轴为 z 轴。显然，在平面弯曲时，中性轴 z 必然垂直于横截面的对称轴 y 轴。

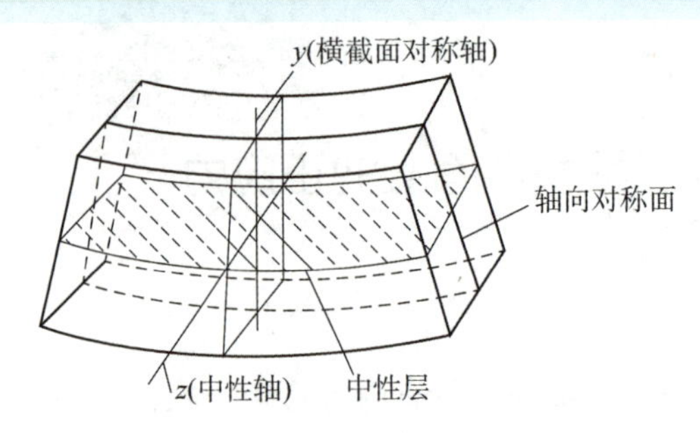

图 6.3　纯弯曲梁的中性层、中性轴

下面研究纵向纤维的变化规律，用横截面 m—m 和 n—n 从梁中截取 dx 微段，如图 6.2（a）所示，先分析距中性层为 y 处的某纵向纤维 $b'b'$ 的线应变。

梁变形后，由平面假设可知 m—m 和 n—n 截面仍保持为平面，设此两横截面相对转角为 $\mathrm{d}\theta$、中性层的曲率半径为 ρ，如图 6.2（b）所示，纵向纤维 $b'b'$ 变形后的长度为

$$b'b' = (\rho + y)\,\mathrm{d}\theta$$

中性层纤维 O_1O_2 在梁变形后长度不变，所以 $O_1O_2 = \mathrm{d}x = \rho\mathrm{d}\theta$，由此得纵向纤维 $b'b'$ 的线应变为

$$\varepsilon_y = \frac{b'b' - \mathrm{d}x}{\mathrm{d}x} = \frac{(\rho + y)\,\mathrm{d}\theta - \rho\mathrm{d}\theta}{\rho\mathrm{d}\theta} = \frac{y}{\rho} \tag{6.1}$$

即 $\varepsilon_y = \dfrac{y}{\rho}$。

在研究同一截面上不同点的正应力时，显然 ρ 为常量。因此，式（6.1）表明横截面上某点处的线应变与它到中性轴的距离 y 成正比。

2. 物理关系

根据各纵向纤维单向受力假设，当材料在线弹性变形范围内时，应力、应变成正比例关系，即 $\sigma = E\varepsilon$，由此得横截面上距中性层为 y 处的正应力 σ_y 为

$$\sigma_y = E\varepsilon_y = E\,\frac{y}{\rho} \tag{6.2}$$

即

$$\sigma_y = E\,\frac{y}{\rho}$$

同理，式（6.2）表明横截面上距中性层为 y 处的正应力与该点到中性轴的距离 y 成正比，即正应力沿截面高度成线性规律变化，中性轴上各点处的正应力为 0，离中性轴较远的上下边缘处正应力最大，如图 6.4（a）所示。

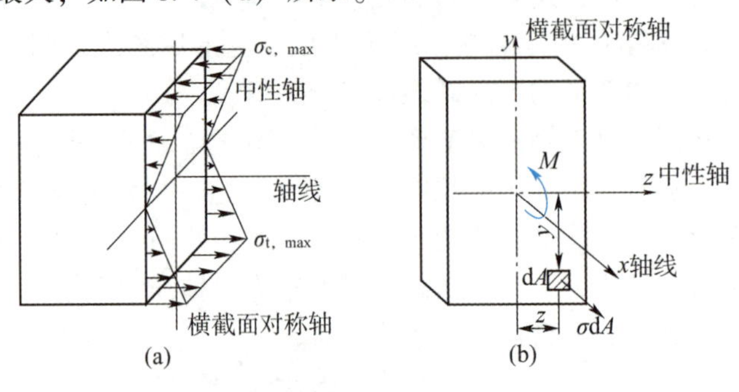

图 6.4　弯矩与弯曲正应力之间的关系

3. 静力关系

式（6.2）给出了正应力沿截面高度的分布规律，但因中性轴 z 的位置和中性层曲率半径 ρ 的大小均未知，所以尚不能用式（6.2）来计算正应力，这就需要考虑内力与应力之间的静力学关系。

如图6.4（b）所示，在横截面上取一微面积 $\mathrm{d}A$，其上的法向微内力为 $\sigma_y \mathrm{d}A$，横截面上各点处的法向微内力组成一空间平行力系。这一力系可能简化成3个内力分量，即与 x 轴重合的轴力 F_{N}、对 y 轴力偶矩 M_y、对 z 轴的力偶矩 M_z，即

$$F_{\mathrm{N}} = \int_A \sigma \mathrm{d}A,\ M_y = \int_A z\sigma \mathrm{d}A,\ M_z = \int_A y\sigma \mathrm{d}A$$

由于梁上仅有外力偶作用，因此由截面法，上式中的 F_{N} 和 M_y 均等于0，M_z 等于该横截面上的弯矩 M，即

$$F_{\mathrm{N}} = \int_A \sigma_y \mathrm{d}A = 0 \tag{6.3}$$

$$M_y = \int_A z\sigma_y \mathrm{d}A = 0 \tag{6.4}$$

$$M_z = \int_A y\sigma_y \mathrm{d}A = M \tag{6.5}$$

将式（6.2）代入式（6.3），得

$$F_{\mathrm{N}} = \int_A \sigma_y \mathrm{d}A = \int_A \frac{Ey}{\rho}\mathrm{d}A = \frac{E}{\rho}\int_A y\mathrm{d}A = 0$$

式中：$\int_A y\mathrm{d}A$ 称为横截面对 z 轴的静矩，即 $\int_A y\mathrm{d}A = S_z$，由于 $\frac{E}{\rho}$ 为不为0的常数，因此有 $S_z = \int_A y\mathrm{d}A = 0$；由平面图形的几何性质可知 $\int_A y\mathrm{d}A = Ay_C$，其中 A 表示横截面的面积，y_C 表示形心坐标，因此必有 $y_C = 0$，这说明形心坐标到中性轴的距离为0，即中性轴必通过横截面的形心。

将式（6.2）代入式（6.4），得

$$M_y = \int_A z\sigma_y \mathrm{d}A = \frac{E}{\rho}\int_A zy\mathrm{d}A = 0$$

式中：$\int_A zy\mathrm{d}A$ 称为横截面对 y、z 正交轴的惯性积 I_{yz}，由于 y 轴是横截面的对称轴，因此 $I_{yz} = 0$。

将式（6.2）代入式（6.5），得

$$M = \int_A y\sigma_y \mathrm{d}A = \int_A y\frac{Ey}{\rho}\mathrm{d}A = \frac{E}{\rho}\int_A y^2 \mathrm{d}A$$

式中：$\int_A y^2\mathrm{d}A$ 称为横截面对 z 轴（中性轴）的惯性矩，即 $\int_A y^2\mathrm{d}A = I_z$。则

$$\boxed{\frac{1}{\rho} = \frac{M}{EI_z}} \tag{6.6}$$

式中：$\frac{1}{\rho}$ 是梁变形后中性层的曲率，它反映了梁变形后的弯曲程度。

在相同弯矩下，EI_z 越大，则曲率 $\frac{1}{\rho}$ 越小，梁的弯曲变形就越小，故 EI_z 称为梁的**抗弯刚度**。

将式（6.6）代入式（6.2），得

$$\sigma_y = \frac{Ey}{\rho} = \frac{EyM}{EI_z} = \frac{My}{I_z}$$

或简写为

$$\boxed{\sigma = \frac{My}{I_z}} \tag{6.7}$$

式中：M 为横截面上的弯矩；y 为横截面上欲求点到中性轴的距离；I_z 为横截面对中性轴 z 的惯性矩。

式（6.7）就是梁在纯弯曲时横截面上任意点处的**正应力计算公式**。

在式（6.7）中，将弯矩 M 和坐标 y 按规定的正负号代入，所得正应力若为正值，即为拉应力；若为负值，则为压应力。在具体计算时，也可不必考虑弯矩和坐标的正负号，直接代入其绝对值，再根据梁变形的情况判断所求点的正应力是拉应力还是压应力，即以中性层为界，凸边一侧的为拉应力，凹边一侧的为压应力。

6.2.2 弯曲正应力公式的适用范围

（1）式（6.7）是在平面弯曲的前提下推导的，只能用于发生平面弯曲的梁（外力作用面与轴线的弯曲平面为同一平面）。

（2）式（6.7）在推导过程中应用了胡克定律，因此只适用于线弹性范围内的变形。

（3）式（6.7）是从矩形截面梁推导出的，但对具有一个纵向对称面（如工字形、T 字形、圆形等）的梁也都适用。

（4）式（6.7）是在纯弯曲情况下，以平面假设为基础而推导出的，在横力弯曲时，由于横截面上有切应力存在，会使截面发生翘曲，且当梁的跨度 l 和截面高度 h 之比 $\frac{l}{h} > 5$ 时，剪力的影响很小；因此，式（6.7）可推广到横力弯曲时梁的弯曲正应力计算。

【例 6.1】 如图 6.5（a）所示的矩形截面悬臂梁，已知 $I_z = \frac{bh^3}{12}$，试求：（1）固定端截面上点 k 处的弯曲正应力；（2）固定端截面上的最大弯曲正应力；（3）梁上的最大弯曲正应力。

【解】 画出梁的弯矩图，如图 6.5（b）所示。

（1）求截面 B 上点 k 处的弯曲正应力。

由弯矩图知 $M_B = \frac{qa^2}{2}$。因为 M_B 为正弯矩，点 k 位于中性轴以上，故为压应力，即

$$\sigma_k = \frac{M_B y_k}{I_z} = \frac{M_B(\frac{h}{4})}{I_z} = \frac{3qa^2}{2bh^2}\text{（压应力）}$$

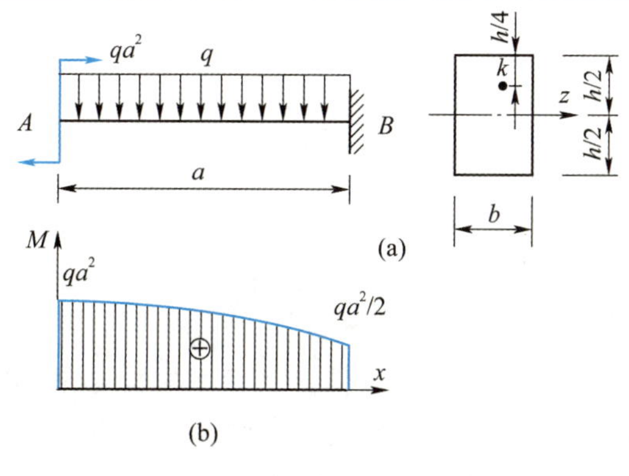

图 6.5 例 6.1 图

（2）求截面 B 上的最大正应力。

由于横截面 B 关于中性轴对称，因此截面上边缘的最大压应力和下边缘的最大拉应力数值相等，则有

$$\sigma_{B,\ \max}=\frac{M_B y_{\max}}{I_z}=\frac{\frac{qa^2}{2}\ \frac{h}{2}}{\frac{bh^3}{12}}=\frac{3qa^2}{bh^2}$$

（3）求梁上的最大正应力。

梁上的最大正应力发生在弯矩最大的横截面上距离中性轴最远的各点处，并且最大的拉应力和最大的压应力相等，所以有

$$\sigma_{\max}=\frac{M_{\max}y_{\max}}{I_z}=\frac{qa^2\ \frac{h}{2}}{\frac{bh^3}{12}}=\frac{6qa^2}{bh^2}$$

6.3 横力弯曲时梁横截面上的正应力·正应力强度条件与计算

6.3.1 最大正应力

当梁的跨度 l 和截面高度 h 之比 $\frac{l}{h}>5$ 时，式（6.7）可推广到横力弯曲时梁的弯曲正应力计算。

对于等直梁，由式（6.7）可知，梁的最大正应力发生在最大弯矩所在横截面上离中性轴最远点处，设 $y_{\max}$ 为最远点处到中性轴的距离，则梁上最大正应力为

$$\sigma_{\max}=\left(\frac{My}{I_z}\right)_{\max}=\frac{M_{\max}y_{\max}}{I_z}$$

将上式改写为

$$\sigma_{\max}=\frac{M_{\max}}{I_z/y_{\max}}$$

并令

$$W_z = \frac{I_z}{y_{max}} \tag{6.8}$$

则有

$$\sigma_{max} = \frac{M_{max}}{W_z} \tag{6.9}$$

式中：W_z 称为抗弯截面系数或称抗弯截面模量，其量纲为长度的3次方，它是与截面尺寸和形状有关的几何量，反映了截面尺寸和形状对弯曲强度的影响。

显然，W_z 值越大，抗弯强度就越高。

对于高为 h 、宽为 b 的矩形截面，有

$$W_z = \frac{I_z}{y_{max}} = \frac{bh^3/12}{h/2} = \frac{bh^2}{6}$$

对于直径为 d 的圆形截面，有

$$W_z = \frac{I_z}{y_{max}} = \frac{\pi d^4/64}{d/2} = \frac{\pi d^3}{32}$$

各种型钢截面的 W_z 值可在附录型钢表中查得。

6.3.2 基于正应力强度条件与强度计算

为了保证梁能安全地工作，应使梁横截面上的最大正应力 σ_{max} 不超过材料的单向受力时的许用应力 $[\sigma]$ 。

对于钢材等塑性材料组成的梁，因拉压同强度，所以其中性轴通常为对称轴，其正应力强度条件为

$$\sigma_{max} = \frac{M_{max}}{W_z} \leqslant [\sigma] \tag{6.10}$$

应用式（6.10）正应力强度条件，可解决以下3类强度计算问题。

1. 校核强度

当梁上载荷（M_{max}）、梁及截面形状尺寸（I_z、W_z）以及材料许用应力（$[\sigma]$）均为已知时，检验梁是否满足强度条件。也就是说，验证强度条件式（6.10）中的不等式是否成立，并由此判断梁的强度是否满足，即

$$\frac{M_{max}}{W_z} \overset{?}{\leqslant} [\sigma]$$

2. 截面设计

当梁上载荷（M_{max}）、材料许用应力（$[\sigma]$）均为已知时，可由式（6.10）先确定梁的抗弯截面系数 W_z ，再根据所选的截面形状特征，进一步确定截面的几何尺寸或查型钢表确定型钢的型号。

3. 确定许可载荷

当梁及截面形状尺寸（I_z、W_z）以及材料许用应力（$[\sigma]$）均为已知时，可由式(6.10) 先确定梁所能承受的许可最大弯矩（M_{max}），再由 M_{max} 与载荷间的静力平衡条件确定梁所能承受的最大载荷。

下面分别举例说明它们的应用。

【例 6.2】 图 6.6（a）所示的外伸梁，选用 28a 号槽钢，$[\sigma]$ = 170 MPa，试校核强度。

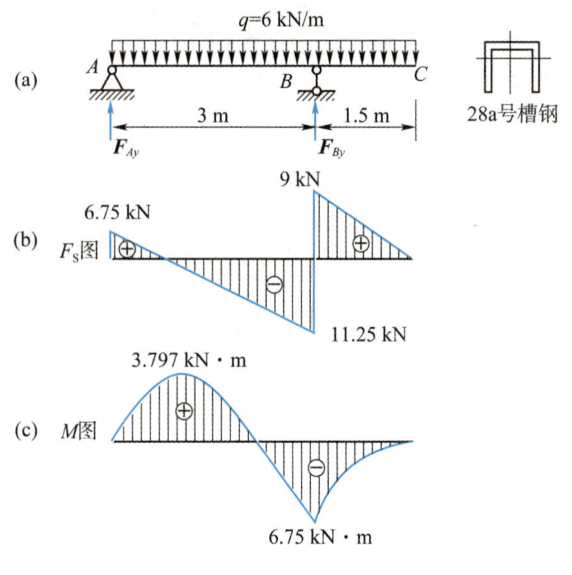

图 6.6 例 6.2 图

【解】（1）求支反力。

根据梁的整体平衡方程，求得 F_{Ay} = 6.75 kN，F_{By} = 20.25 kN。

（2）作剪力图、弯矩图，求最大弯矩。

如图 6.6（b）所示，由于该题只给出了梁的许用正应力 $[\sigma]$，因此只需对其进行弯曲正应力强度条件的计算即可，也可以不作剪力图，而直接作出弯矩图。由图 6.6（c）可得，最大弯矩为

$$|M|_{max} = 6.75\ \text{kN}\cdot\text{m}$$

（3）弯曲正应力强度条件的应用。

查附录型钢表，可得 28a 号槽钢的抗弯截面系数 W_z = 35.7 cm³，将其代入式（6.10），计算最大弯曲正应力，即

$$\sigma_{max} = \frac{M_{max}}{W_z} = \frac{6.75\times10^3\times10^3}{35.7\times10^3}\ \text{MPa} = 189.1\ \text{MPa} > [\sigma]$$

由此可见，梁内最大弯曲正应力 σ_{max} = 189.1 MPa 超过了 28a 号槽钢的许用应力 $[\sigma]$ = 170 MPa，不满足强度条件。

重新选择 28b 号槽钢，查表得 W_z = 37.9 cm³，则

$$\sigma_{max} = \frac{M_{max}}{W_z} = \frac{6.75\times10^3\times10^3}{37.9\times10^3}\ \text{MPa} = 178.1\ \text{MPa} > [\sigma]$$

仍不满足强度条件。

再重新选择 28c 号槽钢，此时 $W_z = 40.3\ \text{cm}^3$，则

$$\sigma_{\max} = \frac{M_{\max}}{W_z} = \frac{6.75 \times 10^3 \times 10^3}{40.3 \times 10^3}\ \text{MPa} = 167.5\ \text{MPa} < [\sigma]$$

所以，选择 28a 号槽钢强度不够，要选择 28c 号槽钢才能满足强度要求。

【例 6.3】图 6.7（a）所示的外伸梁，$h = 2b = 20\ \text{cm}$，$[\sigma] = 160\ \text{MPa}$，求许可载荷 $[P]$。

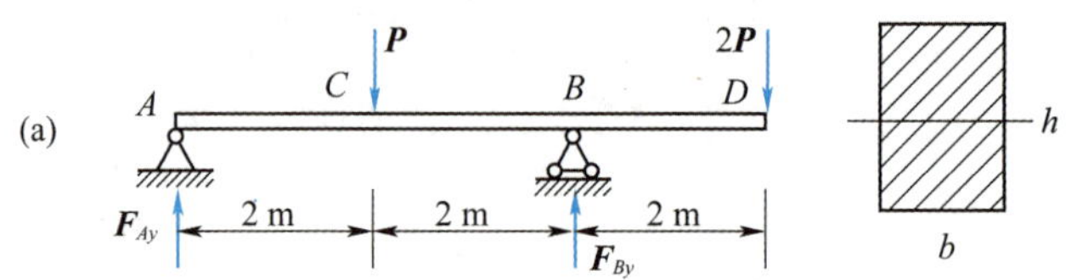

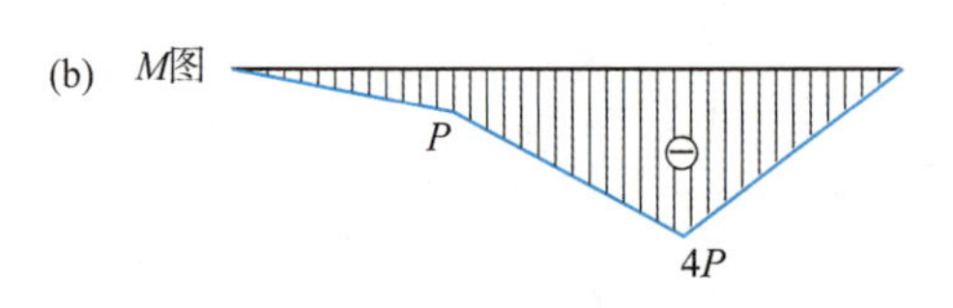

图 6.7　例 6.3 图

【解】（1）求支反力，$F_{Ay} = -\dfrac{1}{2}P(\downarrow)$，$F_{By} = \dfrac{7}{2}P(\uparrow)$。

作弯矩图得 $|M|_{\max} = M_B = 4P$。

（2）抗弯截面系数

$$W_z = \frac{bh^2}{6} = \frac{b(2b)^2}{6} = \frac{2b^3}{3} = \frac{2 \times 10^3}{3}\ \text{mm}^3 = 0.667 \times 10^6\ \text{mm}^3$$

（3）由正应力强度条件 $\sigma_{\max} = \dfrac{|M|_{\max}}{W_z} \leqslant [\sigma]$，有

$$\sigma_{\max} = \frac{4P}{W_z} \leqslant 160\ \text{MPa}$$

得 $P \leqslant \dfrac{160}{4} W_z = 40 \times 0.667 \times 10^6\ \text{N} = 26\ 670\ \text{N} = 26.67\ \text{kN}$。

所以，最大许可载荷为 $[P] = 26.67\ \text{kN}$。

【例 6.4】试分别按给定的 3 种条件对图 6.8（a）所示简支梁进行截面尺寸设计。已知梁的 $[\sigma] = 160\ \text{MPa}$，$l = 4\ \text{m}$，$q = 10\ \text{kN/m}$。3 种条件分别为：（1）设计圆截面，直径为 d；（2）设计 $b : h = 1 : 2$ 的矩形截面；（3）设计工字形截面。并说明哪种截面最省材料。

【解】作梁的内力图，并由弯矩图 6.8（c）可知：最大弯矩在剪力为 0 的截面处，则

$$M_{\max} = \frac{9ql^2}{128} = 11.25\ \text{kN} \cdot \text{m}$$

若按条件（1）设计圆形截面，则由强度条件 $\sigma_{\max} = \dfrac{M_{\max}}{W_z} \leqslant [\sigma]$，有

$$W_z = \frac{\pi d^3}{32} \geqslant \frac{M_{\max}}{[\sigma]} = \frac{11.25 \times 10^6}{160}\ \text{mm}^3 = 70\ 312.5\ \text{mm}^3$$

解得 $d \geqslant 89.49\ \text{mm}$，对应的圆形横截面积 $A \geqslant \dfrac{\pi d^2}{4} = 6\ 286.6\ \text{mm}^2$。

若按条件（2）设计 $b:h=1:2$ 的矩形截面，则有

$$W_z=\frac{bh^2}{6}=\frac{2b^3}{3}\geqslant\frac{M_{\max}}{[\sigma]}=\frac{11.25\times10^6}{160}\ \text{mm}^3=70\ 312.5\ \text{mm}^3$$

解得 $b\geqslant47.25\ \text{mm}$，对应的横截面积 $A\geqslant bh=2b^2=2\ 232.28\ \text{mm}^2$。

若按条件（3）设计工字形截面，则有

$$W_z\geqslant\frac{M_{\max}}{[\sigma]}=\frac{11.25\times10^6}{160}\ \text{mm}^3=70\ 312.5\ \text{mm}^3$$

通过查表选择 12.6 号工字钢，其 $W_z=0.775\times10^5\ \text{mm}^3$，面积为 $A=1\ 811.80\ \text{mm}^2$。

通过对上面 3 种形状截面面积大小的比较，可知采用工字形截面最省材料。

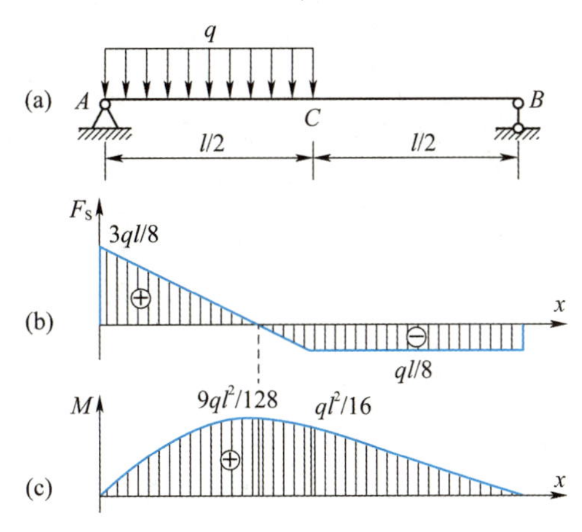

图 6.8　例 6.4 图（M 图按机械类规定）

对于铸铁等脆性材料组成的梁，因许用拉应力 $[\sigma_t]$ 和许用压应力 $[\sigma_c]$ 不相同，所以工程上通常把梁的横截面制成中性轴为非对称轴的形状，是为了充分发挥材料的性能，如图 6.9 所示的 T 字形截面。

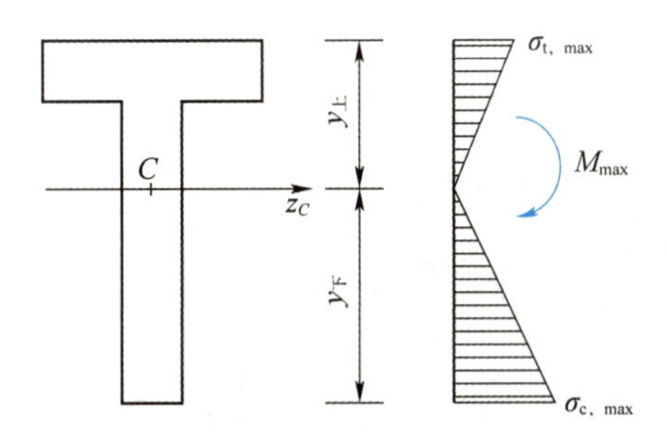

图 6.9　T 形截面梁的弯曲正应力分布

此类情形下应分别对最大拉应力 $\sigma_{t,\max}$ 和最大压应力 $\sigma_{c,\max}$ 危险点进行计算，即

$$\boxed{\begin{aligned}\sigma_{t,\max}&\leqslant[\sigma_t]\\ \sigma_{c,\max}&\leqslant[\sigma_c]\end{aligned}}\qquad(6.11\text{a})$$

注意：梁的最大拉应力 $\sigma_{t,\max}$ 可能出现在两个位置：$M_{\max}^{+}$ 截面的下边缘，或 $M_{\max}^{-}$ 截面的上边缘；梁的最大压应力 $\sigma_{c,\max}$ 也可能出现在两个位置：$M_{\max}^{+}$ 截面的上边缘，或 $M_{\max}^{-}$ 截面的下边缘，即

$$\sigma_{t,\ max} = \max\left\{\frac{M_{max}^{+} y_{下}}{I_z},\ \frac{|M_{max}^{-}| y_{上}}{I_z}\right\} \tag{6.11b}$$

$$\sigma_{c,\ max} = \max\left\{\frac{M_{max}^{+} y_{上}}{I_z},\ \frac{|M_{max}^{-}| y_{下}}{I_z}\right\} \tag{6.11c}$$

【例 6.5】铸铁梁的横截面为 T 形，所受载荷、截面尺寸、截面摆放方式如图 6.10（a）所示，已知 $y_1 = 70\ \text{mm}$，$I_{z_C} = 4.65 \times 10^7\ \text{mm}^4$，铸铁的许用拉应力为 $[\sigma_t] = 25\ \text{MPa}$，许用压应力为 $[\sigma_c] = 50\ \text{MPa}$。（1）试校核铸铁梁的强度；（2）若将 T 形铸铁梁倒置摆放，请再校核该梁的强度。

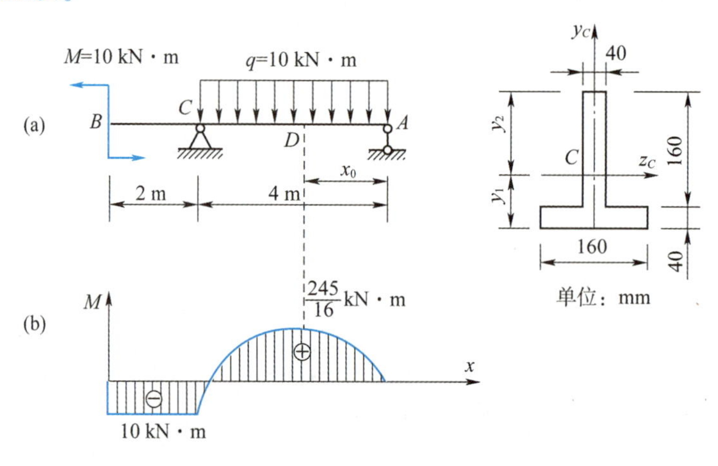

图 6.10 例 6.5 图（M 图按机械类规定）

【解】 由静力学平衡方程，求出梁的支座反力为

$$F_{Ay} = \frac{70}{4}\ \text{kN},\ F_{Cy} = \frac{90}{4}\ \text{kN}$$

绘出梁的弯矩图如图 6.10（b）所示。

最大正弯矩 M_{max}^{+} 所在位置及数值大小的确定：先写出 AC 段的内力方程

剪力方程 $$F_S(x) = qx - F_{Ay} = qx - \frac{70}{4}$$

弯矩方程 $$M(x) = F_{Ay}x - \frac{1}{2}qx^2$$

M_{max}^{+} 所在的截面 D 位置：可由 $F_S(x) = F_{Ay}x - \frac{1}{2}qx^2 = 0$ 确定，即 $x_0 = 1.75\ \text{m}$。

M_{max}^{+} 的数值：可将 $x_0 = 1.75\ \text{m}$ 代入 AC 段的弯矩方程中确定，即

$$M(x_0) = M_{max}^{+} = M_D = \frac{245}{16}\ \text{kN} \cdot \text{m}$$

而最大负弯矩 M_{max}^{-} 位于 BC 段，其数值为 $M_{max}^{-} = M_{BC} = -10\ \text{kN} \cdot \text{m}$。

由于 T 形截面的中性轴 z 为非对称轴，铸铁为脆性材料，因此在同一横截面上的最大拉应力和最大压应力的值并不相等。在此，必须由式（6.11）分别对最大拉应力 $\sigma_{t,\ max}$ 和最大压应力 $\sigma_{c,\ max}$ 危险点进行计算。

梁的最大拉应力 $\sigma_{t,\ max}$ 可能出现在两个位置：M_{max}^{+} 截面（截面 D）的下边缘，或 M_{max}^{-} 截

面（BC段截面）的上边缘，即

$$\sigma_{t,\max}=\frac{M_{\max}^{+}y_{下}}{I_z}=\frac{M_D y_1}{I_z}=\frac{\frac{245}{16}\times10^6\times70}{4.65\times10^7}\text{ MPa}=23\text{ MPa}<[\sigma_t] \tag{a}$$

$$\sigma_{t,\max}=\frac{|M_{\max}^{-}|y_{上}}{I_z}=\frac{M_{BC}y_2}{I_z}=\frac{10\times10^6\times130}{4.65\times10^7}\text{ MPa}=28\text{MPa}>[\sigma_t] \tag{b}$$

梁的最大压应力$\sigma_{c,\max}$也可能出现在两个位置：$M_{\max}^{+}$截面（截面D）的上边缘，或$M_{\max}^{-}$截面（BC段截面）的下边缘，即

$$\sigma_{c,\max}=\frac{M_{\max}^{+}y_{上}}{I_z}=\frac{M_D y_2}{I_z}=\frac{\frac{245}{16}\times10^6\times130}{4.65\times10^7}\text{ MPa}=42.8\text{ MPa}<[\sigma_c] \tag{c}$$

$$\sigma_{c,\max}=\frac{|M_{\max}^{-}|y_{下}}{I_z}=\frac{M_{BC}y_1}{I_z}=\frac{10\times10^6\times70}{4.65\times10^7}\text{ MPa}=15.1\text{ MPa}<[\sigma_c] \tag{d}$$

显然，本例中的（b）式不满足强度条件，故该梁的强度不够。

注意：本例中的$\sigma_{c,\max}$可不用计算，因为$M_{\max}^{+}y_{上}>|M_{\max}^{-}|y_{下}$，故最大压应力$\sigma_{c,\max}$只可能出现在$M_{\max}^{+}$截面（截面$D$）的上边缘，而不可能出现在$M_{\max}^{-}$截面（$BC$段截面）的下边缘。

*6.4　横力弯曲时梁横截面上的切应力·切应力强度条件与计算

横力弯曲时，横截面上既有剪力、又有弯矩，因此横截面上必然既有正应力、又有切应力。切应力的分布因截面形状不同而有很大的差别，下面针对不同截面形状分别讨论。

二维码

6.4.1　矩形截面梁

1. 切应力分布假设

如图6.11（a）所示，矩形截面梁横截面上的剪力F_S与截面对称轴轴y重合，根据切应力互等定理可知，在横截面的两侧边缘，切应力的方向一定平行于截面侧边。如果横截面为狭长矩形，那么可以认为，沿截面宽度各点切应力也平行于侧边，而且切应力的大小变化不大。根据以上分析，对截面上的切应力分布规律作如下两个假设：

（1）横截面上各点处的切应力方向均平行于截面侧边，即τ的方向与F_S相同；

（2）切应力沿截面宽度均匀分布，即距中性轴等远的各点处τ的大小相等。

根据进一步研究可知，当横截面高度h大于其宽度b时，由上述假设所建立的切应力公式是足够准确的。有了以上这两个假设，将使切应力的计算大为简化，仅通过静力平等条件，就可以推导出切应力的计算公式。

2. 切应力公式推导

矩形截面简支梁如图6.11（a）所示，分析截面$m—n$上距中性轴为y的水平线pq上的切应力τ_y的计算公式，如图6.11（b）所示。

用相距 dx 的横截面 m—n 和 m_1—n_1 从梁中截取一微段 dx，设在该微段上无横向外力作用，则左右两横截面上剪力相等，均为 F_S，但弯矩不同，m—n 截面上的弯矩为 M，m_1—n_1 截面上的弯矩为 $M+\mathrm{d}M$，如图6.11（c）所示。相应的两截面上的 τ_y 相等，而正应力不同，同一 y 坐标处 m_1—n_1 截面上的正应力 σ_2 大于 m—n 截面上的正应力 σ_1。

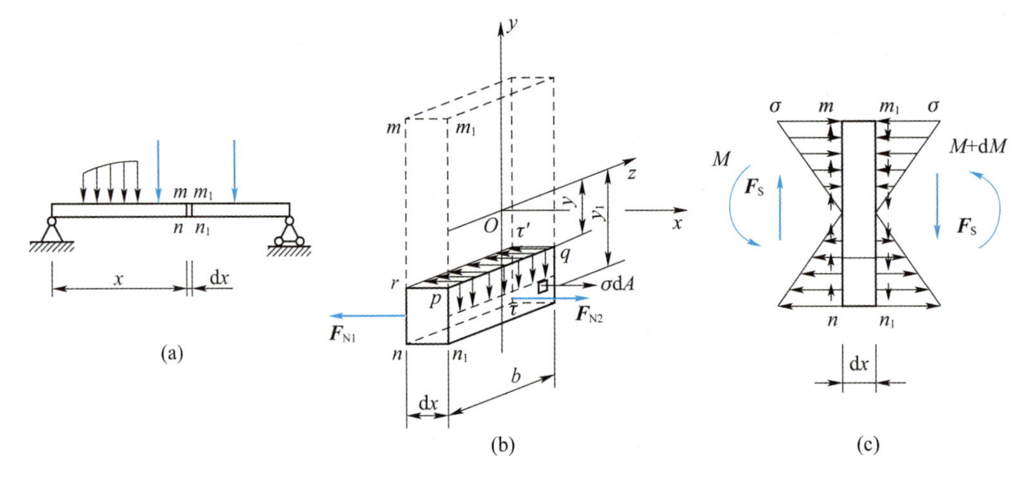

图6.11 弯曲切应力公式推导

由于直接推导距中性轴为 y 的 pq 线上各点处切应力 τ_y 比较困难，因为采用间接办法，沿 pq 线再用一个纵截面将微段切开，取脱离体，如图6.11（b）所示。根据切应力互等定理可知，脱离体顶面上也一定有切应力 τ_y'，并且 $\tau_y'=\tau_y$，只要求得 τ_y' 即可。

切应力 τ_y' 可通过脱离体上各力的平衡关系求得，设脱离体左右侧横截面均为 A^*，其正应力分别是 σ_1 和 σ_2，相应合成法向内力为 F_{N1}、F_{N2}，在其顶面上的水平切应力 τ_y'，合成水平剪力 dT，考虑脱离体的平衡，即

$$\mathrm{d}T = F_{N2} - F_{N1} \tag{a}$$

式（a）中，法向内力分别为

$$F_{N1} = \int_{A*}\sigma_1\mathrm{d}A = \int_{A*}\frac{My_1}{I_z}\mathrm{d}A = \frac{M}{I_z}\int_{A*}y_1\mathrm{d}A = \frac{M}{I_z}S_z^* \tag{b}$$

式中：$S_z^* = \int_{A*}y_1\mathrm{d}A$，称为截面 A^* 对中性轴 z 的静距。

同理

$$F_{N2} = \frac{M+\mathrm{d}M}{I_z}S_z^* \tag{c}$$

根据切应力互等定理和 τ 沿截面宽度均匀分布假设可知 $\tau_y'=\tau_y$，而且 τ_y' 沿截面宽度也是均匀分布的，所以

$$\mathrm{d}T = \tau_y'b\mathrm{d}x = \tau_y b\mathrm{d}x \tag{d}$$

将本例中的（b）式、（c）式和（d）式代入（a）式，得

$$\tau_y b\mathrm{d}x = \frac{M+\mathrm{d}M}{I_z}S_z^* - \frac{M}{I_z}S_z^*$$

整理后得 $\tau_y = \dfrac{\mathrm{d}M}{\mathrm{d}x}\dfrac{S_z^*}{I_z b}$，将 $\dfrac{\mathrm{d}M}{\mathrm{d}x}=F_S$ 代入上式，得

$$\tau_y = \frac{F_S S_z^*}{I_z b} \text{ 或 } \boxed{\tau = \frac{F_S S_z^*}{I_z b}} \tag{6.12}$$

式中：F_S 为横截面上的剪力；I_z 为整个横截面对中性轴 z 的惯性矩；b 为横截面在所求切应力处的宽度；S_z^* 为所求切应力处横线一侧部分面积 A^* 对中性轴 z 的静距。

3. 切应力沿截面高度的变化规律

对矩形截面梁的某一横截面来说，式（6.12）中的 F_S、I_z、b 均为常量，只有静矩 S_z^* 随着所求应力点到中性轴的距离 y 而变化，如图 6.12（a）所示，面积 A^* 对中性轴的静矩为

$$S_z^* = A^* y_C^* = b\left(\frac{h}{2} - y\right)\left[y + \left(\frac{h}{2} - y\right)\Big/2\right] = \frac{b}{2}\left(\frac{h^2}{4} - y^2\right)$$

将上式及 $I_z = \frac{1}{12}bh^3$ 代入式（6.12），得

$$\tau_y = \frac{6F_S}{bh^3}\left(\frac{h^2}{4} - y^2\right) \tag{6.13}$$

式（6.13）表明，切应力沿截面高度按二次抛物线规律变化，如图 6.12（b）所示，当 $y = \pm\frac{h}{2}$ 时，$\tau_y = 0$，即横截面上、下边缘处切应力为 0。当 $y = 0$ 时，$\tau_y = \tau_{max}$，即中性轴上切应力最大，其值为

$$\tau_{max} = \frac{6F_S}{bh^3}\frac{h^2}{4} = \frac{3}{2}\frac{F_S}{bh} = \frac{3}{2}\frac{F_S}{A} \text{ 或 } \boxed{\tau_{max} = \frac{3}{2}\frac{F_S}{A}} \tag{6.14}$$

即表明矩形截面上的最大切应力为截面上平均切应力的 $\frac{3}{2}$ 倍。

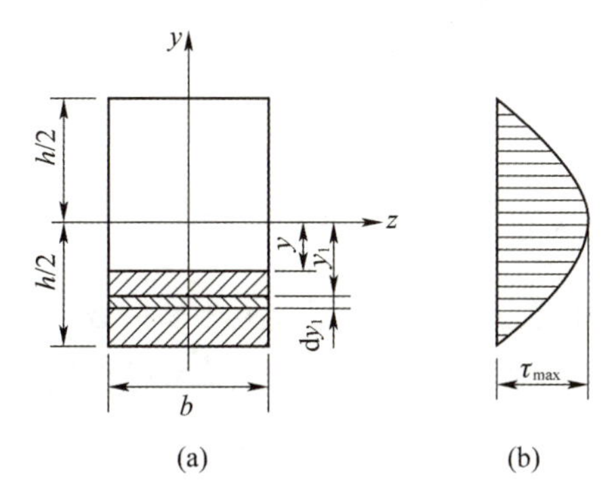

图 6.12　矩形截面梁的弯曲切应力分布

6.4.2　工字形截面

在导出式（6.12）时，只使用了切应力的分布假设，并没有利用矩形截面的条件，所以式（6.12）是通用公式。在工字型截面中，翼缘上的切应力分布很复杂，数值又很小，在材料力学中不作研究。腹板上的切应力数值很大，其分布符合前面的假设，可以直接使用式（6.12）计算。

如图 6.13（a）所示，截面静矩为

$$S_z^* = B\left(\frac{H}{2} - \frac{h}{2}\right)\frac{1}{2}\left(\frac{H}{2} + \frac{h}{2}\right) + b\left(\frac{h}{2} - y\right)\frac{1}{2}\left(\frac{h}{2} + y\right)$$

$$= \frac{B}{8}(H^2 - h^2) + \frac{b}{2}\left(\frac{h^2}{4} - y^2\right)$$

将其代入式（6.12）得到

$$\tau_y = \frac{F_S}{bI_z}\left[\frac{B}{8}(H^2 - h^2) + \frac{b}{2}\left(\frac{h^2}{4} - y^2\right)\right] \tag{6.15a}$$

其分布规律如图6.13（b）所示，从而腹板内的最大、最小切应力分别为

$$\tau_{max} = \frac{F_S}{bI_z}\left[\frac{B}{8}(H^2 - h^2) + \frac{bh^2}{8}\right] = \frac{F_S}{bI_z}\left[\frac{BH^2}{8} - (B - b)\frac{h^2}{8}\right]$$

$$\tau_{min} = \frac{F_S}{bI_z}\left[\frac{B}{8}(H^2 - h^2)\right] = \frac{F_S}{bI_z}\left[\frac{BH^2}{8} - \frac{Bh^2}{8}\right] \approx \tau_{max}$$

由于一般的工字钢 $B \gg b$，因此 $(B - b) \approx B$，最大、最小的切应力几乎相等，抛物线分布规律变成了矩形图形，近似认为腹板中的切应力是均匀分布的。同时，腹板承担了横截面的绝大部分剪力，在近似计算时，腹板上的切应力可以近似用下式计算：

$$\tau \approx \frac{F_S}{bh} \tag{6.15b}$$

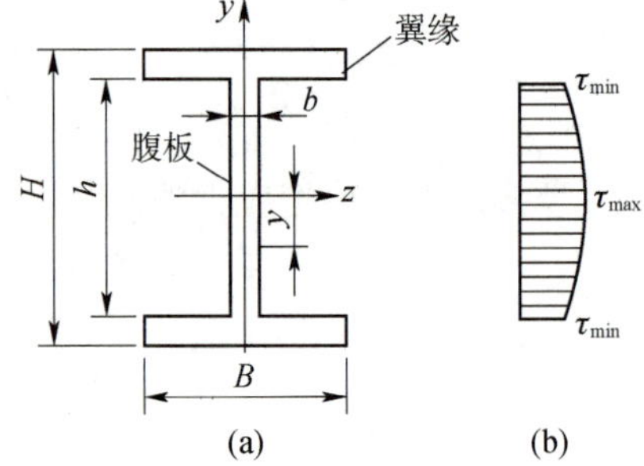

图6.13　工字形截面梁腹板内的切应力分布

工字形截面梁的腹板与翼缘分工较好，腹板主要承担截面上的剪力，而翼缘主要承担弯矩。所以，工字形是比较合理的梁截面形状，在工程上被广泛采用。

6.4.3　圆形截面梁

如图6.14（a）所示，对于圆形截面梁，可以采用与前述完全相同的方法来推导其最大切应力公式，即

$$\boxed{\tau_{max} = \frac{4}{3}\frac{F_S}{A}} \tag{6.16}$$

式中：A 为圆形截面的面积；F_S 为作用在整个截面上的剪力。

式（6.16）表明圆形截面梁上的最大切应力 τ_{max} 是平均切应力 $\frac{F_S}{A}$ 的 $\frac{4}{3}$ 倍。

6.4.4 圆环形截面梁

如图6.14（b）所示，圆环形截面梁上的最大切应力仍发生在中性轴上，其计算公式为

$$\tau_{\max} = 2\frac{F_S}{A} \tag{6.17}$$

式中：A 为圆环形截面的面积。

可见，圆形环截面梁的最大切应力是其平均切应力 $\frac{F_S}{A}$ 的2倍。

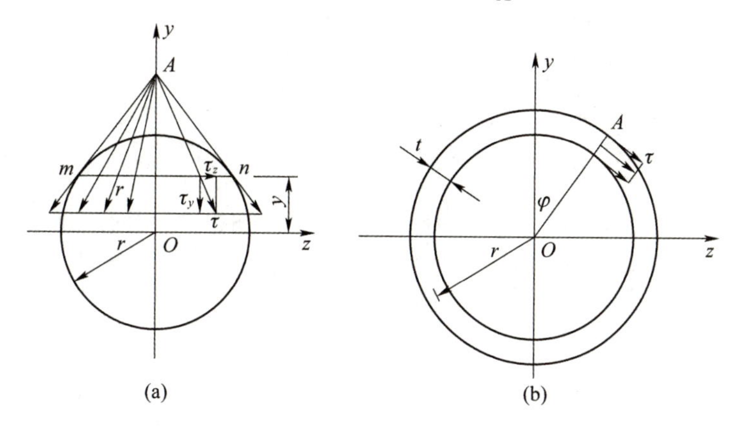

图6.14 圆形、圆环形截面的弯曲切应力

综合起来，4种常见截面上的最大切应力与平均切应力之间的关系为

$$\tau_{\max} = \alpha\bar{\tau}$$

式中：矩形截面，$\alpha = \frac{3}{2}$；工字形截面，$\alpha \approx 1$；实心圆截面，$\alpha = \frac{4}{3}$；圆环形截面，$\alpha = 2$。

6.4.5 基于切应力的强度条件与强度计算

对于各种形状的等直梁，其最大切应力一般都发生在最大剪力所在横截面上的中性轴处，并可写成统一表达式

$$\tau_{\max} = \frac{F_{S,\max}S_{z,\max}^*}{I_z b} \tag{6.18}$$

式中：$S_{z,\max}^*$ 为中性轴一侧半个截面对中性轴的静矩，b 为横截面中性轴处的宽度。

在梁的强度计算中，必须同时满足梁的弯曲正应力和弯曲切应力两个强度条件。在工程中，通常是先按正应力强度条件选择截面尺寸，然后再进行切应力强度校核。

从前面的讨论知道，最大切应力发生在中性轴上，这里恰好正应力 $\sigma = 0$，所以可以像处理圆轴扭转一样来校核切应力，即

$$\tau_{\max} = \frac{F_{S,\max}S_{z,\max}^*}{I_z b} \leqslant [\tau] \tag{6.19}$$

式中：$[\tau]$ 为材料的许用切应力。

一般顺序是首先进行正应力强度条件校核，如果需要，再进行切应力校核。附录型钢表

中给出了工字钢 $I_z : S_z^*$ 的比值，进而可以计算工字钢的 τ_{max} 。

【例 6.6】一悬臂梁长为 800 mm，在自由端受一集中力 F 的作用。梁由 3 块 50 mm×100 mm 的木板胶合而成，如图 6.15 所示，图中 z 轴为中性轴。胶合缝的许用切应力 $[\tau]=0.35\ \text{MPa}$ 。试按胶合缝的切应力强度求许可载荷 $[F]$；并求在此载荷作用下，梁的最大弯曲正应力。

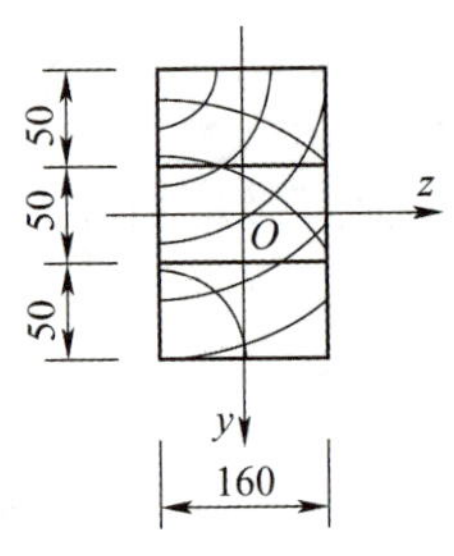

图 6.15　例 6.6 图

【解】(1) 易知梁各横截面上的剪力都等于 F，可任取一横截面计算。由于两胶合缝关于中性轴对称，因此两胶合缝上的切应力相等，只需要计算其中一条即可。由

$$\tau=\frac{F_S S_z^*}{I_z b}\leqslant[\tau]$$

$$\tau=\frac{F\times 50\times 100\times 50}{\frac{1}{12}\times 100\times 150^3\times 100}\leqslant[\tau]=0.35\ \text{MPa}$$

可得

$$F\leqslant 3\,937.5\ \text{N}\approx 3.94\ \text{kN}$$

故许可载荷 $[F]=3.94\ \text{kN}$。

(2) 易知梁的最大弯矩出现在固定端截面上，大小为 $M_{max}=3.152\ \text{kN}\cdot\text{m}$ ，由弯曲正应力公式可得

$$\sigma_{max}=\frac{M_{max}}{W_z}=\frac{3.152\times 10^6}{\frac{1}{6}\times 100\times 150^2}\ \text{MPa}=8.41\ \text{MPa}$$

【例 6.7】矩形截面梁如图 6.16 (a) 所示，$h=2b$ ，许用应力 $[\sigma]=120\ \text{MPa}$，$[\tau]=50\ \text{MPa}$ ，试确定截面尺寸 b、h 。

【解】(1) 求支反力，作剪力图与弯矩图，如图 6.16 (b)、(c) 所示。

由图得到：$|F_{max}|=60\ \text{kN}$，$|M_{max}|=30\ \text{kN}\cdot\text{m}$。

(2) 按弯曲正应力强度条件计算。

抗弯截面系数：$W_z=\dfrac{bh^2}{6}=\dfrac{2b^3}{3}$。由

$$\frac{|M_{max}|}{W_z}=\frac{30\times 10^6}{2b^3/3}\leqslant[\sigma]=120\ \text{MPa}$$

得

$$b\geqslant 72.1\ \text{mm}$$

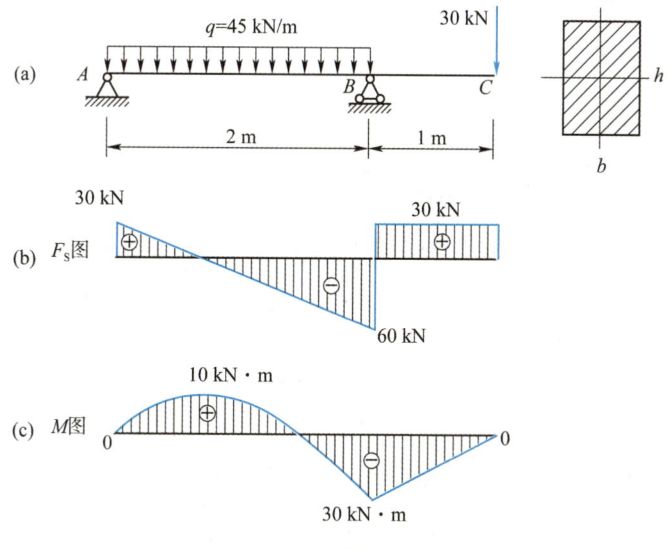

图6.16 例6.7图

（3）按弯曲切应力强度条件计算。由

$$\tau_{max} = \frac{3}{2}\bar{\tau} = \frac{3}{2}\frac{|F_S|_{max}}{bh} = \frac{3}{2} \times \frac{60 \times 10^3 N}{b \times 2b} \leqslant [\tau] = 50 \text{ MPa}$$

得

$$b \geqslant 30.0 \text{ mm}$$

综合计算结果得到：$b \geqslant 72.1$ mm，$h = 2b \geqslant 144.2$ mm，取整 $h = 2b = 145$ mm，即可同时满足弯曲正应力强度条件和弯曲切应力强度条件要求。

在本例中，既给定了［σ］，又给定了［τ］，因此可以按相应的强度条件分别进行计算；或者先按弯曲正应力强度条件计算截面尺寸，然后再校核弯曲切应力强度条件。

∗6.5 开口薄壁截面梁的弯曲切应力·弯曲中心的概念

根据前面的分析可以知道：当杆件具有纵向对称面，且横向力作用在此对称面内时，或者杆件无纵向对称面，但是外力偶矩作用在截面形心主惯性平面内时，杆件只发生平面弯曲变形；如果杆件无纵向对称平面，而横向力又作用在形心主惯性平面内，则此时截面上的切应力的合力通常不通过截面形心，杆件除产生弯曲变形外，还要产生扭转变形，如图6.17（a）所示。对于实心截面杆件，由于杆件的抗扭刚度大，扭转变形相对较小，可以不必考虑；但是，对于开口薄壁杆件，由于其抗扭刚度较小，则必须考虑其扭转变形的影响，可以尽量改变载荷作用点的位置，使其不产生扭转变形。理论研究和试验证明，当横向力作用在平行于形心主惯性平面且通过某一特殊点时，杆件只有弯曲变形，而没有扭转变形，这一特殊点 K 称为弯曲中心。同时，它也在横截面上剪力的合力作用线上，又称为剪切中心。

下面以槽型截面梁为例来说明开口薄壁杆件弯曲中心的确定方法，如图6.17（b）所示的槽型截面，任一横截面上切应力的分布情况如图6.18（a）所示，将作用在上、下翼缘和腹板上的切应力分别用其合力 T'、T'' 和 T 来代替，如图6.18（b）所示，将其向腹板的形心 C 简化

得到一个合力 T 和合力偶矩 $T'h$ ，如图6.18（c）所示，利用力线平移定理可进一步简化为作用在点 K 的一个合剪力 F_S ，如图6.18（d）所示，点 K 到点 C 的距离 e 可由下式求得：

$$e=\frac{T'h}{T} \tag{6.20}$$

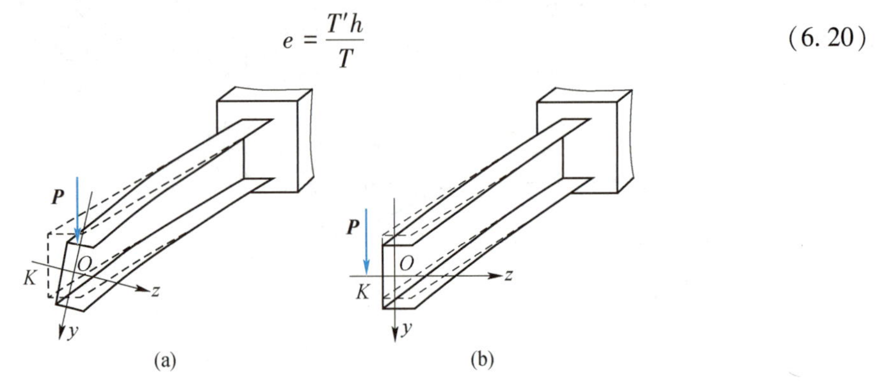

图6.17　外载荷作用方式与弯曲中心的关系

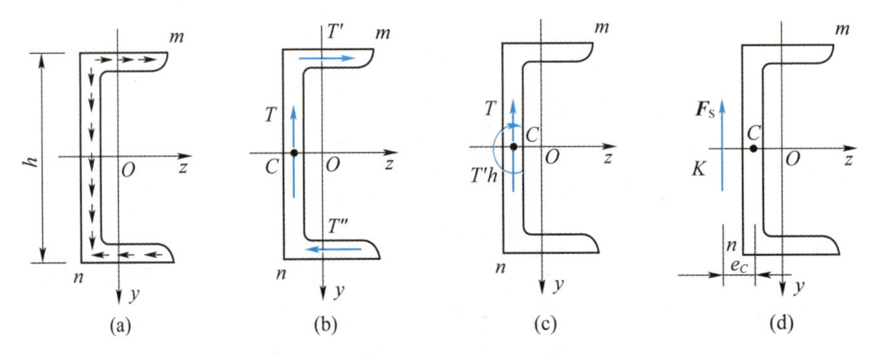

图6.18　槽型截面弯曲中心的确定

因此，当槽型截面形心上沿非对称轴方向受有集中力 F 作用时，在梁的任一横截面上的切应力的合剪力 F_S 已不再通过形心截面 O ，而是通过另一点 K ，因此它会使梁除了产生弯曲变形以外，还要产生扭转变形，点 K 即为所求截面的**弯曲中心**。

弯曲中心点的位置与外力 F 的大小和材料的性质无关，仅与截面的大小和形状有关，它是截面图形本身所具有的物理性质。当截面具有两个对称轴（如工字形截面）时，两对称轴线的交点（形心）就是弯曲中心，具有反对称轴线的截面（如Z形截面），形心也是弯曲中心；具有一个对称轴线（如T形、槽形、等边角钢、开口环形）的截面，其弯曲中心在对称轴与剪力 F_S 的交点。表6.1给出了常见开口薄壁截面弯曲中心的位置。

表6.1　常见开口薄壁截面弯曲中心的位置

截面形状	y, z, K, O, e, t, h, b	K, r, e	K, O, A	K, O
弯曲中心位置	$e=\frac{th^2b^2}{4I_z}$	$e=r_0$	在狭长矩形中线的交点	在形心上

6.6　提高梁弯曲强度的主要措施

设计梁时，一方面要保证梁有足够的强度，同时还要充分发挥材料的潜力，做到物尽其用，节省材料，减轻自重，使梁既安全又经济。

前面曾经指出，弯曲正应力是控制梁强度的主要因素，所以弯曲正应力强度条件 $\sigma_{max}=\dfrac{M_{max}}{W_z}\leqslant[\sigma]$ 往往是设计梁的主要依据。从该条件中可以看出，要提高梁的承载能力应从两方面考虑，一方面是合理安排梁的受力情况以降低 M_{max}；另一方面是采用合理的横截面形状以提高 W_z。下面将工程中常用的几种措施分述如下。

1. 采用合理截面形状

截面形状应该是面积 A 相等时，W_z 越大越合理，如一个高为 h、宽为 b 的矩形截面梁，设 $h>b$，如图 6.19（a）、（b）所示，截面立放时 $\left(W_{z_1}=\dfrac{bh^2}{6}\right)$ 比平放时 $\left(W_{z_2}=\dfrac{hb^2}{6}\right)$ 的抗弯截面系数大（$W_{z_1}>W_{z_2}$），故工程中的矩形梁一般多是立放的。

抗弯截面系数 W_z 与截面高度 h 的平方成正比 $\left(如矩形\ W_z=\dfrac{bh^2}{6}\right)$，故选择合理截面原则是当面积 A 一定时，尽可能增大截面的高度，并将较多的材料布置在远离中性轴的地方，以得到较大的抗弯截面系数。这个原则的合理性也可以由梁横截面上正应力分布规律来说明：当中性轴最远处的正应力达到许用应力时，中性轴附近各点处的正应力仍很小，而且它们离中性轴近，承担的弯矩也很小，所以越将较多的材料布置在远离中性轴的地方，则越能发挥材料的作用。同时，截面的高度增大了，相应的抗弯截面系数也增大了，这样的截面形状较为合理。例如，图 6.20 实线所示矩形截面梁，如把中性轴附近的材料挖出，移到上下边缘处成为工字形截面，使正应力较大区域的材料用量多，正应力较小区域的材料用量少，这样，材料的潜力得到充分发挥，而且在面积 A 不变的情况下、工字形截面的 W_z 比较大，故工字形截面比矩形截面合理。

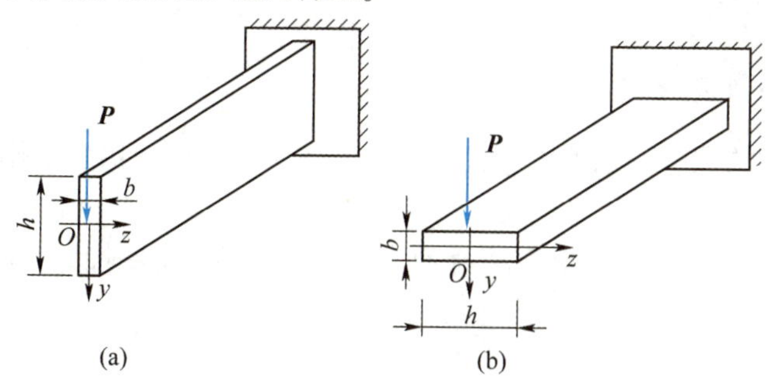

图 6.19　悬臂梁的两种放置方式

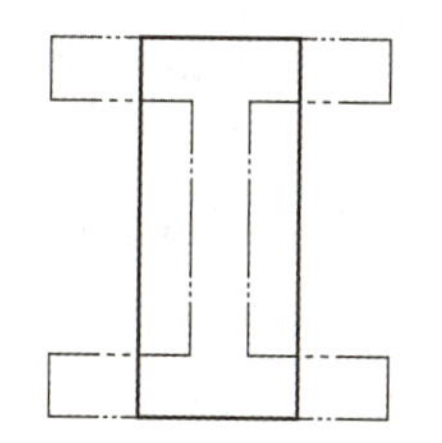

图 6.20　矩形截面与工字形截面

工程上，通常采用比值 W_z/A 来比较各种不同形状截面的经济性，比值 W_z/A 越大越合理。例如：

直径为 h 的圆形截面

$$\frac{W_z}{A}=\frac{\pi h^3/32}{\pi h^2/4}=\frac{h}{8}=0.125h$$

高为 h 、宽为 b 的矩形截面

$$\frac{W_z}{A}=\frac{bh^2/6}{bh}=\frac{h}{6}=0.167h$$

高为 h 的槽形及工字形截面

$$\frac{W_z}{A}=(0.27\sim0.31)h$$

可见，工字形、槽形截面比矩形截面合理，圆形截面相对不合理。这就是工程上广泛采用工字形、环形、箱形等截面梁的原因。

合理的截面形状还应该考虑材料的抗拉、抗压性能。对于抗拉与抗压强度相同的塑性材料，宜采用对中性轴对称的截面，如圆形、矩形、工字形等。这样可使截面上、下边缘处的最大拉应力和最大压应力数值相等，可同时接近许用应力。对于抗拉与抗压强度不相等的脆性材料，宜采用对中性轴不对称的截面，并使中性轴偏于截面受拉（强度较低）的一侧。例如，可采用图 6.21 所示的一些截面。对这类截面，如能使截面形心位置符合下列条件

$$\frac{y_1}{y_2}=\frac{[\sigma_t]}{[\sigma_c]}$$

则截面上的最大拉应力和最大压应力便可同时接近各自的许用应力。式中：$[\sigma_t]$ 为许用拉应力；$[\sigma_c]$ 为许用压应力。

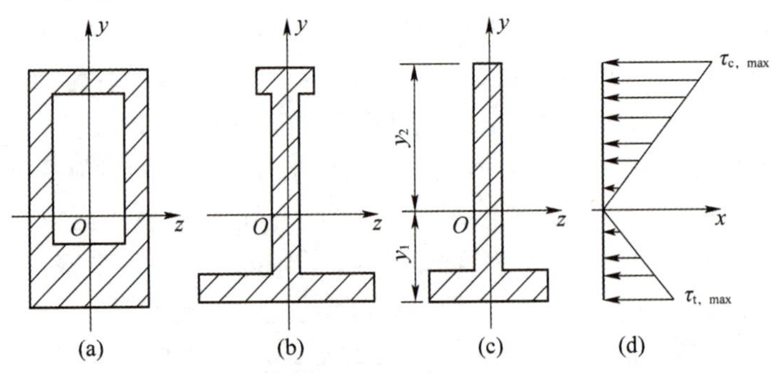

图 6.21　不同形状截面梁及弯曲正应力分布

对于用木材制成的梁，虽然材料的拉、压强度不等，但由于制造工艺的要求仍多采用矩形截面。

总之，在选择梁截面的合理形状时，应综合考虑横截面上的应力情况、材料的力学性能、梁的使用条件及制造工艺等因素。

2. 采用变截面梁

前面讨论的梁都是等截面的（W_z 为常量），其抗弯截面系数 W_z 是由正应力强度条件确定的，即

$$W_z\geqslant\frac{M_{\max}}{[\sigma]}$$

上式确定的是最大弯矩所在截面所需的截面尺寸。一般情况下，弯矩 $M(x)$ 是随截面位置的不同而改变的，如图6.22（a）所示，当最大弯矩所在截面上的弯曲正应力达到许用应力 $[\sigma]$ 时，其他各截面上的弯矩还较小，材料的性能没有充分发挥。为了节省材料和减轻自重，可根据弯矩 $M(x)$ 沿梁轴线变化情况，使梁截面尺寸也随之而改变。在弯矩较大处采用较大的截面，在弯矩较小处采用较小截面。这种横截面沿梁轴线变化的梁，称为变截面梁，如图6.22（b）所示。

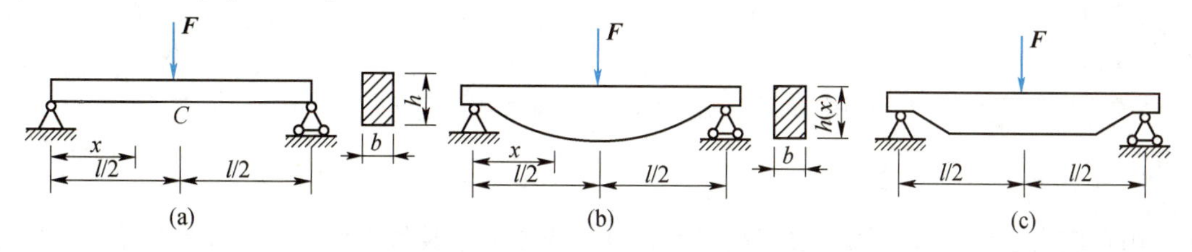

图6.22 变截面梁及等强度梁

理想情况是变截面梁各横截面上的最大正应力都相等，且都等于许用应力，这种梁称为等强度梁。设梁在任一截面上的弯矩为 $M(x)$，而截面的抗弯截面系数为 $W_z(x)$，根据上述等强度梁的要求，应有

$$\sigma_{\max} = \frac{M(x)}{W_z(x)} = [\sigma]$$

或改写成

$$W_z(x) = \frac{M(x)}{[\sigma]} \tag{6.21}$$

式（6.21）即为等强度梁的 $W_z(x)$ 沿梁轴线变化的规律。可见，$W_z(x)$ 是随 $M(x)$ 而变化的。如图6.22（b）所示，受集中力 F 作用的简支梁，弯矩方程 $M(x)=\frac{1}{2}Fx$，设截面为矩形，截面的宽度 b 不变，其截面高度 $h(x)$ 的变化规律由式（6.21）

$$W_z(x) = \frac{M(x)}{[\sigma]} = \frac{bh^2(x)}{6}$$

可得

$$h(x) = \sqrt{\frac{3Fx}{b[\sigma]}} \tag{6.22}$$

可见，梁截面高度沿梁轴线按抛物线规律变化，但这样的梁制作比较困难，为便于施工，常将等强度梁改为截面高度按直线变化的近似等强度的变截面梁，如图6.22（c）所示。

由式（6.22）可见，$x=0$ 处，$h(x)=0$，即在支座处高度等于0，这显然不能满足剪切强度要求。设支座处所需的最小高度为 $h_{\min}$，由切应力强度条件

$$\tau_{\max} = \frac{3}{2}\frac{F_{S,\max}}{A} = \frac{3}{2}\frac{F/2}{bh_{\min}} = [\tau]$$

求得

$$h_{\min} = \frac{3F}{4b[\tau]}$$

如图6.23所示，车辆上的叠板弹簧、建筑工程中的鱼腹式吊车梁、机械工程中的变截面轴、钓鱼竿等都是近似等强度的变截面梁。

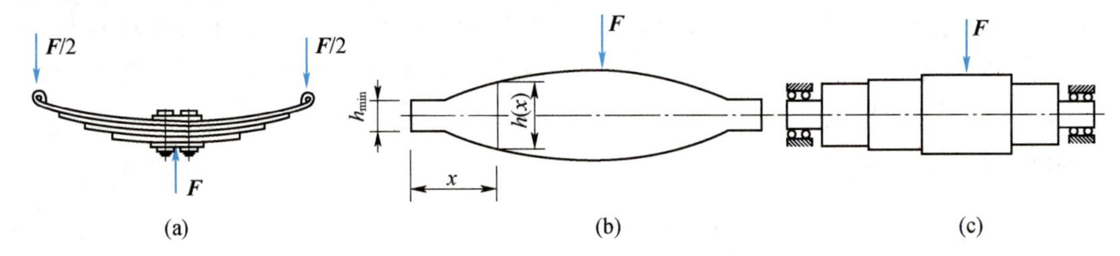

图6.23　工程实际中有关变截面梁和等强度梁

3. 合理安排梁的支座和载荷方式

由正应力强度条件可知，要提高梁的强度，应该减小其最大弯矩。合理安排梁的支座和载荷方式，可以有效地降低最大弯矩，从而达到提高梁承载能力的目的。

如图6.24（a）所示的简支梁，受集中力作用时，最大弯矩为 $M_{max}=\frac{1}{4}ql^2$；如图6.24（b）所示，当增加辅助梁或将集中力用均布载荷代替时，梁内最大弯矩为 $M_{max}=\frac{1}{8}ql^2$，仅有原来的50%；如果能将梁两端的铰支座向内移0.2l，如图6.24（d）所示，则最大弯矩为 $M_{max}=\frac{1}{40}ql^2$，仅为图6.24（c）所示梁的20%，可见弯矩减小了，则梁的承载能力增大了。

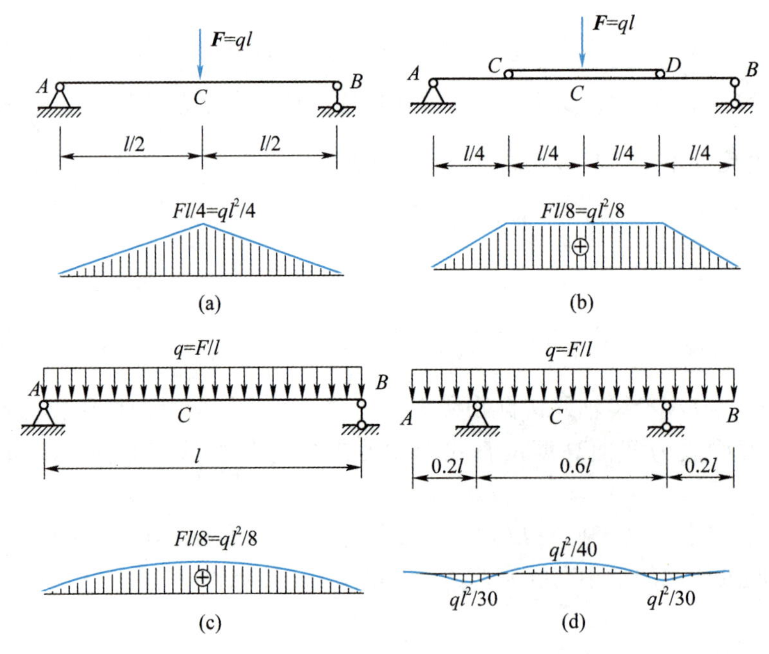

图6.24　简支梁的弯矩与载荷作用方式之间的关系

6.7 本章知识小结·框图

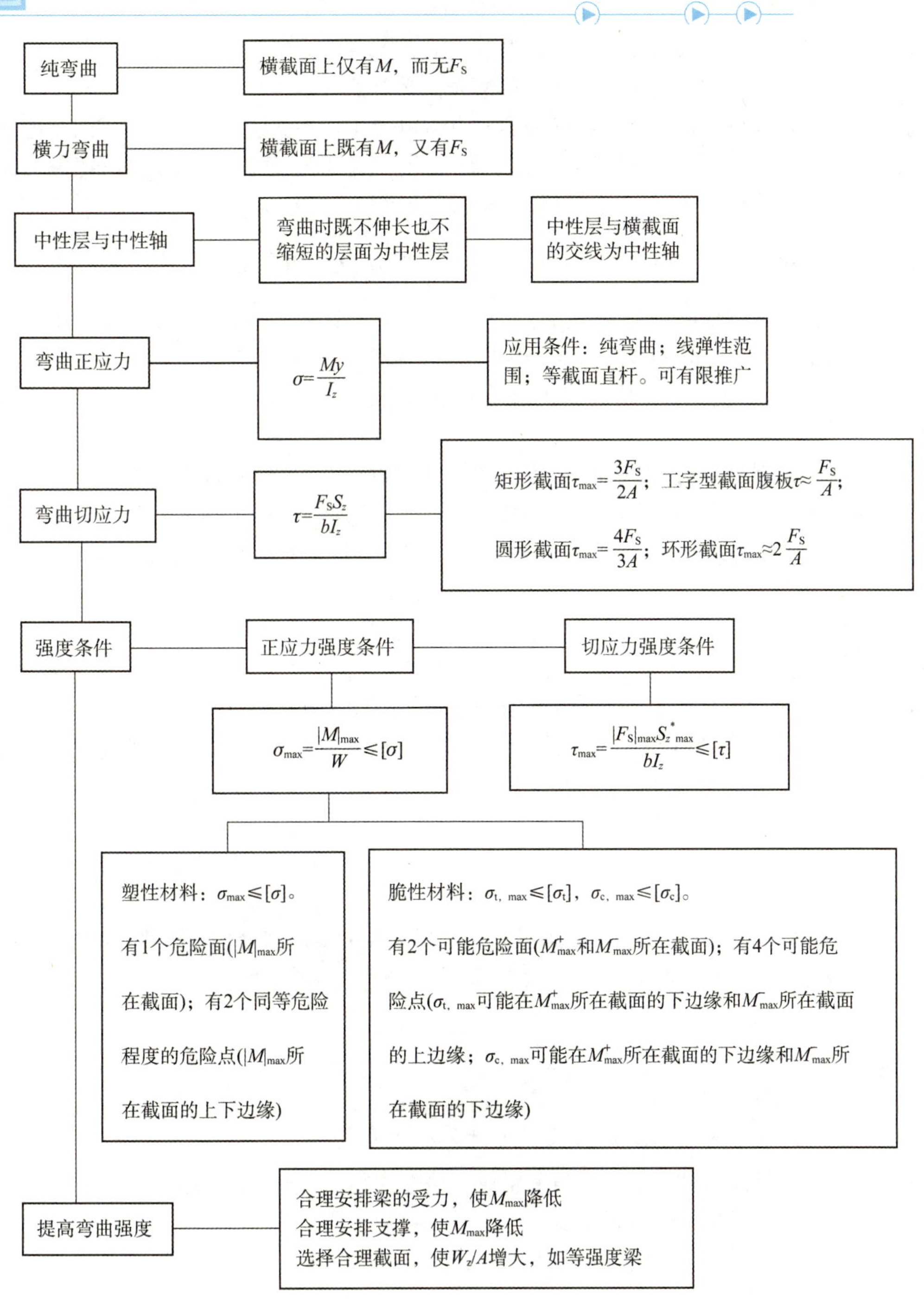
纯弯曲
横截面上仅有M，而无F_S
横力弯曲
横截面上既有M，又有F_S
中性层与中性轴
弯曲时既不伸长也不缩短的层面为中性层
中性层与横截面的交线为中性轴
弯曲正应力
$\sigma=\frac{My}{I_z}$
应用条件：纯弯曲；线弹性范围；等截面直杆。可有限推广
弯曲切应力
$\tau=\frac{F_S S_z}{bI_z}$
矩形截面$\tau_{max}=\frac{3F_S}{2A}$；工字型截面腹板$\tau\approx\frac{F_S}{A}$；
圆形截面$\tau_{max}=\frac{4F_S}{3A}$；环形截面$\tau_{max}\approx 2\frac{F_S}{A}$
强度条件
正应力强度条件
切应力强度条件
$\sigma_{max}=\frac{|M|_{max}}{W}\leqslant[\sigma]$
$\tau_{max}=\frac{|F_S|_{max}S_{z\,max}^*}{bI_z}\leqslant[\tau]$
塑性材料：$\sigma_{max}\leqslant[\sigma]$。有1个危险面($|M|_{max}$所在截面)；有2个同等危险程度的危险点($|M|_{max}$所在截面的上下边缘)
脆性材料：$\sigma_{t,max}\leqslant[\sigma_t]$，$\sigma_{c,max}\leqslant[\sigma_c]$。有2个可能危险面($M_{max}^+$和$M_{max}^-$所在截面)；有4个可能危险点($\sigma_{t,max}$可能在$M_{max}^+$所在截面的下边缘和$M_{max}^-$所在截面的上边缘；$\sigma_{c,max}$可能在$M_{max}^+$所在截面的下边缘和$M_{max}^-$所在截面的下边缘)
提高弯曲强度
合理安排梁的受力，使M_{max}降低
合理安排支撑，使M_{max}降低
选择合理截面，使W_z/A增大，如等强度梁

思考题

思 6.1　梁纯弯曲时，其横截面上的内力有何特点？若直梁的抗弯刚度 EI 沿杆轴为常量，则发生对称纯弯曲变形后梁的轴线有何特点？

思 6.2　横力弯曲时梁的横截面上有哪些内力、哪些应力？

思 6.3　等直实体梁发生平面弯曲变形的充分必要条件是什么？

思 6.4　如何考虑几何、物理与静力学三方面以导出弯曲正应力公式？弯曲平面假设与单向受力假设在建立上述公式时起何作用？梁的弯曲正应力在横截面上如何分布？

思 6.5　试证明纯弯曲时中性轴必过横截面的形心。

思 6.6　用梁的弯曲正应力强度条件 $\sigma_{max} = \dfrac{M_{max}}{W_z} \leqslant [\sigma]$ 可以解决哪三方面的问题？

思 6.7　若有受力情况、跨度、横截面均相同的一根钢梁和一根木梁，它们的内力图是否相同？横截面上正应力变化规律是否相同？对应点处的正应力和纵向应变是否相同？

思 6.8　矩形截面梁，若截面高度和宽度都增加 1 倍，则其强度将提高到原来的多少倍？

思 6.9　指出下列概念的区别：①纯弯曲、横力弯曲、平面弯曲、对称弯曲；②中性层、中性轴、形心轴；③抗弯刚度 EI_z 、惯性矩 I_z 、抗弯截面系数 W_z 。

思 6.10　在推导矩形截面梁的切应力公式时做了哪些假设？切应力在横截面上的分布规律如何？如何计算最大弯曲切应力？

思 6.11　最大弯曲正应力是否一定发生在弯矩最大的横截面上？

思 6.12　在工字形截面梁的腹板上，弯曲切应力是如何分布的？如何计算最大与最小弯曲切应力？如何计算圆形截面、薄壁圆筒截面梁的最大弯曲切应力？

思 6.13　在建立弯曲正应力与弯曲切应力公式时，所用分析方法有何不同？T 形截面梁在横力弯曲时，其横截面上的 σ_{max} 和 τ_{max} 分别出现在哪里？

思 6.14　弯曲正应力与弯曲切应力强度条件是如何建立的？依据是什么？

思 6.15　梁在横力弯曲时，若应力超过材料的比例极限，则正应力公式和切应力公式是否还适用？

思 6.16　选取梁的合理截面的原则是什么？提高梁的弯曲强度的主要措施有哪些？

思 6.17　截面的弯曲中心与哪些因素有关？

分类习题

【6.1 类】计算题（弯曲正应力及强度计算）

题 6.1.1　直径为 $d = 3$ mm 的高强度钢丝，绕在直径为 $D = 600$ mm 的轮缘上，已知材料的弹性模量 $E = 200$ GPa，求钢丝横截面上的最大弯曲正应力。

题 6.1.2　如图所示，边宽为 a 的正方形截面梁，可按图（a）与（b）所示两种方式放置。若相应的抗弯截面系数分别为 W_a 与 W_b ，试求其比值 W_a/W_b 。

题 6.1.3　如图所示，悬臂梁受集中力 $F = 10$ kN 和均布载荷 $q = 28$ kN/m 作用，计算 A 右截面上 a、b、c、d 4 点处的正应力。

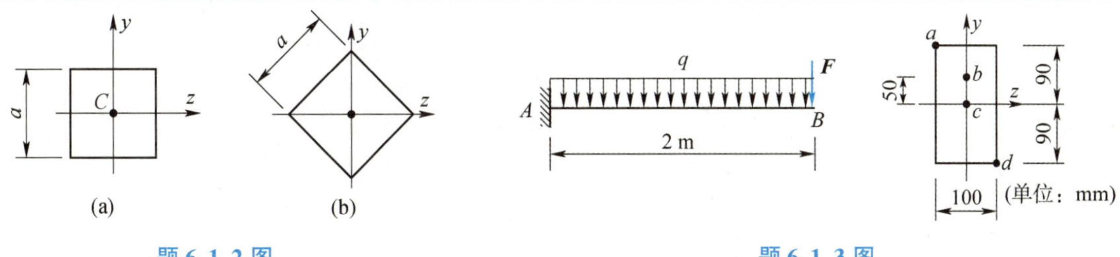

题 6.1.2 图　　　题 6.1.3 图

题6.1.4　试确定图示箱式截面梁的许可载荷 q，已知 $[\sigma]=160$ MPa。

题6.1.5　如图所示，两矩形等截面梁的尺寸和材料的许用应力 $[\sigma]$、E 均相等，但放置分别如图（a）、（b）所示。按弯曲正应力强度条件确定两者许可载荷之比 F_1/F_2。

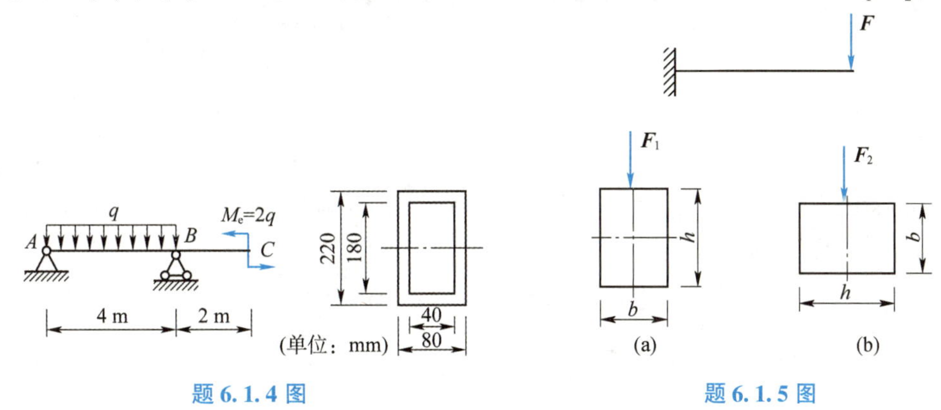

题 6.1.4 图　　　题 6.1.5 图

题6.1.6　20a［或：　　］号工字钢梁的支承和受力情况如图所示。若 $[\sigma]=160$ MPa，试求许可载荷 F。

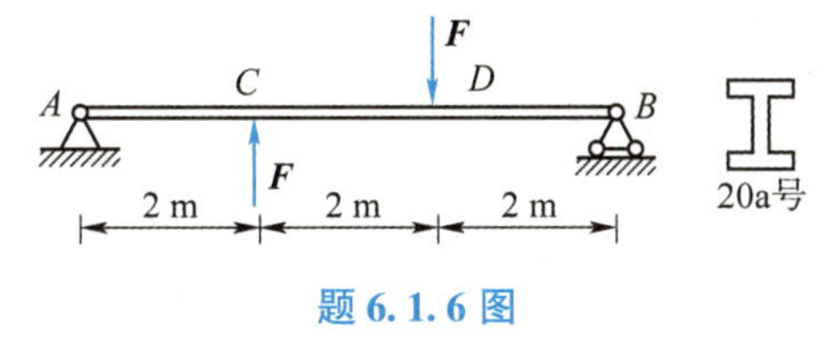

题 6.1.6 图

题6.1.7　图示矩形截面钢梁，测得长度为 2 m 的 AB 段的伸长量为 $l_{AB}=1.3$ mm，求均布载荷集度和最大正应力。已知 $E=200$ GPa。

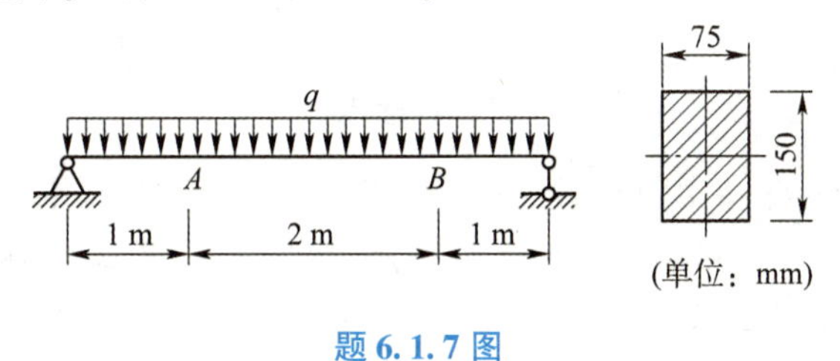

题 6.1.7 图

题6.1.8　已知一外伸梁截面形状和受力情况如图所示。试作梁的 F_S、M 图，并求梁内最大弯曲正应力。其中：$q=60$ kN/m［或：　　］，$a=1$ m。

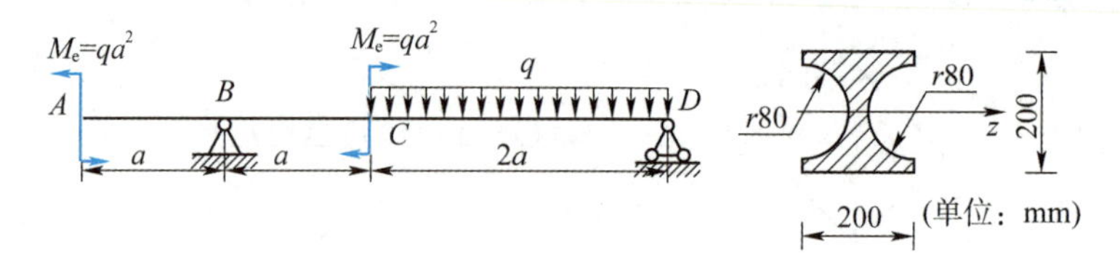

题 6.1.8 图

题6.1.9　简支梁承受均布载荷如图所示。若分别采用截面面积相等的实心和空心圆截面，且 $D_1=40$ mm，$d_2/D_2=3/5$［或：　　］，试分别计算它们的最大正应力；并问空心截面比实心截面的最大正应力减小了百分之几？

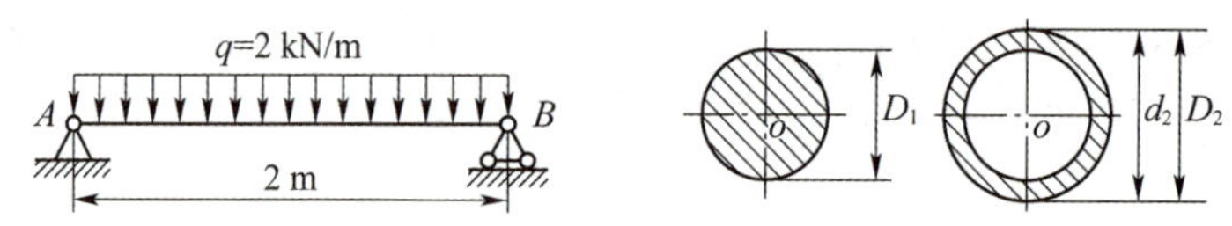

题 6.1.9 图

题6.1.10　T形横截面简支梁其受力情况及截面尺寸如图所示，已知［σ_t］= 100 MPa，［σ_c］= 180 MPa［或：　　］，截面图中 z 轴为形心轴。试画出 F_S、M 图，并校核梁的强度。

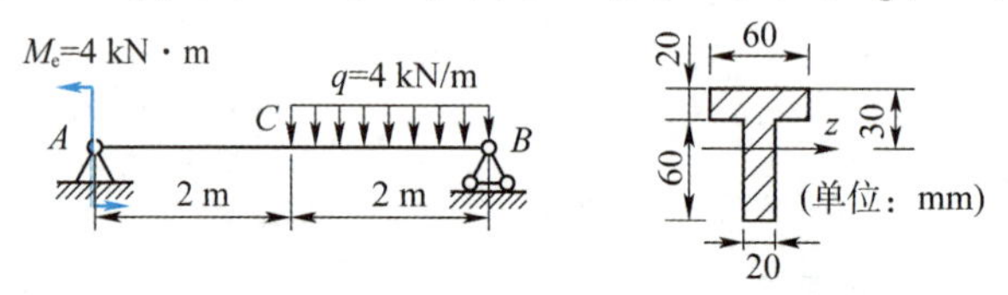

题 6.1.10 图

题6.1.11　承受纯弯曲的铸铁⊥形梁及截面尺寸如图所示，其材料的拉伸和压缩许用应力之比［σ_t］/［σ_c］= 1/4［或：　　］。试求水平翼板的合理宽度 b。

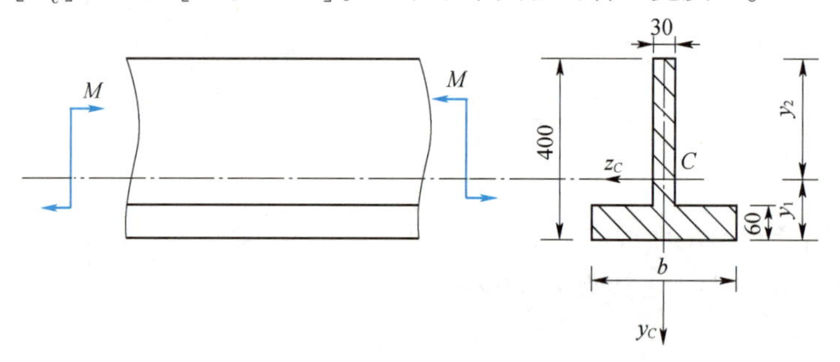

题 6.1.11 图

题6.1.12　如图所示，一由16号工字钢制成的简支梁承受集中载荷 F。在梁的 $c—c$ 截面处下边缘上，用标距 $s=20$ mm 的应变仪量得其纵向伸长量 $\Delta s=0.008$ mm［或：　　］。已知梁的跨长 $l=1.5$ m，$a=2$ m，弹性模量 $E=210$ GPa。试求 F 的大小。

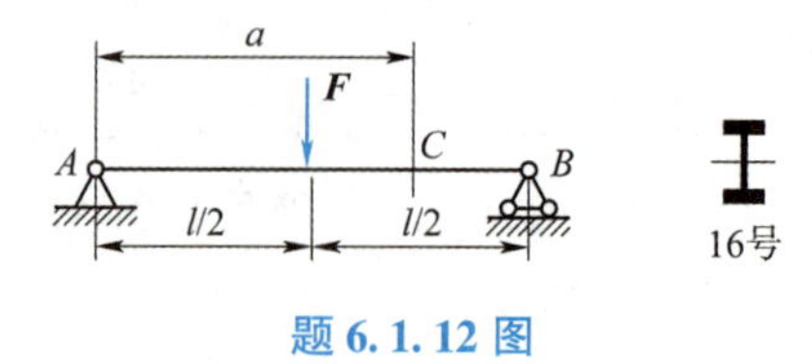

题 6.1.12 图

题6.1.13 如图所示，梁的许用应力为 $[\sigma]=8.5\ \text{MPa}$，若在截面 C 处单独作用大小为30 kN的载荷时，梁内的最大正应力刚超过许用应力，为使梁内应力不超过许用值，试求作用在 D 端的 F 的取值范围。

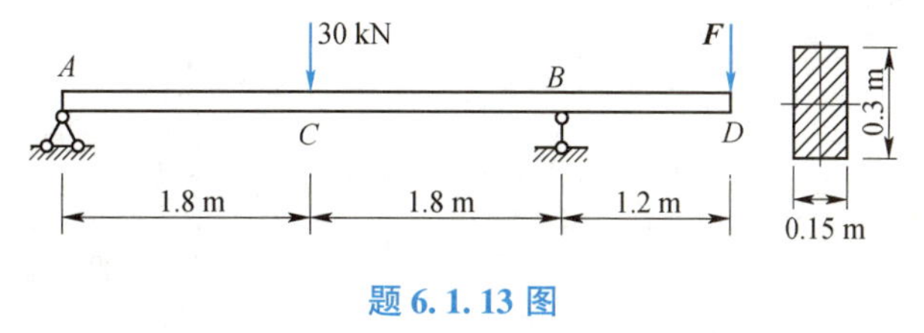

题6.1.13图

题6.1.14 如图所示铸铁梁，载荷 F 可沿梁从截面 A 到截面 C 水平移动，试确定载荷 F 的许用值。已知许用拉应力 $[\sigma_t]=35\ \text{MPa}$，许用压应力 $[\sigma_c]=140\ \text{MPa}$，$l=1\ \text{m}$。

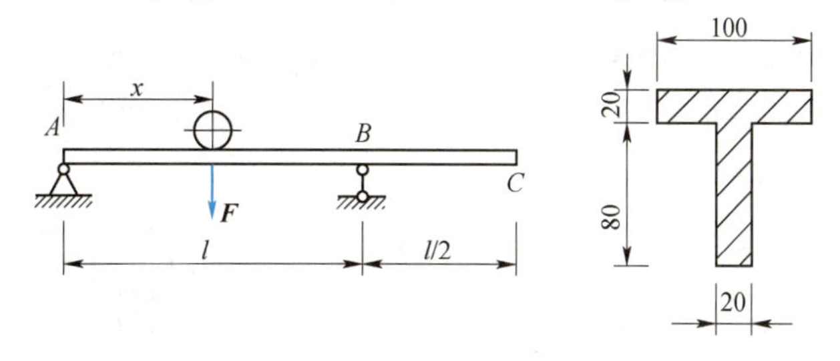

题6.1.14图

题6.1.15 如图所示正方形截面木简支梁，木梁的许用应力 $[\sigma]=10\ \text{MPa}$。现需要在梁的截面 C 的中性轴处钻一直径为 d 的圆孔，问在保证该梁强度的条件下，圆孔直径 d 为多大？

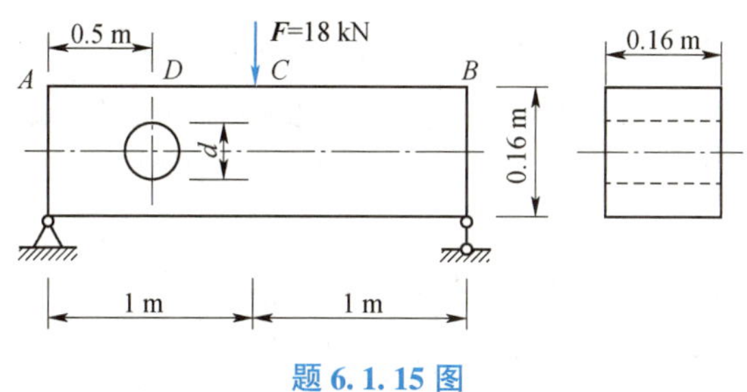

题6.1.15图

题6.1.16 当载荷 F 直接作用在跨长 $l=6\ \text{m}$ 的简支梁 AB 的中点时，梁的最大正应力超过许用值30%。为了消除此过载现象，配置了如图所示的辅梁 CD，求此辅梁的最小跨长 a。

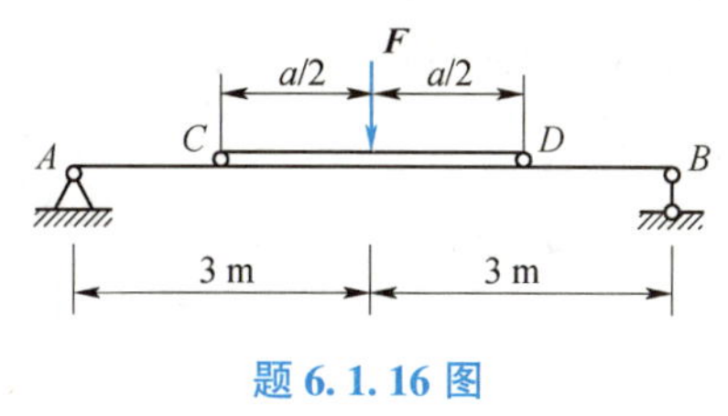

题6.1.16图

【6.2类】计算题（弯曲切应力及强度计算）

题6.2.1 ⊥形截面铸铁悬臂梁的尺寸及载荷如图所示。若材料的许用拉应力

$[\sigma_t] = 40\ \text{MPa}$，许用压应力 $[\sigma_c] = 160\ \text{MPa}$［或：　　］，截面对形心轴 z_C 的惯性矩 $I_{z_C} = 10\,180\ \text{cm}^4$，且 $h_1 = 96.4\ \text{mm}$。试计算：(1) 该梁的许可载荷 F；(2) 梁在该许可载荷作用下的最大切应力。

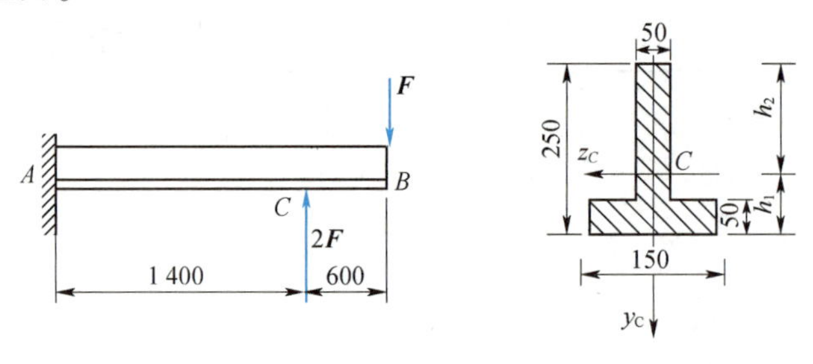

题 6.2.1 图

题6.2.2　一外伸梁，其横截面如图所示，$a = 600\ \text{mm}$［或：　　］，材料的 $[\sigma] = 160\ \text{MPa}$。试求当梁截面上的最大弯曲正应力等于 $[\sigma]$ 时，梁 D 截面上点 K 的切应力（点 K 距 z 轴的距离稍小于 40 mm）。

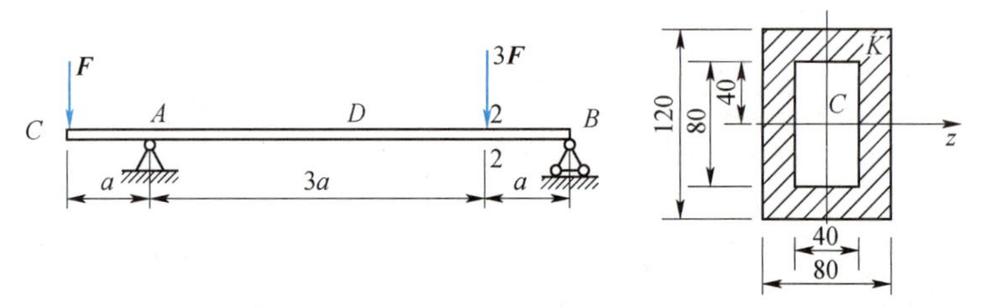

题 6.2.2 图

【6.3 类】计算题（基于正应力和切应力两种强度计算）

※题6.3.1　一矩形截面木梁，其截面尺寸及载荷如图所示，已知 $q = 1.3\ \text{kN/m}$，$[\sigma] = 10\ \text{MPa}$，$[\tau] = 2\ \text{MPa}$［或：　　］。试校核梁的正应力和切应力强度。

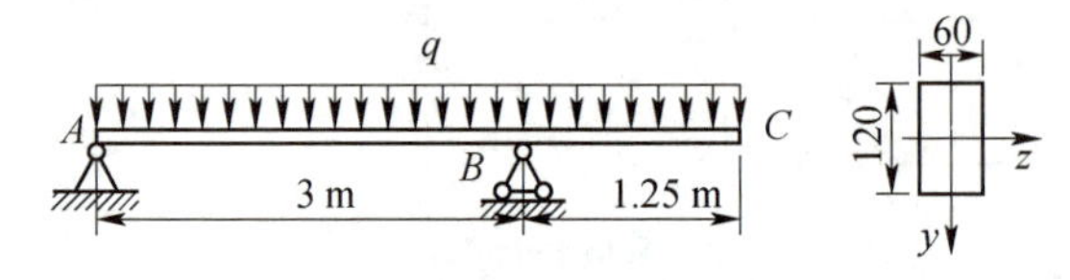

题 6.3.1 图

※题6.3.2　如图所示，木梁受移动载荷 $F = 40\ \text{kN}$ 作用。已知木材的许用应力 $[\sigma] = 10\ \text{MPa}$，许用切应力 $[\tau] = 3\ \text{MPa}$，木梁的横截面为矩形截面，其高宽比 $h/b = 3/2$［或：　　］。试确定此梁的横截面尺寸。

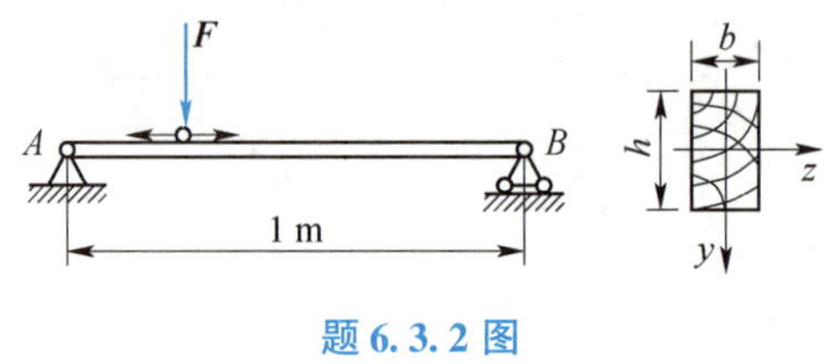

题 6.3.2 图

第 7 章 直梁 · 弯曲变形

7.1 梁的挠度和转角

7.1.1 梁的挠曲线

梁各横截面形心的连线称为梁的轴线，在外力作用下，梁的轴线由直线变成曲线，弯曲变形后的梁轴线称为梁的挠曲轴，它是一条连续、光滑的曲线，亦称**挠曲线**。对于平面弯曲，挠曲线是一条位于梁的同一纵向对称平面内的平面曲线，本章只涉及平面弯曲。

研究梁弯曲变形是为解决后续问题打基础。后续问题包括：①对梁进行刚度计算；②求解超静定梁问题；③研究压杆稳定、动载荷、振动计算等问题。

7.1.2 横截面的位移

在外力作用下，梁变形后各横截面的位置将发生改变，梁的横截面将产生线位移（挠度）和角位移（转角），故工程上常用这两个量来反映弯曲变形。

(1) 挠度：横截面形心在垂直于梁轴方向的线位移称为**挠度**，通常用 w（或 y、f）表示，常用单位为 mm 。不同横截面的挠度不同，挠度 w 是截面位置 x 的函数，即

$$\boxed{w = w(x)} \tag{7.1a}$$

式（7.1a）称为**梁的挠曲线方程**，简称挠曲线方程。

工程中梁的变形一般都很小，梁弯曲后都比较平坦，因此沿轴线方向的线位移通常可以略去不计。

(2) 转角：横截面绕中性轴所转过的角位移称为**转角**，通常用 θ 表示，常用单位为弧度 rad 或度（°）。转角 θ 也是截面位置 x 的函数，即

$$\boxed{\theta = \theta(x)} \tag{7.1b}$$

式（7.1b）称为**梁的转角方程**。

7.1.3 挠度和转角的关系

挠度 w 和转角 θ 都是截面位置 x 的函数，由图 7.1 可知它们之间存在以下关系：

$$\tan\theta = \frac{dw}{dx}$$

由于变形很小，因此梁的挠曲线是一条连续、光滑、平坦的曲线，转角 θ 极小，根据 Taylor 级数展开可知 $\tan\theta \approx \theta$，从而得

$$\theta \approx \tan\theta = \frac{dw}{dx} \quad 或 \quad \boxed{\theta = \frac{dw}{dx}} \tag{7.1c}$$

式（7.1c）表明梁内任一横截面所转过的角度 θ 约等于其挠曲线方程 $w(x)$ 对 x 一阶导数在该截面处的取值。它反映了挠度 w 和转角 θ 之间的关系，根据一阶导数的几何意义可知，在数值上转角的大小等于梁的挠曲线在该点变形前后的切线所转过的角度。

由此可见，计算梁的变形（w 和 θ），关键在于找到梁的挠曲线方程，将它对 x 求一次导数，便可得到转角方程。若将某个横截面位置的 x 坐标代入上面的两个方程，便可求得该截面的挠度和转角。

7.1.4 挠度与转角的正负号规定

建立如图 7.1 所示的坐标系，坐标系原点一般在梁的左端。并规定以变形前的梁轴线为 x 轴，且向右为正；以梁左端横截面的纵向对称轴为 w 轴，且向上为正。

挠度 w（或 y）的正负号机械类规定：向上的为正，向下的为负。

转角 θ 的正负号机械类规定：逆时针转向为正，顺时针转向为负。

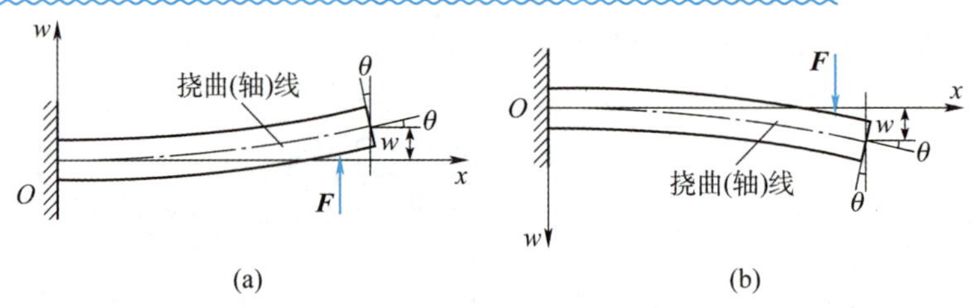

图 7.1 挠度、转角的定义（正负号规定）

（a）机械类；（b）土建类

> [专业差别提示④]：
> 土建类规定：向下的挠度为正，向上的挠度为负；顺时针转向的转角为正，逆时针转向的转角为负；w（或 y）轴向下为正。

7.2 梁的挠曲线近似微分方程

在上一章推导梁的弯曲正应力公式时，得到了在纯弯曲情况下梁的轴线的曲率表达式（6.6），即

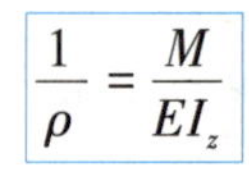

$$\boxed{\frac{1}{\rho} = \frac{M}{EI_z}}$$

纯弯曲时，上式中的弯矩 M 为一常数，若 EI_z 不变，则 ρ 为常数，即挠曲线是半径为 ρ 的圆弧线。

但横力弯曲时，由于剪力对弯曲变形的影响很小，通常忽略不计，因此上式也可用于横力弯曲时的情形。此时，弯矩 M 和曲率半径 ρ 都不再是常量，而是截面位置 x 的函数，根据高等数学可知，平面曲线 $w = w(x)$ 上任意一点的曲率 $\dfrac{1}{\rho(x)}$ 可表示为

$$\frac{1}{\rho} = \pm \frac{\dfrac{d^2 w}{dx^2}}{\left[1 + \left(\dfrac{dw}{dx}\right)^2\right]^{3/2}}$$

由于梁的挠曲线是一条连续、光滑、平坦的曲线，$\dfrac{dw}{dx} = \tan\theta \approx \theta$ 的数值很小，在等式右边的分母中，θ^2 与 1 相比甚小，可以略去不计，因此上式变成

$$\frac{1}{\rho} = \pm \frac{d^2 w}{dx^2} \tag{7.2}$$

将式（7.2）代入式（6.6），得

$$\frac{M}{EI_z} = \pm \frac{d^2 w}{dx^2} \tag{7.3}$$

式（7.3）右边的正负号的选取与坐标系的选择和弯矩正负号的规定有关。

如果弯矩的正负号按前面机械类的规定，并选用 w（或 y）轴向上为正的坐标系。那么，当弯矩 $M > 0$ 时，挠曲线向上凹，而 $\dfrac{d^2 w}{dx^2} > 0$，如图 7.2（a）所示；反之，当弯矩 $M <$ 0 时，挠曲线向上凸，而 $\dfrac{d^2 w}{dx^2} < 0$，如图 7.2（a）所示。可见，在机械类中弯矩 M 与 $\dfrac{d^2 w}{dx^2}$ 二者的符号总是同号，因此式（7.3）右端应保留正号，即

$$\boxed{\frac{d^2 w}{dx^2} = \frac{M}{EI_z}} \tag{7.4}$$

式（7.4）即为按机械类符号规定表达的梁的挠曲线近似微分方程，由于在计算中，进行了一些近似计算，故又称为挠曲线近似微分方程。求解这一微分方程，即可得到梁的挠曲线方程，从而可求得梁任意横截面的挠度和转角。

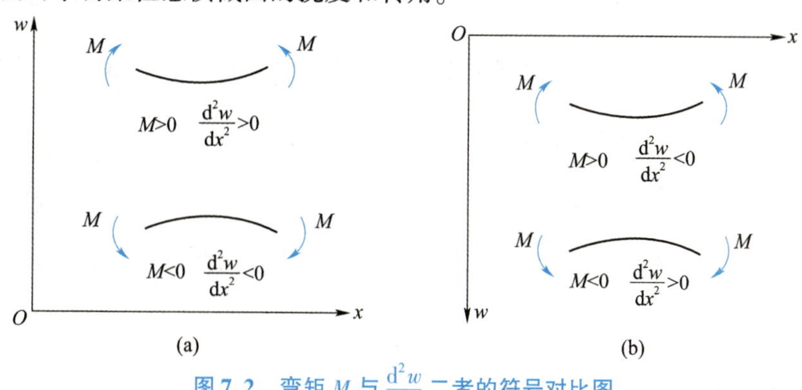

图 7.2　弯矩 M 与 $\dfrac{d^2 w}{dx^2}$ 二者的符号对比图

（a）机械类（二者总是同号）；（b）土建类（二者总是异号）

［专业差别提示⑤］：

按土建类规定：则式（7.3）右端应保留负号。机械类与土建类的弯矩 M 与 $\frac{d^2w}{dx^2}$ 二者的符号规定的差异对比如图7.2所示。

7.3 用积分法求梁的弯曲变形

利用机械类符号规定表达的梁的挠曲线近似微分方程式（7.4）求梁的变形时，由于弯矩 M 仅是 x 的函数，故用逐次积分法便可求解。对于等直梁，EI_z 为常量，通常将其用 EI 来表示，将式（7.4）积分一次，可得转角方程

二维码

$$\theta(x) = \frac{dw}{dx} = \int \frac{M}{EI}dx + C \tag{7.5}$$

再积分一次，可得挠曲线方程

$$w(x) = \iint \frac{M}{EI}dxdx + Cx + D \tag{7.6}$$

式中：C 和 D 为积分常数，其值可由梁横截面的已知边界位移条件和光滑连续条件来确定。

以上应用两次积分求出挠曲线方程的方法称为二次积分法，它是计算梁变形最基本的方法。下面举例说明二次积分法的应用。

【例7.1】图7.3所示悬臂梁，受集度为 q 的均布载荷作用，EI 为常量，试用积分法求梁的最大挠度及最大转角（按机械类符号规定表示）。

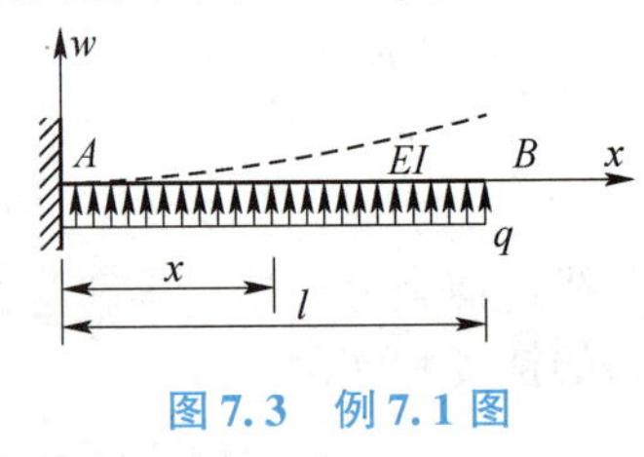

图7.3　例7.1图

【解】建立图7.3所示坐标系，x 轴沿梁轴，向右为正，w（或 y）轴向上为正。

（1）列出弯矩方程，即

$$M(x) = \frac{1}{2}q(l-x)^2$$

（2）列出挠曲线近似微分方程并积分。

为方便计算，对于等截面梁，通常将式（7.2）改写成 $EI\frac{d^2w}{dx^2} = M(x)$，即

$$EI\omega'' = \frac{1}{2}q(l-x)^2$$

积分一次得

$$EI\omega' = EI\theta = -\frac{1}{6}q(l-x)^3 + C \tag{a}$$

再积分一次得

$$EI\omega = \frac{1}{24}q(l-x)^4 + Cx + D \tag{b}$$

（3）确定积分常数。

悬臂梁在固定端支座 A 处的挠度、转角均为0，即

$$x=0,\ \theta=\frac{\mathrm{d}w}{\mathrm{d}x}=0 \qquad \theta(0)=0$$

$$x=0,\ w=0 \qquad w(0)=0$$

将其分别代入式（a）及式（b），可求得积分常数

$$C=\frac{1}{6}ql^3,\ D=-\frac{1}{24}ql^4$$

（4）转角方程和挠曲线方程。

将积分常数 C、D 代入式（a）及式（b），化简可得转角方程和挠曲线方程

$$\theta=\frac{qx}{6EI}(x^2-3lx+3l^2) \tag{c}$$

$$\omega=\frac{qx^2}{24EI}(x^2-4lx+6l^2) \tag{d}$$

（5）求最大挠度与转角。

在自由端处挠度与转角取得极大值，将 $x=l$ 分别代入式（c）及式（d）得

$$\theta_{\max}=\frac{ql^3}{6EI}(\circlearrowleft),\ \omega_{\max}=\frac{ql^4}{8EI}(\uparrow)$$

若梁上的载荷不连续，即分布载荷在跨度中间的某点处开始或结束，以及集中力或集中力偶作用处，则梁的弯矩方程应分段列出，因而各段的挠曲线近似微分方程也不同。在对各段梁的近似微分方程积分时，每段内将出现两个积分常数。为确定这些积分常数，除需利用约束处的边界位移条件之外，还需利用相邻两段梁在交界处的位移光滑连续条件。梁在弯曲后，轴线是一条连续、光滑的曲线，因此左、右两段梁在交界处的截面应具有相同的挠度和转角，否则表示梁已断裂。

【例7.2】 图7.4所示简支梁，EI 为常量，受力偶矩 M_e 作用，试用积分法求转角方程和挠曲线方程（设 $a>b$）（按机械类符号规定表示）。

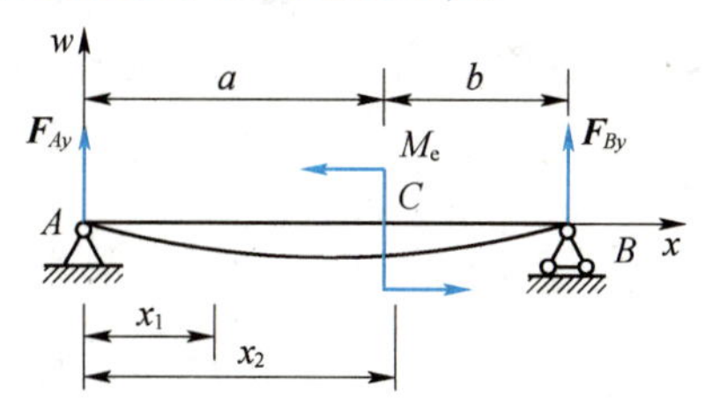

图7.4　例7.2图

【解】 建立图7.4所示坐标系，x 轴沿梁轴，向右为正，w（或 y）轴向上为正。

（1）求支座反力，列出弯矩方程。

$$F_{Ay}=\frac{M_e}{a+b},\ F_{By}=-\frac{M_e}{a+b}$$

由于 AC 和 CB 段的弯矩方程不同，故应分段列出

AC 段

$$M(x_1)=\frac{M_e}{a+b}x_1 \quad (0\leqslant x_1<a)$$

CB 段

$$M(x_2)=\frac{M_e}{a+b}x_2-M_e \quad (a<x_2\leqslant a+b)$$

（2）分段列出挠曲线近似微分方程并积分。

由于 AC 和 BC 段的弯矩方程不同，故挠曲线近似微分方程也应分段列出，并逐次积分。

AC 段

$$EI\frac{d^2w_1}{dx_1^2}=M(x_1)=\frac{M_e}{a+b}x_1$$

$$EI\frac{dw_1}{dx_1}=EI\theta_1=\frac{M_e}{2(a+b)}x_1^2+C_1 \tag{a}$$

$$EIw_1=\frac{M_e}{6(a+b)}x_1^3+C_1x_1+D_1 \tag{b}$$

CB 段

$$EI\frac{d^2w_2}{dx_2^2}=M(x_2)=\frac{M_e}{a+b}x_2-M_e$$

$$EI\frac{dw_2}{dx_2}=EI\theta_2=\frac{M_e}{2(a+b)}x_2^2-M_ex_2+C_2 \tag{c}$$

$$EIw_2=\frac{M_e}{6(a+b)}x_2^3-\frac{M_e}{2}x_2^2+C_2x_2+D_2 \tag{d}$$

（3）确定积分常数。

简支梁在 A 和 B 两个支座处挠度为0，即位移边界条件为

$$x_1=0,\ w_1=0 \tag{e}$$

$$x_2=a+b,\ w_2=0 \tag{f}$$

再利用光滑连续条件，即

$$x_1=x_2=a,\ \theta_1=\theta_2\ (\text{或}\ \frac{dw_1}{dx_1}=\frac{dw_2}{dx_2}) \tag{g}$$

$$x_1=x_2=a,\ w_1=w_2 \tag{h}$$

将式（e）~式（h）4个初始条件代入式（a）~式（d）中，即可确定4个积分常数，即

$$\begin{cases}C_1=-\dfrac{1}{6}\dfrac{a^2+2ab-2b^2}{a+b}M_e\\ D_1=0\end{cases}\qquad \begin{cases}C_2=\dfrac{1}{6}\dfrac{5a^2+4ab+2b^2}{a+b}M_e\\ D_2=-\dfrac{1}{2}a^2M_e\end{cases}$$

（4）转角方程和挠曲线方程。

将计算所得的4个积分常数 C_1、D_1、C_2、D_2 分别代入式（a）~式（d），即得 AC 段和 CB 段的转角方程和挠曲线方程：

AC 段

$$\theta_1(x_1)=\frac{M_e}{6(a+b)EI}(3x_1^2-a^2-2ab+2b^2) \tag{i}$$

$$w_1(x_1)=\frac{M_e x_1}{6(a+b)EI}(x_1^2-a^2-2ab+2b^2) \tag{j}$$

CB 段

$$\theta_2(x_2)=\frac{M_e[(5a^2+4ab+2b^2)-6(a+b)x_2+3x_2^2]}{6(a+b)EI} \tag{k}$$

$$w_2(x_2)=\frac{M_e(x_2-a-b)[3a^2-2(a+b)x_2+x_2^2]}{6(a+b)EI} \tag{l}$$

利用二次积分法求挠曲线方程时的基本步骤为：

（1）求支座反力，分段（n 个区段）并分别列出各区段的弯矩方程；

（2）分别列出各区段的挠曲线近似微分方程并积分，出现 $2n$ 个积分常数；

（3）利用已知边界位移条件和各区段之间的连续、光滑条件，确定积分常数；

（4）求得转角方程和挠曲线方程；

（5）用数学方法分析确定梁的最大挠度与最大转角。

7.4 用叠加法求梁的弯曲变形

二维码

从上一节可以看出，当梁上同时作用几个不连续的载荷时，先分段列弯矩方程并进行积分计算，进而确定积分常数的计算量很大。在实际工程中，一般并不需要知道梁每个横截面的位移，大多数情况只关心梁的最大位移或只关心梁上指定截面处的位移，此时若利用叠加法计算就比较简便。

由于梁的变形很小，且材料服从胡克定律，此时梁的转角和挠度都与载荷成线性关系，故可用叠加原理来计算梁的变形。叠加法：欲求梁在几个载荷同时作用下引起的某一截面的挠度和转角，可先分别计算出各个载荷单独作用下引起该截面的转角和挠度，再求它们的代数和。

几种常用梁在简单载荷作用下的转角和挠度可以从表7.1中查到。建议读者熟记表7.1中序号1、2、4、6、7、9中的最大挠度与最大转角的绝对值，正负号在叠加时再加以判定。

表7.1 常见梁在单一载荷作用下的挠度与转角（机械类）

序号	梁的简图	挠曲线方程	最大转角	最大挠度（w 或 y）
1	q, A, B, θ_B, w_B, l	$w=-\frac{qx^2}{24EI}(x^2-4lx+6l^2)$	$\theta_B=-\frac{ql^3}{6EI}$	$w_B=-\frac{ql^4}{8EI}$
2	F, A, B, θ_B, w_B, l	$w=-\frac{Fx^2}{6EI}(3l-x)$	$\theta_B=-\frac{Fl^2}{2EI}$	$w_B=-\frac{Fl^3}{3EI}$

续表

序号	梁的简图	挠曲线方程	最大转角	最大挠度（w 或 y）
3	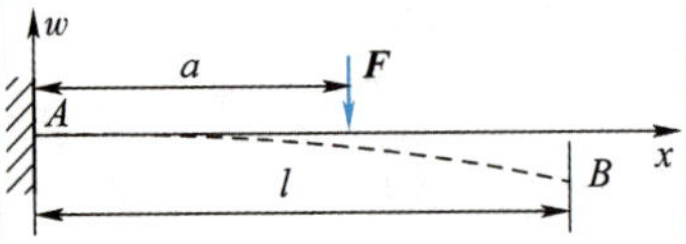 w, a, F, A, B, x, l	$w=-\frac{Fx^2}{6EI}(3a-x)$ $(0\leqslant x\leqslant a)$ $w=-\frac{Fa^2}{6EI}(a-3x)$ $(a\leqslant x\leqslant l)$	$\theta_B=-\frac{Fa^2}{2EI}$	$w_B=-\frac{Fa^2}{6EI}(3l-a)$
4	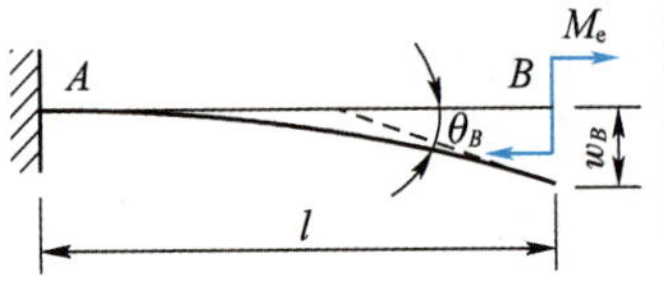 A, B, M_e, θ_B, w_B, l	$w=-\frac{M_e x^2}{2EI}$	$\theta_B=-\frac{M_e l}{EI}$	$w_B=-\frac{M_e l^2}{2EI}$
5	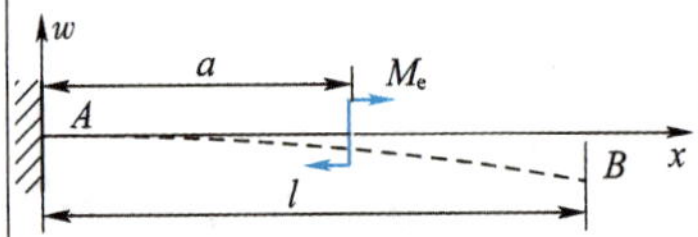 w, a, M_e, A, B, x, l	$w=-\frac{M_e x^2}{2EI}$ $(0\leqslant x\leqslant a)$ $w=-\frac{M_e a}{2EI}(a-2x)$ $(a\leqslant x\leqslant l)$	$\theta_B=-\frac{M_e a}{EI}$	$w_B=-\frac{M_e a}{2EI}(2l-a)$
6	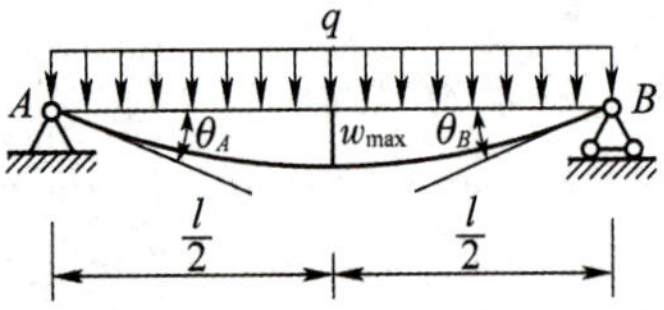 q, A, B, θ_A, w_{max}, θ_B, $\frac{l}{2}$, $\frac{l}{2}$	$w=-\frac{qx}{24EI}$ $(l^3-4lx^2+x^3)$	$\theta_A=-\theta_B$ $=-\frac{ql^3}{24EI}$	$w_{l/2}=-\frac{5ql^4}{384EI}$
7	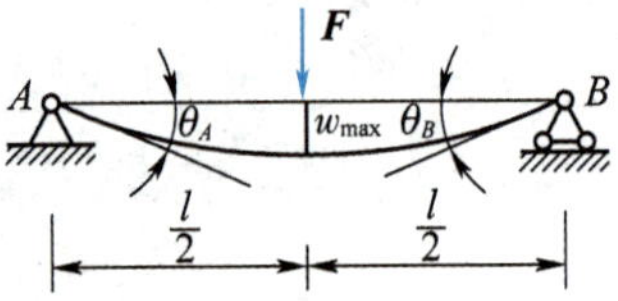 F, A, B, θ_A, w_{max}, θ_B, $\frac{l}{2}$, $\frac{l}{2}$	$w=-\frac{Fx}{48EI}$ $(3l^2-4x^2)$ $\left(0\leqslant x\leqslant\frac{l}{2}\right)$	$\theta_A=-\theta_B$ $=-\frac{Fl^2}{16EI}$	$w_{l/2}=-\frac{Fl^3}{48EI}$
8	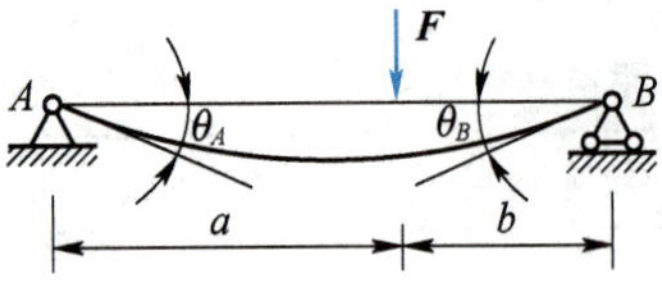 F, A, B, θ_A, θ_B, a, b	$w=-\frac{Fbx}{6EIl}(l^2-x^2-b^2)$ $(0\leqslant x\leqslant a)$ $w=-\frac{Fb}{6EIl}\left[\frac{l}{b}(x-a)^3+(l^2-b^2)x-x^3\right]$ $(a\leqslant x\leqslant l)$	$\theta_A=-\frac{Fab(l+b)}{6EIl}$ $\theta_B=\frac{Fab(l+a)}{6EIl}$	设 $a>b$， $x=\sqrt{\frac{l^2-b_2}{3}}$， $w_{max}=-\frac{Fb(l^2-b^2)^{3/2}}{9\sqrt{3}EIl}$
9	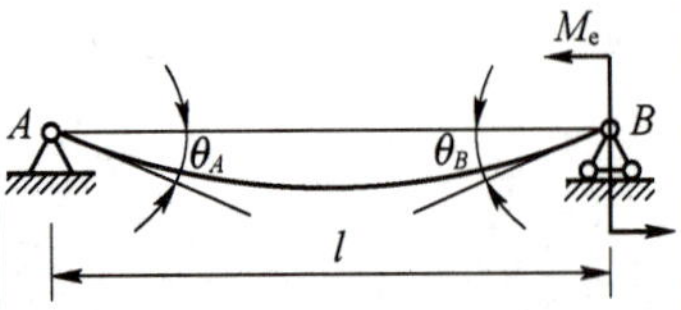 M_e, A, B, θ_A, θ_B, l	$w=-\frac{M_e x}{6EIl}$ (l^2-x^2)	$\theta_A=-\frac{M_e l}{6EI}$ $\theta_B=\frac{M_e l}{3EI}$	$x=\frac{l}{\sqrt{3}}$， $w_{max}=-\frac{M_e l^2}{9\sqrt{3}EI}$ $x=\frac{l}{2}$，$w_{l/2}=-\frac{M_e l^2}{16EI}$

续表

序号	梁的简图	挠曲线方程	最大转角	最大挠度（w 或 y）
10	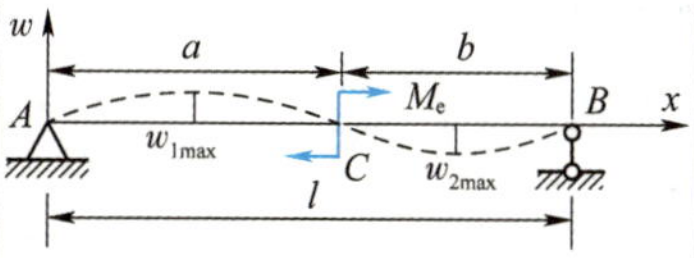	$w=-\frac{M_e x}{6EIl}(l^2-3b^2-x^2)$ $(0\leqslant x\leqslant a)$ $w=-\frac{M_e(l-x)}{6EIl}(3a^2-2lx+x^2)$ $(0\leqslant x\leqslant a)$	$\theta_A=\frac{M_e(l^2-3b^2)}{6EIl}$ $\theta_B=\frac{M_e(l^2-3a^2)}{6EIl}$ $\theta_C=-\frac{M_e(l^2-3a^2-3b^2)}{6EIl}$	$x_1=\frac{\sqrt{l^2-3b^2}}{\sqrt{3}}$, $w_{1max}=\frac{M_e(l^2-3b^2)^{3/2}}{9\sqrt{3}EI}$ $x_2=\frac{\sqrt{l^2-3a^2}}{\sqrt{3}}$, $w_{2max}=-\frac{M_e(l^2-3a^2)^{3/2}}{9\sqrt{3}EI}$

【例7.3】图7.5所示简支梁，EI 为常量，同时受力 F 和均匀载荷 q 作用，试用叠加法求跨中点 C 的挠度 w_C 及截面 A 的转角 θ_A（按机械类符号规定表示）。

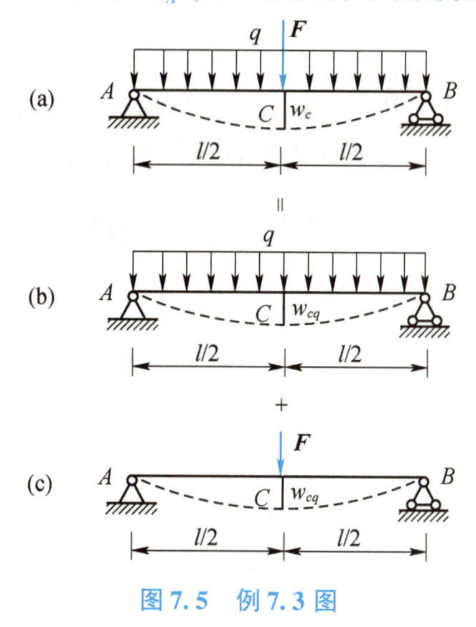

图7.5 例7.3图

【解】采用载荷叠加法求梁的变形。

图7.5（a）所示梁上的载荷相当于图7.5（b）与图7.5（c）两种情况的叠加。每种载荷单独作用下的跨中挠度和截面 A 的转角，由表7.1可查得：

均布载荷 q 单独作用时

$$w_{C,q}=-\frac{5ql^4}{384EI}(\downarrow),\ \theta_{A,q}=-\frac{ql^3}{24EI}(\circlearrowright)$$

集中力 F 单独作用时

$$w_{C,F}=-\frac{Fl^3}{48EI}(\downarrow),\ \theta_{A,F}=-\frac{Fl^2}{16EI}(\circlearrowright)$$

当均布载荷 q 作用、集中力 F 共同作用时

$$w_C=w_{C,q}+w_{C,F}=-\frac{5ql^4}{384EI}-\frac{Fl^3}{48EI}(\downarrow)$$

$$\theta_A=\theta_{A,q}+\theta_{A,F}=-\frac{ql^3}{24EI}-\frac{Fl^2}{16EI}(\circlearrowright)$$

【例 7.4】图 7.6 所示悬臂梁，*EI* 为常量，受力 *F* 作用，试用叠加法求截面 *A* 的挠度 w_A（或 y_A）和转角 θ_A（按机械类符号规定表示）。

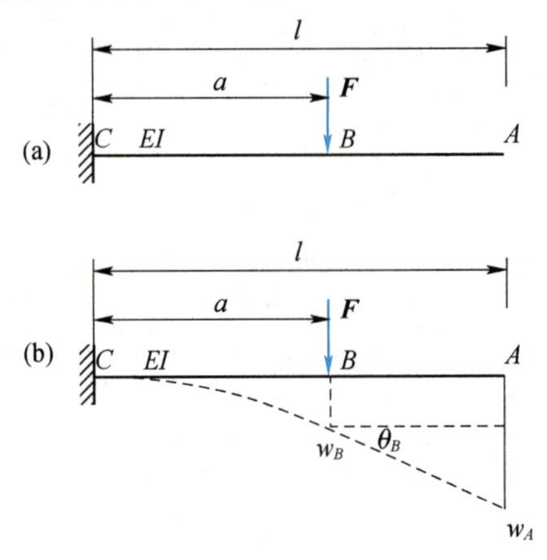

图 7.6 例 7.4 图

【解】采用叠加法求解。对于表 7.1 中所不具备的梁的受力形式，在求解时，进行分段计算然后叠加。将梁分拆成两段，如图 7.6（b）所示。注意：*AB* 段无变形但有刚性位移。

$$w_A = w_B + \theta_B(l-a) = -\frac{Fa^3}{3EI} - \frac{Fa^2}{2EI}(l-a)\ (\downarrow)$$

$$\theta_A = \theta_B = -\frac{Fa^2}{2EI}\ (\circlearrowright)$$

【例 7.5】图 7.7 所示悬臂梁，*EI* 为常量，受力 *F* 作用，试用叠加法求截面 *B* 的挠度 y_B（或 w_B）、转角 θ_B 以及此悬臂梁的挠曲线方程（按土建类符号规定表示）。

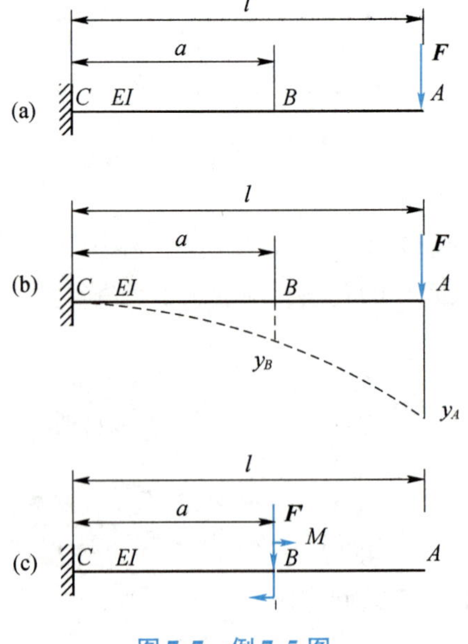

图 7.7 例 7.5 图

【解】采用叠加法求解。表 7.1 中不能直接查到其数值，仍可叠加。注意到截面 *B* 的挠度 y_B 和转角 θ_B 只与 *CB* 段的变形有关，与 *BA* 段的变形无关，如图 7.7（b）所示。而 *CB*

段的变形可看成将 A 处的力 P 向 B 处平移后，产生的一个集中力 $F'=F$ 和一个附加力偶 $M=Fl_2$ 共同作用所致，如图 7.7（c）所示。

$$y_B=y_{BF'}+y_{BM}=+\frac{F'a^3}{3EI}+\frac{Ma^2}{2EI}=+\frac{Fa^3}{3EI}+\frac{[F(l-a)]a^2}{2EI}\ (\downarrow)$$

$$\theta_B=\theta_{BF'}+\theta_{BM}=+\frac{F'a^2}{2EI}+\frac{Ma}{EI}=+\frac{Fa^2}{2EI}+\frac{[F(l-a)]a}{EI}\ (\circlearrowright)$$

如果令 $a=x$，则有

$$y_B=+\frac{Fa^3}{3EI}+\frac{[F(l-a)]a^2}{2EI}=+\frac{Fx^3}{3EI}+\frac{[F(l-x)]x^2}{2EI}=+\frac{Fx^2}{6EI}(3l-x)$$

则此悬臂梁的挠曲线方程：$y(x)=w(x)=+\dfrac{Fx^2}{6EI}(3l-x)$

【例 7.6】 图 7.8 所示简支梁，EI 为常量，受集度为 q 的均布载荷作用，试用叠加法求梁跨中点 C 的挠度 y_C（或 ω_C）和两端截面的转角 θ_A、θ_B（按土建类符号规定表示）。

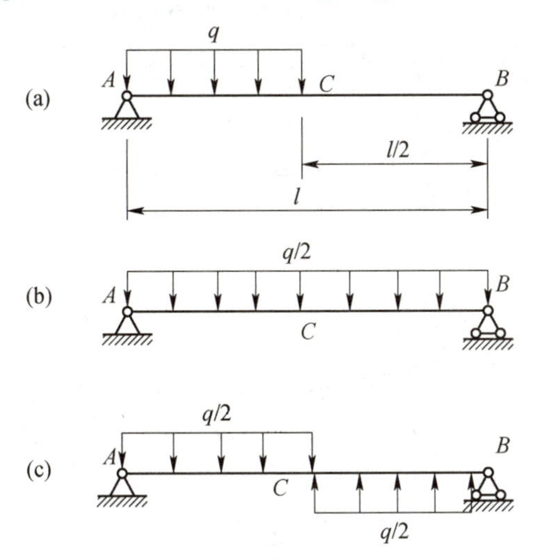

图 7.8　例 7.6 图

【解】 采用叠加法求解，可将原载荷转化为正对称载荷与反对称载荷两种情况的叠加。

（1）正对称载荷作用部分，如图 7.8（b）所示，有

$$y_{C1}=+\frac{5(q/2)l^4}{384EI}=+\frac{5ql^4}{768EI}\ (\downarrow)$$

$$\theta_{A1}=+\frac{(q/2)l^3}{24EI}=+\frac{ql^3}{48EI}\ (\circlearrowright)$$

$$\theta_{B1}=+\frac{(q/2)l^3}{24EI}=+\frac{ql^3}{48EI}\ (\circlearrowleft)$$

（2）反对称载荷作用部分，如图 7.8（c）所示。

挠曲线为反对称形态，故在跨中截面 C 处挠度 y_{C2} 必等于 0，而转角不等于 0，反对称挠曲线在跨中截面 C 处出现拐点，即 $y''=0$；由 $EIy''=M(x)$，可知该截面的弯矩也等于 0，即 $M(x)=0$，故可将 AC 段和 BC 段分别视为受均布线载荷作用且长度为 $l/2$ 的简支梁，则

$$y_{C2}=0$$

$$\theta_{A2}=+\frac{(q/2)(l/2)^3}{24EI}=+\frac{ql^3}{384EI}\ (\circlearrowright)$$

$$\theta_{B2}=+\frac{(q/2)(l/2)^3}{24EI}=+\frac{ql^3}{384EI}\ (\circlearrowright)$$

再将正对称载荷与反对称载荷相应的位移进行叠加，即得

$$y_C=y_{C1}+y_{C2}=+\frac{5ql^4}{768EI}\ (\downarrow)$$

$$\theta_A=\theta_{A1}+\theta_{A2}=+\frac{ql^3}{48EI}+\frac{ql^3}{384EI}=+\frac{3ql^3}{128EI}\ (\circlearrowright)$$

$$\theta_B=\theta_{B1}+\theta_{B2}=-\frac{ql^3}{48EI}+\frac{ql^3}{384EI}=-\frac{7ql^3}{384EI}\ (\circlearrowleft)$$

【例 7.7】图 7.9 所示右端外伸梁，EI 为常量，受力 F 作用，试用叠加法求外伸梁自由端截面 C 的挠度 w_C（或 y_C）和转角 θ_C（按机械类符号规定表示）。

【解】求解外伸梁自由端的挠度、转角的一般思路如图 7.9（b）所示。

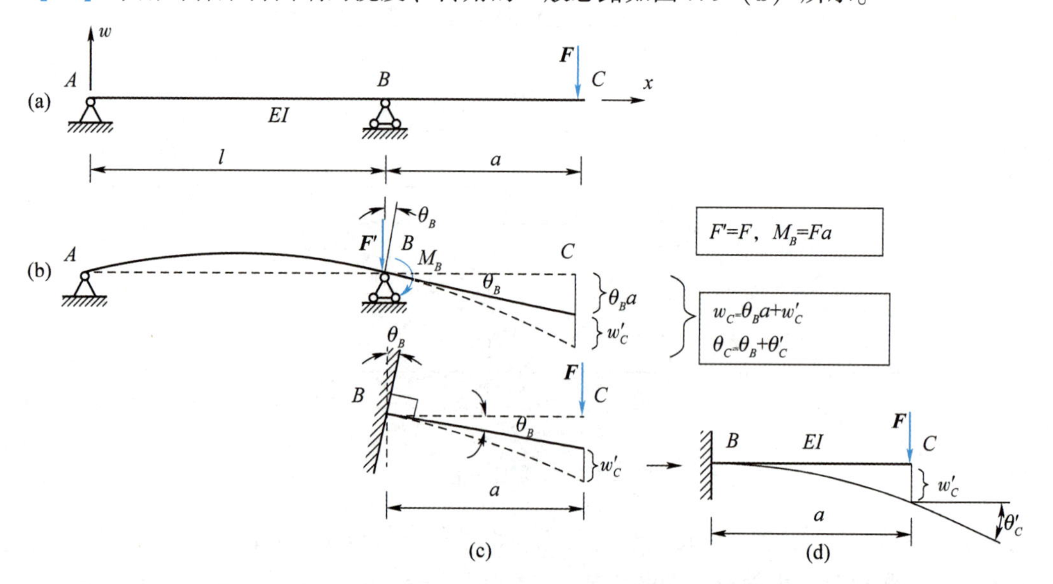

图 7.9　例 7.7 图（求解外伸梁的挠度、转角的一般思路图）

先将力 F 向支座 B 平移，得到一个力，其大小为 $F'=F$；一个力偶，其矩大小为 $M_B=Fa$，如图 7.9（b）所示。并查表 7.1，本题为表中的第 9 号与第 2 号叠加。

外伸梁的自由端的挠度、转角公式如下

$$w_C=\theta_B a+w'_C \tag{7.7}$$

$$\theta_C=\theta_B+\theta'_C \tag{7.8}$$

$$w_C=\theta_B a+w'_C=\left[-\frac{M_B l}{3EI}\times a\right]+\left[-\frac{Fa^3}{3EI}\right]$$

$$=\left[-\frac{(Fa)l}{3EI}\times a\right]+\left[-\frac{Fa^3}{3EI}\right]=-\frac{Fa^2}{3EI}(a+l)\ (\downarrow)$$

$$\theta_C = \theta_B + \theta_C' = \left[-\frac{M_B l}{3EI}\right] + \left[-\frac{Fa^2}{2EI}\right] = \left[-\frac{(Fa)l}{3EI}\right] + \left[-\frac{Fa^2}{2EI}\right] = -\frac{Fa}{6EI}(2l+3a)\ (\circlearrowright)$$

式中：w_C'、θ_C' 为把外伸梁的右外伸段 BC 视为悬臂梁，在其上的所有载荷（F）作用下所引起的 C 端挠度和转角，如图 7.9（c）、（d）所示。

【例 7.8】如图 7.10（a）所示阶梯梁，受集中力 F 的作用，AC 段抗弯刚度为 $2EI$，CB 段抗弯刚度为 EI。试用叠加法求自由端 B 的挠度 w_B（或 y_B）和转角 θ_B（按土建类符号规定表示）。

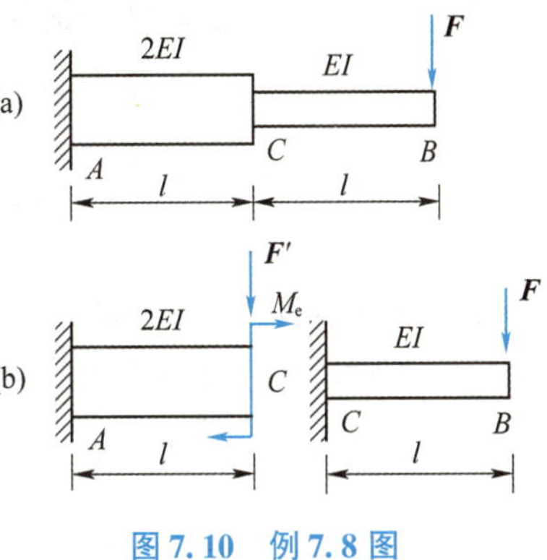

图 7.10　例 7.8 图

【解】对于表 7.1 中所不具备的梁的形式，在求解阶梯梁时，进行分段计算然后叠加。将阶梯梁分拆成两段悬臂梁，如图 7.10（b）所示。为了保证分开后梁段的变形情况同分开前一样，必须保持梁段的受力情况一样。因此，在分开后的 AC 段的 C 端，有集中力 $F' = F$ 和集中力偶 $M_e = Fl$ 作用。需说明的是，AC 段的截面 C 和 CB 段的截面 C 本是同一横截面，所以 AC 段的截面 C 的挠度和转角对于截面 B 的挠度和转角的影响需要注意。

$$w_C = w_{CF'} + w_C M_e = +\frac{F\times l^3}{3\times 2EI} + \frac{(Fl)\times l^2}{2\times 2EI} = +\frac{5Fl^3}{12EI}(\downarrow)$$

$$\theta_C = \theta_{CF'} + \theta_C M_e = +\frac{F\times l^2}{2\times 2EI} + \frac{(Fl)\times l}{2EI} = +\frac{3Fl^2}{4EI}(\circlearrowright)$$

$$w_B = w_C + \theta_C\times l + w_B' = +\frac{5Fl^3}{12EI} + \frac{3Fl^2}{4EI}\times l + \frac{Fl^3}{3EI} = +\frac{3Fl^3}{2EI}(\downarrow)$$

$$\theta_B = \theta_C + \theta_B' = +\frac{3Fl^2}{4EI} + \frac{Fl^2}{2EI} = +\frac{5Fl^2}{4EI}(\circlearrowright)$$

7.5　梁的刚度条件与刚度校核

对梁进行刚度校核时有专业差异。在建筑工程中，多数情况下只校核挠度；在机械工程中，一般对转角和挠度都要进行校核。

在校核挠度时，一般是以容许挠度作为标准，梁在载荷作用下产生的最大挠度 w_{max} 不能超过梁的许可挠度 $[w]$（或 $[y]$）；在校核转角时，一般是以容许转角为标准，梁在载荷作用下产生的最大转角 θ_{max} 不能超过梁的许可转角 $[\theta]$。因此，梁的刚度条件为

$$\begin{cases} w_{max} \leqslant [w] \\ \theta_{max} \leqslant [\theta] \end{cases} \tag{7.9}$$

各类梁的容许挠度 $[w]$ 和容许转角 $[\theta]$，可以从有关手册中查到。

梁在承受外载荷作用时应同时满足强度条件和刚度条件。所以，梁的设计一般是先按强

度条件选择截面尺寸，然后根据需要再进行刚度校核，若变形超过了容许值，则应按刚度条件重新选择梁的截面尺寸。

【例 7.9】 已知 $F=10\text{ kN}$，$l=4\text{ m}$，$[\sigma]=160\text{ MPa}$，$E=200\text{ GPa}$，$[w]\leqslant\dfrac{l}{400}$。试选择图 7.11 所示工字钢悬臂梁的型号。

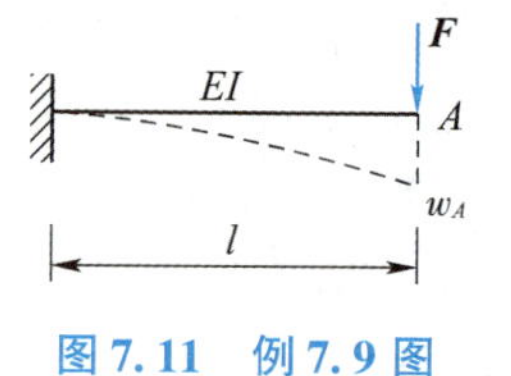

图 7.11 例 7.9 图

【解】（1）按强度条件选择截面型号。

最大弯矩：$|M|_{\max}=Fl=10\times4\text{ kN}\cdot\text{m}=40\text{ kN}\cdot\text{m}$

根据强度条件 $\sigma_{\max}=\dfrac{M_{\max}}{W_z}\leqslant[\sigma]$，可得所需的抗弯截面系数：

$$W_z=\frac{M_{\max}}{[\sigma]}=\frac{40\times10^6}{160}\text{ mm}^3=250\times10^3\text{ mm}^3=250\text{ cm}^3$$

查附录型钢表，按强度条件选用 20b 号工字钢，查得其 $W_z=250\text{ cm}^3$。

（2）按刚度条件选择截面型号。

最大挠度在自由端截面 A 处，查表 7.1 得 $w_A=-\dfrac{Fl^3}{3EI}$。

由式（7.9）刚度条件 $w_{\max}=|w_A|=\dfrac{Fl^3}{3EI_z}\leqslant[w]$ 得

$$I_z\geqslant\frac{Fl^3}{3E[\omega]}=\frac{Fl^2}{3E\dfrac{1}{400}}=\frac{10\times10^3\times(4\times10^3)^2}{3\times200\times10^3\times\dfrac{1}{400}}\text{ mm}^4=10\,667\times10^4\text{ mm}^4=10\,667\text{ cm}^4$$

查附录型钢表，按刚度条件选用 32a 号工字钢，其 $I_z=11\,075\text{ cm}^4$，$W_z=692\text{ cm}^3$。

故该悬臂梁应选用 32 号工字钢，即能同时满足强度要求和刚度要求。由此例可知，悬臂梁主要是由刚度条件来决定其工字钢型号的。

当考虑工字钢的自重时，32a 号工字钢是否还满足强度、刚度要求？读者可以自行校核。

7.6 用变形比较法求解简单超静定梁

7.6.1 超静定梁的概念

二维码

前面所研究的简支梁、外伸梁、悬臂梁都各有 3 个支座反力，根据静力学知识都可以列出 3 个独立的静力平衡方程，其支座反力的数目刚好等于静力平衡方程的数目，因而，仅由静力平衡方程就能解出全部支座反力，这种梁称为静定梁。

在工程实际中，为了提高梁的强度、刚度或由于构造上的需要，往往需要给静定梁再增加些支座，使得梁的支座反力个数多于静力平衡方程的个数，因而仅由静力平衡方程不能求解出全部支座反力，这种梁称为超静定梁或称静不定梁，如图 7.12 所示。

超静定梁较静定梁增加的约束，称为多余约束，相应的约束反力，称为多余约束反力，多余约束反力的个数，称为超静定次数；显然，超静定次数等于全部约束反力的数目减去平衡方程的数目，图 7.12 所示梁均为 1 次超静定梁。

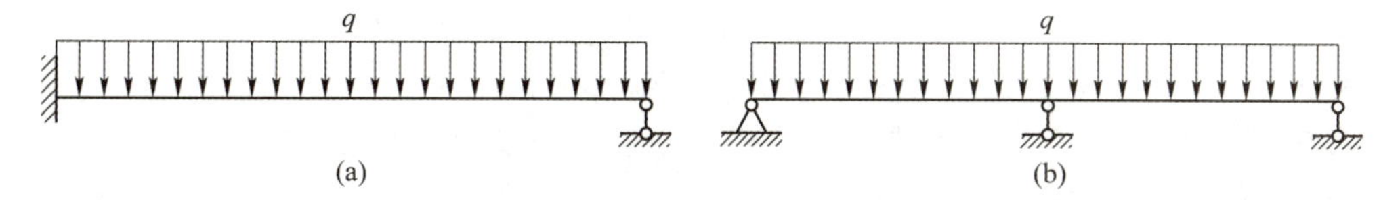

图 7.12　超静定梁

7.6.2　变形比较法求解超静定梁

由于超静定梁的未知力个数超过静力平衡方程的个数，因此与求解轴向拉压超静定问题相似，为了确定超静定梁的全部约束反力，除应建立静力平衡方程外，还需要利用梁在多余约束处的变形协调条件，以及力与变形间的物理关系建立补充方程，补充方程的数目与超静定次数相等。

变形比较法是指首先解除原超静定梁中的多余约束，并加上多余约束反力，由此得到与原超静定梁对应的静定基（也称为基本静定梁），并使**原超静定梁与对应的静定基**（**即基本静定梁**）二者的受力与变形相同，进而解出多余约束反力，即求解了超静定梁问题，而后续的其他问题均已转化成静定基的静定问题了。

注意：上述原超静定梁中的多余约束中的“多余”是相对而言的，即在具体问题中可能有多种可能静定基方案，即有多种解法。

【引例】以图 7.13（a）所示的一次超静定梁为例加以说明。

以支座 B 为多余约束，设想将它去掉，用多余约束反力 F_{By}（↑）来代替，即得到受均布载荷 q 和多余约束反力 F_{By} 共同作用的静定悬臂梁，即为原超静定梁的静定基（方案 1），如图 7.13（b）所示。

以固定端 A 为多余约束，设想将固定端 A 换成固定铰支座 A，并用多余约束反力偶 m_A（↺）来代替，即得到受均布载荷 q 和多余约束反力偶 m_A 共同作用的静定简支梁，即为原超静定梁的静定基（方案 2），如图 7.13（c）所示。

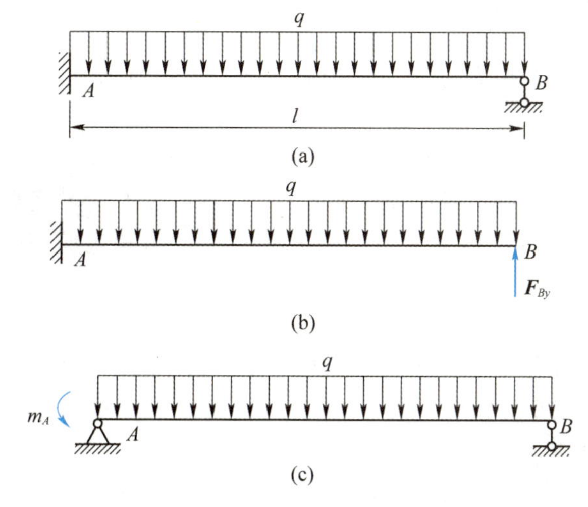

图 7.13　一次超静定梁与不同的静定基

（a）原超静定梁；（b）静定基（方案 1）；（c）静定基（方案 2）

【解法一】按静定基（方案1）求解，如图7.13（b）所示。

以支座B为多余约束，设想将它解除去掉，并用多余约束反力F_{By}（↑）来代替，则已使原超静定梁与静定基（方案1）二者的受力相同。

同时，还应让原超静定梁与静定基（方案1）二者的变形情况完全相同。因原超静定梁在支座B处的挠度等于0，故静定基（方案1）在B处的挠度也应该等于0，即变形协调条件为

$$w_B = 0$$

静定基（方案1）悬臂梁在B处的挠度w_B可以用叠加法来计算。以$w_{B,q}$和$w_{B,F_{By}}$分别表示均布载荷q和多余约束反力F_{By}单独作用时B点的挠度，即

$$w_B = w_{B,q} + w_{B,F_{By}} = 0$$

从表7.1中查得$w_{B,q}$和$w_{B,F_{By}}$分别为

$$w_{B,q} = -\frac{ql^4}{8EI}(\downarrow),\ \omega_{BF_{By}} = \frac{F_{By}l^3}{3EI}(\uparrow)$$

因此得到补充方程

$$w_B = -\frac{ql^4}{8EI} + \frac{F_{By}l^3}{3EI} = 0$$

从而求得多余约束反力

$$F_{By} = \frac{3}{8}ql(\uparrow)$$

求出多余约束反力后，根据静力平衡方程，可求出固定端处的支座反力。

$$\sum F_y = 0 \quad R_A = ql - F_{By} = ql - \frac{3}{8}ql = \frac{5}{8}ql(\uparrow)$$

$$\sum M_A = 0 \quad M_A = \frac{1}{2}ql^2 - F_{By}l = \frac{1}{2}ql^2 - \frac{3}{8}ql^2 = \frac{1}{8}ql^2\ (\circlearrowright)$$

支座反力求出后，超静定梁问题即已解开，至此静定基已完全替代了原超静定梁，后续的其他问题只需研究静定基。例如，可作出梁的剪力图和弯矩图，进行梁的强度与刚度计算。

【解法二】按静定基（方案2）求解，如图7.13（c）所示。

以固定端A为多余约束，设想将固定端A换成固定铰支座A，并用多余约束反力偶m_A来代替，则已使原超静定梁与静定基（方案2）二者的受力相同。

同时，还应让原超静定梁与静定基（方案2）二者的变形情况完全相同。因原超静定梁在固定端A的转角等于0，故静定基（方案2）在A处的转角也应该等于0，即变形协调条件为

$$\theta_A = 0$$

静定基（方案2）简支梁在A处的转角θ_A可以用叠加法来计算。以$\theta_{A,q}$和θ_{A,m_A}分别表示均布载荷q和多余约束反力偶m_A单独作用时A处的转角，即

$$\theta_A = \theta_{A,q} + \theta_{A,m_A} = 0$$

从表7.1中查得$\theta_{A,q}$和θ_{A,m_A}分别为

$$\theta_{A,q} = -\frac{ql^3}{24EI}(\circlearrowright),\ \theta_{A,m_A} = \frac{m_A l}{3EI}(\circlearrowleft)$$

因此得到补充方程

$$\theta_A = -\frac{ql^3}{24EI} + \frac{m_A l}{3EI} = 0$$

从而求得多余约束反力偶

$$m_A = \frac{1}{8}ql^2 \ (\circlearrowleft)$$

求出多余约束反力偶 m_A 后，根据静力平衡方程，即可求出其他的支座反力，后续的其他问题只需研究静定基。

7.6.3　积分法求解超静定梁

二次积分法不仅可以求解静定梁，而且也可以求解超静定梁。

【引例】图 7.13（a）所示的超静定梁，同样以 B 端的支座反力为多余约束反力，建立图示坐标系，求解超静定梁的静定基（之一），如图 7.14 所示。

（1）弯矩方程：

$$M(x) = F_{By}(l - x) - \frac{q}{2}(l - x)^2 \quad (0 < x \leqslant l)$$

（2）挠曲线近似微分方程及其积分：

$$EI\frac{\mathrm{d}^2 w}{\mathrm{d}x^2} = M(x) = F_{By}(l - x) - \frac{q}{2}(l - x)^2$$

$$EI\frac{\mathrm{d}w}{\mathrm{d}x} = -\frac{1}{2}F_{By}(l - x)^2 + \frac{q}{6}(l - x)^3 + C$$

$$EIw = \frac{F_{By}}{6}(l - x)^3 - \frac{q}{24}(l - x)^4 + Cx + D$$

（3）边界条件及其积分常数的求解：梁在固定端 A 处的挠度、转角为0，在铰支座 B 处的挠度为0，根据 $w_A = 0$，$\frac{\mathrm{d}w_A}{\mathrm{d}x} = 0$，$w_B = 0$ 得到

$$\begin{cases} x = 0, \ w = 0 \\ x = 0, \ \dfrac{\mathrm{d}w}{\mathrm{d}x} = 0 \\ x = l, \ w = 0 \end{cases}$$

于是

$$C = 0, \ D = 0, \ F_{By} = \frac{3}{8}ql$$

求出积分常数后，就可以求出相应的挠曲线方程、转角方程、弯矩方程、剪力方程及其支座反力，作出相应的图线。因此，有时用积分法求解超静定梁还要方便一些。

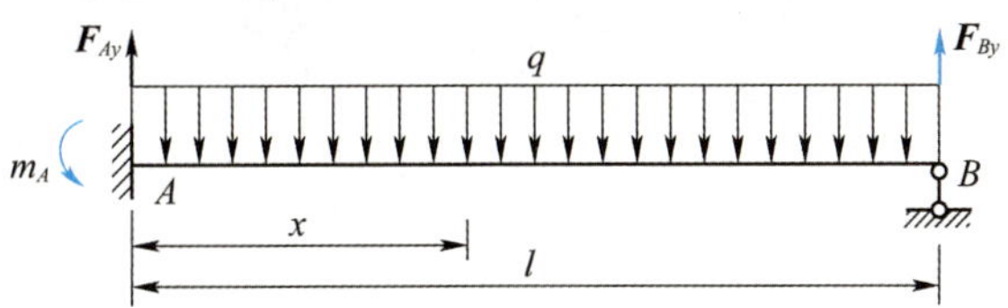

图 7.14　利用积分法求解超静定梁的静定基（之一）

7.6.4 讨论与小结

同一个超静定梁，可以选取不同形式的静定梁为静定基，选取的静定基不同，多余约束不同，相应的变形协调条件和补充方程也随之发生变化，但解出的全部约束反力则是相同的。例如，图7.13（a）所示的超静定梁，也可选取如图7.13（c）所示的简支梁为静定基（方案2），此时是以固定端限制截面 A 的转动为多余约束，相应的多余约束反力为固定端的约束反力偶 m_A 。因为超静定梁 A 端为固定端，故相应的变形协调条件为

$$\theta_A = \theta_{A,\ q} + \theta_{A,\ m_A} = 0$$

求得的约束反力与前面解答完全相同，读者可自行演算，当然对于这种静定基也可以用积分法求解。

以上解超静定梁的方法，是通过比较静定基与原超静定梁在多余约束处的变形，从而建立补充方程解出多余约束反力的，这种方法称为**变形比较法（属于力法）**。

变形比较法求解超静定梁的方法和步骤归纳如下。

（1）确定超静定次数，用未知力的数目减去平衡方程的数目便得超静定次数。

（2）选取静定基，去掉多余约束并以相应的多余约束反力代替其作用。

（3）列出变形协调条件，根据静定基与原超静定梁在多余约束处的变形进行比较。

（4）建立补充方程并解出多余约束反力，分别计算静定基中各载荷及多余约束反力在多余约束处的变形，并代入变形协调条件中，即得补充方程，由此可解出多余约束反力。

多余约束反力确定后，作用在静定基上的所有载荷均为已知，由此即可按照分析静定梁的方法，继续进行有关计算，如计算内力、应力和位移等。

【例7.10】 图7.15所示双跨梁 ABC 受均布载荷 q 作用，EI 为常量。试作出此梁的剪力图和弯矩图（按机械类符号规定表示）。

【解】（1）选取静定基。

显然此梁具有一个多余约束，设中间支座 B 为多余约束，多余约束反力为 F_{By} 。得到图7.15（b）所示的简支梁为静定基。

（2）列出变形协调条件。

多余约束 B 处的挠度等于0，得变形协调条件为

$$w_B = 0 \tag{a}$$

B 处的挠度是由集中力 F_{By} 和均布载荷 q 的作用共同引起的，因此有

$$w_B = w_{B,\ q} + w_{B,\ F_{By}} = 0 \tag{b}$$

式中：$w_{B,\ q}$ 和 $w_{B,\ F_{By}}$ 分别表示均布载荷 q 和多余约束反力 F_{By} 在 B 点引起的挠度。

查表7.1得

$$w_{B,\ q} = -\frac{5(2l)^4}{384EI} = -\frac{5ql^4}{24EI} \tag{c}$$

$$w_{B,\ F_{By}} = +\frac{5(2l)^3}{48EI} = +\frac{F_{By}l^3}{6EI} \tag{d}$$

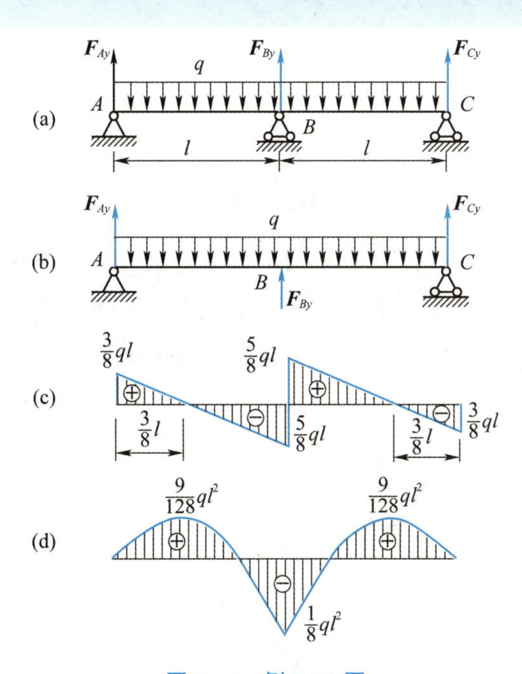

图 7.15 例 7.10 图

（a）超静定梁；（b）静定基；（c）F_S 图；（d）M 图

（3）建立补充方程。

将式（c）、式（d）代入式（b），得补充方程为

$$w_B = -\frac{5ql^4}{24EI} + \frac{F_{By}l^3}{6EI} = 0$$

由此解得多余约束反力为

$$F_{By} = \frac{5}{4}ql(\uparrow)$$

根据静定基的静力平衡条件，可求得其余两个支座反力为

$$F_{Ay} = F_{Cy} = \frac{3}{8}ql(\uparrow)$$

支座的约束反力求出后，便可作出梁的剪力图和弯矩图，如图 7.15（c）、（d）所示。

如果利用对称性，取一半结构来进行分析，因支座 B 处的转角为 0，便可得到如图 7.14 所示的结构，从而简化计算。

*7.7 梁的弯曲应变能（变形能）

7.7.1 弯曲变形能

如图 6.2（a）所示，对于承受弯矩 M 作用的纯弯曲变形梁，从中截取一微段 dx，两端的微转角为

$$\mathrm{d}\theta = \frac{1}{\rho}\mathrm{d}x \tag{7.10}$$

由式（6.6）知

$$\mathrm{d}\theta = \frac{M}{EI}\mathrm{d}x \tag{7.11}$$

上式表明，弯矩 M 与杆件在微段 $\mathrm{d}x$ 上所产生的微转角 $\mathrm{d}\theta$ 之间是一斜直线关系，如果弯矩 M 从 0 开始逐渐增加到最终值，则微转角 $\mathrm{d}\theta$ 也是从 0 开始逐渐增加，如图 7.16 所示。因此，在产生相应的微转角 $\mathrm{d}\theta$ 的过程中，弯矩 M 所做的微功等于图中斜直线所围成图形的面积，即

$$\mathrm{d}W = \frac{1}{2}M\mathrm{d}\theta = \frac{1}{2}\frac{M^2}{EI}\mathrm{d}x$$

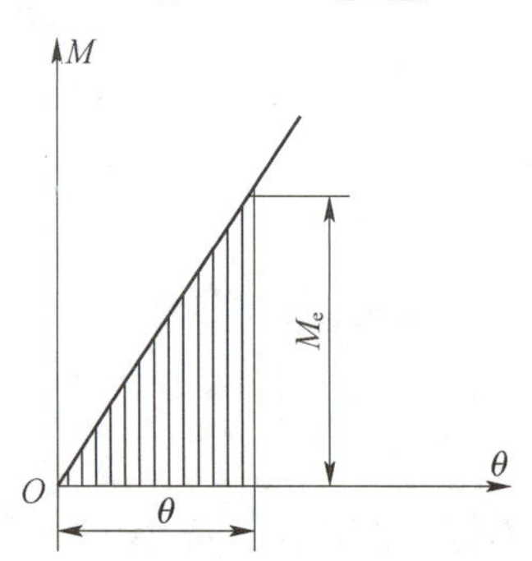

图 7.16　弯矩与转角之间的线性关系

由功能原理 $U = W$，则在微段 $\mathrm{d}x$ 上的变形能为

$$\mathrm{d}U = \mathrm{d}W = \frac{1}{2}\frac{M^2}{EI}\mathrm{d}x$$

对上式积分，即可得到在整段梁上的变形能

$$U = \int \mathrm{d}U = \sum \int_l \frac{M^2}{2EI}\mathrm{d}x \tag{7.12}$$

值得注意的是，如果梁在各段内的弯矩方程是用分段函数表示的，则应分段计算积分，然后求其总和。

7.7.2　外力功

利用功能原理 $U = W$ 求外力作用点沿着外力方向的位移时，不管是集中力作用点的线位移 δ 还是力偶矩作用点的转角位移 θ，由于都是缓慢加载，因此外力从 0 开始逐渐增加到最终值，则相应的位移也是从 0 开始逐渐增加。外力在相应位移上所做的功为

$$W = \frac{1}{2}M\theta \quad 或 \quad W = \frac{1}{2}F\delta \tag{7.13}$$

下面利用功能原理来求解弯曲变形。

【例 7.11】利用功能原理计算图 7.17 中悬臂梁 B 端的转角。

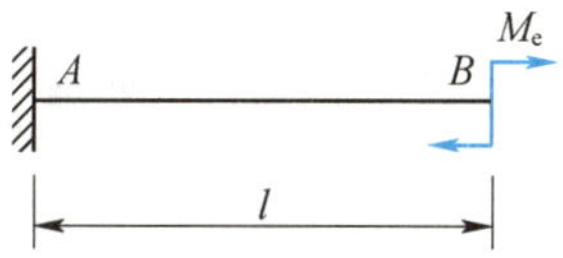

图 7.17 例 7.11 图

【解】设 x 轴沿梁轴，向右为正，w 轴向上为正。

（1）列出弯矩方程，即

$$M(x)=-M_e$$

（2）利用式（7.13）计算变形能，即

$$U=\frac{1}{2EI}\int_0^l(-M_e)^2\mathrm{d}x=\frac{M_e^2l}{2EI}$$

（3）计算外力功，即

$$W=\frac{1}{2}M_e\theta_B$$

（4）根据功能原理 $U=W$ 得

$$\frac{1}{2}M_e\theta_B=\frac{M_e^2l}{2EI}$$

即

$$\theta_B=\frac{M_el}{EI}\qquad(\circlearrowright)$$

与表 7.1 中的结果相同（此处的正号表示计算的位移同载荷的方向一致，因为载荷做正功）。

【例 7.12】利用功能原理计算图 7.18 中简支梁截面 C 的挠度 w_C。

【解】设 x 轴沿梁轴，向右为正，w 轴向上为正。

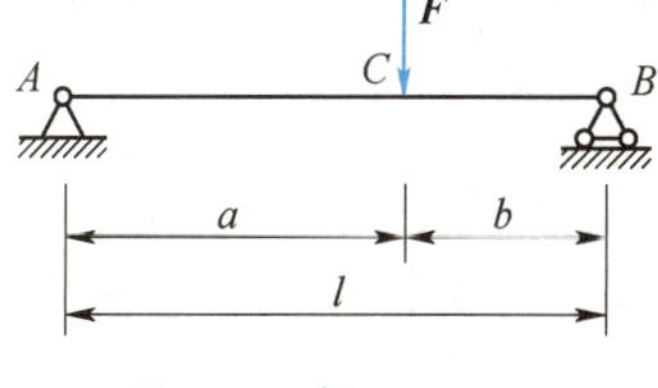

图 7.18 例 7.12 图

（1）列出弯矩方程。

AC 段

$$M(x_1)=\frac{Fb}{l}x_1\quad(0\leqslant x_1\leqslant a)$$

CB 段

$$M(x_2)=\frac{Fa}{l}(l-x_2)\quad(a\leqslant x_2\leqslant l)$$

（2）利用式（7.13）计算变形能，即

$$U=\frac{1}{2EI}\int_0^a\left(\frac{Fb}{l}x_1\right)^2\mathrm{d}x_1+\frac{1}{2EI}\int_a^l\left[\frac{Fa}{l}(l-x_2)\right]^2\mathrm{d}x_2=\frac{F^2a^2b^2}{6EIl}$$

（3）计算外力功，即

$$W=\frac{1}{2}Fw_C$$

（4）根据功能原理 $U=W$ 得，即

$$w_C=\frac{Fa^2b^2}{3EIl}$$

直接利用功能原理通常只能求集中载荷作用处与载荷对应的位移，即求集中力作用点处的线位移或者力偶矩作用点处的转角位移。而二次积分法虽说计算要麻烦一些，但是求出的是一般方程，即任意点处的线位移和转角位移。

7.8 提高梁弯曲刚度的主要措施

从表7.1中的挠度和转角公式可知，梁弯曲变形时的挠度、转角可以用以下统一公式表示

$$w, \theta = \alpha \times \frac{载荷 \times (长度)^n}{EI} \tag{7.14}$$

式中：α、n 是与梁的抗弯刚度 EI、梁的跨度 l、载荷形式及载荷作用点的位置等有关的常数。

提高抗弯刚度的目的就是减小梁的最大变形。因此，从式（7.14）可以看出，应增大 E、I，减小 α、n、长度、载荷，主要措施有以下三方面：增大梁的抗弯强度、减小跨度或增大支座、合理安排载荷作用点位置。

7.8.1 增大梁的抗弯刚度

梁的变形与抗弯刚度 EI 成反比，而截面形状是影响惯性矩 I 的主要因素，在截面面积一定的情况下，采用合理的截面形状，可增大截面惯性矩 I 的数值，减小梁的变形。例如，常用的工字形、槽形、T字形截面，都比面积相等的矩形截面、圆形截面有更大的惯性矩、更合理，不仅提高了梁的刚度，同时还提高了梁的强度。

弯曲变形还与材料的弹性模量 E 有关，为了提高梁的刚度，应选择弹性模量 E 较大的材料，但相应的价格较高，因此，为了提高梁的刚度而采用高强度材料是不经济的。

7.8.2 减小跨度或增大支座

梁的挠度和转角与梁的跨度 l 的 n 次方成正比，所以梁的跨度 l 对梁的变形影响很大，减小梁的跨度 l 将会有效地减小梁的变形。有时梁的跨度无法改变时，可增加梁的支座。例如，均布载荷作用下的简支梁，在跨度中点处的最大挠度为 $w_{\max} = 5ql^4/(384EI)$，若梁的跨度减小一半，则最大挠度 $w_{1\max} = 5q(l/2)^4/(384EI) = w_{\max}/16$，即最大挠度仅为原梁的1/16；若在梁跨中点处增加一个可动铰支座，则最大挠度 $w_{2\max} \approx w_{\max}/38.47$，即最大挠度仅为原梁的1/38.47。

7.8.3 合理安排载荷作用点位置

弯矩是引起弯曲变形的主要因素。改变载荷作用位置与方式、减小梁内弯矩，可以达到减小变形、提高梁的刚度的目的。例如，简支梁在跨中截面处作用集中力 F 时，最大弯矩为 $Fl/4$，最大挠度为 $w_{1\max} = Fl^3/(48EI)$。如果将集中力分散成均布载荷，且 $F = ql$，则梁内最大弯矩为 $ql^2/8 = Fl/8$，最大挠度 $w_{2\max} = 5ql^4/(384EI)$，此时的最大挠度仅为集中力 F 作用时的5/8。

7.9 本章知识小结·框图

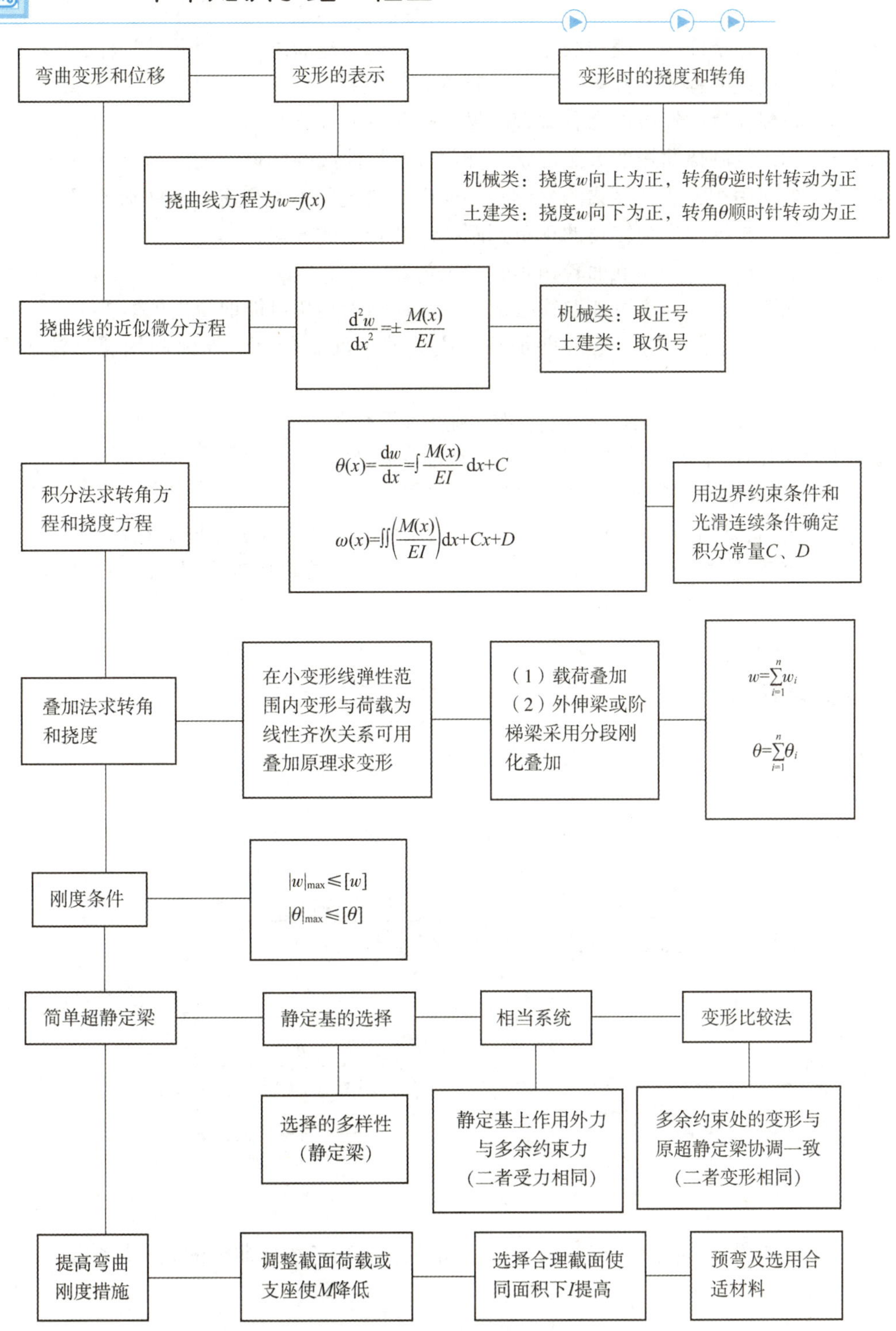
弯曲变形和位移
变形的表示
变形时的挠度和转角
挠曲线方程为$w=f(x)$
机械类：挠度w向上为正，转角θ逆时针转动为正
土建类：挠度w向下为正，转角θ顺时针转动为正
挠曲线的近似微分方程
$\frac{d^2w}{dx^2}=\pm\frac{M(x)}{EI}$
机械类：取正号
土建类：取负号
积分法求转角方程和挠度方程
$\theta(x)=\frac{dw}{dx}=\int\frac{M(x)}{EI}dx+C$
$\omega(x)=\iint\left(\frac{M(x)}{EI}\right)dx+Cx+D$
用边界约束条件和光滑连续条件确定积分常量C、D
叠加法求转角和挠度
在小变形线弹性范围内变形与荷载为线性齐次关系可用叠加原理求变形
（1）载荷叠加
（2）外伸梁或阶梯梁采用分段刚化叠加
$w=\sum_{i=1}^{n}w_i$
$\theta=\sum_{i=1}^{n}\theta_i$
刚度条件
$|w|_{max}\leqslant[w]$
$|\theta|_{max}\leqslant[\theta]$
简单超静定梁
静定基的选择
相当系统
变形比较法
选择的多样性（静定梁）
静定基上作用外力与多余约束力（二者受力相同）
多余约束处的变形与原超静定梁协调一致（二者变形相同）
提高弯曲刚度措施
调整截面荷载或支座使M降低
选择合理截面使同面积下I提高
预弯及选用合适材料

思考题

思 7.1　什么是挠曲轴、挠度、转角？它们之间有什么关系？该关系成立的条件是什么？

思 7.2　什么是挠曲线？挠曲线近似微分方程是如何建立的？应用条件是什么？

思 7.3　挠曲线方程与坐标轴 x 与 w 的选取有何关系？

思 7.4　在建立挠曲线近似微分方程时做了哪些近似计算？

思 7.5　如何绘制挠曲线的大致形状？如何判定挠曲线的凹点、凸点与拐点的位置？

思 7.6　如何用积分法计算梁的变形？如何用梁的边界条件和连续条件确定积分常数？

思 7.7　如何根据挠度与转角的正负判断挠度和转角的方向？

思 7.8　最大挠度处的横截面转角是否一定为 0？

思 7.9　在哪些截面挠度可能取得极值？在哪些截面转角可能取得极值？

思 7.10　什么是求梁的变形的叠加法？成立的条件是什么？如何利用叠加法求梁的变形？

思 7.11　如何进行梁的刚度校核？梁的刚度条件有哪三方面的应用？

思 7.12　如何用变形比较法、积分法求解静不定梁？

思 7.13　提高梁的刚度条件的主要措施有哪些？

思 7.14　提高梁的刚度条件与提高梁的强度条件有哪些相同和不同的点？

思 7.15　在利用积分法计算梁位移时，待定的积分常数反映了什么因素对梁变形的影响？

分类习题

【7.1 类】计算题（积分法求挠度、转角）

题 7.1.1　试问：当用积分法求图示各梁的弯曲变形时，至少应当分几段？有多少个积分常数？并列出边界条件中相应的约束条件和连续条件。

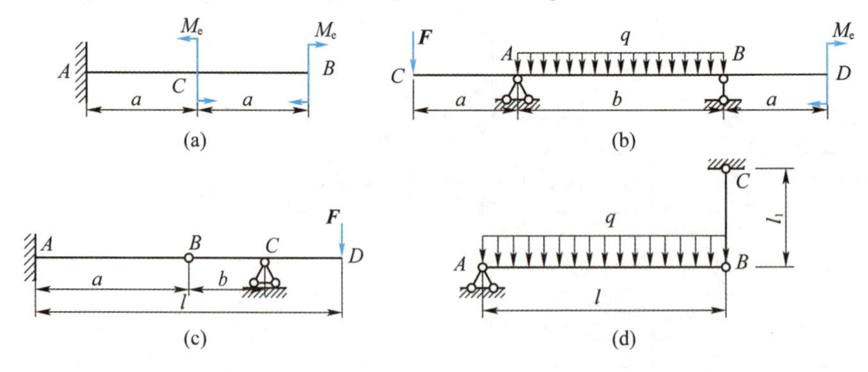

题 7.1.1 图

题 7.1.2　如图所示各梁，抗弯刚度 EI 为常数，画出各梁挠曲线的大致形状。

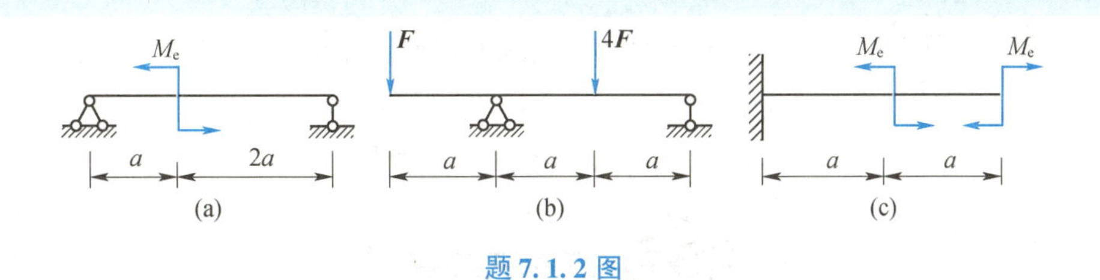

题 7.1.2 图

题 7.1.3 如图所示悬臂梁，抗弯刚度 EI 为常数，试利用积分法求自由端的挠度与转角。

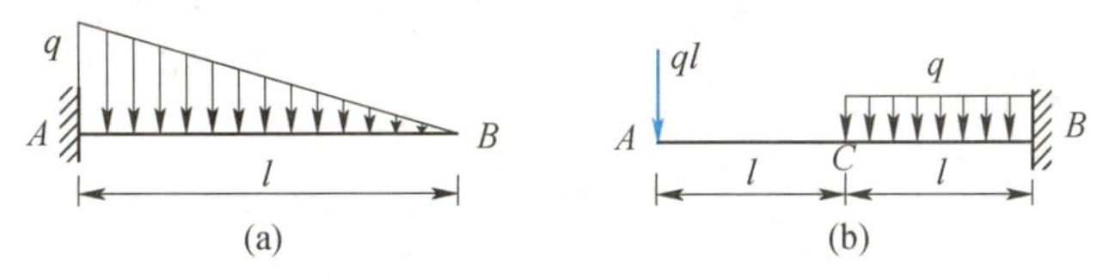

题 7.1.3 图

题 7.1.4 用积分法求图示各梁指定截面处的挠度与转角（θ_D；w_D；θ_C；w_C），设 EI 为常数。

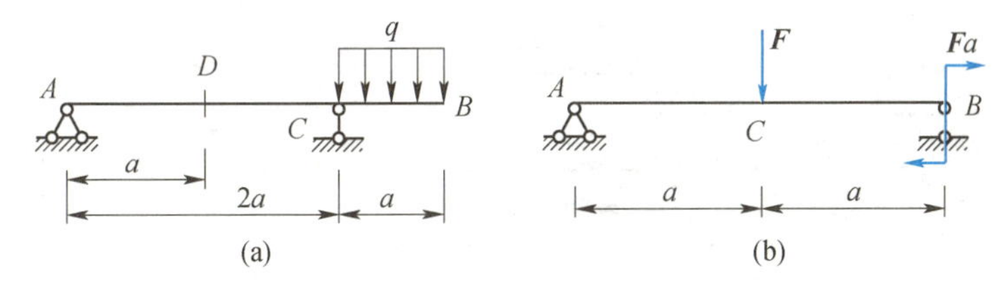

题 7.1.4 图

题 7.1.5 如图所示简支梁的左右支座截面上分别作用有外力偶矩 M_{eA} 和 M_{eB}。若使该梁挠曲线的拐点位于距左端支座 $l/3$［或：　　］处，试问 M_{eA} 与 M_{eB} 应保持何种关系？

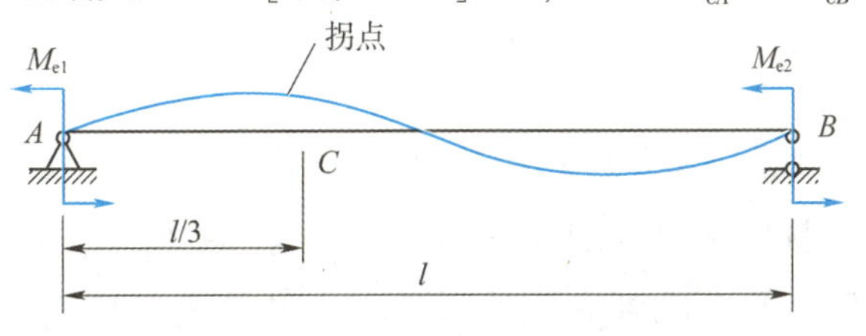

题 7.1.5 图

题 7.1.6 梁的抗弯刚度 EI 为常数，跨度为 l，变形后该梁的挠曲线方程为 $w(x) = -qx^2(x-l)(2x-15l)/48EI$，试确定该梁上的载荷及其支承条件，并画出梁的剪力图、弯矩图。

题 7.1.7 如图所示，在悬臂梁上，集中力 F 可沿梁轴移动，如欲使载荷在移动时始终保持相同的高度，则此梁应预弯成何种形状？设抗弯刚度 EI 为常数。

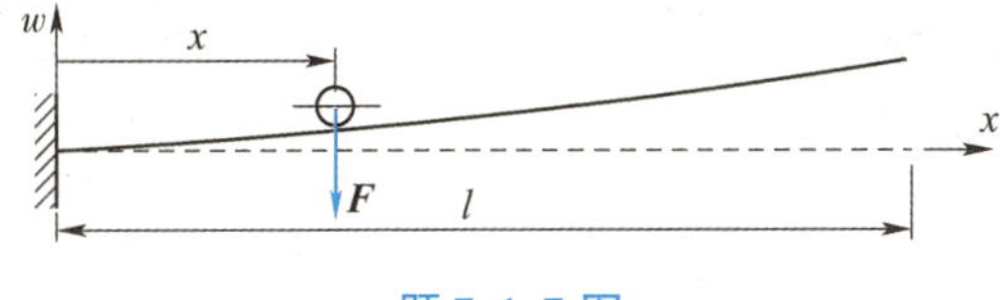

题 7.1.7 图

题7.1.8　如图所示重量为 P 的等直梁放置在水平刚性平面上，若受力后未提起的部分保持与平面密合，试求提起部分的长度。

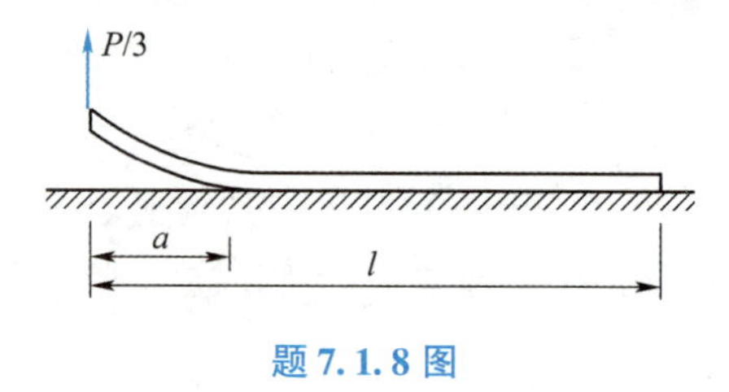

题7.1.8图

【7.2类】计算题（叠加法求挠度、转角、位移）

题7.2.1　用叠加法求图示悬臂梁与简支梁指定截面的挠度和转角，EI 为已知常量。图（a）求梁 B 端的挠度 w_B；图（b）求梁 A 端的挠度 w_A；图（c）求截面 C 的挠度 w_C 和 B 端的转角 θ_B；图（d）求截面 A 的挠度 w_A 和 B 端的转角 θ_B；图（e）求截面 C 的挠度 ω_C 和 A 端的转角 θ_A。

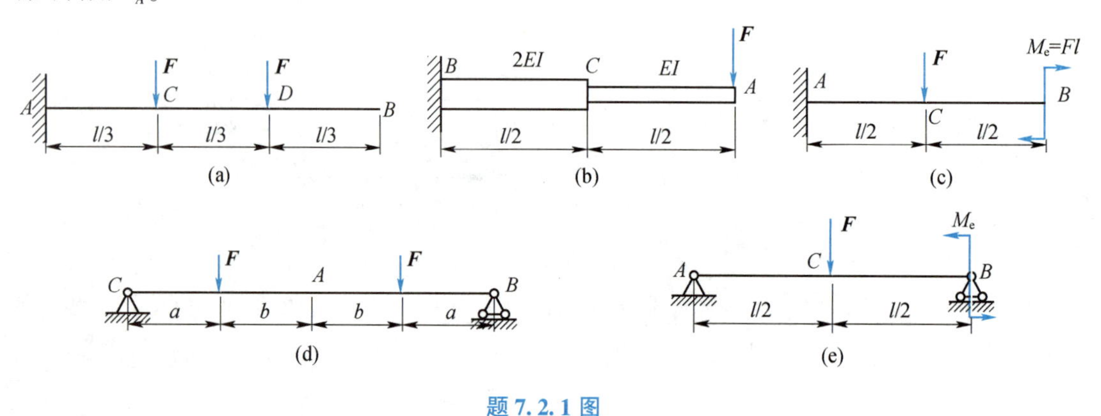

题7.2.1图

※题7.2.2　试用叠加法求图示外伸梁指定截面的挠度和转角。设梁的抗弯刚度 EI 为已知常数。图（a）求 C 端的挠度 w_C 和转角 θ_C；图（b）求 A 端的挠度 ω_A 和转角 θ_A；图（c）求 A 端的挠度 w_A 和转角 θ_A；图（d）求 A 端的挠度 w_A 和转角 θ_A；图（e）求 A 端的挠度 w_A 和转角 θ_A。

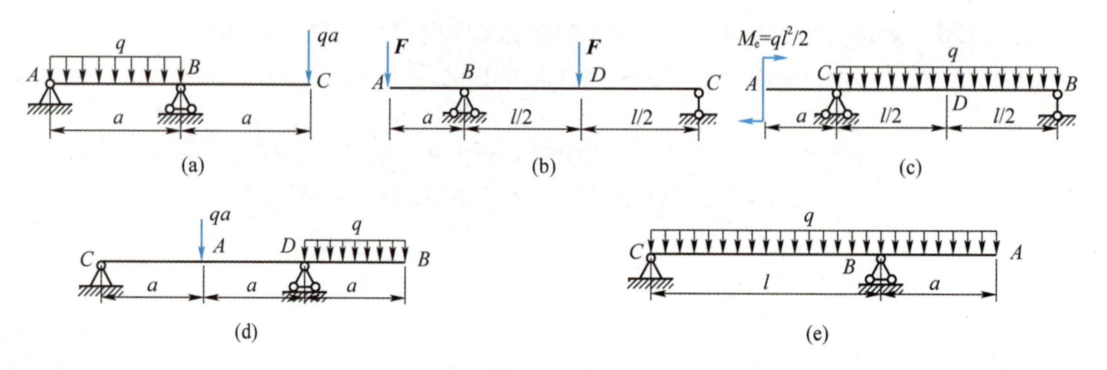

题7.2.2图

※题 7.2.3 如图所示外伸梁，两端受载荷 F 的作用，抗弯刚度 EI 为常数。试问：（1）当 x/l 为何值时，梁跨度中点的挠度和自由端的挠度相等？（2）当 x/l 为何值时，梁跨度中点的挠度最大？

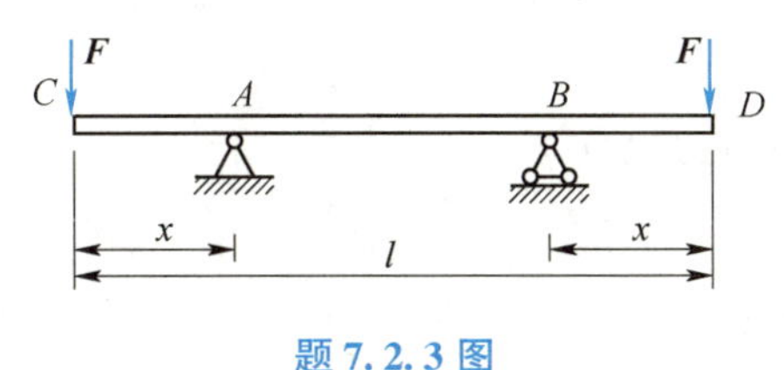

题 7.2.3 图

※题 7.2.4 如图所示悬臂梁，材料的容许应力 $[\sigma]=160$ MPa，$E=200$ GPa，梁的许用挠度比 $[w/l]\leqslant 1/400$，截面由两个槽钢组成，试选择槽钢的型号。

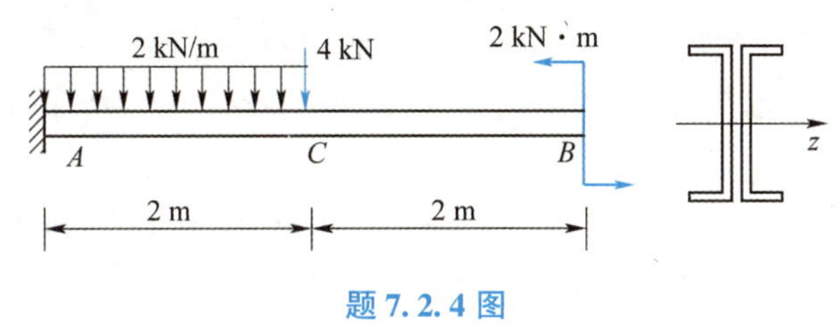

题 7.2.4 图

※题 7.2.5 求图示梁 B 处的挠度 w_B [或：　　]。

※题 7.2.6 试按叠加原理求图示平面刚架自由端截面 C 的铅垂位移和水平位移 [或：　　]。已知杆各段的横截面积均为 A，弯曲刚度均为 EI。

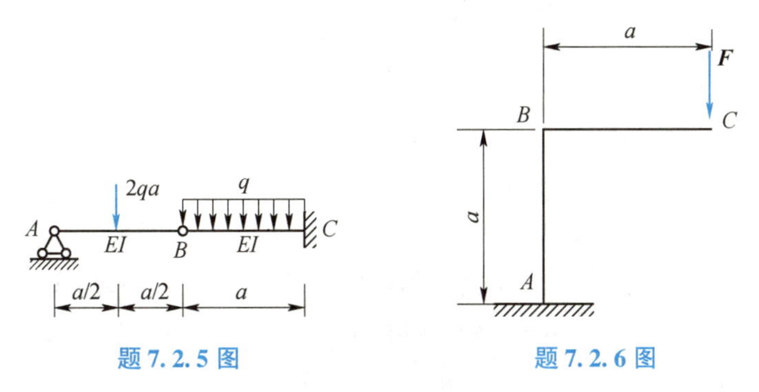

题 7.2.5 图　　题 7.2.6 图

※题 7.2.7 图示正方形截面木梁的右端由钢拉杆支承。已知截面边长为 200 mm，$q=40$ kN/m [或：　　]，$E_1=10$ GPa；钢拉杆的横截面积 $A_2=250\ \text{mm}^2$，$E_2=210$ GPa。试求拉杆的伸长 Δl 及梁 AB 中点 D 沿铅垂方向的位移 δ_{Dy}。

【7.3 类】计算题（用变形比较法解简单超静定问题）

题 7.3.1 试求图示超静定梁的支反力。

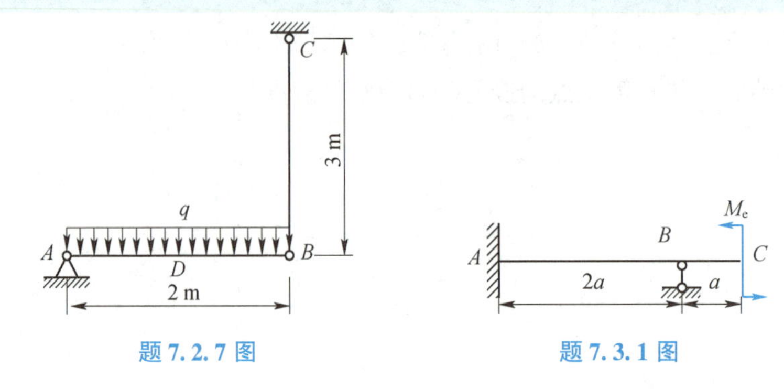

题 7.2.7 图　　　　题 7.3.1 图

题7.3.2　梁 AB 因强度和刚度不足，用同一材料和同样截面的短梁 AC 加固，如图所示。试求：(1) 两梁接触处的压力 F_C；(2) 加固后梁 AB 的最大弯矩和截面 B 的挠度减小的百分数。

题7.3.3　如图所示，结构中1、2两杆的抗拉刚度同为 EA [或：　　]。(1) 若将横梁 AB 视为刚体，试求杆1和杆2的内力。(2) 若考虑横梁的变形，且抗弯刚度为 EI，试求杆1和杆2的内力。

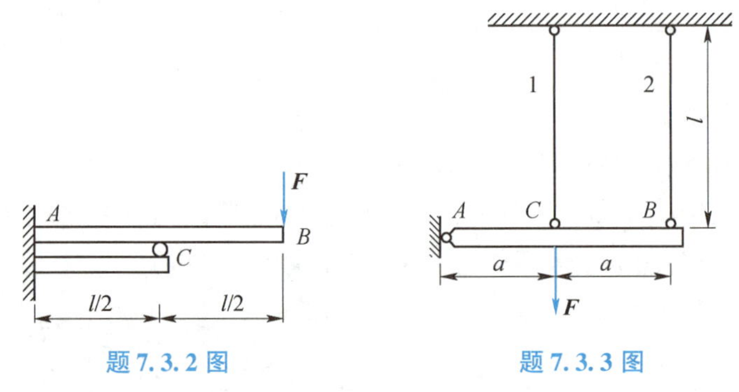

题 7.3.2 图　　　　题 7.3.3 图

题7.3.4　如图所示悬臂梁的抗弯刚度 $EI = 30 \times 10^2\ \text{N} \cdot \text{m}^2$。弹簧的刚度常数为 $k = 175 \times 10^3\ \text{N/m}$。若梁与弹簧间的空隙为 $\delta = 1.25\ \text{mm}$ [或：　　]，当集中力 $F = 450\ \text{N}$ 作用于梁的自由端时，试求弹簧将分担多大的力。

※题7.3.5　某结构如图所示，求 A 端的约束反力和杆 BC 的内力。已知：$E = 200\ \text{GPa}$，$I = 25 \times 10^6\ \text{mm}^4$，$A = 4 \times 10^3\ \text{mm}^2$，$l = 2\ m$，$q = 300\ \text{N/m}$ [或：　　]。

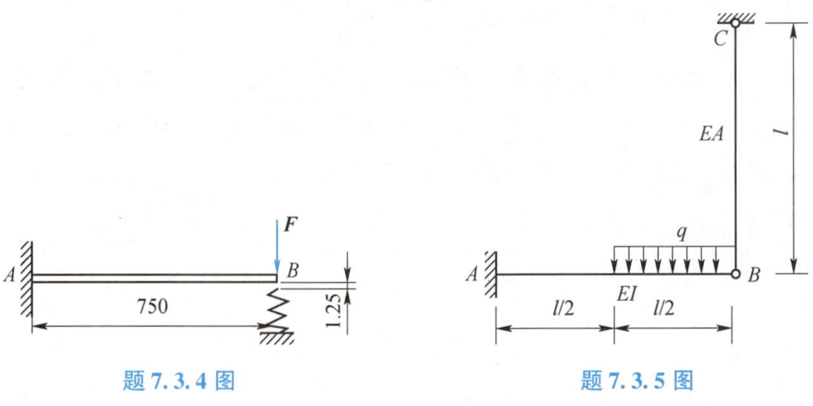

题 7.3.4 图　　　　题 7.3.5 图

※题7.3.6　如图所示，悬臂梁 AB 和简支梁 CD 均用18 [或：　　] 号工字钢制成，

BG 为圆截面钢杆，其直径 $d=20\ \mathrm{mm}$ 。钢的弹性模量 $E=200\ \mathrm{GPa}$ 。若 $F=30\ \mathrm{kN}$ ，试求简支梁 CD 内的最大正应力和点 G 的挠度。

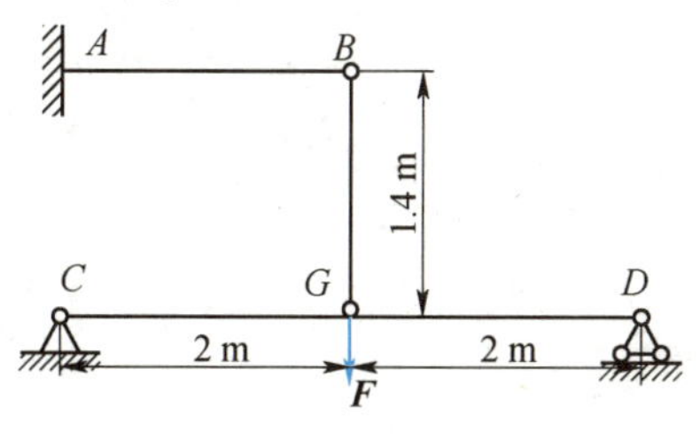

题 7.3.6 图

第 8 章 应力分析·强度理论

8.1 概 述

前面几章中，分别讨论了轴向拉伸与压缩、扭转和弯曲等几种基本变形构件横截面上的应力，并根据相应的试验结果，建立了危险点处只有正应力或只有切应力时的强度条件

$$\sigma_{max} \leqslant [\sigma] \text{ 或 } \tau_{max} \leqslant [\tau]$$

式中：σ_{max} 或 τ_{max} 为构件工作时最大的应力，由相关的应力公式计算；$[\sigma]$ 或 $[\tau]$ 为材料的许用应力，它是通过直接试验（如轴向拉伸或纯扭），测得材料相应的极限应力，再除以安全因数获得的，没有考虑材料失效的原因。

这些强度条件的共同特点是：①危险截面的危险点只有正应力或只有切应力作用；②都是通过试验直接确定失效时的极限应力。

上述强度条件对于分析复杂情形下的强度问题是远远不够的。例如，仅仅根据横截面上的应力，不能分析为什么低碳钢试样拉伸至屈服时，表面会出现与轴线成45°角的滑移线；也不能分析铸铁圆试样扭转时，为什么沿45°螺旋面断开；根据横截面上的应力分析和相应的试验结果，不能直接建立既有正应力又有切应力存在时的强度条件。

实际工程中，构件受力可能非常复杂，从而使得受力构件内截面上一点处往往既有正应力，又有切应力。对于这些复杂的受力情况，一方面要研究通过构件内某点各个不同方位截面上的应力变化规律，从而确定该点处的最大正应力和最大切应力及其所在的截面方位；另一方面需要研究材料破坏的规律，找出材料破坏的共同因素，通过试验确定这一共同因素的极限值，从而建立相应的强度条件。

本章主要研究受力构件内一点的应力状态，应力与应变之间的关系（广义胡克定律）以及关于材料破坏规律的强度理论，从而为在各种应力状态下的强度计算提供必要的理论基础。

8.2 一点的应力状态·应力状态分类

受力构件内一点处不同截面上应力的集合，称为**一点的应力状态**。为了描述一点的应力状态，在一般情况下，总是围绕这点截取一个3对面互相垂直且边长充分小的正六面体，这一六面体称为**单元体**。当受力构件处于平衡状态时，从构件内截取的单元体也是平衡的，单元体的任何一个局部也必是平衡的。所以，当单元体3对面上的应力已知，就可以根据截面法求出通过该点的任一斜截面上的应力情况。因此，通过单元体及其3对互相垂直面上的应力，可以描述一点的应力状态。

为了确定一点的应力状态，需要先确定代表这一点的单元体的6个面上的应力。为此，在单元体的截取时，应尽量使其各面上应力容易求得。

例如，在图8.1（a）所示轴向拉伸构件内任意一点A的周围，若以2个横截面和4个纵向截面截取单元体，将其放大为图8.1（b），其平面图表示为图8.1（c）。单元体的左右两侧面是杆件横截面的一部分，面上的应力皆为$\sigma=\dfrac{F}{A}$。单元体的上、下、前、后4个截面都是纵向截面，面上都没有应力。但若按图8.1（d）的方式截取单元体，使其4个侧面与纸面垂直但与杆件的轴线不平行也不垂直，成为斜截面，则在这4个截面上，不仅有正应力而且有切应力，显然其应力的确定比图8.1（a）更困难。

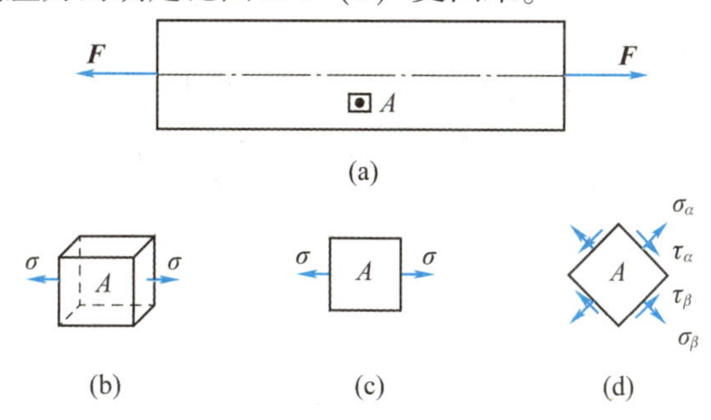

图8.1 围绕受拉构件内任意一点截取的单元体

在图8.1（b）或图8.1（c）中，单元体的各个面上均无切应力。这种无切应力作用的平面称为**主平面**。主平面上的正应力称为**主应力**。主平面的外法线方向称为**主方向**。若单元体的各个侧面均为主平面，则该单元体称为**主单元体**。

可以证明，受力构件内任一点都可找到3对互相垂直的主平面，即一定存在一个由主平面构成的主单元体。因而每一点都有3个主应力，通常用σ_1，σ_2，σ_3来表示，并按它们代数值的大小顺序排列，即$\sigma_1 \geqslant \sigma_2 \geqslant \sigma_3$，分别称为第一、第二和第三主应力。对于轴向拉伸（或压缩），3个主应力中只有1个不等于0，称为**单向或单轴应力状态**。若3个主应力中有2个不为0，则称为**二向或平面应力状态**。当3个主应力皆不为0时，称为**三向或空间应力状态**。前面几种基本变形都只涉及单向应力状态或纯剪应力状态，它们都属于**简单应力状态**；而除了纯剪应力状态外的其他二向和三向应力状态都属于**复杂应力状态**。

【例8.1】 图8.2（a）所示承受内压的圆柱形薄壁容器，平均直径为D，壁厚为δ，承受内压为p（$\mathrm{N/m^2}$）。试计算容器上由纵横截面组成的单元体A上的应力。

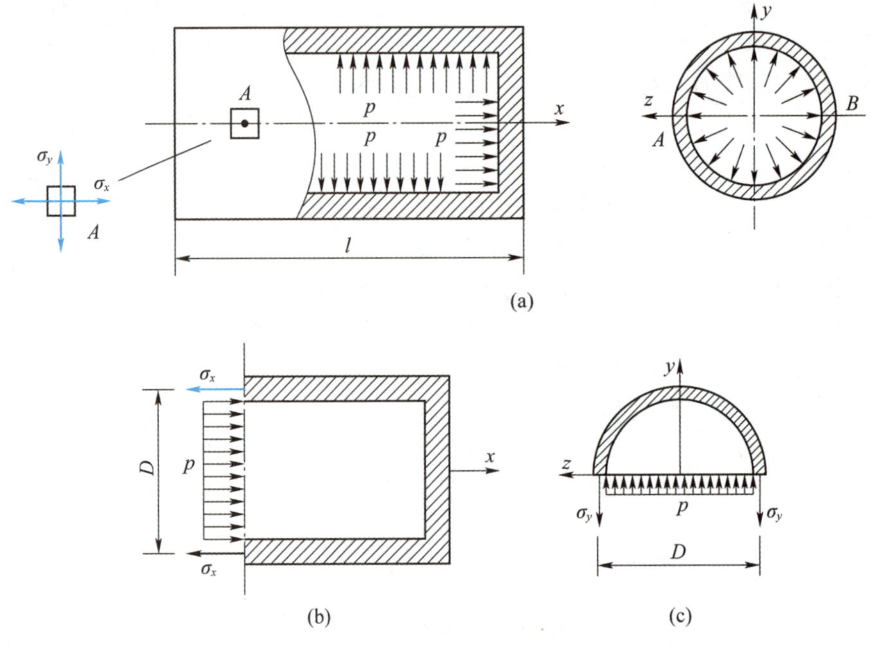

图 8.2　例 8.1 图

【解】在内压作用下，容器将产生沿轴向和径向方向的变形，在容器的横截面和纵截面上均受到拉应力的作用，由于壁很薄，因此可认为应力沿壁厚均匀分布。

（1）横截面上的应力。

用横截面将容器截开，受力如图 8.2（b）所示，根据平衡方程

$$\sum F_x = 0 \quad \sigma_x \pi D\delta - p\frac{\pi D^2}{4} = 0$$

可得

$$\sigma_x = \frac{pD}{4\delta}$$

（2）纵截面上的应力。

在圆筒中部截取一段（单位长度），再用包含轴线的纵截面将之截开，其受力如图 8.2（c）所示，根据平衡方程

$$\sum F_y = 0 \quad 2\sigma_y \cdot 1 \cdot \delta - p \cdot 1 \cdot D = 0$$

可得

$$\sigma_y = \frac{pD}{2\delta}$$

因横向和纵向截面上均无切应力，且在单元体的第三个方向（与直径垂直的方向）上，虽然还有作用于内壁的压强 p 和作用于外壁的大气压强，但都远小于 σ_x 和 σ_y，可以忽略不计，故该单元体 A 就是其主单元体，其 3 个主应力分别为

$$\sigma_1 = \frac{pD}{2\sigma} \quad \sigma_2 = \frac{pD}{4\sigma} \quad \sigma_3 = 0$$

由上可见，纵截面上的应力比横截面上的应力大一倍，故容器受内压破裂时，其裂缝常沿纵截面发生。

8.3 平面应力状态·应力分析的解析法

在薄壁圆筒的筒壁上，以纵向和横向截面截取的单元体（见图8.2（a）），其周围各面皆为主平面，应力皆为主应力。但在其他情况下就未必如此，如圆轴扭转时，横截面上除圆心外，任一点上皆有切应力，可见横截面不是它们的主平面；横力弯曲时，梁的横截面上除上、下边缘及中性轴处外，任一点上均有正应力和切应力，所以横截面不是这些点的主平面，弯曲正应力也不是这些点的主应力。本节要讨论的问题是：在平面应力状态下，已知通过一点的某些截面上的应力后，如何求出通过这一点的其他截面上的应力，从而确定该点的主应力、主平面以及最大切应力。

8.3.1 任意斜截面上的应力

在图8.3（a）所示的单元体的各侧面上，设应力分量 σ_x，σ_y，τ_{xy} 和 τ_{yx} 均已知，图8.3（b）为单元体的正投影。各应力分量的下标具有如下含义：σ_x 和 σ_y，分别表示 x 平面和 y 平面上的正应力；τ_{xy} 第一个下标 x 表示切应力作用面的法线方向，第二个下标 y 表示切应力平行于 y 轴；τ_{yx} 与之类似。根据切应力互等定理，$\tau_{xy}=\tau_{yx}$。应力的正负号规定为：正应力以拉应力为正、压应力为负；切应力对单元体内任一点的矩为顺时针转向时为正，反之为负。按照这一规定，图8.3（a）和图8.3（b）中的 σ_x，σ_y，τ_{xy} 均为正，而 τ_{yx} 为负。

欲求与 z 轴平行的任意斜截面 ef（见图8.3（b））上的应力，设斜截面 ef 的外法线 n 与 x 轴成 α 角，称该斜截面为 α **斜截面**，其上的正应力和切应力分别用 σ_α 及 τ_α 表示。为便于计算，将 α 角正负号规定为：从 x 轴转至 α 斜截面的外法线，逆时针转为正，反之为负。

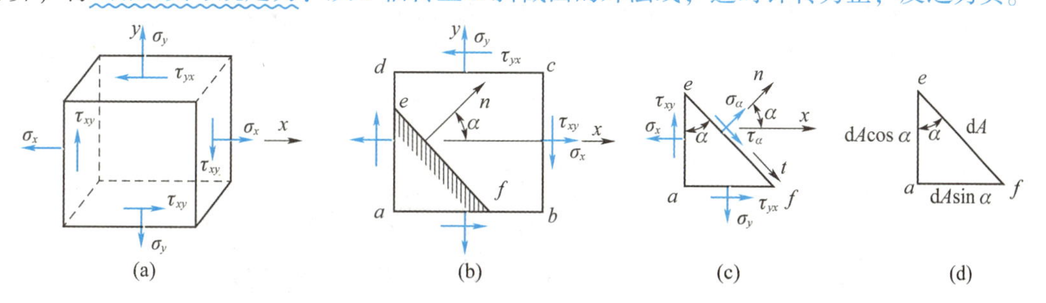

图8.3 任意斜截面上应力

为了求得 α 斜截面上的正应力和切应力，利用截面法，沿斜截面 ef 将单元体分成两部分，并研究下半部分 aef 的平衡，如图8.3（c）所示。设截面 ef 的面积为 $\mathrm{d}A$，则截面 ae 与 af 的面积分别为 $\mathrm{d}A\cos\alpha$ 与 $\mathrm{d}A\sin\alpha$，如图8.3（d）所示。把作用于 aef 部分上的力投影于 ef 面的外法线 n 和切线 t 的方向，可得其平衡方程为

$$\sum F_n=0 \quad \sigma_\alpha \mathrm{d}A+(\tau_{xy}\mathrm{d}A\cos\alpha)\sin\alpha-(\sigma_x\mathrm{d}A\cos\alpha)\cos\alpha+(\tau_{yx}\mathrm{d}A\sin\alpha)\cos\alpha-(\sigma_y\mathrm{d}A\sin\alpha)\sin\alpha=0$$

$$\sum F_t=0 \quad \tau_\alpha \mathrm{d}A-(\tau_{xy}\mathrm{d}A\cos\alpha)\cos\alpha-(\sigma_x\mathrm{d}A\cos\alpha)\sin\alpha+(\sigma_y\mathrm{d}A\sin\alpha)\cos\alpha+(\tau_{yx}\mathrm{d}A\sin\alpha)\sin\alpha=0$$

根据切应力互等定理，τ_{xy} 与 τ_{yx} 在数值上相等，以 τ_{xy} 代替 τ_{yx}，化简上述两个平衡方程，得

$$\sigma_\alpha = \frac{\sigma_x + \sigma_y}{2} + \frac{\sigma_x - \sigma_y}{2}\cos 2\alpha - \tau_{xy}\sin 2\alpha \tag{8.1}$$

$$\tau_\alpha = \frac{\sigma_x - \sigma_y}{2}\sin 2\alpha + \tau_{xy}\cos 2\alpha \tag{8.2}$$

由式（8.1）和式（8.2）可知，当 σ_x，σ_y，τ_{xy} 已知时，可以求出 α 为任意值时斜截面上的应力。这种方法称为**解析法**。

8.3.2 主应力和主平面

式（8.1）表明斜截面上的正应力 σ_α 随 α 的变化而变化，是 α 的函数。因此，可根据式（8.1）确定正应力极值，并可确定其所在的平面位置。将式（8.1）对 α 求导，得

$$\frac{\mathrm{d}\sigma_\alpha}{\mathrm{d}\alpha} = -2\left(\frac{\sigma_x - \sigma_y}{2}\sin 2\alpha + \tau_{xy}\cos 2\alpha\right) \tag{a}$$

设当 $\alpha = \alpha_0$ 时，导数 $\frac{\mathrm{d}\sigma_\alpha}{\mathrm{d}\alpha} = 0$。则在 α_0 所对应的截面上正应力 σ_α 取极值。将 α_0 代入式（a）并令其等于0，即

$$\frac{\sigma_x - \sigma_y}{2}\sin 2\alpha_0 + \tau_{xy}\cos 2\alpha_0 = 0 \tag{b}$$

可得

$$\tan 2\alpha_0 = -\frac{2\tau_{xy}}{\sigma_x - \sigma_y} \tag{8.3}$$

比较式（8.2）和式（b）可知，在正应力取极值的平面上，切应力等于0。因切应力为0的平面为主平面，而主平面上的正应力为主应力，所以主应力就是极大或极小的正应力。由式（8.3）可求出相差90°的两个角度 α_0，它们就是两个互相垂直的主平面的法线方位角。将 $\sin 2\alpha_0$，$\cos 2\alpha_0$ 代入式（8.1），即得两个主应力为

$$\left.\begin{matrix}\sigma_{\max}\\ \sigma_{\min}\end{matrix}\right\} = \frac{\sigma_x + \sigma_y}{2} \pm \sqrt{\left(\frac{\sigma_x - \sigma_y}{2}\right)^2 + \tau_{xy}^2} \tag{8.4}$$

联合使用式（8.3）和式（8.4）时，可先比较 σ_x 和 σ_y 的代数值，若 $\sigma_x \geqslant \sigma_y$，则式（8.3）确定的两个 α_0 中，绝对值较小的一个确定 $\sigma_{\max}$ 所在的主平面；若 $\sigma_x < \sigma_y$，则绝对值较大的一个确定 $\sigma_{\max}$ 所在的主平面。

8.3.3 切应力极值及其所在平面

式（8.2）表明斜截面上的切应力 τ_α 随 α 的变化而变化，是 α 的函数，因此可根据式（8.2）确定切应力极值及其所在的平面位置。将式（8.2）对 α 求导，得

$$\frac{\mathrm{d}\tau_\alpha}{\mathrm{d}\alpha} = (\sigma_x - \sigma_y)\cos 2\alpha - 2\tau_{xy}\sin 2\alpha \tag{c}$$

设当 $\alpha = \alpha_1$ 时，导数 $\frac{\mathrm{d}\tau_\alpha}{\mathrm{d}\alpha} = 0$。则在 α_1 所对应的截面上切应力 τ_α 为极值。以 α_1 代入式

(c) 并令其等于0，即

$$(\sigma_x - \sigma_y)\cos 2\alpha - 2\tau_{xy}\sin 2\alpha = 0$$

得

$$\boxed{\tan 2\alpha_1 = \frac{\sigma_x - \sigma_y}{2\tau_{xy}}} \tag{8.5}$$

由式（8.5）可求出相差90°的两个角度 α_1，它们可确定两个互相垂直的平面，将 $\sin 2\alpha_1$，$\cos 2\alpha_1$ 代入式（8.2），即得平面应力状态下切应力的最大值和最小值

$$\boxed{\left.\begin{matrix}\tau_{max}\\ \tau_{min}\end{matrix}\right\} = \pm\sqrt{\left(\frac{\sigma_x - \sigma_y}{2}\right)^2 + \tau_{xy}^2}} \tag{8.6}$$

特别注意：不能用式（8.6）来求解空间应力状态下或特殊空间应力状态下的最大和最小切应力，而应当用下一节中的公式（8.7）来求解。

比较式（8.3）与式（8.5）可得

$$\tan 2\alpha_0 \tan 2\alpha_1 = -1$$

故有

$$\alpha_1 = \alpha_0 \pm \frac{\pi}{4} \tag{d}$$

式（d）表明最大和最小切应力所在平面与主平面的夹角为45°。

【例8.2】直径为 $d = 100$ mm 的等直圆杆，受轴向力 $F = 500$ kN 及外力偶 $M = 7$ kN·m 作用，如图8.4（a）所示。试求：(1) 杆表面点 C 处由横截面、径向截面和周向截面取出的单元体上各面上的应力，如图8.4（b）所示；(2) 该点处与母线夹角为30°斜截面上的应力情况；(3) 该点的主应力、主方向。

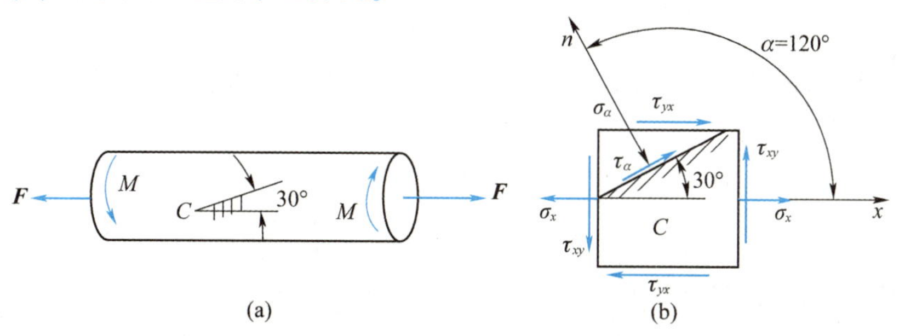

图8.4　例8.2图

【解】(1) 由轴向拉压和扭转的应力分析可得，点 C 处的应力情况为

$$\sigma_x = \frac{F}{A} = \frac{500 \times 10^3}{\frac{1}{4}\pi \times 100^2}\ \text{MPa} = 63.7\ \text{MPa}$$

$$\tau_{xy} = -\frac{T}{W_T} = -\frac{7 \times 10^6}{\frac{1}{16}\pi \times 100^3}\ \text{MPa} = -35.7\ \text{MPa}$$

(2) 由式（8.1）和式（8.2）可得点 C 处 $\alpha = 120°$ 斜截面上的应力为

$$\sigma_{120°} = \frac{63.7 + 0}{2} + \frac{63.7 - 0}{2} \times \cos(2 \times 120°) - (-35.7) \times \sin(2 \times 120°)\ \text{MPa} = -15.0\ \text{MPa}$$

$$\tau_{120^\circ} = \frac{63.7 - 0}{2} \times \sin(2 \times 120^\circ) + (-35.7) \times \cos(2 \times 120^\circ)\ \text{MPa} = -9.7\ \text{MPa}$$

（3）由式（8.4）可得该点处的主应力

$$\left.\begin{matrix}\sigma_{\max} \\ \sigma_{\min}\end{matrix}\right\} = \frac{63.7 + 0}{2} \pm \sqrt{\left(\frac{63.7 - 0}{2}\right)^2 + (-35.7)^2}\ \text{MPa} = \begin{cases} 79.7\ \text{MPa} \\ -16\ \text{MPa} \end{cases}$$

按主应力记号规定 $\sigma_1 \geqslant \sigma_2 \geqslant \sigma_3$，得单元体的3个主应力分别为

$$\sigma_1 = 79.1\ \text{MPa},\ \sigma_2 = 0,\ \sigma_3 = 16\ \text{MPa}$$

由式（8.3），得

$$\tan 2\alpha_0 = -\frac{2 \times (-35.7)}{63.7 - 0} = 1.12$$

所以，$\alpha_0 = 24.12^\circ$或-65.88°。请读者自行绘制主单元体。

【例8.3】 试分析图8.5（a）所示受扭圆轴表面任一点的主应力，说明引起圆铸铁试样扭转破坏的主要原因。

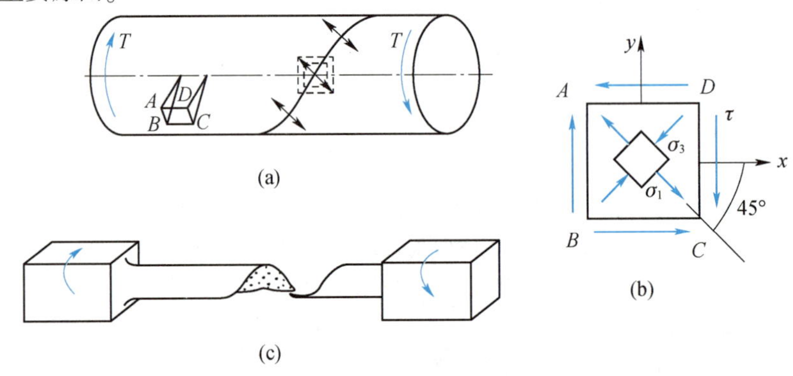

图8.5　例8.3图

【解】 在受扭圆轴表面上任选一点 A（见图8.5（a）），围绕该点用横截面和纵截面截取一个单元体，如图8.5（b）所示。由前面章节可知，这一单元体的侧面上只有切应力作用，即圆轴扭转时，其上任一点的应力状态都是纯剪切应力状态，为

$$\sigma_x = \sigma_y = 0,\ \tau_{xy} = \tau = \frac{T}{W_t}$$

将上述应力代入式（8.4）和式（8.3），得

$$\left.\begin{matrix}\sigma_{\max} \\ \sigma_{\min}\end{matrix}\right\} = \frac{\sigma_x + \sigma_y}{2} \pm \sqrt{\left(\frac{\sigma_x - \sigma_y}{2}\right)^2 + \tau_{xy}^2} = \pm\tau$$

$$\tan 2\alpha_0 = -\frac{2\tau_{xy}}{\sigma_x - \sigma_y} = -\infty \Rightarrow \alpha_0 = \pm 45^\circ$$

解得 $\sigma_1 = \tau$，$\sigma_2 = 0$，$\sigma_3 = -\tau$，即为纯剪切应力状态的三个主应力，其中有两个主应力的绝对值相等，都等于切应力 τ，一个为拉应力另一个为压应力。

以上结果表明：由 x 轴，按顺时针方向转45°可确定主应力 σ_1 的主平面，按顺时针方向转135°可确定主应力 σ_3 的主平面，如图8.5（c）所示。铸铁圆轴扭转试验时，正是沿着最大拉应力作用面（即-45°螺旋面）断开的。因此，可以认为铸铁的这种脆性破坏是由最大拉应力引起的。

8.4 平面应力状态·应力分析的几何法

平面应力状态下，除了可用解析法进行应力状态分析外，还可以运用由解析法演变而来的几何法进行应力状态分析。

由式（8.1）和式（8.2）可知：已知一平面应力状态单元体上的应力 σ_x，σ_y 和 τ_{xy} 时，任一斜截面上的应力 σ_α 和 τ_α 均以 2α 为参变量。从式（8.1）和式（8.2）中消去参变量 2α 后，即得一圆的直角坐标方程。为此将式（8.1）和式（8.2）移项改写为

$$\sigma_\alpha - \frac{\sigma_x + \sigma_y}{2} = \frac{\sigma_x - \sigma_y}{2}\cos 2\alpha - \tau_{xy}\sin 2\alpha \tag{a}$$

$$\tau_\alpha = \frac{\sigma_x - \sigma_y}{2}\sin 2\alpha + \tau_{xy}\cos 2\alpha \tag{b}$$

将式（a）和式（b）先平方后再相加，可得

$$\left(\sigma_\alpha - \frac{\sigma_x + \sigma_y}{2}\right)^2 + \tau_\alpha{}^2 = \left(\frac{\sigma_x - \sigma_y}{2}\right)^2 + \tau_{xy}^2 \tag{c}$$

由式（c）可见，当斜截面随方位角 α 变化时，其斜截面上的应力 σ_α、τ_α 始终在 $\sigma-\tau$ 直角坐标系内的一个圆周上，其圆心 C 位于横坐标轴（σ 轴）上，其横坐标为 $\frac{\sigma_x + \sigma_y}{2}$，半径为 $\sqrt{\left(\frac{\sigma_x - \sigma_y}{2}\right)^2 + \tau_{xy}^2}$，这个圆称为应力圆或莫尔圆。

现以图8.6（a）所示平面应力状态为例说明应力圆的作法。

按一定比例尺建立 $\sigma-\tau$ 坐标系，因横截面的外法线沿 x 轴方向，故横截面简称 x 平面，因纵向截面的外法线沿 y 轴方向，故纵向截面简称 y 平面。

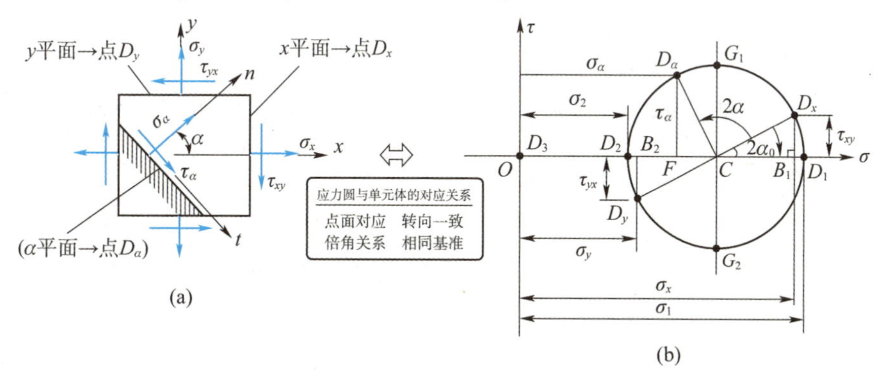

图8.6 二向应力状态下应力圆与单元体的对应关系

（a）单元体；（b）应力圆

首先，分别确定出与 x 平面对应的点 $D_x(\sigma_x,\ \tau_{xy})$ 和与 y 平面对应的点 $D_y(\sigma_y,\ \tau_{yx})$，其两个坐标值分别代表 x 平面和 y 平面上的正应力和切应力。用直线连接 D_x、D_y 两点，其连线与横坐标轴相交于点 C，以点 C 为圆心，CD_x 或 CD_y 为半径作圆。显然，该圆的圆心 C

的纵坐标为0，横坐标为

$$OC=\frac{1}{2}(OB_1+OB_2)=\frac{1}{2}(\sigma_x+\sigma_y)$$

该圆的半径为

$$CD_x=CD_y=\frac{1}{2}D_xD_y=\frac{1}{2}\sqrt{(\sigma_x-\sigma_y)^2+(\tau_{xy}-\tau_{yx})^2}=\sqrt{\left(\frac{\sigma_x-\sigma_y}{2}\right)^2+\tau_{xy}^2}$$

因而，这样作出的圆就是该单元体对应的**应力圆**。接下来即可利用这个应力圆对平面应力状态进行应力分析，这个方法即为**几何法**。

1）利用应力圆确定单元体 α 斜截面上的应力

将半径 CD_x 按方位角 α 的转向旋转 2α 至 CD_α 处，则点 D_α 的两个坐标就代表 α 斜截面上的正应力 σ_α 与切应力 τ_α 。

证明：
$$\begin{aligned}OF&=OC+CF=OC+CD_\alpha\cdot\cos(2\alpha_0+2\alpha)\\&=OC+CD_\alpha\cdot\cos 2\alpha_0\cos 2\alpha-CD_\alpha\cdot\sin 2\alpha_0\sin 2\alpha\\&=OC+CD_x\cdot\cos 2\alpha_0\cos 2\alpha-CD_x\cdot\sin 2\alpha_0\sin 2\alpha\\&=\frac{\sigma_x+\sigma_y}{2}+\frac{\sigma_x-\sigma_y}{2}\cos 2\alpha-\tau_{xy}\sin 2\alpha=\sigma_\alpha\end{aligned}$$

同理可证 $D_\alpha F=\dfrac{\sigma_x-\sigma_y}{2}\sin 2\alpha+\tau_{xy}\cos 2\alpha=\tau_\alpha$

这就证明了点 D_α 的坐标代表法线倾角为 α 的斜截面上的应力。

由此可知，应力圆与单元体之间有以下的对应关系。

（1）点面对应——应力圆上某点的坐标对应单元体某斜截面上的正应力与切应力。

（2）转向一致——应力圆半径旋转时，半径端点的坐标随之改变；对应地，单元体上斜截面的法线也沿相同方向旋转，斜截面上的应力值随之而变。

（3）倍角关系——应力圆上半径转过的角度，为斜截面外法线旋转角度的2倍。

（4）同一基准——利用应力圆与单元体的转向对应关系旋转时，其起始基准位置也应当点面对应。

应力圆直观地反映了一点处平面应力状态下，任意斜截面上应力随截面方位角变化而变化的规律以及一点处应力状态的特征。因此，可以利用应力圆来进行一点处的应力状态分析。

2）利用应力圆求主应力并确定主平面方位

从图8.6（b）可以看出，D_1 和 D_2 两点的横坐标分别为该单元体各截面上正应力中的最大值和最小值，且这两个截面上的切应力（即 D_1 和 D_2 两点的纵坐标）均等于0。故 D_1 和 D_2 两点的横坐标分别为单元体的两个不为0的主应力 σ_1、σ_2，即

$$\sigma_1=OD_1=OC+CD_1=\frac{\sigma_x+\sigma_y}{2}+\sqrt{\left(\frac{\sigma_x-\sigma_y}{2}\right)^2+\tau_{xy}^2}$$

$$\sigma_2=OD_2=OC-CD_2=\frac{\sigma_x+\sigma_y}{2}-\sqrt{\left(\frac{\sigma_x-\sigma_y}{2}\right)^2+\tau_{xy}^2}$$

从图8.6（b）可以看出，应力圆上半径 CD_x 按顺时针方向转 $2\alpha_0$ 角到半径 CD_1，在单元体中横截面的外法线 x 也按顺时针方向转 α_0 角，这就确定了 σ_1 所在主平面的法线位置。

同理，也可确定 σ_2 所在的主平面位置，它与 σ_1 的主平面相互垂直。

3）利用应力圆求单元体面内的切应力的极值（面内最大切应力）

由图8.6（b）不难看出，应力圆上的 G_1 与 G_2 两点的纵坐标即为切应力的极值，其所在截面与主平面成45°角。

【例8.4】用几何法求图8.7（a）所示单元体的主应力和主平面的位置。

【解】按选定比例尺建立 $\sigma-\tau$ 坐标系，确定点 $D_x(80,\ -60)$ 及点 $D_y(-40,\ 60)$，连接 D_xD_y，以 D_xD_y 为直径作应力圆如图8.7（b）所示。按所用比例尺量出

$$\sigma_1 = OD_1 = 105\ \text{MPa},\quad \sigma_3 = OD_3 = -65\ \text{MPa}$$

在这里 $\sigma_2=0$ MPa。在应力圆上半径 CD_x 到 CD_1 为逆时针方向，故 $\angle D_xCD_1 = 2\alpha_0 = 45°$。所以，在单元体中从 x 方向以逆时方向针取 $\alpha_0 = 22.5°$，确定所在主平面的法线，如图8.7（a）所示。

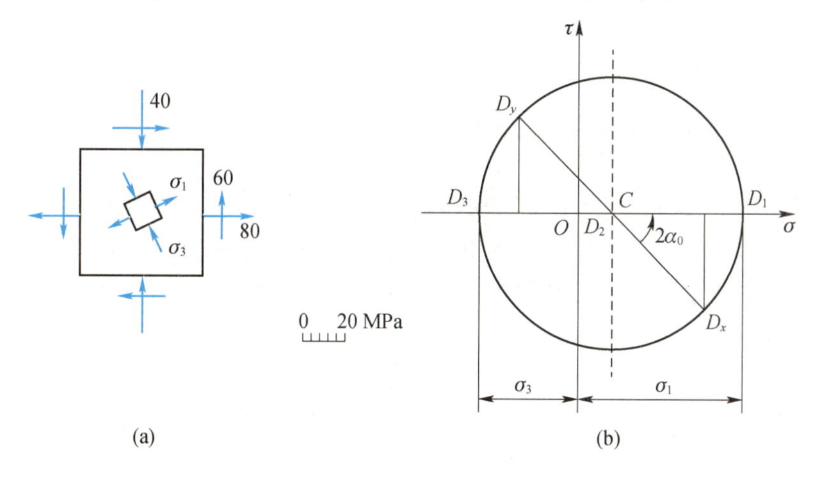

图8.7 例8.4图（单位：MPa）

【例8.5】如图8.8（a）所示单元体，$\sigma_x = 80$ MPa，$\sigma_\alpha = 30$ MPa，$\tau_\alpha = 20$ MPa。试用几何法求 σ_y 和 α。

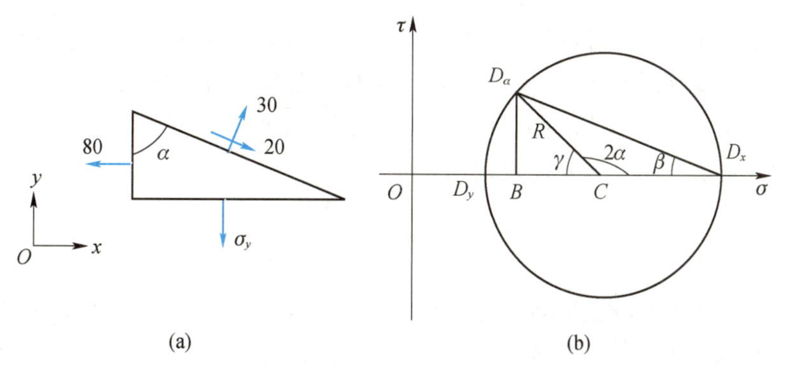

图8.8 例8.5图（单位：MPa）

【解】由 $\sigma_x = 80$ MPa，$\tau_{xy}=0$ MPa，确定点 $D_x(80,\ 0)$；由 $\sigma_\alpha = 30$ MPa，$\tau_\alpha = 20$ MPa 确定点 $D_\alpha(30,\ 20)$。因为 D_x 和 D_α 均在应力圆的圆周上，且应力圆的圆心一定位于 σ 轴上，所以 D_xD_α 的垂直平分线和 σ 轴的交点 C 即为应力圆的圆心。以 C 为圆心，CD_x（或

CD_α）为半径画出的圆就是单元体的应力圆，如图8.8（b）所示。

利用图中应力圆的几何关系，可得

$$\beta = \arctan\frac{20}{80-30} = 21.8^\circ$$

$$2\alpha = 180^\circ - 2\times 21.8^\circ = 136.4^\circ$$

$$\alpha = 68.2^\circ$$

$$R = \frac{BD_\alpha}{\sin\gamma} = \frac{20}{\sin 43.6^\circ} = 29\ \text{MPa}$$

$$\sigma_y = OD_x - 2R = 80 - 2\times 29 = 22\ \text{MPa}$$

也可在应力圆上量得 $\sigma_y = 22\ \text{MPa}$，$\alpha = 68.2^\circ$。

【例8.4】和【例8.5】均可用解析法求解，请读者自行完成。

*8.5 空间应力状态简介

二维码

对于危险点处于空间应力状态下的构件进行强度计算，通常需要确定其最大正应力和最大切应力。当受力物体内某一点处的3个主应力 σ_1，σ_2 和 σ_3 均已知时（见图8.9（a）），利用应力圆，可确定该点处的最大正应力和最大切应力。可以将这种应力状态分解为3种平面应力状态，分析平行于3个主应力的3组特殊方向面上的应力。

现研究平行于 σ_3 的各个截面上的应力。设想用平行于 σ_3 的任意截面将单元体切开，任取其中一部分来研究，如图8.9（b）所示。垂直于 σ_3 的平面面积相等，且应力相同，故作用力相互平衡，不会在斜截面上产生应力，即平行于 σ_3 截面上的应力与 σ_3 无关，只取决于 σ_1 和 σ_2，相当于二向应力状态。因此，对平行于 σ_3 截面上的应力，可由 σ_1 和 σ_2 所确定的应力圆上的点的坐标来表示。同理，平行于 σ_2 截面上的应力，可由 σ_1 和 σ_3 所确定的应力圆上的点的坐标来表示。平行于 σ_1 截面上的应力，可由 σ_2 和 σ_3 所确定的应力圆上的点的坐标来表示。进一步的研究证明，表示与3个主应力都不平行的任意斜截面上应力的点 D，必位于上述3个应力圆所围成的阴影区域内，如图8.8（c）所示。从图中可见，**最大正应力**和**最小正应力**及**最大切应力**分别为

$$\sigma_{\max} = \sigma_1,\ \sigma_{\min} = \sigma_3,\ \tau_{\max} = \frac{\sigma_1 - \sigma_3}{2} \tag{8.7}$$

单元体的最大切应力所在平面平行于 σ_2，与 σ_1 和 σ_3 两个主平面各成45°角。上述结论同样适用于单向应力状态与二向应力状态，只须将具体问题中的主应力求出，并按代数值 $\sigma_1 \geqslant \sigma_2 \geqslant \sigma_3$ 的顺序排列。**特别注意：**通常二向应力状态**单元体的最大切应力**与二向应力状态**单元体面内的最大切应力**是不同的，即式（8.7）与式（8.6）的结果是不同的。

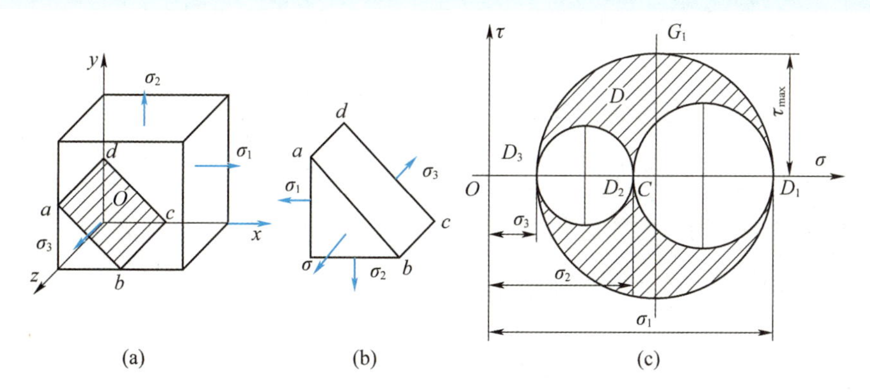

图 8.9 三向应力状态下单元体与应力圆的对应关系

8.6 广义胡克定律

8.6.1 广义胡克定律格式

二维码

1. 广义胡克定律格式一

设从受力物体内某点取出一主单元体，其上作用着已知的主应力 σ_1，σ_2 和 σ_3，如图 8.10（a）所示。该单元体受力作用之后，它在各个方向的长度都要发生改变，而沿 3 个主应力方向的线应变称为**主应变**，一般用 ε_1，ε_2 及 ε_3 来表示。对于各向同性材料，在线弹性范围内，可将这种应力状态视为 3 组单向应力状态叠加来求主应变。

根据轴向拉压时的胡克定律 $\varepsilon=\dfrac{\sigma}{E}$ 及横向变形公式 $\varepsilon'=-\mu\varepsilon$ 可分别计算 σ_1，σ_2 和 σ_3 单独作用时单元体所产生的应变。

在 σ_1 单独作用下，沿主应力 σ_1，σ_2 和 σ_3 方向的线应变分别为

$$\varepsilon_1'=\frac{\sigma_1}{E},\quad \varepsilon_2'=-\mu\frac{\sigma_1}{E},\quad \varepsilon_3'=-\mu\frac{\sigma_1}{E}$$

图 8.10 三向应力状态下的单元体

同理，在 σ_2 和 σ_3 单独作用下，沿主应力 σ_1，σ_2 和 σ_3 方向的线应变分别为

$$\varepsilon_1'' = -\mu\frac{\sigma_2}{E},\ \varepsilon_2'' = \frac{\sigma_2}{E},\ \varepsilon_3'' = -\mu\frac{\sigma_2}{E}$$

$$\varepsilon_1''' = -\mu\frac{\sigma_3}{E},\ \varepsilon_2''' = -\mu\frac{\sigma_3}{E},\ \varepsilon_3''' = \frac{\sigma_3}{E}$$

3 个主应力共同作用下的分别沿 σ_1，σ_2 和 σ_3 方向的主应变可叠加为

$$\begin{cases} \varepsilon_1 = \dfrac{1}{E}[\sigma_1 - \mu(\sigma_2 + \sigma_3)] \\ \varepsilon_2 = \dfrac{1}{E}[\sigma_2 - \mu(\sigma_3 + \sigma_1)] \\ \varepsilon_3 = \dfrac{1}{E}[\sigma_3 - \mu(\sigma_1 + \sigma_2)] \end{cases} \tag{8.8}$$

式（8.8）称为材料的**广义胡克定律格式一**。

2. 广义胡克定律格式二

在一般情况下，描述一点的应力状态需要 9 个应力分量，如图 8.10（b）所示。考虑到切应力互等定理，有 $\tau_{xy} = \tau_{yx}$、$\tau_{xz} = \tau_{zx}$ 和 $\tau_{yz} = \tau_{zy}$，故原来 9 个应力分量中独立的只有 6 个。对于各向同性材料，在线弹性范围内、小变形条件下，正应力不会引起切应变，切应力对线应变的影响也可忽略不计。因此，线应变也可以按叠加法求得，切应变可利用剪切胡克定律求得，于是得到

$$\begin{cases} \varepsilon_x = \dfrac{1}{E}[\sigma_x - \mu(\sigma_y + \sigma_z)], & \gamma_{yz} = \dfrac{1}{G}\tau_{yz} \\ \varepsilon_y = \dfrac{1}{E}[\sigma_y - \mu(\sigma_z + \sigma_x)], & \gamma_{zx} = \dfrac{1}{G}\tau_{zx} \\ \varepsilon_z = \dfrac{1}{E}[\sigma_z - \mu(\sigma_x + \sigma_y)], & \gamma_{xy} = \dfrac{1}{G}\tau_{xy} \end{cases} \tag{8.9}$$

式中：G 为切变模量（剪切弹性模量）。

式（8.9）称为材料的**广义胡克定律格式二**。

对于平面应力状态（即空间应力状态的特殊情况），可设 $\sigma_z = 0$，$\tau_{xz} = \tau_{yz} = 0$，故式（8.9）可改写为

$$\begin{cases} \varepsilon_x = \dfrac{1}{E}(\sigma_x - \mu\sigma_y) \\ \varepsilon_y = \dfrac{1}{E}(\sigma_y - \mu\sigma_x) \\ \gamma_{xy} = \dfrac{1}{G}\tau_{xy} \end{cases} \tag{8.10}$$

式（8.10）称为**平面应力状态下材料的广义胡克定律**。

二维码

8.6.2 体积应变

在主应力 σ_1，σ_2 和 σ_3 的作用下，单元体的体积也将发生变化。如图 8.10（a）所示，

设单元体变形前各边长为 dx、dy、dz，则变形前单元体的体积为

$$V = \mathrm{d}x\mathrm{d}y\mathrm{d}z$$

单元体变形后各棱边的长度分别为 $(1+\varepsilon_1)\mathrm{d}x$、$(1+\varepsilon_2)\mathrm{d}y$ 及 $(1+\varepsilon_3)\mathrm{d}z$，于是变形后单元体的体积为

$$V_1 = (1+\varepsilon_1)(1+\varepsilon_2)(1+\varepsilon_3)\mathrm{d}x\mathrm{d}y\mathrm{d}z$$

展开上式，因为 ε_1、ε_2 及 ε_3 均为小量，略去高阶小量，得

$$V_1 = (1+\varepsilon_1+\varepsilon_2+\varepsilon_3)\mathrm{d}x\mathrm{d}y\mathrm{d}z$$

所以，单位体积的变化为

$$\boxed{\theta = \frac{V_1 - V}{V} = \varepsilon_1 + \varepsilon_2 + \varepsilon_3} \tag{8.11}$$

式中：θ 称为体积应变（简称体应变）。

将式（8.8）代入式（8.11），化简后得

$$\theta = \frac{1-2\mu}{E}(\sigma_1+\sigma_2+\sigma_3) = \frac{3(1-2\mu)}{E}\frac{\sigma_1+\sigma_2+\sigma_3}{3} = \frac{\sigma_m}{K} \tag{8.12}$$

式中：$\sigma_m = \dfrac{\sigma_1+\sigma_2+\sigma_3}{3}$，$K = \dfrac{E}{3(1-2\mu)}$，$\sigma_m$ 是3个主应力的平均值，K 称为体积模量。

式（8.12）称为体积胡克定律。它表明，体积应变 θ 只与3个主应力的代数和成比例，所以即便是3个主应力不相等，只要它们的平均应力 σ_m 相同，θ 仍然是相同的。

【例 8.6】 在一体积较大的钢块上开一个方形的模，其宽度和深度都是10 mm。在这一模内紧密无隙地嵌入一边长为10 mm 铜质立方块，如图8.11所示。在铜块上施加均布压力，总压力为 $F=7.5$ kN，设钢块不变形。铜的弹性模量 $E=80$ GPa，泊松比 $\mu=0.32$。试求：铜质立方块的3个主应力及3个主应变（不计立方块与模间的摩擦）。

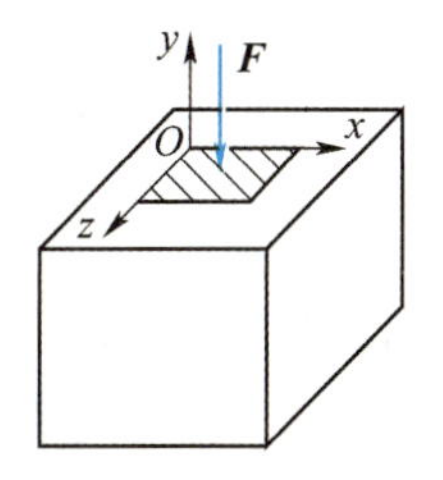

图 8.11　例 8.6 图

【解】 建立图8.11所示坐标系。铜块在 y 向为轴向压缩，横截面上应力为

$$\sigma_y = -\frac{F}{A} = -\frac{7.5\times10^3}{10\times10}\ \text{MPa} = -75\ \text{MPa}$$

铜块在 x 向和 z 向受刚性槽限制不能有变形，故沿 x、z 方向的应变都等于0，即 $\varepsilon_x=0$，$\varepsilon_z=0$。将 σ_y、μ 和 ε_x、ε_z 代入式（8.9）左列第一、三式，可得

$$\varepsilon_x = \frac{1}{E}[\sigma_x - \mu(\sigma_y+\sigma_z)] = 0$$

$$\varepsilon_z = \frac{1}{E}[\sigma_z - \mu(\sigma_x+\sigma_y)] = 0$$

联立求解可得

$$\sigma_x = \sigma_z = -35.3\ \text{MPa}$$

于是，铜块的 3 个主应力为

$$\sigma_1 = \sigma_2 = -35.3\ \text{MPa},\quad \sigma_3 = -75\ \text{MPa}$$

将它们代入式（8.8），求得铜块的 3 个主应变为

$$\varepsilon_1 = \frac{1}{E}[\sigma_1 - \mu(\sigma_2 + \sigma_3)] = 0$$

$$\varepsilon_2 = \frac{1}{E}[\sigma_2 - \mu(\sigma_3 + \sigma_1)] = 0$$

$$\varepsilon_3 = \frac{1}{E}[\sigma_3 - \mu(\sigma_1 + \sigma_2)]$$

$$= \frac{1}{80 \times 10^3} \times [-75 - 0.32 \times (-35.3 - 35.3)] = -6.55 \times 10^{-4}$$

*8.7 复杂应力状态的应变能密度

物体在外力作用下发生弹性变形的同时，物体内将积蓄应变能，它在数值上等于外力所做的功。单位体积内积蓄的应变能称为**应变能密度**。由 2.7 节可知单向拉伸或压缩时应变能密度为

$$u = \frac{1}{2}\sigma\varepsilon$$

然而，对于复杂应力状态，应变能密度将是应力或应变的二次函数，所以不能用 3 个主应力各自单独作用时的应变能密度进行叠加计算。根据能量守恒原理，物体内的应变能只取决于外力的最终值，而与加载顺序无关。因此，可以假设各个应力按比例同时由 0 增加至最终值，而每一个主应力与其相应的主应变之间保持线性关系。这时，与每一个主应力相应的应变能密度仍可按上式计算，于是**复杂应力状态下的应变能密度**为

$$u = \frac{1}{2}\sigma_1\varepsilon_1 + \frac{1}{2}\sigma_2\varepsilon_2 + \frac{1}{2}\sigma_3\varepsilon_3$$

将式（8.8）代入上式，化简可得

$$u = \frac{1}{2E}[\sigma_1^2 + \sigma_2^2 + \sigma_3^2 - 2\mu(\sigma_1\sigma_2 + \sigma_2\sigma_3 + \sigma_3\sigma_1)] \tag{8.13}$$

单元体的变形可分为体积改变和形状改变。单元体的**应变能密度**也可分为体积改变能密度 u_v 和形状改变能密度（也称**畸变能密度**）u_d，即

$$u = u_v + u_d \tag{8.14}$$

根据 8.6 节的讨论，若在单元体上以主应力的平均应力 $\sigma_m = \dfrac{\sigma_1 + \sigma_2 + \sigma_3}{3}$ 代替 3 个主应力，体积应变 θ 不变，这时单元体 3 个棱边的变形相同，所以只有体积改变，则应变能密度就是体积改变能密度 u_v。令 $\sigma_1 = \sigma_2 = \sigma_3 = \sigma_m$，代入式（8.13），有

$$u_v = \frac{1}{2E}[\sigma_m^2 + \sigma_m^2 + \sigma_m^2 - 2\mu(\sigma_m\sigma_m + \sigma_m\sigma_m + \sigma_m\sigma_m)] = \frac{3(1-2\mu)}{2E}\sigma_m^2$$

$$u_v = \frac{1-2\mu}{6E}(\sigma_1+\sigma_2+\sigma_3)^2 \tag{8.15}$$

将式（8.13）、式（8.15）代入式（8.14）中，经整理得单元体的**形状改变能密度**（也称**畸变能密度**）为

$$u_d = \frac{1+\mu}{6E}[(\sigma_1-\sigma_2)^2+(\sigma_2-\sigma_3)^2+(\sigma_3-\sigma_1)^2] \tag{8.16}$$

式（8.16）在下一节讨论危险点处于复杂应力状态下的强度计算时将要用到。

8.8　强度理论

8.8.1　强度理论概述

不同类型的材料因强度不足引起的失效现象不尽相同。根据2.5节的讨论，塑性材料（如低碳钢）以发生屈服现象，出现塑性变形为失效标志；脆性材料（如铸铁）以突然断裂为失效标志。在单向受力情况下，出现塑性变形时的屈服极限 σ_s 和发生断裂时的强度极限 σ_b 可由试验来测定，可把 σ_s 和 σ_b 统称为**失效应力**。以安全因素除失效应力便得许用应力 $[\sigma]$，从而可建立强度条件

$$\sigma \leqslant [\sigma]$$

可见，在单向应力状态下，失效状态和强度条件都是以试验为基础的。

在工程实际中大多数构件的危险点都处于复杂应力状态，进行复杂应力状态下的试验，要比单向拉伸或压缩困难得多。况且，复杂应力状态下单元体的应力组合的方式和比值有各种可能，由于技术上的困难和工作的繁重，要对这些组合一一试验，确定失效应力，建立强度条件是不现实的。因此，解决此类问题的方法通常是依据部分试验结果，经过判断、推理，提出一些假说，推测材料破坏的原因，从而建立强度条件。

大量的关于材料失效的试验结果以及工程构件强度失效的实例表明，尽管材料失效的现象比较复杂，但是经过归纳总结可得由于强度不足引起的失效现象主要是**屈服**和**断裂**两种类型。人们经过长期的生产实践和科学研究，针对这两类破坏，提出了不少假说。一些假说认为材料之所以破坏，是由某一特定因素（应力、应变或应变能）引起的。按照这类假说，对同一种材料，无论是处于简单还是复杂应力状态，破坏的原因是相同的，亦即造成材料失效的原因与应力状态无关。于是便可利用单向应力状态下的试验结果，去建立复杂应力状态下的强度条件。这类假说称为**强度理论**。至于这些假说是否正确及适用情况如何，则必须由生产实践来检验。

下面介绍4种常用的强度理论和莫尔强度理论，它们都是常温、静载下的强度理论，适用于均匀、连续、各向同性材料。当然，强度理论远不止这几种。而且，现有的强度理论还不能说已经圆满地解决了各种强度问题，仍有待发展。

8.8.2 4种常用的强度理论

前面讲到，材料存在脆性断裂和塑性屈服两种破坏形式。相应地，强度理论也分为两类，一类是解释**材料脆性断裂的强度理论**，包括最大拉应力理论和最大伸长线应变理论；另一类是解释**材料塑性屈服的强度理论**，包括最大切应力理论和形状改变比能理论（也称畸变能理论）。

1. 第一强度理论（最大拉应力理论）

第一强度理论认为最大拉应力是引起材料断裂的最主要因素，即认为无论材料处于何种应力状态，只要材料发生脆性断裂，其共同原因都是材料的最大拉应力达到了与材料性能有关的某一极限值。

因为最大拉应力的极限值与材料应力状态无关，所以这一极限值可用单向应力状态下的试验来确定。脆性材料（如铸铁）单向拉伸试验表明，当横截面上的正应力 $\sigma = \sigma_b$ 时发生脆性断裂。对于单向拉伸，横截面上的正应力，就是材料的最大拉应力，即 $\sigma_{max} = \sigma_b$ 。

于是，根据这一理论，无论材料处于什么应力状态，只要最大拉应力达到 σ_b ，材料就将发生脆性断裂。由此可得脆性断裂准则

$$\sigma_1 = \sigma_b$$

将极限应力 σ_b 除以安全系数，得许用应力 $[\sigma]$ 。所以，按第一强度理论建立的强度条件是

$$\boxed{\sigma_1 \leqslant [\sigma]} \tag{8.17}$$

试验表明这一理论与均质的脆性材料（如玻璃、石膏以及某些陶瓷等）的试验结果吻合较好。但是这一理论没有考虑其他两个主应力对断裂破坏的影响，而且当材料处于压应力的状态下也无法应用。

2. 第二强度理论（最大拉应变理论）

第二强度理论认为最大伸长线应变是引起材料断裂的最主要因素，即认为无论材料处于何种应力状态，只要材料发生脆性断裂，其共同原因都是材料的最大拉应变达到了与材料性能有关的某一极限值。

因为 ε_1 的极限值与材料应力状态无关，所以这一极限值可用单向拉伸断裂时的最大拉应变来确定。同时，假定脆性材料从受力到断裂仍然服从胡克定律。由前述可知，单向拉伸时材料的最大拉应力 $\sigma_{max} = \sigma_b$ ，因此材料单向拉伸断裂时的最大拉应变的极限值 $\varepsilon^0 = \sigma_b/E$ 。于是，根据这一理论，无论材料处于什么应力状态，只要最大拉应变达到 ε^0，材料就将发生断裂。由此可得脆性断裂准则

$$\varepsilon_1 = \varepsilon^0 = \frac{\sigma_b}{E}$$

将广义胡克定律式（8.8）第一式代入上式，可得

$$\sigma_1 - \mu(\sigma_2 + \sigma_3) = \sigma_b$$

将极限应力 σ_b 除以安全系数，得许用应力 $[\sigma]$ 。所以，按第二强度理论建立的强度条

件是

$$\boxed{\sigma_1 - \mu(\sigma_2 + \sigma_3) \leqslant [\sigma]} \tag{8.18}$$

试验表明，这一理论能较好解释石料、混凝土等脆性材料在压缩时沿纵向开裂的破坏现象。一般来说，最大拉应力理论适用于脆性材料以拉应力为主的情况，而最大拉应变理论适用于压应力为主的情况。

3. 第三强度理论（最大切应力理论）

第三强度理论认为最大切应力是引起塑性材料屈服的主要因素，即认为无论材料处于何种应力状态，只要材料发生塑性屈服，其共同原因都是材料的最大切应力达到了与材料性能有关的某一极限值。

因为最大切应力的极限值与材料应力状态无关，所以这一极限值可用单向应力状态下的试验来确定。由单向拉伸试验可知，材料发生塑性屈服时，横截面上正应力为 σ_s，同时与轴线成45°的斜截面上的最大切应力为 $\tau_{max}=\sigma_s/2$。可见，$\sigma_s/2$ 就是导致材料屈服的最大切应力的极限值，即 $\tau_s=\sigma_s/2$。

根据这一理论，无论材料处于什么应力状态，只要 $\tau_{max}=\sigma_s/2$，材料即发生屈服。由此可得材料的塑性屈服条件为

$$\tau_{max}=\tau_s$$

由式（8.7）且 $\tau_s=\sigma_s/2$，得材料塑性屈服条件为

$$\sigma_1-\sigma_3=\sigma_s$$

将极限应力 σ_s 除以安全系数，得许用应力 $[\sigma]$。所以，按第三强度理论建立的强度条件是

$$\boxed{\sigma_1-\sigma_3 \leqslant [\sigma]} \tag{8.19}$$

试验表明这一理论比较圆满地解决了塑性屈服现象。例如，低碳钢拉伸时沿与轴线成45°的方向出现滑移线，这是材料内部沿这一方向相对滑移的痕迹，而沿这一方向的斜截面上切应力也恰好为最大值。这一理论的缺陷是忽略了主应力 σ_2 的影响。在二向应力状态下，与试验结果相比，这一理论偏于安全。

4. 第四强度理论（形状改变比能理论也称畸变能理论）

第四强度理论认为畸变能密度是引起材料屈服的最主要因素，即认为无论材料处于何种应力状态，只要材料发生塑性屈服，其共同原因都是材料的畸变能密度达到了与材料性能有关的某一极限值。

因为畸变能密度的极限值与材料应力状态无关，所以这一极限值可用单向应力状态下的试验来确定。由单向拉伸实验可知，材料发生塑性屈服时，$\sigma_1=\sigma_s$，$\sigma_2=\sigma_3=0$，这时的畸变能密度就是材料发生塑性屈服时极限值 u_d^0，根据式（8.16）有

$$u_d^0=\frac{1+\mu}{6E}[(\sigma_1-\sigma_2)^2+(\sigma_2-\sigma_3)^2+(\sigma_3-\sigma_1)^2]=\frac{1+\mu}{6E}(2\sigma_s^2) \tag{8.20}$$

按照这一理论，材料发生塑性屈服的条件为

$$u_d = u_d^0 \tag{8.21}$$

将式（8.19）和式（8.20）代入式（8.21），化简得材料塑性屈服条件

$$\sqrt{\frac{1}{2}[(\sigma_1-\sigma_2)^2+(\sigma_2-\sigma_3)^2+(\sigma_3-\sigma_1)^2]}=\sigma_s$$

将极限应力 σ_s 除以安全系数，得许用应力 $[\sigma]$。所以，按第四强度理论建立的强度条件是

$$\boxed{\sqrt{\frac{1}{2}[(\sigma_1-\sigma_2)^2+(\sigma_2-\sigma_3)^2+(\sigma_3-\sigma_1)^2]}\leqslant[\sigma]} \tag{8.22}$$

在平面应力状态下，这一理论较第三强度理论更符合试验结果。试验表明，这一强度理论与碳素钢和合金钢等韧性材料的塑性屈服试验结果吻合得相当好。大量试验还表明，这一强度理论能够很好地描述铜、镍、铝等大量工程韧性材料的屈服状态。

由于机械、动力行业遇到的载荷往往较不稳定，因而较多地采用偏于安全的第三强度理论；土建行业的载荷往往较为稳定，因而较多地采用第四强度理论。

在工程实际中，如何选用强度理论是个复杂的问题。一般来说，铸铁、石料、混凝土、玻璃等脆性材料通常以断裂的方式失效，宜采用第一和第二强度理论；碳、钢、铝、铜等塑性材料通常以屈服的方式失效，宜采用第三和第四强度理论。

从式（8.17）~式（8.22）的形式来看，可以把这4个强度理论所建立的强度条件写成以下统一形式

$$\boxed{\sigma_{ri}\leqslant[\sigma]}\quad(i=1,2,3,4) \tag{8.23}$$

式中：σ_{ri} 称为相当应力，是构件危险点处3个主应力按一定形式的组合。

从式（8.23）的形式上来看，这种主应力的组合 σ_{ri} 和单向拉伸时拉应力在安全程度上是相当的。按照式（8.17）~式（8.22）顺序，相当应力分别为

$$\begin{aligned}
&\sigma_{r1}=\sigma_1\\
&\sigma_{r2}=\sigma_1-\mu(\sigma_2+\sigma_3)\\
&\sigma_{r3}=\sigma_1-\sigma_3\\
&\sigma_{r4}=\sqrt{\frac{1}{2}[(\sigma_1-\sigma_2)^2+(\sigma_2-\sigma_3)^2+(\sigma_3-\sigma_1)^2]}
\end{aligned} \tag{8.24}$$

【例8.7】试分析Q235钢材在纯剪切应力状态（见图8.12）下的剪切屈服极限 τ_s 与拉压屈服极限 σ_s 之间的关系。

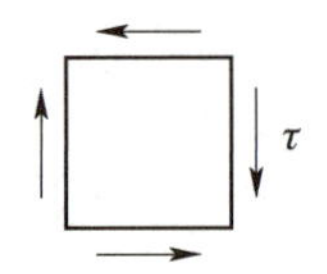

图8.12 例8.7图

【解】由图8.12可知 $\sigma_x=\sigma_y=0$，$\tau_{xy}=\tau$，代入式（8.4），可得纯剪切应力状态下的3个主应力分别为

$$\sigma_1 = \tau,\ \sigma_2 = 0,\ \sigma_3 = -\tau$$

Q235 钢在纯剪切应力状态下发生屈服时，即 $\tau = \tau_s$ 时，则有

$$\sigma_1 = \tau_s,\ \sigma_2 = 0,\ \sigma_3 = -\tau_s$$

代入第三强度理论的塑性屈服条件，得

$$2\tau_s = \sigma_s$$

即 $\tau_s = 0.5\sigma_s$。

若应用第四强度理论的塑性屈服条件，则可得

$$\sqrt{3}\tau_s = \sigma_s$$

即 $\tau_s = \sigma_s/\sqrt{3} \approx 0.577\sigma_s$。

因此，一些规范对于拉、压屈服极限相同的塑性材料，其许用切应力 $[\tau]$ 通常取为许用拉应力 $[\sigma]$ 的（0.5～0.577）倍。

【例 8.8】图 8.13（a）所示摇臂，用 Q235 钢制成。已知载荷 $F = 3.6\ \text{kN}$，横截面 B 的高度 $h = 30\ \text{mm}$，翼缘宽度 $b = 20\ \text{mm}$，腹板与翼缘的厚度分别为 $\delta_1 = 2\ \text{mm}$ 与 $\delta = 4\ \text{mm}$，截面的惯性矩 $I_z = 29\,028\ \text{mm}^4$，抗弯截面系数 $W_z = 1\,935.2\ \text{mm}^3$，截面 A 与 B 的间距 $l = 60\ \text{mm}$，许用应力 $[\sigma] = 160\ \text{MPa}$。试按第四强度理论校核截面 B 的强度。

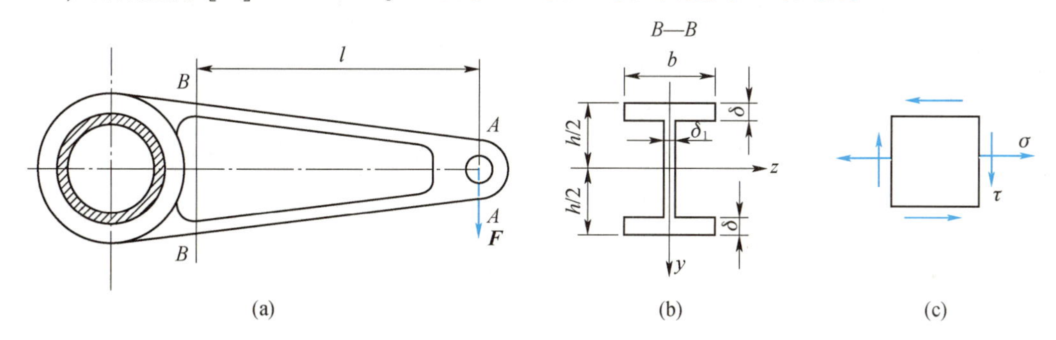

图 8.13 例 8.8 图

【解】（1）问题分析。

由受力情况可知，图示摇臂 AB 段可看成悬臂梁，发生平面弯曲变形，横截面 B 的剪力与弯矩分别为

$$F_S = F = 3.6 \times 10^3\ \text{N}$$

$$M = -Fl = -(3.6 \times 10^3) \times 60\ \text{N} \cdot \text{mm} = -2.16 \times 10^5\ \text{N} \cdot \text{mm}$$

可知，该截面上同时存在弯曲正应力与弯曲切应力。在截面的上、下边缘，弯曲正应力最大；在中性轴处，弯曲切应力最大；在腹板与翼缘的交界处，弯曲正应力与弯曲切应力均较大。因此，应对这 3 处进行强度校核。

（2）最大弯曲正应力与最大弯曲切应力作用处的强度校核。

最大弯曲正应力为

$$\sigma_{\max} = \frac{M}{W_z}\ \text{MPa} = \frac{2.16 \times 10^5}{1\,935.2}\ \text{MPa} = 111.62\ \text{MPa} < [\sigma]$$

最大弯曲切应力为

$$\tau_{\max}=\frac{F_S S_z^*}{I_z b}=\frac{F_S}{8I_z\delta_1}[bh^2-(b-\delta_1)(h-2\delta)^2]$$

$$=\frac{3\,600}{8\times 29\,028\times 2}[20\times 30^2-(20-2)\times(30-2\times 4)^2]\ \text{MPa}$$

$$=71.99\ \text{MPa}$$

由于最大弯曲切应力的作用点处于纯剪切状态，由【例8.7】可知，对应第四强度理论得Q235钢相应许用切应力为

$$[\tau]=0.577[\sigma]=92.3\ \text{MPa}$$

可见，$\tau_{\max}<[\tau]$。

（3）在腹板与翼缘的交界处的强度校核。

在腹板与翼缘的交界处，弯曲正应力为

$$\sigma=\frac{M}{I_z}\left(\frac{h}{2}-\delta\right)=\frac{2.16\times 10^5}{29\,028}\times 11\ \text{MPa}=81.85\ \text{MPa}$$

该点处的弯曲切应力为

$$\tau=\frac{F_S S_z^*}{I_z b}=\frac{F_S b\delta(h/2-\delta/2)}{I_z\delta_1}$$

$$=\frac{3\,600\times 20\times 4\times 13}{29\,028\times 2}\ \text{MPa}$$

$$=64.49\ \text{MPa}$$

可见，交界处具有大小相当的正应力和切应力，其应力状态如图8.13（c）所示，由公式（8.4）可求得该点处的主应力为

$$\left.\begin{matrix}\sigma_1\\ \sigma_3\end{matrix}\right\}=\frac{\sigma}{2}\pm\frac{1}{2}\sqrt{\sigma^2+4\tau^2}$$

$$\sigma_2=0\ \text{MPa}$$

代入第四强度理论的强度条件，并整理得

$$\sigma_{r4}=\sqrt{\sigma^2+3\tau^2}=\sqrt{81.85^2+3\times 64.49^2}=138.48\ \text{MPa}<[\sigma]$$

上述计算表明，该摇臂满足第四强度理论要求。同时，上述计算还表明，在短而高的薄壁截面梁内，与弯曲正应力相比，弯曲切应力也可能相当大。在这种情况下，除对最大弯曲正应力的作用处进行强度校核，对于最大弯曲切应力的作用处，以及腹板与翼缘的交界处，也应进行强度校核。

8.8.3 莫尔强度理论

莫尔强度理论表达式为

$$\boxed{\sigma_{rM}=\sigma_1-\frac{[\sigma_t]}{[\sigma_c]}\sigma_3\leqslant[\sigma]}\qquad(8.25)$$

有关莫尔强度理论的详细论述，读者可根据本书给出的参考文献去查阅。

8.9　本章知识小结·框图

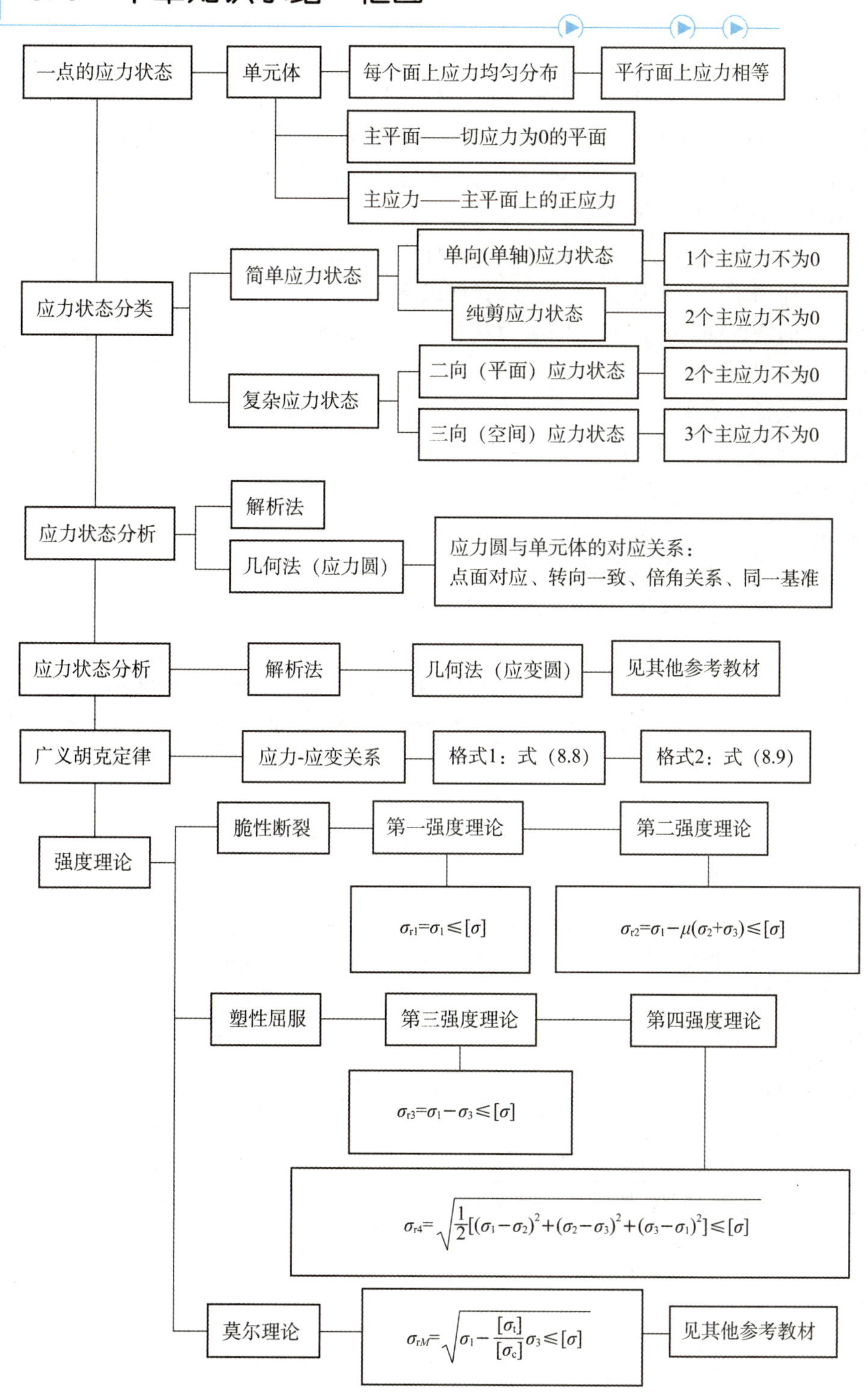
一点的应力状态
单元体
每个面上应力均匀分布
平行面上应力相等
主平面——切应力为0的平面
主应力——主平面上的正应力
应力状态分类
简单应力状态
单向(单轴)应力状态
1个主应力不为0
纯剪应力状态
2个主应力不为0
复杂应力状态
二向（平面）应力状态
2个主应力不为0
三向（空间）应力状态
3个主应力不为0
应力状态分析
解析法
几何法（应力圆）
应力圆与单元体的对应关系：
点面对应、转向一致、倍角关系、同一基准
应力状态分析
解析法
几何法（应变圆）
见其他参考教材
广义胡克定律
应力-应变关系
格式1：式（8.8）
格式2：式（8.9）
强度理论
脆性断裂
第一强度理论
第二强度理论
$\sigma_{r1}=\sigma_1\leqslant[\sigma]$
$\sigma_{r2}=\sigma_1-\mu(\sigma_2+\sigma_3)\leqslant[\sigma]$
塑性屈服
第三强度理论
第四强度理论
$\sigma_{r3}=\sigma_1-\sigma_3\leqslant[\sigma]$
$\sigma_{r4}=\sqrt{\frac{1}{2}[(\sigma_1-\sigma_2)^2+(\sigma_2-\sigma_3)^2+(\sigma_3-\sigma_1)^2]}\leqslant[\sigma]$
莫尔理论
$\sigma_{rM}=\sqrt{\sigma_1-\frac{[\sigma_t]}{[\sigma_c]}\sigma_3}\leqslant[\sigma]$
见其他参考教材

思考题

思 8.1　单元体的三维尺寸必须为无穷小，对吗？

思 8.2　在单元体上，是否可以认为每个面上的应力是均匀分布的，且任一对平行面上的应力相等？

思 8.3　平面应力状态任一斜截面的应力公式是如何建立的？关于应力与方位角的正负符号有何规定？如果应力超出弹性范围，或材料为各向异性材料，上述公式是否仍可用？

思 8.4　如何画应力圆？如何利用应力圆确定平面应力状态任一斜截面的应力？如何确定最大正应力与最大切应力？

思 8.5　应力圆方法的适用范围是什么？什么情况下，三向应力图成为一个点元？

思 8.6　何谓主应力？何谓主平面？如何确定主应力的大小与方位？

思 8.7　何谓单向、二向与三向应力状态？何谓复杂应力状态？二向应力状态与平面应力状态的含义是否相同？

思 8.8　试证明对平面应力状态有关系式 $\sigma_{\alpha}+\sigma_{\alpha+\frac{\pi}{2}}=\sigma_{x}+\sigma_{y}$，$\tau_{\alpha}=-\tau_{\alpha+\frac{\pi}{2}}$。

思 8.9　“有正应力作用的方向必定有线应变”“无线应变的方向必定无正应力”“线应变最大的方向正应力也最大”，这些说法是否都正确？为什么？

思 8.10　如何确定纯剪切状态的最大正应力与最大切应力？并说明扭转破坏形式与应力间的关系。与轴向拉压破坏相比，它们之间有何共同点？

思 8.11　何谓广义胡克定律？该定律是如何建立的？应用条件是什么？各向同性材料的主应变与主应力之间有何关系？

思 8.12　强度理论是否只适用于复杂应力状态，不适用于单向应力状态？

思 8.13　几种常用强度理论的基本观点是什么？如何建立相应的强度条件？各适用于何种情况？

思 8.14　如何确定塑性与脆性材料在纯剪切时的许用应力？

思 8.15　冬天自来水管因其中的水结冰而被胀裂，但冰为什么不会因水管的反作用力而压碎呢？

思 8.16　广义胡克定律只适用于各向同性线弹性体吗？

思 8.17　一圆柱体在单向拉伸变形过程中，纵向伸长、横向收缩，但其体积不变，其泊松比 μ 应为何值？

分类习题

【8.1 类】计算题（截取构件内的指定点的单元体）

题 8.1.1　试用单元体表示图示构件中点 A、点 B 的应力状态，并标出单元体各面上的应力大小。

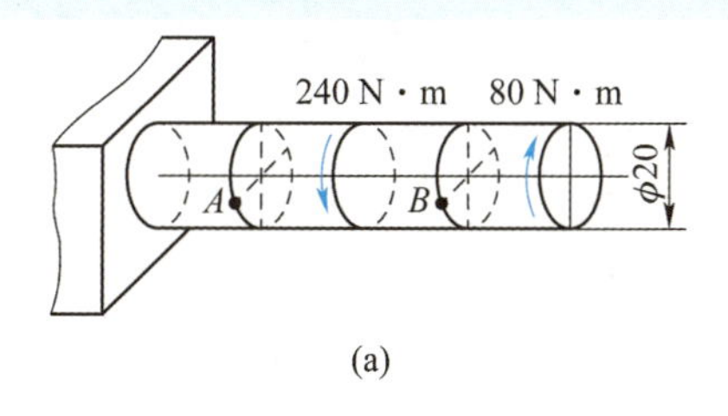

(a)

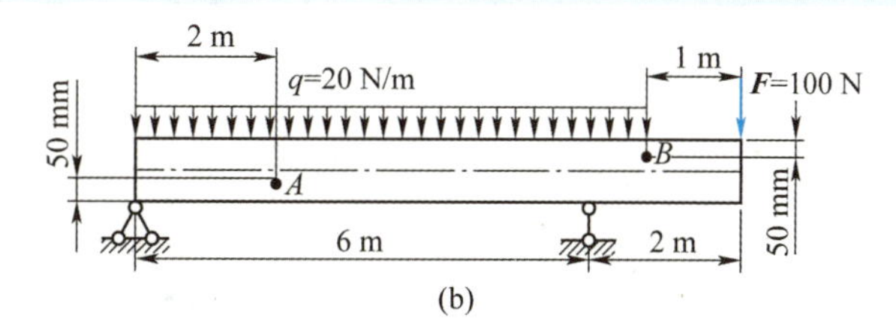

(b)

题 8.1.1 图

题 8.1.2　如图所示木质悬臂梁，其横截面为高 $h = 200$ mm、宽 $b = 60$ mm 的矩形。在点 A 木材纤维与水平线的倾角为 $\alpha = 20°$。试求通过点 A 沿纤维方向的斜面上的正应力和切应力。

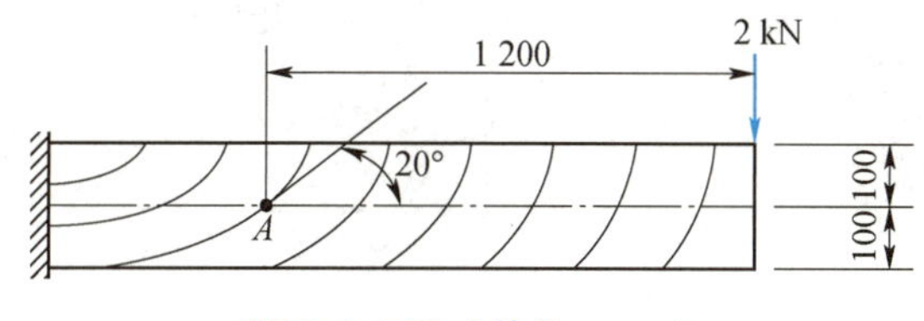

题 8.1.2 图（单位：mm）

【8.2 类】计算题（平面、特殊空间应力状态的应力分析）

题 8.2.1　在图示应力状态中，试分别用解析法和作应力圆来求指定斜截面上的应力。

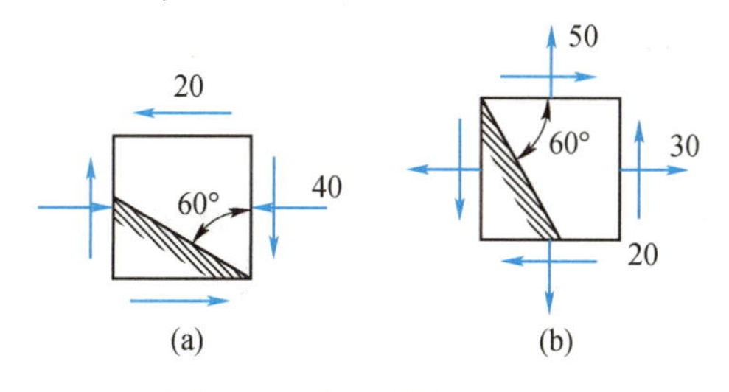

题 8.2.1 图（单位：MPa）

题 8.2.2　已知应力状态分别如图所示。试用解析法和作应力圆分别求：(1) 主应力大小，主平面位置；(2) 在单元体上绘出主平面位置和主应力方向；(3) 最大切应力。

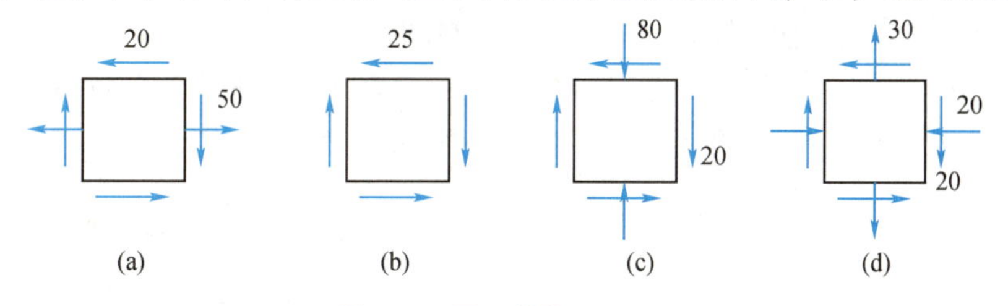

题 8.2.2 图（单位：MPa）

※题 8.2.3　已知构件内某点处的应力状态为图示两种应力状态的叠加结果，试求叠加后所得应力状态的主应力、最大切应力。

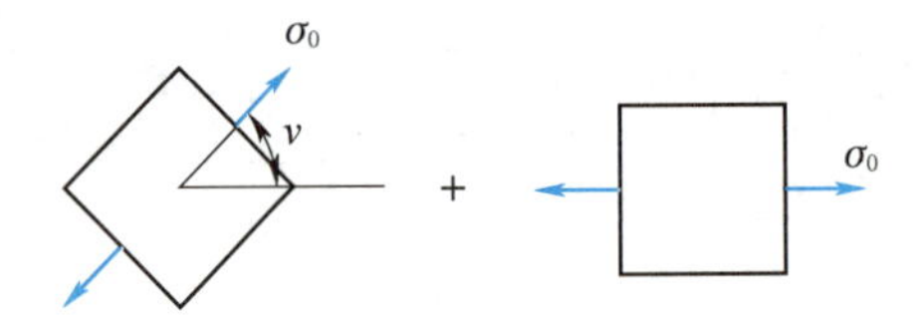

题 8.2.3 图

题8.2.4　图示点 K 处为二向应力状态，已知过点 K 两个截面上的应力如图所示。试分别用解析法与图解法确定该点的主应力。

题8.2.5　某点处的应力状态如图所示，设 σ_α、τ_α 及 σ_y 为已知，试考虑如何根据已知数据直接作出应力圆。

※题8.2.6　二向应力状态如图所示，试求主应力并作应力圆。

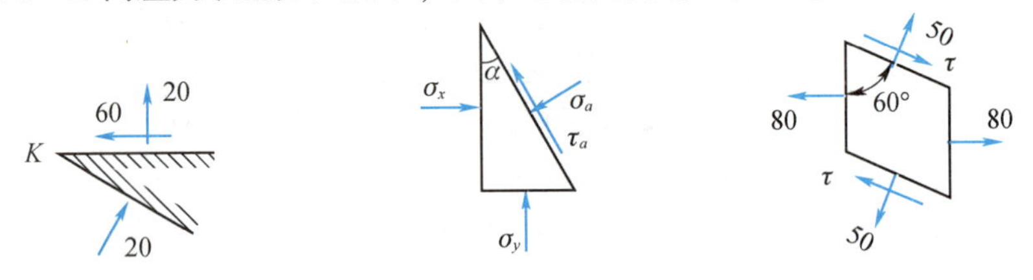

题 8.2.4 图（单位：MPa）　　题 8.2.5 图　　题 8.2.6 图（单位：MPa）

题8.2.7　图示棱形单元上，σ_x = 60 MPa，面 AC 上无应力，试求 σ_y 及 τ_{xy}。

※题8.2.8　图示特殊空间应力状态单元体，试作出应力圆求其主应力及最大切应力。

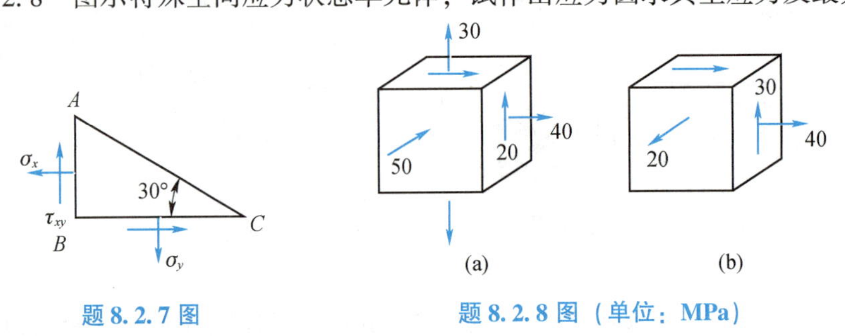

题 8.2.7 图　　题 8.2.8 图（单位：MPa）

※题8.2.9　某铸铁构件内危险点的 $\theta = 75°$，微元体的 α、β 面上的应力如图所示。问破坏时，该点处裂开的方向与 x 轴成多少度？试在图上画出裂开方向。

※题8.2.10　层合板构件中微元受力如图所示，各层板之间用胶粘接，接缝方向如图。若已知胶层切应力不得超过 1 MPa，试分析构件是否满足这一要求。

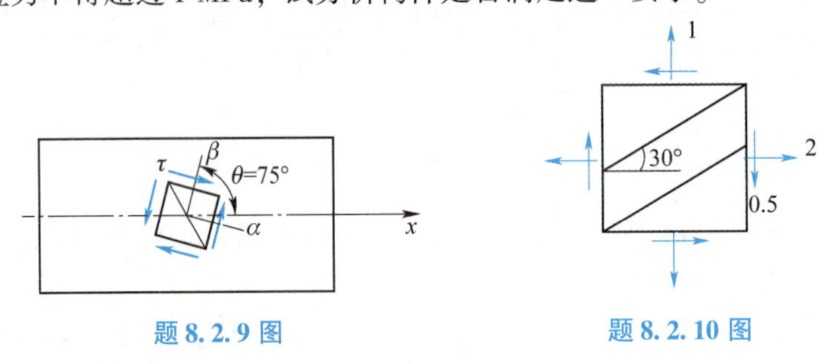

题 8.2.9 图　　题 8.2.10 图

※题8.2.11　平面应力状态单元体如图所示，σ_1、σ_2 为主应力，试证明：$\sigma_1 + \sigma_2 = \sigma_x + \sigma_y$。

※题 8.2.12　图示平面应力状态下，其任意两个斜截面 α、β 上的正应力均相等，即 $\sigma_\alpha = \sigma_\beta$ 成立，试分析其充分必要条件。

题 8.2.13　图示矩形截面梁某截面上的弯矩和剪力分别为 $M = 10\ \text{kN}\cdot\text{m}$，$F_S = 120\ \text{kN}$。试绘出截面上 1、2、3、4 各点的应力状态单元体，并求其主应力。

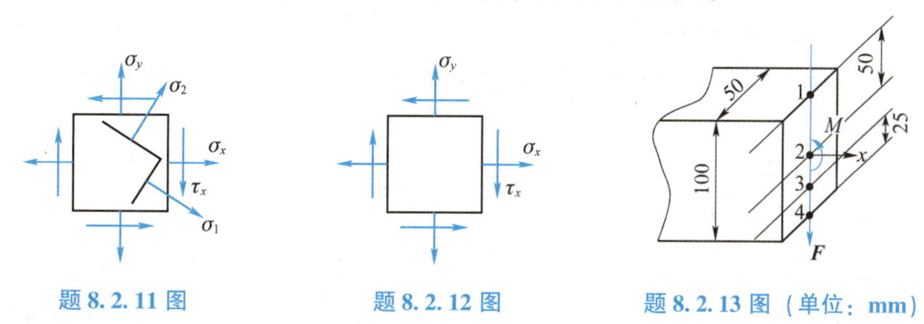

题 8.2.11 图　　题 8.2.12 图　　题 8.2.13 图（单位：mm）

题 8.2.14　如图所示悬臂梁，承受载荷 $F = 20\ \text{kN}$，试绘微元体 A、B、C 的应力图，并确定主应力的大小及方位。

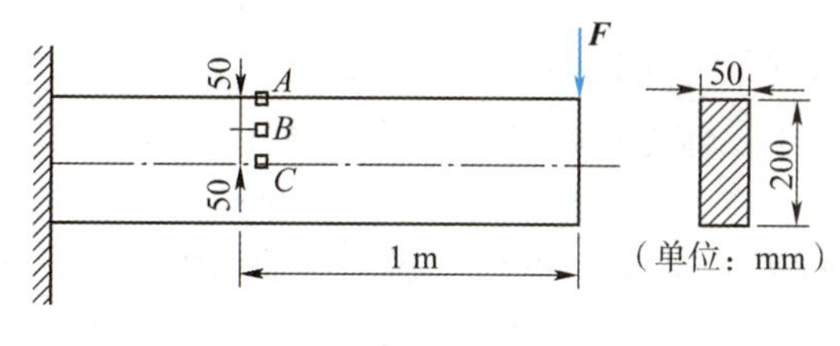

题 8.2.14 图

【8.3 类】计算题（广义胡克定律的应用）

题 8.3.1　在二向应力状态下，试计算主应力的大小。设已知最大切应变 $\gamma_{max} = 5 \times 10^{-4}$，并已知两个相互垂直方向的正应力之和为 27.5 MPa，材料的弹性模量 $E = 200$ GPa，$\mu = 0.25$。

题 8.3.2　图示直径为 d 的圆截面轴，其两端承受扭力偶 M_e 的作用。设由试验测得轴表面与轴线成 45°方向的正应变 ε_{45°，试求力偶矩 M_e。材料的弹性常数 E、μ 均为已知。

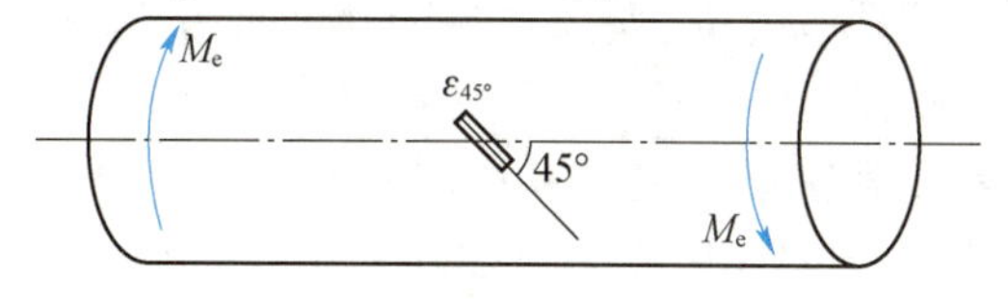

题 8.3.2 图

※题 8.3.3　图示直径 $d = 200$ mm 的钢质圆轴受轴向拉力 F 和扭转外力偶 M_e 的联合作用，钢的弹性模量 $E = 200$ GPa。泊松比 $\mu = 0.28$，且 $F = 251$ kN，现由电测法测得圆轴表面上与母线成 45° 方向的线应变为 $\varepsilon_{45^\circ} = -2.24 \times 10^{-4}$，试求圆轴所传递的外力偶矩 M_e 的大小。

题 8.3.3 图

题8.3.4　如图所示，在一个体积较大的钢块上开一个贯穿钢块的槽，其宽度和深度都是 10 mm 。在槽内紧密无隙地嵌入一铝质立方块，它的尺寸是 10 mm × 10 mm × 10 mm 。铝的弹性模量 $E = 70$ GPa，$\mu = 0.33$。当铝块上表面受到均布压力（其合力 $F = 6$ kN）的作用时，假设钢块不变形。试求铝块的 3 个主应力及相应的变形。

题8.3.5　如图所示，矩形截面钢拉伸试样在轴向拉力达到 $F = 20$ kN 时，测得试样中段点 B 处与其轴线成 30° 方向的线应变为 $\varepsilon_{30^\circ} = 3.25 \times 10^{-4}$。材料的弹性模量 $E = 200$ GPa，试求泊松比 μ。

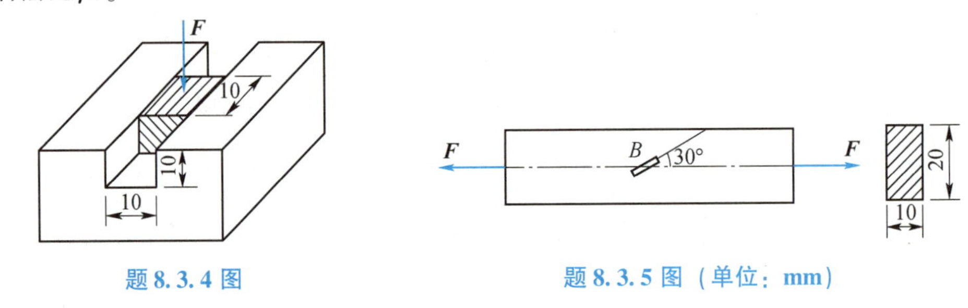

题 8.3.4 图　　题 8.3.5 图（单位：mm）

题8.3.6　纯剪应力状态单元体如图所示。(1) 已知 $\tau_x = \tau$，材料的弹性常数 E、μ，试求 ε_x、ε_{45°、γ_{max}；(2) 若单元体边长 $l = 5$ cm、$\tau = 80$ MPa、$E = 72$ MPa、$\mu = 0.34$，试求对角线 AC 的伸长量。

※题 8.3.7　从某钢构件内某点周围取出的微元体如图所示。已知 $\sigma = 30$ MPa，$\tau = 15$ MPa，钢的弹性模量 $E = 200$ GPa，泊松比 $\mu = 0.3$。试求微元体对角线 AC 的长度改变量。

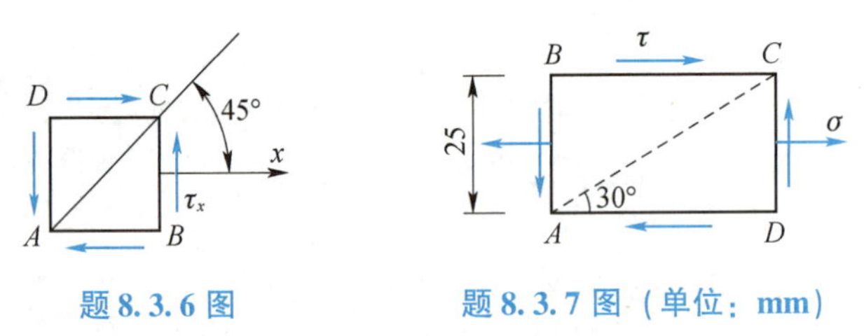

题 8.3.6 图　　题 8.3.7 图（单位：mm）

※题 8.3.8　如图所示拉杆，F、b、h 及材料的弹性常数 E、μ 均为已知。试求线段 AB 的正应变和转角。

※题 8.3.9　如图所示，悬臂梁在截面 C 作用向上集中力 F，在 BC 段作用向下均布载荷 q。在截面 A 的顶部测得沿轴向线应变 $\varepsilon_1 = 500 \times 10^{-6}$，在中性层与轴线成 −45° 方向的线应变为 $\varepsilon_2 = 300 \times 10^{-6}$。材料的弹性模量 $E = 200$ GPa，泊松系数 $\mu = 0.3$，试求载荷 F 及 q 的大小。

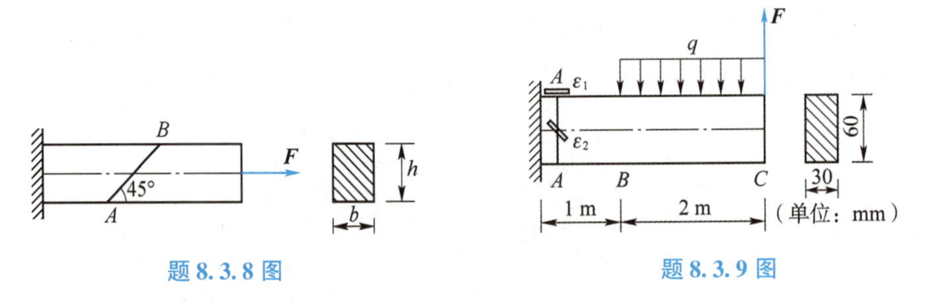

题 8.3.8 图　　题 8.3.9 图

※题 8.3.10 求图示单元体的体积应变 θ 、应变能密度 u 和形状应变比能密度 u_d 。设 $E = 200$ GPa，$\mu = 0.3$。

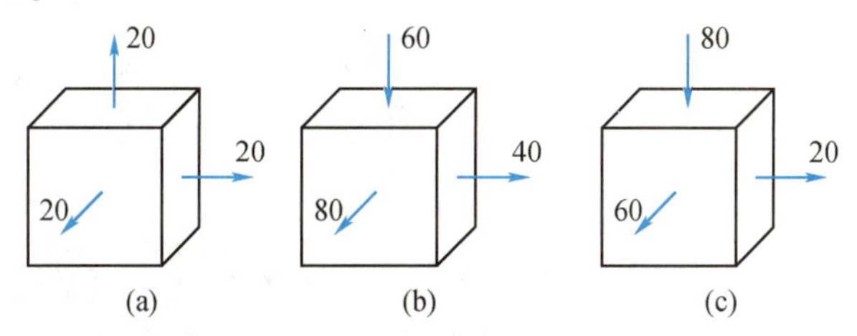

题 8.3.10 图（单位：MPa）

※题 8.3.11 如图所示矩形板，承受正应力 σ_x 与 σ_y 的作用，试求板厚的改变量 $\Delta\delta$ 与板件的体积改变量 ΔV 。已知板件厚度 $\delta = 10$ mm，宽度 $b = 800$ mm，高度 $h = 600$ mm，正应力 $\sigma_x = 80$ MPa，$\sigma_y = -40$ MPa，材料为铝，弹性模量 $E = 70$ GPa，泊松比 $\mu = 0.33$。

※题 8.3.12 如图所示，列车通过钢桥时，用变形仪测得钢桥横梁点 A 的纵横应变分别为 $\varepsilon_x = 0.000\,4$，$\varepsilon_y = -0.000\,12$。设 $E = 200$ GPa，$\mu = 0.3$。试求点 A 在 x 和 y 方向的正应力。

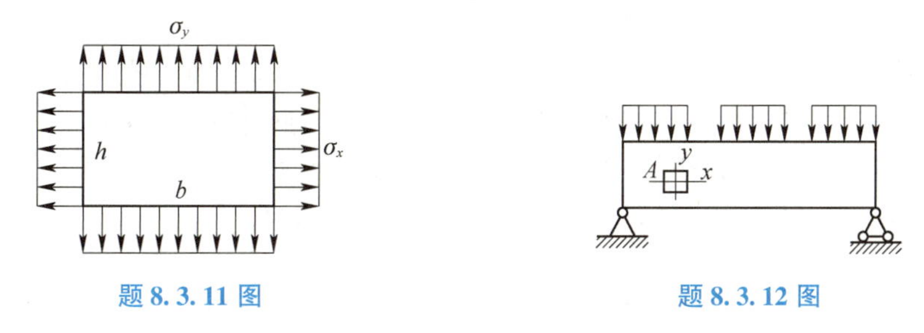

题 8.3.11 图　　题 8.3.12 图

【8.4 类】计算题（强度理论的应用）

题 8.4.1 已知应力状态如图所示。若 $\mu = 0.3$，试分别用 4 种常用强度理论计算其相当应力。

题 8.4.2 从某铸铁构件内的危险点处取出的单元体，各面上的应力分量如图所示。已知铸铁材料的泊松比 $\mu = 0.25$，许用拉应力 $[\sigma_t] = 30$ MPa，许用压应力 $[\sigma_c] = 90$ MPa，试分别按第一和第二强度理论校核其强度。

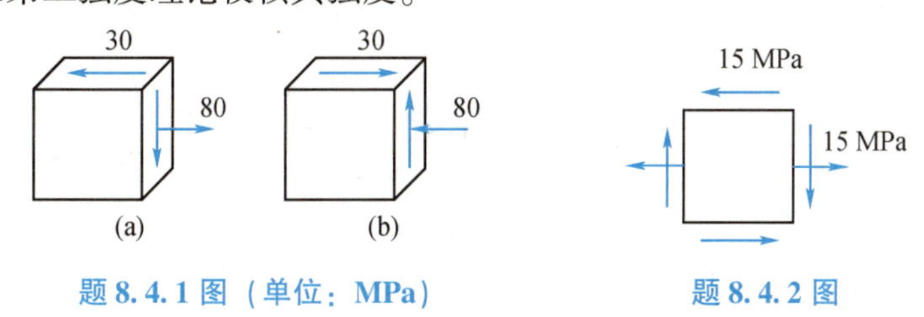

题 8.4.1 图（单位：MPa）　　题 8.4.2 图

题 8.4.3 第三强度理论和第四强度理论的相当应力分别为 σ_{r3} 及 σ_{r4}，试计算纯剪应力状态的 σ_{r3}/σ_{r4} 值。

※题 8.4.4 由 25b 号工字钢制成的简支梁的受力情况如图所示，截面尺寸单位为 mm。已查得：$I_z = 5\,253.96\ \text{cm}^4$，$W_z = 422.72\ \text{cm}^3$，$I_z/S_{\max}^* = 21.27$ cm 。且材料的许用正应力 $[\sigma] = 160$ MPa ，许用切应力 $[\tau] = 100$ MPa 。试对该梁作全面的强度校核。

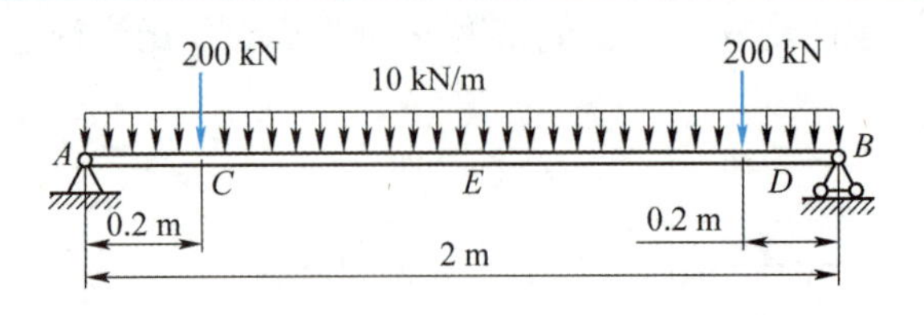

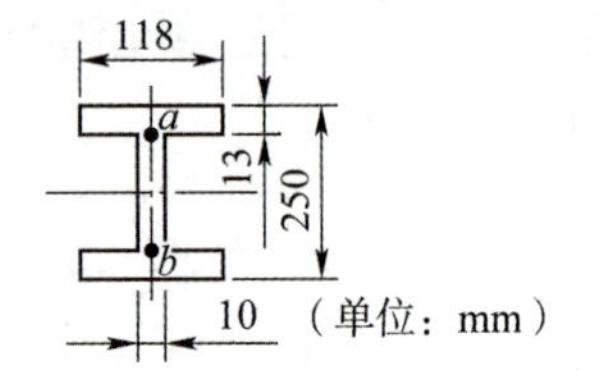

题 8.4.4 图

※题 8.4.5　如图所示，铸铁薄壁筒承受内压 p = 6 MPa，两端受扭转外力偶矩 M_e = 1 kN · m 的作用。已知其内径 d = 60 mm，壁厚 δ = 1.5 mm，试确定圆筒外壁上点 A 处的以下各量：(1) 主应力及主平面（用主单元体表示）；(2) 最大切应力；(3) 若容器发生破坏，引起破坏的原因是什么？破坏面发生在何方位？

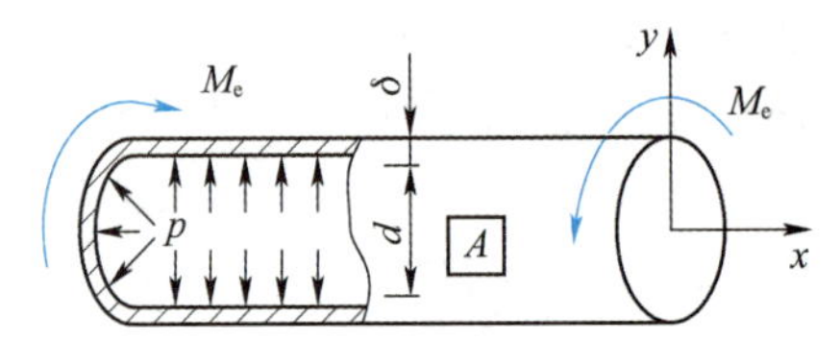

题 8.4.5 图

※题 8.4.6　如图所示，用 Q235 钢制成的实心圆截面杆，受轴向拉力 F 及扭转力偶矩 M_e 作用，且 $M_e = Fd/10$，今测得圆杆表面点 k 处沿图示方向的线应变 $\varepsilon_{30^\circ} = 1.433 \times 10^{-4}$。已知杆直径 d = 10 mm，材料的弹性常数 E = 200 GPa、泊松比 μ = 0.3。试求载荷 F 和 M_e。若其许用应力 $[\sigma]$ = 160 MPa，试按第四度理论校核杆的强度。

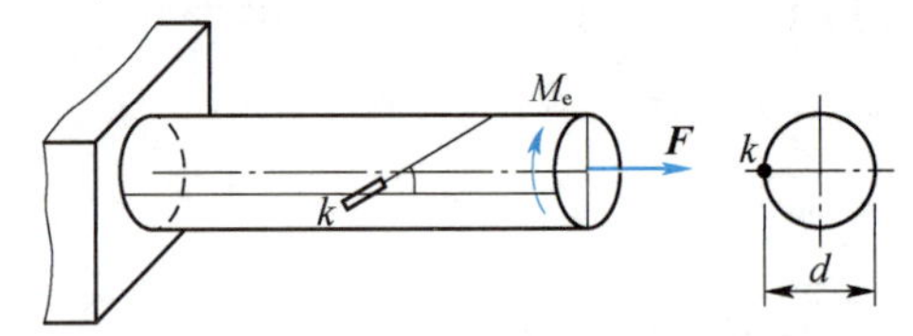

题 8.4.6 图

※题 8.4.7　如图所示，铸铁制成的构件上某些点处可能为图（a）、（b）、（c）所示的 3 种应力状态。已知铸铁的拉伸与压缩强度极限分别为 σ_{tb} = 52 MPa，σ_{cb} = 124 MPa。试按莫尔强度理论确定 3 种应力状态中 σ_0 为何值时材料发生失效。

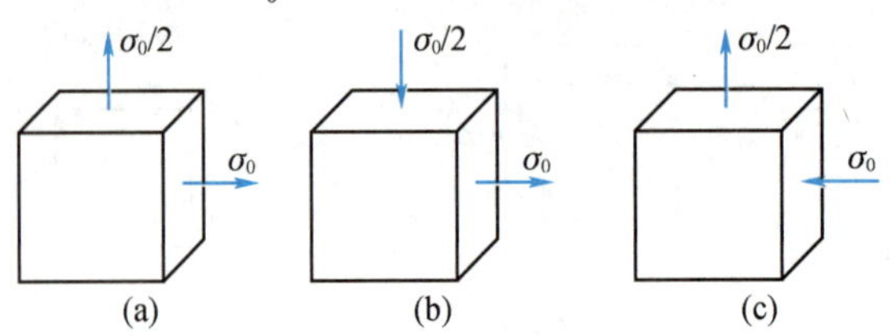

题 8.4.7 图

第 9 章
构件 · 组合变形

9.1 概 述

前面章节讨论了杆件在拉伸（压缩）、剪切、扭转和弯曲等基本变形形式下的应力和位移的计算等问题。工程实际中的许多构件往往发生两种或两种以上的基本变形，称为组合变形。例如：钻探机钻杆（见图 9.1（a））上端受到来自动力机械的力螺旋（力+力偶）作用引起的轴向压缩变形，下部受到来自泥土的分布力螺旋作用引起的扭转变形；蓄水堤（见图 9.1（b））受自重引起的轴向压缩变形，同时还有水平的水压引起的弯曲变形；机械中齿轮传动轴（见图 9.1（c））在啮合力作用下，将同时发生扭转变形以及在水平和竖直平面内的弯曲变形；厂房中支撑吊车梁的立柱（见图 9.1（d））在由吊车梁传来的不通过立柱轴线的竖直载荷作用下，引起的偏心压缩变形，它可看成轴向压缩和纯弯曲的组合变形。

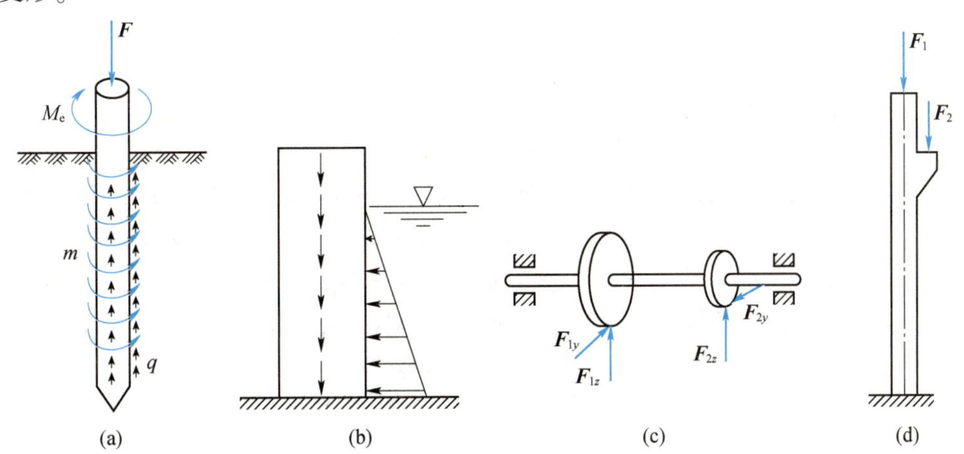

图 9.1 组合变形的几个实例

（a）钻探机钻杆；（b）蓄水堤；（c）齿轮传动轴；（d）厂房立柱

对于组合变形下的构件，在线弹性范围内、小变形条件下，可按构件的原始形状和尺寸进行计算。因而，可先将原载荷通过静力等效方法转化为一组新载荷，要求其中的每一个新载荷只产生一种基本变形；再分别计算构件在每一个新载荷单独作用下引起的内力、应力或变形；然后利用叠加原理进行叠加计算。

如果是组合变形的强度计算，则还应该综合考虑各种基本变形的组合情形，以确定构件的危险截面、危险点的位置以及危险点的应力状态，选定相应强度理论或强度条件进行强度计算。组合变形强度分析计算具体过程可概括如下。

（1）将原载荷通过静力等效方法转化为一组新载荷。通常是将载荷向杆件的轴线和形心主惯轴通过简化、平移、分解、分组等静力等效手段，把原来的组合变形分解为几个基本变形。

（2）分别绘出各基本变形的内力图，利用叠加原理确定危险截面位置，再根据各种变形应力分布规律，利用叠加原理确定危险点。

（3）分别计算危险点处各基本变形引起的应力。

（4）叠加危险点的应力，叠加通常是在应力状态单元体上进行。然后根据危险点的应力状态选择适当的强度理论或强度条件进行强度计算。

本章主要讨论在实际工程中常见组合变形：拉（压）弯组合、弯扭组合、斜弯曲等。

9.2 轴向拉压与弯曲的组合

杆件受轴向拉伸（压缩）与弯曲的组合作用有两种情况：一种是轴向载荷与横向载荷的联合作用，另一种是偏心拉伸或偏心压缩。

二维码

若杆受到轴向载荷作用的同时，又在其纵向平面内受到横向载荷的作用，这时杆件将发生轴向拉伸（压缩）与弯曲的组合变形。对于弯曲刚度较大的杆件，由于横向力引起的挠度与横截面的尺寸相比很小，原始尺寸原理可以使用，轴向力因弯曲变形而产生的弯矩可以忽略不计。这样，轴向力就只引起压缩变形，外力与杆件内力和应力的关系仍然是线性的，叠加原理就可以使用。可分别计算由横向力和轴向力引起的杆横截面上的正应力，按叠加原理求其代数和，即得在拉伸（压缩）与弯曲组合变形下杆横截面上的正应力。

下面以图 9.2 所示的简支梁为例，说明杆受轴向载荷与横向载荷联合作用下的应力及强度计算方法。该简支梁承受轴向载荷 F 与横向均布载荷 q 的联合作用。轴向载荷 F 使梁产生轴向伸长，引起各横截面的轴力均为 $F_N=F$（见图 9.2（c））；横向载荷 q 使梁发生在 xy 平面内的弯曲，跨中截面 C 的弯矩值最大，其值为 $M_C = M_{max} = ql^2/8$（见图 9.2（d））。显然，截面 C 是危险截面（剪力引起的切应力通常忽略不计），如图 9.2（b）所示。

在危险截面上，由轴力 F_N 引起的正应力 σ_{F_N} 为

$$\sigma_{F_N} = \frac{F_N}{A}$$

纵坐标为 y 处，弯矩 M_C 引起的弯曲正应力 σ_M 为

$$\sigma_M = \frac{M_{max}y}{I_z}$$

应用叠加原理，可得危险截面上任一点处的正应力

$$\sigma(y) = \sigma_{F_N} + \sigma_M = \frac{F_N}{A} + \frac{M_{max}y}{I_z} \tag{9.1}$$

上式表明，正应力沿截面高度线性变化，且中性轴不通过截面形心。截面底部边缘和顶部边缘处的正应力分别是

$$\begin{cases} \sigma_{t,\ max} = \dfrac{F_N}{A} + \dfrac{M_{max}}{W_z} \\ \sigma_{c,\ max} = \dfrac{F_N}{A} - \dfrac{M_{max}}{W_z} \end{cases} \tag{9.2}$$

式中：$\sigma_{c,\ max}$ 是压应力还是拉应力或是0，要视具体情况而定。图9.2（e）为 $\dfrac{M_{max}}{W_z} > \dfrac{F_N}{A}$ 的情形。因为截面底部边缘和顶部边缘处均处于单向应力状态，当 $\sigma_{t,\ max}$ 和 $\sigma_{c,\ max}$ 确定后，即可由强度条件进行正应力强度计算，即

$$\begin{cases} \sigma_{t,\ max} \leqslant [\sigma_t] \\ \sigma_{c,\ max} \leqslant [\sigma_c] \end{cases} \tag{9.3}$$

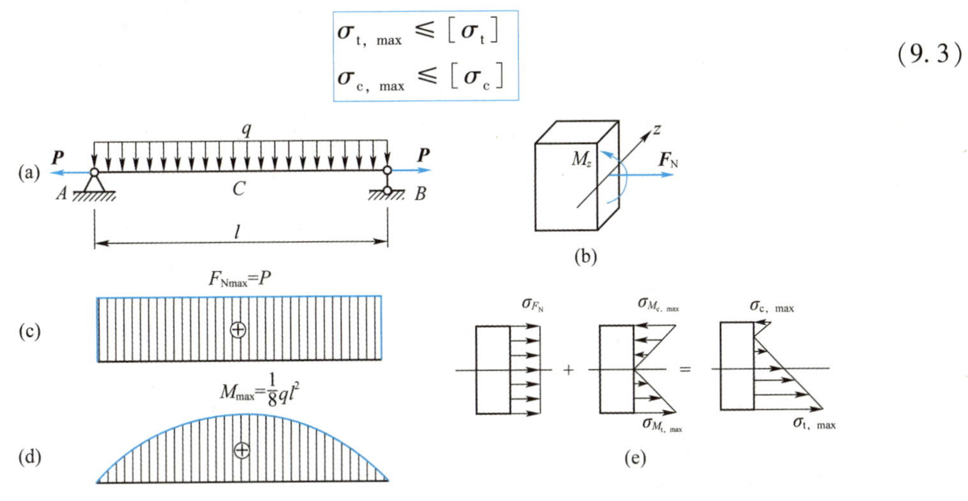

图9.2　拉弯组合变形实例及截面 C 应力叠加分析

【例9.1】小型压力机的铸铁框架如图9.3（a）所示。已知材料的许用拉应力 $[\sigma_t] = 35\ MPa$，许用压应力 $[\sigma_c] = 170\ MPa$，$Z_0 = 85\ mm$，$I_y = 8\ 144 \times 10^4\ mm^4$。试按立柱的强度确定压力机的许可压力 $[F]$。

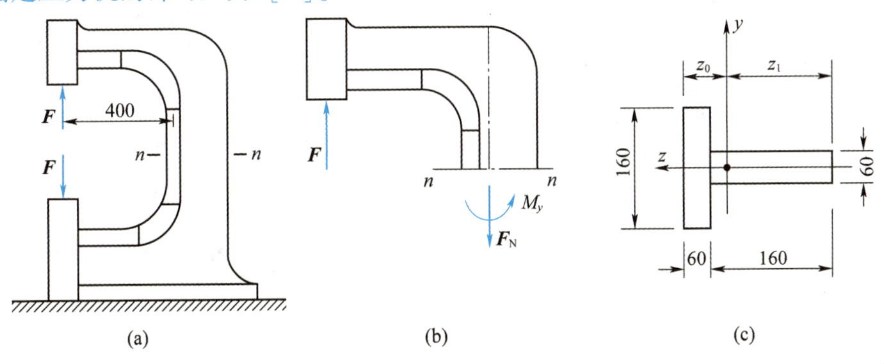

图9.3　例9.1图（单位：mm）

【解】取截面 $n—n$ 上半部分为研究对象，其受力如图 9.3（b）所示，由此可知压力机的立柱部分发生拉伸和弯曲的组合变形，像立柱这样受力情形有时称为偏心拉伸。容易求得横截面 $n—n$ 上的轴力 F_N 和弯矩 M_y 分别为

$$F_N = F \qquad M_y = 485F$$

横截面上由轴力 F_N 引起正应力为均布拉应力，且

$$\sigma_{F_N} = \frac{F_N}{A} = \frac{F}{160 \times 60 \times 2} = \frac{F}{19\,200} \text{（拉应力）}$$

由弯矩 M_y 引起的最大弯曲正应力为

$$\sigma_{M_y,\ \text{tmax}} = \frac{M_y z_0}{I_y} = \frac{485F \times 85}{8\,144 \times 10^4} \text{ MPa（拉应力）}$$

$$\sigma_{M_y,\ \text{cmax}} = \frac{M_y z_1}{I_y} = \frac{485F \times 135}{8\,144 \times 10^4} \text{ MPa（压应力）}$$

应用叠加法叠加以上内力引起的应力，可得 $n-n$ 截面内侧的最大拉应力 $\sigma_{\text{t, max}}$，并由强度条件计算许可压力

$$\sigma_{\text{t, max}} = \sigma_{F_N} + \sigma_{M_y,\ \text{tmax}} = \frac{F}{19\,200} + \frac{485F \times 85}{8\,144 \times 10^4} \leqslant [\sigma_t] = 35 \text{ MPa}$$

求解得

$$F \leqslant 62\,700 \text{ N} = 62.7 \text{ kN}$$

同理可求得，$n-n$ 截面外侧的最大压应力 $\sigma_{\text{c, max}}$，并由强度条件计算许可压力

$$\sigma_{\text{c, max}} = |\sigma_{F_N} + \sigma_{M_y,\ \text{cmax}}| = \left|\frac{F}{19\,200} - \frac{485F \times 135}{8\,144 \times 10^4}\right| \leqslant [\sigma_c] = 170 \text{ MPa}$$

求解得

$$F \leqslant 226\,100 \text{ N} = 226.1 \text{ kN}$$

综上所述，为使压力机的立柱同时满足抗拉和抗压强度条件，$[F] = 62.7$ kN。

【例 9.2】悬臂吊车如图 9.4（a）所示，最大起吊重量为 $F = 28$ kN。横梁 AB 由工字钢制成，材料为 Q235 钢，$[\sigma] = 100$ MPa。试选择工字钢型号。

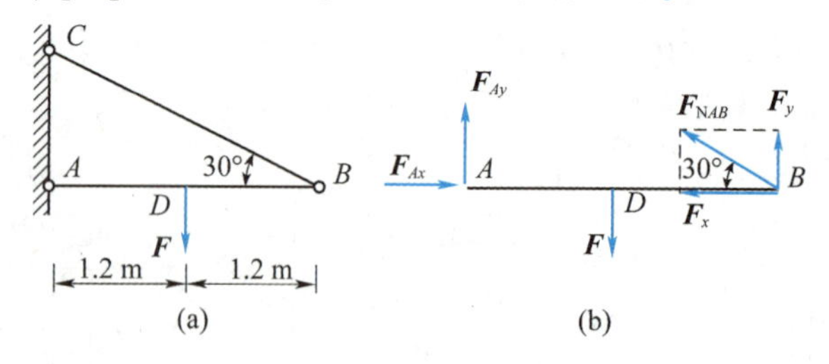

图 9.4　例 9.2 图

【解】横梁 AB 的受力简图如图 9.4（b）所示，由平衡方程 $\sum m_A = 0$，得

$$F_{NAB} \sin 30° \times 2.4 - 1.2F = 0$$

解得

$$F_{NAB} = F = 28 \text{ kN}$$

将 F_{NAB} 按图 9.4（b）所示分解为 F_x 和 F_y，显然 F_x 使得横梁 AB 轴向受压，F_y 使得横梁 AB 发生平面弯曲，可见横梁 AB 发生轴向压缩与平面弯曲的组合变形，且

$$F_x = F\cos 30° = 14\sqrt{3}\ \text{kN},\ F_y = F\sin 30° = 14\ \text{kN}$$

由横梁 AB 的受力图可看出，中间截面 D 为危险截面。最大压应力 $\sigma_{c,\ max}$ 发生在该截面的上边缘，即为危险点。

为了计算方便，在开始计算时，可以先不考虑轴力的影响，只根据弯曲强度条件选取工字钢。这时

$$W_z > \frac{M_{max}}{[\sigma]} = \frac{1.2 \times 14 \times 10^6}{100}\ \text{mm}^3 = 168 \times 10^3\ \text{mm}^3 = 168\ \text{cm}^3$$

查附录型钢表，选取18号工字钢，$W_z = 185\ \text{cm}^3$，$A = 30.756\ \text{cm}^2$。选定工字钢后，同时考虑轴力 F_N 及弯矩 M 的影响，再进行强度校核。在危险截面 D 的上边缘各点发生最大压应力，为

$$\sigma_{c,\ max} = \frac{F_N}{A} + \frac{M_{max}}{W_z} = \left(\frac{14\sqrt{3} \times 10^3}{30.756 \times 10^2} + \frac{1.2 \times 14 \times 10^6}{185 \times 10^3}\right)\text{MPa} = 98.7\ \text{MPa} \leqslant [\sigma]$$

可见，选择18号工字钢满足强度需要。

本题若还需考虑工字钢的自重，则应选什么型号的工字钢？请读者自行考虑。

【例9.3】 图9.5（a）所示的高铁矩形截面桥墩立柱，单向行驶动车传递的铅垂压力 P 的作用点位于 y 轴上，P、b、h 均为已知。试确定在桥墩立柱的横截面上不出现拉应力的最大偏心距 e 。

【解】 将外力 P 向截面 C 形心平移，得作用线与立柱轴线重合的压力 P 和作用于 xy 平面内的力偶 $M = Pe$。在 P 和 m 共同作用下，立柱 BC 段产生压缩和弯曲的组合变形，如图9.5（b）所示。

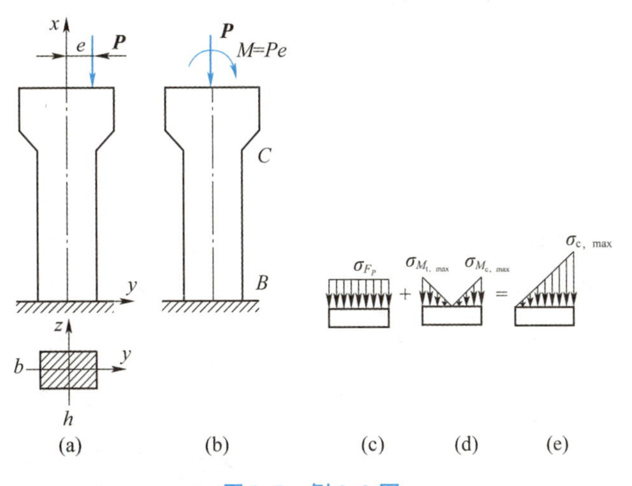

图9.5　例9.3图

在轴向压力 P 单独作用下，BC 段各横截面上的轴力均为 $F_N = -P$；在平面力偶 M 单独作用下，BC 段各横截面上的弯矩均为 $M_z = Pe$。可见，BC 段内的各横截面均为危险截面。

由轴力 F_N 引起的横截面上各点的压应力均相等，即 $\sigma_{F_N} = -\dfrac{P}{A}$；由弯矩引起的横截面上的弯曲正应力沿截面高度按线性分布，横截面左边线（立柱 BC 段左侧面）为最大拉应力，横截面右边线（立柱 BC 段右侧面）为最大压应力，最大弯曲拉、压正应力 $\sigma_{M_{t,\ max}}$、$\sigma_{M_{c,\ max}}$

大小均为$\frac{Pe}{W_z}$。应力分布分别如图 9.5（c）、图 9.5（d）所示。

欲使 BC 段任一横截面上不出现拉应力，应使 P 与 M 共同作用下横截面左侧边缘各点处叠加后的最大拉应力 $\sigma_{t,\max}$ 小于或等于 0，即

$$\sigma_{t,\max} = \sigma_{F_N} + \sigma_{M_{t,\max}} = -\frac{P}{A} + \frac{Pe}{W_z} \leqslant 0$$

得

$$-\frac{P}{bh} + \frac{Pe}{bh^2/6} \leqslant 0$$

解得 $e \leqslant \frac{h}{6}$，即 $e = \frac{h}{6}$ 为所求的最大偏心距。由此可知，当压力 P 作用在 y 轴上时，只要偏心距 $e \leqslant \frac{h}{6}$，则横截面上就不会出现拉应力。

由本例可推断，在截面上总可以找到一个区域（包含截面形心），当偏心力作用点位于此区域之内或其边界上时，横截面上只出现一种性质的应力（偏心拉伸时为拉应力，偏心压缩时为压应力）。截面形心附近的这样一个区域就称为截面核心。

在工程上，常用的脆性材料（如砖、石、混凝土、铸铁等）抗压性能好而抗拉能力差，因而由这些材料制成的偏心受压构件，应当力求使全截面上只出现压应力而不出现拉应力，即 P 应尽量作用于截面核心区域之内。

9.3 弯曲与扭转的组合

9.3.1 弯曲与扭转组合变形

二维码

弯曲与扭转组合变形是机械工程中常见的情况。以图 9.6 所示一端固定的曲拐为例，说明弯曲与扭转组合变形的强度计算方法。设拐轴 AB 段为等圆杆，直径为 d，A 端为固定端约束。现分析在力 P 作用下轴 AB 的受力情况。

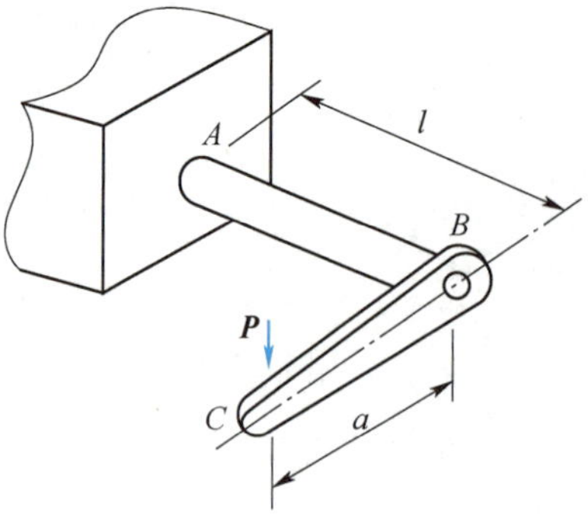

图 9.6 曲拐在 P 作用下的变形

将力 P 向轴 AB 截面 B 的形心简化，得到一横向力 P 和作用在轴端平面内的力偶矩 $M=Pa$，轴 AB 的受力简图如图 9.7（a）所示。横向力 P 使轴 AB 发生弯曲变形，力偶矩 M 使轴 AB 发生扭转变形。P 和 M 共同作用下，轴 AB 发生弯、扭组合变形。

分别绘出轴 AB 的弯矩图和扭矩图，如图 9.7（b）、图 9.7（c）所示。一般情况下，横向力引起的剪力影响较小，可忽略不计。由图 9.7 可知，各横截面的扭矩相同，均为 $T=Pa$，各截面上的弯矩则不同。显然固定端截面的弯矩最大，其值为 $M_z=Pl$。所以轴 AB 的危险截面为固定端截面。

危险截面上与弯矩和扭矩对应的正应力和切应力分布情况示于图 9.7（d），与弯矩所对应的正应力 σ，沿截面高度按线性规律变化，该截面沿铅垂直径的两端点 a 和 b 的应力最大；与扭矩 T 所对应的切应力 τ，沿半径按线性规律变化，该截面周边各点的切应力为最大，分别为

$$\sigma=\frac{M_z}{W_z}\quad \tau=\frac{T}{W_t} \tag{9.4}$$

综合考虑正应力和切应力可知，危险截面上离中性轴最远的上、下两点 a、b 是危险点，其应力状态如图 9.7（e）所示，该两点均为平面应力状态，利用式（8.4）可求得这两点的主应力均为

$$\sigma_1=\frac{\sigma}{2}+\frac{1}{2}\sqrt{\sigma^2+4\tau^2}\quad \sigma_2=0\quad \sigma_3=\frac{\sigma}{2}-\frac{1}{2}\sqrt{\sigma^2+4\tau^2} \tag{9.5}$$

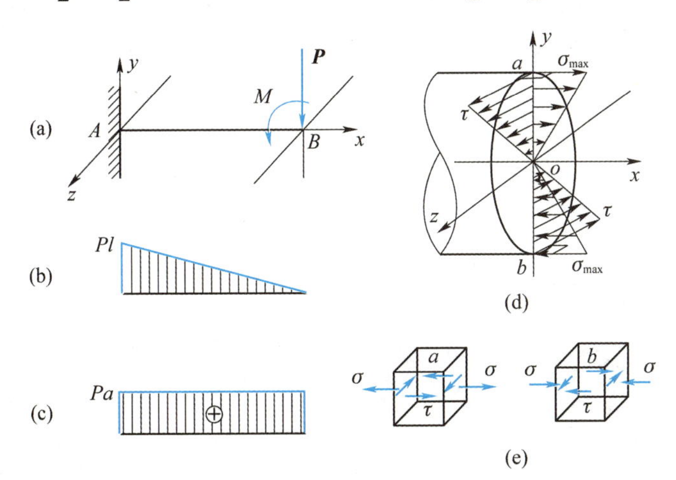

图 9.7 杆 AB 的受力和截面 A 的应力

若轴由抗拉和抗压强度相等的塑性材料制成，则可选用第三或第四强度理论，若按第三强度理论，由 $\sigma_{r3}=\sigma_1-\sigma_3$ 得其强度条件为

$$\boxed{\sigma_{r3}=\sqrt{\sigma^2+4\tau^2}<[\sigma]} \tag{9.6}$$

若按第四强度理论，由 $\sigma_{r4}=\sqrt{\frac{1}{2}[(\sigma_1-\sigma_2)^2+(\sigma_2-\sigma_3)^2+(\sigma_3-\sigma_1)^2]}$ 得其强度条件为

$$\sigma_{r4} = \sqrt{\sigma^2 + 3\tau^2} < [\sigma] \tag{9.7}$$

对直径为 d 的圆截面，有 $W_z = \dfrac{\pi}{32}d^3 = W$，$W_t = \dfrac{\pi}{16}d^3 = 2W$，将式（9.4）代入式（9.6），得圆轴弯曲与扭转组合变形，按第三强度理论的强度条件为

$$\frac{1}{W}\sqrt{M^2 + T^2} \leqslant [\sigma] \tag{9.8}$$

将式（9.4）代入式（9.7）得圆轴弯曲与扭转组合变形，按第四强度理论的强度条件为

$$\frac{1}{W}\sqrt{M^2 + 0.75T^2} \leqslant [\sigma] \tag{9.9}$$

由式（9.8）和式（9.9）可知，对于弯曲和扭转组合变形，在求得危险截面的弯矩（或合成弯矩）M 和扭矩 T 后，就可直接利用式（9.8）或式（9.9）进行强度计算。式（9.8）和式（9.9）同样也适用空心圆轴，仅需将式中的 W 改为空心截面的抗弯截面系数。

值得注意的是：式（9.6）和式（9.7）适用于如图9.7（e）所示的平面应力状态，而发生这一应力状态的组合变形可以是弯曲与扭转的组合变形，也可以是拉伸与扭转的组合变形，还可以是拉伸、弯曲和扭转的组合变形；而式（9.8）和式（9.9）只能用于圆轴的弯曲与扭转的组合变形。

【例9.4】空心圆杆 AB 和 CD 焊接成整体结构，受力如图9.8（a）所示。杆 AB 的外径 $D=140$ mm，内、外径之比 $\alpha = d/D = 0.8$，材料的许用应力 $[\sigma] = 160$ MPa。试用第三强度理论校核轴 AB 的强度。

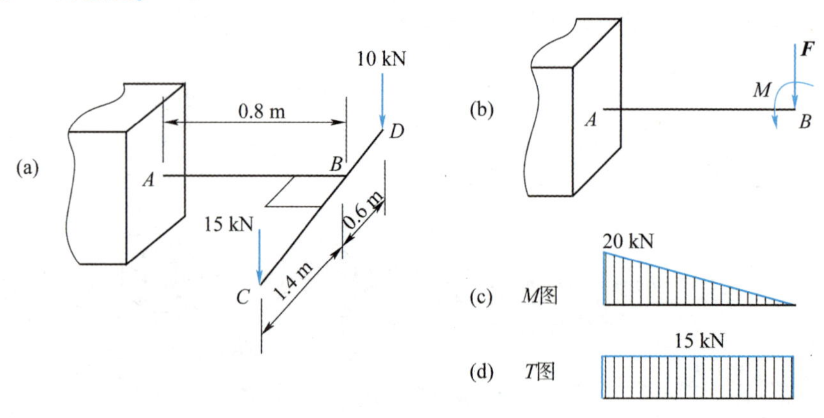

图9.8　例9.4图

【解】将两外力分别向杆 AB 的截面 B 形心简化，如图9.8（b）所示，得

$$F = 25\ \text{kN} \quad M = 15\ \text{kN}\cdot\text{m}$$

故，杆 AB 发生扭转和平面弯曲的组合变形。

分别作 AB 段弯矩图和扭矩图，如图9.8（c）、图9.8（d）所示，由内力图可知固定端截面 A 为危险截面。危险截面上的扭矩和弯矩分别为

$$T_A = 15\ \text{kN}\cdot\text{m} \quad M_A = M_{max} = 20\ \text{kN}\cdot\text{m}$$

若按第三强度理论进行校核，则由式（9.7）可得

$$\sigma_{r3}=\frac{1}{W}\sqrt{M_A^2+T_A^2}=\frac{\sqrt{((15\times10^6)^2+(20\times10^6)^2)}}{\frac{1}{32}\pi\times140^3\times(1-0.8^4)}\text{ MPa}$$

$$=157\text{ MPa}<[\sigma]=160\text{ MPa}$$

所以，轴 AB 满足第三强度理论的强度要求，是安全的。

【例 9.5】如图 9.9 所示一钢制实心圆轴，齿轮 C 上作用有铅垂切向力 5 kN，径向力 1.82 kN；齿轮 D 上作用有水平切向力 10 kN，径向力 3.64 kN。齿轮 C 的节圆直径 $d_1=400$ mm，齿轮 D 的节圆直径 $d_2=200$ mm。设许用应力 $[\sigma]=100$ MPa。试按第四强度理论确定轴的直径。

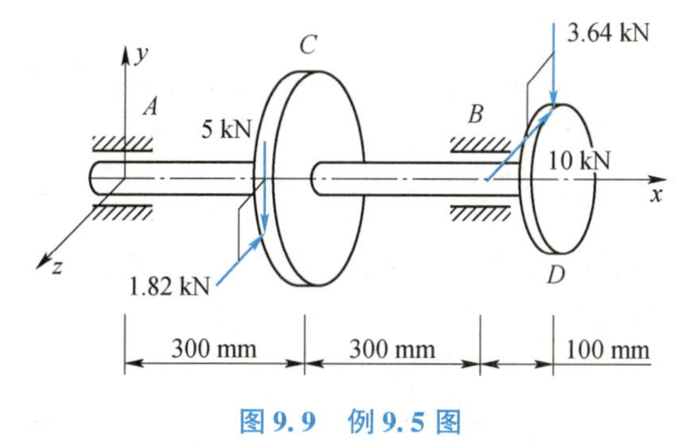

图 9.9　例 9.5 图

【解】为了分析该轴的基本变形，将每个齿轮上的外力向该轴的截面形心简化，其结果如图 9.10（a）所示。由图可知：沿 z 方向的力使圆轴在 xz 纵对称面内产生弯曲，沿 y 方向的力使轴在 xy 纵对称面内产生弯曲，力偶 1 kN · m 使轴产生扭转。

根据图 9.10（a）所示受力简图，绘制轴的内力图如图 9.10（b）、图 9.10（c）、9.10（d）所示，其中

$$M_{Cy}=0.57\text{ kN}\cdot\text{m}\quad M_{By}=0.36\text{ kN}\cdot\text{m}$$
$$M_{Cz}=0.227\text{ kN}\cdot\text{m}\quad M_{Bz}=1\text{ kN}\cdot\text{m}$$
$$T_B=T_C=1\text{ kN}\cdot\text{m}$$

由此可知，该圆杆分别在 xy 和 xz 平面内分别发生平面弯曲，同时发生扭转变形，由于通过圆轴轴线的任一平面都是纵向对称平面，故轴在 xz 和 xy 两平面内弯曲的合成结果仍为平面弯曲，从而可用合成弯矩来计算相应截面弯曲正应力。则截面 B、C 的合成弯矩分别为

$$M_B=\sqrt{M_{By}^2+M_{Bz}^2}=1.063\text{ kN}\cdot\text{m}\quad M_C=\sqrt{M_{Cy}^2+M_{Cz}^2}=0.36\text{ kN}\cdot\text{m}$$

因 $M_B>M_C$，$T_B=T_C$，可判定截面 B 是危险截面。

对于危险截面 B，由第四强度理论进行计算，即由式（9.9）得

$$\sigma_{r4}=\frac{\sqrt{M_B^2+0.75T_B^2}}{W}=\frac{1\,372}{W}\leqslant[\sigma]$$

其中 $W=\frac{\pi d^3}{32}$，所以该轴需要的直径为 $d\geqslant\sqrt[3]{\frac{32\times1\,372}{\pi\times100\times10^6}}\text{ m}=52.9\text{ mm}$，故该轴需要的直径取整为 $d=53$ mm。

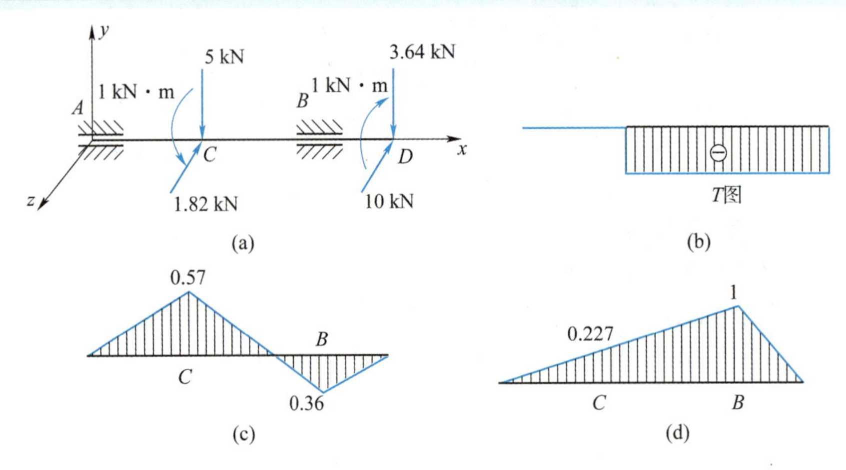

图 9.10　实心圆轴的内力分析

9.3.2　拉压扭组合、拉压弯扭组合举例

【例 9.6】图 9.11 所示圆截面杆的直径 $d=50$ mm，自由端承受力 $F=15$ kN，力偶 $M_e=1.2$ kN · m，$[\sigma]=100$ MPa。试用第三强度理论校核其强度。

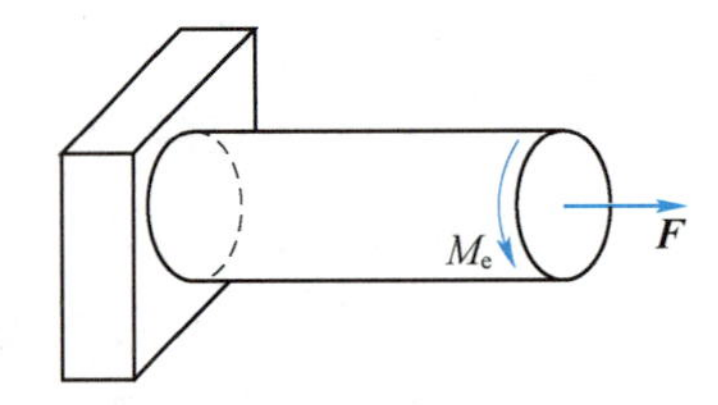

图 9.11　例 9.6 图

【解】危险截面在固定端处，危险点为圆周上各点

$$\sigma=\frac{F_N}{A}=\frac{F}{\pi d^2/4}=\frac{15\times 10^3}{\pi\times 50^2/4}\text{ MPa}=7.64\text{ MPa}$$

$$\tau=\frac{T}{W_t}=\frac{M_e}{\pi d^3/16}=\frac{1.2\times 10^6}{\pi\times 50^3/16}\text{ MPa}=48.9\text{ MPa}$$

则 $\sigma_{r3}=\sqrt{\sigma^2+4\tau^2}=98.1\text{ MPa}<[\sigma]$，满足强度条件。

【例 9.7】图 9.12 所示圆截面杆的直径 $d=50$ mm，$l=0.9$ m，自由端承受力 $F_1=0.5$ kN，$F_2=15$ kN，力偶 $M_e=1.2$ kN · m，$[\sigma]=120$ MPa。试用第三强度理论校核杆的强度。

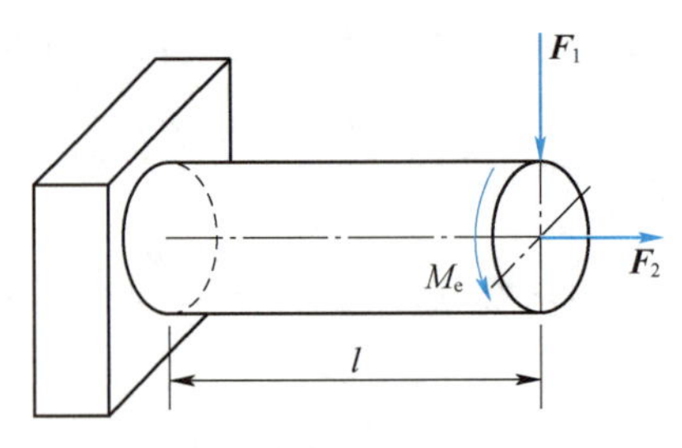

图 9.12　例 9.7 图

【解】危险截面在固定端处，危险点在其圆周上的最上面一个点

$$\sigma=\frac{F_N}{A}+\frac{M}{W_z}=\frac{F_2}{\pi d^2/4}+\frac{F_1 l}{\pi d^3/32}$$

$$=\left[\frac{15\times10^3}{\pi\times50^2/4}+\frac{0.5\times10^3\times0.9\times10^3}{\pi\times(50\times10^3)^3/32}\right]\text{MPa}=44.3\text{ MPa}$$

$$\tau=\frac{T}{W_t}=\frac{M_e}{W_t}=\frac{M_e}{\pi d^3/16}=\frac{1.2\times10^6}{\pi\times50^3/16}\text{MPa}=48.9\text{ MPa}$$

则 $\sigma_{r3}=\sqrt{\sigma^2+4\tau^2}=107\text{ MPa}<[\sigma]$，满足强度条件。

*9.4 弯弯组合（斜弯曲）

平面弯曲是指作用在梁上的横向载荷都在梁的纵向对称平面内，梁弯曲后的轴线仍是位于该平面内的一条曲线。但工程实际中，许多弯曲杆件上的横向力并非都作用于杆件的同一纵向对称平面内。

如图9.13所示的悬臂梁，在悬臂端作用一集中载荷 P，此载荷并没有作用在梁的纵向对称平面内，因此悬臂梁发生的不是平面弯曲。但集中载荷 P 的作用点过横截面形心，将其等效分解为 P_y 和 P_z，此时杆件将在两个相互垂直的形心主惯性平面内同时发生平面弯曲，变形后的杆件轴线与外力作用线不在同一平面内，这种情况称为斜弯曲。

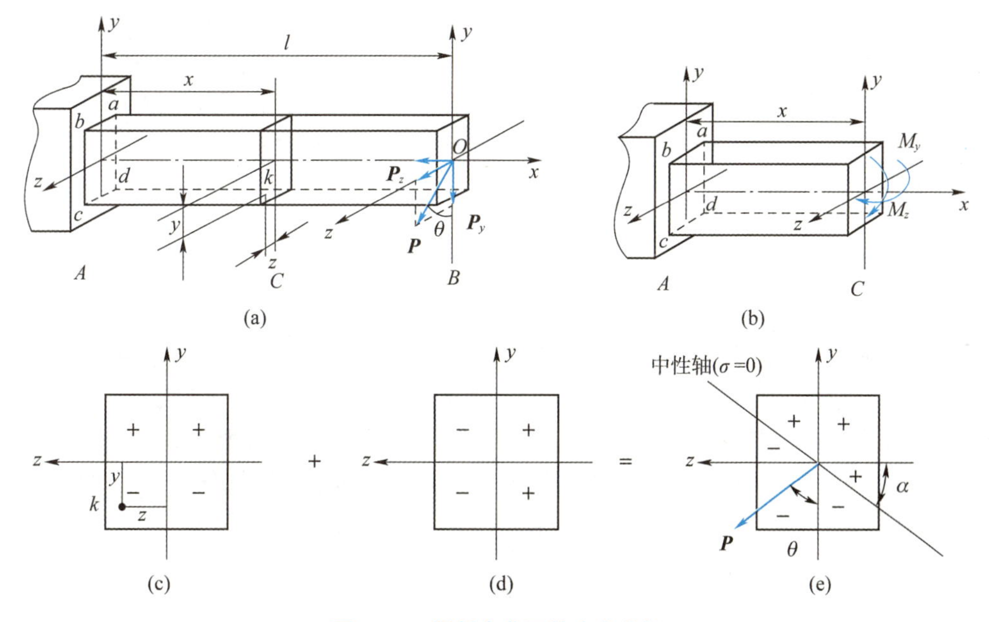

图9.13 梁斜弯曲下的应力分析

现以图9.13为例详细说明斜弯曲的应力和变形计算。

设作用于梁自由端的外力 P 通过截面形心，且与 y 轴的夹角为 θ，y 轴与 z 轴为截面的形心主轴。将集中力 P 沿 y 轴和 z 轴分解，如图9.13（a）所示，则

$$P_y = P\cos\theta$$
$$P_z = P\sin\theta$$

按照前述平面弯曲的概念，此悬臂梁在 P_y、P_z 的单独作用下，分别在 xy 平面和 xz 平面内发生平面弯曲。在 P_y 单独作用下，任意截面 C 上的弯矩

$$M_z = P_y(l - x) = P\cos\theta(l - x)$$

在 P_z 单独作用下，任意截面 C 上的弯矩

$$M_y = P_z(l - x) = P\sin\theta(l - x)$$

在任意截面 C 上的任意点 $k(y, z)$ 处，由弯矩 M_z 和 M_y 引起的最大正应力分别为

$$\sigma_{k,\ M_z} = \pm\frac{M_z y}{I_z}$$
$$\sigma_{k,\ M_y} = \pm\frac{M_y z}{I_y}$$

式中：I_z 和 I_y 分别表示横截面对形心主轴 z 轴和 y 轴的惯性矩。

M_z、M_y 分别单独作用下，横截面上正应力分布图如图 9.13（c）、图 9.13（d）所示。

根据叠加原理，在 M_z、M_y 共向作用下，即在外载荷 P 作用下，截面 C 上任一点 $k(y, z)$ 的正应力应为 $\sigma_{k,\ M_z}$ 和 $\sigma_{k,\ M_y}$ 的代数和，即

$$\sigma_k = \sigma_{k,\ M_z} + \sigma_{k,\ M_y} = \pm\frac{M_z y}{I_z} \pm \frac{M_y z}{I_y} \tag{9.10}$$

M_z、M_y 共同作用下横截面上正应力分布如图 9.13（e）所示。式（9.10）中的正、负号可根据 M_z、M_y 分别单独作用下的变形与点 $k(y, z)$ 的相对位置来判定，若点 $k(y, z)$ 位于横截面左下区域时，式（9.10）等号右边的两项均取负号。

对斜弯曲构件进行强度计算，应首先确定危险截面和危险点的位置。危险截面的位置可根据弯矩图来确定，再根据叠加原理进一步确定危险截面上的危险点。

对于图 9.13（a）所示的悬臂梁，因梁内对 y、z 轴的最大弯矩都发生在固定端 A，故固定端 A 为危险截面，且两个最大弯矩分别为

$$M_{y,\ \max} = P_z l = Pl\sin\theta$$
$$M_{z,\ \max} = P_y l = Pl\cos\theta$$

其中，$M_{z,\ \max}$ 使得固定端截面 A 上 ab 边线各点产生最大拉应力、cd 边线各点产生最大压应力；而 $M_{y,\ \max}$ 则引起截面 A 上 ad 边线各点产生最大拉应力，bc 边线各点产生最大压应力。叠加后点 a 出现最大拉应力 $\sigma_{\mathrm{t},\ \max}$；点 c 出现最大压应力 $\sigma_{\mathrm{c},\ \max}$，故点 a 和点 c 为危险点。或由式（9.10）知，若令 $\sigma_k = 0$，则可得到斜弯曲截面上的中性轴方程，为一直线方程，其中性轴如图 9.13（e）所示。离中性轴最远的点即为危险点，仍然是点 a 和点 c，此方法更简便。则 a、c 两危险点的应力为

$$\begin{aligned}\sigma_a &= \sigma_{\mathrm{t},\ \max} = \frac{M_{z,\ \max}}{W_z} + \frac{M_{y,\ \max}}{W_y}\\ \sigma_{\mathrm{c}} &= \sigma_{\mathrm{c},\ \max} = -\frac{M_{z,\ \max}}{W_z} - \frac{M_{y,\ \max}}{W_y}\end{aligned} \tag{9.11}$$

根据式（9.11）即可求得危险点的最大拉应力 $\sigma_{\mathrm{t},\ \max}$ 和最大压应力 $\sigma_{\mathrm{c},\ \max}$，因该危险点

处于单向应力状态，故最大拉应力 $\sigma_{t,\max}$ 和最大压应力 $\sigma_{c,\max}$ 应当小于等于材料的许用拉（压）应力，即

$$\left.\begin{aligned}\sigma_{t,\max} &= \frac{M_{z,\max}}{W_z} + \frac{M_{y,\max}}{W_y} \leqslant [\sigma_t] \\ \sigma_{c,\max} &= \left| -\frac{M_{z,\max}}{W_z} - \frac{M_{y,\max}}{W_y} \right| \leqslant [\sigma_c]\end{aligned}\right. \tag{9.12}$$

式（9.12）即为斜弯曲时构件的强度条件，从而可对斜弯曲构件进行强度计算。

【例 9.8】 32a 号工字钢梁的受力情况如图 9.14（a）所示，若 $P = 30$ kN，$\theta = 15°$，$l = 4$ m，许用应力 $[\sigma] = 160$ MPa，试校核该工字钢梁的强度。

【解】 由于力 P 通过截面形心，但偏离纵向对称平面与 y 轴成 15°角，因工字钢截面 $I_z \neq I_y$，所以该梁发生斜弯曲。将力 P 沿截面形心主轴 z、y 轴分解得

$$P_y = P\cos\theta = 30 \times \cos 15° \text{ kN} = 28.98 \text{ kN}$$

$$P_z = P\sin\theta = 30 \times \sin 15° \text{ kN} = 7.76 \text{ kN}$$

故，此简支梁在 P_y、P_z 的单独作用下，分别在 xy、xz 平面内发生平面弯曲。

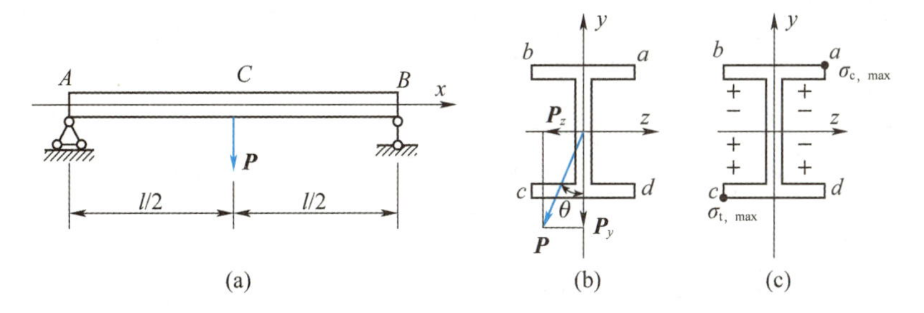

图 9.14　例 9.8 图

由 P_y、P_z 分别单独作用引起的在 xy 和 xz 平面内的最大弯矩 $M_{y,\max}$、$M_{z,\max}$ 都发生在梁的跨中截面 C，故跨中截面 C 为危险截面，两个最大弯矩 $M_{y,\max}$、$M_{z,\max}$ 分别为

$$M_{y,\max} = \frac{P_z l}{4} = \frac{7.76 \times 4}{4} \text{ kN·m} = 7.76 \text{ kN·m}$$

$$M_{z,\max} = \frac{P_y l}{4} = \frac{28.98 \times 4}{4} \text{ kN·m} = 28.98 \text{ kN·m}$$

由图 9.14（c）知，点 a 为最大压应力 $\sigma_{c,\max}$ 点，点 b 为最大拉应力 $\sigma_{t,\max}$ 点，且 $|\sigma_{t,\max}| = |\sigma_{c,\max}| = |\sigma_{\max}|$，故 a、c 两点都是危险点，且为单轴应力状态。可由强度条件式（9.12）对该工字钢梁的强度进行校核。

由附录型钢表查得，32a 号工字钢的抗弯截面模量分别为 $W_z = 693 \times 10^3$ mm³，$W_y = 70.83 \times 10^3$ mm³，因材料的抗拉、抗压强度相同，则有

$$\sigma_{\max} = \frac{M_{y,\max}}{W_y} + \frac{M_{z,\max}}{W_z} = \left(\frac{7.76 \times 10^6}{70.8 \times 10^3} + \frac{28.98 \times 10^6}{693 \times 10^3}\right) \text{MPa}$$

$$= 151.5 \text{ MPa} < [\sigma] = 160 \text{ MPa}$$

因此，工字钢梁满足强度要求。

9.5 本章知识小结·框图

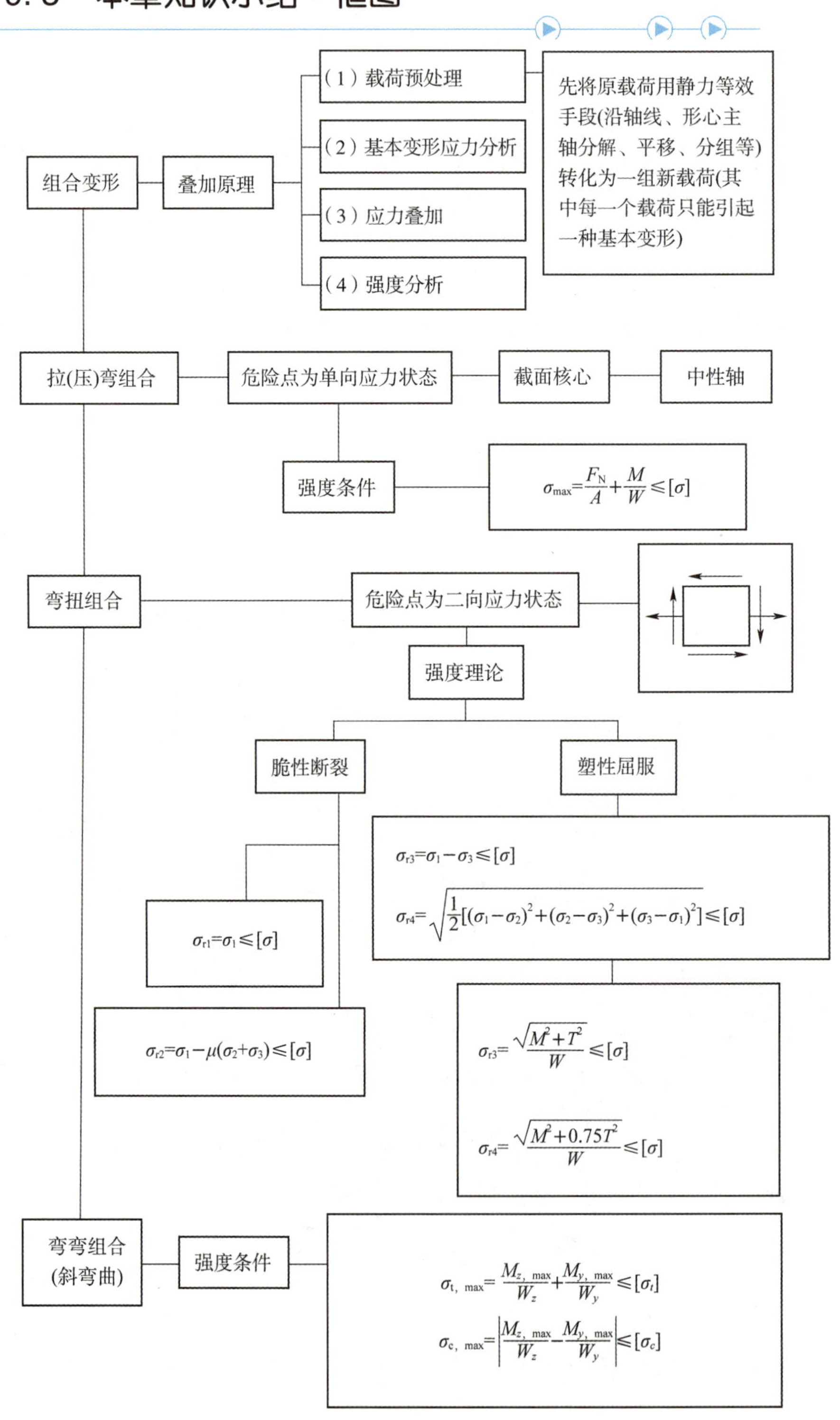

组合变形
叠加原理
（1）载荷预处理
（2）基本变形应力分析
（3）应力叠加
（4）强度分析
先将原载荷用静力等效手段(沿轴线、形心主轴分解、平移、分组等)转化为一组新载荷(其中每一个载荷只能引起一种基本变形)
拉(压)弯组合
危险点为单向应力状态
截面核心
中性轴
强度条件
$\sigma_{max}=\frac{F_N}{A}+\frac{M}{W}\leqslant[\sigma]$
弯扭组合
危险点为二向应力状态
强度理论
脆性断裂
塑性屈服
$\sigma_{r3}=\sigma_1-\sigma_3\leqslant[\sigma]$
$\sigma_{r4}=\sqrt{\frac{1}{2}[(\sigma_1-\sigma_2)^2+(\sigma_2-\sigma_3)^2+(\sigma_3-\sigma_1)^2]}\leqslant[\sigma]$
$\sigma_{r1}=\sigma_1\leqslant[\sigma]$
$\sigma_{r2}=\sigma_1-\mu(\sigma_2+\sigma_3)\leqslant[\sigma]$
$\sigma_{r3}=\frac{\sqrt{M^2+T^2}}{W}\leqslant[\sigma]$
$\sigma_{r4}=\frac{\sqrt{M^2+0.75T^2}}{W}\leqslant[\sigma]$
弯弯组合
(斜弯曲)
强度条件
$\sigma_{t,\ max}=\frac{M_{z,\ max}}{W_z}+\frac{M_{y,\ max}}{W_y}\leqslant[\sigma_t]$
$\sigma_{c,\ max}=\left|\frac{M_{z,\ max}}{W_z}-\frac{M_{y,\ max}}{W_y}\right|\leqslant[\sigma_c]$

思考题

思 9.1　利用叠加原理分析组合变形杆件的应力应满足什么条件?

思 9.2　何谓组合变形?如何计算组合变形杆件截面上任一点的应力?

思 9.3　将组合变形分解为基本变形时,对纵向外力和横向外力如何进行简化和分解?

思 9.4　横力弯曲梁的横向力作用在梁的形心主惯性平面内,则梁只产生平面弯曲。这种说法是否正确?

思 9.5　偏心压缩时,中性轴是一条不通过截面形心的直线。这种说法是否正确?

思 9.6　圆轴弯扭组合变形时,轴内任一点的主应力是否一定为 $\sigma_1 \geqslant 0$、$\sigma_3 \leqslant 0$?

思 9.7　当承受弯、扭组合的圆截面构件上,又附有轴向力时,如果是塑性材料,其强度条件应如何选择?若改为脆性材料其强度条件又如何选择?

思 9.8　何谓斜弯曲?与平面弯曲有何区别?

思 9.9　回形和正方形截面梁能否产生斜弯曲?为什么?图示矩形和圆形截面直杆的弯矩为 M_z 和 M_y,它们的最大正应力是否都可应用公式 $\sigma_{\max} = \dfrac{M_{z,\max}}{W_z} + \dfrac{M_{y,\max}}{W_y}$ 来计算,为什么?

思 9.10　对弯、扭组合变形杆件进行强度计算时,应用了强度理论,而在斜弯曲、拉(压)弯曲组合及偏心拉伸(压缩)时,都没有应用强度理论,为什么?

思 9.11　斜弯曲时,梁的挠度曲线仍是一条平面曲线,只是并不在外力作用的纵向平面内。这种说法是否正确?

思 9.12　一正方形截面粗短立柱如图(a)所示,若将其底面加宽一倍如图(b)所示,但原厚度不变,则该立柱的整体强度将如何变化?

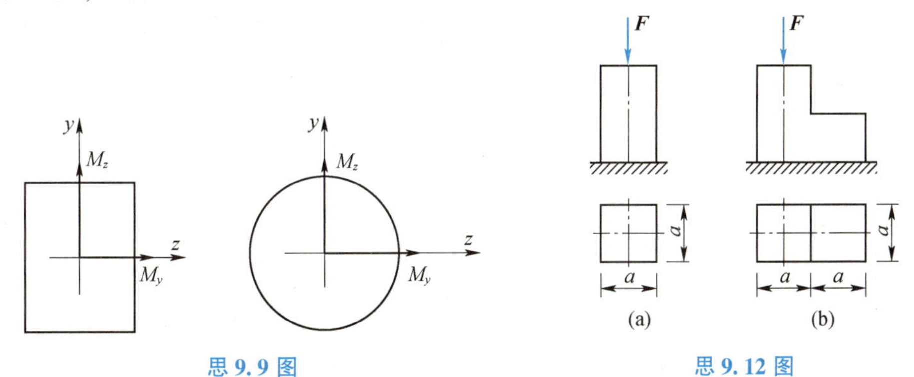

思 9.9 图　　　　思 9.12 图

思 9.13　图(a)所示平板,上边切了一深度为 $h/5$ 的槽口,图(b)所示平板,上边和下边各切了一深度为 $h/5$ 的槽口。则在图示外力作用下,哪块平板的强度高?

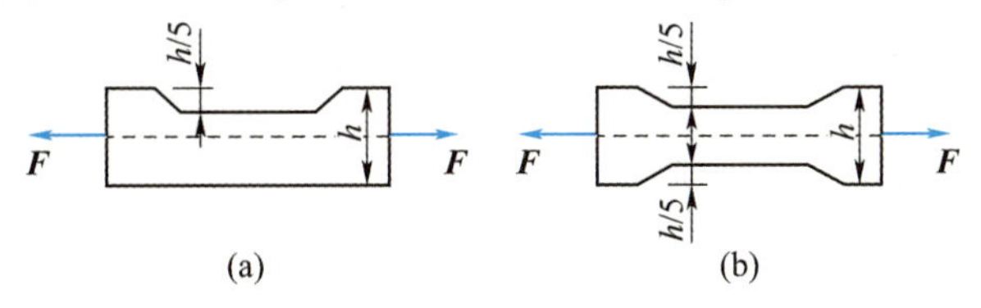

思 9.13 图

思 9.14　纵向集中压力作用在截面核心的边缘上时,柱体横截面的中性轴有何特点?

思 9.15　图示槽形截面梁,点 C 为横截面形心。若该梁横力弯曲时外力的作用面为纵

向平面 $a—a$，则该梁的变形状态是什么组合？

思 9.16　工字钢的一端固定，一端自由，自由端受集中力 P 的作用，若梁的横截面和力 P 作用线如图所示，则该梁的变形状态是什么组合？

思 9.15 图　　　　思 9.16 图

【9.1 类】计算题（拉、压弯的组合变形）

题 9.1.1　如图所示起重架的最大起吊重量（包括移动小车等）为 $P = 40$ kN，横梁 AB 由两根 18 号槽钢组成，材料为 Q235 钢，其许用应力 $[\sigma] = 120$ MPa。试校核横梁的强度。

题 9.1.2　材料为灰铸铁 HT15－33 的压力机框架如图所示。其许用拉应力为 $[\sigma_t] = 30$ MPa，许用压应力为 $[\sigma_c] = 80$ MPa。试校核框架立柱的强度。

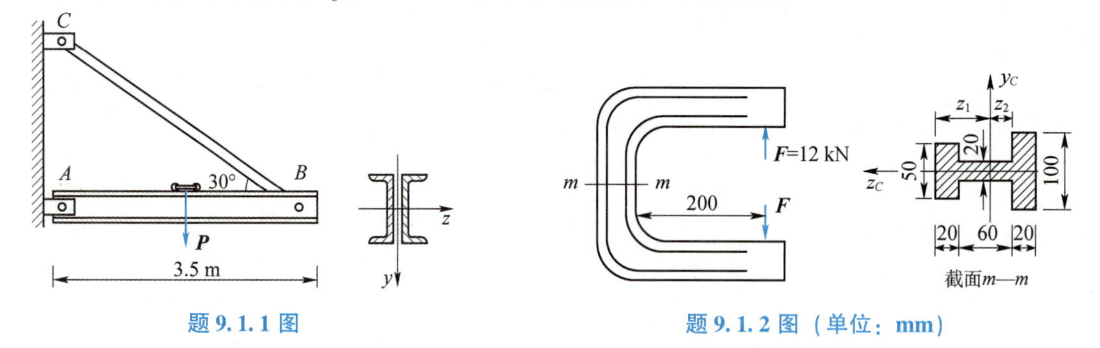

题 9.1.1 图　　　　题 9.1.2 图（单位：mm）

【9.2 类】计算题（偏心拉压）

题 9.2.1　材料和受力均相同的两个杆件如图所示，试求两杆横截面上最大正应力及其比值。

题 9.2.2　偏心受压立柱如图所示，试求该立柱中不出现拉应力时的最大偏心距。

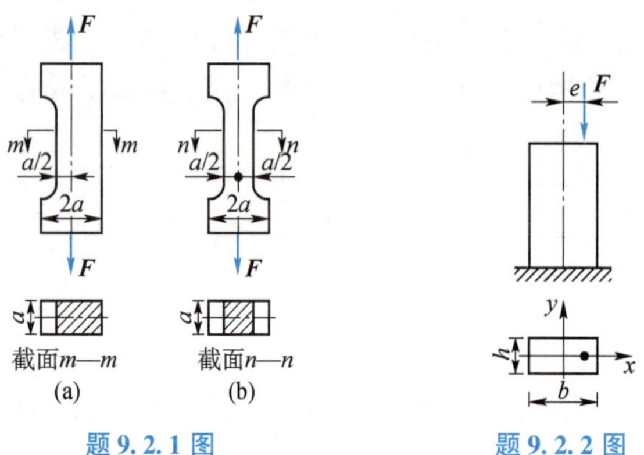

题 9.2.1 图　　　　题 9.2.2 图

题 9.2.3 具有切槽的正方形木杆，受力如图所示。求：（1）截面 $m—m$ 上的 $\sigma_{t,\ max}$ 和 $\sigma_{c,\ max}$；（2）此 $\sigma_{t,\ max}$ 是截面削弱前的 σ_t 的几倍？

题 9.2.4 矩形截面钢杆如图所示，用应变片测得杆件上、下表面的轴向正应变分别为 $\varepsilon_a = 1\times10^{-3}$、$\varepsilon_b = 0.4\times10^{-3}$，材料的弹性模量 $E = 210$ GPa。（1）试绘制横截面上的正应力分布图；（2）求拉力 F 及其偏心距 δ。

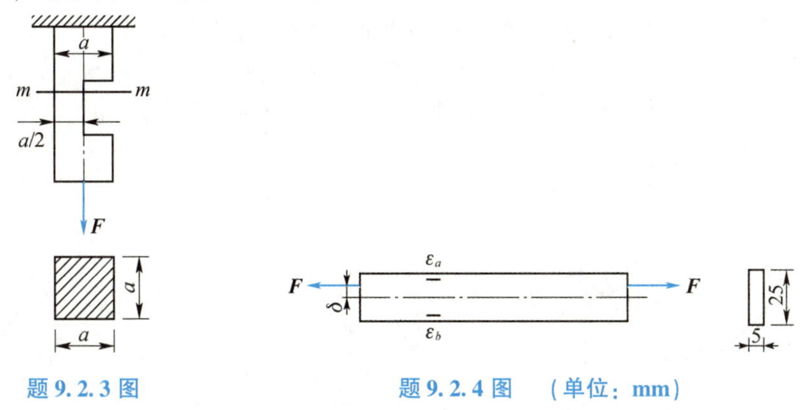

题 9.2.3 图　　题 9.2.4 图　（单位：mm）

题 9.2.5 平板的尺寸及受力如图所示，已知 $F = 12$ kN，$[\sigma] = 100$ MPa。求切口的允许深度 x。（不计应力集中影响）

题 9.2.6 偏心拉伸杆，弹性模量为 E，其尺寸、受力如图所示。试求：（1）最大拉应力和最大压应力并标出相应的位置；（2）棱边 AB 长度的改变量。

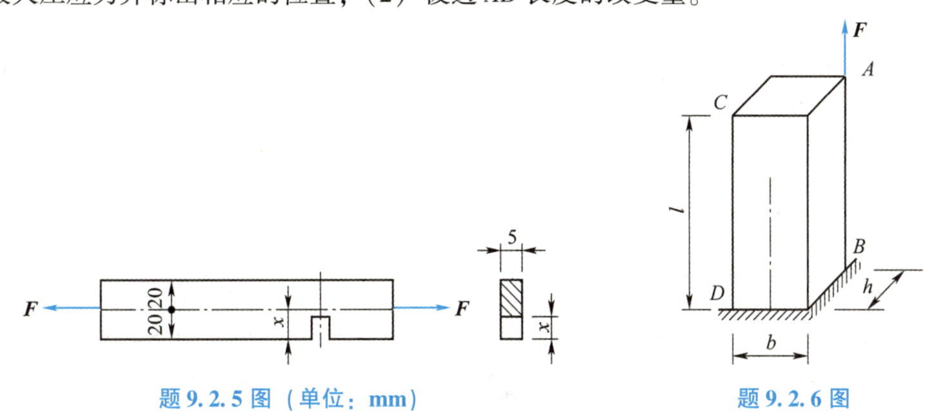

题 9.2.5 图（单位：mm）　　题 9.2.6 图

题 9.2.7 试确定图示各截面的截面核心边界。

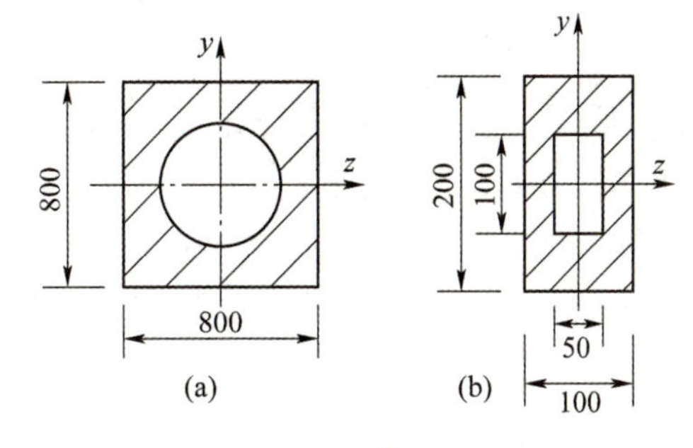

题 9.2.7 图（单位：mm）

【9.3 类】计算题（圆轴的弯扭组合）

题9.3.1　钢制水平直角曲拐 ABC 如图所示，A 端固定，C 端挂有钢丝绳，绳长 s = 2.1 m，截面面积 A = 0.1 cm^2，绳下连接吊盘 D，其上放置重量为 Q = 100 N 的重物。已知 a = 40 cm，l = 100 cm，b = 1.5 cm，h = 20 cm，d = 4 cm，钢材的弹性模量 E = 210 GPa，G = 80 GPa，$[\sigma]$ = 160 MPa（直角曲拐、吊盘、钢丝绳的自重均不计）。试求：(1) 用第四强度理论校核直角曲拐中 AB 段的强度；(2) 曲拐 C 端及钢丝 D 端竖直方向位移。

※题9.3.2　如图所示，传动轴上的两个齿轮分别受到铅垂和水平的切向力 F_{P1} = 5 kN、F_{P2} = 10 kN 作用，轴承 A、D 处可视为铰支座，轴的许用应力 $[\sigma]$ = 100 MPa，试按第三强度理论设计轴的直径 d。

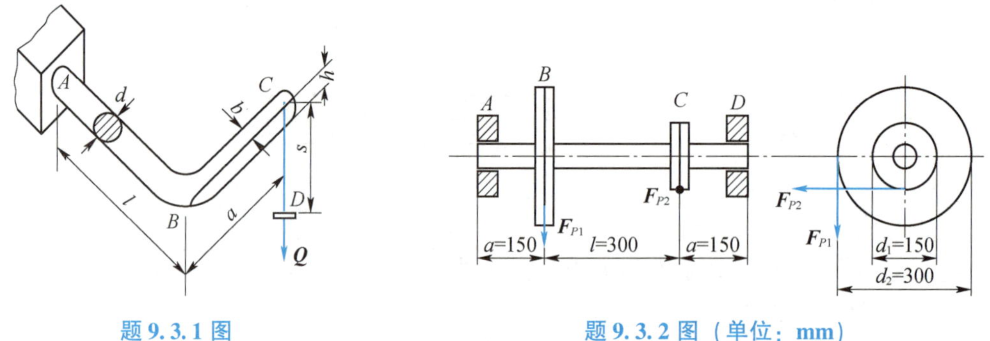

题 9.3.1 图　　题 9.3.2 图（单位：mm）

※题9.3.3　手摇绞车如图所示，轴的直径 d=30 mm，材料为 Q235 钢，$[\sigma]$=80 MPa。试按第三强度理论求绞车的最大起吊重量 P。

题9.3.4　铁道路标圆信号板如图所示，装在外径 D=60 mm 的空心圆柱 AB 上，承受的最大风载 p=2 kN/m^2，材料的许用应力 $[\sigma]$=60 MPa。试按第三强度准则选择空心圆柱 AB 的厚度 δ。

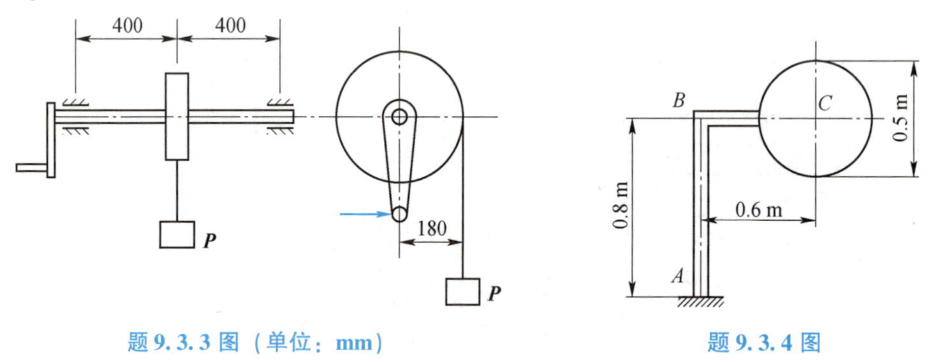

题 9.3.3 图（单位：mm）　　题 9.3.4 图

题9.3.5　钢制圆轴如图所示，按第三强度理论校核圆轴的强度。已知：直径 d = 100 mm，P = 4.2 kN，m = 1.5 kN·m，$[\sigma]$ = 80 MPa。

题9.3.6　如图所示，直径为 d 的圆截面钢杆处于水平面内，AB 垂直于 CD，铅垂作用力 P_1 =2 kN，P_2 =6 kN。已知 d =7 cm，材料 $[\sigma]$ =110 MPa。用第三强度理论校核该杆的强度。

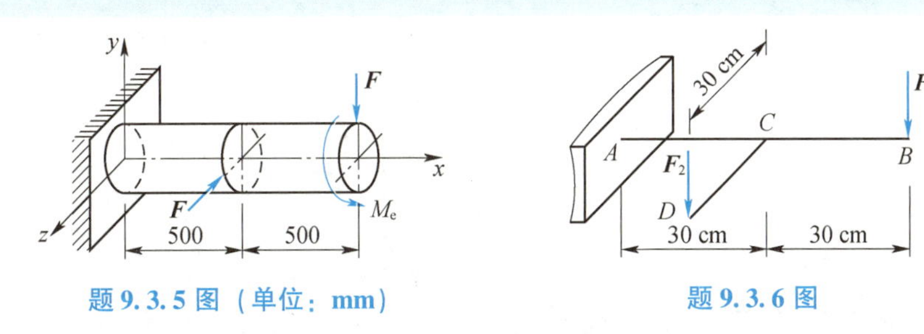

题 9.3.5 图（单位：mm）

题 9.3.6 图

【9.4 类】计算题（斜弯曲及其他形式的组合变形）

题 9.4.1 简支梁如图所示，已知 $F=10$ kN，试确定：(1) 危险截面上中性轴的位置；(2) 最大正应力。

※题 9.4.2 矩形截面悬臂梁如图所示，其截面尺寸 $b=30$ mm，$h=60$ mm。已知 $\beta=30°$，$l_1=400$ mm，$l=600$ mm，材料的弹性模量 $E=200$ GPa；今测得梁的上表面距左侧面为 $e=5$ mm 的点 A 处的纵向线应变 $\varepsilon_{xA}=-4.3\times10^{-4}$，试求梁的最大正应力。

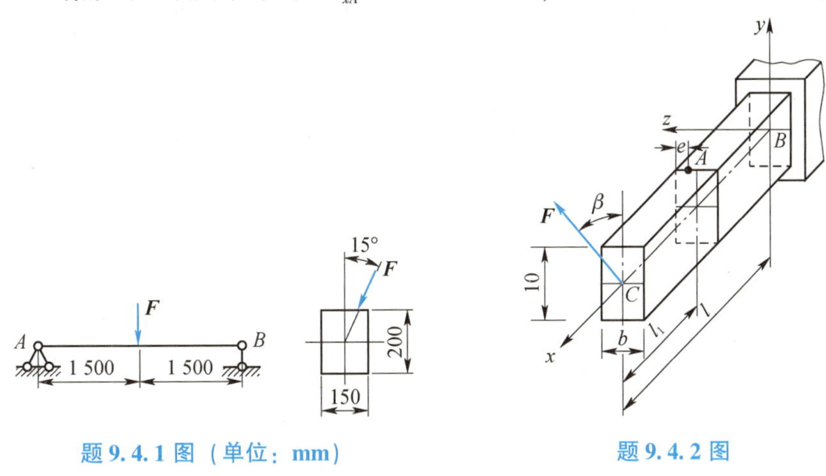

题 9.4.1 图（单位：mm）

题 9.4.2 图

题 9.4.3 矩形截面杆受力如图所示，求固定端截面上 A、B、C、D 各点的正应力。

※题 9.4.4 受集度为 $q=10$ kN/m 的均布载荷作用的矩形截面简支梁，其载荷作用面与梁的纵向对称面间的夹角为 $\alpha=30°$，如图所示。已知该梁材料的弹性模量 $E=10$ GPa，梁的尺寸为 $l=4\,000$ mm，$h=160$ mm，$b=120$ mm；许用应力 $[\sigma]=12$ MPa；许可挠度 $[\omega]=l/500$。试校核梁的强度和刚度。

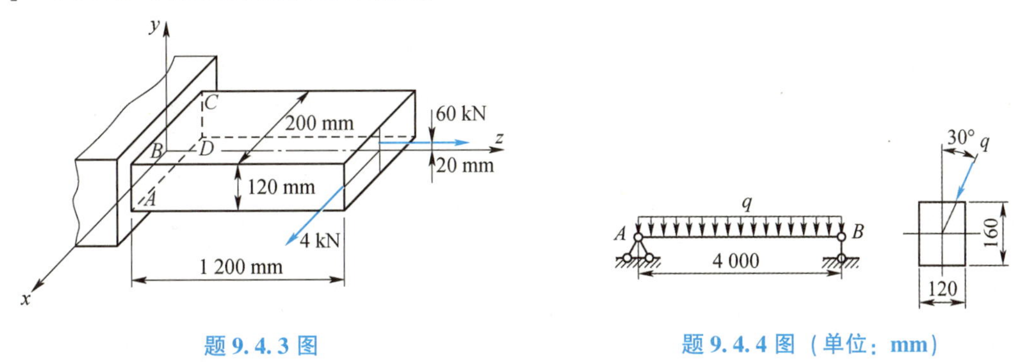

题 9.4.3 图

题 9.4.4 图（单位：mm）

题 9.4.5 如图所示直径 $d=30$ mm 的圆杆，$[\sigma]=170$ MPa，试求 F 的许可值。

※题 9.4.6　水平悬臂梁受力及尺寸如图所示，$E = 10\ \text{GPa}$，求最大正应力、最大剪应力和最大挠度。

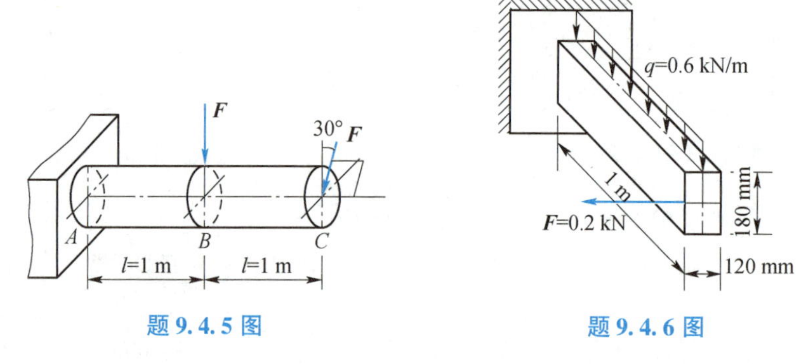

题 9.4.5 图　　　　题 9.4.6 图

※题 9.4.7　水平的直角刚架 ABC 如图所示，各杆横截面直径均为 $d = 60\ \text{mm}$，$l = 400\ \text{mm}$，$a = 300\ \text{mm}$，自由端受 3 个分别平行于 x、y 与 z 轴的力作用，材料的许用应力 $[\sigma] = 120\ \text{MPa}$。试用第三强度理论确定许用载荷 $[F]$。

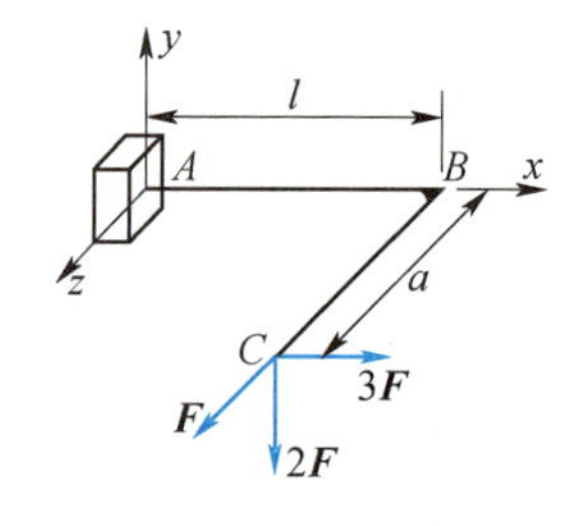

题 9.4.7 图

第 10 章
压杆 · 稳定性

10.1　压杆稳定性的概念

在轴向拉压杆件的强度计算中，只需其横截面上的正应力不超过材料的许用应力，就可以从强度上保证杆件的正常工作。但对于细长压杆，不仅需要满足强度，而且还必须满足稳定性条件，才能安全工作。

例如，用同一根松木杆，制作成一长一短的两根截面相同的压杆进行轴向压缩试验。设矩形截面尺寸均为 30 mm×5 mm，松木杆的抗压强度极限为 $\sigma_c = 40$ MPa，两根压杆的长度分别为 30 mm 和 1 000 mm。试验结果显示，短杆受压破坏失效时，所承受的轴向压力可高达 6 000 N($=\sigma_c A$)；而长杆在承受不足 30 N 的轴向压力时就突然发生弯曲，如果继续加大压力长杆就会发生折断，而丧失承载能力，则长杆属于压杆稳定性问题。由此可见，长松木杆的受压承载能力不取决于轴向压缩的压缩强度，而是与其受压时弯曲变形有关。

在稳定性计算中，需要对构件的平衡状态作更深层次的考察。从稳定性角度考察，平衡状态实际上有 3 种不同的情况：稳定平衡状态、不稳定平衡状态和临界平衡状态。设构件原来处于某个平衡状态，由于受到轻微干扰而稍微偏离其原来位置。当干扰消失后，如果构件能够回到原来的平衡位置，则原来的平衡状态称为**稳定平衡状态**；如果构件继续偏离，不能回到原来的平衡位置，则原来的平衡状态称为**不稳定平衡状态**。构件由稳定平衡到不稳定平衡过渡的中间状态就称为**临界平衡状态**（或称**随遇平衡状态**）。

使压杆原直线平衡状态由稳定平衡状态转变为不稳定平衡状态的轴向压力称为压杆的**临界压力**，简称**临界力**，用 P_{cr} 表示。临界平衡状态实质上是不稳定平衡状态，因为当干扰消失后，杆件不能恢复到原来的直线平衡状态。在临界压力 P_{cr} 作用下，压杆既能在直线状态下保持平衡，也能在微弯状态下保持平衡。所以，当轴向压力 P 达到或超过压杆的临界压力 P_{cr} 时，压杆将产生**失稳现象**。

如图 10.1（a）所示，一下端固定、上端自由的理想细长直杆，受一轴向压力 P 作用。此时，该压杆如果受到一个很小的横向干扰力，杆将产生弯曲变形，如图 10.1（b）所示。显然，该压杆在原初始直线位置是能够平衡的，但平衡状态会随轴向压力 P 的大小而变化。

当轴向压力P较小（$P < P_{cr}$）时，横向干扰力消失后，其横向弯曲变形也随之消失，直杆将恢复到图10.1（a）所示的原直线平衡位置。此时原直线平衡位置平衡状态属于**稳定平衡状态**，如图10.1（c）所示。

当轴向压力P适中（$P = P_{cr}$）时，横向干扰力消失后，将保持微弯平衡状态，而不能恢复到图10.1（a）所示的原直线平衡位置。此时原直线平衡位置平衡状态属于**临界平衡状态**，如图10.1（d）所示。

当轴向压力P较大（$P > P_{cr}$）时，横向干扰力消失后，压杆将从微弯过渡到较大的非微弯曲平衡状态（称为**失稳**或**曲屈**），而不能恢复到图10.1（a）所示的原直线平衡位置。此时原直线平衡位置平衡状态属于**不稳定平衡状态**，如图10.1（e）所示。

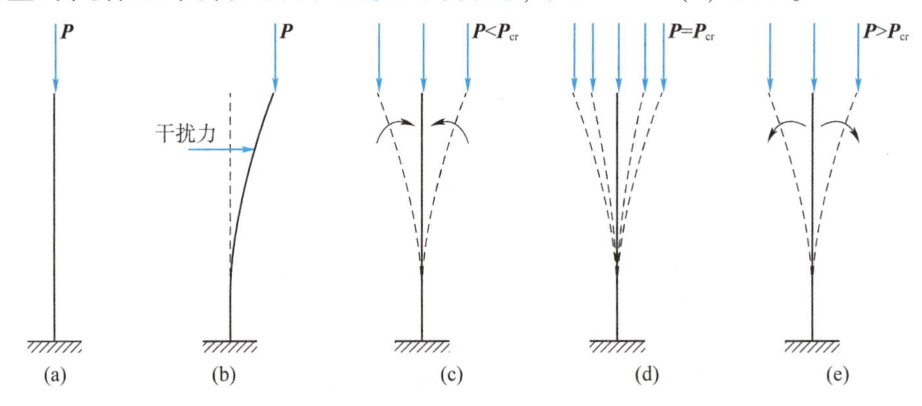

图10.1　一端固定、一端自由的细长压杆的3种平衡状态

（a）原直线平衡位置；（b）干扰力下弯曲变形；（c）稳定平衡；（d）临界平衡；（e）不稳定平衡

在工程实际中，考虑细长压杆的稳定性问题非常重要。因为这类构件的失稳常发生在其强度破坏之前，而且是瞬间发生的，让人猝不及防，所以更具危险性。

10.2　细长压杆的临界压力、临界应力·欧拉公式

试验表明，临界力P_{cr}与压杆的材料、截面形状和尺寸以及约束形式有关，而与轴向压力无关，是压杆自身所“固有”的量。下面介绍几种典型约束形式下压杆的临界压力。

二维码

10.2.1　两端铰支细长压杆的临界压力

如图10.2所示，一两端铰支且轴线为直线的压杆，在轴向压力P作用下处于微弯平衡状态。上节指出，当压力达到临界值时，压杆将由直线平衡形态转变为曲线平衡形态。可见，临界压力就是使压杆保持微小弯曲平衡的最小压力。

为便于研究，选取xOy坐标系，由图10.2可知，压杆x截面的弯矩为

$$M(x) = -Py \tag{a}$$

将上式代入式（7.4）中，并用 y 替代 w，得 $EIy''=M(x)$，并令 $k^2=\dfrac{P}{EI}$，整理得

$$y''+k^2y=0 \tag{b}$$

式（b）为二阶常微分方程，其通解为

$$y=A\sin kx+B\cos kx \tag{c}$$

式中：A、B 为积分常数，可由位移边界条件来确定。

压杆的边界条件是

$$x=0 \text{ 和 } x=l \text{ 时}, y=0$$

由此求得

$$B=0, A\sin kl=0$$

上式表明，A 或者 $\sin kl$ 等于0。但因 B 已经等于0，如 A 再等于0，则式（c）变为 $y\equiv 0$。这表示杆件轴线上任意点的挠度皆为0，它仍为直线的情况。这就与假设杆件处于微弯平衡的前提相矛盾。因此必须是

$$\sin kl=0$$

即

$$kl=n\pi \quad (n=0, 1, 2, \cdots) \tag{d}$$

解得 $k=\dfrac{n\pi}{l}$，又 $k^2=\dfrac{P}{EI}$，于是得出

$$P=\frac{n^2\pi^2EI}{l^2} \tag{10.1}$$

因为 n 有不同取值，故式（10.1）表明使杆件保持为曲线平衡的压力，理论上是多值的。其中使压杆保持微小弯曲的最小压力，才是临界压力 P_{cr}。这样，只有取 $n=1$，才得到压力的最小值。于是临界压力为

$$\boxed{P_{cr}=\frac{\pi^2EI}{l^2}} \tag{10.2}$$

上式通常称为细长压杆临界压力的**欧拉公式**，该载荷又称为**欧拉临界压力**。由式（10.2）可以看出，两端铰支细长压杆的临界压力与截面弯曲刚度成正比，与杆长的平方成反比。要注意的是，如果压杆两端为球形铰支，则式（10.2）中的惯性矩 I 应为压杆横截面的最小惯性矩。

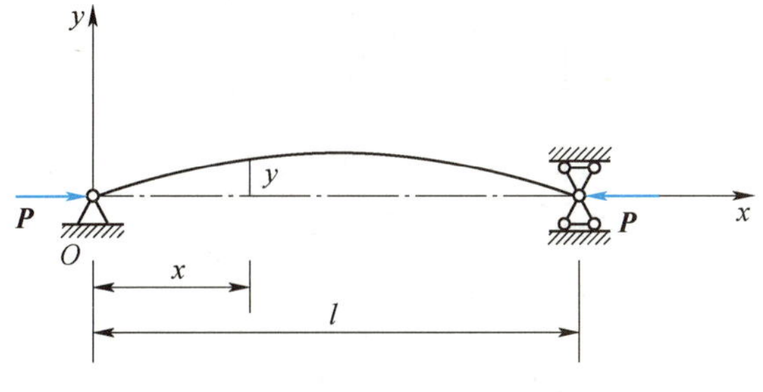

图 10.2　两端铰支细长压杆

不同杆端约束下细长中心受压直杆的临界力表达式，可通过类似的方法通道得到，表10.1给出了几种典型的理想支撑约束条件下，细长中心受压直杆的欧拉公式表达式。

表 10.1 几种支承情况下等截面细长压杆的临界压力公式

支承情况	两端铰支	一端固定 一端自由	两端固定 （C、D：挠曲线拐点）	一端固定 一端铰支 （C：挠曲线拐点）
失稳时挠曲线形状				
临界力公式	$P_{cr}=\dfrac{\pi^2 EI}{l^2}$	$P_{cr}=\dfrac{\pi^2 EI}{(2l)^2}$	$P_{cr}=\dfrac{\pi^2 EI}{(0.5l)^2}$	$P_{cr}=\dfrac{\pi^2 EI}{(0.7l)^2}$
计算长度	l	$2l$	$0.5l$	$0.7l$
长度系数	$\mu=1$	$\mu=2$	$\mu=0.5$	$\mu=0.7$

由表 10.1 可以看出，细长直杆的临界压力受到杆端约束的影响。杆端约束越强，杆的抗弯能力就越大，其临界压力也就越高。对于各种杆端约束情况，细长压杆临界压力的欧拉公式可以写成统一的形式

$$P_{cr}=\frac{\pi^2 EI}{(\mu l)^2} \tag{10.3}$$

式中：μ 称为长度系数，μl 称为压杆的相当长度或有效长度，其取值见表 10.1。

【例 10.1】 如图 10.3 所示，矩形截面细长压杆上端自由、下端固定。已知 $b=2$ cm，$h=4$ cm，$l=1$ m，材料的弹性模量 $E=200$ GPa，试用欧拉公式计算压杆的临界压力。

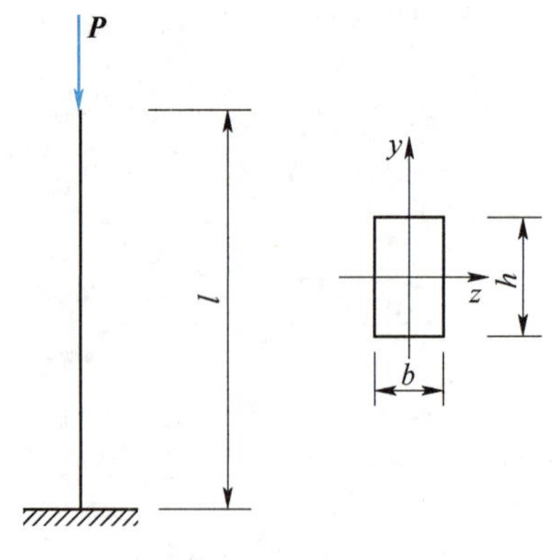

图 10.3 例 10.1 图

【解】 由表 10.1 查得 $\mu=2$，因为 $h>b$，则 $I_y=\dfrac{hb^3}{12}<\dfrac{bh^3}{12}=I_z$，由式（10.3）得

$$P_{cr}=\frac{\pi^2 EI_{min}}{(\mu l)^2}=\frac{\pi^2\times 200\times 10^3\times \frac{1}{12}\times 40\times 20^3}{(2\times 1\,000)^2}\text{ N}$$
$$\approx 13\,200\text{ N}=13.2\text{ kN}$$

10.2.2　临界应力

当压杆受临界压力作用而维持其不稳定直线平衡时，横截面上的压应力仍然可按轴向压缩时横截面上的正应力公式 $\sigma=\frac{F_N}{A}$ 计算。于是各种支承情况下压杆横截面上的临界应力可表示为

$$\sigma_{cr}=\frac{P_{cr}}{A}=\frac{\pi^2 E}{(\mu l)^2}\cdot\frac{I}{A}=\frac{\pi^2 E}{(\mu l/i)^2} \tag{10.4}$$

式中：$i=\sqrt{I/A}$，仅与截面的形状及尺寸有关，称为截面的惯性半径，单位常用 mm。令

$$\lambda=\frac{\mu l}{i} \tag{10.5}$$

式中：λ 称为压杆的柔度或长细比，为无量纲量，它综合反映了压杆的长度、约束形式及截面几何性质对临界应力的影响。于是，式（10.4）中的临界应力可以改写为

$$\sigma_{cr}=\frac{\pi^2 E}{\lambda^2} \tag{10.6}$$

式（10.6）是欧拉公式（10.3）的另一种表达形式，两者并无实质性差别。

10.3　欧拉公式的适用范围·临界应力总图·直线公式

10.3.1　欧拉公式的适用范围

推导欧拉公式时，假定材料是在线弹性范围内工作的，因此压杆在临界压力 P_{cr} 作用下的应力不得超过材料的比例极限 σ_p，否则，挠曲线的近似微分方程不能成立，也就不能得到压杆临界压力的欧拉公式。由此可见，压杆临界压力的欧拉公式有一定的应用范围，即

$$\sigma_{cr}=\frac{\pi^2 E}{\lambda^2}\leqslant\sigma_p\quad\text{或}\quad\lambda\geqslant\pi\sqrt{\frac{E}{\sigma_p}} \tag{10.7}$$

令

$$\lambda_p=\pi\sqrt{\frac{E}{\sigma_p}} \tag{10.8}$$

于是式（10.7）可以写成

$$\lambda\geqslant\lambda_p \tag{10.9}$$

λ_p 称为与 σ_p 对应的比例极限柔度。可见，只有当 $\lambda\geqslant\lambda_p$ 时，欧拉公式才成立，满足这

一条件的压杆称为大柔度杆或细长压杆。由式（10.8）可知，λ_p 值仅与材料的弹性模量 E 及比例极限 σ_p 有关，所以 λ_p 值仅随材料而异。

以 Q235 钢为例，其弹性模量 $E = 206$ GPa，比例极限 $\sigma_p \approx 200$ MPa，将它们代入式（10.8）得

$$\lambda_p = \pi\sqrt{\frac{E}{\sigma_p}} = \pi\sqrt{\frac{206 \times 10^3}{200}} \approx 100$$

可见，对于用 Q235 钢制成的压杆，只有当柔度 $\lambda \geqslant 100$ 时，才能使用式（10.3）或式（10.6）计算其临界压力或临界应力。

10.3.2 临界应力经验公式与临界应力总图

在工程实际中，常见压杆的柔度 λ 往往小于 λ_p，即 $\lambda < \lambda_p$，这样的压杆其横截面上的应力已超过材料的比例极限，属于弹塑性稳定问题。这类压杆的临界应力可通过解析方法求得，但通常采用经验公式进行计算。常见的经验公式有直线公式与抛物线公式等，这里仅介绍直线公式。把临界应力 σ_{cr} 与柔度 λ 表示为下列直线关系，称为直线公式

$$\boxed{\sigma_{cr} = a - b\lambda} \tag{10.10}$$

式中：a 和 b 是与材料有关的常数，单位均为 MPa。

表 10.2 中列举了几种材料的 a 和 b。

表 10.2　直线公式的系数 a 和 b

材料	a/MPa	b/MPa
Q235 钢，σ_s = 235 MPa	304	1.12
优质碳钢，σ_s = 306 MPa	461	2.568
铸铁	332.2	1.454
松木	28.7	0.19

柔度很小的短柱，如压缩试验用的金属短柱或水泥块，受压时并不会像大柔度杆那样出现弯曲变形，主要是因压应力到达屈服极限（塑性材料）或强度极限（脆性材料）而破坏，是强度不足引起的失效。所以，对塑性材料，按式（10.10）算出的临界应力最高只能等于 σ_s，设与 σ_s 对应的屈服极限柔度为 λ_s，则由式（10.10）可得

$$\boxed{\lambda_s = \frac{a - \sigma_s}{b}} \tag{10.11}$$

式（10.11）是使用式（10.10）时柔度的最小值。

以 Q235 钢为例，由表 10.2 查得，$a = 304$ MPa，$b = 1.12$ MPa，$\sigma_s = 235$ MPa，将它们代入式（10.11），得

$$\lambda_s = \frac{304 - 235}{1.12} = 61.6$$

可见，对于由 Q235 制成的压杆，当 $61.6 < \lambda < 100$ 时，可用直线公式（10.10）计算其临界应力。

若压杆柔度 $\lambda \leqslant \lambda_s$，应按照第 2 章压缩强度计算，要求

$$\sigma_{cr} = \frac{P}{A} \leqslant \sigma_s$$

对脆性材料只需把 σ_s 改为 σ_b，并将 σ_{cr} 用 σ 表示，其强度条件为 $\sigma = \frac{P}{A} \leqslant [\sigma]$。

综上所述，压杆按其柔度值可以分为3类：

(1) 当 $\lambda \geqslant \lambda_p$ 时，压杆被称为**大柔度杆**或**细长杆**，其 σ_{cr}、P_{cr} 用欧拉公式计算；

(2) 当 $\lambda_s < \lambda < \lambda_p$ 时，压杆被称为**中柔度杆**或**中长杆**，其 σ_{cr}、P_{cr} 用直线公式计算；

(3) 当 $\lambda \leqslant \lambda_s$ 时，压杆被称为**小柔度杆**或**粗短杆**，属于压缩强度问题。

将以上各类压杆的临界应力 σ_{cr} 和 λ 的关系绘制成关系图，即**临界应力总图**，如图10.4所示。

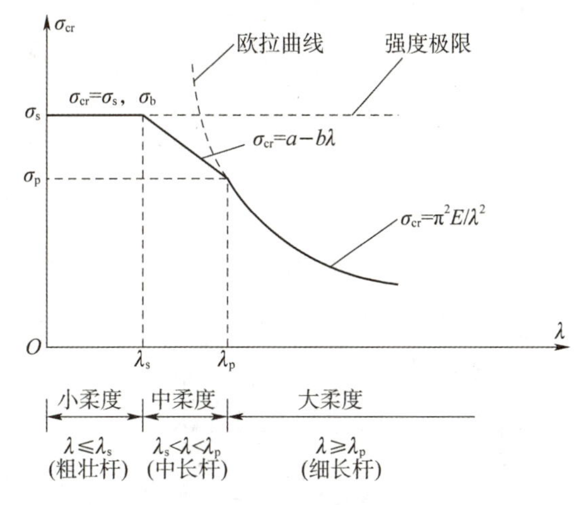

图10.4　临界应力总图

必须指出：小柔度杆的临界应力 σ_{cr} 与 λ 无关，说明小柔度杆不存在压杆失稳问题，而属于第2章中轴向压缩的强度问题。中、大柔度杆的临界应力 σ_{cr} 则与 λ 有关，且随 λ 的增加而减小，故只有中、大柔度杆才存在压杆稳定性问题。

【例10.2】 矩形截面压杆的支承情况为：在 xOz 平面内，两端固定，如图10.5(a)所示；在 xOy 平面内，下端固定，上端自由，如图10.5(b)所示。已知 $l = 3$ m，$b = 0.1$m，材料的弹性模量 $E = 200$ GPa，比例极限 $\sigma_p = 200$ MPa。试计算该压杆的临界压力。

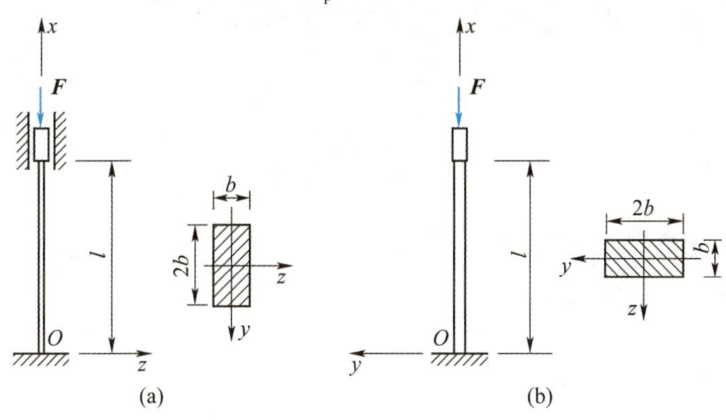

图10.5　例10.2图

【解】(1) 判断失稳方向。

由于杆的上端在两个平面内的支承情况不同，所以压杆在两个平面内柔度也不同，压杆将首先在柔度 λ 值最大的平面内失稳。

在 xOz 面内，y 轴为中性轴，则

$$\lambda_y = \frac{\mu_y l}{i_y} = \frac{0.5 \times 3\,000}{100/\sqrt{12}} = 51.96$$

在 xOy 面内，z 轴为中性轴，则

$$\lambda_z = \frac{\mu_z l}{i_z} = \frac{2 \times 3\,000}{200/\sqrt{12}} = 103.92$$

因 $\lambda_z > \lambda_y$，所以杆若失稳，将发生在 xOy 面内，绕 z 轴失稳，且 $I_z = \frac{b(2b)^3}{12} = \frac{2b^4}{3}$。

(2) 判定该压杆的类型。

$$\lambda_p = \pi\sqrt{\frac{E}{\sigma_p}} = \pi\sqrt{\frac{200 \times 10^3}{200}} = 99.35$$

因 $\lambda_z > \lambda_p$，故该压杆为大柔度杆，且知 $\mu_z = 2$，将相关数据代入欧拉公式求临界压力

$$P_{cr} = \frac{\pi^2 EI_z}{(\mu_z l)^2} = \frac{\pi^2 \times 200 \times 10^3 \times \frac{1}{12} \times 100 \times 200^3}{(2 \times 3\,000)^2}\ \text{N}$$

$$= 3\,655.4 \times 10^3\ \text{N} = 3\,655.4\ \text{kN}$$

10.4 稳定性计算·安全因数法

二维码

为了保证压杆不失稳，必须对其进行稳定性计算。这种计算与构件的强度或刚度计算有本质上的区别，因为它们对保证构件的安全所提出的要求是不同的。在压杆稳定计算时，其临界力和临界应力是压杆丧失稳定的极限值。为了保证压杆有足够的稳定性，不但要求作用于压杆上的轴向载荷或工作应力不超过极限值，而且还要考虑留有足够的安全储备。因此，压杆的稳定条件为

$$\boxed{\frac{P_{cr}}{P} \geqslant n_{st}} \tag{10.12}$$

式中：n_{st} 为规定的稳定安全因数。

若压杆的实际工作横截面上的应力为 $\sigma = \frac{P}{A}$，则上式可写为压杆的稳定条件的另一形式

$$\frac{\sigma_{cr}}{\sigma} \geqslant n_{st} \tag{10.13}$$

稳定安全因数 n_{st} 的确定是一个涉及很多因素的问题，一般可在相关设计手册、规范中查到，在习题中常作为已知条件给出。

利用式（10.12）或式（10.13）对压杆进行稳定计算的方法，称为**稳定安全因数法**，根据以上稳定条件，可以进行压杆稳定性校核、截面设计和许可载荷确定等三方面的稳定性计算。

【例 10.3】 某结构的尺寸如图 10.6 所示，立柱为圆截面，材料的 E = 200 GPa，σ_p = 200 MPa。规定安全系数 n_{st} = 2.0。试校核立柱的稳定性。

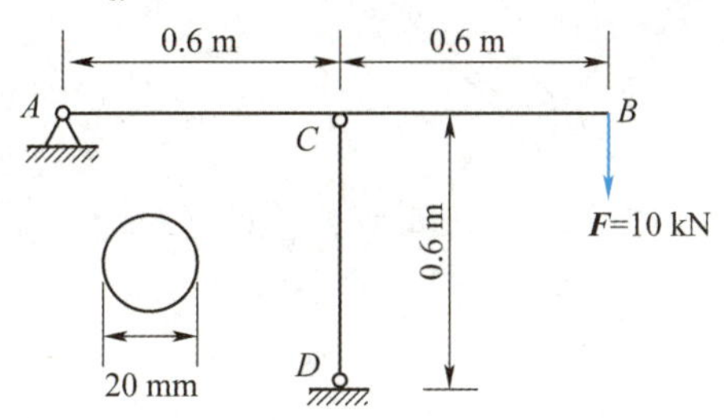

图 10.6　例 10.3 图

【解】 由式（10.8）求得

$$\lambda_p = \pi\sqrt{\frac{E}{\sigma_p}} = \pi\sqrt{\frac{200\times10^3}{200}} = 99.3$$

立柱两端为铰支座，故 $\mu = 1$。立柱横截面为圆形，$i = \sqrt{\dfrac{I}{A}} = \dfrac{d}{4}$，故柔度为

$$\lambda = \frac{\mu l}{i} = \frac{1\times600}{20/4} = 120$$

因为 $\lambda > \lambda_p$，所以该杆为大柔度压杆，由欧拉公式得临界压力

$$P_{cr} = \frac{\pi^2 E}{\lambda^2}A = \frac{\pi^2\times200\times10^3}{120^2}\times\frac{\pi\times20^2}{4}\ \text{N} = 43\ 000\ \text{N} = 43\ \text{kN}$$

由平衡条件，并对杆 AB 进行受力分析，易得杆 CD 所受的实际压力为

$$P = 2F = 20\ \text{kN}$$

立柱的实际稳定安全因数为

$$n = \frac{P_{cr}}{P} = \frac{43}{20} = 2.15 > n_{st}$$

所以满足稳定性要求。

【例 10.4】 图 10.7 所示结构，由 Q235 钢制成，斜撑杆外径 D = 45 mm，内径 d = 36 mm，$n_{st}=3$，斜撑杆的 $\lambda_p=100$，$\lambda_s=61.6$，且 $\sigma_{cr}=304-1.12\lambda$，忽略杆 AC 截面高度，试由压杆的稳定性来确定结构的许用载荷 $[P]$。

【解】 压杆 BD 的惯性半径为

$$i = \sqrt{\frac{I}{A}} = \frac{D}{4}\sqrt{1+\left(\frac{d}{D}\right)^2} = \frac{45}{4}\times\sqrt{1+\left(\frac{36}{45}\right)^2}\ \text{mm} = 14.41\ \text{mm}$$

于是可计算压杆的柔度为

$$\lambda = \frac{\mu l}{i} = \frac{1 \times 1\ 414}{14.41} = 98.14$$

因为 $\lambda_p > \lambda > \lambda_s$，属于中柔度杆，由直线公式得

$$\sigma_{cr} = 304 - 1.12\lambda = (304 - 1.12 \times 98.14)\ \text{MPa} = 194.1\ \text{MPa}$$

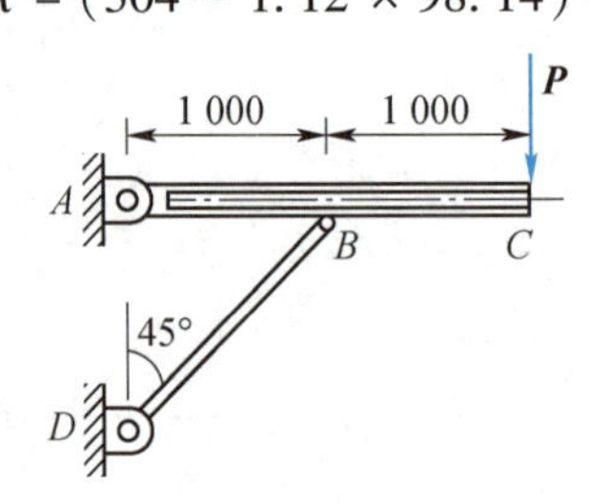

图 10.7　例 10.4 图（单位：mm）

临界压力为

$$P_{cr} = \sigma_{cr} A = 194.1 \times \frac{\pi}{4} \times (45^2 - 36^2)\ \text{N} = 111.1 \times 10^3\ \text{N} = 111.1\ \text{kN}$$

由平衡条件，并对杆 AC 进行受力分析，易得杆 BD 所受的实际压力为

$$P = F_N = 2\sqrt{2}P = 2.828P$$

由稳定条件

$$n = \frac{P_{cr}}{P} = \frac{111.1}{2.828P} \geqslant n_{st} = 3$$

解得

$$P \leqslant 16.23\ \text{kN}$$

所以，结构的许用载荷 $[P] = 16.23$ kN 。

【例 10.5】某平面磨床的工作平台液压驱动装置如图 10.8 所示。油缸活塞直径 $D =$ 65 mm，油压 $p = 1.2$ MPa。活塞杆长度 $l = 1\ 250$ mm，材料为 35 钢，$\sigma_p = 220$ MPa，$E = 210$ GPa 。若稳定安全系数 $n_{st} = 6$，试确定活塞杆的直径。

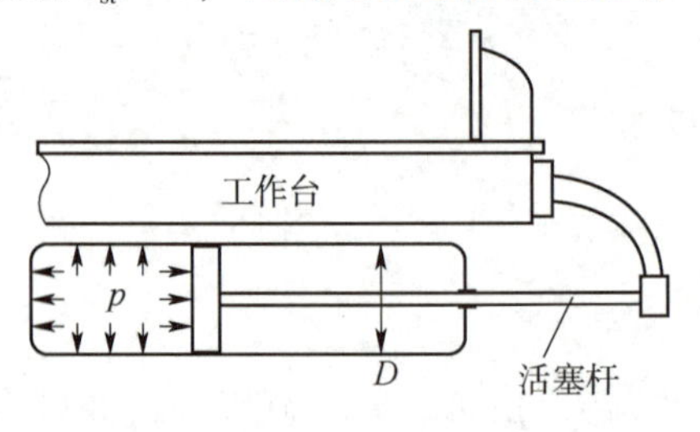

图 10.8　例 10.5 图

【解】活塞杆承受的轴向压力应为

$$F = \frac{\pi D^2}{4} p = \frac{\pi \times 65^2}{4} \times 1.2\ \text{N} = 3\ 980\ \text{N}$$

如在稳定性条件式（10.12）中取等号，则活塞杆的临界压力为

$$F_{cr} = n_{st} F = 6 \times 3\ 980\ \text{N} = 23\ 880\ \text{N} \tag{a}$$

现在需要确定活塞杆的直径，使其具有上述临界压力。由于直径未知，无法求出活塞杆的柔度系数，自然也就不能判定究竟该用欧拉公式还是用经验公式计算。为此，通常采用试算的办法，即先用欧拉公式确定活塞杆的直径，待直径确定后，再检查是否满足使用欧拉公式的条件。如若不满足，则将直径进行修正，直到满足稳定性条件为止。

将活塞杆两端看成铰支座，由欧拉公式求得临界压力为

$$F_{cr}=\frac{\pi^2 EI}{(\mu l)^2}=\frac{\pi^2\times 210\times 10^3\times\frac{\pi}{64}\times d^4}{1\times 1\ 250^2} \tag{b}$$

由式（a）和式（b）解出

$$d=24.6\ \text{mm}$$

取 $d=25$ mm，用其计算压杆的柔度

$$\lambda=\frac{\mu l}{i}=\frac{\mu l}{d/4}=\frac{1\times 1\ 250}{25/4}=200$$

对所用材料 35 钢来说，由式（10.8）求得

$$\lambda_p=\pi\sqrt{\frac{E}{\sigma_p}}=\pi\sqrt{\frac{210\times 10^3}{220}}=97$$

由于 $\lambda=200>\lambda_p$，故前面用欧拉公式进行的计算结果是正确的。

*10.5 稳定性计算·折减系数法

上节讲的安全因数法在机械类中应用较广，而在土建类中，折减系数法则更常用。由式（10.13）得

$$\sigma\leqslant\frac{\sigma_{cr}}{n_{st}}=\frac{\sigma_{cr}}{[\sigma]}\cdot\frac{[\sigma]}{n_{st}}=\frac{\sigma_{cr}}{\sigma_s}\cdot\frac{n}{n_{st}}\cdot[\sigma]=\varphi(\lambda)\cdot[\sigma]$$

式中：σ 为压杆横截面上的实际工作应力；$[\sigma]$ 为强度许用应力；$n=\sigma_s/[\sigma]$ 为强度安全因数；n_{st} 为稳定安全因数；$\varphi(\lambda)$ 是一个与 λ 有关且小于 1 的系数，称为**折减系数**，工程上一般可根据压杆的各种材料的**折减系数表**（表 10.3）或 $\varphi-\lambda$ 曲线（图 10.9）来查找。

由上式简写得到**折减系数法表示的稳定条件**为

$$\sigma=\frac{P}{A}\leqslant\varphi(\lambda)\cdot[\sigma] \tag{10.14}$$

利用式（10.14）、表 10.3 或图 10.9 可对压杆进行稳定计算的方法，称为**折减系数法**，根据以上稳定条件，可以进行压杆稳定性校核、截面设计和许可载荷确定等三方面的**稳定性计算**。

注意：折减系数法与稳定安全因数法是彼此独立的方法，一般一个题目只用其中一种方法求解。

表 10.3　压杆的折减系数 φ

柔度	φ			
$\lambda=\frac{\mu l}{i}$	A3 钢	16 锰钢	铸铁	木材
0	1.000	1.000	1.000	1.000
10	0.995	0.993	0.97	0.971
20	0.981	0.973	0.91	0.932
30	0.958	0.940	0.81	0.883
40	0.927	0.895	0.69	0.822
50	0.888	0.840	0.57	0.757
60	0.842	0.776	0.44	0.658
70	0.789	0.705	0.34	0.575
80	0.731	0.627	0.26	0.470
90	0.669	0.546	0.20	0.370
100	0.604	0.463	0.16	0.300
110	0.536	0.384	—	0.248
120	0.466	0.325	—	0.208
130	0.401	0.279	—	0.178
140	0.349	0.242	—	0.153
150	0.306	0.213	—	0.133
160	0.272	0.188	—	0.117
170	0.243	0.168	—	0.104
180	0.218	0.151	—	0.093
190	0.197	0.136	—	0.083
200	0.180	0.124	—	0.075

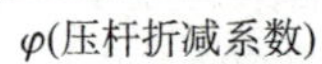

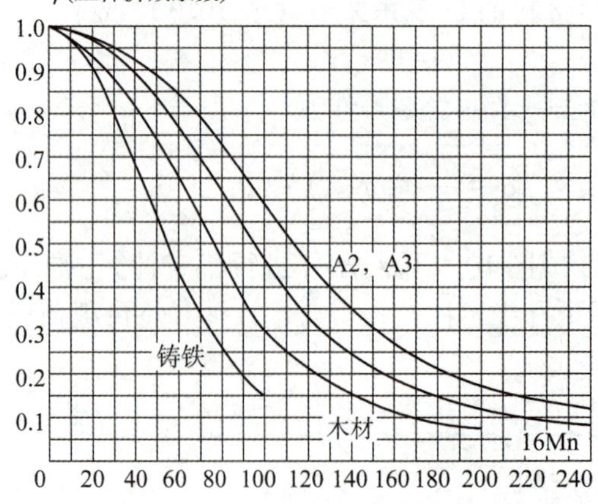

图 10.9　$\varphi-\lambda$ 曲线

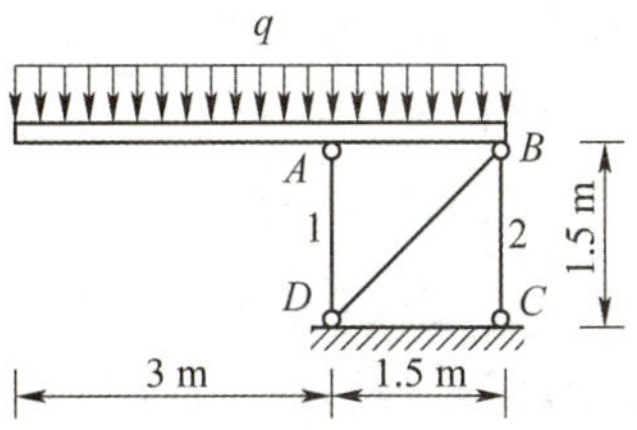

【例 10.6】图 10.10 所示结构，其中杆 1 为铸铁圆杆，且 $d_1 = 60\ \text{mm}$，$[\sigma_c] = 120\ \text{MPa}$；杆 2 为钢圆杆，且 $d_2 = 10\ \text{mm}$，$[\sigma] = 160\ \text{MPa}$；设梁 AB 为刚性梁。试求许可分布载荷 $[q]$。

图 10.10　例 10.6 图

【解】(1) 求两杆的轴力。

对梁 AB 受力分析，易得

$$F_{N1} = -6.75q\ \text{kN}\ (\text{压}),\ F_{N2} = 2.25q\ \text{kN}\ (\text{拉})$$

可见，杆 1 受压，要进行稳定计算；而杆 2 受拉，只进行强度计算。

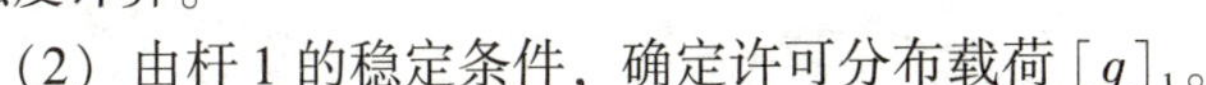

(2) 由杆 1 的稳定条件，确定许可分布载荷 $[q]_1$。

$$\lambda = \frac{\mu l}{i} = \frac{\mu l}{d_1/4} = \frac{1 \times 1.5 \times 10^3}{60/4} = 100$$

查表得 $\varphi = 0.16$，由式 (10.14) 得

$$F_{N1} = 6.75q_1 \times 10^3 \leqslant \varphi \cdot [\sigma_c] \cdot A = 0.16 \times 120 \times \frac{\pi \times 60^2}{4}\ \text{N} = 54\ 286\ \text{N}$$

解得 $[q]_1 = 8.042\ \text{N/mm} = 8.042\ \text{kN/m}$。

(3) 由杆 2 的强度条件，再确定许可分布载荷 $[q]_2$。

由式 (2.14) 知

$$F_{N2} = 2.25q_2 \times 10^3 \leqslant A_2[\sigma] = \frac{\pi d_2^2}{4}[\sigma] = \frac{\pi \times 10^2}{4} \times 160\ \text{N} = 12\ 566\ \text{N}$$

解得 $[q]_2 = 5.58\ \text{N/mm} = 5.58\ \text{kN/m}$。

(4) 结构的许可分布载荷 $[q]$ 应取小，即 $[q] = \min\{[q]_1, [q]_2\} = 5.58\ \text{kN/m}$。

10.6　提高压杆稳定性的主要措施

提高压杆的稳定性应从提高压杆的临界应力（或临界力）入手。从压杆的临界应力总图可知，压杆的临界应力与压杆的材料机械性质和压杆的柔度 λ 有关。而柔度又综合了压杆的长度、约束情况和横截面的形状尺寸等影响因素。因此，根据上述几个方面，采取适当措施提高压杆的稳定性。

二维码

1. 选择合理的截面形状

由柔度 $\lambda = \mu l/i = \mu l\sqrt{I/A}$ 可知，在压杆的其他条件相同的情况下，应尽可能增大截面的惯性矩或惯性半径。例如，在横截面积相同的条件下，应尽可能使截面材料远离截面的中性轴，采用空心截面比实心截面更合理（壁厚也不宜太薄，以防止局部失稳）。同时，压杆的截面形状应使压杆各个纵向平面内的柔度相等或基本相等，即压杆在各纵向平面内的稳定性相同，也即所谓的等稳定设计。若压杆在各个方向的约束情况相同，就应使截面对任一形心轴的惯性矩或惯性半径相等，即采用圆形、圆环形式或正方形等截面形式。若压杆在两个主弯曲平面内的约束情况不同，如连杆，则采用矩形、工字形或组合截面。

2. 减小压杆的长度，改善压杆两端的约束条件

由 $\lambda = \mu l/i$ 还可知，λ 与 μl 成正比，要使柔度 λ 减小，就应尽量减小杆件的长度，如果

工作条件不允许减小杆件的长度，可以通过在压杆中间增加约束或改善杆端约束来提高压杆的稳定性。

3. 合理选择材料

对于细长杆，材料对临界力的影响只与弹性模量 E 有关，而各种钢材的 E 很接近，约为200 GPa，所以选用合金钢、优质钢并不比普通碳素钢优越，且不经济。对于中长杆，临界力同材料的强度指标有关，材料的强度越高，σ_{cr} 就越大，所以选用高强度钢材，可提高其稳定性。

10.7 本章知识小结·框图

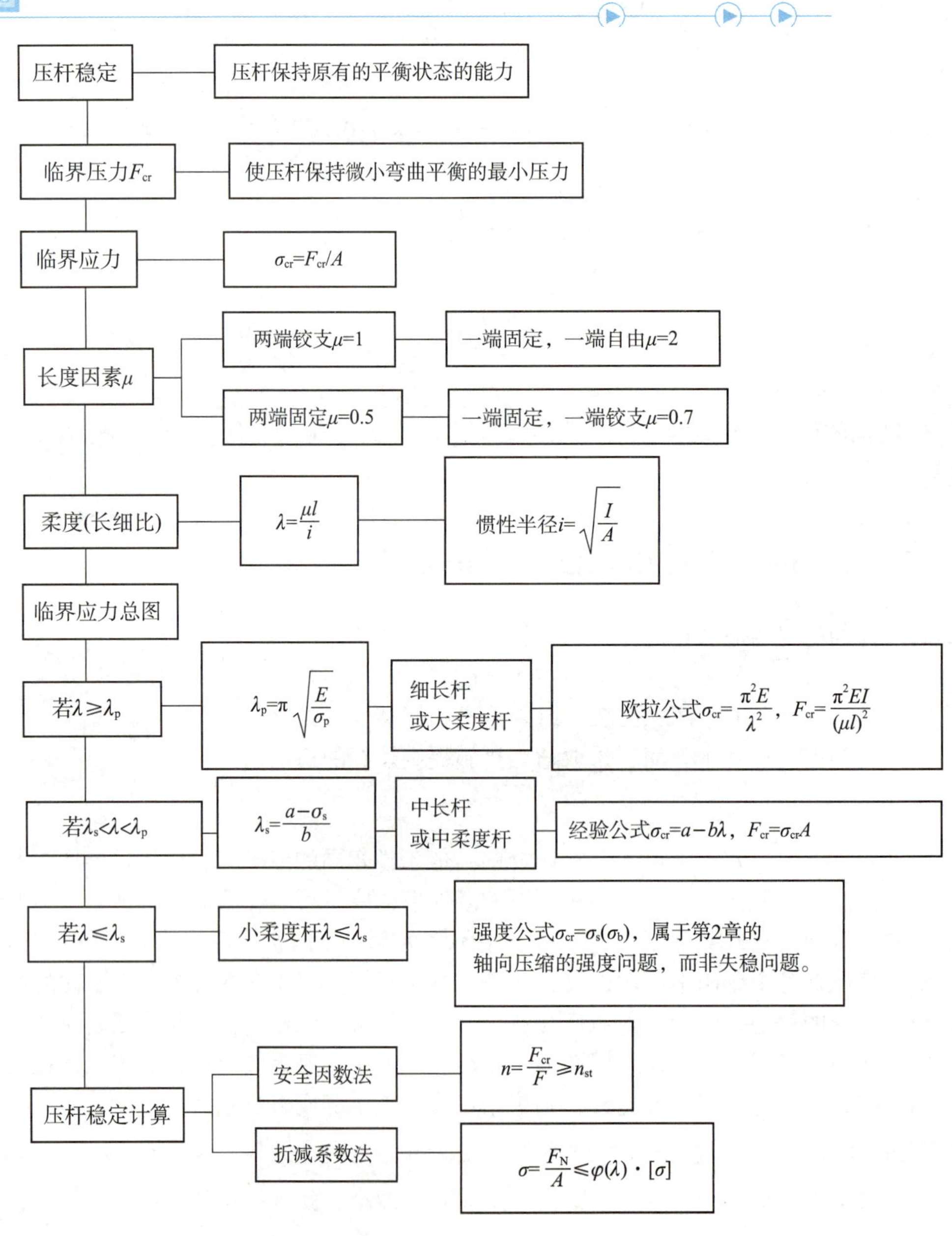

思考题

思 10.1　什么是压杆的稳定平衡状态和非稳定平衡状态?

思 10.2　什么是大、中、小柔度杆?它们的临界应力如何确定?

思 10.3　什么是柔度?它集中地反映了压杆的哪些因素对临界应力的影响?

思 10.4　今有两根材料、截面尺寸及支承情况均相同的压杆,仅知长压杆的长度是短压杆长度的两倍。试问在什么条件下才能确定两压杆临界力之比,为什么?

思 10.5　3 根杆的横截面积相等,形状分别为实心圆形、空心圆形和薄壁圆环形。试问哪一根杆的截面形状更合理?为什么?

思 10.6　压杆失稳是指压杆在轴向压力作用下不能维持直线平衡状态而突然变弯,对吗?

思 10.7　一细长压杆当轴向压力 $P = P_{cr}$ 时发生失稳而处于微弯平衡状态。此时若解除压力 P,则压杆的微弯变形是否会完全消失?

思 10.8　在线弹性、小变形条件下,通过建立挠曲线微分方程,推出的细长杆临界压力的表达式与所选取的坐标系和假设的压杆微弯程度有关吗?

思 10.9　圆截面细长压杆的材料和杆端约束保持不变,若将其直径缩小一半,则压杆的临界压力为原压杆的多少倍?

思 10.10　压杆失稳在什么纵向平面内发生?

思 10.11　欧拉公式的适用条件是什么?

思 10.12　在稳定性计算中有可能发生两种情况:一是用细长杆的公式计算中长杆的临界压力;二是用中长杆的公式计算细长杆的临界压力。从安全的角度看,其后果分别是什么?

思 10.13　将低碳钢改用优质高强度钢后,是否一定能提高压杆的承压能力?为什么?

思 10.14　由低碳钢制成的细长压杆,经过冷作硬化后,其稳定性、强度是否均得以提高?

分类习题

【10.1 类】计算题(临界压力、临界应力的计算)

题 10.1.1　如图所示细长压杆,两端为球形铰支,弹性模量 $E = 210$ GPa,试用欧拉公式计算其临界压力。(1) 圆形截面:$d = 25$ mm,$l = 1$ m;(2) 矩形截面:$h = 2b = 40$ mm,$l = 1$ m;(3) 16 号工字钢,$l = 1$ m。

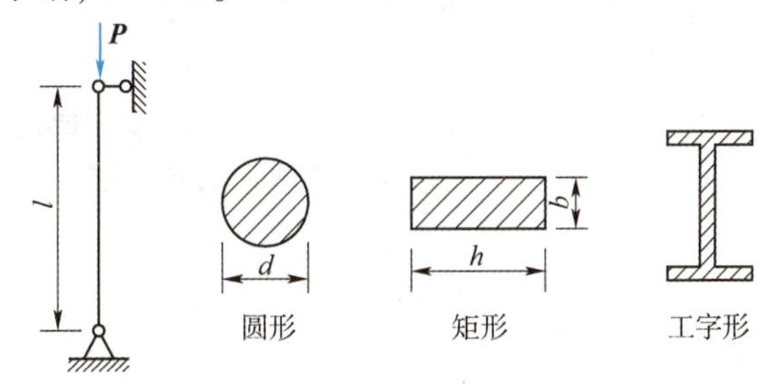

题 10.1.1 图

题 10.1.2　Q235 钢制成的矩形截面细长杆，受力情况及两端销钉支承情况如图所示，$b = 40\ \text{mm}$，$h = 75\ \text{mm}$，$l = 2\ 000\ \text{mm}$，$E = 206\ \text{GPa}$，试用欧拉公式求压杆的临界应力。

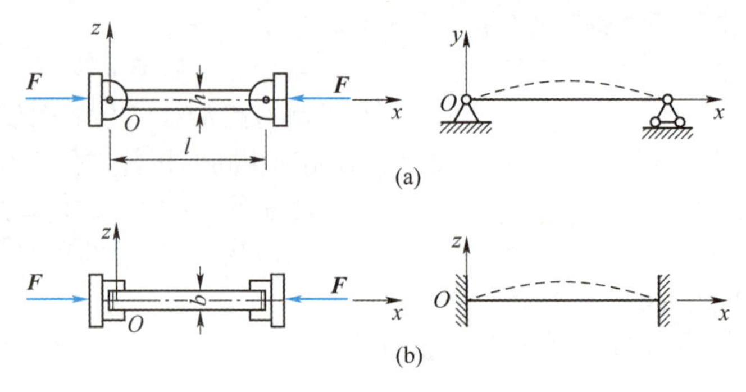

题 10.1.2 图

题 10.1.3　长度为 l，两端固定的空心圆截面压杆承受轴向压力，如图所示。压杆材料为 Q235 钢，弹性模量 $E = 200\ \text{GPa}$，取 $\lambda_p = 100$，设截面外径 $D/d = 1.2$。试求：(1) 能应用欧拉公式时，压杆长度与外径的最小比值，以及这时的临界压力；(2) 若压杆改用实心圆截面，而压杆的材料、长度、杆端约束及临界压力值均与空心圆截面时相同，两杆的重量之比。

题 10.1.4　如图所示，杆 1、2 材料相同，均为圆截面压杆。若使两杆的临界应力相等，试求两杆的直径之比 d_1/d_2，以及临界压力之比 $(P_{cr})_1/(P_{cr})_2$，并指出哪根杆的稳定性较好。

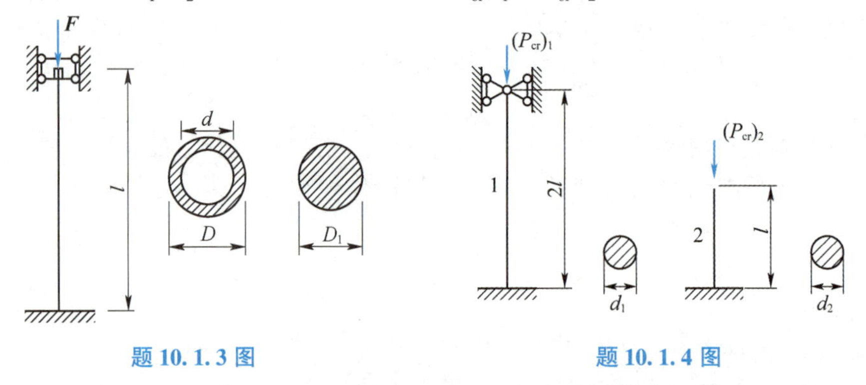

题 10.1.3 图　　题 10.1.4 图

题 10.1.5　某钢材的比例极限 $\sigma_p = 230\ \text{MPa}$，屈服应力 $\sigma_s = 274\ \text{MPa}$，弹性模量 $E = 200\ \text{GPa}$，$\sigma_{cr} = 331 - 1.09\lambda$。试求 λ_p 和 λ_s，并绘出临界应力总图（$0 \leqslant \lambda \leqslant 150$）。

题 10.1.6　有一根 30 mm × 50 mm 的矩形截面杆，两端为球形铰支，试问压杆多长时即可开始应用欧拉公式计算临界载荷？已知材料的弹性模量 $E = 200\ \text{GPa}$，比例极限 $\sigma_p = 200\ \text{MPa}$。

※题 10.1.7　细长杆 1、2 和刚性杆 AD 组成的平面结构如图所示。已知两杆的弹性模量 E，横截面积 A，截面惯性矩 I 和杆长 l 均相同，且为已知。试问，当压杆刚要失稳时，F 为多大？

※题 10.1.8　如图所示简单桁架，AB 和 BC 皆为细长压杆，且截面相同，材料一样。若角度 θ 只能在 $0 < \theta < \pi/2$ 之间变化，试问当 θ 角为何值时，结构的临界载荷 F_{cr} 最大？

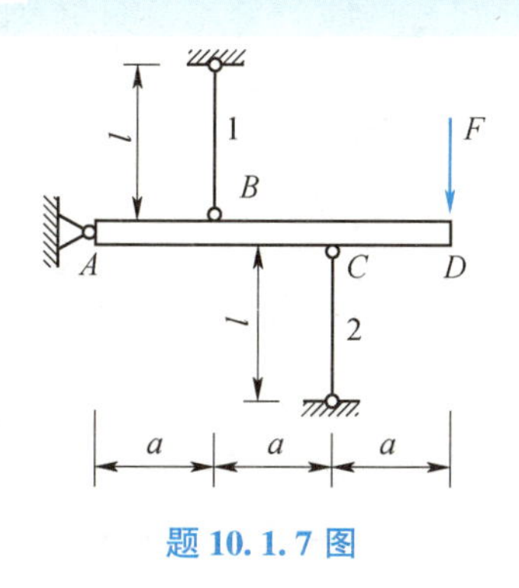

题 10.1.7 图

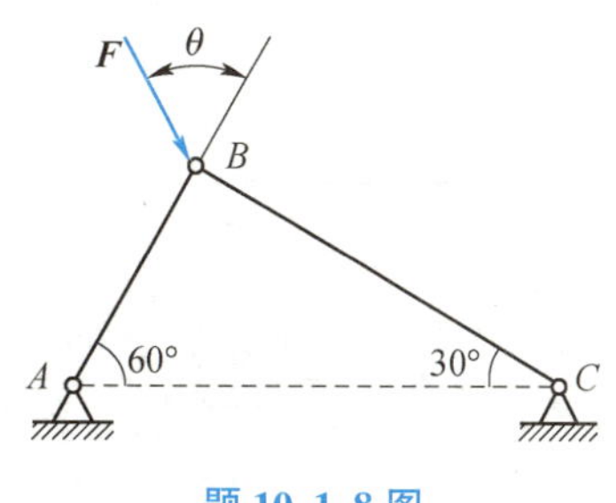

题 10.1.8 图

【10.2 类】计算题（基于安全因素法的稳定性计算）

题 10.2.1　长 $l=1.06\ \mathrm{m}$ 的硬铝圆管，一端固定、一端铰支，承受的轴向压 $F=7.6\ \mathrm{kN}$ 。材料的 $\sigma_p=270\ \mathrm{MPa}$，$E=70\ \mathrm{GPa}$ 。若安全因数取 $n_{st}=2$，试按外径 D 与壁厚 δ 的比值 $D/\delta=25$ 设计铝圆管的外径。

题 10.2.2　如图所示结构，$E=200\ \mathrm{GPa}$，$\sigma_p=200\ \mathrm{MPa}$，求杆 AB 的临界应力，并根据杆 AB 的临界载荷的 1/5 确定起吊重量 F 的许可值。

题 10.2.3　一托架如图所示，在横杆端点 D 处受到一力 $F=20\ \mathrm{kN}$ 的作用。已知斜撑杆 AB 两端为柱形约束（柱形销钉垂直于托架平面），其截面为环形，外径 $D=45\ \mathrm{mm}$，内径 $d=36\ \mathrm{mm}$，$\alpha=30°$，材料为 A3 钢，$E=200\ \mathrm{GPa}$，$\sigma_p=200\ \mathrm{MPa}$，若稳定安全因数 $n_{st}=2$，试校核杆 AB 的稳定性。

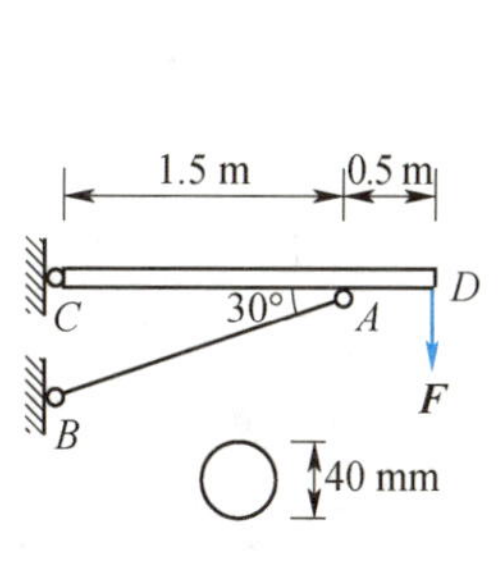

题 10.2.2 图

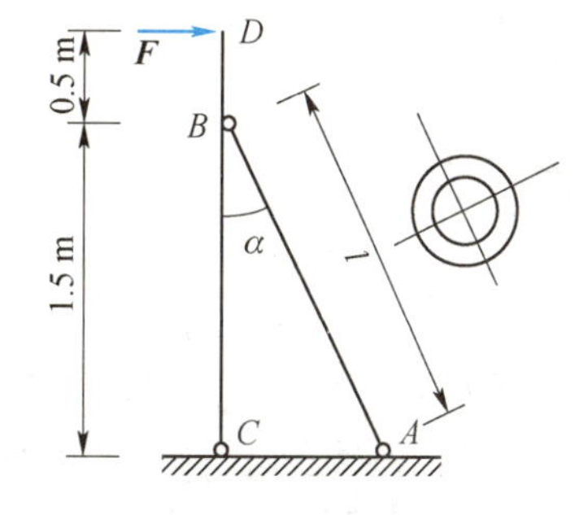

题 10.2.3 图

题 10.2.4　两端铰支的圆截面中心受压杆，长度 $l=2.2\ \mathrm{m}$，直径 $d=80\ \mathrm{mm}$，压力 $F=200\ \mathrm{kN}$，材料为 Q235 钢，其许用应力 $[\sigma]=160\ \mathrm{MPa}$。试求该压杆的稳定安全因数 n_{st} 。

题 10.2.5　如图所示结构，圆杆 CD 的 $d=50\ \mathrm{mm}$，$E=2\times10^5\ \mathrm{MPa}$，$\lambda_p=100$，试求结构的临界载荷 Q_{cr} 。

题 10.2.6　如图所示结构杆 AB 和杆 AC 均为等截面钢杆，材料为 Q235 钢，$E=200\ \mathrm{GPa}$，$\sigma_s=235\ \mathrm{MPa}$，$\lambda_p=100$，$\lambda_s=57$，$\sigma_{cr}=304-1.12\lambda$，直径均为 $d=40\ \mathrm{mm}$，杆 AB 长 $l_1=600\ \mathrm{mm}$，杆 AC 长 $l_2=1\ 200\ \mathrm{mm}$，若两根杆的稳定安全因数 n_{st} 均取 2，试求结构的最大许可载荷。

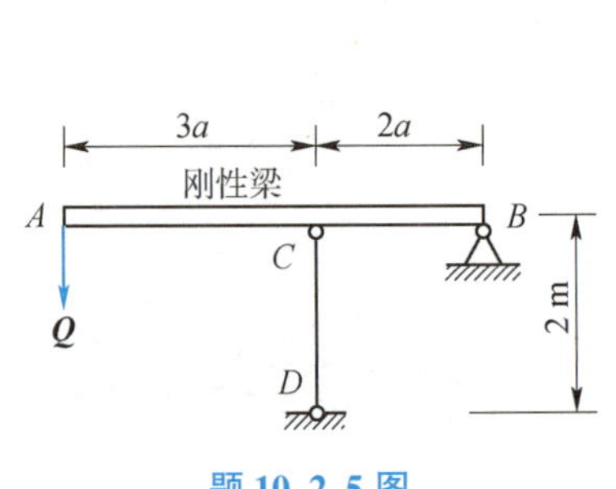

题 10. 2. 5 图

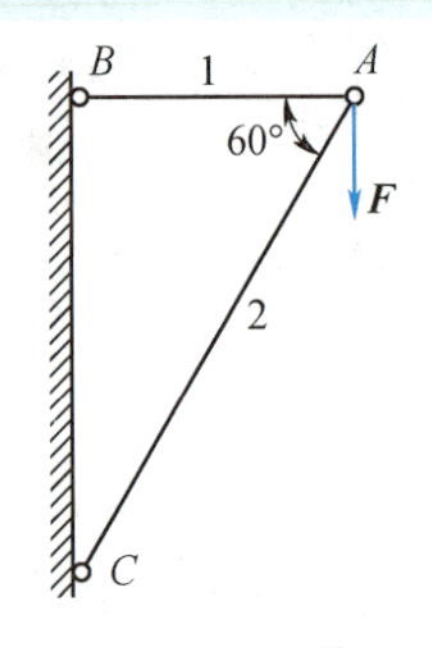

题 10. 2. 6 图

题 10. 2. 7　如图所示，圆截面压杆 $d = 40$ mm，$\sigma_s = 235$ MPa，$\sigma_p = 200$ MPa。试求可以用经验公式 $\sigma_{cr} = 304 - 1.12\lambda$ 来计算其临界应力时的压杆长度范围。

※题 10. 2. 8　如图所示结构中，杆 AC 与杆 CD 均由 Q235 钢制成，C、D 两处均为球铰。已知：$d = 20$ mm，$b = 100$ mm，$h = 180$ mm，$E = 200$ GPa，$\sigma_p = 200$ MPa，$\sigma_s = 240$ MPa，$\sigma_b = 400$ MPa；直线公式系数 $a = 304$ MPa，$b = 1.118$ MPa；$\lambda_p = 100$，$\lambda_s = 61$。若强度安全因数 $n = 2.0$，稳定安全因数 $n_{st} = 3$，试确定该结构的许可载荷。

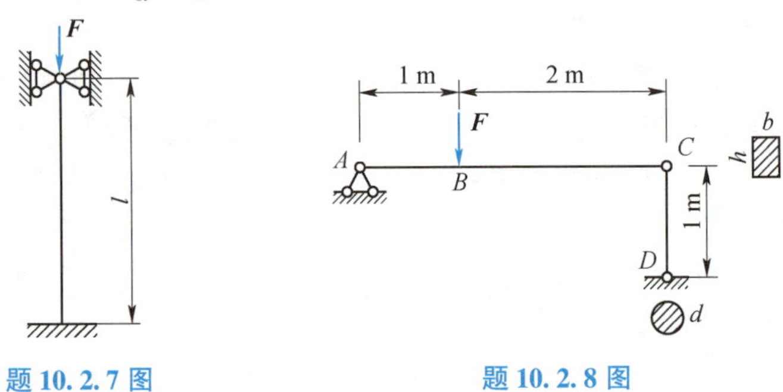

题 10. 2. 7 图　　题 10. 2. 8 图

题 10. 2. 9　如图所示结构，杆 1、2 的材料、长度相同。已知：$E = 200$ GPa，$l = 800$ mm，经验公式 $\sigma_{cr} = 304 - 1.12\lambda$，若稳定安全因数 $n_{st} = 3$，求该结构的许可载荷。

题 10. 2. 10　如图所示结构，立柱 CD 为圆截面，其材料的 $E = 200$ GPa，$\sigma_p = 200$ MPa。若稳定安全因数 $n_{st} = 2$，试校核该立柱 CD 的稳定性。

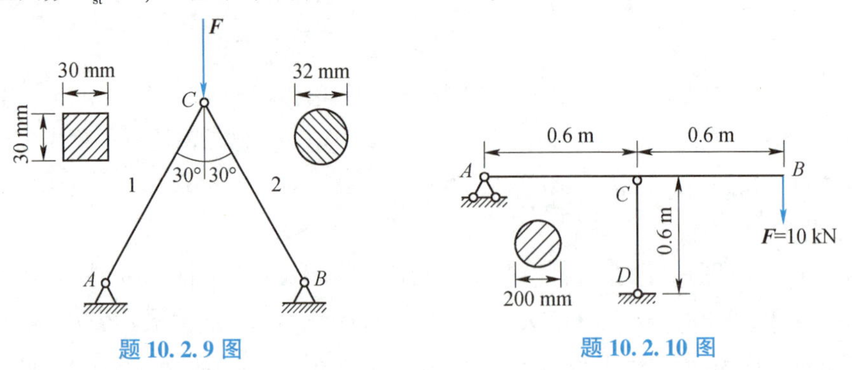

题 10. 2. 9 图　　题 10. 2. 10 图

※题 10. 2. 11　如图所示结构，梁 AB 为刚性梁，$l_1 = 1$ m，杆 BC 的横截面为圆形，$l_2 = 600$ mm，$d = 30$ mm，$E = 206$ GPa，$\sigma_p = 200$ MPa，$\sigma_s = 235$ MPa。直线经验公式中系数 $a = 304$ MPa，$b = 1.12$ MPa，稳定安全因数 $n_{st} = 3$，求许可载荷 M_e。

※题 10.2.12　如图所示结构，梁、柱材料均为 Q235 钢，弹性模量 $E=210$ GPa，$\lambda_p=101$，许用应力［l］=160 MPa，梁 AC 横截面为正方形，边长 $b=120$ mm，梁长 $l=3$ m；柱 DB 为圆形截面，直径 $d=30$ mm，柱长 $a=1$ m，稳定安全因数 $n_{st}=2$，不考虑柱 DB 的压缩变形。试确定此结构的许用分布载荷［q］。

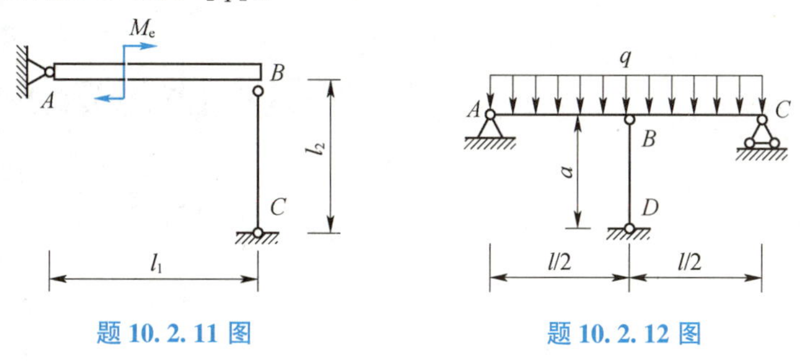

题 10.2.11 图　　题 10.2.12 图

【10.3 类】计算题（基于折减系数法的稳定性计算）

※题 10.3.1　如图所示压杆，当截面绕 z 轴失稳时，两端视为铰支；绕 y 轴失稳时，两端视为固定端。已知：［σ］= 160 MPa，试按折减系数法校核该压杆的稳定性。

※题 10.3.2　如图所示结构中，AD 为铸铁圆杆，直径 $d_1=60$ mm，许用压应力［σ_c］= 120 MPa；BC 为 Q235 钢，圆杆直径 $d_2=10$ mm，许用应力［σ］= 160 MPa；横梁 AB 为 18 号工字钢，许用应力［σ］= 160 MPa，试求结构的许可分布载荷［q］。

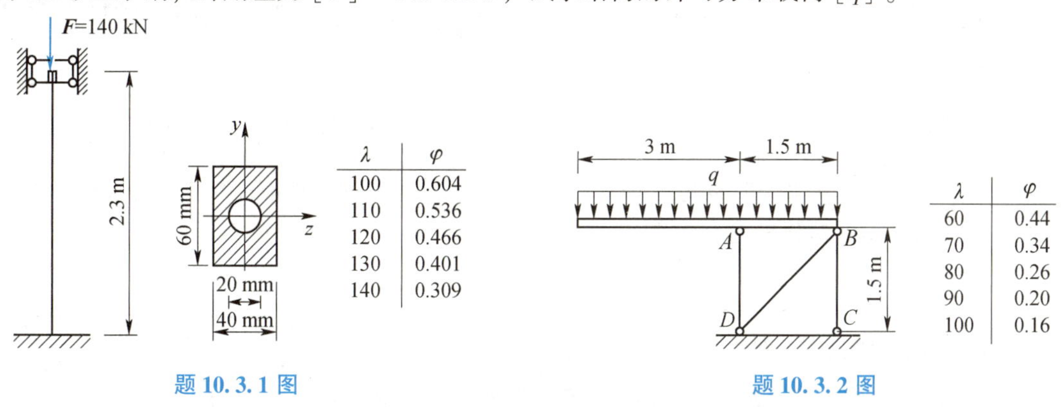

λ	φ
100	0.604
110	0.536
120	0.466
130	0.401
140	0.309

λ	φ
60	0.44
70	0.34
80	0.26
90	0.20
100	0.16

题 10.3.1 图　　题 10.3.2 图

※题 10.3.3　简易吊车的摇臂如图所示，最大载重量 $G=20$ kN。已知圆环截面钢杆 AB 外径 $D=50$ mm，内径 $d=40$ mm。许用应力［σ］= 140 MPa。试按折减系数法校核此杆的稳定性。

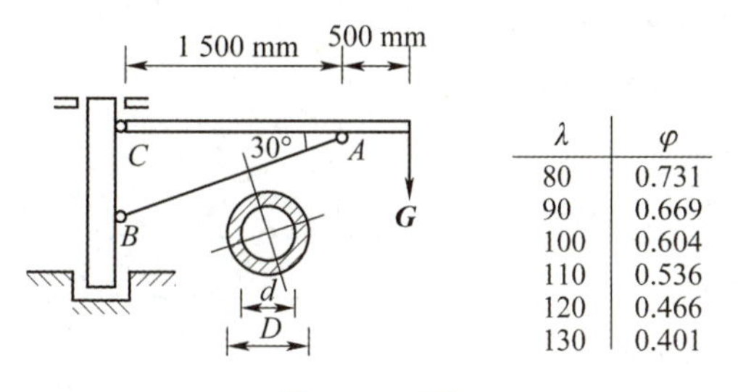

λ	φ
80	0.731
90	0.669
100	0.604
110	0.536
120	0.466
130	0.401

题 10.3.3 图

*第 11 章 能量法·超静定

11.1 杆件变形能的计算

二维码

能量法是在总体上从功与能的角度来研究在外力作用下变形体系统（杆件或杆件结构系统）的内力、应力、变形及位移的一种方法。它是进一步学习其他工程技术课程的基础，也是当今应用甚广的有限元法求解力学问题的重要基础。在材料力学中，弹性体在外力作用下发生变形，其体内积蓄的能量，称为弹性**变形能**，亦称**应变能**，在数值上等于外力在加载过程中在相应位移上所做的功。

11.1.1 外力功

由 2.7 节、3.8 节和 7.7 节的内容可知，杆件轴向拉压、圆轴扭转和平面弯曲时，在线弹性下外力或外力偶所做的功分别为

$$W=\frac{1}{2}T\Delta\varphi \qquad W=\frac{1}{2}M\Delta\theta$$

则杆件在多个外力或外力偶作用下，其外力总功分别应为

$$W=\sum_{i=1}^{n}\frac{1}{2}F_{Ni}\Delta l_i \qquad W=\sum_{i=1}^{n}\frac{1}{2}T_i\Delta\varphi_i \qquad W=\sum_{i=1}^{n}\frac{1}{2}M_i\Delta\theta_i$$

现将 Δl、$\Delta\varphi$、$\Delta\theta$ 统一用 Δ 表示，F_N、T、M 统一用 P 表示，则可得统一形式

$$W=\frac{1}{2}P\Delta \quad 或 \quad \boxed{W=\sum_{i=1}^{n}\frac{1}{2}P_i\Delta_i} \tag{11.1}$$

上式中，P 称为**广义力**，在拉伸时代表轴向外力引起的轴力 F_N，在扭转时代表扭转外力偶引起的扭矩 T，在弯曲时代表弯曲外力偶引起的弯矩 M。而将与**广义力** P 对应的位移 Δ 称为**广义位移**，当拉伸时它是与轴向外力对应的线位移 Δl；当扭转时，它是与扭转外力偶对应的角位移 $\Delta\varphi$；当弯曲时，它是与弯曲外力偶矩对应的截面角位移 $\Delta\theta$。

11.1.2 变形能（应变能）

由 2.7 节中式（2.17）知，轴向拉压杆件内部单位体积储存的应变能（应变比能）和整个杆件的应变能（或变形能）分别为

$$u=\frac{\mathrm{d}U}{\mathrm{d}V}=\int_0^{\varepsilon_1}\sigma\cdot d\varepsilon \qquad U=\int_V u\mathrm{d}V$$

由前面章节知，拉压时杆件整个杆的变形能为

$$U=\int_0^l \frac{F_N{}^2(x)}{2EA}\mathrm{d}x$$

扭转时整个杆的变形能为

$$U=\int_0^l \frac{T^2(x)\mathrm{d}x}{2GI_p}$$

梁弯曲时整个杆的变形能为

$$U=\int_0^l \frac{M^2(x)\mathrm{d}x}{2EI_z}$$

拉压、扭转、弯曲组合变形杆件的变形能为

$$U=\sum\int_0^l \frac{F_N{}^2(x)}{2EA}\mathrm{d}x+\sum\int_0^l \frac{T^2(x)}{2GI_p}\mathrm{d}x+\sum\int_0^l \frac{M^2(x)}{2EI_z}\mathrm{d}x \qquad (11.2)$$

11.1.3　功能原理

由2.7节知，如果略去变形过程中的动能及其他能量的变化与损失，由能量守恒原理，杆件的变形能 U 在数值上应等于外力做的功 W，即有

$$U=W$$

由式（11.1）和式（11.2）可得

$$\sum_{i=1}^{n}\frac{1}{2}P_i\Delta_i=\sum\int_0^l \frac{F_N{}^2(x)}{2EA}\mathrm{d}x+\sum\int_0^l \frac{T^2(x)}{2GI_p}\mathrm{d}x+\sum\int_0^l \frac{M^2(x)}{2EI_z}\mathrm{d}x \qquad (11.3)$$

这是一个对变形体都适用的普遍原理，称为功能原理。弹性固体变形是可逆的，即当外力解除后，弹性体将恢复其原来形状，释放出变形能而做功。

下面举例说明功能原理的应用。

【例11.1】如图11.1所示桁架，各杆件的抗拉刚度均为 EA，求节点 C 的竖向位移 δ_{Cy}。

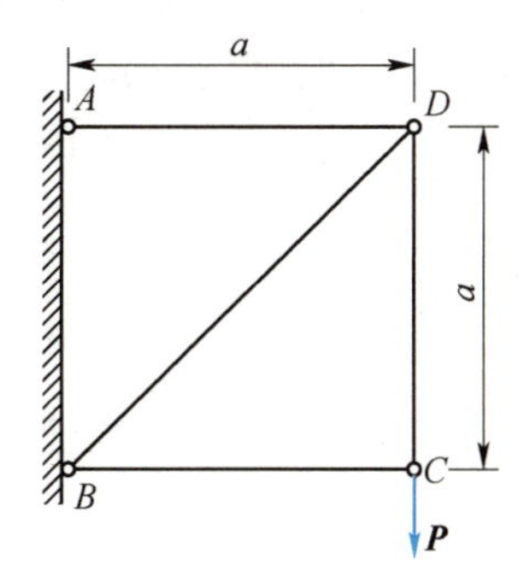

图11.1　桁架结构

【解】（1）由结构平衡可得各杆内力

$$F_{NAD}=P;\ F_{NCD}=P;\ F_{NBD}=-\sqrt{2}P;\ F_{NBC}=0$$

（2）各杆的变形能为

$$U_{AD}=\frac{P^2a}{2EA}\ ;\ U_{DC}=\frac{P^2a}{2EA}\ ;\ U_{BC}=0\ ;\ U_{BD}=\frac{(-\sqrt{2}P)^2(\sqrt{2}a)}{2EA}=\frac{\sqrt{2}P^2a}{EA}$$

（3）结构总变形能

$$U=\sum U_i=(\sqrt{2}+1)\frac{P^2a}{EA}$$

（4）力 P 的功

$$W=\frac{1}{2}P\delta_{Cy}$$

（5）由功能原理 $U=W$ 得

$$\delta_{Cy}=2(\sqrt{2}+1)\frac{Pa}{EA}$$

【例 11.2】求如图 11.2 所示结构中点 A 的竖向位移 δ_{Ay}。

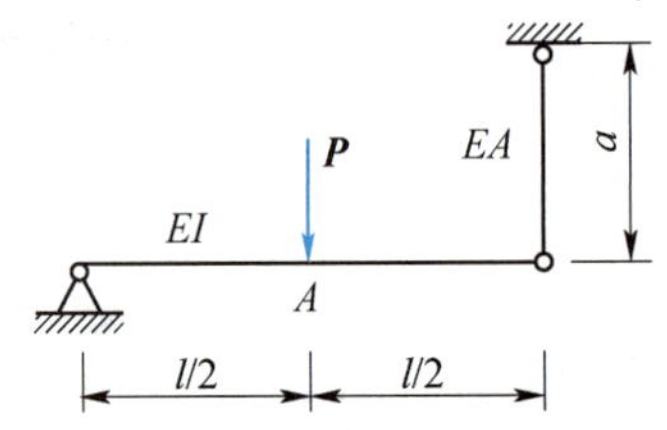

图 11.2　梁与拉杆的组合结构

【解】（1）因点 A 的竖向位移为 δ_{Ay}，则力 P 的功为

$$W=\frac{1}{2}P\delta_{Ay}$$

（2）变形能计算。

因梁的结构和载荷关于点 A 对称，则梁的变形能

$$U_1=2\int_0^{L/2}\frac{M^2}{2EI}\mathrm{d}x=\int_0^{L/2}\frac{(Px/2)^2}{EI}\mathrm{d}x=\frac{P^2L^3}{96EI}$$

拉杆的变形能

$$U_2=\frac{(P/2)^2a}{2EA}=\frac{P^2a}{8EA}$$

结构总的变形能

$$U=\frac{P^2L^3}{96EI}+\frac{P^2a}{8EA}$$

（3）利用功能原理 $U=W$，得结构中点 A 的竖向位移为

$$\delta_{Ay}=\frac{PL^3}{48EI}+\frac{Pa}{4EA}$$

11.2　卡氏第二定理·位移计算

通过研究发现，线弹性杆件或杆系的变形能 $U(P_i)$ 对于作用在该杆件或杆系上的某一载荷的变化率等于该载荷相应的位移，即

$$\frac{\partial U}{\partial P_i}=\delta_i \tag{11.4}$$

这就是卡氏第二定理。

下面以梁结构来证明（见图11.3（a）），在外力 P_1，P_2，…，P_i，…作用下，其相应的位移为 δ_1，δ_2，…，δ_i，…，结构的变形能是 P_1，P_2，…，P_i，…的函数，即

$$U=f(P_1,\ P_2,\ \cdots,\ P_i,\ \cdots) \tag{a}$$

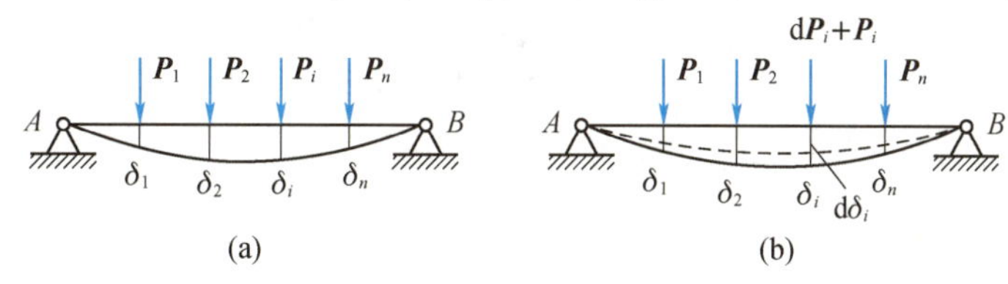

图11.3　梁结构

设诸力中只有 P_i 有一个增量 ΔP_i，其余不变，则相应产生位移增量 $\Delta\delta_i$，此时功的增量，亦即变形能增量为（略去高阶小量），即

$$U_1=U+\frac{\partial U}{\partial P_i}\mathrm{d}P_i \tag{b}$$

改变加载次序。首先在梁上加 $\mathrm{d}P_i$，然后再作用 P_1，P_2，…，P_n，如图11.3（b）所示。若材料服从胡克定律，且变形很小，各外力引起的变形是独立的。互不影响，在首先加 $\mathrm{d}P_i$ 时，$\mathrm{d}P_i$ 引起其作用点沿着与其同方向的位移 $\mathrm{d}\delta_i$，此时梁内的变形能应为 $\frac{1}{2}\mathrm{d}P_i\cdot\mathrm{d}\delta_i$。而后在作用载荷 P_1，P_2，…，P_n 的过程中，由于 P_i 在 $\mathrm{d}P_i$ 的方向上（P_i 与 $\mathrm{d}P_i$ 具有相同的方向和作用点）引起了位移 δ_i，因此 $\mathrm{d}P_i$ 又继续完成数量为 $\mathrm{d}P_i\cdot\mathrm{d}\delta$ 的功，而由载荷 P_1，P_2，…，P_n 引起的变形能仍为式（a）。于是在上述改变次序的加载全部完成后，梁内储存的变形能为

$$U_2=\frac{1}{2}\mathrm{d}P_i\cdot\mathrm{d}\delta_i+\mathrm{d}P_i\cdot\delta_i+V_\varepsilon \tag{c}$$

因为弹性体内的变形能只取决于载荷与变形的最终值，而与加载次序无关，所以由式（b）和式（c）表示的两种不同加载次序引起的弹性体的变形能应该相等即 $U_1=U_2$，忽略式中的二阶微量有

$$U+\frac{\partial U}{\partial P_i}\mathrm{d}P_i=\frac{1}{2}\mathrm{d}P_i\cdot\mathrm{d}\delta_i+\mathrm{d}P_i\cdot\delta_i+U \tag{d}$$

整理式（d）即可得 $\frac{\partial U}{\partial P_i}=\delta_i$，式（11.4）得证。

上面的证明虽然是以梁为例给出的，但其中并没有涉及弯曲变形的特点，因此卡氏第二

定理同样适合于发生其他变形的杆件结构。式（11.4）中的载荷 P_i 和位移 δ_i 也可以分别表示力偶矩与之相应的角位移，因而它们都是广义的。

卡氏第二定理也可通过前面章节中的例题来简单地验证。

如在【例7.8】中，已求得 $U=\dfrac{M_e^2 l}{2EI}$，则 $\theta_B=\dfrac{\partial U}{\partial M_e}=\dfrac{M_e l}{EI}$；如在【例7.9】中，已求得 $U=\dfrac{F^2a^2b^2}{6EIl}$，则 $\omega_C=\dfrac{\partial U}{\partial F}=\dfrac{Fa^2b^2}{3EIl}$。

几种杆系结构的卡氏第二定理具体表达式如下。

1. 桁架

对于桁架结构，各杆的变形均是单向拉伸或压缩。若整个桁架由 m 根杆件组成，那么整个结构的变形能可用拉压杆计算。按照卡氏第二定理应有

$$\delta_i=\frac{\partial U}{\partial P_i}=\sum_1^m \frac{F_{Ni}l_i}{EA_i}\frac{\partial F_{Ni}}{\partial P_i} \tag{11.5}$$

2. 横力弯曲（梁）

对于横力弯曲（梁），变形能用弯曲变形杆计算，利用卡氏第二定理，有

$$\delta_i=\frac{\partial U}{\partial P}=\sum\int_l \frac{M(x)}{EI}\frac{\partial M(x)}{\partial P_i}\mathrm{d}x \tag{11.6}$$

3. 组合变形杆系结构

对于承受拉伸（或压缩）、弯曲和扭转联合作用的杆件，变形能可以由式（11.2）写出，用卡氏第二定理，有

$$\delta_i=\frac{\partial U}{\partial P}=\sum\int_l \frac{F_N(x)}{EA}\frac{\partial F_N(x)}{\partial P_i}+\sum\int_l \frac{M(x)}{EI}\frac{\partial M(x)}{\partial P_i}\mathrm{d}x+\sum\int_l \frac{T(x)}{GI_P}\frac{\partial T(x)}{\partial P_i}\mathrm{d}x \tag{11.7}$$

下面举例说明卡氏第二定理的应用。

【例11.3】 图11.4所示外伸梁抗弯刚度为 EI，试求外伸端 C 的挠度 w_C 和左端截面的转角 θ_A。

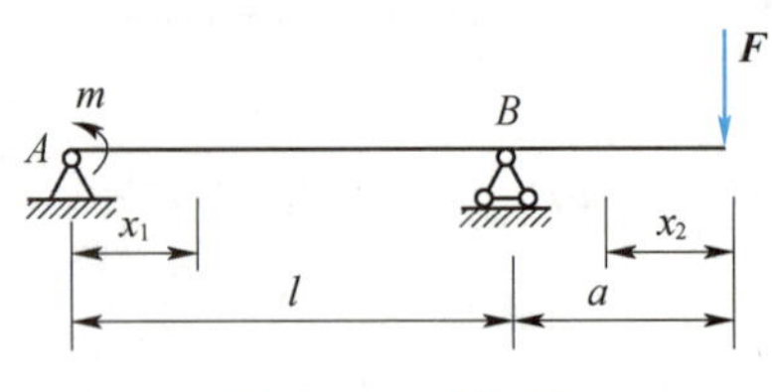

图11.4 外伸梁

【解】 外伸端 C 作用有集中力 P，截面 A 作用有集中力偶矩 m，根据卡氏第二定理有

$$w_C=\frac{\partial U}{\partial P}=\sum\int_l \frac{M(x)}{EI}\frac{\partial M(x)}{\partial P}\mathrm{d}x$$

$$\theta_A=\frac{\partial U}{\partial m}=\sum\int_l \frac{M(x)}{EI}\frac{\partial M(x)}{\partial m}\mathrm{d}x$$

弯矩应分段表达，AB 段

$$M(x_1)=\left(\frac{m}{l}-\frac{Pa}{l}\right)x_1-m$$

有

$$\frac{\partial M(x_1)}{\partial P}=-\frac{a}{l}x_1,\ \frac{\partial M(x_1)}{\partial m}=\frac{x_1}{l}-1$$

BC 段

$$M(x_2)=-Px_2$$

有

$$\frac{\partial M(x_2)}{\partial P}=-x_2,\ \frac{\partial M(x_2)}{\partial m}=0$$

则

$$\begin{aligned}w_C&=\frac{\partial U}{\partial P}=\int_0^l\frac{M(x_1)}{EI}\frac{\partial M(x_1)}{\partial P}\mathrm{d}x_1+\int_0^a\frac{M(x_2)}{EI}\frac{\partial M(x_2)}{\partial P}\mathrm{d}x_2\\&=\int_0^l\frac{1}{EI}\left[\left(\frac{m}{l}-\frac{P_Ca}{l}\right)x_1-m\right]\left(-\frac{a}{l}x_1\right)\mathrm{d}x_1+\int_0^a\frac{-Px_2}{EI}(-x_2)\mathrm{d}x_2\\&=\frac{1}{EI}\left(\frac{Pa^2l}{3}+\frac{mal}{6}+\frac{Pa^2}{3}\right)\end{aligned}$$

$$\begin{aligned}\theta_C&=\frac{\partial U}{\partial m}=\int_0^l\frac{M(x_1)}{EI}\frac{\partial M(x_1)}{\partial m}\mathrm{d}x_1+\int_0^a\frac{M(x_2)}{EI}\frac{\partial M(x_2)}{\partial m}\mathrm{d}x_2\\&=\int_0^l\frac{1}{EI}\left[\left(\frac{m}{l}-\frac{P_Ca}{l}\right)x_1-m\right]\left(\frac{x_1}{l}-1\right)\mathrm{d}x_1+\int_0^a\frac{-Px_2}{EI}\cdot(0)\mathrm{d}x_2\\&=\frac{1}{EI}\left(\frac{ml}{3}+\frac{Pal}{6}\right)\end{aligned}$$

这里 w_C 与 θ_A 皆为正号，表示它们的方向分别与 P 和 m 作用方向或转向相同，而如果是负号，则表示与之方向或转向相反。

用卡氏定理求结构某处的位移时，该处需要有与所求位移相应的载荷，如果计算某处位移，而该处没有与此位移相应的载荷，则可采用附加力法，下例说明。

【例 11.4】 试求图 11.5（a）所示的刚架点 B 的水平位移和点 C 的转角。

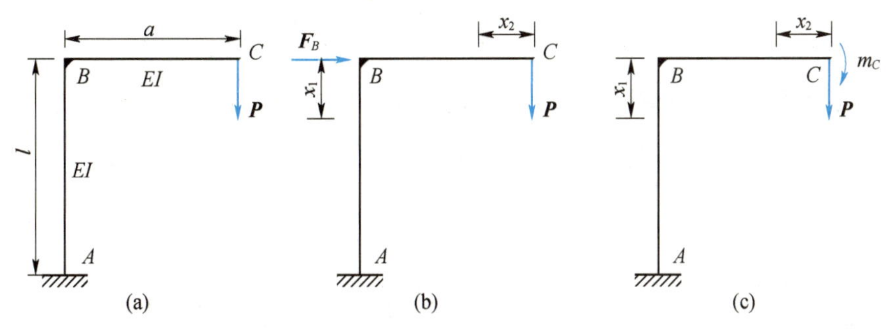

图 11.5　【例 11.4】图

【解】计算截面 B 的水平位移时，因点 B 无水平集中力作用，无法直接应用卡氏定理，为此设想在截面 B 附加一水平力 F_B（见图11.5（b）），然后求出刚架在原有外力与 F_B 共同作用下的弯矩及其对 F_B 的偏导数分别为

AB 段

$$M(x_1)=-(Pa+F_Bx_1),\quad \frac{\partial M(x_1)}{\partial F_B}=-x_1$$

BC 段

$$M(x_2)=-Px_2,\quad \frac{\partial M(x_2)}{\partial F_B}=0$$

应用卡氏定理计算刚架在图11.5（b）情况下，截面 B 的水平位移为

$$\begin{aligned}\delta_B&=\int_0^l\frac{M(x_1)}{EI}\frac{\partial M(x_1)}{\partial F_B}\mathrm{d}x_1+\int_0^a\frac{M(x_2)}{EI}\frac{\partial M(x_2)}{\partial F_B}\mathrm{d}x_2\\&=\int_0^l\frac{-(Pa+F_Bx_1)}{EI}(-x_1)\mathrm{d}x_1+\int_0^a\frac{(-Px_2)}{EI}\cdot(0)\mathrm{d}x_2\\&=\frac{1}{EI}\left(\frac{Pal^2}{2}+\frac{F_Bl^3}{3}\right)\end{aligned}$$

这里求出的截面 B 的水平位移是在原有载荷与 F_B 共同作用的结果，无论 F_B 为何值，都是正确的。因为在实际的刚架中并没有 F_B 这个力，所以只要令上式中的 $F_B=0$，即可求得刚架在原有载荷作用下截面 B 的水平位移为

$$\delta_B=\frac{Pal^2}{2EI}$$

为了使计算简便，上面的解题过程也可在求偏导数之后，积分以前就令 $F_B=0$，这样所得的结果仍一样。δ_B 为正值，说明其方向与 F_B 相同。

在计算截面 C 的转角时，可在 C 处附加一个集中力偶矩 m_C（见图11.5（c）），然后求出刚架在原有载荷与 m_C 共同作用下的弯矩及其对 m_C 的偏导数分别为

AB 段

$$M(x_1)=-(Pa+m_C),\quad \frac{\partial M(x_1)}{\partial m_C}=-1$$

BC 段

$$M(x_2)=-(m_C+Px_2),\quad \frac{\partial M(x_2)}{\partial m_C}=-1$$

应用卡氏定理计算刚架在图11.5（c）的情况，积分前就令 $m_C=0$，求得截面 C 的转角为

$$\begin{aligned}\theta_C&=\int_0^l\frac{M(x_1)}{EI}\frac{\partial M(x_1)}{\partial m_C}\mathrm{d}x_1+\int_0^a\frac{M(x_2)}{EI}\frac{\partial M(x_2)}{\partial m_C}\mathrm{d}x_2\\&=\int_0^l\frac{(-Pa)}{EI}\cdot(-1)\mathrm{d}x_1+\int_0^a\frac{(-Px_2)}{EI}\cdot(-1)\mathrm{d}x_2=\frac{Pa}{EI}\left(\frac{a}{2}+l\right)\end{aligned}$$

这里求出截面 C 的 θ_C 为正值，说明其转向与附加力偶矩 m_C 相同。

【例 11.5】桁架各杆 EA 均相同。试求图 11.6 所示正三角形桁架点 A 的垂直位移 δ_{Ay} 。

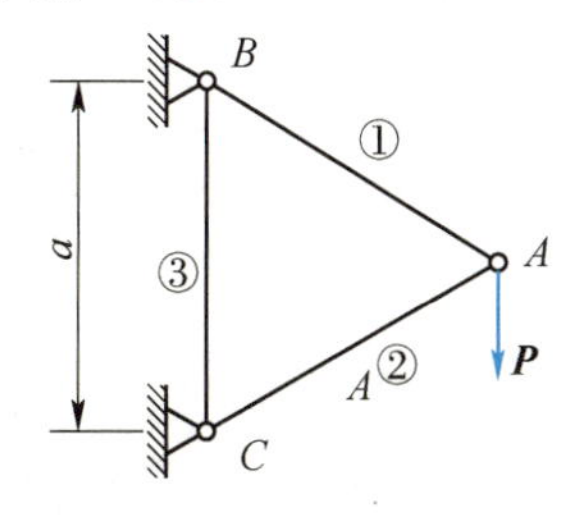

图 11.6　正三角形桁架

【解】根据卡氏定理，桁架在任一外力 P 作用点的相应位移为

$$\delta_{Ay}=\frac{\partial U_i}{\partial P_i}=\sum_{1}^{m}\frac{F_{Ni}l_i}{EA_i}\frac{\partial F_{Ni}}{\partial P_i}$$

列表计算如表 11.1 所示。

表 11.1　计算结果

杆号	F_{Ni}	l_i	$\frac{\partial F_{Ni}}{\partial P_i}$	$F_{Ni}l_i\frac{\partial F_{Ni}}{\partial P_i}$
1	P	a	1	Pa
2	$-P$	a	-1	Pa
3	$P/2$	a	1/2	$Pa/4$
$\sum$	—	—	—	$9Pa/4$

故点 A 的垂直位移为 $\delta_{Ay}=\sum_{1}^{m}\frac{F_{Ni}l_i}{EA_i}\frac{\partial F_{Ni}}{\partial P_i}=\frac{9Pa}{4EA}$，结果为正，表示点 A 的垂直位移与力 P 方向一致。

11.3　单位载荷法·位移计算

前一节介绍的卡氏定理解决了没有外力处位移的计算，但用能量原理处理此类问题较为烦琐且易出错。下面介绍更为方便实用的一种方法——单位载荷法，也称莫尔积分。它是根据虚功原理计算结构位移的一种方法。在介绍单位载荷法之前，先引进几个重要概念。

（1）实功，即力在自身引起的位移上所做的功。如图 11.7 所示，P_1 在 Δ_{11} 上的功和 P_2 在 Δ_{22} 上的功都是实功。

（2）虚功，即力在其他原因产生的位移上做的功。如图 11.7 所示，P_1 在 Δ_{12} 上的功即为虚功，Δ_{12} 为虚位移。

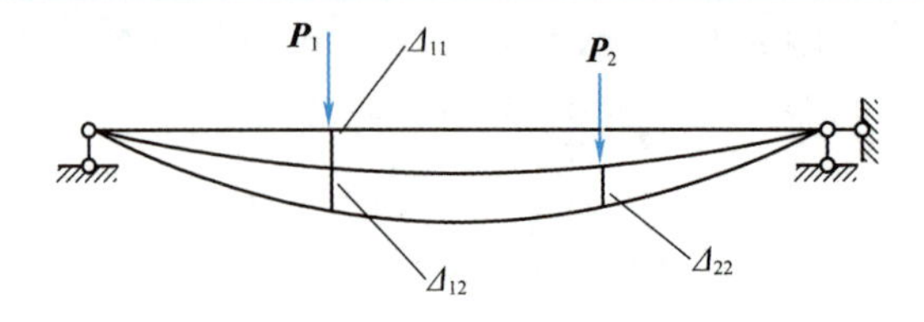

图 11.7　不同加载力作功情况

（3）虚功原理：如果给在载荷系作用下处于平衡的可变形结构以微小虚位移，则外力系在虚位移上所做的虚功等于内力在相应虚变形上所做的虚功，即

$$W_e = W_i \tag{11.8}$$

式中：W_e 为外力虚功，W_i 为内力虚功。

下面以图 11.8 刚架为例介绍**单位载荷法**。

假设需求图 11.8（a）刚架点 A 沿 α 方向的位移 $\Delta = AA_1$（广义位移），则先将单位力 $\overline{F} = 1$（广义力）沿 α 方向作用于同一结构上点 A（见图 11.8（b）），这时结构变形完成并平衡，如图 11.8（b）中的虚线。然后再将图 11.8（a）的外力 q、P、M 加到图 11.8（c）虚线上，变形完成后，如图 11.8（c）中的细实线，即点 A 沿 α 方向产生位移 $\Delta = AA_1$，如图 11.8（a）中的细实线所示。

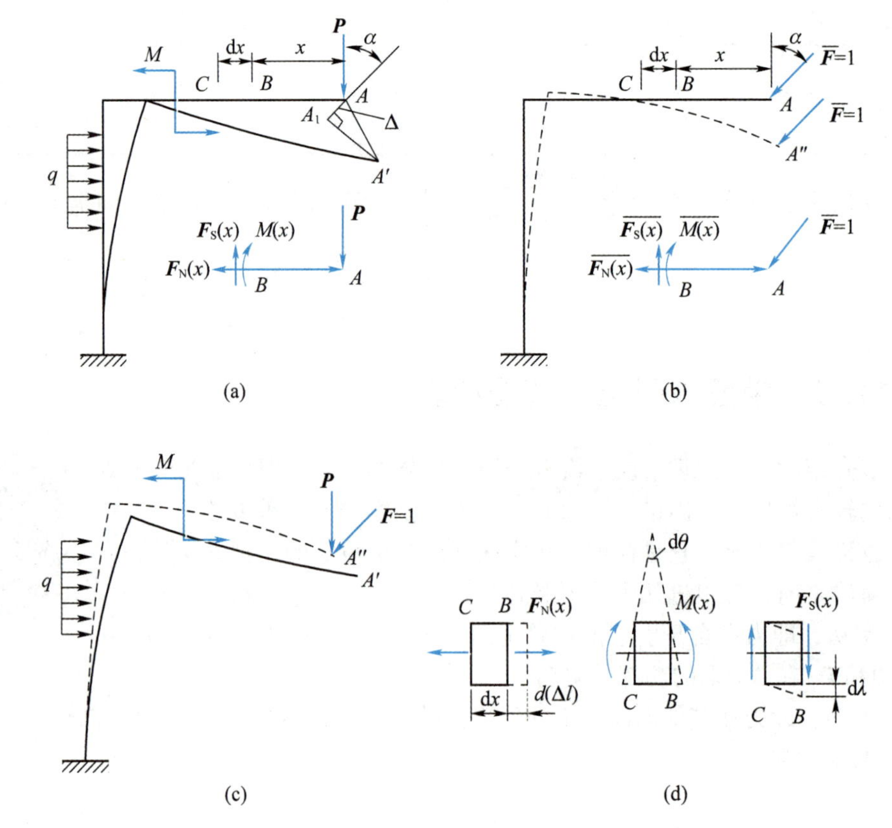

图 11.8　刚架

设 dx 微段产生变形位移为 $d\Delta l$、$d\theta$、$d\lambda$，如图 11.8（d）所示，那么单位力 $\overline{F}$ 在 Δ 位移上做的外力虚功为

$$W_e = \overline{F}\Delta$$

而单位力在刚架 x 截面产生的内力 $\overline{F}_N(x)$、$\overline{M}(x)$、$\overline{F}_S(x)$ 在位移 $d\Delta l$、$d\theta$、$d\lambda$ 做的内力虚功为

$$\delta W_i = \overline{F}_N(x)d\Delta l + \overline{M}(x)d\theta + \overline{F}_S(x)d\lambda$$

整个刚架所有内力做的虚功为

$$W_i = \sum\int_l \overline{F}_N(x)d\Delta l + \sum\int_l \overline{M}(x)d\theta + \sum\int_l \overline{F}_S(x)d\lambda$$

则应用虚功原理式（11.8），有

$$1\cdot\Delta = \int_l \overline{F}_N(x)d(\Delta l) + \int_l \overline{M}(x)d\theta + \int_l \overline{F}_S(x)d\lambda \tag{11.9}$$

为了描述方便，原系统（见图 11.8（a））称为**位移状态**；单位力系统（见图 11.8（b））称为**单位力状态**。

对于线弹性体，根据前面的章节分析知，各基本变形中的微段变形为

$$d(\Delta l) = \frac{F_N(x)dx}{EA},\quad d\lambda = \frac{kF_S(x)dx}{GA},\quad d\theta = \frac{M(x)dx}{EI}$$

式中：剪力项取的平均切应力，其中 k 为大于 1 的因数，与截面形状有关，比如：矩形截面 $k = 6/9$、圆截面 $k = 10/9$。

则式（11.9）变为

$$\Delta = \int_x \frac{F_N(x)\overline{F}_N(x)}{EA}dx + \int_x \frac{M(x)\overline{M}(x)}{EI}dx + \sum\int_x \frac{kF_S(x)\overline{F}_S(x)}{GA}dx \tag{11.10}$$

一般情况下，剪力项引起的位移远远小于另外两项的位移，所以计算时一般忽略不计。对于拉压杆系，则只保留式（11.10）的第一项，对于有 n 根杆组成的桁架，则有

$$\Delta = \sum_{i=1}^{n} \frac{F_{Ni}(x)\overline{F}_{Ni}(x)l_i}{EA_i} \tag{11.11}$$

对于以弯曲为主的梁或刚架，则可忽略轴力与剪力的影响，有

$$\Delta = \sum\int_l \frac{M(x)\overline{M}(x)}{EI}dx \tag{11.12}$$

以上诸式中，如果求出的 Δ 结果为正，则表示原结构位移与所加单位力方向一致。

式（11.0）、式（11.1）和式（11.2）统称**载荷莫尔定理**，式中积分称为**莫尔积分**，显然载荷只适用于线弹性结构。下面用例题说明单位载荷法的应用。

【例 11.6】 如图 11.9 所示，利用单位载荷法求【例 11.4】刚架点 B 的水平位移和点 C 的转角（不考虑轴力）。

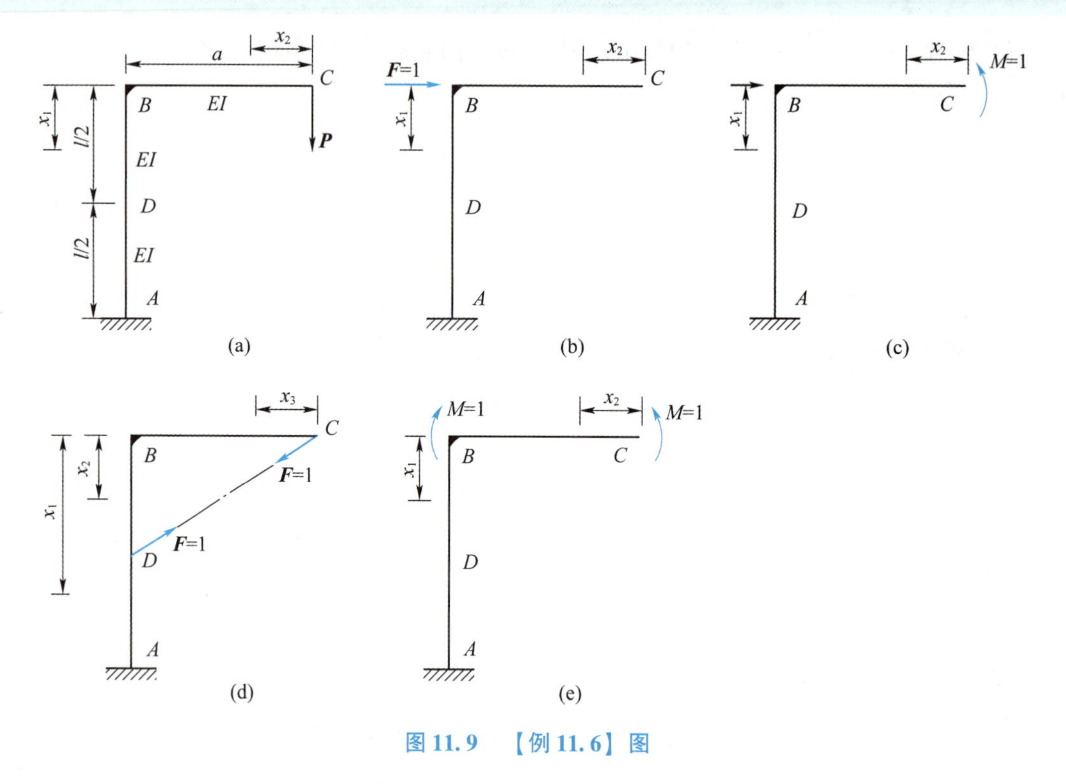

图 11.9 【例 11.6】图

【解】（1）由图 11.9（a），分段写出刚架在实际载荷作用下的弯矩方程。

AB 段

$$M(x_1) = -Pa$$

BC 段

$$M(x_2) = -Px_2$$

（2）欲求点 *B* 的水平位移，则在点 *B* 水平方向加一单位力（$F=1$），其单位载荷图如图 11.9（b）所示，分段写出刚架在单位力作用下的弯矩方程。

AB 段

$$\overline{M}(x_1) = -x_1$$

BC 段

$$\overline{M}(x_2) = 0$$

由式（11.8）有

$$\begin{aligned}\Delta_{Bx} &= \int_0^l \frac{M(x_1)\overline{M}(x_1)}{EI}\mathrm{d}x_1 + \int_0^a \frac{M(x_2)\overline{M}(x_2)}{EI}\mathrm{d}x_2 \\ &= \int_0^l \frac{(x_1)\cdot(-Pa)}{EI}\mathrm{d}x_1 + \int_0^a \frac{0\cdot(-Px_2)}{EI}\mathrm{d}x_2 = \frac{Pal^2}{2EI}\end{aligned}$$

（3）欲求点 *C* 的转角，则在点 *C* 加一单位力偶（$M=1$），其单位载荷图如图 11.9（c）所示，分段写出刚架在单位力作用下的弯矩方程。

AB 段

$$\overline{M}(x_1)=1$$

BC 段

$$\overline{M}(x_2)=1$$

由式（11.8）有

$$\theta_C=\int_0^l \frac{M(x_1)\overline{M}(x_1)}{EI}\mathrm{d}x_1+\int_0^a \frac{M(x_2)\overline{M}(x_2)}{EI}\mathrm{d}x_2$$

$$=\int_0^l \frac{1\cdot(-Pa)}{EI}\mathrm{d}x_1+\int_0^a \frac{1\cdot(-Px_2)}{EI}\mathrm{d}x_2$$

$$=-\left(\frac{Pa^2}{2EI}+\frac{Pal}{EI}\right)$$

Δ_{Bx} 为正值，说明其方向与单位力（$F=1$）的方向相同；θ_C 为负值，说明其转向与单位力偶（$M=1$）的转向相反。

（4）讨论：用单位载荷法也可求**相对位移**（相对线位移或相对角位移）。

比如：本例中求点 *C* 和点 *D* 的相对线位移 Δ_{CD}。此时，需在该二点处加上一对等值、反向、共线的单位力（$F=1$），单位载荷如图 11.9（d）所示，写出在力作用下的方程 $\overline{M}(x_1)$、$\overline{M}(x_2)$、$\overline{M}(x_3)$，再用式（11.18）求解，其格式如下

$$\Delta_{CD}=\int_{l/2}^l \frac{M(x_1)\overline{M}(x_1)}{EI}\mathrm{d}x_1+\int_0^l \frac{M(x_2)\overline{M}(x_2)}{EI}\mathrm{d}x_2+\int_0^a \frac{M(x_3)\overline{M}(x_3)}{EI}\mathrm{d}x_3$$

再比如：本例中求截面 *B* 与截面 *C* 的相对角位移 θ_{BC}，此时，需在该两截面处加上一对等值、反向的单位力偶（$M=1$），单位载荷如图 11.9（e）所示，写出在力作用下的方程，再用式（11.8）求解，其格式如下

$$\theta_{BC}=\int_0^l \frac{M(x_1)\overline{M}(x_1)}{EI}\mathrm{d}x_1+\int_0^a \frac{M(x_2)\overline{M}(x_2)}{EI}\mathrm{d}x_2$$

请读者自行完成上述计算。

11.4　互等定理·位移计算

由前面的讨论已经知道，对于线弹性体结构，积蓄在弹性体内的弹性变形能只取决于作用在弹性体上的载荷的最终值，与加载的先后次序无关。对于线弹性结构，还可利用变形能的概念得到功的互等定理和位移互等定理，统称为互等定理，这在结构分析中有重要应用。

二维码

对于线弹性体（此物体可以代表梁、桁架、框架或其他类型结构），第一组力在第二组力引起的位移上所做的功，等于第二组力在第一组力引起的位移上所做的功，这就是功互等定理。

下面以一处于线弹性阶段的简支梁为例进行说明。图 11.10（a）、图 11.10（b）代表梁的两种受力状态。1、2 截面为其上任意两截面，P_1 使梁在截面 1、2 上产生的位移分别为 Δ_{11} 和 Δ_{21}，P_2 使梁在截面 1、2 上的产生的位移则分别为 Δ_{12} 和 Δ_{22}。在位移符号的角标中，第一个表示截面位置，第二个是指由哪个力引起的。

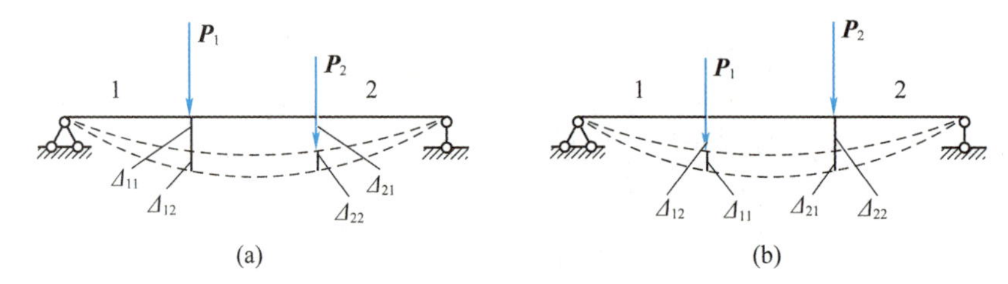

图 11.10　两种方法在梁上加载

现在用两种办法在梁上加载来计算 P_1、P_2 共同作用时外力的功。先施加 P_1 再施加 P_2，如图 11.10（a）所示，外力的功为

$$W = \frac{1}{2}P_1\Delta_{11} + \frac{1}{2}P_2\Delta_{22} + P_1\Delta_{12} \tag{11.13}$$

而当先施加 P_2 再施加 P_1 时，如图 11.10（b）所示，外力的功为

$$W = \frac{1}{2}P_2\Delta_{22} + \frac{1}{2}P_1\Delta_{11} + P_2\Delta_{21} \tag{11.14}$$

由于杆件的变形能等于外力的功，与加载次序无关，即 $U = W_1 = W_2$，所以有

$$\boxed{P_1\Delta_{12} = P_2\Delta_{21}} \tag{11.15}$$

这表明，第一个力在第二个力引起的位移上所做的功，等于第二个力在第一个力引起的位移上所做的功。这就是**功的互等定理**。

当 $P_1 = P_2$ 时，由式（11.15）可推出一个重要的推论，即

$$\boxed{\Delta_{12} = \Delta_{21}} \tag{11.16}$$

这表明，作用在方位 1 上的载荷使杆件在方位 2 上产生的位移 Δ_{21}，等于将此载荷作用在方位 2 上而在方位 1 上产生的位移 Δ_{12}。这就是**位移互等定理**。

若令 $P_1 = P_2 = 1$（即为单位力），且此时用 δ 表示位移，则有

$$\boxed{\delta_{12} = \delta_{21}} \tag{11.17}$$

由于 1、2 两截面是任意的，故上述关系可写为以下一般形式

$$\boxed{\delta_{ij} = \delta_{ji}} \tag{11.18}$$

即 j 处作用的单位力在 i 处产生的位移，等于 i 处作用的单位力在 j 处产生的位移，这是位移互等定理的特殊表达形式，在结构分析中十分有用。

以上分析对弹性体上作用的集中力偶显然也是适用的，不过相应的位移是角位移，所以上述互等定理中的力和位移泛指广义力和广义位移。

【例 11.7】如图 11.11（a）所示简支梁，P 作用在梁中点 C 处时，截面 B 的转角 $\theta_B = 0.2$ rad，试求如图 11.11（b）所示在截面 B 作用力偶矩 M 时，点 C 的挠度 w_C。

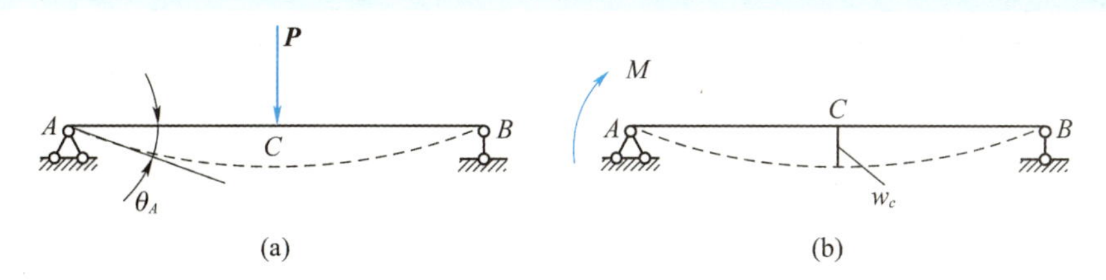

图 11.11 简支梁

【解】根据功的互等定理，有

$$Pw_C = M\theta_B$$

即力 P 在力偶 M 所产生的位移上所做的功等于力偶 M 在力 P 所产生的位移（角位移）上所做的功，解之得

$$w_C = 0.2\frac{M}{P}(\downarrow)$$

11.5 用能量法解超静定结构

在轴向拉压、对称弯曲的有关章节中，曾介绍用变形比较法求解简单超静定问题。但是，对于稍为复杂一些的超静定问题，例如超静定刚架、超静定曲杆、内力超静定问题等，仅靠前面介绍的方法是不易求解的。超静定实例如图 11.12 所示。由此，本节将介绍用能量法求解载荷作用下的超静定问题的方法。

二维码

能量法求解超静定问题的步骤：（1）确定超静定次数（或多余约束数）；（2）以多余约束力代替多余约束，将原结构变成基本静定系（即形式上的静定结构）；（3）用能量法中的任一种方法求解多余约束处的位移；（4）通过与原结构在多余约束处位移相一致的协调条件，建立补充方程；（5）解补充方程，求出多余约束力；（6）利用平衡方程求解其余的未知数，再进行强度、刚度、稳定性等计算。

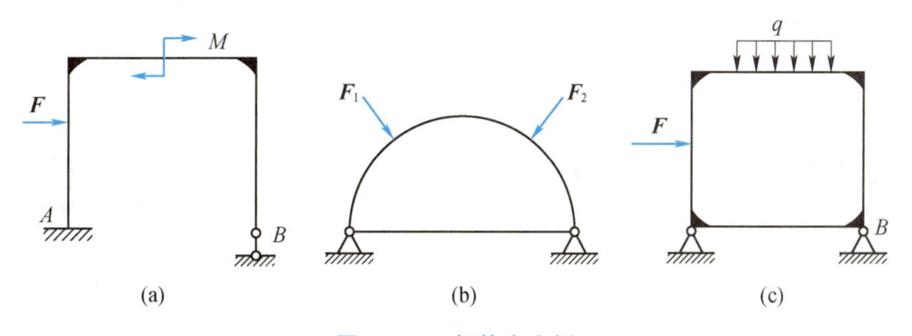

图 11.12 超静定实例

下面举例说明能量法求解超静定问题的应用。

【例 11.8】悬臂梁 AB 受均布载荷 $q = 12\ \text{kN/m}$ 作用，梁支承如图 11.13（a）所示。已知杆 BC 的截面积 $A = 100\ \text{mm}^2$，$E_1 = 70\ \text{GPa}$，长度 $a = 7.5\ \text{m}$，梁 AB 的截面惯性矩

$I = 20 \times 10^6\ \mathrm{mm}^4$，$E_2 = 200\ \mathrm{GPa}$，$l = 3\ \mathrm{m}$，求杆 BC 所受轴力。

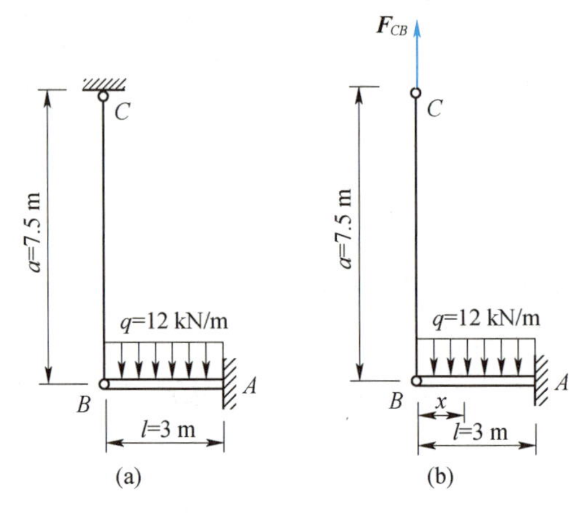

图 11.13　悬臂超静定梁

【解】(1) 这是一次超静定问题。解除 C 处的约束，用未知约束力 F_{BC} 代替，基本静定系如图 11.13（b）所示。

(2) 比较原结构可知，C 处位移的协调条件为

$$\Delta_C = 0$$

(3) 用卡氏第二定理求多余约束 C 处的位移。

先计算载荷轴力、弯矩及其对 F_{BC} 的导数，杆 BC 的轴力为 $F_{N_{BC}} = F_{BC}$，则 $\dfrac{\partial F_{N_{BC}}}{\partial F_{BC}} = 1$；梁 AB 的弯矩为 $M(x) = F_{BC}x - \dfrac{1}{2}qx^2$，则有 $\dfrac{\partial M(x)}{\partial F_{BC}} = x$。

由卡氏第二定理，有

$$\Delta_C = \frac{\partial U}{\partial P} = \int_0^a \frac{F_{N_{BC}}(x)}{E_1A}\frac{\partial F_{N_{BC}}(x)}{\partial F_{BC}}\mathrm{d}x + \int_0^l \frac{M(x)}{E_2I}\frac{\partial M(x)}{\partial F_{BC}}\mathrm{d}x$$

$$= \int_0^a \frac{F_{BC}}{E_1A}\cdot 1\mathrm{d}x + \int_0^l \frac{F_{BC}x - \frac{1}{2}qx^2}{E_2I}\cdot x\mathrm{d}x = \frac{F_{BC}a}{E_1A} + \frac{1}{E_2I}\left(\frac{F_{BC}l^3}{3} - \frac{ql^4}{8}\right)$$

(4) 并令 $\Delta_C = 0$，得补充方程

$$\frac{F_{BC}a}{E_1A} + \frac{1}{E_2I}\left(\frac{F_{BC}l^3}{3} - \frac{ql^4}{8}\right) = 0$$

将具体数值代入上式，求解可得

$$F_{BC} = 9.15\ \mathrm{kN}\ (\text{拉力})$$

上述例题也可用其他能量方法（如单位载荷法等）求解，读者可自行练习。

11.6　本章知识小结 · 框图

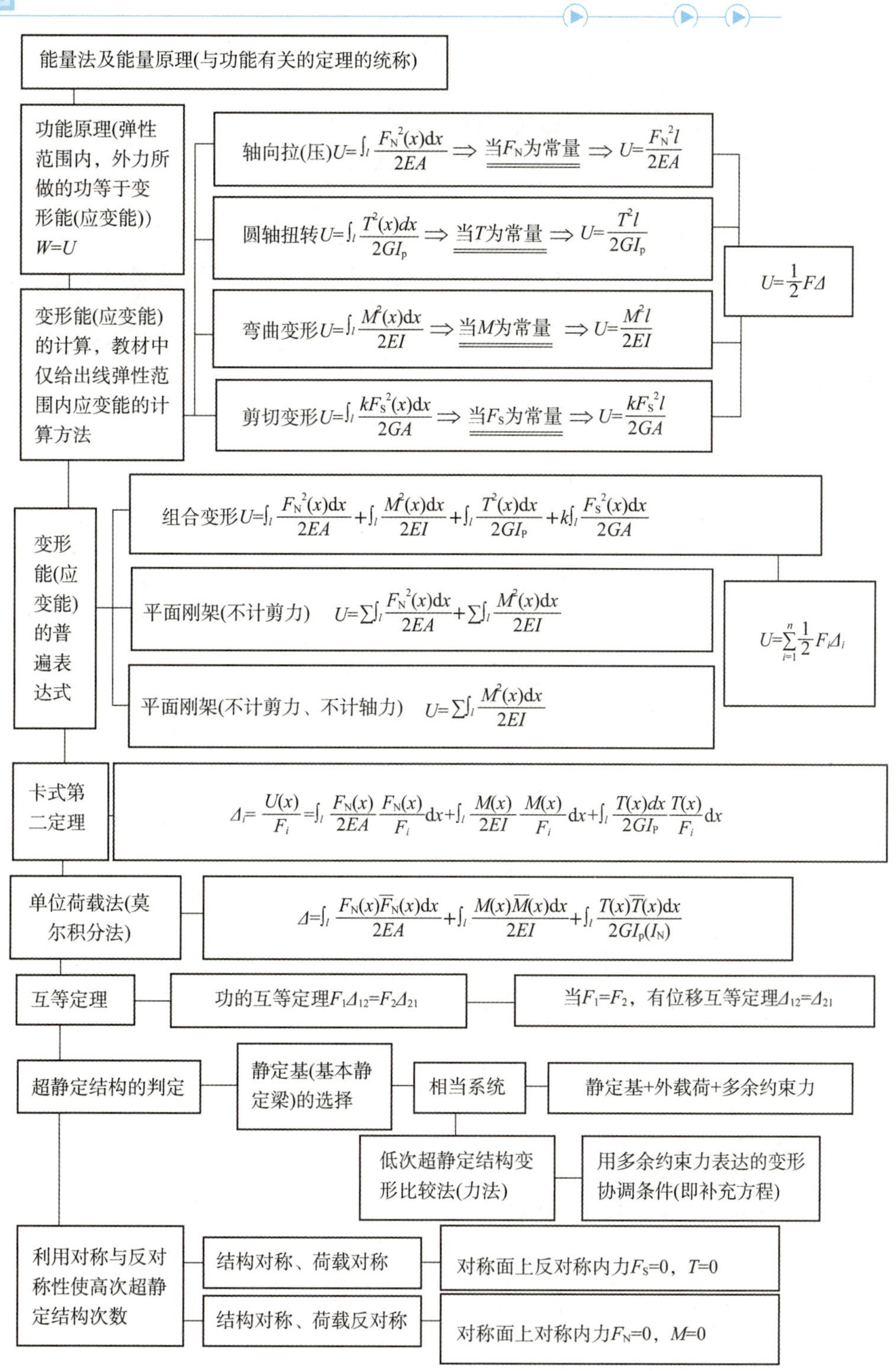

思考题

思 11.1　不论是用外力功，还是用内力功来计算变形能时，都有 1/2 的系数，这是为什么？虚功原理式或单位载荷法的公式中为什么没有 1/2 的系数？

思 11.2　用卡氏第二定理求结构的变形有什么局限性？该定理成立的条件是什么？由该定理能否导出单位载荷法的公式？

思 11.3　单位载荷法的应用条件是什么？

思 11.4　对弹性比能进行体积积分所求得的变形能与通过功能关系所得的结果是否相同？请举例说明。

思 11.5　虚功原理对什么样的材料适用？

思 11.6　用卡氏第二定理时，虚加的广义力起什么作用？在对它求偏导数后又令其为零，为什么还要把它加上去？

思 11.7　若材料服从胡克定律，且物体的变形满足小变形条件，则该物体的哪些物理量与载荷之间呈非线性关系？

思 11.8　一梁在集中力 F 作用下，其应变能为 U，若将力 F 改为 $2F$，其他条件不变，则其应变能为多少？

思 11.9　用莫尔积分 $\delta=\int_l \frac{M(x)\overline{M}(x)}{EI}\mathrm{d}x$ 求得的位移 δ 是何处何方向的位移？

思 11.10　应用莫尔定理计算梁的挠度时，若结果为正，其意义是什么？

思 11.11　用莫尔积分法计算梁的位移时，需先建立载荷和单位力引起的弯矩方程 $M(x)$ 和 $\overline{M}(x)$，此时对坐标 x 的选取和梁段的划分有何要求？

思 11.12　卡氏定理有两个表达式（a）$\delta=\frac{\partial U}{\partial F}$；（b）$\delta=\int_l \frac{M(x)}{EI}\frac{\partial M(x)}{\partial F}\mathrm{d}x$，其相应的适用范围是什么？

思 11.13　设一梁在 n 个广义力 P_1、P_2、$P_3\cdots$、P_n 共同作用下的外力功 $W=\frac{1}{2}\sum_{i=1}^{n}P_i\Delta_i$，则式中 Δ_i 为何意义？

思 11.14　结构的静不定次数如何确定？

思 11.15　求解静不定结构时，若取不同的静定基，则补充方程和解答结果是否相同？

思 11.16　图示等直梁在截面 C 承受力偶 M_e 作用，在截面 C 的转角和挠度有何特点？

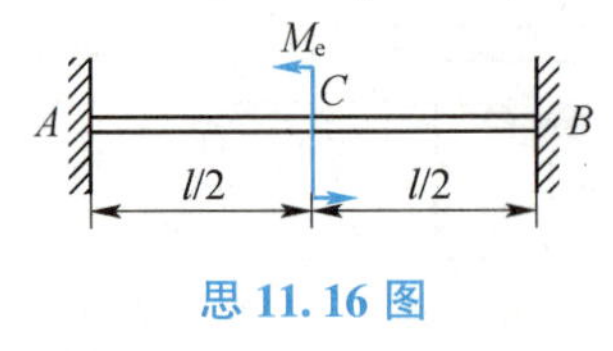

思 11.16 图

思 11.17　图示等直梁承受均布载荷 q 作用，在铰 C 处其内力有何特点？

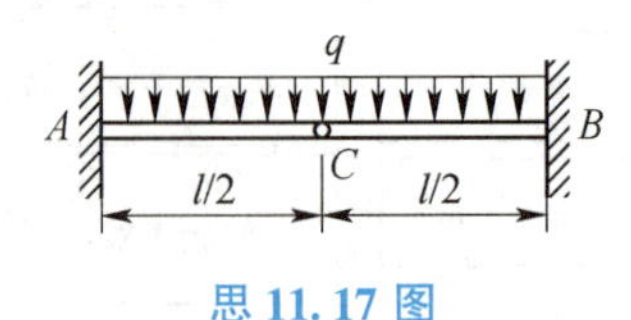

思 11.17 图

思 11.18　用单位力法求解静不定结构的位移时，单位力是否只能加在基本静定系上？

分类习题

【11.1 类】计算题（求杆件和结构的应变能）

题 11.1.1　试求图示各杆的应变能。各杆均由同一种材料制成，弹性模量为 E。

题 11.1.2　试求图示受扭圆轴内的应变能，设 $d_2 = 1.5d_1$，G 为常量且相同。

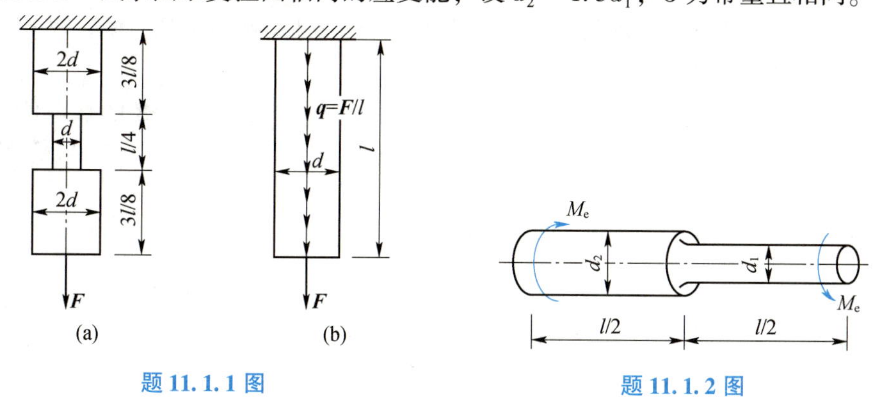

题 11.1.1 图　　　　题 11.1.2 图

题 11.1.3　试计算图示梁或结构内的应变能。EI 为已知，略去剪切的影响，对于只受拉压的杆件，考虑拉压时的应变能。

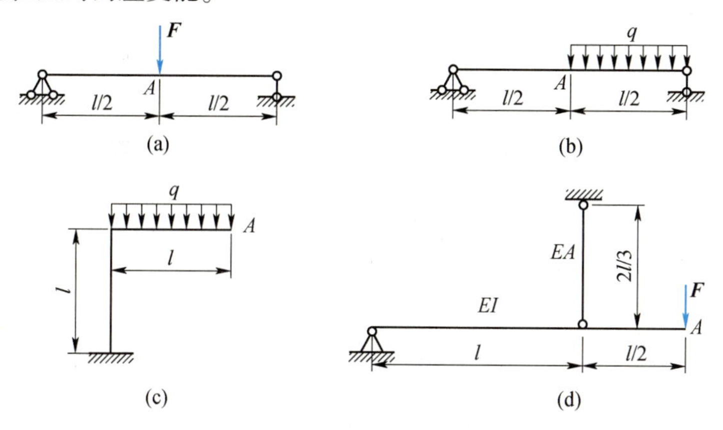

题 11.1.3 图

☆【11.2 类】计算题（能量法求变形或位移）

题 11.2.1　试用卡氏第二定理或单位载荷法求图示梁中央截面 C 的挠度和 A 端转角［或：　　］。

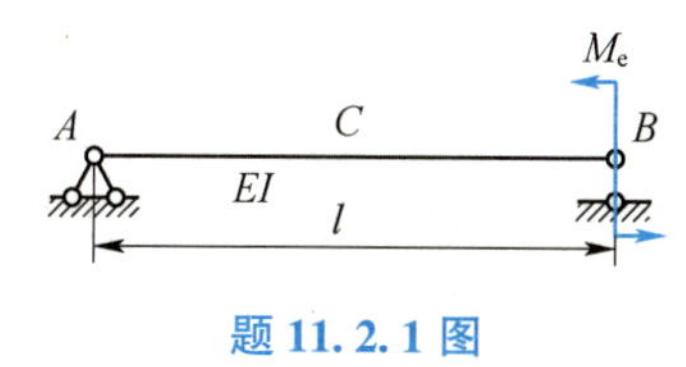

题 11.2.1 图

题 11.2.2　试用单位载荷法或卡氏第二定理求图示各梁在载荷作用下截面 A、C 处的挠

度和截面 A 的转角［或：　　］。EI 为已知，略去剪力对位移的影响。

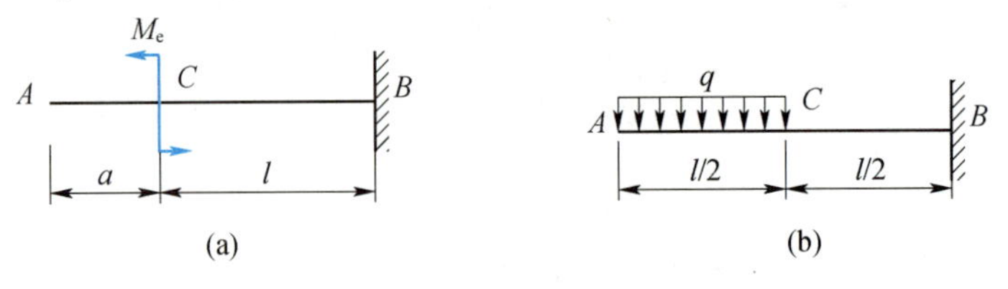

题 11.2.2 图

题 11.2.3　图示刚架各段的抗弯刚度均为 EI 。不计轴力和剪力的影响，试用单位载荷法或卡氏第二定理求截面 B 的转角［或：　　］。

题 11.2.4　杆系如图所示，在 B 端受到集中力 F 作用。已知杆 AB 的抗弯刚度为 EI ，杆 CD 的抗拉刚度为 EA 。略去剪切的影响，试用卡氏第二定理求 B 端的铅垂位移［或：　　］。

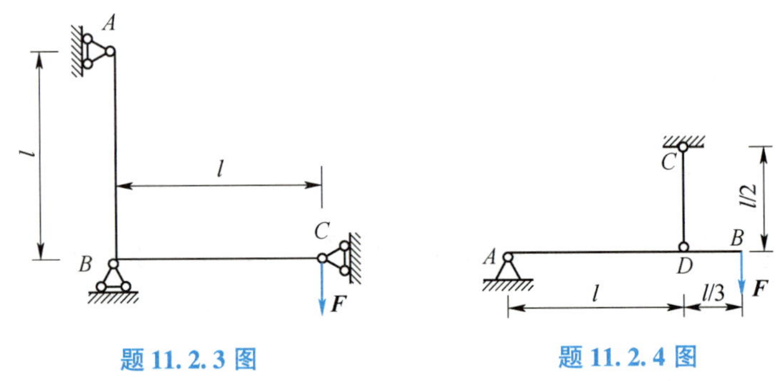

题 11.2.3 图　　　题 11.2.4 图

题 11.2.5　图示结构中，直角折杆 ABF 的截面抗弯刚度为 EI ，对于此杆可略去剪力和轴力对变形的影响，杆 CD 的抗拉刚度为 EA 。试用卡氏第二定理或单位载荷法求点 F 的水平位移［或：　　］。

题 11.2.6　如图所示刚架，AB 段与 BC 段的抗弯刚度均为 EI ，用卡氏第二定理或单位载荷法求点 A 的水平位移和垂直位移。

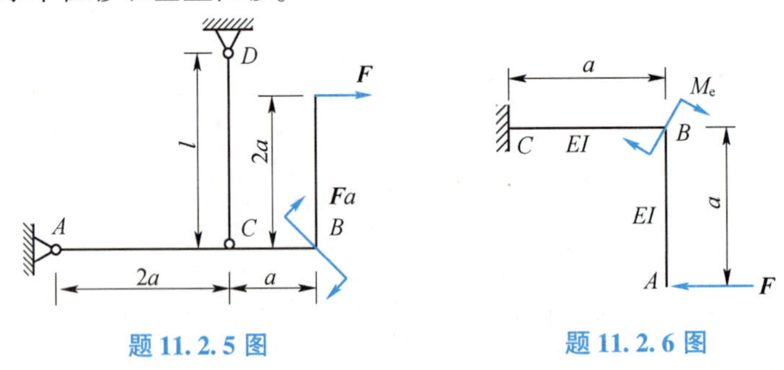

题 11.2.5 图　　　题 11.2.6 图

题 11.2.7　图示梁在 F_1 单独作用下截面 B 的挠度 $\omega_{B1}=2\ \mathrm{mm}$ ，证明梁在 F_2 单独作用下截面 C 的挠度 $\omega_{C2}=4\ \mathrm{mm}$ 。（假设 EI 不是常量）

题 11.2.8　图示外伸梁，在点 C 的力 F 单独作用下截面的转角为 $\theta_A=Fal/6EI$ 。用互等定理求梁仅在 A 处的力偶矩 M_e 作用下 C 的挠度。

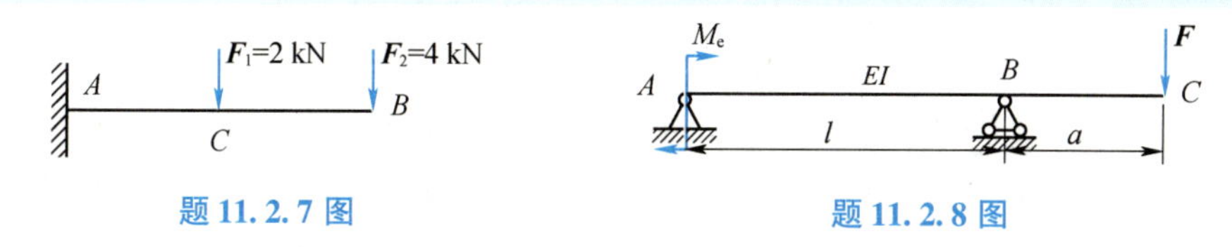

题 11.2.7 图　　题 11.2.8 图

题 11.2.9　试用能量法求题 11.2.9 图所示桁架点 A 的垂直位移。设抗拉刚度 EA 已知。

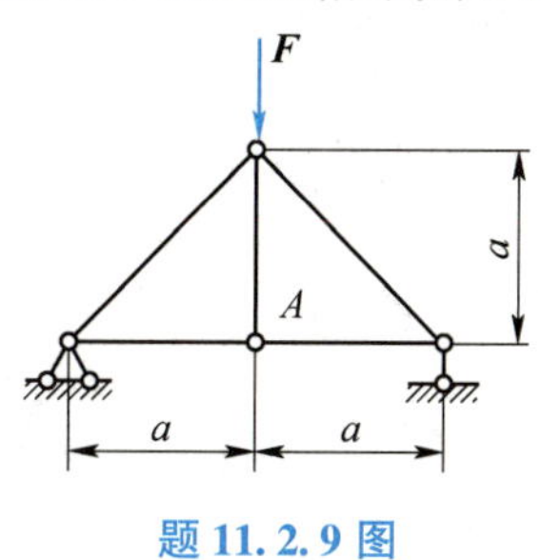

题 11.2.9 图

☆【11.3 类】计算题（能量法求相对位移）

题 11.3.1　刚架各段杆的 EI 相同，受力如图所示。

（1）用能量法计算 A、E 两点［或：　　］的相对位移 Δ_{AE}。

（2）欲使 A、E 间无相对线位移，试求 F_1 与 F_2 的比值。

题 11.3.2　图示桁架各个杆的抗拉压刚度 EA 相等，在外力 $2F$ 的作用下，试用能量法求节点 A、E 间［或：　　］的相对位移。

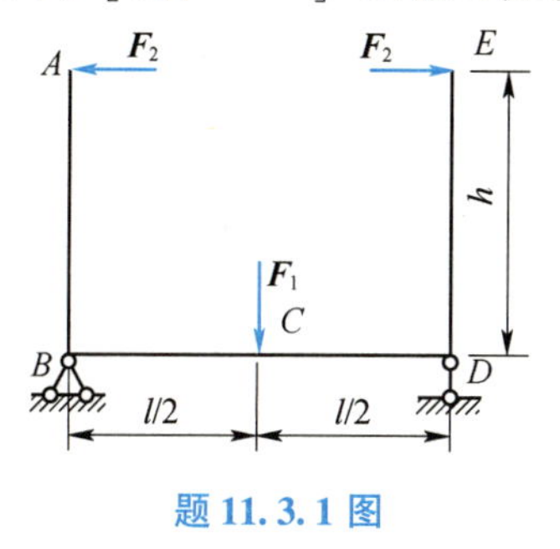

题 11.3.1 图

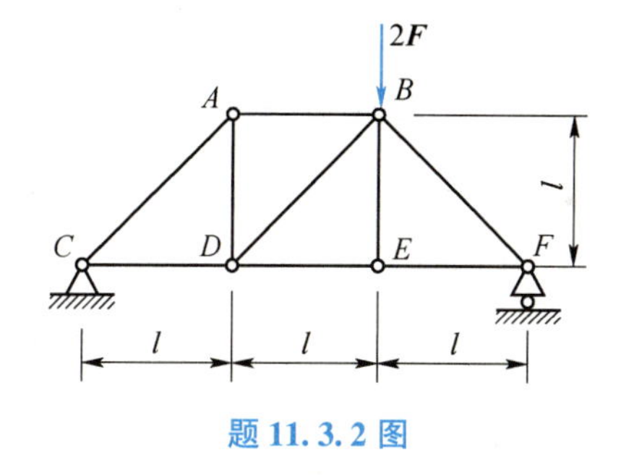

题 11.3.2 图

题 11.3.3　等截面刚架 $ABCDE$ 的抗弯刚度为 EI，受力如图所示。试求点 E 的水平位移 Δ_{Ex} 及 B、E 两截面的相对转角 θ_{BE}。

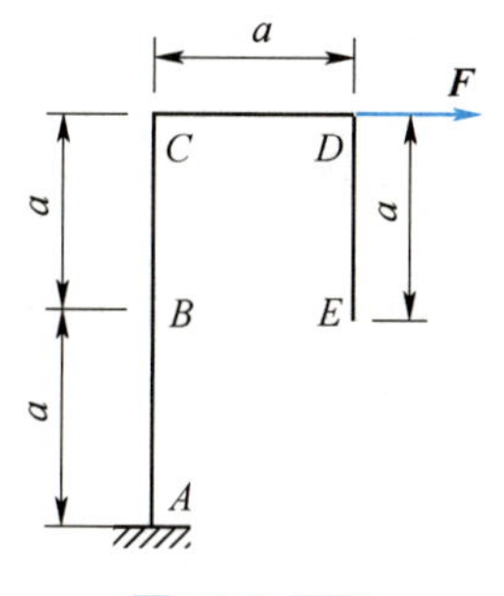

题 11.3.3 图

☆【11.4 类】计算题（能量法解超静定梁）

题 11.4.1　图示木梁 ACB 两端铰支，中点 C 处为弹簧支承。若弹簧常量 $k=500\ \mathrm{kN/m}$，且已知 $l=4\mathrm{m}$，$b=60\ \mathrm{mm}$，$h=80\ \mathrm{mm}$［或：　　］，$E=1\ \mathrm{GPa}$，均布载荷 $q=10\ \mathrm{kN/m}$，试求弹簧的约束反力。

题 11.4.2　求图示抗弯刚度为 EI 的对称超静定梁的两端反力（设固定端沿梁轴线的反力可省略）。

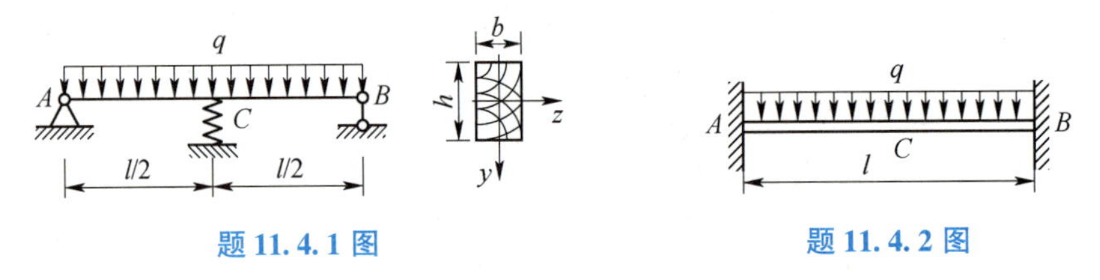

题 11.4.1 图　　题 11.4.2 图

题 11.4.3　求图示抗弯刚度为 EI 的对称静不定梁的支座反力和最大弯矩。

题 11.4.4　如图所示，抗弯刚度为 EI 的直梁 ABC 在承受载荷前安装在支座 A、C 上，梁与支座 B 间有一间隙 Δ。承受均布载荷 q 后，梁发生弯曲变形并与支座 B 接触。若要使 3 个支座的约束反力均相等［或：　　］，则间隙 Δ 应为多大?

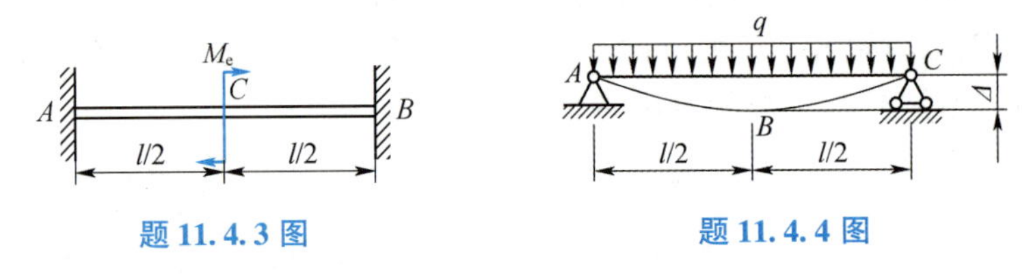

题 11.4.3 图　　题 11.4.4 图

题 11.4.5　图示悬臂梁 AD 和 BE 的抗弯刚度皆为 $EI=24\times10^{6}\ \mathrm{N\cdot m^{2}}$，连接杆 CD 的截面面积 $A=3\times10^{-4}\ \mathrm{m^{2}}$，杆 CD 的长度 $l=5\ \mathrm{m}$［或：　　］，材料弹性模量 $E=200\ \mathrm{GPa}$；若外力 $F=50\ \mathrm{kN}$，试求悬臂梁 AD 在点 D 的挠度。

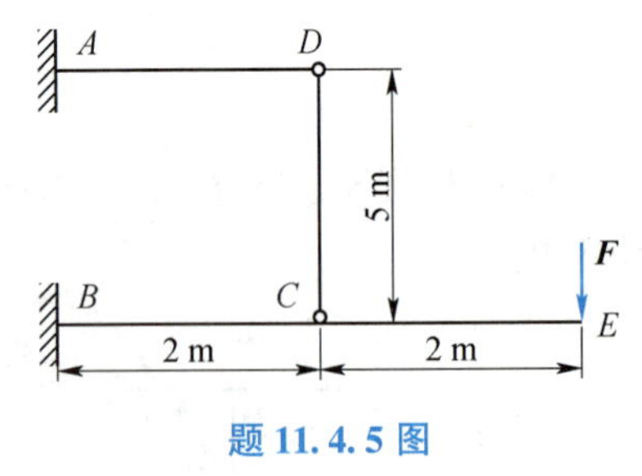

题 11.4.5 图

☆【11.5 类】计算题（能量法解超静定刚架）

题 11.5.1　已知各杆的 EA、EI 相同，如图所示。试用单位载荷法或卡氏第二定理求解图示超静定结构，并画出图示刚架的弯矩图。

题 11.5.2　图示刚架各部分的抗弯刚度均为常量 EI，$M_e=Fa$，试作刚架的弯矩图。

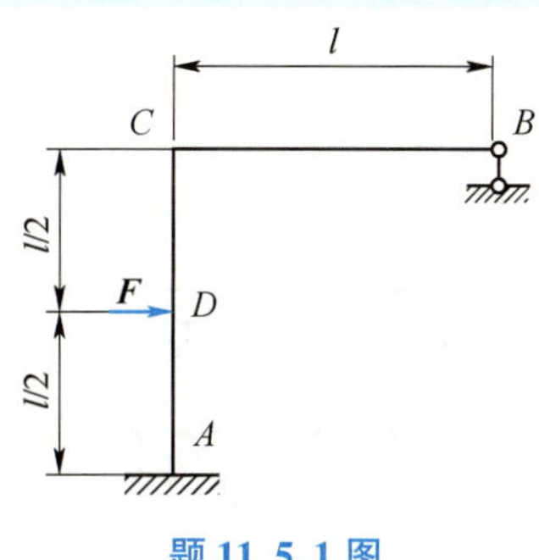

题 11.5.1 图

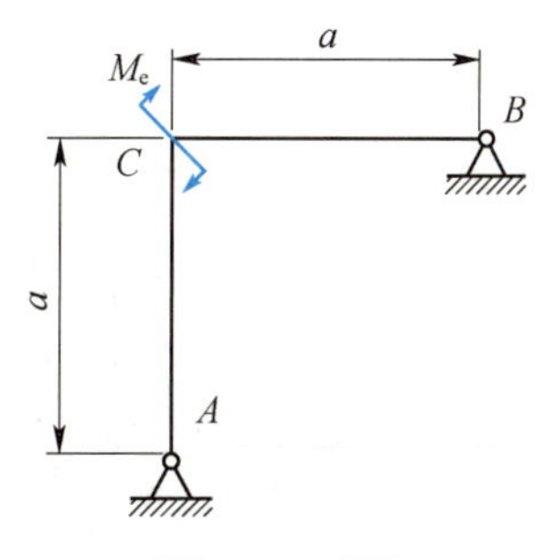

题 11.5.2 图

题 11.5.3　刚架结构受力如图所示，已知刚架各个部分的抗弯刚度均为 EI ，试作刚架的弯矩图（不计剪力和轴力的影响）。

题 11.5.4　求图示刚架 C 及 A 处的约束力。已知各杆弯曲刚度相同（不计剪力和轴力的影响）。

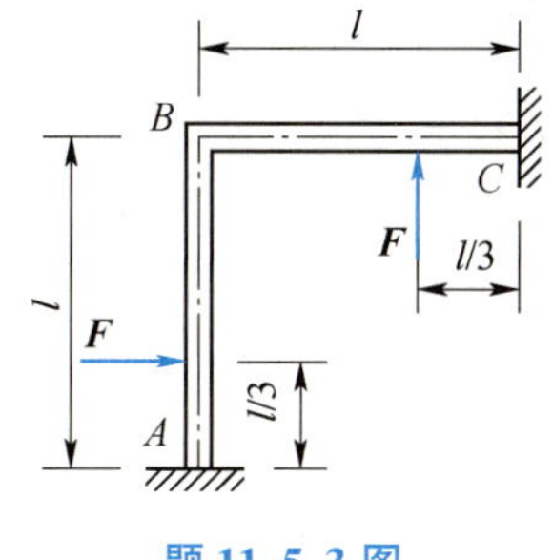

题 11.5.3 图

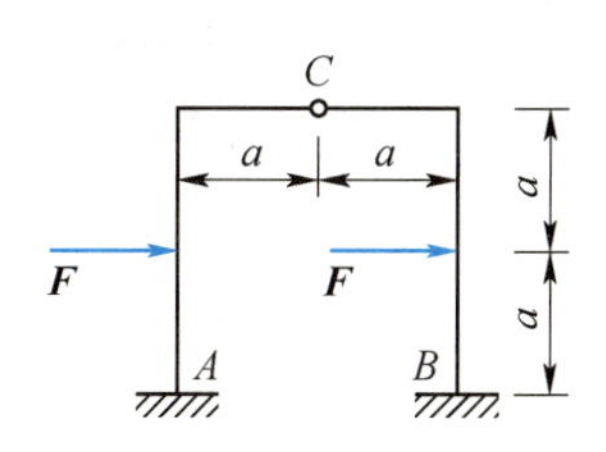

题 11.5.4 图

☆【11.6 类】计算题（能量法解超静定桁架、桁梁结构）

题 11.6.1　杆件结构如图所示，各杆的抗拉刚度均为 EA 。试求各杆的内力。

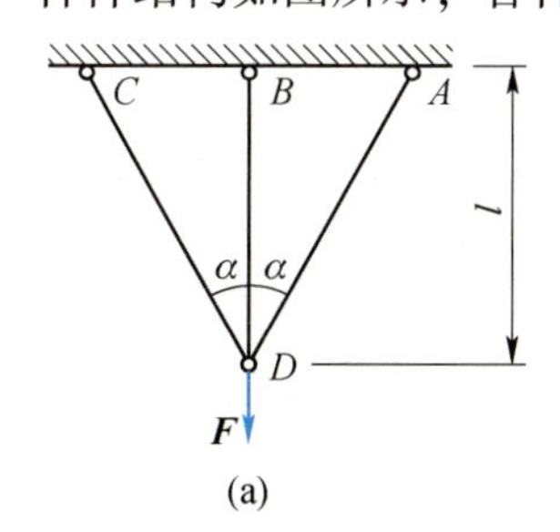

(a)

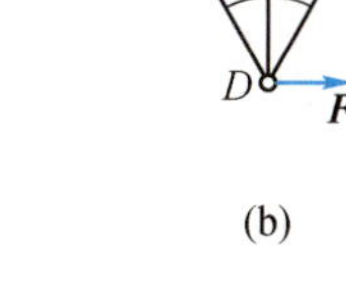

(b)

题 11.6.1 图

题 11.6.2　一结构如图所示，试求：(1) 杆 BC 的轴力；(2) 节点 B 的铅垂位移。

题 11.6.3　结构及其受力如图所示。已知 EA、EI ，且 $I = Aa^2$，用卡氏第二定理求①、②两杆的内力。

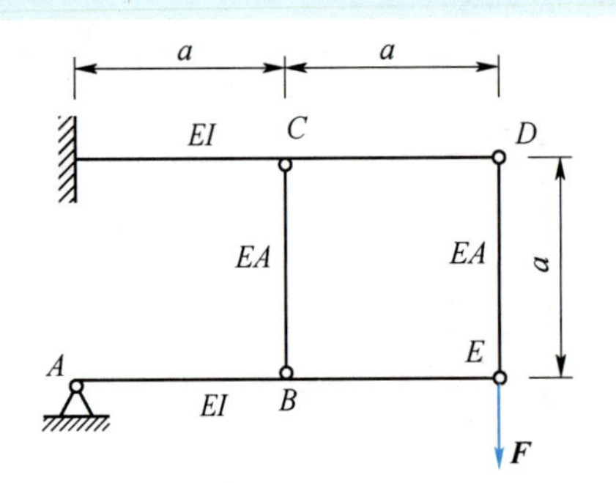

题 11.6.2 图

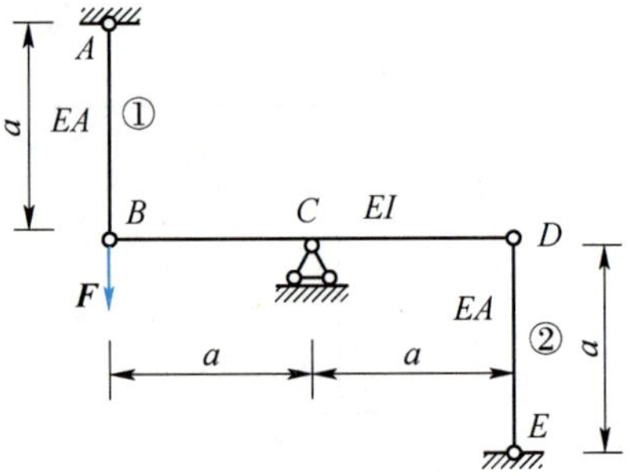

题 11.6.3 图

☆【11.7 类】计算题（能量法求解超静定连续梁）

题 11.7.1 作出图示梁的剪力图和弯矩图。$F = qa$，设 EI 为常量。

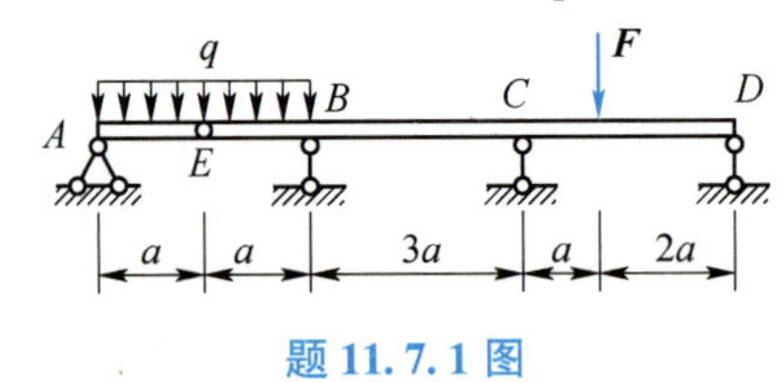

题 11.7.1 图

*第 12 章 动载荷 · 动应力

12.1 概 述

前面各章讨论的是构件在静载荷作用下的强度、刚度和稳定性问题。静载荷（static load）是指载荷缓慢地从 0 逐渐增加到最终数值后保持不变。在静载荷作用下，构件内任一点加速度为 0，或加速度很小可忽略不计，这时构件处于静力平衡或做匀速直线运动状态。如果作用在构件上的载荷随时间的变化较快，或运动构件内质点的加速度不可忽略时，就称构件承受动载荷（dynamic load）。如图 12.1 所示，加速吊升的重物与缆索、打桩机锤打的桩、地震时的建筑物等，它们都受到不同形式的动载荷作用。

在材料力学中，一般讨论 3 种产生动载荷的情况：一是**惯性载荷**（构件做变速运动）；二是**冲击载荷**（构件直接承受冲击作用）；三是**周期性载荷**（构件做强迫振动）。

构件内因动载荷所引起的应力称为**动应力**（dynamic stress），动应力的计算方法随动载荷形式的不同而有所不同。在动载荷作用下的各种**内效应量**（如内力、应力、应变、位移等）都用下标 d 表示，如动应力 σ_d、动位移 δ_d。而静载荷作用下的物理量采用下标 st 表示或无下标，如静应力 σ_{st}、静位移 δ_{st} 或 σ、δ。

实验证明：静载荷下服从胡克定律的材料，在动载荷下只要动应力不超过比例极限，胡克定律仍然有效，而且弹性模量不变。

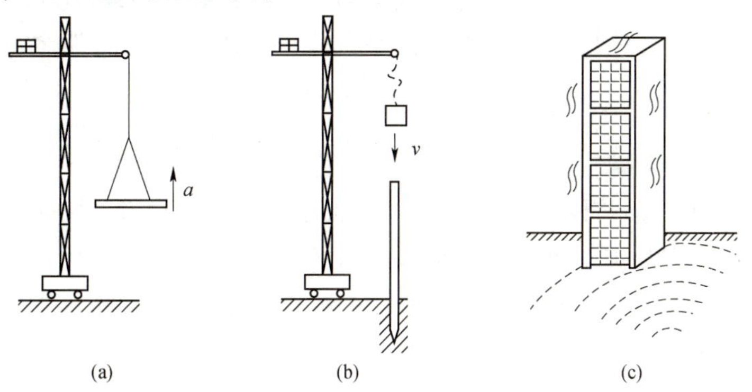

图 12.1 不同形式的动载荷作用

（a）起吊重物；（b）打桩；（c）地震引起建筑物振动

12.2 惯性载荷

构件做变速运动时，若运动情况已知，构件内力的计算问题可以采用**动静法**来解决。按照**达朗伯尔原理**（D'Alembert's Princinle），若将惯性力加到做加速运动的构件的每个质点上，则惯性力系与构件上的外力在形式上组成一个平衡力系，这样，借助动静法就可将动力学问题转化为静力学问题来处理。

本节分别讨论构件做匀加速直线平动时和匀角速转动时的动应力和动变形计算。

12.2.1 构件作匀加速直线平动

现以匀加速起吊一根杆件为例，说明构件作匀加速直线运动时的动应力计算方法。设杆件长为 l，重量为 W，杆件密度为 ρ，重度为 ρg，横截面积为 A，在吊索牵引下以加速度 a 上升，如图 12.2（a）所示，现分析此吊杆的内力、应力和变形。

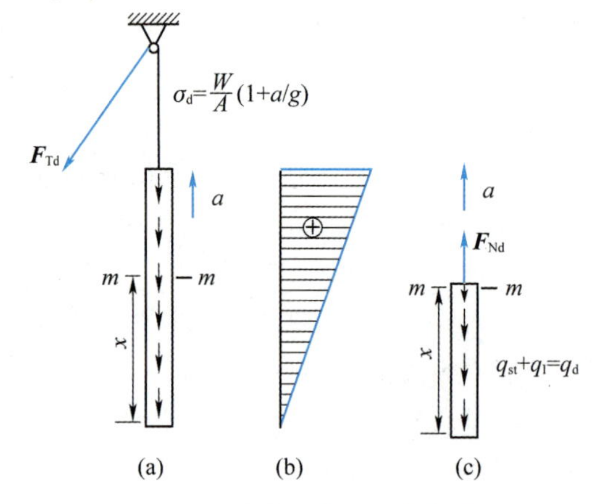

图 12.2 匀加速起吊一根杆件

（a）；（b）轴力图；（c）x 段受力图

作用在杆上的自重（静载荷）沿杆轴线均匀分布，其**静载荷集度**为 $q_{st}=A\rho g$；惯性力也沿杆轴线均匀分布，其**惯性载荷集度**为 $q_I=A\rho a$，惯性载荷方向与加速度 a 相反（向下）。可见，其**动载荷集度**为

$$q_d=q_{st}+q_I=A\rho g+A\rho a=\left(1+\frac{a}{g}\right)q_{st} \tag{a}$$

沿任一横截面 $m—m$ 将杆截开，并取长为 x 的下段为研究对象，设 $m—m$ 截面的动轴力为 $F_{Nd}(x)$，如图 12.2（c）所示。由动静法，列出平衡方程

$$\sum F_x=0,\ F_{Nd}(x)-A\rho gx-A\rho ax=0$$

由此可得 $m—m$ 截面的动轴力为

$$F_{Nd}(x)=\left(1+\frac{a}{g}\right)A\rho gx$$

$m—m$ 横截面上的动应力为

$$\sigma_d(x)=\frac{F_{Nd}(x)}{A}=\left(1+\frac{a}{g}\right)\rho gx$$

因 $W=A\rho gl$，故上面两式可改写成

$$F_{Nd}(x)=\left(1+\frac{a}{g}\right)\frac{W}{l}x \tag{b}$$

所以

$$\sigma_d(x)=\frac{F_{Nd}(x)}{A}=\left(1+\frac{a}{g}\right)\frac{W}{A}\frac{x}{l} \tag{c}$$

动应力沿杆长的分布规律如图 12.2（b）所示，由式（a）可得吊索动拉力 F_{Td}（杆端所受牵引力）

$$F_{Td}=F_{Nd}(l)=\left(1+\frac{a}{g}\right)W \tag{d}$$

当加速度 $a=0$ 时，杆件静止或做匀速直线平动，则可得吊索的静拉力 F_{Tst}、杆件 m—m 截面上的静轴力 F_{Nst}、静应力 σ_{st} 分别为

$$F_{Tst}=W,\quad F_{Nst}(x)=\frac{W}{l}x,\quad \sigma_{st}(x)=\frac{W}{A}\frac{x}{l}$$

代入以上各式，归纳得出

$$\boxed{\begin{aligned}q_d&=K_dq_{st}\\F_{Td}&=K_dF_{Tst}\end{aligned}} \tag{12.1}$$

$$\boxed{\begin{aligned}F_{Nd}&=K_dF_{Nst}\\\sigma_d&=K_d\sigma_{st}\end{aligned}} \tag{12.2}$$

式中：$K_d=1+\dfrac{a}{g}$。

这里的 K_d 称为构件匀加速直线平动时的**动荷因数**或称**动荷系数**（dynamic factor）。

由此可见，构件的动载荷、动内力和动应力分别等于动荷因数乘以构件相应的静载荷、静内力和静应力。而在线弹性范围内，应变与应力成正比，变形与载荷成正比，故也可将杆的动应变 ε_d 和动变形 Δl_d 分别表示为静应变 ε_{st} 和静变形 Δl_{st} 与动荷因数的乘积，即

$$\varepsilon_d=K_d\varepsilon_{st}$$
$$\Delta l_d=K_d\Delta l_{st}$$

综上所述，构件在动载荷作用下的各种动内效应量（如动内力、动应力、动应变、动位移等）等于动荷因数乘以构件在静载荷作用下相应的各种静内效应量（如静内力、静应力、静应变、静位移等），即

$$\boxed{[\text{动内效应量}]=K_d\cdot[\text{静内效应量}]} \tag{12.3}$$

动荷因数 K_d 可理解为**动内效应量**是相应的**静内效应量**的倍数。且在同一工况下，构件或系统的动荷因数是唯一的，即

$$\boxed{K_d=\frac{q_d}{q_{st}}=\frac{F_{Td}}{F_{Tst}}=\frac{F_{Nd}}{F_{Nst}}=\frac{\sigma_d}{\sigma_{st}}=\frac{\varepsilon_d}{\varepsilon_{st}}=\frac{\Delta l_d}{\Delta l_{st}}} \tag{12.4}$$

对于匀加速直线平动下构件的强度条件为

$$\sigma_{d,\ max} = K_d \sigma_{st,\ max} \leqslant [\sigma] \tag{12.5}$$

动载荷下构件的强度计算的关键是求动荷因数 K_d。式（12.5）中的 $[\sigma]$ 为材料在静载荷下的许用应力值。

必须指出，上面的结论也适用于等直梁在动载荷下的平面弯曲的情况，还适用于冲击载荷的情况。当然式（12.3）、式（12.4）中的内效应量就要做相应的调整和扩充。

【例 12.1】 如图 12.3 所示，一根长度 $l = 12$ m 的 14 号工字钢，由两根钢缆吊起，并以匀加速度 $a = 15$ m/s^2 上升，如图 12.3（a）所示。已知钢缆的横截面积 $A = 72$ mm^2，工字钢的许用应力 $[\sigma] = 160$ MPa，试计算钢缆的动应力，并校核工字钢梁的强度。

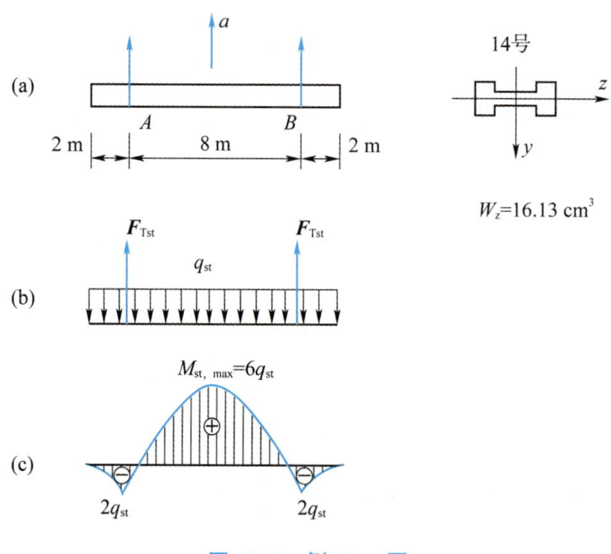

图 12.3　例 12.1 图

【解】 由型钢表查得：工字钢每米长度的重量 q_{st} 以及抗弯截面系数 W_z

$$q_{st} = 165.62 \times 10^{-3}\ \text{N/mm},\quad W_z = 16.13 \times 10^3\ \text{mm}^3$$

计算动荷因数

$$K_d = 1 + \frac{a}{g} = 1 + \frac{15}{9.8} = 2.53$$

工字钢梁在自重（静载荷）作用下的受力图如图 12.3（b）所示，由钢梁的平衡条件 $\sum F_y = 0$，解得钢缆所受的静拉力 F_{Tst} 以及静应力 σ_{st}

$$F_{Tst} = \frac{q_{st} l}{2} = \frac{1}{2} \times 165.6 \times 10^{-3} \times 12 \times 10^3\ \text{N} = 993.7\ \text{N}$$

$$\sigma_{st} = \frac{F_{Tst}}{A} = \frac{993.7}{72}\ \text{MPa} = 13.8\ \text{MPa}$$

故钢缆内的动应力为

$$\sigma_d = K_d \sigma_{st} = 2.53 \times 13.8\ \text{MPa} = 34.9\ \text{MPa}$$

绘出工字钢梁在静载荷 q_{st} 作用下的弯矩图，如图 12.3（c）所示，在跨中截面有最大弯矩

$$M_{max}=F_{Tst}\times\frac{AB}{2}-\frac{1}{2}q_{st}\times\left(\frac{l}{2}\right)^2$$

$$=\left[993.7\times\frac{1}{2}\times 8\times 10^3-\frac{1}{2}\times 165.62\times 10^{-3}\times\left(\frac{1}{2}\times 12\times 10^3\right)^2\right]\text{N}\cdot\text{mm}$$

$$=993.7\times 10^3\ \text{N}\cdot\text{mm}$$

在跨中截面上下边缘有最大应力

$$\sigma_{st,\ max}=\frac{M_{st,\ max}}{W_z}=\frac{993.7\times 10^3}{16.13\times 10^3}\text{MPa}=61.7\ \text{MPa}$$

工字钢梁内最大动应力

$$\sigma_{d,\ max}=K_d\sigma_{st,\ max}=2.53\times 61.7\ \text{MPa}=156.1\ \text{MPa}<[\sigma]=160\ \text{MPa}$$

故工字钢梁是安全的。

12.2.2 构件做匀角速度转动

在某些工程问题中，构件承受动载荷，但不存在相应的静载荷，也就无法用式(12.4)计算其动荷因数，例如匀角速转动的构件。

当构件做匀角速转动时，构件上各质点只有向心加速度，向心加速度的值 $r\omega^2$，r 是质点到转轴的距离，ω 是构件的角速度。按照达朗贝尔原理，将离心惯性力加到构件的每个质点上，则惯性力系与构件上的外力在形式上组成一个平衡力系。将动力问题简化为静力平衡问题进行计算。

如图 12.4 (a) 所示，薄壁圆环以匀角速度 ω 绕圆心旋转，圆环厚为 t，直径为 D，宽为 b，径向截面面积为 $A=tb$，圆环密度为 ρ，重度为 ρg。设在单位宽度的微段弧长 ds 上的离心惯性力 dp，则

$$\mathrm{d}p=mr\omega^2=(t\rho\mathrm{d}s)\cdot\frac{D}{2}\omega^2$$

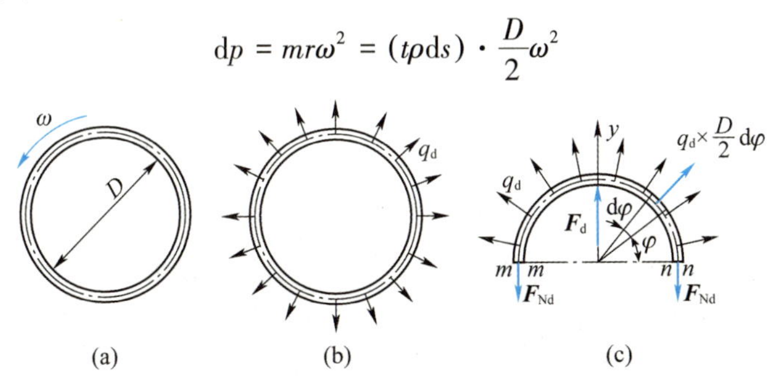

图 12.4 薄壁圆环以匀角速度旋转

(a) 匀角速转动圆环；(b) 圆环的惯性力系；(c) 半圆环受力图

旋转薄壁圆环的离心惯性力构成径向的均布载荷，其惯性载荷集度为

$$q_1=\frac{\mathrm{d}p}{\mathrm{d}s}=\frac{tD}{2}\rho\omega^2$$

相应的静载荷集度为

$$q_{st}=0$$

动载荷集度为

$$q_d=q_{st}+q_1=q_1=\frac{tD\rho\omega^2}{2}$$

而圆环承受的动载荷如图 12.4（b）所示，这与薄壁容器受内压时的载荷图类似。

由于圆环几何外形、物性及受力的极对称性，用任一直径平面截取半圆环受力如图 12.4（c）所示，半环上的惯性力沿 y 轴方向的合力为

$$F_d = \int_0^\pi q_d \frac{D}{2} b\sin\varphi d\varphi = \frac{q_d Db}{2}\int_0^\pi \sin\varphi d\varphi = q_d Db = \frac{tb\rho\omega^2 D^2}{2}$$

其作用线与 y 轴重合。

由对称关系可知，半圆环两侧径向截面 m—m（或 n—n）上的轴力 F_{Nd} 相等，其值可由平衡方程 $\sum F_y = 0$ 求得，为

$$F_{Nd} = \frac{F_d}{2} = \frac{tbD^2\rho\omega^2}{4}$$

由于环壁很薄，可认为在圆环径向截面 m—m（或 n—n）上各点处的正应力相等。于是，旋转薄壁圆环的径向截面上的正应力 σ_d 为

$$\sigma_d = \frac{F_{Nd}}{A} = \frac{\frac{1}{4}tb\rho\omega^2 D^2}{tb} = \frac{\rho\omega^2 D^2}{4} \tag{12.6}$$

由式（12.6）知，旋转薄壁圆环的周向应力与圆环的壁厚、环宽无关。欲提高构件的安全性，加宽加厚构件的做法是有害无益的，应采用轻质材料或改圆环为圆盘型构件。由于匀速转动的动载荷不存在对应的静载荷、静应力，因此，此时不存在动荷因数。

对于其他形式的旋转构件而言，也有与式（12.6）类似的应力表达式。旋转构件的应力跟角速度的平方成正比，高速旋转的构件内或半径较大的构件内存在相当大的拉应力，故为了保证构件安全工作，必须严格限制构件的转速。

对于旋转薄壁圆环，其强度条件为

$$\sigma_d = \frac{\rho}{4}D^2\omega^2 \leqslant [\sigma]$$

则旋转薄壁圆环的限速为

$$n = \frac{\omega}{2\pi} \leqslant \frac{1}{\pi D}\sqrt{\frac{[\sigma]}{\rho}}$$

在离心惯性力（惯性动载荷）q_d 作用下，圆环的周长 l 和平均直径 D 都将增加。以 ΔD 表示直径的增量，ε_t 表示周向应变，则有

$$\varepsilon_t = \frac{\pi(D + \Delta D) - \pi D}{\pi D} = \frac{\Delta D}{D}$$

由此得到 $\Delta D = \varepsilon_t D$。

在线弹性范围内，由胡克定律得

$$\varepsilon_t = \frac{\sigma_d}{E}$$

代入上式，得平均直径的增量（即旋转圆环的变形）为

$$\Delta D = \frac{\sigma_d}{E}D = \frac{\rho D^3}{4E}\omega^2$$

可见，圆环直径的改变量与 ω^2 成正比。当飞轮的轮缘与轮心采用过盈配合时，若转速过大，则有可能发生轮缘与轮心松脱现象。

【例 12.2】如图 12.5 所示，传动轴 AB 的 A 端安装有飞轮，转动惯量 $J=10.8\ \mathrm{N\cdot m\cdot s^2}$，飞轮的转速 $n=3\,000\ \mathrm{r/min}$。B 端装有刹车离合器，轴 AB 的许用应力 $[\sigma]=80\ \mathrm{MPa}$，若要求飞轮在 $t=25\ \mathrm{s}$ 内停止转动，试设计轴 AB 的直径 d。

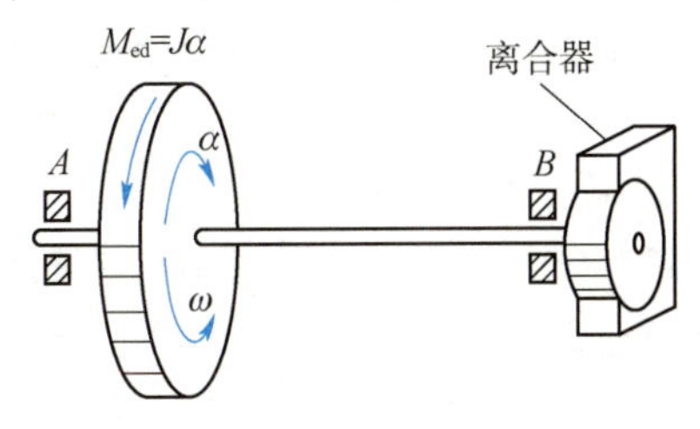

图 12.5　例 12.2 图

【解】由理论力学知：惯性力系对转轴的主矩，即惯性力偶矩 M_{ed}，其大小等于构件的转动惯量 J 与角加速度 α 的乘积，其转向与角加速度方向相反，如图 12.5 所示，即

$$M_{\mathrm{ed}}=J\alpha$$

假定轮 A 是匀减速停下，那么

$$\alpha=\frac{\omega}{t}=\frac{2\pi n}{t}$$

轴 AB 受到飞轮 A 给予的惯性力偶矩 M_{ed} 和刹车离合器给予的制动力偶矩作用，产生扭转变形，扭矩 $M_{\mathrm{T}}=M_{\mathrm{ed}}$。因此轴内最大切应力为

$$\tau_{\mathrm{d}}=\frac{M_{\mathrm{T}}}{W_{\mathrm{P}}}=\frac{2\pi nJ}{tW_{\mathrm{P}}}=\frac{32nJ}{td^3}$$

若按第三强度理论设计，应有

$$\sigma_{\mathrm{r3}}=2\tau_{\mathrm{d}}=\frac{64nJ}{td^3}\leqslant[\sigma]$$

解得 $d\geqslant 4\times\sqrt[3]{\dfrac{nJ}{t[\sigma]}}=4\times\sqrt[3]{\dfrac{50\times 10.8}{2\times 80\times 10^6}}\ \mathrm{m}=0.06\ \mathrm{m}$

故轴 AB 的直径应不小于 60 mm。

12.3　冲击载荷

当物体以一定的速度撞击构件时，因物体的运动受到构件阻碍，其速度迅速减小，甚至降为 0。这个过程称为冲击（impact）。运动的物体称为冲击物，受到撞击的构件称为被冲击物。工程中的落锤打桩、冲压加工、高速转动飞轮或砂轮的突然刹车等都属于冲击问题。冲击物的速度在很短促的时间内急剧减小而获得很大的负加速度，从而在冲击物与被冲击物之间引起很大的作用力。冲击过程中两个物体间的作用力称为冲击载荷或称冲击力。由于冲击过程持续时间极短，加速度的大小难以确定，因此不宜采用动静法进行分析。

工程上通常采用能量法来解决冲击问题，即在若干假设的基础上，根据能量守恒定律对冲击构件的应力和变形进行简化计算。所涉及的假设如下。

（1）冲击物为刚体，即冲击物的变形对冲击过程的影响可略去不计；被冲击物为弹性体，即在冲击过程中被冲击物的材料服从胡克定律，且弹性模量与静载荷时相同。

（2）被冲击物的质量可略去不计，这并不是因为被冲击物的质量比冲击物的质量小，而实质上是忽略了被冲击物在冲击过程中动能的变化。当两物体一旦接触就不再分开，即没有回弹。

（3）冲击过程中的其他能量损失可略去不计。

根据上述假设，由机械能守恒定律可知，冲击物在冲击过程中减少的动能 E_k 和势能 E_p 将全部转化为被冲击物的弹性应变能 V_ε，即

$$\boxed{E_k + E_p = V_\varepsilon}$$

这样得到的应变能稍大于被冲击物实际吸收的应变能，故按能量法计算所得结果是偏于安全的。本节分别讨论在垂直冲击作用和水平冲击作用下构件的动应力和动变形计算。

12.3.1 垂直冲击

图12.6（a）所示的等直杆，长为 l，横截面积为 A，材料的弹性模量为 E，一个重量为 Q 的冲击物以速度 v 沿杆轴线方向向下冲击到杆件顶端，使杆发生轴向压缩。现在分析杆等直杆的应力和变形。

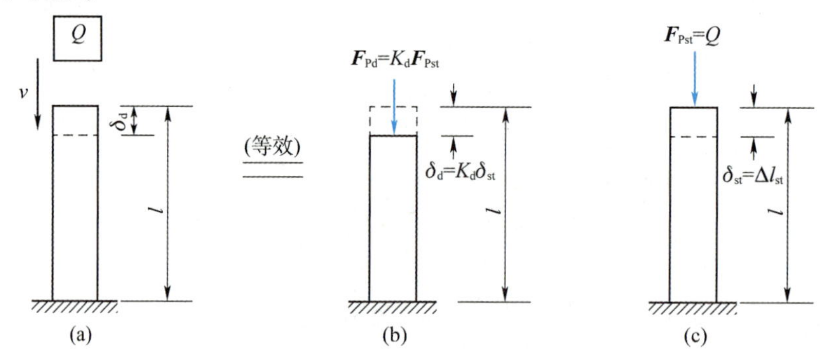

图12.6 垂直冲击

当冲击重物以速度 v 刚与杆顶端面接触的瞬间，杆件尚未变形，其应变能为0，重物在此位置的势能则可设为0，而重物的动能为

$$E_k = \frac{1}{2}\frac{Q}{g}v^2 \tag{a}$$

设重物和杆顶端接触后，两者一起运动，杆受压变短，重物随之下降，其速度逐渐减小。

当杆的压缩变形量达到最大值，即冲击点（杆顶端面）沿冲击方向产生最大动位移 δ_d 时，重物的速度减为0，重物的动能等于0，这时杆受到最大的冲击载荷 F_{Pd} 作用，这时冲击过程终止，如图12.6（b）所示。

在冲击过程中重物减少的势能为

$$E_p = Q\delta_d \tag{b}$$

由能量守恒定律可知，在整个冲击过程中重物减少的动能和势能，全部转化为杆的弹性应变能 V_ε，即

$$E_k + E_p = V_\varepsilon \tag{c}$$

而杆件的弹性应变能 V_ε 应等于冲击载荷在冲击过程中所做的功。冲击载荷与冲击点动位移都是从 0 开始增加到最终值，且两者呈线性关系（见图 12.7），故被冲击杆件应变能为

$$V_\varepsilon = \frac{1}{2}F_{\mathrm{Pd}}\delta_{\mathrm{d}} = \frac{1}{2}c\delta_{\mathrm{d}}^2 \tag{d}$$

c 为杆件的刚度

$$c = \frac{F_{\mathrm{Pd}}}{\delta_{\mathrm{d}}} = \frac{Q}{\delta_{\mathrm{st}}} \tag{e}$$

式中：δ_{st} 是指将重物的重量 Q 以静载荷的方式沿冲击方向（向下）作用于冲击点（杆的顶端），所引起的冲击点沿冲击方向（向下）的静位移。

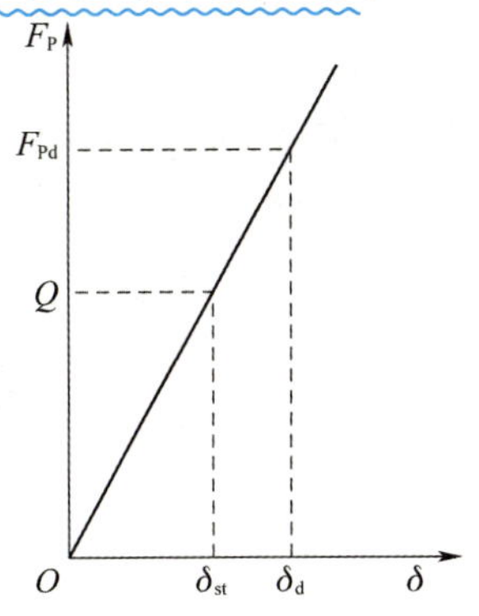

图 12.7 冲击载荷与冲击点动位移呈线性关系

在图 12.6（c）所示的情况下，静位移 δ_{st} 为

$$\delta_{\mathrm{st}} = \Delta l_{\mathrm{st}} = \frac{Ql}{EA}$$

即杆件的刚度为

$$c = \frac{EA}{l}$$

将式（a）、式（b）、式（d）代入式（c）化简得

$$\delta_{\mathrm{d}}^2 - 2\delta_{\mathrm{st}}\delta_{\mathrm{d}} - \delta_{\mathrm{st}}\frac{v^2}{g} = 0$$

解此方程取正根，可得

$$\delta_{\mathrm{d}} = \left(1 + \sqrt{1 + \frac{v^2}{g\delta_{\mathrm{st}}}}\right)\delta_{\mathrm{st}} \tag{f}$$

则垂直冲击时的动荷因数为

$$K_{\mathrm{d}} = 1 + \sqrt{1 + \frac{v^2}{g\delta_{\mathrm{st}}}} \tag{12.7}$$

当冲击物为无初速自由落体冲击时，称为落体冲击，这是一种常见的垂直冲击情况。设重物 Q 从冲击点（杆顶面）上方高 h 处自由落下对杆进行冲击，因 $v^2 = 2gh$，代入式（12.7），即得自由落体冲击的动荷因数

$$K_{\mathrm{d}} = 1 + \sqrt{1 + \frac{2h}{\delta_{\mathrm{st}}}} \tag{12.8}$$

需强调，以上各式中的δ_{st}是指将冲击物的重量Q以静载荷的方式沿冲击方向作用于冲击点，使冲击点产生的沿冲击方向的静位移。

当$h=0$时，构件所受到的载荷称为**突加载荷**，这时由式（12.8）可得$K_d=2$。可见，突加载荷作用下构件中的应力和变形等内效应量均为相应静载荷下的2倍。

若将K_d代回式（f）、式（e），整理可分别得出：

最大冲击动载荷

$$F_{Pd}=c\delta_d=cK_d\delta_{st}=K_dF_{Pst}$$

最大冲击动内力

$$F_{Nd}=F_{Pd}=K_dF_{Pst}=K_dF_{Nst}$$

最大冲击动应力

$$\sigma_d=\frac{F_{Pd}}{A}=K_d\frac{Q}{A}=K_d\delta_{st}$$

冲击点最大动位移

$$\delta_d=\Delta l_{st}=K_d\delta_{st}$$

即

$$\boxed{\begin{aligned}F_{Pd}&=K_dF_{Pst}\\F_{Nd}&=K_dF_{Nst}\\\sigma_d&=K_d\sigma_{st}\\\delta_d&=K_d\delta_{st}\end{aligned}}\tag{12.9}$$

由式（12.9）可知，构件受冲击时的动变形和动应力分别等于动荷因数乘以相应的静变形和静应力。其相关结论与式（12.1）、式（12.3）、式（12.4）是一致的。

上面的结论虽然是在等直杆在垂直冲击下的轴向压缩情况下得出的，也适用于水平冲击，还适用于等直梁在冲击载荷下的平面弯曲的情况。

【例12.3】 如图12.8（a）所示等直杆和图12.8（b）所示阶梯形直杆的总长度相等，且均为圆截面，材料相同，但直径有差别，受重量相等的重物从相同高度处自由落体冲击。已知：$l=600$ mm，$h=50$ mm，$d=22$ mm，$E=200$ GPa，$Q=200$ N，杆的质量忽略不计。试计算各杆的最大冲击应力。

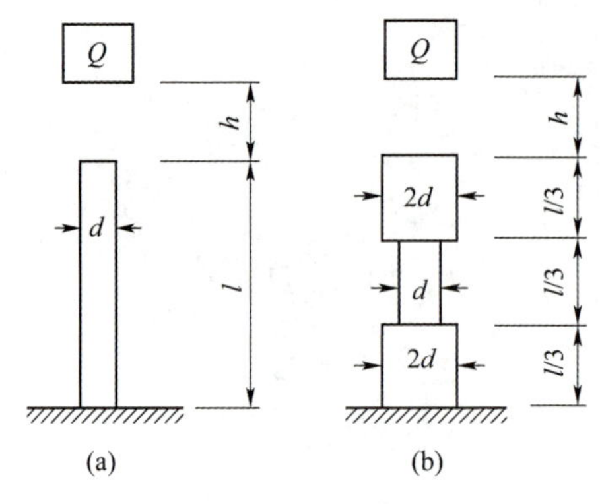

图12.8 例12.3图

【解】(1) 求图 12.8 (a) 等直杆的最大冲击应力。

设重物 Q 以静载荷方式作用于杆顶面，相应冲击点的静位移为

$$(\delta_{st})_a = \frac{Ql}{EA_a} = \frac{4Ql}{\pi Ed^2} = \frac{4 \times 200 \times 600 \times 10^{-3}}{\pi \times 200 \times 10^9 \times 22^2 \times 10^{-6}} \text{ mm} = 1.58 \times 10^{-3} \text{mm}$$

动荷因数

$$(K_d)_a = 1 + \sqrt{1 + \frac{2h}{(\delta_{st})_a}} = 1 + \sqrt{1 + \frac{2 \times 50}{1.58 \times 10^{-3}}} = 253$$

静应力

$$(\sigma_{st,\ max})_a = \frac{Q}{A_a} = \frac{4 \times 200}{\pi \times 22^2 \times 10^{-6}} \text{ MPa} = 0.53 \text{ MPa}$$

等直杆最大冲击应力

$$(\sigma_{d,\ max})_a = (K_d)_a \cdot (\sigma_{st,\ max})_a = 253 \times 0.53 \text{ MPa} = 134 \text{ MPa}$$

(2) 求图 12.8 (b) 阶梯形直杆的最大冲击应力。

冲击点的静位移等于全杆的静变形，即

$$(\delta_{st})_b = \frac{Ql}{3EA_a} + \frac{2Ql}{3EA_b} = \left(\frac{200 \times 600 \times 10^{-3}}{3 \times 200 \times 10^{-9} \times \frac{\pi}{4} \times 22^2 \times 10^{-6}} + \frac{2 \times 200 \times 600 \times 10^{-3}}{3 \times 200 \times 10^{-9} \times \frac{\pi}{4} \times 44^2 \times 10^{-6}}\right) \text{mm} = 0.789 \times 10^{-3} \text{ mm}$$

动荷因数

$$(K_d)_b = 1 + \sqrt{1 + \frac{2h}{(\delta_{st})_b}} = 1 + \sqrt{1 + \frac{2 \times 50}{1.58 \times 10^{-3}}} = 253$$

在阶梯形直杆中间段，有最大静应力为

$$(\sigma_{st})_b = (\sigma_{st})_a = 0.53 \text{ MPa}$$

阶梯形直杆最大冲击应力

$$(\sigma_{d,\ max})_b = (K_d)_b \cdot (\sigma_{st,\ max})_b = 357 \times 0.53 \text{ MPa} = 189 \text{ MPa}$$

故图 12.8 (b) 所示阶梯形直杆与图 12.8 (a) 所示等直杆的最大冲击应力之比

$$\frac{(\sigma_{d,\ max})_b}{(\sigma_{d,\ max})_a} = \frac{189}{134} = 1.41$$

【例 12.4】如图 12.9 所示，两根长度相等、截面均为 14 号工字钢的简支梁，材料的弹性模量 E = 200 GPa。一根梁两端支承在刚性支座上，另一根梁两端支承在弹簧常数 c = 100 kN / m 的弹簧支座上。一重量为 Q = 1 kN 的重物从 h = 50 mm 高度处自由落下冲击到梁的跨中 C。试求两根梁的最大冲击应力和最大冲击挠度。

【解】(1) 二端支承在刚性支座上的梁，对应图 12.9 (a)。

由型钢表查得 14 号工字钢的几何性质

$$I_z = 712 \times 10^4 \text{ mm}^4,\ W_z = 102 \times 10^3 \text{ mm}^3$$

设重物 Q 以静载方式作用于梁跨中点 C

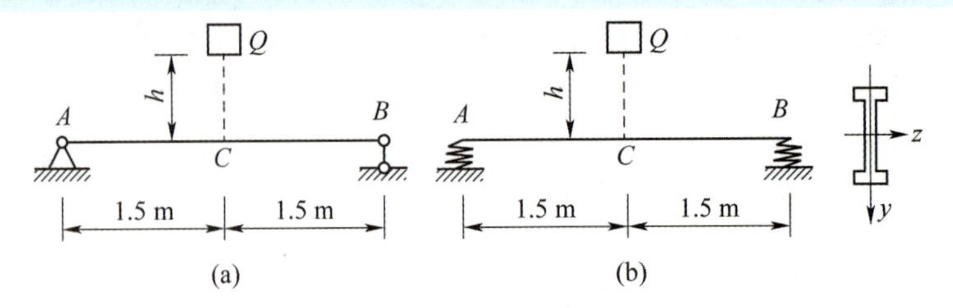

图 12.9　例 12.4 图

该点的静挠度

$$(\delta_{yst,\ max})_a=\frac{Ql^3}{48EI_Z}=\frac{1\times10^3\times3^3}{48\times200\times10^9\times712\times10^{-8}}\ \text{mm}=0.395\ \text{mm}$$

在跨中截面 C 处，有梁的最大弯曲静应力

$$(\sigma_{st,\ max})_a=\frac{M_{max}}{W_z}=\frac{\frac{1}{4}Ql}{W_z}=\frac{1\times10^3\times3}{4\times102\times10^{-6}}\ \text{MPa}=7.35\ \text{MPa}$$

则动荷因数为

$$(K_d)_a=1+\sqrt{1+\frac{2h}{(\delta_{st})_a}}=1+\sqrt{1+\frac{2\times50}{0.395}}=16.94$$

最大冲击弯曲正应力发生在截面 C 的上下边缘处，其值为

$$(\sigma_{d,\ max})_a=(K_d)_a\cdot(\sigma_{st,\ max})_a=16.94\times7.35\ \text{MPa}=124.5\ \text{MPa}$$

最大冲击挠度也发生在 C 截面，其值为

$$(\delta_{yd,\ max})_a=(K_d)_a\cdot(\delta_{yst,\ max})_a=16.94\times0.395\ \text{mm}=6.69\ \text{mm}$$

（2）两端支承在弹簧支座上梁，对应图 12.9（b）。

设重物 Q 以静载方式作用于梁跨中点 C，冲击点的静位移等于梁两端支承为刚性支座时该点的静挠度加上两端支承为弹簧时在该点引起的静位移，即

$$(\delta_{yst,\ max})_b=\frac{Ql^3}{48EI_z}+\frac{Q/2}{c}=\left(0.395+\frac{1\times10^3}{2\times100}\right)\text{mm}=5.395\ \text{mm}$$

则动荷因数为

$$(K_d)_b=1+\sqrt{1+\frac{2h}{(\delta_{st})_b}}=1+\sqrt{1+\frac{2\times50}{5.395}}=5.42$$

最大冲击弯曲正应力

$$(\sigma_{d,\ max})_b=(K_d)_b\cdot(\sigma_{st,\ max})_b=5.42\times7.35\ \text{MPa}=39.8\ \text{MPa}$$

最大冲击挠度在截面 C，其值为

$$(\delta_{yd,\ max})_b=(K_d)_b\cdot(\delta_{yst,\ max})_b=5.42\times5.395\ \text{mm}=29.24\ \text{mm}$$

[讨论 1]：可见两种支承情况下最大冲击弯曲正应力之比值如下。

因为

$$(\sigma_{st,\ max})_a=(\sigma_{st,\ max})_b$$

$$\frac{(\sigma_{d,\ max})_b}{(\sigma_{d,\ max})_a}=\frac{(K_d)_b\cdot(\sigma_{st,\ max})_b}{(K_d)_a\cdot(\sigma_{st,\ max})_a}=\frac{(K_d)_b}{(K_d)_a}=\frac{5.42}{16.94}=0.32=32\%$$

如果假设 $h=0$，则 $(K_d)_a=(K_d)_b=2$

$$\frac{(\sigma_{\mathrm{d,\ max}})_{\mathrm{b}}}{(\sigma_{\mathrm{d,\ max}})_{\mathrm{a}}}=\frac{(K_{\mathrm{d}})_{\mathrm{b}}\cdot(\sigma_{\mathrm{st,\ max}})_{\mathrm{b}}}{(K_{\mathrm{d}})_{\mathrm{a}}\cdot(\sigma_{\mathrm{st,\ max}})_{\mathrm{a}}}=\frac{(K_{\mathrm{d}})_{\mathrm{b}}}{(K_{\mathrm{d}})_{\mathrm{a}}}=\frac{2}{2}=1$$

可见，$h=0$ 时，两种支承情况下最大冲击弯曲正应力没有区别，但随着 h 的增大，便能显现出弹簧支承梁的抗冲击优势特性。

[讨论 2]：若本题中高度由 $h=50$ mm 变为 $h=6\ 000$ mm，情况又会是怎么样呢？其计算结果如下。

（1）二端支承在刚性支座上的梁

$$(K_{\mathrm{d}})_{\mathrm{a}}=175.3,\ (\sigma_{\mathrm{d,\ max}})_{\mathrm{a}}=1\ 288.5\ \mathrm{MPa},\ (\delta_{\mathrm{yd,\ max}})_{\mathrm{a}}=69.24\ \mathrm{mm}$$

（2）二端支承在弹簧支座上梁

$$(K_{\mathrm{d}})_{\mathrm{b}}=48.17,\ (\sigma_{\mathrm{d,\ max}})_{\mathrm{b}}=354.05\ \mathrm{MPa},\ (\delta_{\mathrm{yd,\ max}})_{\mathrm{b}}=259.88\ \mathrm{mm}$$

此时，两种支承情况下最大冲击弯曲正应力之比值

$$\frac{(\sigma_{\mathrm{d,\ max}})_{\mathrm{b}}}{(\sigma_{\mathrm{d,\ max}})_{\mathrm{a}}}=\frac{(K_{\mathrm{d}})_{\mathrm{b}}}{(K_{\mathrm{d}})_{\mathrm{a}}}=\frac{48.17}{175.30}=0.275=27.5\%$$

结果表明：有减振装置的梁的动效应比没有减振装置的梁的动效应在更极端的情况下更偏于安全。

结果还表明：在 $h=6\ 000$ mm（即相当于两层楼的高度）较极端的情况下，此梁无论是处于刚性支座上还是处于有减振装置弹簧支座上，其动效应（最大工作动应力和最大动挠度）都远远超出了工程上梁的强度和刚度的许可值范围，即发生瞬间破坏。在"9·11"事件中双子塔在最后阶段发生瞬间崩塌的主要原因与此类似。

12.3.2 水平冲击

设一水平放置等直杆如图 12.10（a）所示，杆长为 l，横截面积为 A，材料的弹性模量为 E。一重量为 Q 的冲击重物以速度 v 沿水平方向冲击杆的自由端。现在分析等直杆内的最大冲击变形和冲击应力。

冲击过程从重物刚与杆端面接触到杆端位移达到最大值 δ_{d} 为止，见图 12.10（b），重物的速度由 v 变为 0，故冲击物动能减少 $E_{\mathrm{k}}=\frac{1}{2}\frac{Q}{g}v^2$；而水平内其势能无变化；在冲击过程中等直杆吸收的应变能 $V_{\varepsilon}=\frac{1}{2}F_{\mathrm{Pd}}\delta_{\mathrm{d}}$。因此，根据能量守恒定律，重物动能的减少应等于等直杆吸收的应变能 $E_{\mathrm{k}}=V_{\varepsilon}$，即

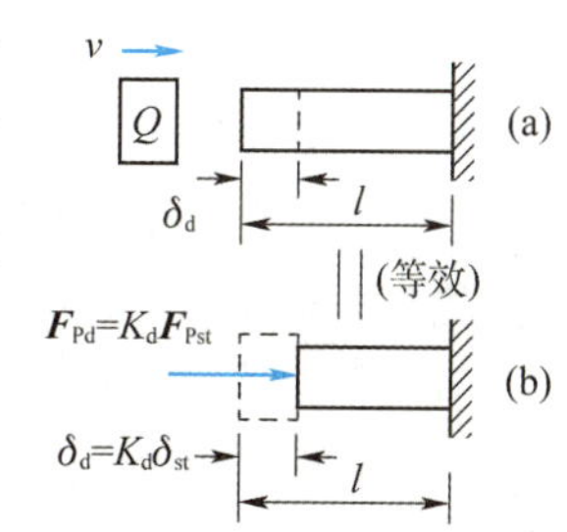

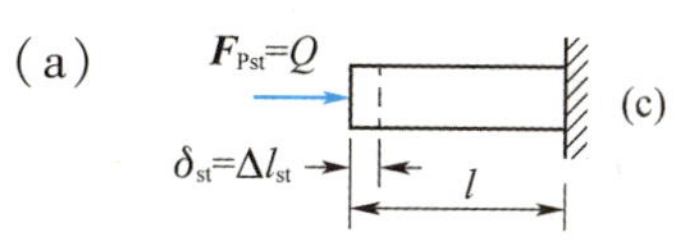

图 12.10 水平冲击

$$\frac{1}{2}\frac{Q}{g}v^2=\frac{1}{2}F_{\mathrm{Pd}}\delta_{\mathrm{d}} \tag{a}$$

设杆的刚度为 c，则有

$$c=\frac{F_{\mathrm{Pd}}}{\delta_{\mathrm{d}}}=\frac{Q}{\delta_{\mathrm{st}}},\ \delta_{\mathrm{st}}=\frac{Q}{c},\ F_{\mathrm{Pd}}=\frac{Q}{\delta_{\mathrm{st}}}\delta_{\mathrm{d}} \tag{b}$$

将式（b）代入式（a），得

$$\frac{1}{2}\frac{Q}{g}v^2=\frac{1}{2}\frac{Q}{\delta_{\mathrm{st}}}\delta_{\mathrm{d}}^2$$

解得 $\delta_d=\sqrt{\dfrac{v^2}{g\delta_{st}}}\cdot\delta_{st}$。

水平冲击时的动荷因数为

$$K_d=\sqrt{\frac{v^2}{g\delta_{st}}}=\frac{v}{\sqrt{g\delta_{st}}} \tag{12.10}$$

式中：δ_{st} 是指将重物的重量 Q 以静载荷的方式沿冲击方向作用于冲击点，所引起的冲击点沿冲击方向的静位移，如图 12.10（c）所示。

就本例而言，冲击点的轴向静位移 δ_{st} 应等于杆在轴向静载荷 Q 作用下的静变形 δ_{st}，即为压缩变形 Δl_{st}，$\delta_{st}=\Delta l_{st}=\dfrac{Ql}{EA}$，即 $c=\dfrac{EA}{l}$，代入式（12.10）。

可求得本例如图 12.10 所示等直杆水平冲击时的动荷因数为

$$K_d=v\sqrt{\frac{EA}{gQl}}$$

综上所述，可知杆所受到的最大冲击动载荷

$$F_{Pd}=K_dF_{Pst}=K_dQ$$

最大冲击动应力

$$\sigma_d=K_d\sigma_{st}=v\sqrt{\frac{EA}{gQl}}\cdot\sigma_{st}=v\sqrt{\frac{EA}{gQl}}\cdot\frac{Q}{A}$$

冲击点最大动位移

$$\delta_d=K_d\delta_{st}=v\sqrt{\frac{EA}{gQl}}\cdot\frac{Ql}{EA} \tag{12.11}$$

冲击动荷因数 K_d 的表达式（12.7）、式（12.8）和式（12.10）均是根据构件受不同类型冲击时发生**轴向变形**的情况导出的。而对于受冲击作用而发生**弯曲变形**的构件，如图 12.11（a）（b）、（c）也适用，冲击点静位移 δ_{st} 的定义也相同，只是计算公式有差异。对于受冲击作用而发生**弯曲变形或扭转变形**的**较复杂的情形**，如图 12.11（d）所示，则可根据构件受冲击时发生变形的情况由能量守恒定律分别导出不同的 K_d 表达式。有时也可先求得动荷因数 K_d 后，再用能量守恒定律求出冲击应力和冲击变形。

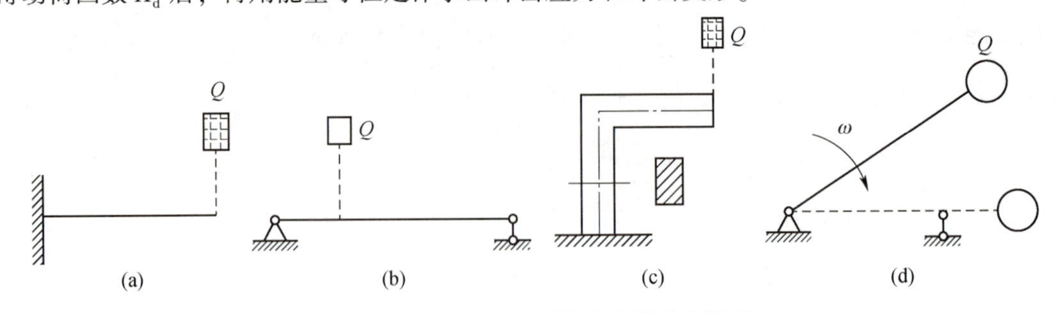

图 12.11　构件受到其他较复杂的冲击情形

【例 12.5】一下端固定、长度为 l、直径为 d 的铅直实心圆截面杆 AB，在点 C 处被一重物 Q 沿水平方向冲击，如图 12.12（a）所示。已知点 C 到杆下端的距离为 a，重物 Q 的重量为 Q，Q 在与杆接触时的速度为 v。试求杆在危险点处的冲击动应力。

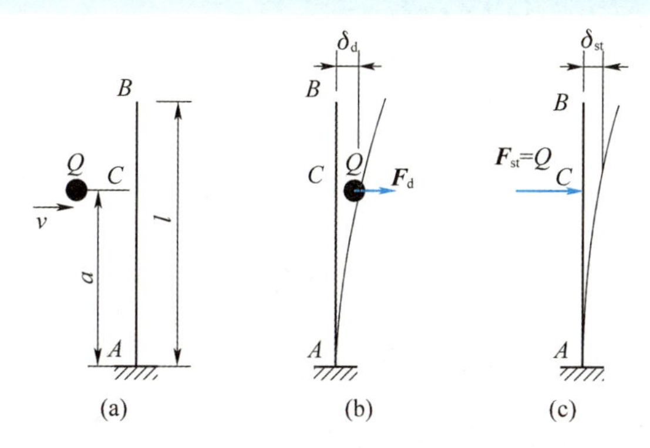

图 12.12 例 12.5 图

【解】(1) 计算动荷因数。

在水平冲击情况下的动荷因数 K_d 可直接引用式 (12.10), 得

$$K_d = \sqrt{\frac{v^2}{g\delta_{st}}}$$

上式中 δ_{st} 是指将重物的重量 Q 以静载荷的方式沿冲击 (水平) 方向作用于冲击点, 所引起的冲击点沿冲击方向 (水平) 的静位移, 如图 12.12 (c) 图所示, 即

$$\delta_{st} = \frac{Qa^3}{3EI}$$

$$K_d = \sqrt{\frac{v^2}{g\delta_{st}}} = \sqrt{\frac{3EIv^2}{gQa^3}} = \sqrt{\frac{3E(\pi d^4/64)v^2}{gQa^3}}$$

(2) 计算冲击动应力。

现将重物的重量 Q 以静载荷的方式沿冲击 (水平) 方向作用于杆上的点 C, 使得杆的固定端横截面最外边缘 (即危险点) 处产生的静应力为

$$\sigma_{st,\ max} = \frac{M_{max}}{W} = \frac{Qa}{\pi d^3/32} = \frac{32Qa}{\pi d^3}$$

于是, 杆在上述危险点处的冲击应力 $\sigma_{d,\ max}$ 可直接引用式 (12.9), 得

$$\sigma_{d,\ max} = K_d\sigma_{st,\ max} = \sqrt{\frac{3E(\pi d^4/64)v^2}{gQa^3}} \cdot \frac{32Qa}{\pi d^3} = \frac{4v}{d}\sqrt{\frac{3EQ}{ga\pi}}$$

本题也可利用图 12.12 (b), 先由能量守恒定律导出 K_d 表达式, 再进行后续计算。

12.3.3 冲击载荷作用下的强度条件

构件在不同形式冲击时的强度条件可统一写成

$$\boxed{\sigma_{d,\ max} = K_d \cdot \sigma_{st,\ max} \leqslant [\sigma]} \tag{12.12}$$

上式与式 (12.5) 形式相同。式中 $[\sigma]$ 仍采用静载荷时的数值。由强度条件可知, 冲击载荷强度计算的关键是计算冲击动荷因数 K_d。

【例 12.6】如图 12.9 所示, 已知条件见【例 12.4】。若此梁 $[\sigma] = 120$ MPa, 现分别校核两根梁的冲击强度。

【解】(1) 两端刚性支座梁, 如图 12.9 (a) 所示。

由【例 12.4】知, 最大冲击弯曲正应力发生在截面 C 的上下边缘处, 其值为

$$(\sigma_{d,\max})_a = (K_d)_a \cdot (\sigma_{st,\max})_a = 16.94 \times 7.35\ \text{MPa} = 124.5\ \text{MPa} > [\sigma]$$

故两端支承在刚性支座上的梁的抗冲击强度不够。

（2）两端弹簧支座梁，如图 12.9（b）所示。

由【例 12.4】知，最大冲击弯曲正应力发生在截面 C 的上下边缘处，其值为

$$(\sigma_{d,\max})_b = (K_d)_b \cdot (\sigma_{st,\max})_b = 5.42 \times 7.35\ \text{MPa} = 39.8\ \text{MPa} < [\sigma]$$

故两端支承在弹簧支座上梁的抗冲击强度足够。

12.3.4 提高构件抗冲击能力的措施

由以上三例可见，冲击会给构件造成很大的冲击载荷，在某些情况下可以加以利用，如落锤打桩、冲击破碎、冲压加工、汽锤锻造等；但同时冲击载荷会给构件造成很大的冲击应力，在某些情况下则要求尽量减小构件的冲击载荷或采取有效措施提高构件抗冲击的能力。

由冲击时构件内冲击动应力公式 $\sigma_d = K_d\sigma_{st}$ 可知：欲减小构件的冲击应力，应设法减小动荷因数 K_d，而同时应避免静应力 σ_{st} 的增大。由式（12.7）和式（12.10）又知：动荷因数 K_d 越小，冲击点静位移 σ_{st} 越大，则要求降低构件本身的刚度，但这样往往又会增大构件的静应力 σ_{st} 或降低它的许用应力。

因此，降低冲击应力或提高构件抗冲击能力的一个有效措施是：增设缓冲装置，或将构件的刚性支承改换为弹性支承。这样既可增加构件冲击点的静位移，又不改变构件的静应力。

由【例 12.4】中的计算结果可知，采用弹簧支座的梁的最大冲击应力只有采用刚性支座时的 32%，若采用刚度更小的弹簧支座，则缓冲效果会更好。由式（12.11）还可以看出，杆内冲击应力随构件体积的增大而减小。因此，对于等截面受冲构件来说，增加构件的体积（增加构件长度或增大截面截面积）也可以降低冲击应力。但这个结论对于变截面杆则情况不同。增加部分杆段的截面面积会增加杆的冲击应力。由【例 12.3】的计算结果可知，将等直杆的部分杆段的截面面积扩大而成为阶梯形杆后，其最大冲击应力反而比原等直杆的冲击应力大 41%。因此，应尽可能避免将承受冲拉（压）和冲扭杆件设计成变截面杆。对于承受冲击弯曲的杆件应设计成等强度变截面梁，既可保持最大静应力不变又可显著地增大静位移，从而降低梁内冲击应力。

12.4 周期性载荷

二维码

构件在受到随时间做周期性变化的干扰力作用下将发生受迫振动，例如位于地震区的建筑物在地震时会发生强烈振动以及车辆驶过桥梁时桥梁会发生振动。在工程上，受振动构件的强度计算是很重要的。本节仅讨论可简化为单自由度的弹性体（如等直梁、轴向拉压杆等）在周期性载荷作用下的受迫振动的动应力计算。

现以图 12.13（a）所示的单自由度弹性系统为例，说明构件在受迫振动时的动应力计算。图为一个由弹簧支承的刚性块，其上安置一转速恒定的电动机。设刚性块和电动机的总重量为 Q，并假设弹簧的重量远小于 Q 而略去不计，则该系统可简化为单自由度的弹簧质

量系统。电动机转子的角速度为 p，由于偏心而引起的惯性力为 F_{I}，其铅垂分量 $F_{\mathrm{I}}\sin pt$ 是个随时间**周期性变化的干扰力**，在其作用下弹簧将发生**受迫振动**。对于该弹性系统，可以用理论力学中单自由度弹性系统受迫振动的计算公式来处理弹簧中的动应力计算。

设弹簧的刚度为 c，则弹簧在静载荷 Q 作用下的静位移 δ_{st}（见图 12-8（b））为

$$\delta_{\mathrm{st}} = \frac{Q}{c} \tag{a}$$

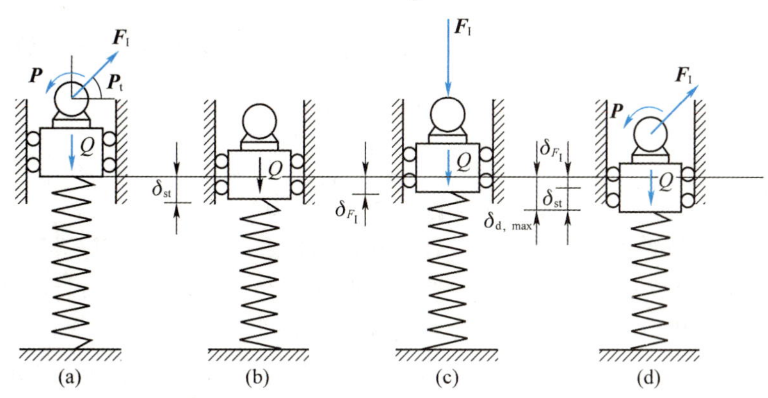

图 12.13 受迫振动

弹簧在干扰力 $F_{\mathrm{I}}\sin pt$ 作用下，在静平衡位置发生受迫振动。由理论力学可知，其振幅为

$$B = \beta\delta_{F_{\mathrm{I}}} \tag{b}$$

式中：$\delta_{F_{\mathrm{I}}}$ 为将惯性力 F_{I} 以静载荷方式作用在弹簧上时的静位移（见图 12.13（c））；β 为放大系数。

β 值为

$$\beta = \frac{1}{\sqrt{\left[1 - \left(\frac{p}{\omega}\right)^2\right]^2 + 4\left(\frac{p}{\omega}\right)^2\left(\frac{n}{\omega}\right)^2}} \tag{c}$$

式中：p 为**干扰力的频率**（即电动机转子的角速度）；n 为**阻尼系数**；ω 为所研究的单自由度弹性系统的**固有频率**。

ω 值为

$$\omega = \sqrt{\frac{g}{\delta_{\mathrm{st}}}} \tag{d}$$

于是，弹簧在干扰力作用下发生受迫振动时的**最大动位移** $\delta_{\mathrm{d,\ max}}$（见图 12.13（d））为

$$\delta_{\mathrm{d,\ max}} = \delta_{\mathrm{st}} + B = \delta_{\mathrm{st}}\left(1 + \beta\frac{\delta_{F_{\mathrm{I}}}}{\delta_{\mathrm{st}}}\right) = \delta_{\mathrm{st}}\left(1 + \beta\frac{F_{\mathrm{I}}}{Q}\right) \tag{e}$$

而最小动位移 $\delta_{\mathrm{d,\ min}}$ 为

$$\delta_{\mathrm{d,\ min}} = \delta_{\mathrm{st}} - B = \delta_{\mathrm{st}}\left(1 - \beta\frac{F_{\mathrm{I}}}{Q}\right) \tag{f}$$

引入受迫振动的动荷因数 K_{d}，则有

$$K_{\mathrm{d}} = \frac{\delta_{\mathrm{d,\ max}}}{\delta_{\mathrm{st}}} = 1 + \beta\frac{F_{\mathrm{I}}}{Q} \tag{12.13}$$

弹簧横截面上的最大动应力 $\tau_{d,\max}$ 为

$$\tau_{d,\max}=K_d\,\tau_{st,\max} \tag{g}$$

式中：$\tau_{d,\max}$ 是 $\tau_{st,\max}$ 弹簧在静载荷 Q 作用下，横截面上的最大切应力。

在受迫振动过程中，随着干扰方向的周期性变化，弹性系统内的动应力也将周期性地变化。这种随时间作周期性变化的应力，称为交变应力。材料在交变应力下将进行疲劳强度校核，感兴趣的读者可根据本书参考文献查找相关资料进行自学。

当阻尼系数 n 与弹性系统的固有频率 ω 相比很小时，由式（c）可知，放大系数 β 可近似地表达为

$$\beta=\frac{1}{\left|\left[1-\left(\dfrac{p}{\omega}\right)^2\right]\right|} \tag{h}$$

由上式可看出，当干扰力频率 p 与固有频率 ω 很接近，则放大系数 β 将急剧地增大，由式（12.13）知动荷因数 K_d 也变得很大，这种状态就接近于共振。在工程设计中，对于发生受迫振动的构件或结构物，必须避免这种共振状态的出现。

【例 12.7】图 12.14 所示两种不同支承方式的梁都是由两根 20b 号工字钢所组成。梁的跨度 l=3m，钢的弹性模量 E=200 GPa，梁的跨中安装一重量 Q =12 kN、转速为 1 500 r / min 的电动机，由于其转子偏心所引起的惯性力 F_1 =2.5 kN。若略去梁的自重，且不计阻尼介质的阻力（即 n=0），弹簧常量 c=300 kN / m。试求图示两梁危险点处的最大和最小动应力。

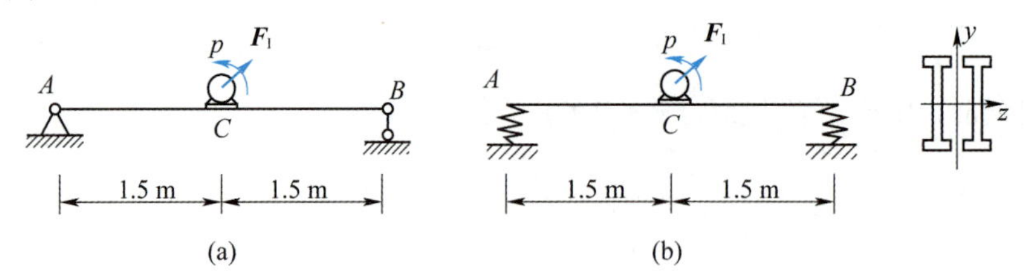

图 12.14 例 12.7 图

【解】（1）对于图 12.14（a）所示刚性支承简支梁。

梁跨中的静位移为

$$\delta_{st}=\frac{Ql^3}{48EI_z}=\frac{12\times10^3\times3^3}{48\times2\times10^{11}\times2\times2\,500\times10^{-8}}\text{ m}=0.675\times10^{-3}\text{ m}$$

系统的固有频率为

$$\omega=\sqrt{\frac{g}{\delta_{st}}}=\sqrt{\frac{9.81}{0.675\times10^{-3}}}\text{ Hz}=120.6\text{ Hz}$$

干扰力的频率为

$$p=\frac{\pi n}{30}=157.1\text{ Hz}$$

因阻尼系数 n=0，放大系数为

$$\beta=\frac{1}{\left|\left[1-\left(\dfrac{p}{\omega}\right)^2\right]\right|}=\frac{1}{\left|1-\left(\dfrac{157.1}{120.6}\right)^2\right|}=1.43$$

梁跨中截面上下边缘处的静应力为

$$\sigma_{st}=\frac{Ql}{4W_z}=\frac{12\times10^3\times3}{4\times2\times250\times10^{-6}}\text{ MPa}=18.0\text{ MPa}$$

最大动应力为

$$\sigma_{d,\max}=\sigma_{st}\left(1+\beta\frac{F_I}{Q}\right)=18\times\left(1+1.43\times\frac{2.5}{12}\right)\text{ MPa}=23.4\text{ MPa}$$

最小动应力为

$$\sigma_{d,\min}=\sigma_{st}\left(1-\beta\frac{F_I}{Q}\right)=18\times\left(1-1.43\times\frac{2.5}{12}\right)\text{ MPa}=12.6\text{ MPa}$$

(2) 对于图 12.14 (b) 所示弹簧支承简支梁。

梁跨中的静位移为

$$\sigma_{st}=\frac{Ql^3}{48EI_z}+\frac{Q}{2c}=\left(0.675\times10^{-3}+\frac{12}{2\times300}\right)\text{ m}=20.675\times10^{-3}\text{ m}$$

系统的固有频率为

$$\omega=\sqrt{\frac{g}{\delta_{st}}}=\sqrt{\frac{9.81}{20.675\times10^{-3}}}\text{ Hz}=21.8\text{ Hz}$$

干扰力的频率为

$$p=\frac{\pi n}{30}=157.1\text{ Hz}$$

因阻尼系数 $n=0$，放大系数为

$$\beta=\frac{1}{\left|\left[1-\left(\frac{p}{\omega}\right)^2\right]\right|}=\frac{1}{\left|1-\left(\frac{157.1}{21.8}\right)^2\right|}=0.02$$

梁跨中截面上下边缘处的静应力为

$$\sigma_{st}=\frac{Ql}{4W_z}=\frac{12\times10^3\times3}{4\times2\times250\times10^{-6}}\text{ MPa}=18.0\text{ MPa}$$

最大动应力为

$$\sigma_{d,\max}=\sigma_{st}\left(1+\beta\frac{F_I}{Q}\right)=18\times\left(1+0.02\times\frac{2.5}{12}\right)\text{ MPa}=18.1\text{ MPa}$$

最小动应力为

$$\sigma_{d,\min}=\sigma_{st}\left(1-\beta\frac{F_I}{Q}\right)=18\times\left(1-0.02\times\frac{2.5}{12}\right)\text{ MPa}=17.9\text{ MPa}$$

对比两种支承方式所得结果，可见：刚度越大的支承方式，梁因受迫振动而产生 $\sigma_{d,\max}$ 以及 $\sigma_{d,\max}/\sigma_{d,\min}$ 的比值也就越大。因此，为了降低梁的动应力，应采用柔性支承以减小结构的刚度。

【讨论】：另一方面，两种不同支承方式受迫振动的动荷因数 K_d 分别为

$$(K_d)_a=\frac{\delta_{d,\max}}{\delta_{st}}=1+\beta\frac{F_I}{Q}=1+1.43\times\frac{2.5}{12}=1.3$$

$$(K_d)_b=\frac{\delta_{d,\max}}{\delta_{st}}=1+\beta\frac{F_I}{Q}=1+0.02\times\frac{2.5}{12}=1.004$$

可见，两种不同支承方式受迫振动的动荷因数 K_d 虽然有差别，但 K_d 都不太大，即最大

动应力都不太大，但是交变应力将引起另一种破坏方式，即**疲劳破坏**，其破坏机理本书不作研究，可查阅其他参考材料。

12.5　本章知识小结·框图

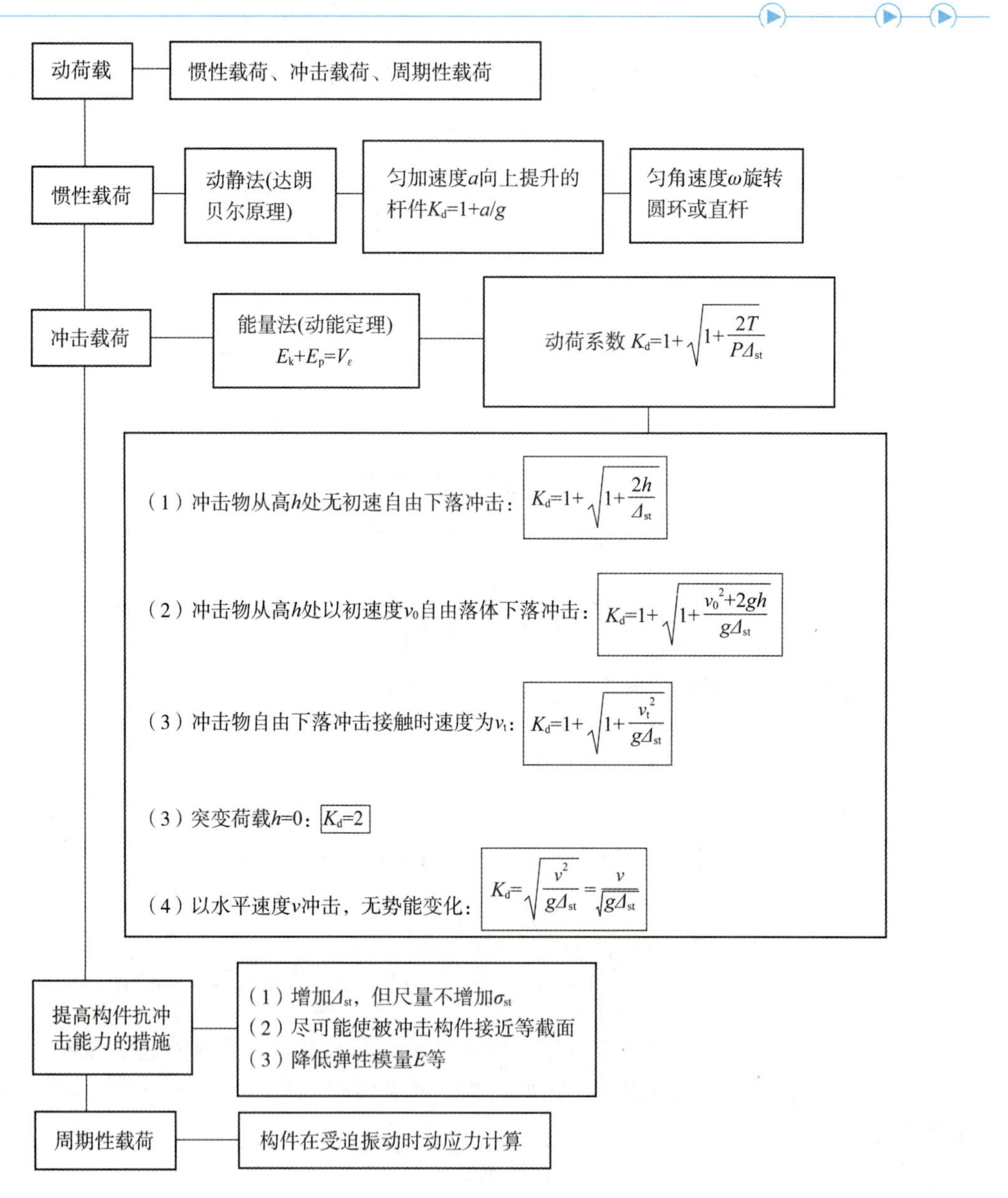

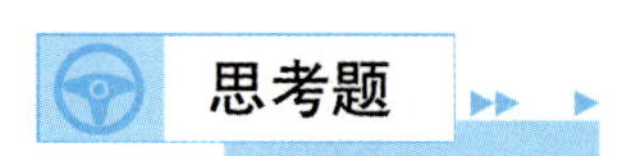

思 12.1　一滑轮两边分别挂有重量为 W_1 和 W_2（设 $W_1>W_2$）的两个重物，如图所示，该滑轮左、右两边绳子的动荷因数、动应力是否相等？

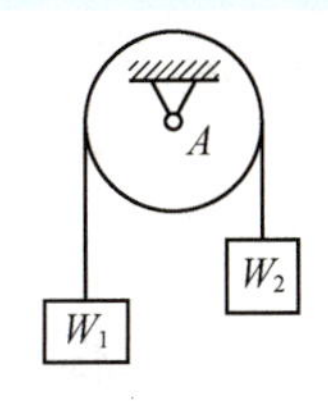

思 12.1 图

思 12.2 在用能量法推导冲击动荷因数 K_d 时，做了哪些假设？

思 12.3 在使用能量法计算冲击应力及变形时，因为不计冲击物的变形，所以计算与实际情况相比，冲击应力和冲击变形是偏大还是偏小？

思 12.4 自由落体冲击时，当冲击物高度增加时，若其他条件不变，则被冲击结构的动应力和动变形是否随之增加？

思 12.5 图示两个受冲击结构，其中梁、弹簧常数和冲击物重量 Q 均相同，设（a）、（b）梁中的最大冲击应力分别为 σ_a 和 σ_b，哪个较大？

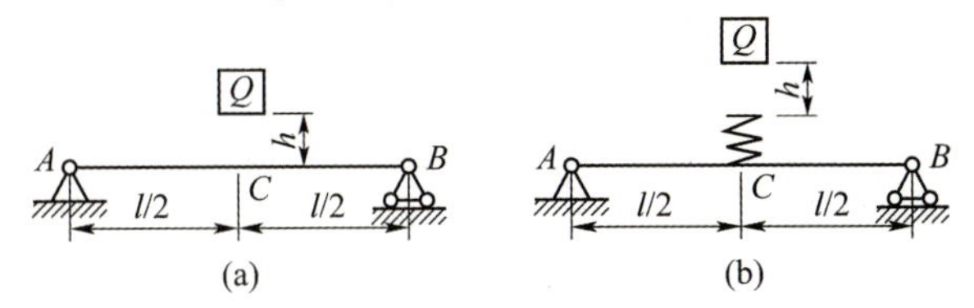

思 12.5 图

思 12.6 悬臂梁 AB 受冲击载荷作用，如图所示，若在自由端 B 加上一个弹簧支承，其他条件不变，则梁的最大静应力 σ_{st} 和动荷因数 K_d 的变化情况怎样？

思 12.6 图

思 12.7 图示 4 根悬臂梁均受到重量为 Q 的重物由高度为 h 的自由落体冲击，哪根梁的 K_d 最大？

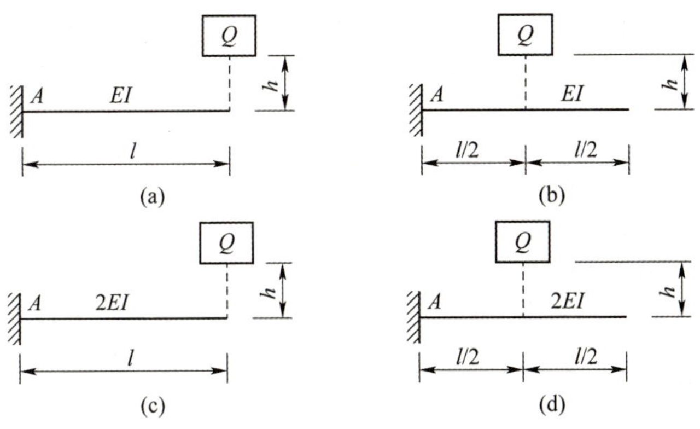

思 12.7 图

思 12.8　图示两梁抗弯刚度相同，弹簧的刚度系数也相同，试比较两梁的最大动应力。

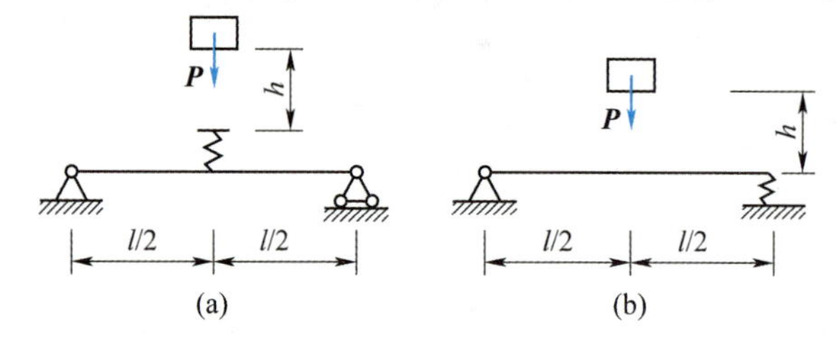

思 12.8 图

思 12.9　试比较图示三杆的最大动应力。

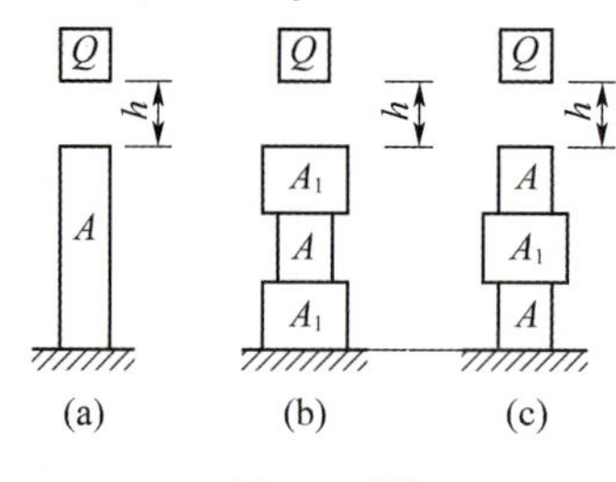

思 12.9 图

分类习题

☆【12.1 类】计算题（匀加速直平动或匀角速转动动应力计算）

题 12.1.1　用钢索起吊 P 的重物，以等加速 a 上升［或：　　　］，如图所示，钢索的 E、A、l 均已知。试求钢索横截面上的动轴力 F_{Nd}、动应力 σ_{d}、动变形 Δl_{d}。（不计钢索的质量）

题 12.1.2　用两根吊索将一根长度 $L=12$ m 的 14 号工字钢吊起，以等加速度 a 上升，如图所示。已知吊索的横截面积 $A=72\ \mathrm{mm}^2$，加速度 $a=10\ \mathrm{m/s^2}$。若不计吊索自重，试求工字钢内的最大的动应力和吊索内的动应力。

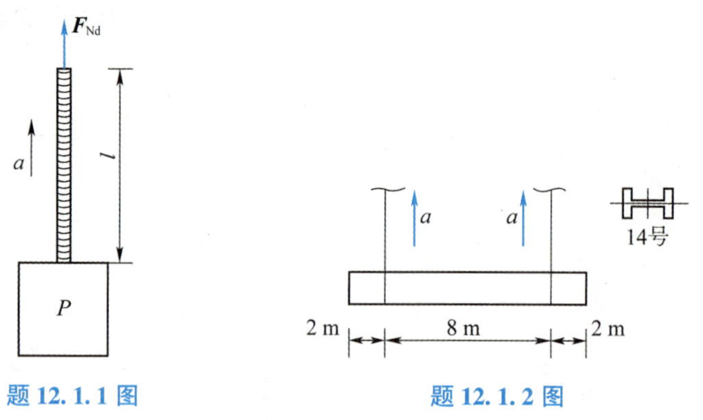

题 12.1.1 图　　题 12.1.2 图

题 12.1.3　如图所示，在直径为 $d=100$ mm 的轴上装有转动惯量 $J=0.5\ \mathrm{kN\cdot m\cdot s^2}$ 的飞轮，轴的转速为 $n=300$ r/min。制动器开始作用后，在 $\Delta t=20$ s［或：　　　］内将飞轮刹停。试求轴内最大切应力。（设在制动器作用前，轴已与驱动装置脱开，且轴承内的摩擦力可以不计）

题 12.1.4　如图所示，直径为 d 的钢丝 AD，在 A 端系有重物 Q，钢丝绕 y 轴在水平面内以等角速度旋转，设钢丝容许拉应力为 $[\sigma]$，不计钢丝质量，求容许转速 $[n]$。

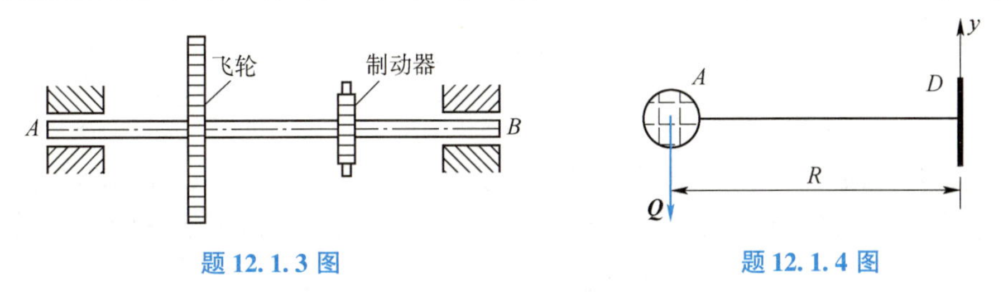

题 12.1.3 图　　　　题 12.1.4 图

题 12.1.5　如图所示，钢轴 AB 和钢质圆杆 CD 直径均为 $d=10$ mm，在 D 处固定一重物 $P=10$ N。已知钢的密度 $\rho=7.95\ \mathrm{kg/m^3}$，若轴 AB 的转速 $n=300$ r/min [或：　　]，试求钢轴 AB 内的最大正应力。

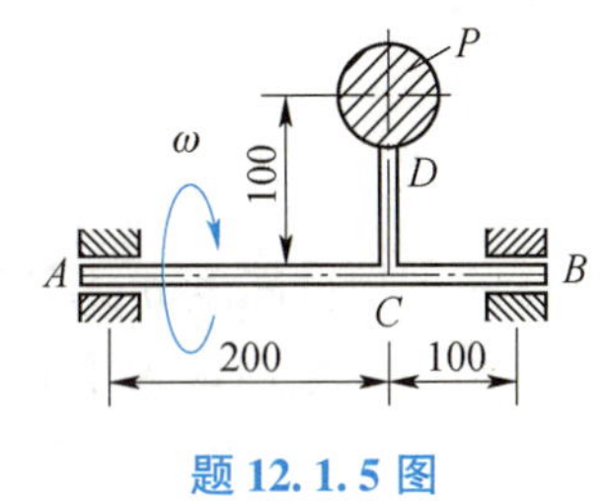

题 12.1.5 图

☆【12.2 类】计算题（铅垂冲击和水平冲击问题）

题 12.2.1　材料和总长均相同的变截面杆和等截面杆如图所示。若两杆的最大横截面积相同，问哪一根杆件承受冲击的能力强？（设变截面杆直径为 d 的部分长为 $2l/5$。为了便于比较，假设 h 较大，动荷因数近似地取为 $K_d=1+\sqrt{1+2h/\Delta_{st}}\approx\sqrt{2h/\Delta_{st}}$）

题 12.2.2　图示钢杆的下端有一固定圆盘，盘上放置弹簧。弹簧在 1 kN 的静载荷作用下缩短量 0.062 5 cm [或：　　]。钢杆的直径 $d=4$ cm，长度 $l=4$ m，许用应力 $[\sigma]=120$ MPa，$E=200$ GPa。试求：(1) 若有重为 15 kN 的重物无初速自由落下的许可高度 h。(2) 若去掉弹簧，则许可高度 h 等于多大？

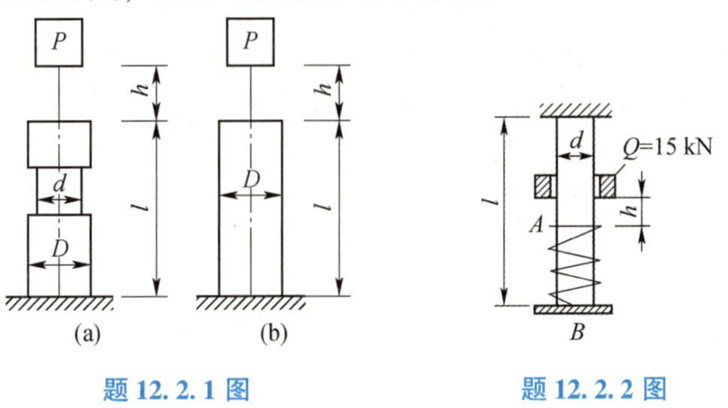

题 12.2.1 图　　　　题 12.2.2 图

题 12.2.3　重量为 $P=5$ kN 的重物自高度 $h=10$ mm [或：　　] 处无初速自由下落，冲击到 20b 号工字钢梁上的点 B 处，如图所示。已知钢的弹性模量 $E=210$ GPa，试求梁内最大冲击正应力。(不计梁的自重)

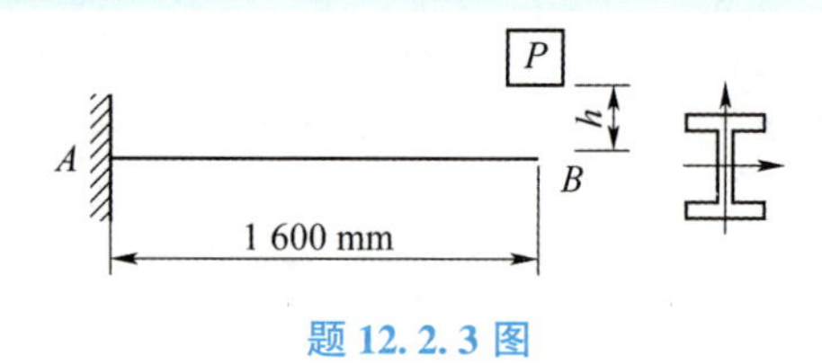

题 12.2.3 图

题 12.2.4　图示两个长度和抗弯刚度均相同的梁，但支承条件不同。已知弹簧的刚度常数均为 k ，一重物 Q 自高度 h 无初速自由下落冲击。试求两个梁的冲击应力，并且比较其结果。

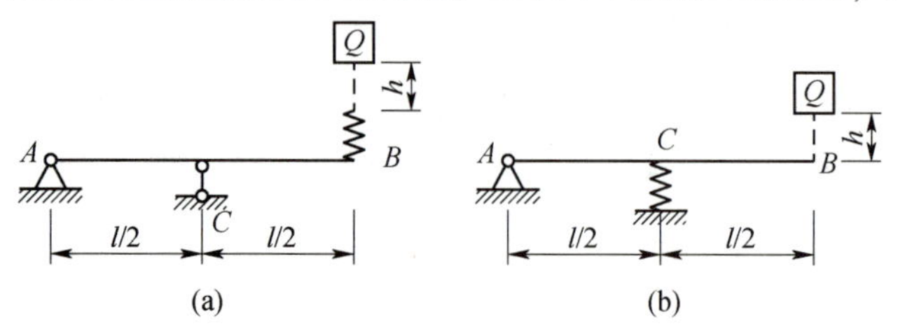

题 12.2.4 图

题 12.2.5　如图所示，重量为 Q 的重物自高度 h 无初速下落冲击于梁的点 C 。设梁的 E , I 及抗弯截面系数 W 皆为已知常量。试求梁内最大正应力及梁的跨度中点 D [或：　　　] 的挠度。

题 12.2.6　冲击物体重量为 P ，由距离梁的顶面高 h 处无初速自由下落冲击梁的点 D ，如图所示。已知梁的横截面为矩形，材料的弹性模量为 E 。试求梁的最大挠度 [或：　　　]。

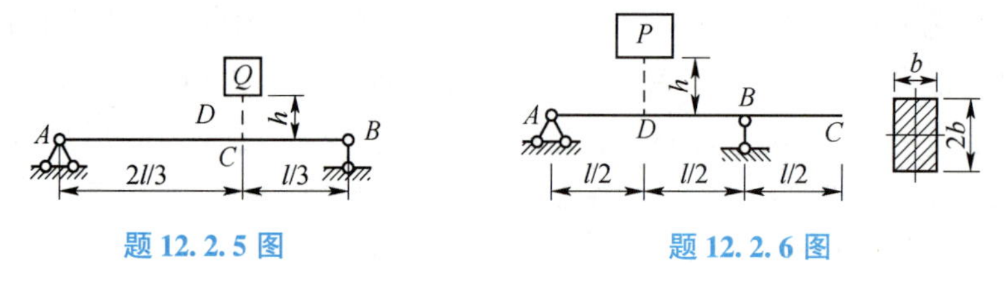

题 12.2.5 图　　题 12.2.6 图

题 12.2.7　如图所示，等截面刚架 ABC ，各段抗弯刚度均为 EI 。一重物 P 自高度 h 处自由下落，冲击刚架的点 C 。试求刚架的最大应力 [或：　　　]。

题 12.2.8　一重量为 P 的物体，以速度 v 水平冲击刚架的点 C ，如图所示。已知刚架的各段均为圆杆组成，直径均为 d ，材料常数均为 E 。试求刚架的最大冲击正应力 [或：　　　]。

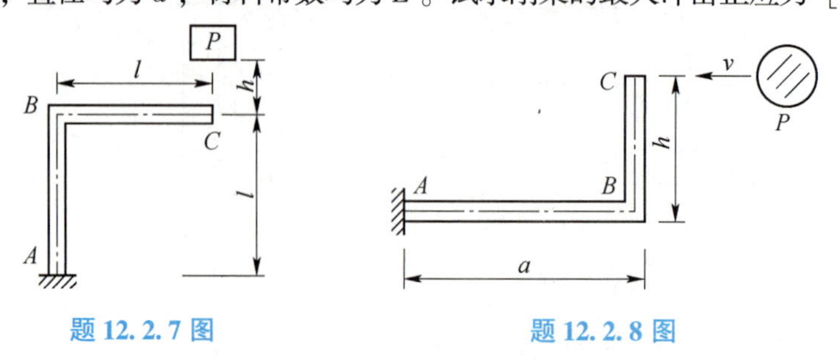

题 12.2.7 图　　题 12.2.8 图

题 12.2.9　已知杆 B 端与支座 C 间的间隙为 Δ，如图所示，杆的抗弯刚度 EI 为常量。欲使杆 B 端刚好与支座 C 接触，问质量为 m 的物体应以多大的水平速度 v_0 冲击杆 AB 的点 D？

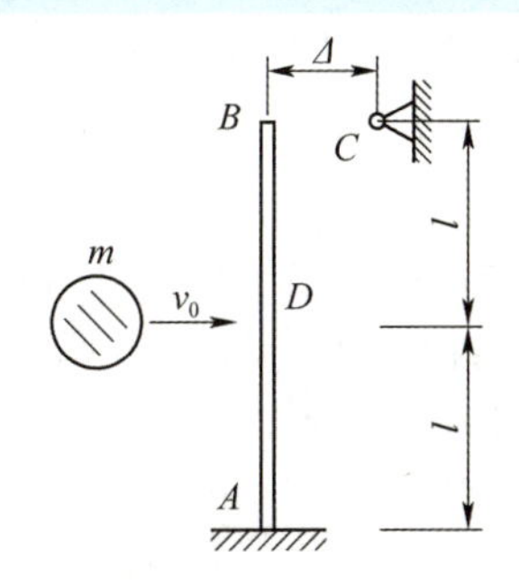

题 12.2.9 图

题 12.2.10 图（a）、（b）所示两梁，EI、l、h 均相同，当 h 很大时，动荷因数可简化为 $K_d = 1 + \sqrt{1 + 2h/\Delta_{st}} \approx \sqrt{2h/\Delta_{st}}$，试证明 $(\sigma_d)_a > (\sigma_d)_b$。

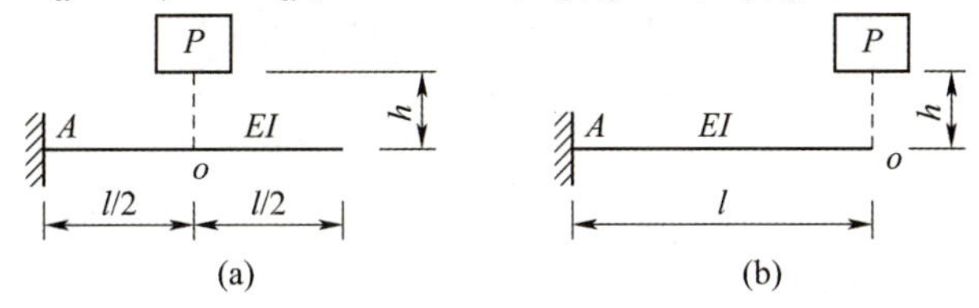

题 12.2.10 图

☆【12.3 类】计算题（其他冲击问题、冲击超静定问题）

题 12.3.1 杆 AD 可在铅垂面内绕梁端 A 转动，如图所示。当杆 AD 在垂直位置时，其顶端的重物 P 水平速度为 v。AB 梁长 l，其抗弯刚度为 EI。试求重物冲击梁时，梁内最大正应力［或：　　］。

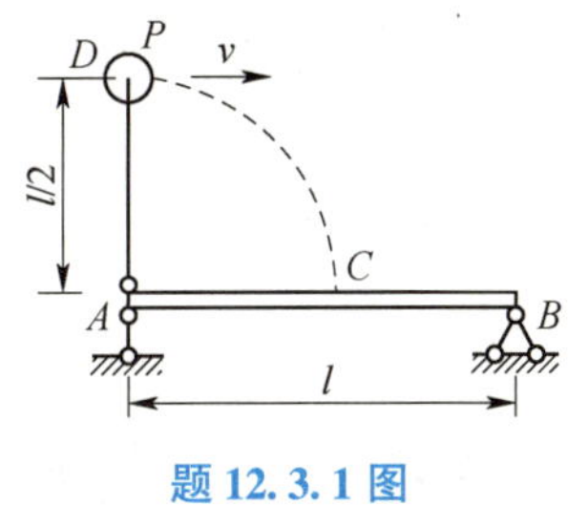

题 12.3.1 图

题 12.3.2 如图所示，桥式起重机主梁由两根 16 号工字钢组成，主梁以匀速度 $v = 1\ \mathrm{m/s}$ 向前移动（垂直纸面），当起重机突然停止时，重物向前摆动，求此瞬时梁内最大正应力。（不考虑斜弯曲影响）

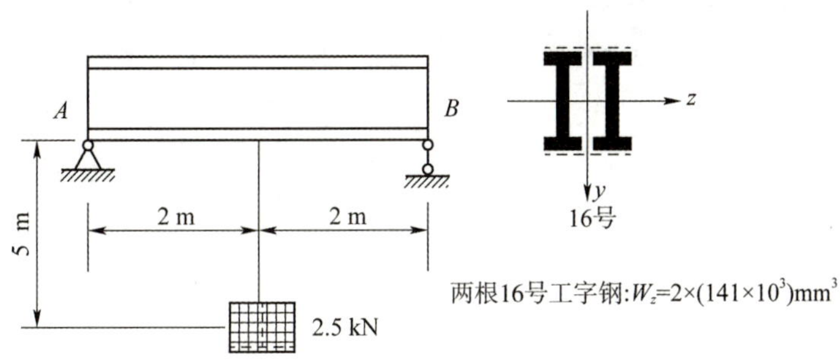

题 12.3.2 图

题 12.3.3　如图所示，比重为γ，长为L，宽为b，高为h的矩形截面梁，从高为H的地方水平地自由落下，落在刚性支座A、B上。求梁的最大应力。(忽略梁变形产生的势能变化)

题 12.3.4　如图所示，直角折杆ABC位于水平面内，一重量为P的物体自高度h处自由落下冲击杆的C端。已知折杆的直径为d，材料的拉压弹性模量与切变模量分别为E、G。求杆的冲击动荷因数K_d，并用第三［或：　　］强度理论求危险截面上危险点的相当应力。

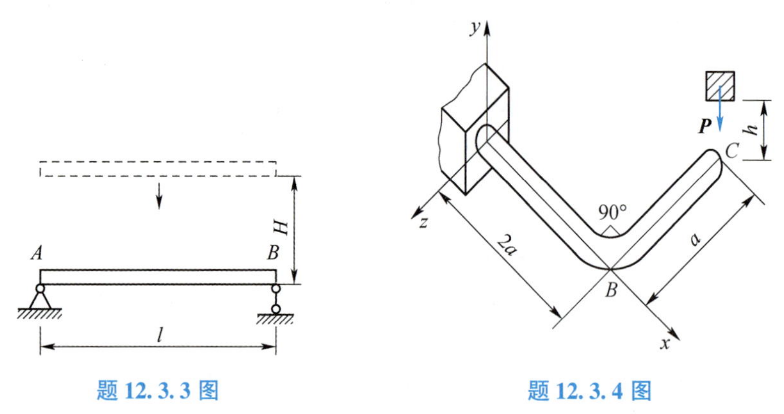

题 12.3.3 图　　题 12.3.4 图

题 12.3.5　如图所示，有钢梁ABC和圆柱BD结构，BD两端铰支。当梁的自由端受到其上方$h = 0.1$ m处自由下落的重物冲击时，试问该结构能否正常工作？已知：冲击物重$P=500$ N［或：　　］，梁、柱材料相同，均为Q235钢，$E=200$ GPa，$[\sigma]=180$ MPa。梁的惯性矩$I=4\times10^{-6}$ m^4，抗弯截面系数$W=5\times10^{-5}$ m^3，柱的直径$d=80$ mm。

题 12.3.6　如图所示，结构均用Q235钢制成，材料的弹性模量$E=200$ GPa，有一重量为P的物体自B正上方高度h处自由下落，已知：$P=10$ kN，$l=1$ m，$h=1$ mm，梁的横截面惯性矩$I=Al^2/3$，杆BC的横截面积为A，其直径$d=30$ mm，试求点B的铅垂位移。

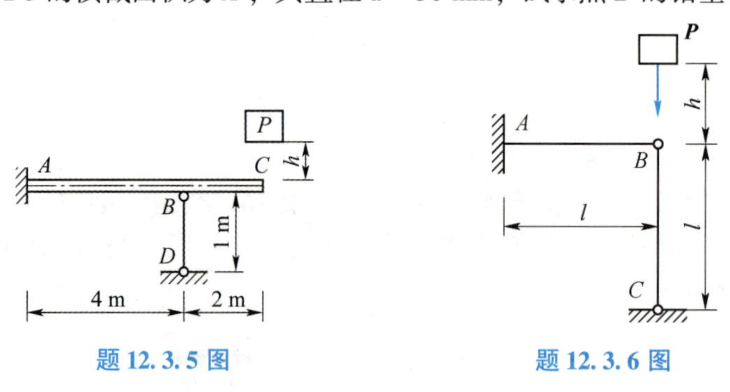

题 12.3.5 图　　题 12.3.6 图

能更充分地利用材料和减轻结构自重。

本章将讨论简单结构的极限分析，并与弹性分析结果进行比较。

13.2 杆系·拉压极限分析

对于静定桁架这样的杆系，各杆的轴力均可由静力平衡方程求出。若材料为理想弹塑性材料，在继续增大载荷的情况下，应力最大的杆件将首先出现塑性变形，当杆系中有任一根杆件发生塑性变形时，发生无限制塑性变形，桁架就成为几何可变的“机构”，丧失其承载能力，这时的载荷也就是极限载荷。因此，对于静定桁架而言，其弹性分析与极限分析没有区别。

本节重点则是讨论超静定桁架杆系的极限载荷（包括弹性极限载荷 F_e、塑性极限载荷 F_u），其问题将比较复杂。下面通过平面桁架杆系实例来说明弹性分析与极限分析间的异同。

设三杆铰接的超静定桁架如图 13.2（a）所示，三杆的材料相同，其材料为弹性-理想塑性，如图 13.1（b）所示，弹性模量为 $E=200$ GPa，屈服极限为 $\sigma_s=240$ MPa。三杆的横截面积均为 $A=100\ \text{mm}^2$，$\alpha=45°$，$l_3=120$ mm。承受铅垂载荷 F_P 作用。试对超静定桁架作弹性分析和极限分析，分别求结构的弹性极限载荷 F_e 和塑性极限载荷 F_u。

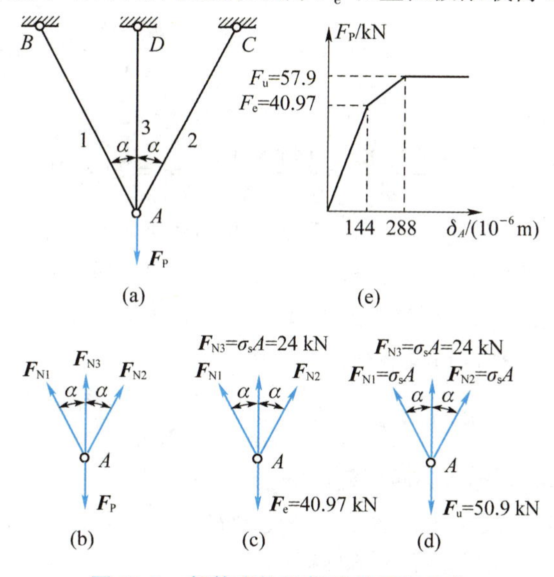

图 13.2 超静定桁架杆系的极限载荷

（1）先对超静定桁架作弹性分析，求杆系结构的弹性极限载荷 F_e。

当载荷 F_P 较小时，三杆的轴向应力都小于屈服极 σ_s，杆件处于弹性状态，由变形的几何关系，得各杆变形的协调关系为

$$\Delta l_1=\Delta l_2,\ \Delta l_3=\frac{\Delta l_1}{\cos\alpha} \tag{a}$$

再由物理关系和图 13.2（b）所示的静力平衡关系可解出杆件的轴力

$$F_{N1}=F_{N2}=\frac{F_P\cos^2\alpha}{1+2\cos^3\alpha},\ F_{N3}=\frac{F_P}{1+2\cos^3\alpha} \tag{b}$$

且节点 A 的垂直位移

$$\delta_{Ay}=\frac{F_{N3}l_3}{EA}=\frac{2F_Pl_3}{(2+\sqrt{2})EA} \tag{c}$$

随着载荷增加，由于杆 3 轴力最大，其横截面上的应力首先达到屈服极限 σ_s，即

$$F_{N3}=\sigma_sA$$

此时，对应杆系上的最大弹性载荷即为弹性极限载荷 F_e，如图 13.2（b）所示，即

$$F_e=F_P=F_{N3}(1+2\cos^3\alpha)=\sigma_sA(1+2\cos^3\alpha) \tag{d}$$

再将已知数据代入（d）式，得杆系弹性极限载荷

$$F_e=40.97\ \text{kN}$$

$$F_{N1}=F_{N2}=12.00\ \text{kN},\ F_{N3}=24.00\ \text{kN}$$

节点 A 的垂直位移 $(\delta_{Ay})_e=144\times10^{-6}\text{m}$，如图 13.2（c）所示。

若采用材料力学弹性分析的许用应力法进行强度计算，方法如下。

设安全系数 $n=2$，则此超静定桁架的许可最大的工作载荷 $(F_{P,\ max})_e$，由式（13.1）得

$$\sigma_r=\frac{F_{N3}}{A}=\frac{(F_{P,\ max})_e}{A(1+2\cos^3\alpha)}\leqslant[\sigma]=\frac{\sigma_u}{n}=\frac{\sigma_s}{n}$$

$$(F_{P,\ max})_e\leqslant\sigma_sA(1+2\cos^3\alpha)/n=\frac{F_e}{n}=\frac{40.97}{2.0}\text{kN}=20.49\ \text{kN} \tag{e}$$

节点 A 的许可最大垂直位移

$$(\delta_{Ay,\ max})_e=\frac{(\delta_{Ay})_e}{n}=\frac{144\times10^{-6}}{2.0}\text{m}=72\times10^{-6}\ \text{m}$$

（2）对超静定桁架作极限分析，求杆系结构的塑性极限载荷 F_u。

若载荷达到弹性极限载荷 F_e 时，杆系并没有丧失承载能力，随着载荷继续增加，杆 3 保持轴力 $F_e=\sigma_sA$ 不变，两边杆受力逐渐增加，但仍处于弹性，其轴力由图 13.2（c）的平衡条件，但图中的 F_e 应换成可变载荷 F_P，于是

$$F_{N1}=F_{N2}=\frac{F_P-\sigma_sA}{2\cos\alpha}=\frac{F_P-24.0}{2\cos\alpha} \tag{f}$$

直到两边杆件中的应力都达到屈服极限 σ_s 时，整个杆系才会因失去对塑性变形的约束而成为几何可变“机构”，发生机构运动，即完全丧失承载能力。此时的载荷即为塑性极限载荷 F_u，并可由图 13.2（d）的平衡条件得到

$$F_u=\sigma_sA(1+2\cos\alpha)=(1+\sqrt{2})\sigma_sA=57.94\ \text{kN} \tag{g}$$

而即将垮塌时，节点 A 的垂直位移为

$$(\delta_{Ay})_u=\sqrt{2}\Delta l_{AC}=\sqrt{2}\frac{\sigma_sAl_1}{EA}=\frac{2\sigma_sl_3}{E}=288\times10^{-6}\text{m} \tag{h}$$

载荷与节点 A 的垂直位移的关系如图 13.2（e）所示。

若采用材料力学极限分析的许用载荷法进行强度计算，方法如下。

设安全系数 $n_u=2$，则此超静定桁架的许可最大的工作载荷 $(F_{P,\ max})_u$，由式（13.2）得

$$F_{P,\ max} \leqslant [F_u] = \frac{F_u}{n_u}$$

$$(F_{P,\ max})_u \leqslant \frac{F_u}{n_u} = \frac{57.94}{2.0}\ kN = 28.97\ kN \tag{i}$$

在此载荷下，节点 A 的许可最大垂直位移为

$$(\delta_{Ay,\ max})_u = \frac{(\delta_{Ay})_u}{n_u} = \frac{288 \times 10^{-6}}{2}\ m = 144 \times 10^{-6}\ m$$

（3）用叠加法分析残余应力。

载荷达到塑性极限载荷 P_u 后即卸载，卸载过程中各杆的应力-应变关系均为线弹性，弹性模量与加载时相同，只是由于两边杆的应力刚达到屈服极限，还没有塑性变形。但就杆 3 而言，它已产生了不可恢复的残余变形 $(\Delta l_3)_r$，即

$$\boxed{(\Delta l_3)_r = (\delta_{Ay})_u - (\delta_{Ay})_e} \tag{13.3}$$

$$(\Delta l_3)_r = (288 \times 10^{-6} - 144 \times 10^{-6})m = 144 \times 10^{-6}\ m$$

在逐渐卸载过程中，两边杆试图恢复原长的企图将受到杆 3 的阻止，当载荷卸至 0 时，杆 3 内将还存在一定的压应力，而两边杆内同样存在一定的拉应力。这些在完全卸载后尚存的应力称为**残余应力**（residual stress），这与第 2 章中因加工误差而引起装配应力是相似的。对于静定桁架，杆件若发生塑性变形后卸载，虽存在残余应变，但由于没有多余约束，所以不会出现残余应力。对于超静定桁架，若某些杆件发生塑性变形后卸载，也将引起残余应力。

残余应力采用叠加法进行分析，通过杆系在两种受力状态下各杆内力的叠加而求得。

第一种受力状态是杆系受塑性极限载荷 P_u 作用，所有的杆件都已屈服，如图 13.2（d）所示，即各杆内力

$$(F_{N1})_u = (F_{N2})_u = (F_{N3})_u = \sigma_s A = 24\ kN$$

第二种受力状态是设想杆系受反向的塑性极限载荷 P_u，并且认为在整个加载过程中杆系是弹性的，杆 3 与两边杆的内力按比例增长，最终可由图 13.2（c）按载荷比例求得

$$(F_{N1})_{-u} = (F_{N2})_{-u} = 12 \times \left(\frac{-57.94}{40.97}\right) kN = -16.97\ kN,$$

$$(F_{N3})_{-u} = 24 \times \left(\frac{-57.94}{40.97}\right) kN = -33.94\ kN$$

现叠加以上两种受力状态下各杆的内力，得各杆的残余内力

$$(F_{Ni})_r = (F_{Ni})_u + (F_{Ni})_{-u} \tag{13.4}$$

$$(F_{N1})_r = (F_{N2})_r = (24.00 - 16.97)\ kN = 7.03\ kN,$$

$$(F_{N3})_r = (24.00 - 33.94)\ kN = -9.94\ kN$$

则各杆的残余应力分别为

$$\boxed{(\sigma_i)_r = \frac{(F_{Ni})_r}{A_i}} \tag{13.5}$$

$$(\sigma_1)_r = (\sigma_2)_r = \frac{F_{N1}}{A} = 70.3\ MPa，(\sigma_3)_r = \frac{F_{N3}}{A} = -99.4\ MPa。$$

通过平面桁架杆系实例已说明了弹性分析与极限分析间的异同，并分析了杆系加载到塑性极限载荷 F_u 后，再卸载到0，这时杆系中各杆内均留有残余应力及分析方法。那么，如果

此杆系结构又再重新加载，各杆的受力又将会怎样变化？请有兴趣的读者继续思考。

综上所述，考虑塑性的强度计算时，若取相同安全因数，用许用载荷法所得许可最大工作载荷值比用许用应力法所得值要大（本例为 41%，即杆系结构承载能力可提高 41%）；若杆系为静定结构，则二者没有区别；若为超静定结构，超静定次数越高，这两种方法所得结果的差别一般越大。另外，由于卸载后存有残余应力，因此极限分析对交变载荷不适用。

13.3 圆轴·扭转极限分析

由第 3 章已知，在材料为线弹性的情况下，如图 13.3（a）所示的直径为 d 的圆轴扭转时横截面上任一点的切应力和截面边缘最大切应力公式为

$$\tau_\rho = \frac{T\rho}{I_P}, \tau_{max} = \frac{T}{W_P} = \frac{16T}{\pi d^3} \tag{a}$$

1. 弹性极限扭矩分析

对于理想弹塑性材料，其切应力 τ 和切应变 γ 的关系如图 13.3 所示。

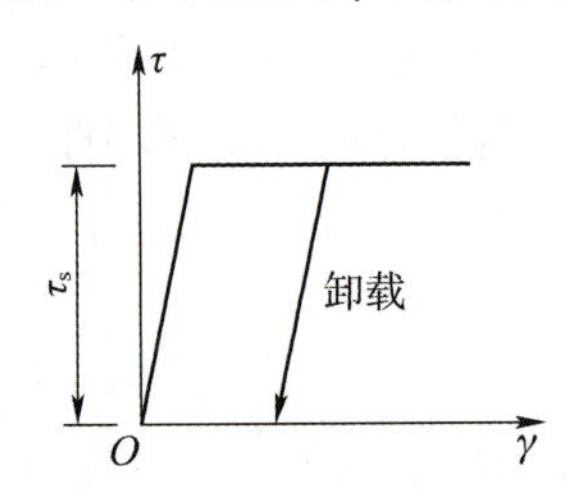

图 13.3　理想弹塑性材料 $\tau-\gamma$ 关系

随着扭矩 T 的逐渐增加，当 $T=T_e$ 时，截面边缘的最大切应力 τ_{max} 首先达到剪切屈服强度 τ_s，如图 13.4（b）所示。这时相应的扭矩 T_e 称为**弹性极限扭矩**（elastic ultimate torque），其值由式（a）可得

$$\tau_{max} = \tau_s = \frac{T_e}{W_P}$$

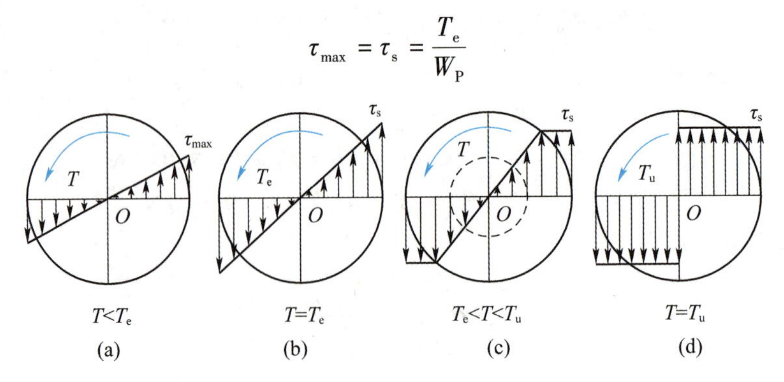

图 13.4　圆轴截面弹性极限扭矩应力分布

从而得到弹性极限扭矩

$$\boxed{T_e = \tau_s W_p} \tag{13.6}$$

$$T_e = \frac{\pi d^3}{16}\tau_s \tag{b}$$

2. 塑性极限扭矩分析

当扭矩继续增大，至 $T_e < T < T_u$ 时，横截面靠近边缘部分应力先后达到 τ_s，并相继屈服而形成**塑性区**，如图 13.4（c）所示呈现出弹塑性状态。当扭矩再继续增大，至 $T = T_u$ 时，横截面上所有点的切应力全部达到 τ_s，从而丧失抵抗扭转变形的能力，发生机构运动。如图 13.4（d）所示呈现出塑性极限状态，此时的扭矩 T_u 称为**塑性极限扭矩**（plastic ultimate torque），其值为

$$T_u = \int_A \rho\tau_s \mathrm{d}A = \tau_s\int_0^{d/2} 2\pi\rho^2 d\rho = \frac{\pi d^3}{12}\tau_s \tag{c}$$

比较式（b）和式（c），得

$$\frac{T_u}{T_e} = \frac{4}{3} \tag{d}$$

再次应证了考虑塑性的强度计算时，若取相同安全因数，用许用载荷法所得塑性极限扭矩值比用许用应力法所得弹性极限扭矩值要大（本例大33.3%，即圆轴承载能力可提高33.3%）。

3. 残余应力分析

若圆轴加载至塑性极限外扭矩后卸载，在卸载过程中，应力-应变关系为线性弹性关系，如图13.5所示，因此卸载过程中产生的应力可由式（a）中的 τ_ρ 和 τ_{max} 求得。

当卸载至0时，最大应力 τ_{max} 为

$$\tau_{max} = \frac{16T_u}{\pi d^3} = \frac{4}{3}\tau_s \tag{e}$$

其方向与加载时产生切应力的方向相反，加载过程中产生的切应力与卸载过程产生的切应力叠加，即为完全卸载后圆轴内的残余应力，叠加过程由图13.5所示，圆轴中心处残余应力为

$$\tau_{r1} = \tau_s \tag{f}$$

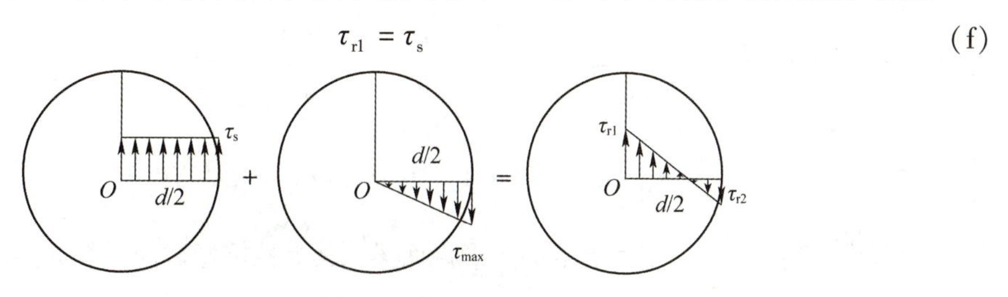

图 13.5　圆轴中心处残余应力

横截面外缘处的残余应力为

$$\tau_{r2} = \tau_{max} - \tau_s = \frac{1}{3}\tau_s \tag{g}$$

若改为外径为 D，内径为 d，且 $d/D = \alpha = 0.8$ 的空心圆轴，材料剪切屈服强度为 τ_s，有兴趣的读者可自行分析其弹性极限扭矩和塑性极限扭矩，并与实心圆轴进行比较。

13.4 直梁·弯曲极限分析

无论材料是线弹性的或塑性的，平面假设均成立。因此，在讨论直梁塑性弯曲时，可利用梁横截面上沿不同高度的线应变呈直线分布的几何关系、理想弹塑模型如图 13.6 所示的物理关系以及静力平衡关系，即可对梁进行极限分析。

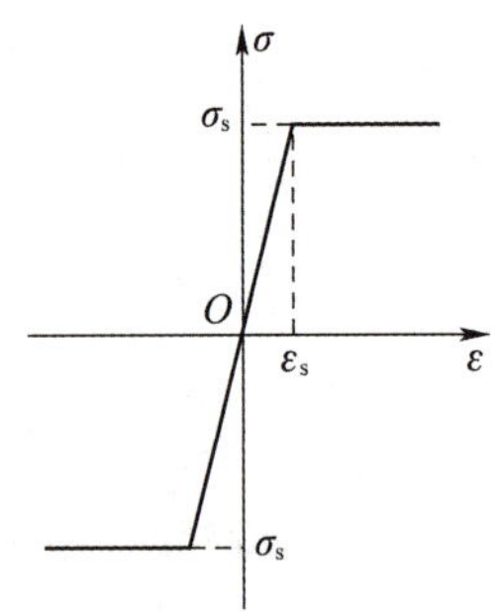

图 13.6 理想弹塑模型 $\sigma-\varepsilon$ 关系

1. 弹性极限弯矩分析

在线弹性范围内，梁弯曲时，危险截面上的正应力呈线性分布如图 13.7（a）所示，由第 6 章可知，设中性轴为对称轴，则距中性轴最远的上、下边缘处的最大正应力为

$$\sigma_{max}=\frac{M}{W_z} \tag{13.7}$$

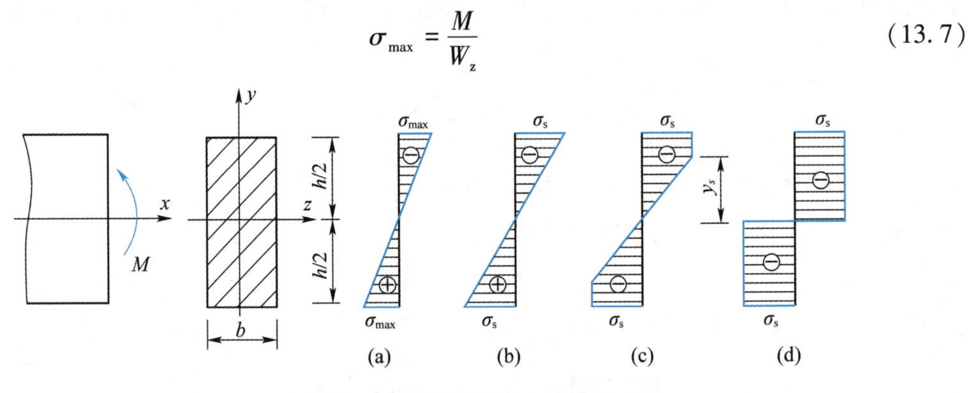

图 13.7 梁弯曲时危险截面上的正应力分布图

对于横截高度为 h 、宽度为 b 的矩形截面梁，其弹性抗弯截面系数 $W_z=\frac{bh^2}{6}$ 。若是横力弯曲，因其截面上由剪力引起的切应力相对于正应力非常小而被忽略。在弯矩 M 随载荷增加而增大的过程中，当最大正应力 σ_{max} 达到屈服极限 σ_s 时，如图 13.7（b），对应的最大弹性弯矩称为弹性极限弯矩（elastic ultimate moment），简称屈服弯矩（yield moment），记作 M_e ，有

$$\boxed{M_e=W_z\sigma_s} \tag{13.8}$$

2. 塑性极限弯矩分析

随着载荷继续增加，横截面上正应力达到屈服极限 σ_s 的塑性区域逐渐由上、下边缘向

中性轴扩展，设弹塑性区的边界到中性轴的距离用 y_s 表示，如图 13.7（c）所示，直至横截面上所有点的正应力均达到 σ_s 时，如图 13.7（d）所示，则整个截面完全屈服，对应的弯矩称为**塑性极限弯矩**（plastic ultimate moment），简称**极限弯矩**，记作 M_u，则有

$$M_u = \int_A y\sigma_s \mathrm{d}A = \sigma_s \cdot \left(\frac{h}{2} \cdot b\frac{h}{4}\right) + (-\sigma_s) \cdot \frac{h}{2}b\left(-\frac{h}{4}\right) = \sigma_s \cdot \frac{bh^2}{4} = W_u\sigma_s \qquad (13.9)$$

其中：W_u 称为**塑性抗弯截面系数**。

由式（13.8）和式（13.9）可知，截面上塑性极限弯矩 M_u 与弹性极限弯矩 M_e 之比等于 W_u 与 W_z 之比

$$\boxed{f = \frac{M_u}{M_e} = \frac{W_u}{W_z}} \qquad (13.10)$$

并将 f 定义为**形状系数**（shape factor）。

可知，从截面开始屈服到截面完全屈服，梁潜在的承载能力得到了进一步发挥，其承载能力提高的百分比值为

$$(f-1)\times 100\% = \left(\frac{W_u}{W_z} - 1\right)\times 100\%$$

对于横截高度为 h 、宽度为 b 的矩形截面梁

$$f = \frac{W_u}{W_z} = \frac{bh^2/4}{bh^2/6} = 1.5$$

即表明了从截面开始屈服到截面完全屈服，矩形截面的承载能力可提高 $(f-1)\times 100\% = 50\%$ 。

对于不同形状的横截面有不同的值，几种常用截面的形状系数值列于表 13.1 中。

表 13.1　几种常用截面的形状系数 f

截面形状	菱形	圆形	矩形	薄壁圆环	工字形
$f = W_u/W_z$	2.0	1.7	1.5	1.27	1.15 ~ 1.17
$(f-1)\times 100\%$	100%	70%	50%	27%	15% ~ 17%

3. 中性轴

有必要指出中性轴的变化情况。在弹性阶段，无论中性轴是否是截面的对称轴，其中性轴都必过截面形心，如图 13.8（a）所示；但如果中性轴不是截面的对称轴，当截面开始屈服后，比如图 13.8（b）所示的 T 形截面，弯曲正应力的分布不再是线性的，欲满足轴力为 0 的平衡方程，中性轴 z' 必然逐渐向上平移；最后当截面完全屈服，如图 13.8（c），欲满足轴力为 0，中性轴 z'' 将平分截面面积（即拉与压区域面积应当相等）。

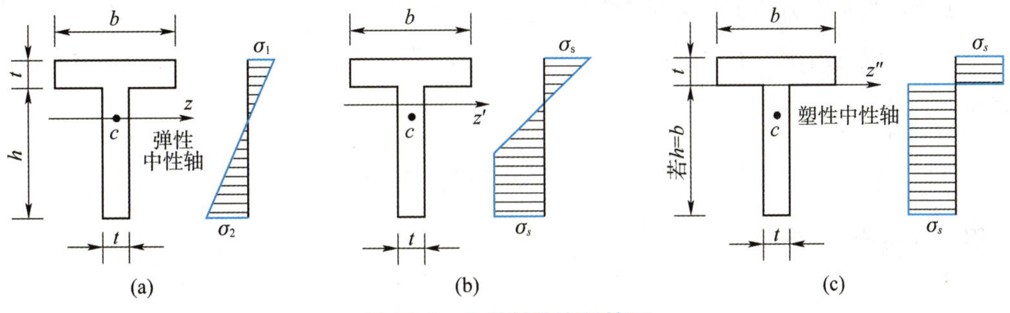

图 13.8　中性轴的变化情况

（a）弹性阶段；（b）部分屈服阶段；（c）完全屈服阶段

4. 残余应力分析

在载荷作用下的构件，当其局部的应力超过屈服强度时，这些部位将出现塑性变形，但构件的其余部分还是弹性的。如再将载荷卸除，已经发生塑性变形的部分不能恢复其原来状态，必将阻碍弹性部分的变形恢复，从而引起内部相互作用的应力，这种应力称为**残余应力**。残余应力不是载荷所致，而是弹性部分与塑性部分相互制约的结果，且梁的残余应力 σ_r 等于按加载规律引起的应力和按卸载时线性规律引起的应力的代数和。

现以矩形截面梁受纯弯曲为例，分析矩形截面承受极限弯矩后再卸载到0时截面的残余应力。假设加载使截面承受的弯矩达到极限弯矩而完全屈服后，再卸载到0。残余应力可由完全屈服应力状态与反向加载到极限弯矩值（并设材料始终处于弹性）所得应力状态叠加得到，图13.9表示其叠加过程。

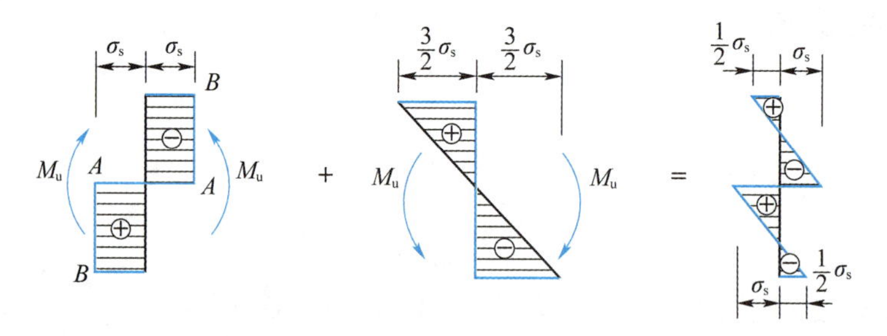

图13.9　残余应力 σ_r 分布

对具有残余应力的梁，如再作用一个与第一次加载方向相同的弯矩时，新增加的应力沿梁截面高度也是线性分布的。就最外层的纤维而言，直到新增加的应力与残余应力叠加的结果等于 σ_s 时，才再次出现塑性变形。可见，只要第二次加载与第一次加载方向相同，则因第一次加载出现的残余应力，提高了第二次加载的弹性范围。这就是工程上常用的**自增强技术的原理**。

5. 塑性铰

上面讨论了梁截面的屈服弯矩（弹性极限弯矩）M_e 和极限弯矩（塑性极限弯矩）M_u，现在举例研究说明梁的极限载荷的求解方法。

考虑跨中受集中力的矩形截面简支梁，如图13.10所示，增加载荷，当跨中（$x=0$）处的弯矩达到极限弯矩 M_u 时，按图13.10（b）中弯矩图的比例计算，距离跨中为 x 处截面上的弯矩 $M(x)$ 为

$$M(x)=M_u\left(\frac{l-x}{l}\right) \tag{13.11a}$$

由式（13.9），有

$$M(x)=\frac{bh^2}{4}\sigma_s\left(\frac{l-x}{l}\right) \tag{13.11b}$$

设 y_s 为截面上中性轴到弹塑性区边界的距离，如图13.7（c）所示，当截面开始屈服时

$y_s=\frac{h}{2}$，当截面完全屈服时 $y_s=0$。那么根据截面上应力的分布，同样可计算出距离跨中为 x 处截面上的弯矩

$$M(x)=2\left[\sigma_s b\left(\frac{h}{2}-y_s\right)\cdot\left(\frac{h}{4}+\frac{y_s}{2}\right)+b\sigma_s\frac{y_s}{2}\cdot\frac{2}{3}y_s\right]=b\sigma_s\left(\frac{h^2}{4}-\frac{y_s^{\ 2}}{3}\right)\tag{13.11c}$$

由式（13.11b）及式（13.11c），得

$$y_s=\frac{h}{2}\sqrt{\frac{3x}{l}}\tag{13.12}$$

式（13.12）表明沿梁的长度弹塑性区的边界线是 x 的二次抛物线方程，塑性区延伸到 $x=\pm l/3$ 处，整个塑性区由图13.10（a）中阴影所示，此时梁已不能继续承担载荷，跨中截面两侧的梁在极限弯矩 M_u 作用下相互转动已不受制约，相当于在跨中截面处形成了一个铰链，在铰链的两侧作用有值等于极限弯矩的力偶，力偶的转向与其所在部分的梁绕此铰转动的方向相反，如图13.10（c）所示，这样的铰链称为**塑性铰**（plastic hinge）。显然，梁横力弯曲时，塑性铰总是在最大弯矩截面处形成。

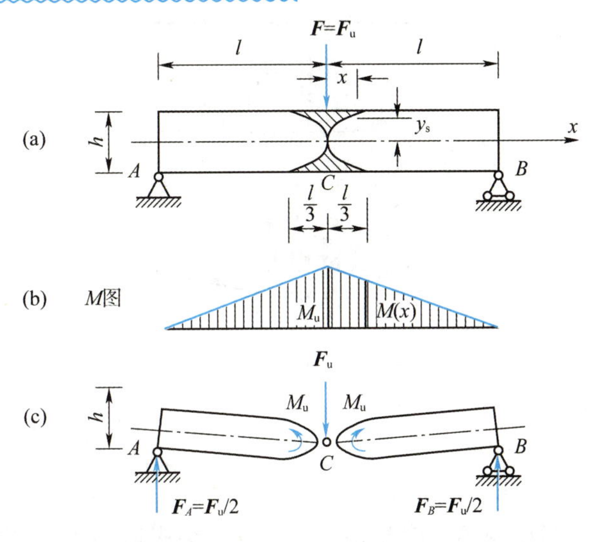

图13.10　矩形截面简支梁塑性铰

6. 静定梁的极限载荷

对于静定梁，当出现塑性铰时，梁变成几何可变的“机构”，即处于整体垮塌前的极限状态，产生塑性铰所需的载荷即为梁的（塑性）极限载荷，可根据简单的静力学计算求出。

如图13.10所示横截高度为 h、宽度为 b 的矩形截面静定简支梁的极限载荷可由 $M_u=M_C=F_Bl=\frac{F_u}{2}\cdot l$ 和式（13.9），得

$$F_u=\frac{2M_u}{l}=\frac{2W_u\sigma_s}{l}=\frac{bh^2}{l}\sigma_s$$

【例 13.1】图 13.11（a）所示等截面静定简支梁，左半部上承受均布载荷 q 的作用，试求梁的极限载荷 q_u。

【解】作静定简支梁的弯矩图，如图 13.11（b）所示，最大弯矩 M_{max} 发生在矩左端 $3l/8$ 处的 D 截面上，其值为

$$M_{max}=M_D=\frac{9}{128}ql^2$$

当载荷 q 增加到使 M_{max} 达到截面的极限弯矩时，该截面 D 处出现塑性铰，梁处于极限状态，如图 13.11（c）所示，此时的载荷即为梁的极限载荷，有

$$M_{max}=\frac{9}{128}q_u l^2=M_u$$

故 $q_u=\dfrac{128M_u}{9l^2}$。

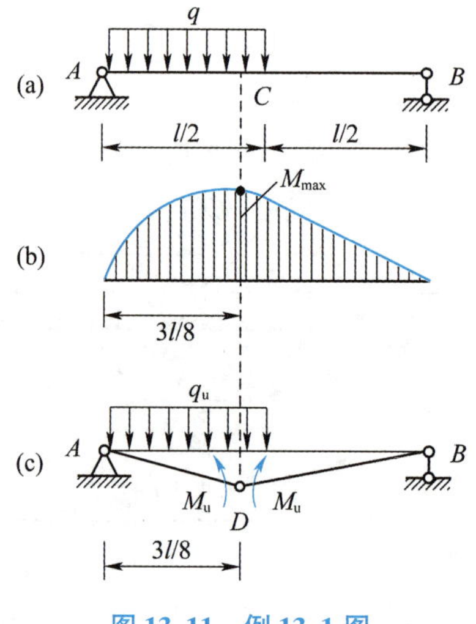

图 13.11　例 13.1 图

7. 超静定梁的极限载荷

对一次超静定梁，当出现第一个塑性铰时，并不会引起梁的完全破坏，这是因为一方面塑性铰抵消了多余约束使超静定梁成为静定梁；另一方面在塑性铰截面处仍可承担极限弯矩的作用。在继续加载的情况下，梁的弯矩将重新分配，塑性铰截面处的弯矩保持极限弯矩不变，而其他截面的弯矩将增大，直到第二个塑性铰出现，梁即处于垮塌的极限状态。这样，产生第二个塑性铰时的载荷即为梁的极限载荷。对 n 次超静定梁，同样可推出，当出现 $(n+1)$ 个塑性铰时，梁处于垮塌前的极限状态，相应的载荷即为该梁的极限载荷。

【例 13.2】试求图 13.12（a）所示一次超静定等截面梁最大弹性载荷与极限载荷的比值。

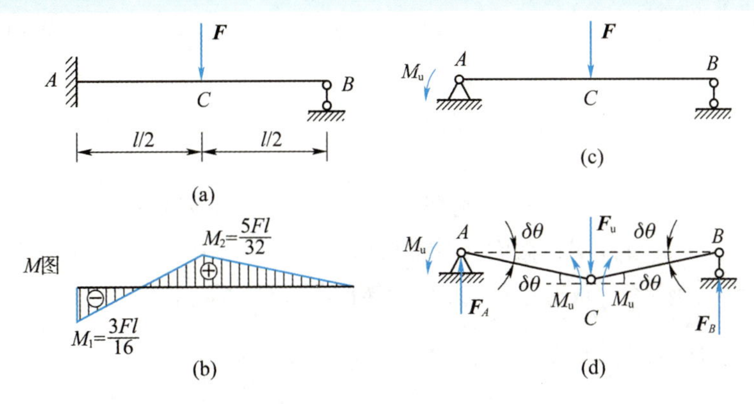

图 13.12　例 13.2 图

【解】设想载荷 F 从 0 逐渐增加，当梁处于弹性阶段，弯矩图如图 13.12（b）所示，最大弯矩 M_1 产生于固定端 A 处，随着载荷增加，截面 A 上最大应力首先达到屈服极限，此时截面 A 上的弯矩为最大弹性弯矩，梁的载荷为最大弹性载荷

$$F_e=\frac{16M_e}{3l} \tag{a}$$

继续增大载荷 F，截面 A 处首先形成塑性铰，梁变为静定的简支梁，除原载荷 F 外，在截面 A 处承受数值为极限弯矩 M_u 的力偶，如图 13.12（c）所示，再进一步增大载荷 F，直到截面 C 也形成塑性铰，梁成为几何可变的“机构”，处于垮塌的极限状态，如图 13.12（d）所示。

再研究梁处于极限状态此刻的平衡，可确定极限载荷的大小。

考虑整体，由 $\sum M_A=0$，得

$$M_u-\frac{F_ul}{2}+F_Bl=0 \tag{b}$$

考虑 CB 部分，由 $\sum M_C=0$，得

$$-M_u+\frac{F_Bl}{2}=0 \tag{c}$$

由式（b）和式（c）可得

$$F_u=\frac{6M_u}{l} \tag{d}$$

根据式（a）和式（d）可得极限载荷与最大弹性载荷的比值

$$\frac{F_u}{F_e}=\frac{9}{8}\frac{M_u}{M_e}=\frac{9}{8}\frac{W_u}{W_z}=\frac{9}{8}f$$

明显地，在静定梁中 F_u 与 F_e 的比值即为截面形状系数 f，超静定梁中 F_u 与 F_e 比值的增加是因为梁中一个截面被破坏（形成塑性铰），其他部分就开始承受附加载荷，使弯矩重新分配，从而增大了超静定梁的极限强度。

8. 用虚位移原理求梁的极限载荷

极限载荷是根据梁处于极限状态时的平衡条件来确定的，这使得我们可以应用虚位移原

理（Principl of Virtual Displacement）来求解极限载荷。虚位移原理指出：一刚体体系在一力系作用下处于平衡，则在该体系产生微小虚位移的过程中，力系的力所做的功之和必定为0。在极限状态下，可忽略梁各部分的弹性变形，梁可看成由塑性铰相连的各刚性杆件。

现以【例13.2】为例，用虚位移求其极限载荷。在图13.12（d）中，设给定杆AC沿机构运动方向产生一微小虚位移$\delta\theta$，则杆BC将转过相同的角度$\delta\theta$，点C将垂直向下移动$\delta\theta\cdot l/2$。在整个虚位移过程中，截面A处的极限弯矩所作虚功为$-M_u\delta\theta$，截面C处的极限弯矩所做虚功为$-2M_u\delta\theta$，负号是因为M_u的转向与$\delta\theta$转动方向相反。极限载荷F_u，所做的功为$F_u\dfrac{\delta\theta\cdot l}{2}$，所以虚功方程为

$$F_u\frac{\delta\theta\cdot l}{2}-M_u\delta\theta-2M_u\delta\theta=0$$

消去定义的虚位移$\delta\theta$，得

$$F_u=\frac{6M_u}{l}$$

可见，所得结果与例13.2中式（d）相同。

【例13.3】 试用虚位移原理求解如图13.13（a）所示的等截面超静定梁的极限载荷F_u。

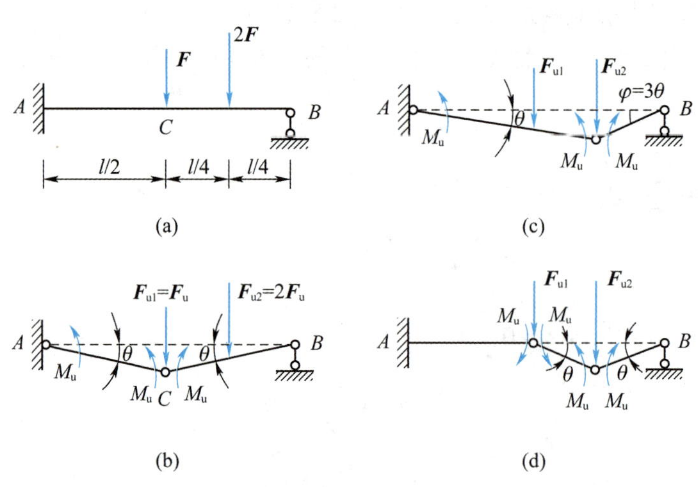

图13.13 例13.3图

【解】 在前面的例子里，我们是根据梁在弹性范围内的弯矩图来确定极限状态时塑性铰的位置的，这往往需要进行超静定分析。其实，极限分析只需找出所有可能的极限状态，并计算其相应的极限载荷，最后加以比较，其中最小的极限载荷即为梁真正的极限载荷。

本题在截面C和D处施加两个集中载荷，梁中弯矩的峰值将发生于载荷或支座反力所作用的截面A、C及D处，其中任意两个截面出现塑性铰，梁即处于极限状态，共有3种可能性，3种可能的极限状态分别如图13.13（b）、（c）和（d）所示。

对于图13.13（b）所示极限状态，虚功方程为

$$F_{u1}\left(\frac{\theta l}{2}\right)+F_{u2}\left(\frac{\theta l}{4}\right)-M_u\theta-M_u2\theta=0$$

因恒有 $F_{u1}=F_u$，$F_{u2}=2F_u$，可得

$$F_u=\frac{3M_u}{l}$$

同理，由虚位移原理，图 13.13（c）、（d）所示极限状态的极限载荷分别为

$$F_u=\frac{5M_u}{2l}$$

$$F_u=\frac{6M_u}{l}$$

比较这 3 个结果，其中最小的极限载荷即为本超静定梁真实的极限载荷，即 $F_{u,\min}=\frac{5M_u}{2l}$，所对应的极限状态如图 13.13（c）所示。

【例 13.4】设 EI 为常量，试求图 13.14（a）所示等截面超静定连续梁的极限载荷。

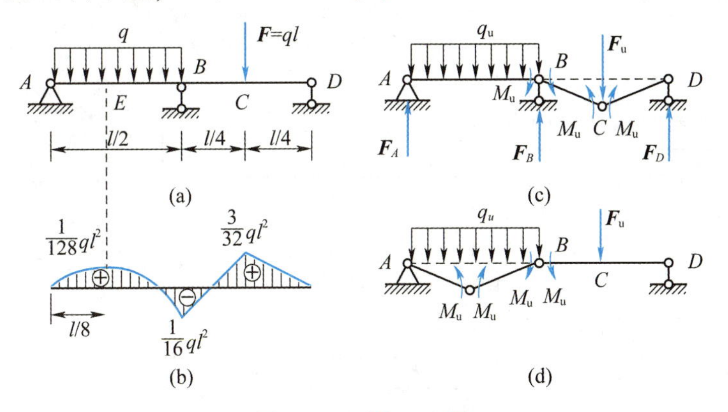

图 13.14 例 13.4 图

【解】图 13.14（a）所示超静定梁，已知 $F_A=ql/16$，$F_B=17ql/16$，$F_D=3ql/8$，作弯矩图如图 13.14（b），可知，随载荷的增加截面 C 首先形成塑性铰，然后，当截面 B 形成塑性铰时，梁处于极限状态，如图 13.14（c）所示。

考虑 BD 段极限平衡状态，由 $\sum M_B=0$，有

$$M_u-F_u\frac{l}{4}+F_D\frac{l}{2}=0 \tag{a}$$

考虑 CD 段极限平衡状态，由 $\sum M_C=0$，有

$$-M_u+F_D\frac{l}{4}=0 \tag{b}$$

由式（a）与式（b），得

$$F_u=\frac{12M_u}{l}=\frac{12\sigma_s W_u}{l} \tag{c}$$

对于超静定连续梁，通常垮塌仅出现在其中一跨。在解此题时，不同的载荷是按比例（本例为 $F/q=l$）增加的，若改变载荷比例（比如 $F/q=l/4$），则极限状态有可能改变，此时另一种可能的极限状态如图 13.14（d）所示。本题也可用虚位移原理求解。

13.5 本章知识小结·框图

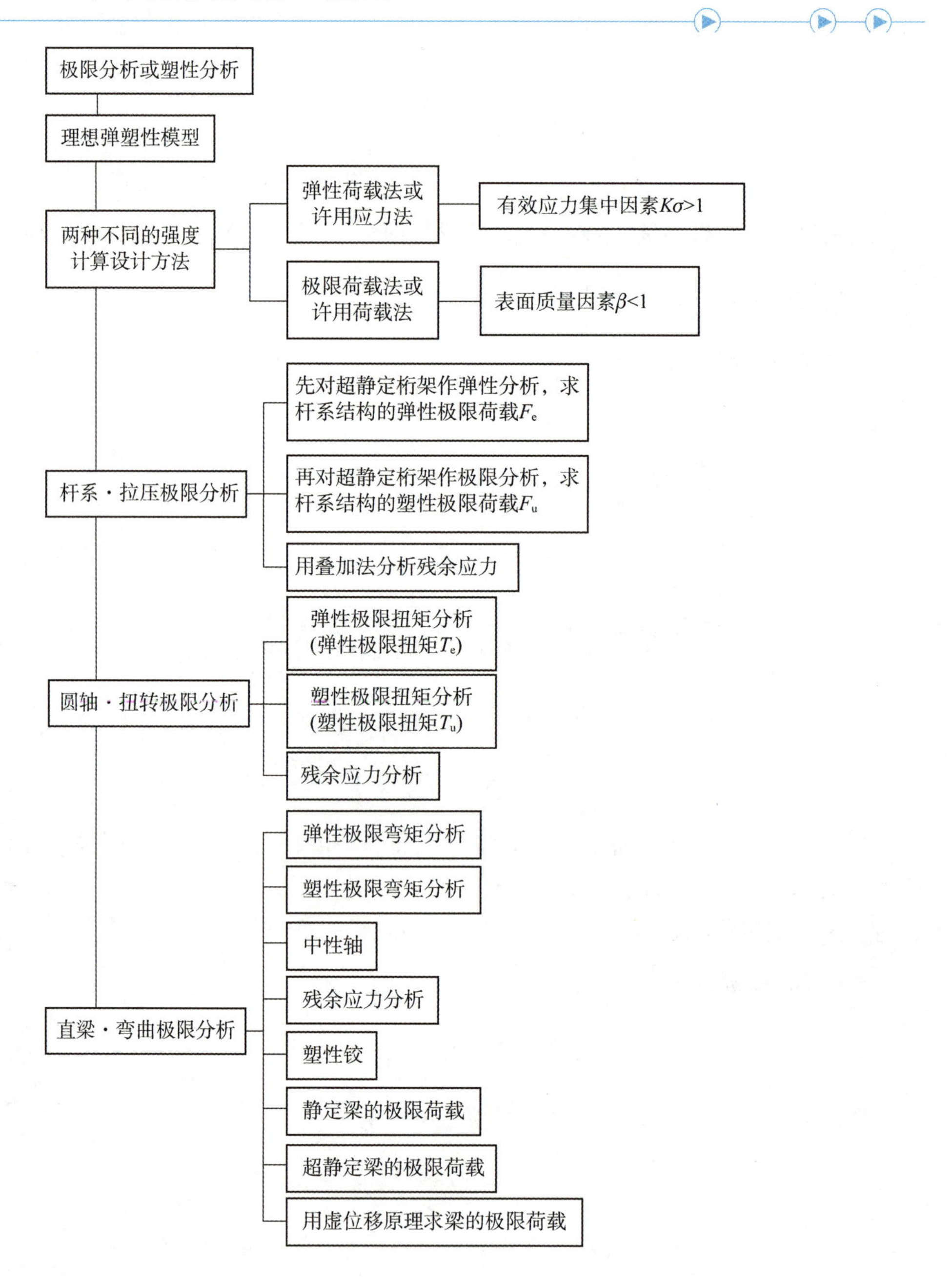

思考题

思 13.1　什么是许用应力法？什么是许用载荷法？构件的失效和结构的整体垮塌有什么不同？

思 13.2　服从理想弹塑性模型的材料应满足什么条件？

思 13.3　什么是弹性分析？什么是塑性分析或极限分析？

思 13.4　杆件、圆轴和梁的极限内力与极限载荷相同吗？

思 13.5　什么是塑性铰？试比较塑性铰和普通铰的异同。

思 13.6　什么是残余应力？为什么说极限分析对交变载荷不适用？

分类习题

☆【13.1 类】计算题（拉压杆系·极限分析）

题 13.1.1　试求图示结构的极限载荷，已知每个杆件达到屈服时的受力为 24 kN。

题 13.1.2　一水平刚性杆 AC，A 端为固定铰链支承，在 B、C 处分别与两根长度 l、横截面积 A 和材料均相同的等直杆铰接，如图所示。两杆的材料可理想化为弹性-理想塑性模型，其弹性模量为 E、屈服极限为 σ_s。若在刚性杆的 D 处承受集中载荷 F，试求结构的屈服载荷 F_s 和极限载荷 F_u。

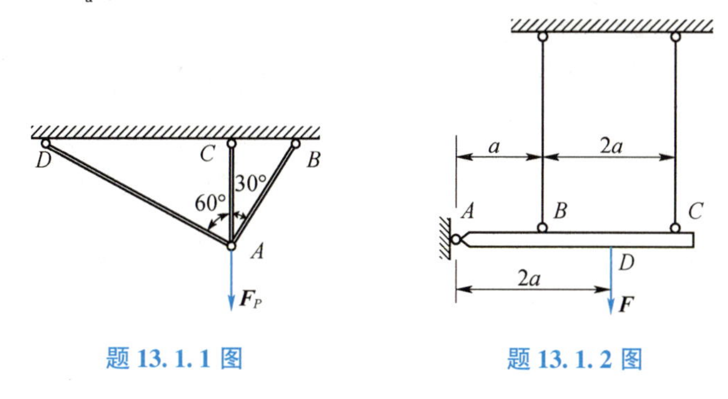

题 13.1.1 图　　题 13.1.2 图

题 13.1.3　刚性梁 AB 由 4 根同一材料制成的等直杆 1、2、3、4 支承，在点 D 处承受铅垂载荷 F，如图所示。4 杆的横截面积均为 A，材料可视为弹性—理想塑性，其弹性模量为 E、屈服极限为 σ_s。试求结构的极限载荷。

题 13.1.4　刚性杆 AB 置于支座 C 上，并由 3 根理想弹塑性材料制成的杆件拉住，B 端承受载荷 F_P，如图所示，设拉杆的截面积均为 A，试求最大弹性载荷及极限载荷。

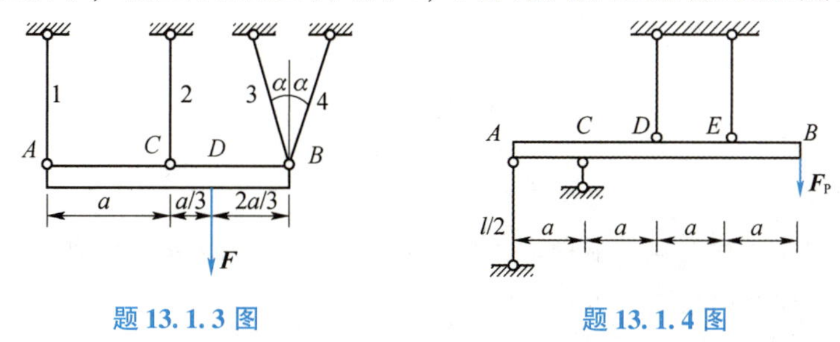

题 13.1.3 图　　题 13.1.4 图

题 13.1.5　如图所示，两端固定等截面杆 AC，截面积为 A，材料服从理想弹塑性模型，屈服应力为 σ_s，弹性模量为 E，试求最大弹性载荷及极限载荷，并求出对应的截面 B 的位移，设 $l_1 > l_2$。

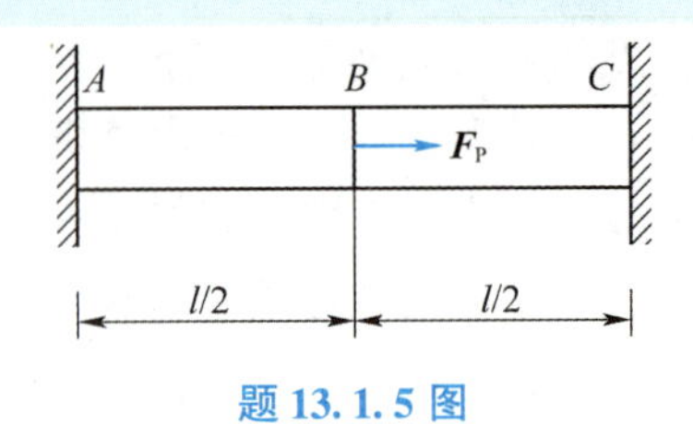

题 13.1.5 图

☆【13.2 类】计算题（圆轴扭转·极限分析）

题 13.2.1　空心圆轴截面如图所示，材料为理想弹塑性材料，试求极限外扭矩 T_u 与最大弹性外扭矩 T_s 之比值。

题 13.2.2　空心圆轴外径为 120 mm，内径为 100 mm，由理想弹塑性材料制成，剪切屈服应力 τ_s = 100 MPa，剪力模量 E=200 GPa，试确定最大弹性外扭矩 T_s 及极限外扭矩 T_u，若外扭矩在达到极限扭矩后完全卸去，试求残余切应力的分布。

题 13.2.3　等直圆轴的截面形状如图所示，实心圆轴的直径 d=60 mm，空心圆轴的内、外径分别为 d_0=40 mm，D_0=80 mm。材料可视为弹性-理想塑性，其剪切屈服极限 τ_s = 160 MPa。试求两轴的极限扭矩。

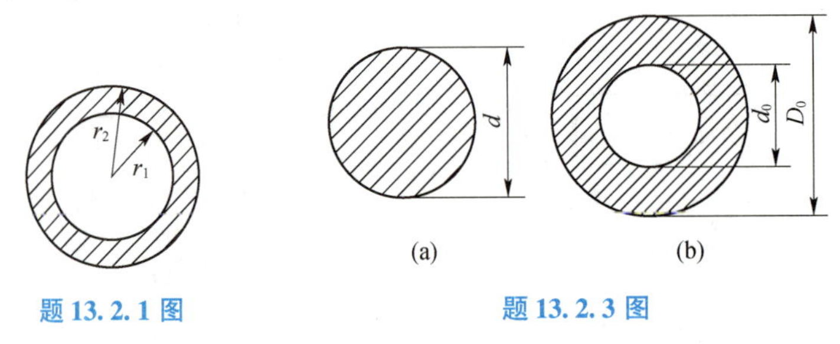

题 13.2.1 图　　题 13.2.3 图

题 13.2.4　图示阶梯圆轴由理想弹塑性材料制成，粗轴直径为 d，细轴直径为 $d/2$，跨中承受集中外扭矩 T，若剪切屈服应力为 σ_s，试求最大弹性外扭矩 T_s 及极限外扭矩 T_u。

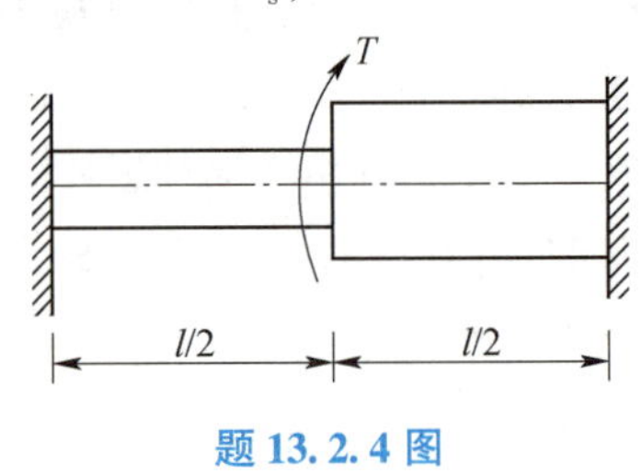

题 13.2.4 图

☆【13.3 类】计算题（梁的弯曲·极限分析）

题 13.3.1　试求图示受均布载荷矩形截面简支梁，在极限载荷时塑性区的形状及范围。设 d 为截面上中性轴到弹塑性区边界的距离。

题 13.3.2　矩形截面 $b\times h$ 的直梁承受纯弯曲，梁材料可视为弹性-理想塑性，弹性模量为 E，屈服极限为 σ_s。当加载至塑性区达到 $h/4$ 的深度（如图所示），梁处于弹性-塑性状态时，卸除载荷。试求：(1) 卸载后，梁的残余变形（残余曲率）；(2) 为使梁轴回复到直线状态，需施加的外力偶矩。

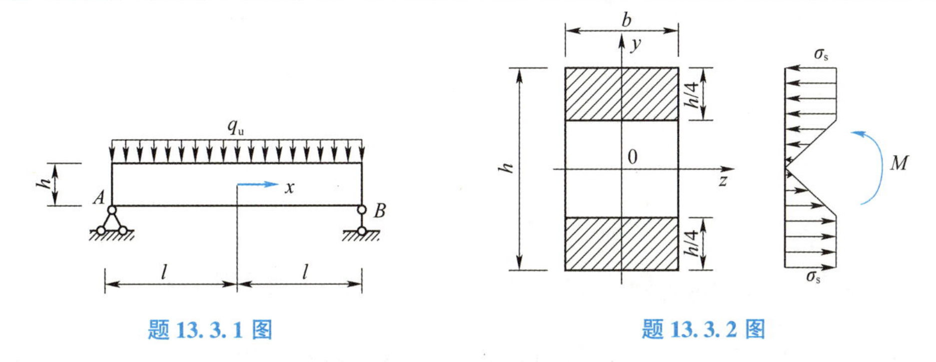

题 13.3.1 图　　题 13.3.2 图

题 13.3.3　图示矩形截面简支梁长 $l = 1\ 200$ mm，截面 C 处承受集中载荷 F_P，试问当 C 截面处中性轴到弹塑性区边界的距离 $d = 24$ mm 时，载荷的大小及塑性区沿梁的长度 a。

题 13.3.4　受均布载荷作用的简支梁如图所示。已知该梁的材料可视为弹性-理想塑性，屈服极限 $\sigma_s = 235$ MPa。试求梁的极限载荷。

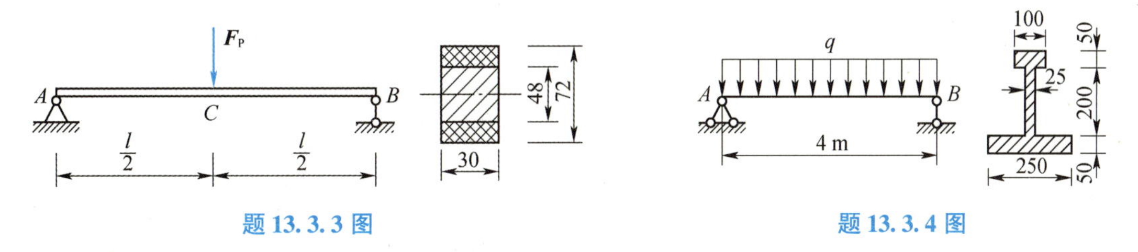

题 13.3.3 图　　题 13.3.4 图

题 13.3.5　矩形截面简支梁受载如图所示。已知梁的截面尺寸为 $b = 60$ mm，$h = 120$ mm；梁的材料可视为弹性-理想塑性，屈服极限 $\sigma_s = 235$ MPa。试求梁的极限载荷。

题 13.3.6　试求图示梁的极限载荷及塑性铰的位置。

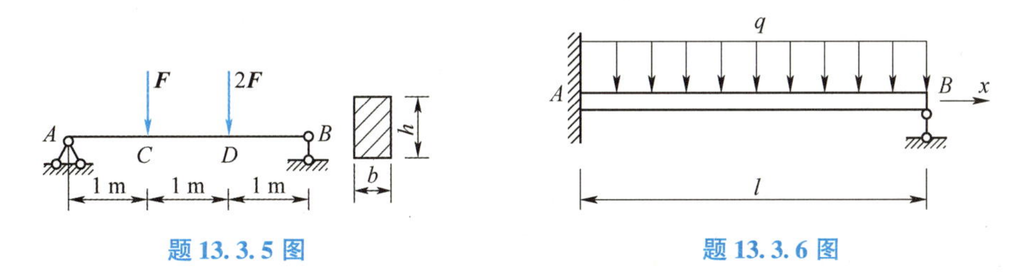

题 13.3.5 图　　题 13.3.6 图

题 13.3.7　试求题 13.3.7 图所示梁的极限载荷 F_u 及 q_u。

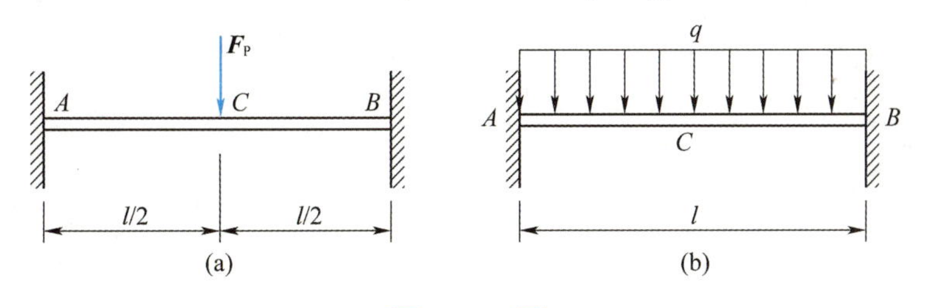

题 13.3.7 图

题 13.3.8　图示等截面梁在 C 处受集中力 F_P，在 D 处受集中力 βF_P，其中 β 为一正的系数，试求此梁的极限载荷 F_u，并求出使梁的总极限载荷取最大值时的 β。

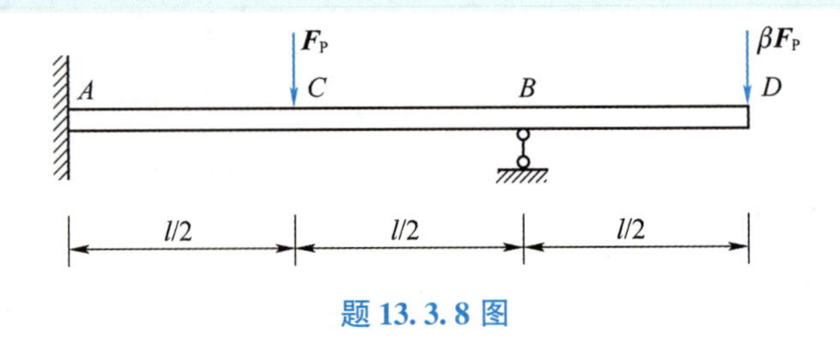

题 13.3.8 图

题 13.3.9　试求图示两跨梁的极限载荷，假设系数 $\beta=1$ 及 $\beta=2/3$。

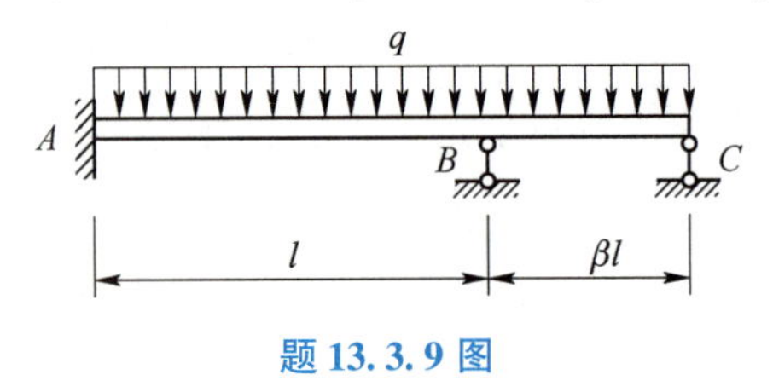

题 13.3.9 图

附　录
型钢表

表 1　等边角钢截面尺寸、截面面积、理论重量及截面特性（GB/T 706—2016）

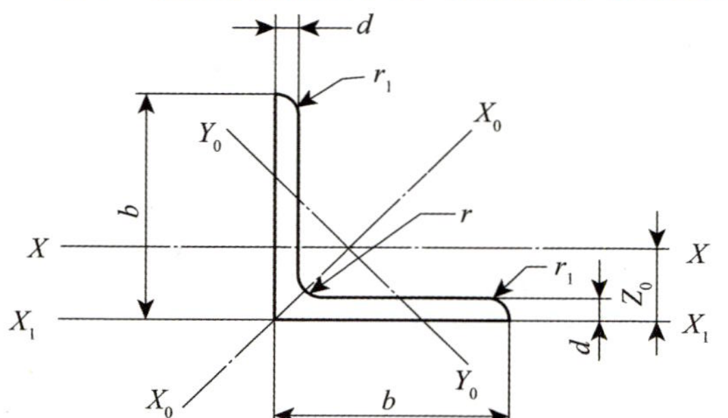

说明：b—边宽度；
d—边厚度；
r—内圆弧半径；
r_1—边端内圆弧半径；
Z_0—重心距离。

型号	截面尺寸/mm			截面面积/ cm^2	理论重量/ (kg/m)	外表面积/ (m^2/m)	惯性矩/ cm^4				惯性半径/cm			截面模数/ cm^3			重心距离/cm
	b	d	r				I_x	I_{x1}	I_{x0}	I_{y0}	i_x	i_{x0}	i_{y0}	W_x	W_{x0}	W_{y0}	Z_0
2	20	3	3.5	1.132	0.89	0.078	0.40	0.81	0.63	0.17	0.59	0.75	0.39	0.29	0.45	0.20	0.60
		4		1.459	1.15	0.077	0.50	1.09	0.78	0.22	0.58	0.73	0.38	0.36	0.55	0.24	0.64
2.5	25	3		1.432	1.12	0.098	0.82	1.57	1.29	0.34	0.76	0.95	0.49	0.46	0.73	0.33	0.73
		4		1.859	1.46	0.097	1.03	2.11	1.62	0.43	0.74	0.93	0.48	0.59	0.92	0.40	0.76

续表

型号	截面尺寸/mm			截面面积/cm^2	理论重量/(kg/m)	外表面积/(m^2/m)	惯性矩/cm^4				惯性半径/cm			截面模数/cm^3			重心距离/cm
	b	d	r				I_x	I_{x1}	I_{x0}	I_{y0}	i_x	i_{x0}	i_{y0}	W_x	W_{x0}	W_{y0}	Z_0
3	30	3	4.5	1.749	1.37	0.117	1.46	2.71	2.31	0.61	0.91	1.15	0.59	0.68	1.09	0.51	0.85
		4		2.276	1.79	0.117	1.84	3.63	2.92	0.77	0.90	1.13	0.58	0.87	1.37	0.62	0.89
3.6	36	3		2.109	1.66	0.141	2.58	4.68	4.09	1.07	1.11	1.39	0.71	0.99	1.61	0.76	1.00
		4		2.756	2.16	0.141	3.29	6.25	5.22	1.37	1.09	1.38	0.70	1.28	2.05	0.93	1.04
		5		3.382	2.55	0.141	3.95	7.84	6.24	1.65	1.08	1.36	0.70	1.56	2.45	1.00	1.07
4	40	3	5	2.359	1.85	0.157	3.59	6.41	5.69	1.49	1.23	1.55	0.79	1.23	2.01	0.96	1.09
		4		3.086	2.42	0.157	4.60	8.56	7.29	1.91	1.22	1.54	0.79	1.60	2.58	1.19	1.13
		5		3.792	2.98	0.156	5.53	10.7	8.76	2.30	1.21	1.52	0.78	1.96	3.10	1.39	1.17
4.5	45	3		2.659	2.09	0.177	5.17	9.12	8.20	2.14	1.40	1.76	0.89	1.58	2.58	1.24	1.22
		4		3.486	2.74	0.177	6.65	12.2	10.6	2.75	1.38	1.74	0.89	2.05	3.32	1.54	1.26
		5		4.292	3.37	0.176	8.04	15.2	12.7	3.33	1.37	1.72	0.88	2.51	4.00	1.81	1.30
		6		5.077	3.99	0.176	9.33	18.4	14.8	3.89	1.36	1.70	0.80	2.95	4.64	2.06	1.33
5	50	3	5.5	2.971	2.33	0.197	7.18	12.5	11.4	2.98	1.55	1.96	1.00	1.96	3.22	1.57	1.34
		4		3.897	3.06	0.197	9.26	16.7	14.7	3.82	1.54	1.94	0.99	2.56	4.16	1.96	1.38
		5		4.803	3.77	0.196	11.2	20.9	17.8	4.64	1.53	1.92	0.98	3.13	5.03	2.31	1.42
		6		5.688	4.46	0.196	13.1	25.1	20.7	5.42	1.52	1.91	0.98	3.68	5.85	2.63	1.46

续表

型号	截面尺寸/mm			截面面积/cm^2	理论重量/(kg/m)	外表面积/(m^2/m)	惯性矩/cm^4				惯性半径/cm			截面模数/cm^3			重心距离/cm
	b	d	r				I_x	I_{x1}	I_{x0}	I_{y0}	i_x	i_{x0}	i_{y0}	W_x	W_{x0}	W_{y0}	Z_0
5.6	56	3	6	3.343	2.62	0.221	10.2	17.6	16.1	4.24	1.75	2.20	1.13	2.48	4.08	2.02	1.48
		4		4.39	3.45	0.220	13.2	23.4	20.9	5.46	1.73	2.18	1.11	3.24	5.28	2.52	1.53
		5		5.415	4.25	0.220	16.0	29.3	25.4	6.61	1.72	2.17	1.10	3.97	6.42	2.98	1.57
		6		6.42	5.04	0.220	18.7	35.3	29.7	7.73	1.71	2.15	1.10	4.68	7.49	3.40	1.61
		7		7.404	5.81	0.219	21.2	41.2	33.6	8.82	1.69	2.13	1.09	5.36	8.49	3.80	1.64
		8		8.367	6.57	0.219	23.6	47.2	37.4	9.89	1.68	2.11	1.09	6.03	9.44	4.16	1.68
6	60	5	6.5	5.829	4.58	0.236	19.9	36.1	31.6	8.21	1.85	2.33	1.19	4.59	7.44	3.48	1.67
		6		6.914	5.43	0.235	23.4	43.3	36.9	9.60	1.83	2.31	1.18	5.41	8.70	3.98	1.70
		7		7.977	6.26	0.235	26.4	50.7	41.9	11.0	1.82	2.29	1.17	6.21	9.88	4.45	1.74
		8		9.02	7.08	0.235	29.5	58.0	46.7	12.3	1.81	2.27	1.17	6.98	11.0	4.88	1.78
6.3	63	4	7	4.978	3.91	0.248	19.0	33.4	30.2	7.89	1.96	2.46	1.26	4.13	6.78	3.29	1.70
		5		6.143	4.82	0.248	23.2	41.7	36.8	9.57	1.94	2.45	1.25	5.08	8.25	3.90	1.74
		6		7.288	5.72	0.247	27.1	50.1	43.0	11.2	1.93	2.43	1.24	6.00	9.66	4.46	1.78
		7		8.412	6.60	0.247	30.9	58.6	49.0	12.8	1.92	2.41	1.23	6.88	11.0	4.98	1.82
		8		9.515	7.47	0.247	34.5	67.1	54.6	14.3	1.90	2.40	1.23	7.75	12.3	5.47	1.85
		10		11.66	9.15	0.246	41.1	84.3	64.9	17.3	1.88	2.36	1.22	9.39	14.6	6.36	1.93

续表

型号	截面尺寸/mm			截面面积/cm^2	理论重量/(kg/m)	外表面积/(m^2/m)	惯性矩/cm^4				惯性半径/cm			截面模数/cm^3			重心距离/cm
	b	d	r				I_x	I_{x1}	I_{x0}	I_{y0}	i_x	i_{x0}	i_{y0}	W_x	W_{x0}	W_{y0}	Z_0
7	70	4	8	5.570	4.37	0.275	26.4	45.7	41.8	11.0	2.18	2.74	1.40	5.14	8.44	4.17	1.86
		5		6.876	5.40	0.275	32.2	57.2	51.1	13.3	2.16	2.73	1.39	6.32	10.3	4.95	1.91
		6		8.160	6.41	0.275	37.8	68.7	59.9	15.6	2.15	2.71	1.38	7.48	12.1	5.67	1.95
		7		9.424	7.40	0.275	43.1	80.3	68.4	17.8	2.14	2.69	1.38	8.59	13.8	6.34	1.99
		8		10.67	8.37	0.274	48.2	91.9	76.4	20.0	2.12	2.68	1.37	9.68	15.4	6.98	2.03
7.5	75	5	9	7.412	5.82	0.295	40.0	70.6	63.3	16.6	2.33	2.92	1.50	7.32	11.9	5.77	2.04
		6		8.797	6.91	0.294	47.0	84.6	74.4	19.5	2.31	2.90	1.49	8.64	14.0	6.67	2.07
		7		10.16	7.98	0.294	53.6	98.7	85.0	22.2	2.30	2.89	1.48	9.93	16.0	7.44	2.11
		8		11.50	9.03	0.294	60.0	113	95.1	24.9	2.28	2.88	1.47	11.2	17.9	8.19	2.15
		9		12.83	10.1	0.294	66.1	127	105	27.5	2.27	2.86	1.46	12.4	19.8	8.89	2.18
		10		14.13	11.1	0.293	72.0	142	114	30.1	2.26	2.84	1.46	13.6	21.5	9.56	2.22
8	80	5		7.912	6.21	0.315	48.8	85.4	77.3	20.3	2.48	3.13	1.60	8.34	13.7	6.66	2.15
		6		9.397	7.38	0.314	57.4	103	91.0	23.7	2.47	3.11	1.59	9.87	16.1	7.65	2.19
		7		10.86	8.53	0.314	65.6	120	104	27.1	2.46	3.10	1.58	11.4	18.4	8.58	2.23
		8		12.30	9.66	0.314	73.5	137	117	30.4	2.44	3.08	1.57	12.8	20.6	9.46	2.27
		9		13.73	10.8	0.314	81.1	154	129	33.6	2.43	3.06	1.56	14.3	22.7	10.3	2.31
		10		15.13	11.9	0.313	88.4	172	140	36.8	2.42	3.04	1.56	15.6	24.8	11.1	2.35

续表

型号	截面尺寸/mm			截面面积/cm^2	理论重量/(kg/m)	外表面积/(m^2/m)	惯性矩/cm^4				惯性半径/cm			截面模数/cm^3			重心距离/cm
	b	d	r				I_x	I_{x1}	I_{x0}	I_{y0}	i_x	i_{x0}	i_{y0}	W_x	W_{x0}	W_{y0}	Z_0
9	90	6	10	10.64	8.35	0.354	82.8	146	131	34.3	2.79	3.51	1.80	12.6	20.6	9.95	2.44
		7		12.30	9.66	0.354	94.8	170	150	39.2	2.78	3.50	1.78	14.5	23.6	11.2	2.48
		8		13.94	10.9	0.353	106	195	169	44.0	2.76	3.48	1.78	16.4	26.6	12.4	2.52
		9		15.57	12.2	0.353	118	219	187	48.7	2.75	3.46	1.77	18.3	29.4	13.5	2.56
		10		17.17	13.5	0.353	129	244	204	53.3	2.74	3.45	1.76	20.1	32.0	14.5	2.59
		12		20.31	15.9	0.352	149	294	236	62.2	2.71	3.41	1.75	23.6	37.1	16.5	2.67
10	100	6	12	11.93	9.37	0.393	115	200	182	47.9	3.10	3.90	2.00	15.7	25.7	12.7	2.67
		7		13.80	10.8	0.393	132	234	209	54.7	3.09	3.89	1.99	18.1	29.6	14.3	2.71
		8		15.64	12.3	0.393	148	267	235	61.4	3.08	3.88	1.98	20.5	33.2	15.8	2.76
		9		17.46	13.7	0.392	164	300	260	68.0	3.07	3.86	1.97	22.8	36.8	17.2	2.80
		10		19.26	15.1	0.392	180	334	385	74.4	3.05	3.84	1.96	25.1	40.3	18.5	2.84
		12		22.80	17.9	0.391	209	402	331	86.8	3.03	3.81	1.95	29.5	46.8	21.1	2.91
		14		26.26	20.6	0.391	237	471	374	99.0	3.00	3.77	1.94	33.7	52.9	23.4	2.99
		16		29.63	23.3	0.390	263	540	414	111	2.98	3.74	1.94	37.8	58.6	25.6	3.06
11	110	7	12	15.20	11.9	0.433	177	311	281	73.4	3.41	4.30	2.20	22.1	36.1	17.5	2.96
		8		17.24	13.5	0.433	199	355	316	82.4	3.40	4.28	2.19	25.0	40.7	19.4	3.01
		10		21.26	16.7	0.432	242	445	384	100	3.38	4.25	2.17	30.6	49.4	22.9	3.09
		12		25.20	19.8	0.431	283	535	448	117	3.35	4.22	2.15	36.1	57.6	26.2	3.16
		14		29.06	22.8	0.431	321	625	508	133	3.32	4.18	2.14	41.3	65.3	29.1	3.24

续表

型号	截面尺寸/mm			截面面积/cm^2	理论重量/(kg/m)	外表面积/(m^2/m)	惯性矩/cm^4				惯性半径/cm			截面模数/cm^3			重心距离/cm
	b	d	r				I_x	I_{x1}	I_{x0}	I_{y0}	i_x	i_{x0}	i_{y0}	W_x	W_{x0}	W_{y0}	Z_0
12.5	125	8	14	19.75	15.5	0.492	297	521	471	123	3.88	4.88	2.50	32.5	53.3	25.9	3.37
		10		24.37	19.1	0.491	362	652	574	149	3.85	4.85	2.48	40.0	64.9	30.6	3.45
		12		28.91	22.7	0.491	423	783	671	175	3.83	4.82	2.46	41.2	76.0	35.0	3.53
		14		33.37	26.2	0.490	482	916	764	200	3.80	4.78	2.45	54.2	86.4	39.1	3.61
		16		37.74	29.6	0.489	537	1 050	851	224	3.77	4.75	2.43	60.9	96.3	43.0	3.68
14	140	10		27.37	21.5	0.551	515	915	817	212	4.34	5.46	2.78	50.6	82.6	39.2	3.82
		12		32.51	25.5	0.551	604	1 100	959	249	4.31	5.43	2.76	59.8	96.9	45.0	3.90
		14		37.57	29.5	0.550	689	1 280	1 090	284	4.28	5.40	2.75	68.8	110	50.5	3.98
		16		42.54	33.4	0.549	770	1 470	1 220	319	4.26	5.36	2.74	77.5	123	55.6	4.06
15	150	8		23.75	18.6	0.592	521	900	827	215	4.69	5.90	3.01	47.4	78.0	38.1	3.99
		10		29.37	23.1	0.591	638	1 130	1 010	262	4.66	5.87	2.99	58.4	95.5	45.5	4.08
		12		34.91	27.4	0.591	749	1 350	1 190	308	4.63	5.84	2.97	69.0	112	52.4	4.15
		14		40.37	31.7	0.590	856	1 580	1 360	352	4.60	5.80	2.95	79.5	128	58.8	4.23
		15		43.06	33.8	0.590	907	1 690	1 440	374	4.59	5.78	2.95	84.6	136	61.9	4.27
		16		45.74	35.9	0.589	958	1 810	1 520	395	4.58	5.77	2.94	89.6	143	64.9	4.31

续表

型号	截面尺寸/mm			截面面积/cm²	理论重量/(kg/m)	外表面积/(m²/m)	惯性矩/cm⁴				惯性半径/cm			截面模数/cm³			重心距离/cm
	b	d	r				I_x	I_{x1}	I_{x0}	I_{y0}	i_x	i_{x0}	i_{y0}	W_x	W_{x0}	W_{y0}	Z_0
16	160	10	16	31.50	24.7	0.630	780	1 370	1 240	322	4.98	6.27	3.20	66.7	109	52.8	4.31
		12		37.44	29.4	0.630	917	1 640	1 460	377	4.95	6.24	3.18	79.0	129	60.7	4.39
		14		43.30	34.0	0.629	1 050	1 910	1 670	432	4.92	6.20	3.16	91.0	147	68.2	4.47
		16		49.07	38.5	0.629	1 180	2 190	1 870	485	4.89	6.17	3.14	103	165	75.3	4.55
18	180	12		42.24	33.2	0.710	1 320	2 330	2 100	543	5.59	7.05	3.58	101	165	78.4	4.89
		14		48.90	38.4	0.709	1 510	2 720	2 410	622	5.56	7.02	3.56	116	189	88.4	4.97
		16		55.47	43.5	0.709	1 700	3 120	2 700	699	5.54	6.98	3.55	131	212	97.8	5.05
		18		61.96	48.6	0.708	1 880	3 500	2 990	762	5.50	6.94	3.51	146	235	105	5.13
20	200	14	18	54.64	42.9	0.788	2 100	3 730	3 340	864	6.20	7.82	3.98	145	236	112	5.46
		16		62.01	48.7	0.788	2 370	4 270	3 760	971	6.18	7.79	3.96	164	266	124	5.54
		18		69.30	54.4	0.787	2 620	4 810	4 160	1 080	6.15	7.75	3.94	182	294	136	5.62
		20		76.51	60.1	0.787	2 870	5 350	4 550	1 180	6.12	7.72	3.93	200	322	147	5.69
		24		90.66	71.2	0.785	3 340	6 460	5 290	1 380	6.07	7.64	3.90	236	374	167	5.87
22	220	16	21	68.67	53.9	0.866	3 190	5 680	5 060	1 310	6.81	8.59	4.37	200	326	154	6.03
		18		76.75	60.3	0.866	3 540	6 400	5 620	1 450	6.79	8.55	4.35	223	361	168	6.11
		20		84.76	66.5	0.865	3 870	7 110	6 150	1 590	6.76	8.52	4.34	245	395	182	6.18
		22		92.68	72.8	0.865	4 200	7 830	6 670	1 730	6.73	8.48	4.32	267	429	195	6.26
		24		100.5	78.9	0.864	4 520	8 550	7 170	1 870	6.71	8.45	4.31	289	461	208	6.33
		26		108.3	85.0	0.864	4 830	9 280	7 690	2 000	6.68	8.41	4.30	310	492	221	6.41

续表

型号	截面尺寸/mm			截面面积/cm^2	理论重量/(kg/m)	外表面积/(m^2/m)	惯性矩/cm^4				惯性半径/cm			截面模数/cm^3			重心距离/cm
	b	d	r				I_x	I_{x1}	I_{x0}	I_{y0}	i_x	i_{x0}	i_{y0}	W_x	W_{x0}	W_{y0}	Z_0
		18		87.84	69.0	0.985	5 270	9 380	8 370	2 170	7.75	9.76	4.97	290	473	224	6.84
		20		97.05	76.2	0.984	5 780	10 400	9 180	2 380	7.72	9.73	4.95	320	519	243	6.92
		22		106.2	83.3	0.983	6 280	11 500	9 970	2 580	7.69	9.69	4.93	349	564	261	7.00
		24		115.2	90.4	0.983	6 770	12 500	10 700	2 790	7.67	9.66	4.92	378	608	278	7.07
25	250	26	24	124.2	97.5	0.982	7 240	13 600	11 500	2 980	7.64	9.62	4.90	406	650	295	7.15
		28		133.0	104	0.982	7 700	14 600	12 200	3 180	7.61	9.58	4.89	433	691	311	7.22
		30		141.8	111	0.981	8 160	15 700	12 900	3 380	7.58	9.55	4.88	461	731	327	7.30
		32		150.5	118	0.981	8 600	16 800	13 600	3 570	7.56	9.51	4.87	488	770	342	7.37
		35		163.4	128	0.980	9 240	18 400	14 600	3 850	7.52	9.46	4.86	527	827	364	7.48

注：截面图中的 $r_1 = 1/3d$ 及表中 r 的数据用于孔型设计，不做交货条件。

表 2 不等边角钢截面尺寸、截面面积、理论重量及截面特性（GB/T 706—2016）

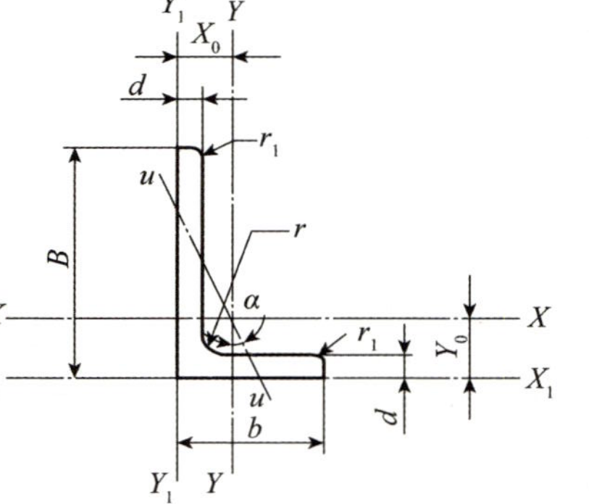

说明：B—长边宽度；
b—短边宽度；
d—边厚度；
r—内圆弧半径；
r_1—边端圆弧半径；
X_0—重心距离；
Y_0—重心距离。

型号	截面尺寸/mm				截面面积/cm²	理论重量/(kg/m)	外表面积/(m²/m)	惯性矩/cm⁴					惯性半径/cm			截面模数/cm³			tanα	重心距离/cm	
	B	b	d	r				I_x	I_{x1}	I_y	I_{y1}	I_u	i_x	i_y	i_u	W_x	W_y	W_u		X_0	Y_0
2.5/1.6	25	16	3	3.5	1.162	0.91	0.080	0.70	1.56	0.22	0.43	0.14	0.78	0.44	0.34	0.43	0.19	0.16	0.392	0.42	0.86
			4		1.499	1.18	0.079	0.88	2.09	0.27	0.59	0.17	0.77	0.43	0.34	0.55	0.24	0.20	0.381	0.46	0.90
3.2/2	32	20	3		1.492	1.17	0.102	1.53	3.27	0.46	0.82	0.28	1.01	0.55	0.43	0.72	0.30	0.25	0.382	0.49	1.08
			4		1.939	1.52	0.101	1.93	4.37	0.57	1.12	0.35	1.00	0.54	0.42	0.93	0.39	0.32	0.374	0.53	1.12
4/2.5	40	25	3	4	1.890	1.48	0.127	3.08	5.39	0.93	1.59	0.56	1.28	0.70	0.54	1.15	0.49	0.40	0.385	0.59	1.32
			4		2.467	1.94	0.127	3.93	8.53	1.18	2.14	0.71	1.36	0.69	0.54	1.49	0.63	0.52	0.381	0.63	1.37
4.5/2.8	45	28	3	5	2.149	1.69	0.143	4.45	9.10	1.34	2.23	0.80	1.44	0.79	0.61	1.47	0.62	0.51	0.383	0.64	1.47
			4		2.806	2.20	0.143	5.69	12.1	1.70	3.00	1.02	1.42	0.78	0.60	1.91	0.80	0.66	0.380	0.68	1.51
5/3.2	50	32	3	5.5	2.431	1.91	0.161	6.24	12.5	2.02	3.31	1.20	1.60	0.91	0.70	1.84	0.82	0.68	0.404	0.73	1.60
			4		3.177	2.49	0.160	8.02	16.7	2.58	4.45	1.53	1.59	0.90	0.69	2.39	1.06	0.87	0.402	0.77	1.65

续表

型号	截面尺寸/mm				截面面积/cm^2	理论重量/(kg/m)	外表面积/(m^2/m)	惯性矩/cm^4					惯性半径/cm			截面模数/cm^3			tanα	重心距离/cm	
	B	b	d	r				I_x	I_{x1}	I_y	I_{y1}	I_u	i_x	i_y	i_u	W_x	W_y	W_u		X_0	Y_0
5.6/3.6	56	36	3	6	2.743	2.15	0.181	8.88	17.5	2.92	4.7	1.73	1.80	1.03	0.79	2.32	1.05	0.87	0.408	0.80	1.78
			4		3.590	2.82	0.180	11.5	23.4	3.76	6.33	2.23	1.79	1.02	0.79	3.03	1.37	1.13	0.408	0.85	1.82
			5		4.415	3.47	0.180	13.9	29.3	4.49	7.94	2.67	1.77	1.01	0.78	3.71	1.65	1.36	0.404	0.88	1.87
6.3/4	63	40	4	7	4.058	3.19	0.202	16.5	33.3	5.23	8.63	3.12	2.02	1.14	0.88	3.87	1.70	1.40	0.398	0.92	2.04
			5		4.993	3.92	0.202	20.0	41.6	6.31	10.9	3.76	2.00	1.12	0.87	4.74	2.07	1.71	0.396	0.95	2.08
			6		5.908	4.64	0.201	23.4	50.0	7.29	13.1	4.34	1.96	1.11	0.86	5.59	2.43	1.99	0.393	0.99	2.12
			7		6.802	5.34	0.201	26.5	58.1	8.24	15.5	4.97	1.98	1.10	0.86	6.40	2.78	2.29	0.389	1.03	2.15
7/4.5	70	45	4	7.5	4.553	3.57	0.226	23.2	45.9	7.55	12.3	4.40	2.26	1.29	0.98	4.86	2.17	1.77	0.410	1.02	2.24
			5		5.609	4.40	0.225	28.0	57.1	9.13	15.4	5.40	2.23	1.28	0.98	5.92	2.65	2.19	0.407	1.06	2.28
			6		6.644	5.22	0.225	32.5	68.4	10.6	18.6	6.35	2.21	1.26	0.98	6.95	3.12	2.59	0.404	1.09	2.32
			7		7.658	6.01	0.225	37.2	80.0	12.0	21.8	7.16	2.20	1.25	0.97	8.03	3.57	2.94	0.402	1.13	2.36
7.5/5	75	50	5	8	6.126	4.81	0.245	34.9	70.0	12.6	21.0	7.41	2.39	1.44	1.10	6.83	3.3	2.74	0.435	1.17	2.40
			6		7.260	5.70	0.245	41.1	84.3	14.7	25.4	8.54	2.38	1.42	1.08	8.12	3.88	3.19	0.435	1.21	2.44
			8		9.467	7.43	0.244	52.4	113	18.5	34.2	10.9	2.35	1.40	1.07	10.5	4.99	4.10	0.429	1.29	2.52
			10		11.59	9.10	0.244	62.7	141	22.0	43.4	13.1	2.33	1.38	1.06	12.8	6.04	4.99	0.423	1.36	2.60
8/5	80	50	5		6.376	5.00	0.255	42.0	85.2	12.8	21.1	7.66	2.56	1.42	1.10	7.78	3.32	2.74	0.385	1.14	2.60
			6		7.560	5.93	0.255	49.5	103	15.0	25.4	8.85	2.56	1.41	1.08	9.25	3.91	3.20	0.387	1.18	2.65
			7		8.724	6.85	0.255	56.2	119	17.0	29.8	10.2	2.54	1.39	1.08	10.6	4.48	3.70	0.384	1.21	2.69
			8		9.867	7.75	0.254	62.8	136	18.9	34.3	11.4	2.52	1.38	1.07	11.9	5.03	4.16	0.381	1.25	2.73

续表

型号	截面尺寸/mm				截面面积/cm²	理论重量/(kg/m)	外表面积/(m²/m)	惯性矩/cm⁴					惯性半径/cm			截面模数/cm³			tanα	重心距离/cm	
	B	b	d	r				I_x	I_{x1}	I_y	I_{y1}	I_u	i_x	i_y	i_u	W_x	W_y	W_u		X_0	Y_0
9/5.6	90	56	5	9	7.212	5.66	0.287	60.5	121	18.3	29.5	11.0	2.90	1.59	1.23	9.92	4.21	3.49	0.385	1.25	2.91
			6		8.557	6.72	0.286	71.0	146	21.4	35.6	12.9	2.88	1.58	1.23	11.7	4.96	4.13	0.384	1.29	2.95
			7		9.881	7.76	0.286	81.0	170	24.4	41.7	14.7	2.86	1.57	1.22	13.5	5.70	4.72	0.382	1.33	3.00
			8		11.18	8.78	0.286	91.0	194	27.2	47.9	16.3	2.85	1.56	1.21	15.3	6.41	5.29	0.380	1.36	3.04
10/6.3	100	63	6	10	9.618	7.55	0.320	99.1	200	30.9	50.5	18.4	3.21	1.79	1.38	14.6	6.35	5.25	0.394	1.43	3.24
			7		11.11	8.72	0.320	113	233	35.3	59.1	21.0	3.20	1.78	1.38	16.9	7.29	6.02	0.394	1.47	3.28
			8		12.58	9.88	0.319	127	266	39.4	67.9	23.5	3.18	1.77	1.37	19.1	8.21	6.78	0.391	1.50	3.32
			10		15.47	12.1	0.319	154	333	47.1	85.7	28.3	3.15	1.74	1.35	23.3	9.98	8.24	0.387	1.58	3.40
10/8	100	80	6		10.64	8.35	0.354	107	200	61.2	103	31.7	3.17	2.40	1.72	15.2	10.2	8.37	0.627	1.97	2.95
			7		12.30	9.66	0.354	123	233	70.1	120	36.2	3.16	2.39	1.72	17.5	11.7	9.60	0.626	2.01	3.00
			8		13.94	10.9	0.353	138	267	78.6	137	40.6	3.14	2.37	1.71	19.8	13.2	10.8	0.625	2.05	3.04
			10		17.17	13.5	0.353	167	334	94.7	172	49.1	3.12	2.35	1.69	24.2	16.1	13.1	0.622	2.13	3.12
11/7	110	70	6		10.64	8.35	0.354	133	266	42.9	69.1	25.4	3.54	2.01	1.54	17.9	7.90	6.53	0.403	1.57	3.53
			7		12.30	9.66	0.354	153	310	49.0	80.8	29.0	3.53	2.00	1.53	20.6	9.09	7.50	0.402	1.61	3.57
			8		13.94	10.9	0.353	172	354	54.9	92.7	32.5	3.51	1.98	1.53	23.3	10.3	8.45	0.401	1.65	3.62
			10		17.17	13.5	0.353	208	443	65.9	117	39.2	3.48	1.96	1.51	28.5	12.5	10.3	0.397	1.72	3.70
12.5/8	125	80	7	11	14.10	11.1	0.403	228	455	74.4	120	43.8	4.02	2.30	1.76	26.9	12.0	9.92	0.408	1.80	4.01
			8		15.99	12.6	0.403	257	520	83.5	138	49.2	4.01	2.28	1.75	30.4	13.6	11.2	0.407	1.84	4.06
			10		19.71	15.5	0.402	312	650	101	173	59.5	3.98	2.26	1.74	37.3	16.6	13.6	0.404	1.92	4.14
			12		23.35	18.3	0.402	364	780	117	210	69.4	3.95	2.24	1.72	44.0	19.4	16.0	0.400	2.00	4.22

续表

型号	截面尺寸/mm				截面面积/cm^2	理论重量/(kg/m)	外表面积/(m^2/m)	惯性矩/cm^4					惯性半径/cm			截面模数/cm^3			tanα	重心距离/cm	
	B	b	d	r				I_x	I_{x1}	I_y	I_{y1}	I_u	i_x	i_y	i_u	W_x	W_y	W_u		X_0	Y_0
14/9	140	90	8	12	18.04	14.2	0.453	366	731	121	196	70.8	4.50	2.59	1.98	38.5	17.3	14.3	0.411	2.04	4.50
			10		22.26	17.5	0.452	446	913	140	246	85.8	4.47	2.56	1.96	47.3	21.2	17.5	0.409	2.12	4.58
			12		26.40	20.7	0.451	522	1 100	170	297	100	4.44	2.54	1.95	55.9	25.0	20.5	0.406	2.19	4.66
			14		30.46	23.9	0.451	594	1 280	192	349	114	4.42	2.51	1.94	64.2	28.5	23.5	0.403	2.27	4.74
15/9	150	90	8		18.84	14.8	0.473	442	898	123	196	74.1	4.84	2.55	1.98	43.9	17.5	14.5	0.364	1.97	4.92
			10		23.26	18.3	0.472	539	1 120	149	246	89.9	4.81	2.53	1.97	54.0	21.4	17.7	0.362	2.05	5.01
			12		27.60	21.7	0.471	632	1 350	173	297	105	4.79	2.50	1.95	63.8	25.1	20.8	0.359	2.12	5.09
			14		31.86	25.0	0.471	721	1 570	196	350	120	4.76	2.48	1.94	73.3	28.8	23.8	0.356	2.20	5.17
			15		33.95	26.7	0.471	764	1 680	207	376	127	4.74	2.47	1.93	78.0	30.5	25.3	0.354	2.24	5.21
			16		36.03	28.3	0.470	806	1 800	217	403	134	4.73	2.45	1.93	82.6	32.3	26.8	0.352	2.27	5.25
16/10	160	100	10	13	25.32	19.9	0.512	669	1 360	205	337	122	5.14	2.85	2.19	62.1	26.6	21.9	0.390	2.28	5.24
			12		30.05	23.6	0.511	785	1 640	239	406	142	5.11	2.82	2.17	73.5	31.3	25.8	0.388	2.36	5.32
			14		34.71	27.2	0.510	896	1 910	271	476	162	5.08	2.80	2.16	84.6	35.8	29.6	0.385	2.43	5.40
			16		39.28	30.8	0.510	1 000	2 180	302	548	183	5.05	2.77	2.16	95.3	40.2	33.4	0.382	2.51	5.48

续表

型号	截面尺寸/mm				截面面积/cm²	理论重量/(kg/m)	外表面积/(m²/m)	惯性矩/cm⁴					惯性半径/cm			截面模数/cm³			tanα	重心距离/cm	
	B	b	d	r				I_x	I_{x1}	I_y	I_{y1}	I_u	i_x	i_y	i_u	W_x	W_y	W_u		X_0	Y_0
18/11	180	110	10	14	28.37	22.3	0.571	956	1 940	278	447	167	5.80	3.13	2.42	79.0	32.5	26.9	0.376	2.44	5.89
			12		33.71	26.5	0.571	1 120	2 330	325	539	195	5.78	3.10	2.40	93.5	38.3	31.7	0.374	2.52	5.98
			14		38.97	30.6	0.570	1 290	2 720	370	632	222	5.75	3.08	2.39	108	44.0	36.3	0.372	2.59	6.06
			16		44.14	34.6	0.569	1 440	3 110	412	726	249	5.72	3.06	2.38	122	49.4	40.9	0.369	2.67	6.14
20/12.5	200	125	12		37.91	29.8	0.641	1 570	3 190	483	788	286	6.44	3.57	2.74	117	50.0	41.2	0.392	2.83	6.54
			14		43.87	34.4	0.640	1 800	3 730	551	922	327	6.41	3.54	2.73	135	57.4	47.3	0.390	2.91	6.62
			16		49.74	39.0	0.639	2 020	4 260	615	1 060	366	6.38	3.52	2.71	152	64.9	53.3	0.388	2.99	6.70
			18		55.53	43.6	0.639	2 240	4 790	677	1 200	405	6.35	3.49	2.70	169	71.7	59.2	0.385	3.06	6.78

注：截面图中的 $r_1 = 1/3d$ 及表中 r 的数据用于孔型设计，不做交货条件。

表 3　槽钢截面尺寸、截面面积、理论重量及截面特性（GB/T 706—2016）

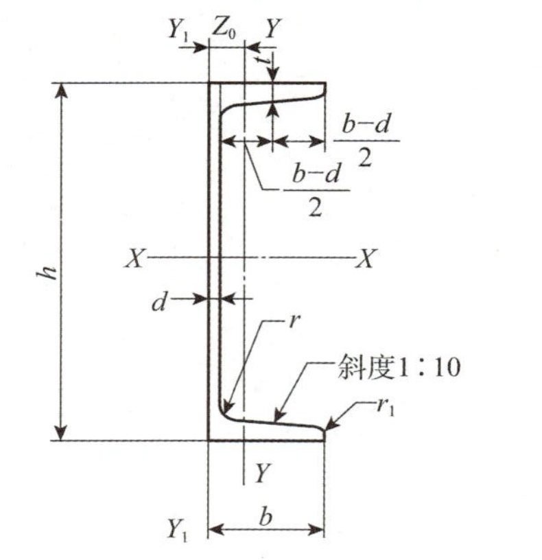

说明：h—高度；
b—腿宽度；
d—腰厚度；
t—腿中间厚度；
r—内圆弧半径；
r_1—腿端圆弧半径；
Z_0—重心距离。

型号	截面尺寸/mm						截面面积/cm^2	理论重量/(kg/m)	外表面积/(m^2/m)	惯性矩/cm^4			惯性半径/cm		截面模数/cm^3		重心距离/cm
	h	b	d	t	r	r_1				I_x	I_y	I_{y1}	i_x	i_y	W_x	W_y	Z_0
5	50	37	4.5	7.0	7.0	3.5	6.925	5.44	0.226	26.0	8.30	20.9	1.94	1.10	10.4	3.55	1.35
6.3	63	40	4.8	7.5	7.5	3.8	8.446	6.63	0.262	50.8	11.9	28.4	2.45	1.19	16.1	4.50	1.36
6.5	65	40	4.3	7.5	7.5	3.8	8.292	6.51	0.267	55.2	12.0	28.3	2.54	1.19	17.0	4.59	1.38
8	80	43	5.0	8.0	8.0	4.0	10.24	8.04	0.307	101	16.6	37.4	3.15	1.27	25.3	5.79	1.43
10	100	48	5.3	8.5	8.5	4.2	12.74	10.0	0.365	198	25.6	54.9	3.95	1.41	39.7	7.80	1.52
12	120	53	5.5	9.0	9.0	4.5	15.36	12.1	0.423	346	37.4	77.7	4.75	1.56	57.7	10.2	1.62
12.6	126	53	5.5	9.0	9.0	4.5	15.69	12.3	0.435	391	38.0	77.1	4.95	1.57	62.1	10.2	1.59
14a	140	58	6.0	9.5	9.5	4.8	18.51	14.5	0.480	564	53.2	107	5.52	1.70	80.5	13.0	1.71
14b		60	8.0				21.31	16.7	0.484	609	61.1	121	5.35	1.69	87.1	14.1	1.67
16a	160	63	6.5	10.0	10.0	5.0	21.95	17.2	0.538	866	73.3	144	6.28	1.83	108	16.3	1.80
16b		65	8.5				25.15	19.8	0.542	935	83.4	161	6.10	1.82	117	17.6	1.75

续表

型号	截面尺寸/mm						截面面积/cm^2	理论重量/(kg/m)	外表面积/(m^2/m)	惯性矩/cm^4			惯性半径/cm		截面模数/cm^3		重心距离/cm
	h	b	d	t	r	r_1				I_x	I_y	I_{y1}	i_x	i_y	W_x	W_y	Z_0
18a	180	68	7.0	10.5	10.5	5.2	25.69	20.2	0.596	1 270	98.6	190	7.04	1.96	141	20.0	1.88
18b		70	9.0				29.29	23.0	0.600	1 370	111	210	6.84	1.95	152	21.5	1.84
20a	200	73	7.0	11.0	11.0	5.5	28.83	22.6	0.654	1 780	128	244	7.86	2.11	178	24.2	2.01
20b		75	9.0				32.83	25.8	0.658	1 910	144	268	7.64	2.09	191	25.9	1.95
22a	220	77	7.0	11.5	11.5	5.8	31.83	25.0	0.709	2 390	158	298	8.67	2.23	218	28.2	2.10
22b		79	9.0				36.23	28.5	0.713	2 570	176	326	8.42	2.21	234	30.1	2.03
24a	240	78	7.0	12.0	12.0	6.0	34.21	26.9	0.752	3 050	174	325	9.45	2.25	254	30.5	2.10
24b		80	9.0				39.01	30.6	0.756	3 280	194	355	9.17	2.23	274	32.5	2.03
24c		82	11.0				43.81	34.4	0.760	3 510	213	388	8.96	2.21	293	34.4	2.00
25a	250	78	7.0				34.91	27.4	0.722	3 370	176	322	9.82	2.24	270	30.6	2.07
25b		80	9.0				39.91	31.3	0.776	3 530	196	353	9.41	2.22	282	32.7	1.98
25c		82	11.0				44.91	35.3	0.780	3 690	218	384	9.07	2.21	295	35.9	1.92
27a	270	82	7.5	12.5	12.5	6.2	39.27	30.8	0.826	4 360	216	393	10.5	2.34	323	35.5	2.13
27b		84	9.5				44.67	35.1	0.830	4 690	239	428	10.3	2.31	347	37.7	2.06
27c		86	11.5				50.07	39.3	0.834	5 020	261	467	10.1	2.28	372	39.8	2.03
28a	280	82	7.5				40.02	31.4	0.846	4 760	218	388	10.9	2.33	340	35.7	2.10
28b		84	9.5				45.62	35.8	0.850	5 130	242	428	10.6	2.30	366	37.9	2.02
28c		86	11.5				51.22	40.2	0.854	5 500	268	463	10.4	2.29	393	40.3	1.95

续表

型号	截面尺寸/mm						截面面积/cm^2	理论重量/(kg/m)	外表面积/(m^2/m)	惯性矩/cm^4			惯性半径/cm		截面模数/cm^3		重心距离/cm
	h	b	d	t	r	r_1				I_x	I_y	I_{y1}	i_x	i_y	W_x	W_y	Z_0
30a	300	85	7.5	13.5	13.5	6.8	43.89	34.5	0.897	6 050	260	467	11.7	2.43	403	41.1	2.17
30b		87	9.5				49.89	39.2	0.901	6 500	289	515	11.4	2.41	433	44.0	2.13
30c		89	11.5				55.89	43.9	0.905	6 950	316	560	11.2	2.38	463	46.4	2.09
32a	320	88	8.0	14.0	14.0	7.0	48.50	38.1	0.947	7 600	305	552	12.5	2.50	475	46.5	2.24
32b		90	10.0				54.90	43.1	0.951	8 140	336	593	12.2	2.47	509	49.2	2.16
32c		92	12.0				61.30	48.1	0.955	8 690	374	643	11.9	2.47	543	52.6	2.09
36a	360	96	9.0	16.0	16.0	8.0	60.89	47.8	1.053	11 900	455	818	14.0	2.73	660	63.5	2.44
36b		98	11.0				68.09	53.5	1.057	12 700	497	880	13.6	2.70	703	66.9	2.37
36c		100	13.0				75.29	59.1	1.061	13 400	536	948	13.4	2.67	746	70.0	2.34
40a	400	100	10.5	18.0	18.0	9.0	75.04	58.9	1.144	17 600	592	1 070	15.3	2.81	879	78.8	2.49
40b		102	12.5				83.04	65.2	1.148	18 600	640	1 140	15.0	2.78	932	82.5	2.44
40c		104	14.5				91.04	71.5	1.152	19 700	688	1 220	14.7	2.75	986	86.2	2.42

注：表中 r、r_1 的数据用于孔型设计，不做交货条件。

表 4 工字钢截面尺寸、截面面积、理论重量及截面特性（GB/T 706—2016）

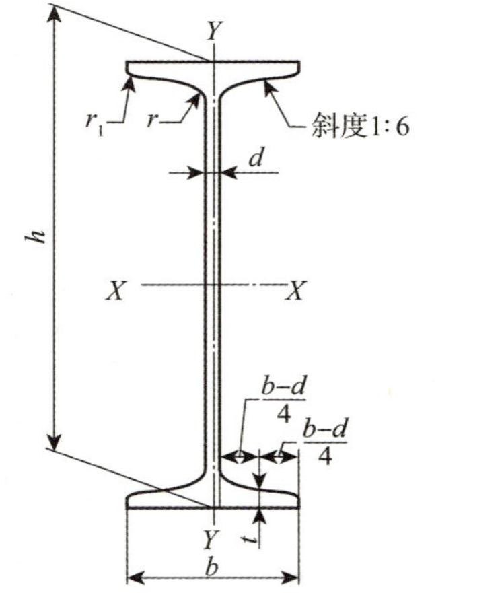

说明：h—高度；
b—腿宽度；
d—腰厚度；
t—腿中间厚度；
r—内圆弧半径；
r_1—腿端圆弧半径。

型号	截面尺寸/mm						截面面积/ cm²	理论重量/ (kg/m)	外表面积/ (m²/m)	惯性矩/cm⁴		惯性半径/cm		截面模数/cm³	
	h	b	d	t	r	r_1				I_x	I_y	i_x	i_y	W_x	W_y
10	100	68	4.5	7.6	6.5	3.3	14.33	11.3	0.432	245	33.0	4.14	1.52	49.0	9.72
12	120	74	5.0	8.4	7.0	3.5	17.80	14.0	0.493	436	46.9	4.95	1.62	72.7	12.7
12.6	126	74	5.0	8.4	7.0	3.5	18.10	14.2	0.505	488	46.9	5.20	1.61	77.5	12.7
14	140	80	5.5	9.1	7.5	3.8	21.50	16.9	0.553	712	64.4	5.76	1.73	102	16.1
16	160	88	6.0	9.9	8.0	4.0	26.11	20.5	0.621	1 130	93.1	6.58	1.89	141	21.2
18	180	94	6.5	10.7	8.5	4.3	30.74	24.1	0.681	1 660	122	7.36	2.00	185	26.0
20a	200	100	7.0	11.4	9.0	4.5	35.55	27.9	0.742	2 370	158	8.15	2.12	237	31.5
20b		102	9.0				39.55	31.1	0.746	2 500	169	7.96	2.06	250	33.1
22a	220	110	7.5	12.3	9.5	4.8	42.10	33.1	0.817	3 400	225	8.99	2.31	309	40.9
22b		112	9.5				46.50	36.5	0.821	3 570	239	8.78	2.27	325	42.7

续表

型号	截面尺寸/mm						截面面积/cm^2	理论重量/(kg/m)	外表面积/(m^2/m)	惯性矩/cm^4		惯性半径/cm		截面模数/cm^3	
	h	b	d	t	r	r_1				I_x	I_y	i_x	i_y	W_x	W_y
24a	240	116	8.0	13.0	10.0	5.0	47.71	37.5	0.878	4 570	280	9.77	2.42	381	48.4
24b		118	10.0				52.51	41.2	0.882	4 800	297	9.57	2.38	400	50.4
25a	250	116	8.0				48.51	38.1	0.898	5 020	280	10.2	2.40	402	48.3
25b		118	10.0				53.51	42.0	0.902	5 280	309	9.94	2.40	423	52.4
27a	270	122	8.5	13.7	10.5	5.3	54.52	42.8	0.958	6 550	345	10.9	2.51	485	56.6
27b		124	10.5				59.92	47.0	0.962	6 870	366	10.7	2.47	509	58.9
28a	280	122	8.5				55.37	43.5	0.978	7 110	345	11.3	2.50	508	56.6
28b		124	10.5				60.97	47.9	0.982	7 480	379	11.1	2.49	534	61.2
30a	300	126	9.0	14.4	11.0	5.5	61.22	48.1	1.031	8 950	400	12.1	2.55	597	63.5
30b		128	11.0				67.22	52.8	1.035	9 400	422	11.8	2.50	627	65.9
30c		130	13.0				73.22	57.5	1.039	9 850	445	11.6	2.46	657	68.5
32a	320	130	9.5	15.0	11.5	5.8	67.12	52.7	1.084	11 100	460	12.8	2.62	692	70.8
32b		132	11.5				73.52	57.7	1.088	11 600	502	12.6	2.61	726	76.0
32c		134	13.5				79.92	62.7	1.092	12 200	544	12.3	2.61	760	81.2
36a	360	136	10.0	15.8	12.0	6.0	76.44	60.0	1.185	15 800	552	14.4	2.69	875	81.2
36b		138	12.0				83.64	65.7	1.189	16 500	582	14.1	2.64	919	84.3
36c		140	14.0				90.84	71.3	1.193	17 300	612	13.8	2.60	962	87.4
40a	400	142	10.5	16.5	12.5	6.3	86.07	67.6	1.285	21 700	660	15.9	2.77	1 090	93.2
40b		144	12.5				94.07	73.8	1.289	22 800	692	15.6	2.71	1 140	96.2
40c		146	14.5				102.1	80.1	1.293	23 900	727	15.2	2.65	1 190	99.6

续表

型号	截面尺寸/mm						截面面积/cm²	理论重量/(kg/m)	外表面积/(m²/m)	惯性矩/cm⁴		惯性半径/cm		截面模数/cm³	
	h	b	d	t	r	r_1				I_x	I_y	i_x	i_y	W_x	W_y
45a	450	150	11.5	18.0	13.5	6.8	102.4	80.4	1.411	32 200	855	17.7	2.89	1 430	114
45b		152	13.5				111.4	87.4	1.415	33 800	894	17.4	2.84	1 500	118
45c		154	15.5				120.4	94.5	1.419	35 300	938	17.1	2.79	1 570	122
50a	500	158	12.0	20.0	14.0	7.0	119.2	93.6	1.539	46 500	1 120	19.7	3.07	1 860	142
50b		160	14.0				129.2	101	1.543	48 600	1 170	19.4	3.01	1 940	146
50c		162	16.0				139.2	109	1.547	50 600	1 220	19.0	2.96	2 080	151
55a	550	166	12.5	21.0	14.5	17.3	134.1	105	1.667	62 900	1 370	21.6	3.19	2 290	164
55b		168	14.5				145.1	114	1.671	65 600	1 420	21.2	3.14	2 390	170
55c		170	16.5				156.1	123	1.675	68 400	1 480	20.9	3.08	2 490	175
56a	560	166	12.5				135.4	106	1.687	65 600	1 370	22.0	3.18	2 340	165
56b		168	14.5				146.6	115	1.691	68 500	1 490	21.6	3.16	2 450	174
56c		170	16.5				157.8	124	1.695	71 400	1 560	21.3	3.16	2 550	183
63a	630	176	13.0	22.0	15.0	7.5	154.6	121	1.862	93 900	1 700	24.5	3.31	2 980	193
63b		178	15.0				167.2	131	1.866	98 100	1 810	24.2	3.29	3 160	204
63c		180	17.0				179.8	141	1.870	102 000	1 920	23.8	3.27	3 300	214

注：表中 r、r_1 的数据用于孔型设计，不做交货条件。

分类习题答案

第1章　绪论·初始概念

【1.1 类】计算题（用截面法求构件指定截面的内力）

题1.1.1　$m_A = F(l+a)\cos\alpha$，$F_{Ax} = F\sin\alpha$，$F_{Ay} = F\cos\alpha$

$F_N = -F\sin\alpha$，$F_S = F\cos\alpha$，$M = -Fa\cos\alpha$

题1.1.2　m—m：$F_S = 1$ kN，$M = 1$ kN·m；n—n：$F_N = 2$ kN

题1.1.3　$F_{N1} = \dfrac{x}{l\sin\alpha}F$，$F_{N2} = -\dfrac{x}{l}F\cot\alpha$，$F_{S2} = -\dfrac{x}{l}F$，$M_2 = x(l-x)F$

$F_{N1,\ max} = \dfrac{F}{\sin\alpha}$，$F_{N2,\ max} = -F\cot\alpha$，$F_{S2,\ max} = -F$，$M_{2,\ max} = \dfrac{Fl}{4}$

【1.2 类】计算题（求线应变、切应变）

题1.2.1　$\varepsilon_{CE} = 2.50\times10^{-3}$，$\varepsilon_{BD} = 1.071\times10^{-3}$

※题1.2.2　$\varepsilon_{AC} = \dfrac{\Delta l_1}{l_1}\cos^2\theta + \dfrac{\Delta l_2}{l_2}\sin^2\theta$

※题1.2.3　$\varepsilon_{AB} = 7.93\times10^{-3}$，$\gamma_A = 1.21\times10^{-3}$rad

第2章　直杆·轴向拉压

【2.1 类】计算题（求杆件或结构指定截面的轴力或画轴力图）

题2.1.1　(a)$F_{N1} = F$，$F_{N2} = 0$，$F_{N3} = -F$

(b)$F_{N1} = 0$，$F_{N2} = 4F$，$F_{N3} = 3F$

(c)$F_{N1} = 4$ kN，$F_{N2} = -2$ kN，$F_{N3} = -5$ kN

(d)$F_{N1} = -10$ kN，$F_{N2} = 10$ kN，$F_{N3} = 40$ kN

※题2.1.2　图略

【2.2 类】计算题（应力计算与强度计算）

题2.2.1　$\sigma_1 = -175$ MPa，$\sigma_2 = -350$ MPa

题2.2.2　$\sigma_0 = 100$ MPa，$\sigma_{45^\circ} = 50$ MPa，$\sigma_{90^\circ} = 0$，$\tau_0 = 0$，$\tau_{45^\circ} = 50$ MPa，$\tau_{90^\circ} = 0$

※题2.2.3　$\alpha = 26.6^\circ$，$F \leqslant 50$ kN

题2.2.4　$[F] = \min\{F_i\} = 40.5$ kN

※题 2. 2. 5　$\theta = \arctan\sqrt{2} = 54.8°$

※题 2. 2. 6　杆 AC 选两根 80 mm × 8 mm 的等边角钢；杆 CD 选两根 75 mm × 6 mm 的等边角钢。

【2. 3 类】计算题（求构件的变形或结构指定节点的位移）

题 2. 3. 1　$\sigma_{\max} = 127.4\text{MPa}$，$\Delta l = 0.573$ mm

题 2. 3. 2　$F_{N1} = F$，$F_{N2} = 0$，$\Delta_{By} = \dfrac{Fl}{EA}$，$\Delta_{Ay} = \sqrt{3}\dfrac{Fl}{EA}$

题 2. 3. 3　$x = \dfrac{E_2A_2l_1l}{E_1A_1l_2 + E_2A_2l_1}$

※题 2. 3. 4　$\Delta_{Ay} = \dfrac{4F^2l}{E_1{}^2A^2} + \dfrac{Fl}{EA}$

※题 2. 3. 5　$V_\varepsilon = 0.257\ \text{N}\cdot\text{m}$

※题 2. 3. 6　$\delta_{cy} = \dfrac{4P}{\sqrt{3}EA}$

【2. 4 类】计算题（求解简单超静定杆系，包括装配、温度应力）

题 2. 4. 1　$F_{NA} = \dfrac{7}{4}F$，$F_{NB} = \dfrac{5}{4}F$，图略

题 2. 4. 2　$F_{N1} = \dfrac{5}{6}F$，$F_{N2} = \dfrac{1}{3}F$，$F_{N3} = -\dfrac{1}{6}F$

题 2. 4. 3　$F_{N1} = 25.4$ kN，$F_{N2} = 8.05$ kN，$F_{N3} = -34.7$ kN

$\sigma_1 = 126.8$ MPa，$\sigma_2 = 26.8$ MPa，$\sigma_3 = -86.7$ MPa

题 2. 4. 4　$F_{N1} = 30$ kN，$F_{N2} = 60$ kN，$\sigma_1 = 30$ MPa，$\sigma_2 = 60$ MPa

题 2. 4. 5　$F_{N1} = \dfrac{\sqrt{3}}{3(3+\sqrt{3})}F$，$F_{N2} = \dfrac{2}{3(3+\sqrt{3})}F$，$F_{N3} = \dfrac{(7+3\sqrt{3})}{3(3+\sqrt{3})}F$

$\Delta_{Ax} = \dfrac{Fl}{(3+\sqrt{3})EA}(\leftarrow)$，$\Delta_{Ay} = \dfrac{(7+3\sqrt{3})F}{3(3+\sqrt{3})EA}(\downarrow)$

题 2. 4. 6　(1) $R_A = 100$ kN，$R_B = 0$；(2) $R_A = 150$ kN，$R_B = 50$ kN

※题 2. 4. 7　$P = 63$ kN

※题 2. 4. 8　$\sigma_1 = -35$ MPa，$\sigma_2 = 70$ MPa，$\sigma_3 = -35$ MPa

※题 2. 4. 9　$\sigma_{AC} = -\dfrac{2}{3}E\alpha\Delta T$，$\sigma_{BD} = \dfrac{1}{3}E\alpha\Delta T$

※题 2. 4. 10　$\sigma_1 = 30.3$ MPa，$\sigma_2 = -26.2$ MPa

第 3 章　连接件·剪切　圆轴·扭转

【3. 1 类】计算题（剪切和挤压的实用计算）

题 3. 1. 1　$\tau = 66.3$ MPa，$\sigma_c = 102$ MPa

题 3. 1. 2　$\tau = 43.3$ MPa，$\sigma_c = 59.5$ MPa

题 3. 1. 3　$l \geqslant 0.2$ m，$a \geqslant 0.02$ m

题 3.1.4　$\delta \geqslant 57.7$ mm，$l \geqslant 123$ mm

题 3.1.5　$[F] = 212$ kN

题 3.1.6　$d = 14$ mm

题 3.1.7　$\delta \geqslant 80$ mm

※题 3.1.8　$\tau = 15.9$ MPa $< [\tau] = 60$ MPa，剪切强度满足

※题 3.1.9　$\sigma_{bs} = 134.6$ MPa $< [\sigma_{bs}] = 140$ MPa，挤压强度满足

【3.2 类】计算题（外力偶矩的换算、求扭矩、绘制扭矩图）

题 3.2.1　略

【3.3 类】计算题（计算扭转应力、强度计算和求变形、刚度计算）

题 3.3.1　$\tau_A = 20.4$ MPa，$\gamma_A = 2.55 \times 10^{-4}$；$\tau_{max} = 40.8$ MPa；$\varphi = 1.17(°)/m$

题 3.3.2　$P = 18.5$ kW

题 3.3.3　$W_{P1} = 1.01 \times 10^{-4} m^3 > W_{P2} = 0.59 \times 10^{-4} m^3$

题 3.3.4　$\tau_{max} = 46.5$ MPa；$P = 76.3$ kW

题 3.3.5　$M_e = \min\{M_e\} = 39.3$ kN·m

题 3.3.6　$\tau_{max} = 98.5$ MPa $< [\tau]$，满足强度要求；$\varphi = 1.86(°)/m < [\varphi]$，满足刚度要求；$D_1 = \max\{D_{1i}\} = 52.9$ mm

题 3.3.7　$\mu = 0.224$

题 3.3.8　$\tau_{max} = 69.9$ MPa，$\varphi_{AC} = 0.035\,3$ rad $= 2.01°$

题 3.3.9　$G = 77.6$ GPa，$\mu = 0.289$

※题 3.3.10　$\dfrac{P_2}{P_1} = 0.512$；$\dfrac{I_{P2}}{I_{P1}} = 1.192$

※题 3.3.11　21.7 mm，1 120 N

※题 3.3.12　$V_\varepsilon = 491.7$ N·m

【3.4 类】计算题（扭转超静定问题）

※题 3.4.1　$\tau_{1,\max} = 109.2$ MPa，$\tau_{2,\max} = 54.6$ MPa

【3.5 类】计算题（非圆截面杆扭转）

☆题 3.5.1　（1）$\tau_{max} = 40.1$ MPa；（2）$\tau_1 = 34.4$ MPa；（3）$\varphi = 0.565$（°）/m。

☆题 3.5.2　闭口薄壁杆，$M = 10.35$ kN·m；开口薄壁杆，$M = 0.142$ kN·m

☆题 3.5.3　$\tau_{max} = 25$ MPa；$\varphi = 3.59°$

第 4 章　截面·平面图形的几何性质

【4.1 类】计算题（确定组合图形形心位置、静矩的计算）

题 4.1.1　(a)$y_C = 56.7$ mm；(b)$y_C = 65$ mm；(c)$z_C = b/3$，$y_C = h/3$

题 4.1.2　$a = 1$ cm

题 4.1.3　(a)$S_z = 2.4 \times 10^4$ mm³；(b)$S_z = 4.225 \times 10^4$ mm³；(c)$S_z = 5.2 \times 10^5$ mm³

【4.2 类】计算题（二次矩的计算）

题 4.2.1　$I_{z1} = I_z + (b^2 - a^2)A$

题4.2.2　$I_{y2} = 1.17 \times 10^{-4}\ \text{m}^4$

题4.2.3　(a)$I_z = 5.37 \times 10^7\ \text{mm}^4$；(b)$I_z = 9.045 \times 10^7\ \text{mm}^4$；(c)$I_z = 1.336 \times 10^{10}\ \text{mm}^4$

题4.2.4　$I_{zC} = 7.03 \times 10^{-5}\ \text{m}^4$；$I_{yC} = 2.04 \times 10^{-5}\ \text{m}^4$

※题4.2.5　(a)$I_{yz} = 7.75 \times 10^{-8}\text{m}^4$；(b)$I_{yz} = \dfrac{R^4}{8}$

※题4.2.6　$\alpha_0 = -13.5°$和$76.5°$分别对应y_0，z_0轴；$I_{y0} = 76.1 \times 10^4\ \text{mm}^4$，$I_{z0} = 19.9 \times 10^4\ \text{mm}^4$

※题4.2.7　$I_y = 1.74 \times 10^4\ \text{cm}^4$，水平翼板$I_{yC} = 4.86\ \text{cm}^4$，0.06%

※题4.2.8　$I_y = 1.101 \times 10^4\ \text{cm}^4$，$i_y = 12.86\ \text{cm}$

※题4.2.9　$y_C = 32.2\ \text{mm}$，$z_C = 32.2\ \text{mm}$，$\alpha_0 = 45°$，$I_{y'C} = 49.23 \times 10^5\ \text{mm}^4$，$I_{z'C} = 13.77 \times 10^5\ \text{mm}^4$

第5章　直梁·弯曲内力

【5.1类】计算题（求指定截面上的内力或写内力方程）

题5.1.1　(a) $F_{S1} = 0$，$M_1 = -2\ \text{kN}\cdot\text{m}$；$F_{S2} = -5\ \text{kN}$，$M_2 = -12\ \text{kN}\cdot\text{m}$

(b) $F_{S1} = 2\ \text{kN}$，$M_1 = 6\ \text{kN}\cdot\text{m}$；$F_{S2} = -3\ \text{kN}$，$M_2 = 6\ \text{kN}\cdot\text{m}$

(c) $F_{S1} = 4\ \text{kN}$，$M_1 = 4\ \text{kN}\cdot\text{m}$；$F_{S2} = 4\ \text{kN}$，$M_2 = -6\ \text{kN}\cdot\text{m}$

(d) $F_{S1} = -\dfrac{M_e}{4a}$，$M_1 = -\dfrac{M_e}{4}$；$F_{S1} = -\dfrac{M_e}{4a}$，$M_1 = -M_e$；$F_{S3} = 0$，$M_3 = -M_e$

题5.1.2　(a) $F_S(x) = 45\ \text{kN}(0 < x \leqslant 2)$，$M(x) = (45x - 127.5)\text{kN}\cdot\text{m}(0 < x \leqslant 2)$

$F_S(x) = (75 - 15x)\text{kN}(2 \leqslant x < 3)$，$M(x) = (-157.5 + 75x - 7.5x^2)\text{kN}\cdot\text{m}(2 \leqslant x \leqslant 3)$

(b) $F_S(x) = 0(0 \leqslant x < 1)$，$M(x) = -30\ \text{kN}\cdot\text{m}(0 < x \leqslant 1)$

$F_S(x) = 30(1 < x < 2.5)$，$M(x) = [-30 + F(x-1)]\ \text{kN}\cdot\text{m}(1 \leqslant x \leqslant 2.5)$

$F_S(x) = -10(2.5 < x < 4)$，$M(x) = 10(4 - x)\text{kN}\cdot\text{m}(2.5 \leqslant x \leqslant 4)$

【5.2类】计算题（写内力方程或利用微积分关系绘制内力图）

题5.2.1　图略

(a) $|F_S|_{\max} = P$，$|M|_{\max} = Pa$

(b) $|F_S|_{\max} = \dfrac{5}{3}qa$，$|M|_{\max} = \dfrac{25}{18}qa^2$

(c) $|F_S|_{\max} = 2qa$，$|M|_{\max} = \dfrac{5}{2}qa^2$

(d) $|F_S|_{\max} = qa$，$|M|_{\max} = \dfrac{1}{2}qa^2$

(e) $|F_S|_{\max} = 2qa$，$|M|_{\max} = \dfrac{3}{2}qa^2$

(f) $|F_S|_{\max} = 25\ \text{kN}$，$|M|_{\max} = 15.625\ \text{kN}\cdot\text{m}$

题 5.2.2　图略

题 5.2.3　图略

※题 5.2.4　图略

【5.3 类】计算题（用叠加法、简捷方法绘制内力图）

题 5.3.1　图略

题 5.3.2　图略

题 5.3.3　图略

※题 5.3.4　$x=\frac{l}{2}-\frac{d}{4}$，$M_{max}=\frac{P}{2}(l-d)+\frac{Pd^2}{8l}$，最大弯矩的作用截面在左轮处。

或 $x=\frac{l}{2}-\frac{3d}{4}$，$M_{max}=\frac{P}{2}(l-d)+\frac{Pd^2}{8l}$，最大弯矩的作用截面在右轮处。

【5.4 类】计算题（绘制刚架、连续梁的内力图）

※题 5.4.1　图略

※题 5.4.2　图略

第 6 章　直梁·弯曲应力

【6.1 类】计算题（弯曲正应力及强度计算）

题 6.1.1　$\sigma_{max}=1\,000$ MPa

题 6.1.2　$W_a/W_b=\sqrt{2}$

题 6.1.3　$\sigma_a\approx140.7$ MPa(拉)，$\sigma_b\approx78.2$MPa(拉)，$\sigma_c=0$，$\sigma_d\approx-140.7$ MPa(压)

题 6.1.4　$[q]=23.99$ kN/m

题 6.1.5　$F_1/F_2=h/b$

题 6.1.6　$F\leqslant56.9$ kN

题 6.1.7　$q=19.9$ kN/m，$\sigma=142$ MPa

题 6.1.8　$\sigma_{max}=59.3$ MPa

题 6.1.9　$\sigma_{1,\ max}=159.2$ MPa，$\sigma_{2,\ max}=93.6$ MPa，减小 41.2%

题 6.1.10　$\sigma_{t,\ max}=\max\{\sigma_t\}=115.1$ MPa $>[\sigma_t]=100$ MPa 不满足强度要求；$\sigma_{c,\ max}=\max\{\sigma_c\}=147.1$ MPa $<[\sigma_c]=180$ MPa

题 6.1.11　$b=510$ mm

题 6.1.12　$F=47.4$ kN

题 6.1.13　13.13 kN $\leqslant F\leqslant$ 15.93 kN

题 6.1.14　$F\leqslant6.48$ kN

题 6.1.15　$d\leqslant111$ mm

题 6.1.16　$a=1.38$ m

【6.2 类】计算题（弯曲切应力及强度计算）

题 6.2.1　$F\leqslant44.3$ kN，$\tau_{max}=5.13$ MPa

题 6.2.2　$F=21.3$ kN，$\tau_A=8.7$ MPa

【6.3 类】计算题（基于弯曲正应力和切应力两种强度计算）

※题 6.3.1　$\sigma_{max}=7.014\text{ MPa}<[\sigma]$，$\tau_{max}=0.475\text{ MPa}<[\tau]$ 满足强度要求.

※题 6.3.2　$h:b=3:2$，$h=208\text{ mm}$

第 7 章　直梁·弯曲变形

【7.1 类】计算题（积分法求梁的挠度、转角）

题 7.1.1　(a)2 段，4 个，约束条件：$w_A=0$，$\theta_A=0$；连续条件：$w_{C左}=w_{C右}$，$\theta_{C左}=\theta_{C右}$

(b)3 段，6 个，约束条件：$w_A=0$，$w_B=0$；连续条件：$w_{A左}=w_{A右}$，$\theta_{A左}=\theta_{A右}$，$w_{B左}=w_{B右}$，$\theta_{B左}=\theta_{B右}$

(c)3 段，6 个，约束条件：$w_A=0$，$\theta_A=0$，$w_C=0$，连续条件：$w_{B左}=w_{B右}$，$w_{C左}=w_{C右}$，$\theta_{C左}=\theta_{C右}$

(d)1 段，2 个，边界条件：$w_A=0$，$w_B=\Delta l_{BC}$

题 7.1.2　图略

题 7.1.3　(a) $w_B=-\dfrac{ql^4}{30EI}(\downarrow)$，$\theta_B=-\dfrac{ql^3}{24EI}(\circlearrowleft)$；(b) $w_A=-\dfrac{71ql^4}{24EI}(\downarrow)$，$\theta_A=-\dfrac{13ql^3}{6EI}(\circlearrowleft)$

题 7.1.4　(a) $w_D=\dfrac{qa^4}{8EI}(\uparrow)$，$\theta_B=-\dfrac{qa^3}{2EI}(\circlearrowleft)$；(b) $w_C=\dfrac{Fa^3}{12EI}(\uparrow)$，$\theta_C=\dfrac{Fa^2}{12EI}(\circlearrowleft)$

题 7.1.5　$M_{e2}=2M_{e1}$

题 7.1.6　左端固定端，右端是可动铰支座；均布载荷 q 作用，右端有力偶矩 ql^2 作用

题 7.1.7　$w(x)=\dfrac{Fx^3}{3EI}$

题 7.1.8　$a=2l/3$

【7.2 类】计算题（叠加法求梁的挠度、转角、位移）

题 7.2.1　(a)$w_B=\dfrac{2Fl^3}{9EI}(\downarrow)$

(b)$w_A=\dfrac{3Fl^3}{16EI}(\downarrow)$

(c)$w_C=-\dfrac{Fl^3}{6EI}(\downarrow)$，$\theta_B=-\dfrac{9Fl^2}{8EI}(\circlearrowright)$

(d)$w_A=-\dfrac{Fa}{6EI}(3b^2+6ab+2a^2)(\downarrow)$，$\theta_B=\dfrac{Fa(2b+a)}{2EI}(\circlearrowright)$

(e)$w_C=\dfrac{Fl^3}{48EI}+\dfrac{M_el^2}{16EI}$，$\theta_A=\dfrac{Fl^2}{16EI}+\dfrac{M_el}{6EI}$

※题 7.2.2　(a)$w_C=\dfrac{5qa^4}{8EI}$，$\theta_C=\dfrac{19qa^3}{24EI}$

(b)$w_A=\dfrac{Fa}{48EI}(3l^2-16al-16a^2)$，$\theta_A=\dfrac{F}{48EI}(24a^2+16al-3l^2)$

(c) $w_A = \frac{ql^2 a}{24EI}(5l + 6a)$ (↑)，$\theta_A = -\frac{ql^2}{24EI}(5l + 12a)$ (↻)

(d) $w_A = -\frac{5qa^4}{24EI}$ (↓)，$\theta_A = -\frac{qa^3}{4EI}$ (↻)

(e) $w_A = -\frac{qa}{24EI}(3a^3 + 4a^2 - l^3)$，$\theta_A = -\frac{q}{24EI}(4a^3 + 4a^2 l - l^3)$

※题 7.2.3　(a) $\frac{x}{l} = \frac{6 - \sqrt{15}}{14} l \approx 0.151\,929\,76l$

(此时的挠度 $w = \frac{(33 - 2\sqrt{15})}{2\,744EI} Fl^3 \approx 0.009\,203\,36\frac{Fl^3}{EI}$)

(b) $\frac{x}{l} = \frac{1}{6}$（此时，最大挠度 $w_{\max} = \frac{1}{108EI}Fl^3$）

※题 7.2.4　14a 号槽钢

※题 7.2.5　$w_B = \frac{11qa^4}{24EI}$

※题 7.2.6　$\delta_{Cx} = \frac{Fa^3}{2EI}$，$\delta_{Cy} = \frac{4Fa^3}{3EI} + \frac{Fa}{EA}$

※题 7.2.7　$\Delta l = 2.29$ mm，$\delta_{Dy} = 7.39$ mm

【7.3 类】计算题（用变形比较法解简单超静定问题）

题 7.3.1　$R_B = -\frac{3M_e}{4a}$，$M_A = \frac{1}{2}M_e$

题 7.3.2　(a) $F_C = \frac{5}{4}F$

(b) 加固后，$M_{\max} = \frac{1}{2}Fl$，减少 50%；$w_B = -\frac{13Fl^3}{64EI}$，减少 39.062 5%

题 7.3.3　(1) $F_{N1} = \frac{F}{5}$，$F_{N2} = \frac{2F}{5}$；(2) $F_{N1} = \frac{3lI + 2a^3A}{15lI + 2a^3A}F$，$F_{N2} = \frac{6lI}{15lI + 2a^3A}F$

题 7.3.4　377.3 N

※题 7.3.5　$F_N = 199.3$ N，$F_{Ax} = 0$，$F_{Ay} = 108.7$ N，$M_A = 67.4$ N·m

※题 7.3.6　$\sigma_{\max} = 109.1$ MPa，$w_G = 8.1$ mm

第 8 章　应力分析·强度理论

【8.1 类】计算题（截取构件内的指定点的单元体）

题 8.1.1　图略

题 8.1.2　$\sigma_\alpha = 0.16$ MPa，$\tau_\alpha = -0.19$ MPa

【8.2 类】计算题（平面、特殊空间应力状态的应力分析）

题 8.2.1　(a) $\sigma_\alpha = -27.3$ MPa，$\tau_\alpha = -27.3$ MPa

(b) $\sigma_\alpha = 52.3$ MPa，$\tau_\alpha = -18.7$ MPa

题 8.2.2　(a) $\sigma_1 = 57$ MPa，$\sigma_2 = 0$，$\sigma_3 = -7$ MPa，$\alpha_0 = -19.33°$，$\tau_{\max} = 32$ MPa

(b) $\sigma_1 = 25$ MPa，$\sigma_2 = 0$，$\sigma_3 = -25$ MPa，$\alpha_0 = -45°$，$\tau_{\max} = 25$ MPa (c)$\sigma_1=4.7$ MPa，$\sigma_2=0$，$\sigma_3=84.7$ MPa，$\alpha_0=-13.3°$，$\tau_{max}=44.7$ MPa

(d)$\sigma_1=37$ MPa，$\sigma_2=0$，$\sigma_3=-27$ MPa，$\alpha_0=19.33°$，$\tau_{max}=32$ MPa

※题 8.2.3　$\sigma_1=\sigma_0(1+\cos\theta)$，$\sigma_2=0$，$\sigma_3=\sigma_0(1-\cos\theta)$，$\tau_{max}=\sigma_0\cos\theta$

题 8.2.4　$\sigma_1=107$ MPa，$\sigma_2=0$，$\sigma_3=-20$ MPa

题 8.2.5　略

※题 8.2.6　$\sigma_1=80$ MPa，$\sigma_2=40$，$\sigma_3=0$

题 8.2.7　$\sigma_y=20$ MPa，$\tau_{xy}=34.6$ MPa

题 8.2.8　(a)$\sigma_1=55.6$ MPa，$\sigma_2=14.4$ MPa，$\sigma_3=-50$ MPa，$\tau_{max}=52.8$ MPa

(b)$\sigma_1=56.1$ MPa，$\sigma_2=20$ MPa，$\sigma_3=-16.1$ MPa，$\tau_{max}=36.1$ MPa

※题 8.2.9　裂开的方向与 x 轴成顺时针 60°

※题 8.2.10　胶层的切应力为 0.68 MPa，满足要求

※题 8.2.11　略

※题 8.2.12　$\sigma_x=\sigma_y$，$\tau_x=0$

※题 8.2.13　1 点：$\sigma_1=\sigma_2=0$，$\sigma_3=-120$ MPa

2 点：$\sigma_1=36$ MPa，$\sigma_2=0$，$\sigma_3=-36$ MPa

3 点：$\sigma_1=70.3$ MPa，$\sigma_2=0$，$\sigma_3=-10.3$ MPa

4 点：$\sigma_1=120$ MPa，$\sigma_2=\sigma_3=0$

※题 8.2.14　点 A：$\sigma_1=\sigma_2=0$，$\sigma_3=-60$ MPa，$\alpha_0=90°$

点 B：$\sigma_1=0.1678$ MPa，$\sigma_2=0$，$\sigma_3=-30.2$ MPa，$\alpha_0=85.7°$

点 C：$\sigma_1=3$ MPa，$\sigma_2=0$，$\sigma_3=-3$ MPa，$\alpha_0=45°$

【8.3 类】计算题（广义胡克定律的应用）

题 8.3.1　$\sigma_1=53.75$ MPa，$\sigma_2=0$，$\sigma_3=-26.25$ MPa

题 8.3.2　$M_e=\pi d^3E\varepsilon_{45°}/[16(1+\mu)]$

※题 8.3.3　$M_e=58.5$ kN·m

题 8.3.4　$\sigma_1=0$，$\sigma_2=-19.8$ MPa，$\sigma_3=-60$ MPa，$\Delta l_x=0$，$\Delta l_y=-7.64\times10^{-3}$ mm，$\Delta l_z=3.75\times10^{-3}$ mm

题 8.3.5　$\mu=0.27$

题 8.3.6　(1) $\varepsilon_x=0$，$\varepsilon_{45°}=\dfrac{\tau(1+\mu)}{E}$，$\gamma_{max}=\dfrac{2\tau(1+\mu)}{E}$

(2) $\Delta l_{AC}=0.0105$ cm

※题 8.3.7　$\Delta l_{AC}=l\cdot\varepsilon_{30°}=9.27\times10^{-3}$ mm

※题 8.3.8　$\varepsilon_{AB}=\dfrac{F}{2bhE}(1-\mu)$，$\varphi_{AB}=\dfrac{F}{2bhE}(1+\mu)$

※题 8.3.9　$F=109$ kN，$q=82.2$ kN/m

※题 8.3.10　(a) $\theta=0.26\times10^{-3}$，$u=48.1\times10^3\ \mathrm{J/m^3}$，$u_d=42.5\times10^3\ \mathrm{J/m^3}$

(b) $\theta=0.1\times10^{-3}$，$u=22.5\times10^3\ \mathrm{J/m^3}$，$u_d=21.7\times10^3\ \mathrm{J/m^3}$

(c) $\theta=0.12\times10^{-3}$，$u=20.1\times10^3\ \mathrm{J/m^3}$，$u_d=18.9\times10^3\ \mathrm{J/m^3}$

※题 8.3.11　$\Delta\delta=-0.001886$ mm，$\Delta v=933\ \mathrm{mm^3}$

※题 8.3.12　$\sigma_x=80$ MPa，$\sigma_y=0$

【8.4 类】计算题（强度理论的应用）

题 8.4.1　(a) $\sigma_{r1} = 90$ MPa，$\sigma_{r2} = 93$ MPa，$\sigma_{r3} = 100$ MPa，$\sigma_{r4} = 95.39$ MPa

(b) $\sigma_{r1} = 10$ MPa，$\sigma_{r2} = 37$ MPa，$\sigma_{r3} = 100$ MPa，$\sigma_{r4} = 95.39$ MPa

题 8.4.2　$\sigma_{r1} = 24.3$ MPa $< [\sigma_t]$，$\sigma_{r2} = 26.6$ MPa $< [\sigma_t]$，都安全

题 8.4.3　$\sigma_{r3}/\sigma_{r4} = 2/\sqrt{3}$

※题 8.4.4　$\sigma_{max} = 106.4$ MPa $< [\sigma]$，$\tau_{max} = 98.7$ MPa $< [\tau]$，$\sigma_{r3} = 168$ MPa $>$ $[\sigma]$(但在5%以内，是允许的)，$\sigma_{r4} = 152.4$ MPa $< [\sigma_t]$，安全

※题 8.4.5　$\sigma_1 = 212$ MPa，$\sigma_2 = 0$，$\sigma_3 = -32$ MPa，$\alpha_0 = 38°$，$-52°$，$\tau_{max} = 122$ MPa，破坏面与主平面平行

※题 8.4.6　$F = 2.0$ kN，$M_e = 2.0$ N·m，$\sigma_{r4} = 160$ MPa $< [\sigma]$，安全

※题 8.4.7　(a) 52 MPa；(b) 44 MPa；(c) 60.4 MPa

第9章　构件·组合变形

【9.1 类】计算题（拉、压弯曲的组合变形）

题 9.1.1　$x = 1.795$ m，$\sigma_{max} = 120.8$ MPa $> [\sigma]$，但在5%以内，故梁满足强度要求

题 9.1.2　$\sigma_{t,max} = 26.9$ MPa $< [\sigma_t]$，$\sigma_{c,max} = 32.3$ MPa $< [\sigma_c]$，强度满足

【9.2 类】计算题（偏心拉压）

题 9.2.1　$\sigma_{a,max}/\sigma_{b,max} = 4/3$

题 9.2.2　$e_{max} = b/6$

题 9.2.3　(1)$\sigma_{t,max} = 8F/a^2$，$\sigma_{c,max} = 4F/a^2$；(2)$\sigma_{t,max}/\sigma_t = 8$

题 9.2.4　$F = 18.38$ kN，$\delta = 1.785$ mm

题 9.2.5　$x = 5.2$ mm

题 9.2.6　(1)$\sigma_{t,max} = \dfrac{7P}{bh}$，$\sigma_{c,max} = -\dfrac{5P}{bh}$；(2)$\Delta l_{AB} = \dfrac{7Pl}{bhE}$

题 9.2.7　略

【9.3】计算题（圆截面轴弯扭组合）

题 9.3.1　(1)$\sigma_{r4} = 16.8$ MPa $< [\sigma]$；(2)$\delta_C = 0.306$ cm，$\delta_D = 0.316$ cm

※题 9.3.2　$d = 52$ mm

※题 9.3.3　$P_{max} = 788$ N

题 9.3.4　$\delta = 2.68$ mm

题 9.3.5　$\sigma_{r3} = \sqrt{(M_y^2 + M_z^2) + T^2}/W = 50.3$ MPa $< [\sigma]$，安全

题 9.3.6　$\sigma_{r3} = \sqrt{M^2 + T^2}/W = 104$ MPa $< [\sigma]$，安全

【9.4】计算题（斜弯曲及其他形式的组合变形）

题 9.4.1　$\varphi = -25.5°$，$\sigma_{x,max} = 9.83$ MPa

※题 9.4.2　$\sigma_{x,max} = 153$ MPa

题 9.4.3　$\sigma_A = -6$ MPa，$\sigma_B = -1$ MPa，$\sigma_C = 11$ MPa，$\sigma_D = -6$ MPa

※题 9.4.4　$\sigma_{max} = 12\ \text{MPa} \leqslant [\sigma]$，$\frac{w_{max}}{l} = 0.005\ 1 < \frac{[w]}{l}$，满足强度及刚度要求

题 9.4.5　$P = 155.4\ \text{N}$

※题 9.4.6　$\sigma_{max} = 0.02\ \text{MPa}$，$\tau_{max} = 0.043\ \text{MPa}$，$w_{max} = 0.288\ \text{mm}$

※题 9.4.7　由截面 A，得 $F \leqslant 2.17\ \text{kN}$；由截面 B，得 $F \leqslant 2.31\ \text{kN}$；取 $[F] = 2.17\ \text{kN}$

第 10 章　压杆·稳定性

【10.1 类】计算题（临界压力、临界应力的计算）

题 10.1.1　$P_{cr} = 37.8\text{kN}$；$P_{cr} = 52.6\text{kN}$；$P_{cr} = 459\ \text{kN}$

题 10.1.2　$\sigma_{cr} = 195.0\ \text{MPa}$

题 10.1.3　（1）$\frac{l}{D} = 65$，$F_{cr} = 47.4 \times 10^6 D^2 N$；（2）$\frac{G_1}{G} = 2.35$

题 10.1.4　$(F_{cr})_1/(F_{cr})_2 = 0.49$，杆 2 稳定较好。

题 10.1.5　图略

题 10.1.6　$l = 866\ \text{mm}$

※题 10.1.7　$F = \frac{5\pi^2 EI}{6l^2}$

※题 10.1.8　$\theta = \arctan(\cot^2\beta)$

【10.2 类】计算题（基于安全因素法的稳定性计算）

题 10.2.1　$[D] = 30.54\ \text{mm}$

题 10.2.2　$F = 6.22\ \text{kN}$

题 10.2.3　$P_{cr}/P = 1.47 < n_{st}$，杆 AB 稳定性不够

题 10.2.4　$n_{st} = 2.16$

题 10.2.5　$Q_{cr} = 123.6\ \text{kN}$

题 10.2.6　$F = \min\{F_i\} = 74.6\ \text{kN}$

题 10.2.7　$l_{min} = 0.880\ \text{m} \leqslant l \leqslant l_{max} = 1.326\ \text{m}$

※题 10.2.8　$[F] = 15.5\ \text{kN}$

题 10.2.9　$[Q] = 91.6\ \text{kN}$

题 10.2.10　$P_{cr}/P = 2.15 > n_{st}$，安全

※题 10.2.11　$M_e = 50.5\ \text{kN} \cdot \text{m}$

※题 10.2.12　$[q] = 22\ \text{kN/m}$

【10.3 类】计算题（基于折减系数法的稳定性计算）

※题 10.3.1　$\varphi = 0.436\ 8$，$\sigma = \frac{N}{\varphi A} = 153.6\ \text{MPa} < [\sigma]$，稳定

※题 10.3.2　$[q] = 5.59\ \text{kN/m}$

※题 10.3.3　$\lambda = 108$，$\varphi = 0.55$，$\sigma_{AB} = 75.4\ \text{MPa} < [\sigma]$，杆 AB 稳定

第11章　能量法·超静定

【11.1 类】计算题（求各种结构的应变能）

题 11.1.1　(a) $V_\varepsilon = \dfrac{7F^2 l}{8\pi E d^2}$；(b) $V_\varepsilon = \dfrac{14F^2 l}{3\pi E d^2}$

题 11.1.2　$V_\varepsilon = \dfrac{9.58 M_e^2 l}{\pi G d_1^{\ 4}}$

题 11.1.3　(a) $V_\varepsilon = \dfrac{F^2 l^3}{96EI}$；(b) $V_\varepsilon = \dfrac{17Fq^2 l^5}{15\,360EI}$

(c) $V_\varepsilon = \dfrac{3q^2 l^3}{20EI}$；(d) $V_\varepsilon = \dfrac{F^2 l^2}{16EI} + \dfrac{3F^2 l}{4EA}$

☆【11.2 类】计算题（能量法求变形或位移）

题 11.2.1　$w_C = \dfrac{Ml^2}{16EI}$，$\theta_A = \dfrac{Ml}{6EI}$

题 11.2.2　(a) $w_A = \dfrac{M_e l}{2EI}(l + 2a)$ (↓)，$w_C = \dfrac{M_e l^2}{2EI}$ (↓)，$\theta_A = \dfrac{M_e l}{EI}$

(b) $w_A = \dfrac{41ql^4}{384EI}$ (↓)，$w_C = \dfrac{7ql^4}{192EI}$ (↓)，$\theta_A = \dfrac{7ql^3}{48EI}$

题 11.2.3　$\theta_B = Fl^3/3EI$（顺时针）

题 11.2.4　$\delta_{By} = 4Fl^3/81EI + 8Fl/9EA$ (↓)

题 11.2.5　$\Delta_{Fx} = \dfrac{38Pa^3}{3EI} + \dfrac{3Pl}{2EA}$ (→)

题 11.2.6　$\Delta_{Ax} = \dfrac{4Fa^3}{3EI} + \dfrac{M_e a^2}{EI}$，$\Delta_{Ay} = \dfrac{Fa^3}{2EI} + \dfrac{M_e a^2}{2EI}$

题 11.2.7　由功的互等定理得：$P_1 w_{C2} = P_2 w_{B1}$

题 11.2.8　由功的互等定理得：$-Pw_C = -m\theta_A$，$w_c = m\theta_A/P = mal/6EI$ (↑)

题 11.2.9　$\delta_{Ay} = \left(\sqrt{2} + \dfrac{1}{2}\right)\dfrac{Ea}{EA}$

☆【11.3 类】计算题（能量法求相对位移）

题 11.3.1　$\Delta_{AE} = \dfrac{l^3}{24EA}(40F_2 - 3F_1)$ (←→)；$F_1 : F_2 = 40 : 3$

题 11.3.2　$\Delta_{AE} = \dfrac{2(2+\sqrt{2})Fl}{3EA}$

题 11.3.3　$\Delta_{Ex} = \dfrac{2Fa^3}{3EI}$，$\theta_C = \dfrac{Fa^2}{2EI}$

☆【11.4 类】计算题　（能量法求解超静定梁）

题 11.4.1　$F_C = 24.08$ kN

题 11.4.2　$M_A = \dfrac{1}{12}ql^2$ (↺)，$M_B = \dfrac{1}{12}ql^2$ (↻)，$F_A = F_B = \dfrac{1}{12}ql$ (↑)

题 11.4.3　由反对称性：$|M|_{\max} = \dfrac{m}{2}$，位于力偶的两侧

题 11.4.4　$\Delta = \dfrac{7qL^4}{1\,152EI}$

题 11.4.5　$w_D = 5.05\ \text{mm}$

☆【11.5 类】计算题（能量法求解超静定刚架）

题 11.5.1　$X = \dfrac{3}{32}F(\uparrow)$，$F_B = X = \dfrac{3}{32}F(\uparrow)$

题 11.5.2　图略

题 11.5.3　图略

题 11.5.4　$F_{Cy} = \dfrac{3F}{14}$，$F_{Ay} = \dfrac{3F}{14}$，$F_{Ax} = F$，$M_A = \dfrac{11Fa}{14}$

☆【11.6 类】计算题（能量法求解超静定桁架）

题 11.6.1　(a) $F_{NAD} = F_{NBD} = \dfrac{F\cos^2\alpha}{1+2\cos^3\alpha}$(拉)，$F_{NCD} = \dfrac{F}{1+2\cos^3\alpha}$(拉)

(b) $F_{NAD} = \dfrac{F}{2\sin\alpha}$(拉)，$F_{NBD} = \dfrac{F}{2\sin\alpha}$(压)，$F_{NCD} = 0$

题 11.6.2　(1) $F_{NBC} = 1.2F$；(2) $\Delta_{By} = \dfrac{8.53Fa}{EA}$

题 11.6.3　$F_{N1} = 5P/8$(拉)，$F_{N2} = 3P/8$(拉)

☆【11.7 类】计算题（能量法求解超静定连续梁）

题 11.7.1　图略。

第 12 章　动载荷 · 动应力

☆【12.1 类】计算题（匀加速直线运动或匀速转动构件的动应力）

题 12.1.1　$F_{Nd} = (1+\dfrac{a}{g})P$，$\sigma_d = (1+\dfrac{a}{g})\dfrac{P}{A}$，$\Delta l_d = (1+\dfrac{a}{g})\dfrac{Pl}{EA}$

题 12.1.2　$\sigma_{d,\max} = 125\ \text{MPa}$，$\sigma_d = 27.9\ \text{MPa}$

题 12.1.3　$\tau_{d,\max} = 10\ \text{MPa}$

题 12.1.4　$[n] = \sqrt{\dfrac{225g[\sigma]}{\pi QR}}d$

题 12.1.5　$\sigma_{d,\max} = 70.4\ \text{MPa}$

☆【12.2 类】计算题　（铅垂冲击和水平冲击问题）

题 12.2.1　$(\sigma_d)_a = \sqrt{\dfrac{40hPE}{\pi l d^2\left[3\left(\dfrac{d}{D}\right)^2+2\right]}} > (\sigma_d)_b = \sqrt{\dfrac{8PhE}{\pi D^2 l}}$，故图（b）杆件承受冲击能力强

题 12.2.2　(1) $h \leqslant 391\ \text{mm}$；(2) $h \leqslant 9.7\ \text{mm}$

题 12.2.3　$K_d = 5.05$，$\sigma_d = 162\ \text{MPa}$

题 12.2.4　(a)$\Delta_{st}=\dfrac{Pl^3}{3EI}+\dfrac{P}{k}$；(b)$\Delta_{st}=\dfrac{Pl^3}{3EI}+\dfrac{4P}{k}$；$K_{da}>K_{db}$

题 12.2.5　$\sigma_{d,\max}=\dfrac{2Pl}{9W}\left(1+\sqrt{1+\dfrac{243EIH}{2Pl^3}}\right)$；$w_d=\dfrac{23Pl^3}{1\,296EI}\left(1+\sqrt{1+\dfrac{243EIH}{2Pl^3}}\right)$

题 12.2.6　$w_{d,\max}=\left(1+\sqrt{1+\dfrac{64hEb^4}{Pl^3}}\right)\dfrac{3Pl^3}{64Eb}$

题 12.2.7　$\sigma_{d,\max}=\left(1+\sqrt{1+\dfrac{3hEI}{2Pl^3}}\right)\dfrac{Pl}{W}$

题 12.2.8　$K_d=\sqrt{\dfrac{v^2}{g\Delta_{st}}}$，$\Delta_{st}=\dfrac{64Ph^2(a+h/3)}{\pi d^4E}$，$\sigma_d=K_d\dfrac{32Ph}{\pi d^3}$

题 12.2.9　$v_0=\dfrac{2}{5l}\sqrt{\dfrac{3EI}{ml}}\Delta$

题 12.2.10　略.

☆【12.3 类】计算题（其他冲击问题、超静定问题）

题 12.3.1　$\sigma_{d,\max}=\left(1+\sqrt{1+\dfrac{48EI(v^2+gl)}{gPl^3}}\right)\dfrac{Pl}{4W}$

题 12.3.2　$\sigma_{d,\max}=180\text{ MPa}$

题 12.3.3　$\sigma_{\max}=\dfrac{3}{2}\sqrt{5E\gamma H}$

题 12.3.4　$K_d=1+\sqrt{1+\dfrac{2\pi EGhd^4}{64Pa^3(3G+E)}}$，$\sigma_{r3}=\left(1+\sqrt{1+\dfrac{2\pi EGhd^4}{64Pa^3(3G+E)}}\right)\dfrac{32\sqrt{5}Pa}{\pi d^3}$

题 12.3.5　$K_d=8.04$，对于梁：$\sigma_{d,\max}=160.8\text{ MPa}<[\sigma]$；对于柱：$\sigma_{d,\max}=1.40\text{ MPa}<[\sigma]$，故结构能正常工作(没考虑稳定性校核)

题 12.3.6　$w_B=0.304\text{ mm}$，且不会失稳

第 13 章　塑性变形·极限分析

☆【13.1 类】计算题（拉压杆系·极限分析）

题 13.1.1　51.7 kN

题 13.1.2　$F_s=\dfrac{5}{3}\sigma_sA$，$F_u=2\sigma_sA$

题 13.1.3　$F_u=\dfrac{3}{4}\sigma_sA(1+4\cos\alpha)$

题 13.1.4　$F_s=\sigma_sA$，$F_u=\dfrac{4}{3}\sigma_sA$

题 13.1.5　$F_s=\dfrac{(l_1+l_2)}{l_1}\sigma_sA$，$F_u=2\sigma_sA$，$\delta_s=\dfrac{\sigma_s}{A}l_2$，$\delta_u=\dfrac{\sigma_s}{A}l_1$

☆【13.2 类】计算题（圆轴扭转·极限分析）

题 13.2.1　$\dfrac{T_u}{T_s}=\dfrac{4(1-\beta^3)}{3(1-\beta^4)}$，$\beta=\dfrac{r_1}{r_2}$

题 13.2.2　$T_s = 17.57\ \text{kN}\cdot\text{m}$，$T_u = 19.06\ \text{kN}\cdot\text{m}$；$\tau_{外} = -8.5\ \text{MPa}$，$\tau_{内} = 9.6\ \text{MPa}$

题 13.2.3　实心轴 $T_u = 9.05\ \text{kN}\cdot\text{m}$，空心轴 $T_u = 18.8\ \text{kN}\cdot\text{m}$

题 13.2.4　$T_u = \dfrac{17}{256}\pi d^3\tau_s$，$T_u = \dfrac{3}{32}\pi d^3\tau_s$

☆【13.3 类】计算题（梁的弯曲·极限分析）

题 13.3.1　$d = \dfrac{\sqrt{3}h}{2l}x$

题 13.3.2　(1) $\dfrac{1}{\rho_0} = \dfrac{\sigma_s}{E}\times\dfrac{5}{4h}$；(2) $M_e = -\sigma_e\dfrac{5bh^2}{48}$

题 13.3.3　$M = M_s/2$，$M = M_u$

题 13.3.4　$q = 227\ \text{kN/m}$

题 13.3.5　$F_u = 30.5\ \text{kN}$

题 13.3.6　$q_u = \dfrac{6+4\sqrt{2}}{l^2}M_u$，$x = (2-\sqrt{2})l$

题 13.3.7　(1) $F_u = \dfrac{8M_u}{l}$；(2) $q_u = \dfrac{16M_u}{l^2}$

题 13.3.8　$\beta \geqslant \dfrac{1}{4}$，$F_u = \dfrac{2M_u}{\beta l}$；$\beta < \dfrac{1}{4}$，$F_u = \dfrac{6M_u}{(1-\beta)l}$；$\beta = \dfrac{1}{4}$

题 13.3.9　$q_u = \dfrac{11.66}{l^2}M_u$，$q_u = \dfrac{16}{l^2}M_u$

参考文献

[1] 孙训方，方孝淑，关来泰. 材料力学（Ⅰ、Ⅱ）［M］. 5 版. 北京：高等教育出版社，2009.

[2] 刘鸿文. 简明材料力学［M］. 2 版. 北京：高等教育出版社，2008.

[3] 古滨. 材料力学［M］. 北京：北京理工大学出版社，2012.

[4] 古滨. 材料力学基本训练［M］. 北京：北京理工大学出版社，2011.

[5] 古滨. 材料力学实验指导与实验基本训练［M］. 北京：北京理工大学出版社，2011.

[6] 武建华，郑辉中，古滨. 材料力学［M］. 重庆：重庆大学出版社，2002.

[7] 苟文选. 材料力学教与学［M］. 北京：高等教育出版社，2007.

[8] 李志君，许留旺. 材料力学思维训练题集［M］. 北京：中国铁道出版社，2000.

[9] 西南交通大学材料力学教研室. 材料力学学习及考研指导书［M］. 成都：西南交通大学出版社，2004.

[10] 苟文选，王安强. 材料力学解题方法与技巧［M］. 北京：科学出版社，2007.

[11] 江苏省力学学会教育科普委员会. 理论力学材料力学考研与竞赛试题精解［M］. 徐州：中国矿业大学出版社，2006.